BRONOWSKI
DER AUFSTIEG DES MENSCHEN

Herausgegeben in Zusammenarbeit mit der
British Broadcasting Corporation

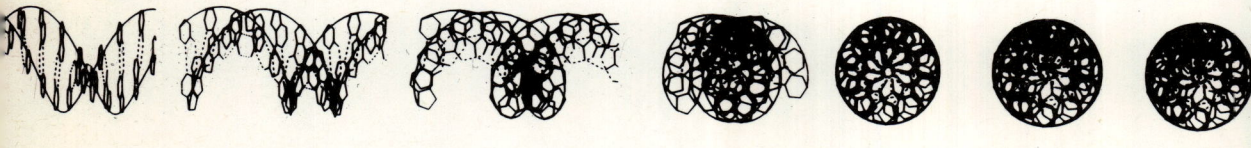

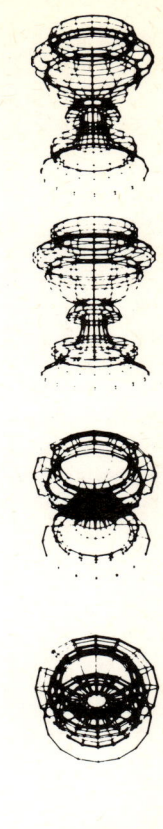

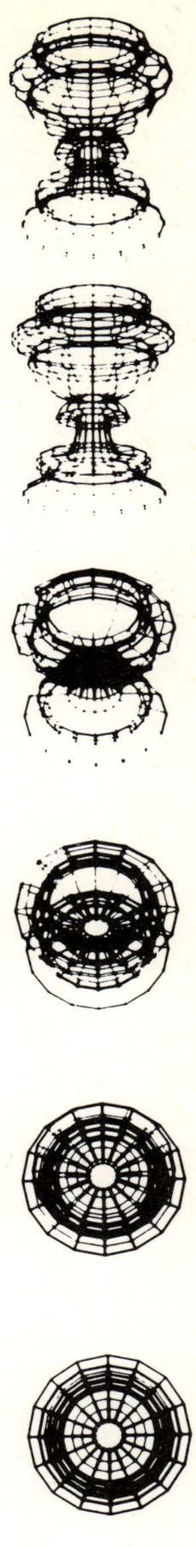

JACOB BRONOWSKI

DER AUFSTIEG DES MENSCHEN

Stationen unserer
Entwicklungsgeschichte

ULLSTEIN

© Jacob Bronowski 1973
Titel der Originalausgabe »The ascent of man«
© der deutschen Ausgabe 1976 by Verlag Ullstein GmbH
Frankfurt/Main · Berlin · Wien
Übersetzer Gustav Kemperdick
Alle Rechte vorbehalten
Druck: Sir Joseph Causton & Sons Ltd, England
Buchbinder: May & Co., Darmstadt
ISBN 3 550 07471 9

INHALT

Vorwort 9

Vom Tier zum Halbgott 19
Tierische Anpassung – Der menschliche Wendepunkt – Der Beginn in Afrika – Fossile Zeugen – Die Gabe der Vorausschau – Die Evolution des Kopfes und des Schädels – Der Mensch: ein Mosaik besonderer Begabungen – Die Jägerkulturen – Die Bewährungsprobe der Eiszeiten – Kulturelle Rückzugsgebiete: die Lappen – Krone aller Erfindungen: das Feuer – Die Vorstellungskraft in der Höhlenkunst.

Die Ernte der Jahreszeiten 59
Der Gang der kulturellen Evolution – Die »neolithische Revolution« – Nomadenkulturen: die Bakhtiari – Anfänge des Ackerbaues: Weizen – Jericho: ein Mikrokosmos der Geschichte – Das Erdbebengebiet im Verlauf des Großen Grabens – Technologie in der Dorfsiedlung – Das Rad – Domestikation der Tiere: das Pferd – Kriegsspiele: Buz Kashi – Seßhafte Zivilisation.

Das Korn im Stein 91
Das Aufkommen der Neuen Welt – Die Blutgruppe als Wanderungsnachweis – Die Tätigkeiten des Formens und des Spaltens – Struktur und Hierarchie der Dinge – Die Stadt: Machu Picchu – Architektur der Messerschneide: Paestum – Der römische Bogen: Segovia – Das gotische Wagnis: Rheims – Wissenschaft als Architektur – Die verborgene Gestalt: Michelangelo bis Moore – Das Vergnügen an der eigenen Geschicklichkeit – Jenseits des Sichtbaren.

Das verborgene Formprinzip 123
Feuer, das verwandelnde Element – Metallgewinnung: Kupfer – Die Struktur der Legierungen – Bronze als Kunstwerk – Vom Eisen zum Stahl: das japanische Schwert – Gold: Verkörperung der Unzerstörbarkeit – Die alchemistische Theorie von Mensch und Natur – Paracelsus und das Aufkommen der Chemie – Feuer und Luft: Joseph Priestley – Antoine Lavoisier: Quantifizierung der Verbindungen – John Daltons Atomtheorie.

Die Sphärenmusik 155
Die Sprache der Zahlen – Der Schlüssel zur Harmonie: Pythagoras – Das rechtwinklige Dreieck – Euklid und Ptolemäus in Alexandria – Der Aufstieg des Islam – Arabische Zahlen – Die Alhambra: Muster des Raumes – Kristallsymmetrien – Die Perspektive des Alhazan – Bewegung in der Zeit, die neue Dynamik – Mathematik der Veränderung.

Der Sternenbote 189
Der Zyklus der Jahreszeiten – Der orientierungslose Himmel: die Osterinseln – Das ptolemäische System auf Dondis Uhr – Kopernikus: die Sonne als Zentrum – Das Teleskop – Galilei begründet die wissenschaftliche Methode – Verbot des kopernikanischen Systems – Dialog über die beiden Systeme – Die Inquisition – Galilei widerruft – Die wissenschaftliche Revolution bewegt sich nordwärts.

Das majestätische Uhrwerk 221
Die keplerschen Gesetze – Der Mittelpunkt der Welt – Isaak Newtons Neuerungen: Materie und Licht – Entfaltung des Spektrums – Schwerkraft und die Principia – Der geistige Diktator – Herausforderung in der Satire – Newtons absoluter Raum – Die absolute Zeit – Albert Einstein – Der Reisende auf dem Lichtstrahl – Relativität – Die neue Philosophie.

Das Streben nach Macht durch Energie 259
Die englische Revolution – Alltagstechnik: James Brindley – Sturmsignale gegen die Privilegien: Die Hochzeit des Figaro – Benjamin Franklin und die amerikanische Revolution – Der neue Mensch: Meister des Eisens – Der neue Ausblick: Wedgwood und die Mondgesellschaft – Der Arbeitsrhythmus der Maschinen – Die neue Voraussetzung: Energie – Das Füllhorn der Erfindungen – Die Einheit der Natur.

Die Schöpfungspyramide 291
Die Naturalisten – Charles Darwin – Alfred Wallace – Mit Bates in Südamerika – Die Vielfalt der Arten – Die natürliche Zuchtwahl – Die Kontinuität der Evolution – Louis Pasteur: linksgängig, rechtsgängig – Chemische Konstanten in der Evolution – Der Ursprung des Lebens – Die vier Basen – Sind andere Formen des Lebens möglich?

Eine Welt innerhalb der Welt 321
Der Kochsalzkubus – Leidenschaft für die Elemente – Mendelejews Geduldsspiel – Das Periodensystem – J. J. Thomson: das Atom besitzt Teilchen – Die Struktur in der neuen Kunst – Die Struktur des Atoms: Rutherford und Niels Bohr – Der Lebenslauf einer Theorie – Der Atomkern besitzt Teilchen – Das Neutron: Chadwick und Fermi – Evolution der Elemente – Der zweite Hauptsatz der Thermodynamik als Statistik – Schichtweise wirksame Stabilität – Nachahmung der Naturkräfte – Ludwig Boltzmann: Atome sind real.

Wissen oder Gewißheit 353
Es gibt kein absolutes Wissen – Das Spektrum der unsichtbaren Strahlung – Die Feinheit des Details – Gauß und die Idee der Unbestimmtheit – Die Substruktur der Realität: Max Born – Heisenbergs Unschärferelation – Das Toleranzprinzip: Leo Szilard – Die Wissenschaft ist human.

Generation um Generation 379
Die Stimme des Aufruhrs — Der Kräutergarten-Naturforscher Gregor Mendel — Genetik der Erbse — Ein Alles-oder-nichts-Modell der Vererbung — Die magische Zahl Zwei : Sex — Cricks und Watsons Modell der DNS — Vermehrung und Wachstum — Klone identischer Formen — Sexuelle Wahl in der menschlichen Vielfalt.

Die lange Kindheit 411
Der Mensch, der soziale Einzelgänger — Die Identität des Menschen — Die Genauigkeit der Hand — Die Sprachbereiche — Die Verschiebung der Entscheidung — Das Gehirn als ein Instrument der Vorbereitung — Die Demokratie des Intellekts — Die moralische Phantasie — Das Gehirn und der Computer: John von Neumann — Die Strategie der Werte — Wissen ist unser Schicksal — Die Verpflichtung des Menschen.

Bibliographie 440

Register 443

VORWORT

Der erste Entwurf vom *Aufstieg des Menschen* wurde im Juli 1969 geschrieben und der letzte Filmmeter für die gleichnamige Fernsehreihe im Dezember 1972 abgedreht. Auf ein Unternehmen von solchem Ausmaß, auch wenn es eine angenehme Bereicherung darstellt, läßt man sich nicht leichthin ein. Es fordert eine unablässige geistige und körperliche Kraftanstrengung, ein völliges Darin-Aufgehen, und ich mußte mir darüber gewiß sein, daß ich es mit Freude durchstehen konnte. So mußte ich Forschungsaufgaben aufschieben, die ich bereits begonnen hatte, und ich sollte eigentlich erklären, was mich bewog, es zu tun.

Während der letzten zwanzig Jahre hat es eine tiefgreifende Wandlung im Wissenschaftsklima gegeben: Der Schwerpunkt verlagerte sich von der Physik auf die Biologie, die Wissenschaft vom Leben. Demzufolge wird die Wissenschaft immer mehr zum Studium der Individualität herangezogen. Der interessierte Laie ist sich aber noch kaum bewußt, in welchem Maße heute schon die Wissenschaft das Bild vom Menschen verändert hat. Als Mathematiker, der sich auf die Physik versteht, wäre auch mir diese Entwicklung nicht bewußt geworden, wenn ich nicht durch eine Reihe glücklicher Umstände mit der Wissenschaft vom Leben in Berührung gekommen wäre. So habe ich zwei Wissenszweige kennengelernt, von denen fruchtbare Anregungen ausgingen. *Der Aufstieg des Menschen* ist das Ergebnis dieser Studien.

Die British Broadcasting Corporation machte mir den Vorschlag, die Entwicklung der Naturwissenschaft in einer Folge von Fernsehsendungen darzustellen, als Gegenstück zur Sendefolge von Lord Kenneth Clark über die *Zivilisation*. Das Fernsehen ist ein Medium, das sich in vieler Hinsicht und in bewundernswerter Weise für die Darstellung dieses Themas anbietet: Es hat eine starke und direkte Wirkung auf das Auge, es ist in der Lage, den Zuschauer in die beschriebenen Orte und Prozesse einzubeziehen, und es benutzt das unterhaltsame Gespräch, durch das dem Zuschauer bewußt wird, daß er nicht Ereignisse, sondern Handlungen von Menschen verfolgt. Diese Eigenschaft ist die wichtigste und überzeugendste, und sie gab den Ausschlag, mich zu dieser subjektiven, essayistischen Ideengeschichte zu entschließen. Es kommt mir darauf an zu zeigen, daß Wissen im allgemeinen und Naturwissenschaft im besonderen nicht aus Abstraktheiten besteht, sondern aus menschlichen Ideen, und zwar auf ihrem ganzen Weg, vom Anbeginn bis zu den heutigen, komplizierten Denkmodellen. Deshalb muß man zeigen, wie die Grundvorstellungen, die die Natur erschließen, schon früh, in den primitivsten menschlichen

Kulturen, auftreten und wie sie sich aus den spezifischen Fähigkeiten des Menschen ergeben. Auch die Entwicklung der Wissenschaft, die mit diesen Fähigkeiten eine mehr und mehr komplexe Verbindung eingeht, muß als etwas Menschliches erkannt werden: Entdeckungen werden von Menschen gemacht, nicht bloß von Köpfen, und somit sind sie lebendig und von Individualität erfüllt. Wenn das Fernsehen nicht benutzt wird, um diesem Sachverhalt Gestalt zu geben, dann hat es seine Aufgabe verfehlt.

Das Erschließen und Darstellen von Ideen hat etwas Vertrauliches und Persönliches an sich — und damit kommen wir zu einer Gemeinsamkeit von Fernsehen und gedrucktem Buch. Im Gegensatz zu einer Vorlesung, einem Vortrag oder einer Filmvorführung richtet sich das Fernsehen nicht an die Masse. Es wendet sich an zwei oder drei Menschen in einem Zimmer, in einem Gespräch unter vier Augen — als einseitige Konversation zumeist, wie das auch beim Buch der Fall ist, aber in gewohnter Umgebung und in sokratischer Weise. Für mich, den die philosophischen Strömungen des Wissens besonders reizen, ist dies die überzeugendste Eigenschaft des Fernsehens, die eines Tages dazu führen kann, als geistige Kraft genauso nachhaltig zu wirken wie das Buch.

Das gedruckte Buch genießt darüber hinaus noch eine zusätzliche Freiheit: Es ist nicht unwiederbringlich an die Vorwärtsbewegung der Zeit gebunden, wie das bei allem Gesprochenen der Fall ist. Der Leser kann das tun, was Zuschauer und Hörer nicht können, nämlich eine Pause machen und nachdenken. Er kann zurückblättern und das Argument noch einmal auf seinen Ursprung zurückführen, er kann eine Tatsache mit der anderen vergleichen, und er vermag im allgemeinen das Detail im Beweis zu würdigen, ohne dadurch abgelenkt zu werden. Ich habe mir diese gelassenere geistige Gangart zunutze gemacht, wann immer ich konnte, und so habe ich das zu Papier gebracht, was zunächst auf dem Bildschirm gesagt werden sollte. Das Gesagte hatte umfangreicher Forschungen bedurft, die so manche unerwartete Verbindung und Merkwürdigkeit an den Tag brachte. Es wäre bedauerlich gewesen, wenn ich nicht etwas von diesem Reichtum in das Buch einbezogen hätte. Eigentlich wäre ich gern noch weitergegangen und hätte den Text im einzelnen mit dem Quellenmaterial und den Zitaten ausgestattet, auf die er sich beruft. Das hätte jedoch das Buch in ein Lehrbuch für Studenten verwandelt, statt den allgemein interessierten Leser anzusprechen.

Bei der Wiedergabe des Fernsehkommentars habe ich mich aus zwei Gründen eng an das gesprochene Wort gehalten. Erstens wollte ich die Spontaneität des Gedankens bewahren, denn diese Direktheit hatte ich immer schon zu vermitteln versucht. (Aus diesem Grunde hatte ich, wenn möglich, Orte gewählt, die mir genauso unbekannt waren wie dem Zuschauer.) Zweitens — und das ist wichtiger — wollte ich in gleicher Weise die Spontaneität der Beweisführung beibehalten. Ein im Gespräch vorgetragenes Argument ist nicht förmlich, sondern besitzt entdeckerische Eigenschaften. Es stellt den Kern der Frage heraus und zeigt, wieweit die Frage von ausschlaggebender Bedeutung und neuartig ist, und das gesprochene Argument zeigt Richtung und Verlauf der Lösung an, so daß die logische Schlußfolgerung, wenn auch vereinfacht, immer noch richtig ist. Für mich ist diese philosophische Form des Arguments die Grundlage der Wissenschaft, und man sollte sie durch nichts beeinträchtigen lassen.

Der Inhalt dieser Essays geht über die reine Naturwissenschaft hinaus, und ich hätte sie nicht als *Aufstieg des Menschen* bezeichnet, wenn ich dabei nicht auch andere Schritte in unserer kulturellen Evolution im Sinn gehabt hätte. Mein Bestreben ist in diesem Fall dasselbe gewesen wie in meinen anderen Büchern, ob sie sich nun mit Literatur oder Naturwissenschaft beschäftigen: Ich wollte eine Philosophie für das zwanzigste Jahrhundert schaffen, die ganz aus einem Guß sein sollte. Diese Sendefolge stellt wie meine anderen Bücher eher eine philosophische Betrachtung als einen geschichtlichen Abriß dar und eher eine Philosophie der Natur als eine Philosophie der Naturwissenschaft. Ihr Thema ist eine zeitgemäße Fassung dessen, was man einmal als Naturphilosophie zu bezeichnen pflegte. Meiner Meinung nach sind wir heute geistig eher in der Lage, eine Naturphilosophie zu erarbeiten als zu irgendeinem anderen Zeitpunkt in den letzten dreihundert Jahren, und zwar deshalb, weil die jüngsten Ergebnisse der Humanbiologie dem wissenschaftlichen Denken eine neue Richtung wiesen, eine Abkehr vom Allgemeinen zum Individuellen, und das zum erstenmal, seit die Renaissance die Tür zur Welt der Natur aufstieß.

Ohne Menschlichkeit kann es keine Philosophie, ja nicht einmal eine anständige Wissenschaft geben. Ich hoffe, daß ein Gefühl für dieses Bekenntnis in diesem Buch offenkundig wird. Für mich hat das Verständnis der Natur das Verständnis der menschlichen Natur zum Ziel, und das Verständnis für die Lage des Menschen in der Natur.

Wenn man sich anschickt, in einem solchen Rahmen einen Überblick über die Natur zu geben, so ist das gleichermaßen ein Experiment und ein Abenteuer, und ich bin denen dankbar, die beides ermöglicht haben. Besonderen Dank schulde ich dem Salk Institute for Biological Studies, das lange meine Arbeiten zum Thema menschlicher Arteigenheit unterstützte und mir ein Jahr Befreiung von meinem Lehrauftrag gewährte. Auch der British

Der Aufstieg des Menschen

Broadcasting Corporation und ihren Mitarbeitern bin ich zu Dank verpflichtet, besonders Aubrey Singer, der die Idee zu diesem Thema hatte.

J. B.

BILDNACHWEIS

1 National Geographic.
2 Computergrafik.
3 Ed Ross und Simon Trevor, Bruce Coleman Ltd.
4 Yves Coppens.
5 Musée de l'Homme, Paris (Yves Coppens).
6 University of Witwatersrand, Johannesburg (Alun R. Hughes, mit freundlicher Genehmigung von Prof. P. V. Tobias).
7 Mary Waldron.
8–9 Gerry Cranham.
10 Computergrafik.
11 Lee Boltin.
12 Cornell Capa, Magnum.
13 Ed Ross und Jonathan Kingdon, mit freundlicher Genehmigung von Academic Press.
14 Ashmolean Museum, Oxford, National Gallery of Art, Washington (Hugo Obermaier), und Erwin O. Christensen, mit freundlicher Genehmigung von Bonanza Books.
15 Norsk Folkemuseum, Oslo.
16 Norsk Folkemuseum, Oslo und Gunnar Rönn.
17 Johan Turi 1910 (Norsk Folkemuseum, Oslo).
18 Michael Holford.
19 Achille B. Weider.
20–21 Anthony Howarth, Daily Telegraph Colour Library.
22 Ashmolean Museum, Oxford.
23 Tony Evans, Marcel Sire.
24 Jaubert/Spach, »Oriental Plants« (British Museum, Natural History).
25 British Museum, Ashmolean Museum, Oxford, und Dave Brinicombe.
26 National Museum, Copenhagen und British Museum, London.
27 Museo Civico, Bologna (C. M. Dixon).
28 Baghdad Museum (Oriental Institute, University of Chicago) und Kgl. Villa, Casale (C. M. Dixon).
29 India Office Library.
30 Edinburgh University Library.
31 British Museum, London (Roynon Raikes).
32 David Stock.
33 British Museum, London, und Dave Brinicombe.
34 John Freeman.
35 T. H. O'Sullivan.
36 British Museum, London (C. M. Dixon), und University of Colorado Museum, Boulder.
37 H. Ubbelohde Doering und Georg Gerster, John Hilleson agency.
38 Museum of Mankind, London (Roynon Raikes).
39 Carlo Bevilaqua.
40 Sharples Photomechanics Ltd.
41–42 A. F. Kersting.
43 Wim Swaan.

44   The Board of Trinity College, Dublin.
45   Wim Swaan.
46   Cement and Concrete Association, London.
47   Scala.
48   Privatsammlung Henry Moore.
49   Robert Grant und Charles Eames.
50   Musée des Beaux-Arts, Dijon (Giraudon), und Ronan Picture Library.
51   The British Non Ferrous Metals Research Association.
52–53   Victoria and Albert Museum, London (Roynon Raikes).
54   National Geographic.
55   Victoria and Albert Museum, London (Roynon Raikes), und H. Roger-Voillet.
56   Nationales Archäologisches Museum, Athen (C. M. Dixon), British Museum, London (Michael Holford), Victoria and Albert Museum, London (Roynon Raikes) und Paul Brierly.
57   Kunsthistorisches Museum, Wien, und National Museum of Ireland.
58   The Wellcome Trustees, S. Karger und Musée Condé, Chantilly (Giraudon).
59   The Wellcome Trustees.
60   Louvre, Paris.
61   National Portrait Gallery, London.
62   Paul Brierly und Michael Freemann, mit freundlicher Genehmigung von Charles Moore, Science Museum, London.
63–64   Science Museum, London.
65   Science Museum, London und British Museum.
66   Charles Taylor, Rijksmuseum, Leiden, Ashmolean Museum, Oxford.
67   John Webb.
68–70   British Museum, London.
71   Museum of the History of Science, Oxford, British Museum, London, und University of Wisconsin Press.
72   Wim Swaan, Camera Press.
73   Mas.
74   Institute of Geological Sciences.
75   Michael Holford.
76   Orfanotrofio del Bigallo, Florenz (Scala).
77   British Museum, London.
78   Accademia, Venedig (Oswaldo Bohm).
79   Staatliche Museen Preußischer Kulturbesitz Kupferstichkabinett, Berlin, Dürers »Unterweisung der Messung«.
80   Uffizien, Florenz (Scala), und Gabinetto Disegni, Florenz (Scala).
81   Biblioteca Ambrosiana, Mailand, und Oskar Kreisel.
82   Marcel Sire, Cambridge Scientific Instruments und British Museum, Natural History.
83   Paul Brierly.
84   British Museum, London.
85   Aldus Books und Erich Lessing, Magnum.
86   Camera Press.
87   MS Laud. Misc. 620, ff. 87^v–88, Bodleian Library, Oxford, Smithsonian Institution, Washington, und Wellcome Trustees.

88   Polish Cultural Institute, London, und »De Revolutionibus Orbium Coelestium«.
89   British Museum, London (John Freeman).
90   Biblioteca Marucelliana, Florenz (Scala).
91   Museo di Storia della Scienza, Florenz (Scala).
92   Umberto Galeasi.
93   Biblioteca Nationale Centrale, Florenz (Scala).
95   David Paterson.
96   Galleria Nazionale, Rom (de Antonis).
97   Palazzo Barberini, Rom (de Antonis).
98   Privatsammlung (Warburg Institute).
99   Umberto Galeasi.
100 Biblioteca Apostolica Vaticana.
101 NASA.
102 Derby Museum and Art Gallery.
103 Royal Society.
104 Mansell Collection.
105 The Warden and Fellows of All Souls College, Oxford.
106 Paul Bierly.
107 National Portrait Gallery, London.
108 King's College Library, Cambridge.
109 Victoria and Albert Museum, London (Crown copyright).
110 British Museum, London.
111 A. F. Kersting.
112 Computergrafik.
113 Dept. of Environment, Crown copyright.
114 National Maritime Museum, London.
115 Royal Naval College, Greenwich (Dept. of Environment, Crown copyright), und British Museum, London.
116 Dave Brinicombe und Science Museum, London.
117–118   Trustees of the Estate of Albert Einstein.
119 Amt für geistiges Eigentum, Bern.
120 Nigel Holmes.
121 Museum of the History of Science, Oxford.
122 Einstein Trustees.
123 Museum of Transport, Glasgow (Rupert Roddam).
124 Grundy's English Views (RTHPL).
125 Peter Carmichael, Reflex.
126 Eric de Mare, Science Museum und National Portrait Gallery, London.
127 Musée d'Art et d'Histoire, Neuchâtel, und Victoria and Albert Museum, London.
128 Burndy Library, Norwalk, Conn.
129 National Portrait Gallery, London, und Franklin Institute, Philadelphia.
130–131   British Museum, London.
132 Michael Holford.
133 Wedgwood.
134 Wedgwood Museum, Stoke-on-Trent, und Birmingham City Museum.
135 Birmingham Assay Office.
136 RTHPL.

137 Walker Art Gallery, Liverpool.
138–139 Science Museum, London.
140 Dave Brinicombe.
141 Michael Freeman.
142 Mit freundlicher Genehmigung von Mrs. D. Wallace, und British Museum, London.
143 British Museum, Natural History.
144–146 Michael Freeman.
147 Aus »Narratives of the Surveying Voyages of HMS Adventure and Beagle« und Royal Geographical Society.
148 Country Life, mit freundlicher Genehmigung von Sir Hedley Atkins.
149 Mansell Collection.
150 Michael Freeman.
151 Aus »Hornet« und British Museum, Natural History.
152 Snark International.
153 Paul Brierly.
154 Institut Pasteur, Paris, und Bibliothèque Nationale, Paris.
155 John Brenneis.
156 David Paterson.
157 D. K. Miller, Salk Institute.
158 Einstein Trustees.
159 Institute of Geological Sciences.
160 Novosti Press Agency.
161 Mit freundlicher Genehmigung von Prof. J. W. Van Spronsen.
162 Manchester Literary and Philosophical Society.
163 Benjamin Couprie.
164 Courtauld Institute, London.
165 Musée National d'Art Moderne, Paris, und Privatsammlung.
166 Cavendish Laboratory.
168 Museum of History of Science, Oxford.
169 Oak Ridge National Laboratory.
170 Culgoora Solar Observatory and CSIRO, Australien, und Jay Pasachoff, Big Bear Solar Observatory, Calif.
171–172 Argonne National Laboratory.
173 David Paterson.
174 University of Newcastle-upon-Tyne.
175 Feliks Topolski.
176 Decca, Brian Bracegirdle und Dept. of Metallurgy, Oxford.
177 Deutsches Museum, München.
178 Prof. M. H. F. Wilkins, King's College, London.
179 Staatsbibliothek, Berlin.
181 David Paterson.
182 Hans Wilder, Werbe-Foto.
183 Argonne National Laboratory.
184 Argonne National Laboratory, mit freundlicher Genehmigung der Franklin D. Roosevelt Library.
185 Shunkichi Kikuchi, John Hillelson agency.
186 BBC.
187 Elliot Erwitt, Magnum.

188 S. C. Bisserot, Bruce Coleman Ltd.
189 David Paterson.
190 Margaret Stones und David Paterson.
191 British Museum, Natural History.
192 Marcel Sire.
193 Black Star/Eric Hosking.
194 Brian Bracegirdle.
196 Oxford Scientific Films, Bruce Coleman Ltd.
197 Ed Ross.
198 Indiana University und Sean Milne.
199 Alinari.
200 Arthur M. Siegelman.
201 George Schaller, Bruce Coleman Ltd.
202 National Gallery, London.
203 Novosti Press Agency.
204 Waggaman/Ward, Institut Pasteur, Royal Institution, RTHPL, Boltzmann Trustees, Danske Radio und Associated Press.
205 Louvre, Paris (Scala).
206 Belzeausx-Zodiaque.
207 Mit freundlicher Genehmigung Ihrer königl. brit. Majestät.
208 D. K. Miller, Salk Institute.
209 Sammlung Lehmann, New York.
210 Maurice Wilson und D. K. Miller, Salk Institute.
211 Toni Evans.
212 Nigel Holmes.
213 David Stock.
214 Galleria Nazionale de 'Arte, Rom (Anderson-Giraudon).
216 Georg Gerster, John Hilleson Agency.
217 Charles Eames.
218 Nigel Hilmes.
219 British Museum, London.

VOM TIER ZUM HALBGOTT

Der Mensch ist ein einzigartiges Geschöpf. Er verfügt über Gaben, die ihn unter den Tieren einmalig machen, so daß er im Gegensatz zu ihnen nicht nur eine Gestalt in der Landschaft darstellt, sondern selbst die Landschaft formt. In Körper und Geist ist er der Erforscher der Natur, das allgegenwärtige Tier, das seine Heimat auf jedem Kontinent nicht gefunden, sondern sich geschaffen hat.

Es wird berichtet, daß die kalifornischen Indianer den Spaniern, die 1769 auf dem Landweg an den Pazifik gelangten, erzählten, daß die Fische bei Vollmond auf dem Strand tanzten. Und das stimmt tatsächlich, daß es hier eine Fischart gibt — den Grunion —, die aus dem Wasser herauskommt und oberhalb der Hochwassermarke laicht. Die Weibchen drücken sich mit dem Schwanz zuerst in den Sand, und die Männchen streichen darüber weg und befruchten die Eier, während sie gelegt werden. Der Vollmond ist wichtig, denn er gibt den Fischen neun bis zehn Tage zwischen dieser hohen Flut und den nächsten Fluten, die dann die ausgeschlüpften Fische wieder auf das offene Meer hinaus mit sich nehmen.

Jede Landschaft in der Welt ist voll von diesen genauen und schönen Anpassungen, mit denen sich ein Tier in seine Umgebung einfügt, so wie ein Zahnrad in das andere greift. Der schlafende Igel wartet auf den Frühling, der seinen Stoffwechsel mit Macht zum Leben erweckt. Der Kolibri steht flügelschlagend in der Luft und taucht seinen nadelspitzen Schnabel in herabhängende Blüten. Schmetterlinge ahmen Laubwerk und giftige Tiere nach, um ihre Verfolger zu täuschen. Der Maulwurf gräbt sich durch den Boden, als wäre er als Tunnelvortriebsmaschine gedacht.

Millionen Jahre der Entwicklung, der Evolution, haben den Grunion hervorgebracht, so daß er sich genau an Ebbe und Flut anpassen kann. Aber die Natur — das heißt: die Evolution — hat den Menschen nicht an irgendeine spezifische Umwelt angepaßt Ganz im Gegenteil: Wenn man ihn mit dem Grunion vergleicht, dann verfügt er nur über eine ziemlich unzulängliche Überlebensausrüstung. Und dennoch — das ist das Paradoxe an der menschlichen Situation — über eine Ausrüstung, die ihn sich an jede Umgebung anpassen läßt. Unter der Vielzahl von Tieren, die um uns herum huschen, fliegen, scharren und schwimmen, ist der Mensch das einzige Geschöpf, das nicht durch seine Umgebung festgelegt ist. Seine Phantasie, seine Vernunft, seine gefühlsmäßige Empfindsamkeit und seine Zähigkeit machen es ihm nicht nur möglich, seine Umgebung zu akzeptieren, sondern sie auch zu

1
Millionen Jahre der Evolution haben den Grunion so geformt, daß er zwischen den Gezeiten laicht.
Frühlingslaichtanz des Grunion, La Jolla Shores Strand, Kalifornien.

Vom Tier zum Halbgott

verändern. Und die Serie von Erfindungen, mit deren Hilfe der Mensch von einem Zeitalter zum anderen seine Umgebung immer wieder neugestaltet hat, ist eine andere Art der Evolution — nicht eine biologische, sondern eine kulturelle Evolution. Diese brillante Folge von kulturellen Höhepunkten bezeichne ich als *den Aufstieg des Menschen.*

Ich benutze das Wort *Aufstieg* mit einer präzisen Bedeutung. Der Mensch unterscheidet sich von den Tieren durch seine Vorstellungskraft. Er macht Pläne, Erfindungen, neue Entdeckungen, indem er verschiedene Begabungen zusammenwirken läßt; und seine Entdeckungen werden subtiler und durchdringender in dem Maße, wie er lernt, seine Begabungen in immer komplizierterer und wirksamerer Weise zu kombinieren. Daher bringen die großen Entdeckungen verschiedener Epochen und verschiedener Kulturen auf dem Gebiet der Technik, der Wissenschaft, der Kunst in ihrem Fortschreiten ein reicheres und enger verwobenes Zusammenwirken menschlicher Fähigkeiten zum Ausdruck, eine ansteigende Pyramide seiner Begabungen.

Natürlich ist es für einen Wissenschaftler verführerisch anzunehmen, daß die originellsten Leistungen des Geistes auch die jüngsten sind. Und wir haben wirklich Grund, auf ein gut Teil moderner Forschungsarbeit stolz zu sein. Denken Sie doch einmal an die Aufdeckung der DNS-Spirale — oder an die Arbeiten über die besonderen Fähigkeiten des menschlichen Gehirns. Denken Sie einmal an die philosophische Erkenntnis, die die Theorie der Relativität durchschaute, oder an die winzigen Verhaltensmuster der Materie auf der atomaren Ebene.

Und doch würden wir Wissen in eine Karikatur verwandeln, wenn wir nur unsere eigenen Erfolge bewunderten, als hätten sie keine Vergangenheit (und wären der Zukunft sicher). Denn die menschliche Leistung, besonders die Wissenschaft, ist nicht lediglich ein Museum von abgeschlossenen Konstruktionen. Sie ist ein Fortschritt, in dem die ersten Experimente der Alchemisten ebenso ihren bestimmenden Platz haben wie die ausgeklügelte Rechenkunst, die die Astronomen der Maya in Zentralamerika entwickelten, und zwar unabhängig von der Alten Welt. Die steinernen Denkmäler von Machu Picchu in den Anden und die geometrische Durchgestaltung der Alhambra im maurischen Spanien erscheinen uns fünf Jahrhunderte später als ausgewählte Arbeiten dekorativer Kunst. Aber wenn wir an diesem Punkt mit unserer Wertschätzung abschließen, dann entgeht uns die Ursprünglichkeit der beiden Kulturen, die diese Werke geschaffen haben. Innerhalb ihrer Zeit sind sie Konstruktionen, die genauso fesselnd und wichtig für ihre Völker waren wie die Architektur der DNS für uns.

2
In jedem Zeitalter gibt es einen Wendepunkt, eine neue Art, den Zusammenhang der Welt zu sehen und zu bekräftigen. *Renaissance-Perspektivübung zum Zeichnen eines Meßgefäßes und die Drehung der DNS-Spirale, der molekularen Grundlage der Vererbung, vom Computer dargestellt.*

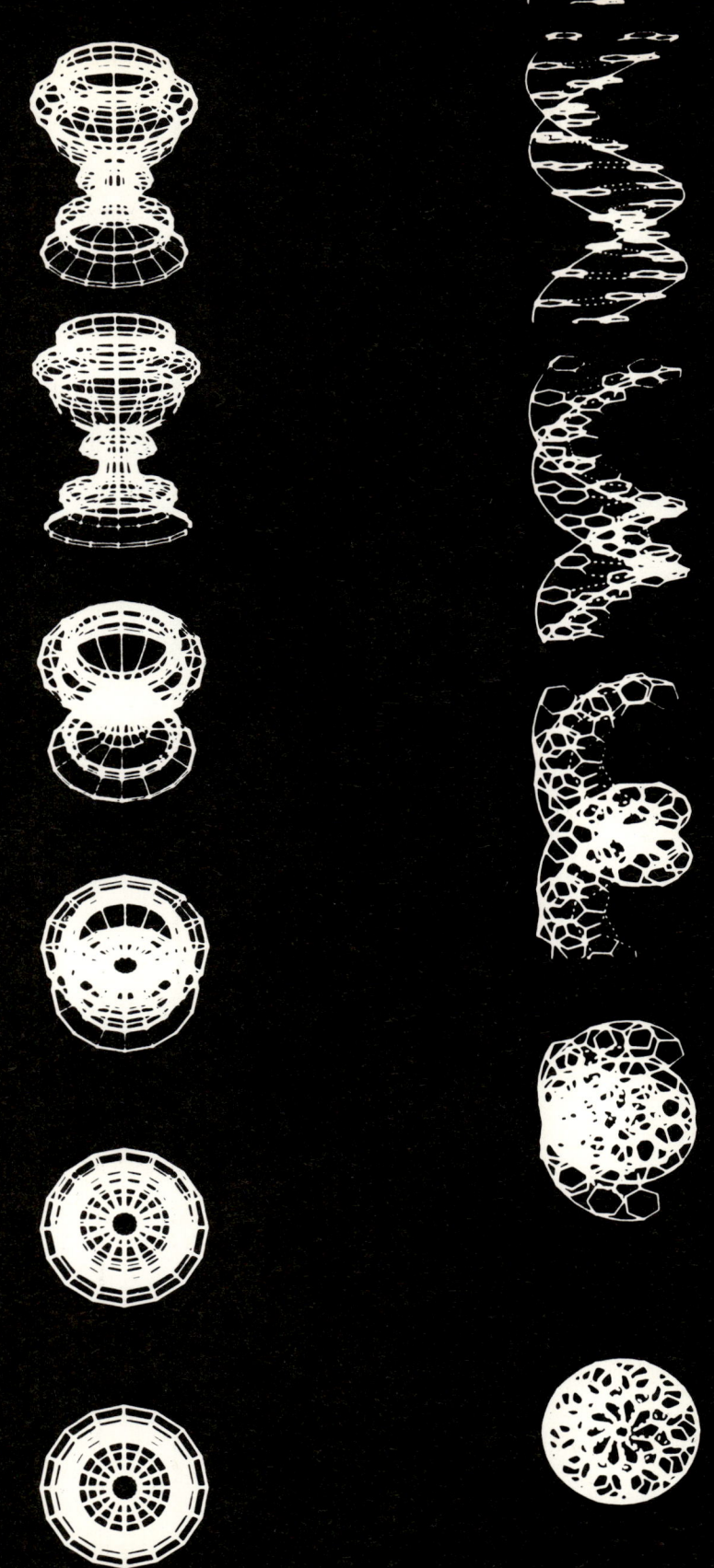

3
Die trockene Savanne wurde sowohl
eine zeitliche als auch räumliche Falle.
Grants Gazellen.
Eine Herde von Topis.

Der Aufstieg des Menschen

In jedem Zeitalter gibt es einen Wendepunkt: Da entsteht eine neue Art der Betrachtung und der Bewältigung der Zusammenhänge in der Welt. Diese Haltung ist in den Statuen auf den Osterinseln Stein geworden und hat die Zeit stillstehen lassen, auch in den mittelalterlichen Uhren in Europa, die einstmals das letzte Wort über die Ewigkeit des Himmels zu sprechen schienen. Jede Kultur versucht, ihren visionären Augenblick festzuhalten, den Augenblick, in dem sie zu einem neuen Konzept von der Natur oder vom Menschen gelangt. Aber rückschauend ist festzustellen, daß unsere Aufmerksamkeit sich ebenso auf das Kontinuierliche richten muß — auf die Gedanken, die von einer Zivilisation zur anderen überspringen. In der modernen Chemie ist nichts unerwarteter als die Zusammensetzung von Legierungen mit neuen Eigenschaften. Das wurde etwa um die Zeitenwende in Südamerika entdeckt und schon lange zuvor in Asien. Die Spaltung und Fusion des Atoms kommen — gedanklich gesehen — beide aus einer Entdeckung, die in grauer Vorzeit gemacht wurde, daß nämlich das Gestein und alle Materie über eine Struktur verfügt, die eine Spaltung und Zusammensetzung in neuer Zuordnung erlaubt. Und der Mensch hat fast ebenso früh biologische Entdeckungen gemacht: die Landwirtschaft — die Veredelung des wild wachsenden Weizens zum Beispiel — und die unwahrscheinliche Idee, das Pferd zu zähmen und dann als Reittier zu verwenden.

Wenn ich den Wendepunkten und der kontinuierlichen Entwicklung der Kultur nachgehe, halte ich mich an eine allgemeine, aber keineswegs strikte chronologische Folge, denn was mich interessiert, ist die Geschichte des menschlichen Geistes als Entfaltung seiner verschiedenen Begabungen. Ich werde seine Ideen, insbesondere seine wissenschaftlichen Ideen, mit ihren Ursprüngen in den Eigenschaften in Beziehung setzen, mit denen die Natur den Menschen ausgestattet hat und die ihn einmalig machen. Was ich darstelle und was mich seit vielen Jahren fasziniert, ist die Art und Weise, in der die Ideen des Menschen zum Ausdruck bringen, was in seiner Natur vom Wesen her menschlich ist.

Diese Essays sind also eine Reise durch die Geistesgeschichte, eine persönliche Reise zu den Höhepunkten menschlicher Schaffenskraft. Der Mensch steigt auf, indem er die reiche Fülle seiner eigenen Gaben (seiner Begabungen oder Fähigkeiten) entdeckt, und was er auf dem Wege schafft, sind Denkmäler der einzelnen Stadien seines Verständnisses der Natur und seines Selbst — was der Dichter William Butler Yeats »die Denkmäler des nie alternden Geistes« genannt hat.

Wo soll man da beginnen? Mit der Schöpfung — mit der Schöpfung des Menschen selbst. Charles Darwin hat 1859 mit dem

4
Dies ist ein Gebiet, in dem der Mensch möglicherweise seinen Ursprung hatte.
Übersicht über die einzelnen Schichten des Omo-Flußbettes: Die unterste Schicht ist vier Millionen Jahre alt. Überbleibsel früher Hominiden werden hier in Schichten aus Zeiten vor über zwei Millionen Jahren gefunden.

Vom Tier zum Halbgott

Ursprung der Arten und dann 1871 mit seinem Buch *Die Abstammung des Menschen* den Weg gewiesen. Es ist heute fast sicher, daß sich der Mensch zuerst in Afrika, in der Nähe des Äquators, entwickelte. Das Savannenland, das sich über Nordkenia und Südwestäthiopien in der Nähe des Rudolfsees erstreckt, ist typisch für die Orte, an denen die Evolution des Menschen begonnen haben könnte. Der See erstreckt sich wie ein langes Band nördlich und südlich am Großen Graben entlang, eingedämmt durch mehr als vier Millionen Jahre dicker Sedimentgesteine, die sich in dem Bassin absetzten, wo früher ein wesentlich größerer See gewesen war. Ein großer Teil seines Wassers kommt aus dem gewundenen, träge fließenden Omo. Hier wäre ein mögliches Gebiet für den Ursprung des Menschen: das Tal des Omoflusses in Äthiopien, in der Nähe des Rudolfsees.

Die alten Legenden pflegten die Erschaffung des Menschen in ein goldenes Zeitalter und in eine wunderschöne märchenhafte Landschaft zu verlegen. Wenn ich hier und jetzt die Geschichte der Schöpfung erzählen sollte, dann müßte ich im Garten Eden stehen. Aber dies hier ist offenkundig nicht der Garten Eden. Und doch bin ich am Nabel der Welt, am Geburtsort des Menschen,

Der Aufstieg des Menschen

hier im ostafrikanischen Graben in der Nähe des Äquators. Die abgeflachten Übergänge im Omotal, die Schluchten, das unfruchtbare Delta, sind Zeugen der historischen Vergangenheit des Menschen. Und wenn dies je ein Garten Eden war, dann muß er schon vor Millionen Jahren dahingeschwunden sein.

Ich habe diesen Ort gewählt, weil er eine einzigartige Struktur aufweist. In diesem Tal hat sich während der vergangenen vier Millionen Jahre Schicht um Schicht vulkanischer Asche abgelagert, eingebettet in breite Bänder von Muschelkalk und Lößgestein. Die tiefe Ablagerung wurde zu verschiedenen Zeiten gebildet, eine Schicht um die andere, sichtbar nach Alter getrennt: vor vier Millionen Jahren, vor drei Millionen Jahren, vor über zwei Millionen Jahren, vor etwas weniger als zwei Millionen Jahren. Und dann hat sich der Graben aufgeworfen, so daß er jetzt in unserer Zeit eine geographische Gestalt angenommen hat, die sich in die Ferne und in die Vergangenheit erstreckt. Die Zeichen der Zeitenfolge in den Schichten, die normalerweise im Schoß der Erde liegen, sind bei den Klippen verkantet, die den Omo flankieren, und spreizen sich wie die Stangen eines Fächers.

Diese Klippen zeigen gewissermaßen die Schichten am Rande auf: Im Vordergrund die unterste Lage, vier Millionen Jahre alt, und darüber die nächste, erheblich über drei Millionen Jahre alt. Die Überreste eines Wesens, wie der Mensch es ist, erscheinen darüber und auch die Überreste der Tiere, die gleichzeitig die Erde bevölkerten.

Die Tiere erstaunen uns, weil es sich zeigt, daß sie sich so wenig verändert haben. Wenn wir aber im Schlamm, der zwei Millionen Jahre alt ist, die versteinerten Überreste jenes Geschöpfes finden, das sich dann zum Menschen entwickeln sollte, sind wir überrascht durch die Unterschiede zwischen seinem Skelett und dem unsrigen — durch die Entwicklung des Schädels zum Beispiel. Also erwarten wir auch, daß sich die Savannentiere merklich verändert haben. Die Fossilienfunde in Afrika zeigen jedoch, daß dem nicht so ist. Schauen Sie einmal als ein Jäger von heute die Topi-Antilope an. Der Urahn des Menschen, der den Urahn der Antilope vor zwei Millionen Jahren gejagt hat, würde die Topi heute sofort erkennen, aber er würde in dem heutigen Jäger, schwarz oder weiß, nicht seinen eigenen Nachkommen sehen.

Dennoch ist es nicht die Jagd als solche (oder irgendeine andere Einzeltätigkeit), die den Menschen verändert hat. Wir sehen nämlich, daß sich im Tierreich der Jäger so wenig wie der Gejagte verändert hat. Die Cervalkatze ist immer noch geschmeidig stark bei der Verfolgungsjagd, und der Oryx ist immer noch rasch und behende auf der Flucht. Beide setzen die gleiche Beziehung zwischen ihren Arten fort, wie sie das schon vor langer Zeit getan

5
Die Tiere verblüffen uns, denn es erweist sich, daß sie sich so wenig verändert haben.
Ein heutiges und ein fossiles Nyalahorn aus Omo. Das fossile Horn ist über zwei Millionen Jahre alt.

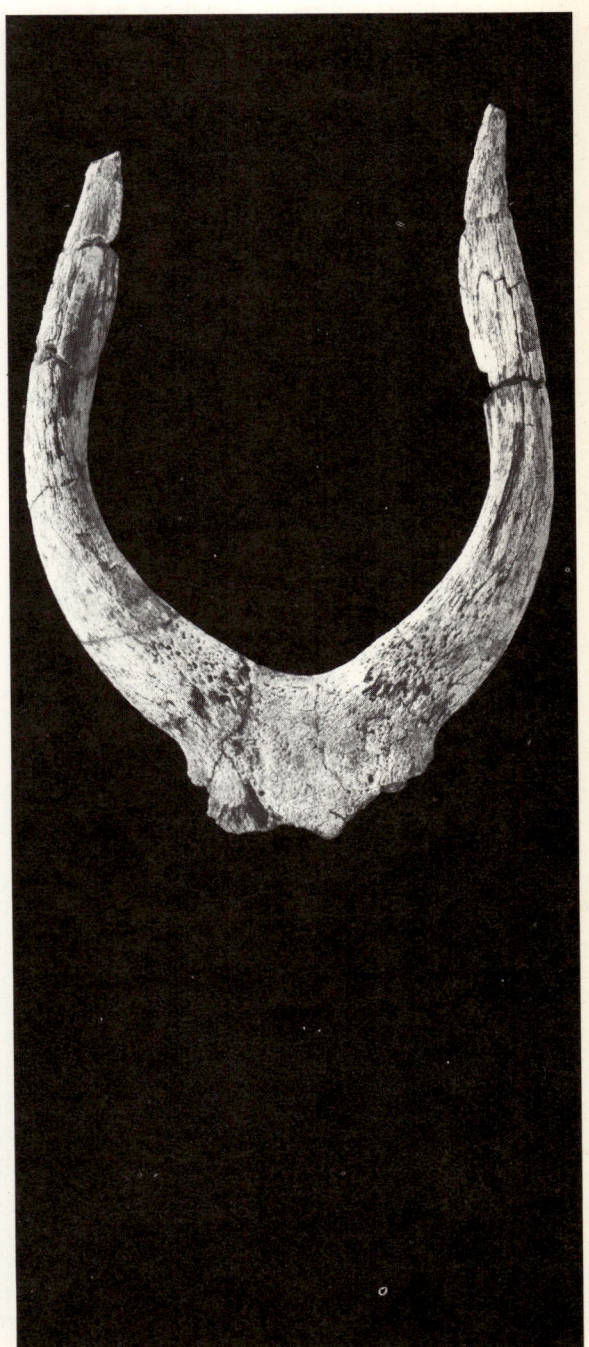

Vom Tier zum Halbgott

haben. Die Evolution des Menschen begann, als sich das afrikanische Klima zur Dürre hin wandelte. Die Seen schrumpften, die Wälder lichten sich zur Savanne. Offensichtlich war es für den Vorläufer des Menschen ein glücklicher Zufall, daß er diesen Lebensbedingungen nicht gut angepaßt war. Die Umwelt fordert ihren Preis für das Überleben der Fähigsten: Sie nimmt sie gefangen. Als sich Tiere wie Grevys Zebra an die trockene Savanne gewöhnten, da wurde sie zur Falle — zeitlich und räumlich: die Tiere blieben, wo sie waren, und sie verharrten so, wie sie waren. Unter all diesen Tieren ist sicherlich Grants Gazelle am elegantesten angepaßt, und doch brachte sie ihr Sprung nicht aus der Savanne hinaus.

In einer ausgetrockneten afrikanischen Landschaft wie hier am Omo hat der Mensch zuerst seinen Fuß auf die Erde gesetzt. Das scheint ein banaler Anfang für den Aufstieg des Menschen zu sein, und doch war er von ausschlaggebender Bedeutung. Vor zwei Millionen Jahren lief der erste gesicherte Urahn des Menschen mit Füßen, die sich fast in nichts von den Füßen des modernen Menschen unterscheiden. Es ist eine Tatsache, daß sich der Mensch, als er seinen Fuß auf den Boden setzte und aufrecht ging, zu einer neuen Integration des Lebens verpflichtete, und damit auch zu einer Integration seiner Gliedmaßen.

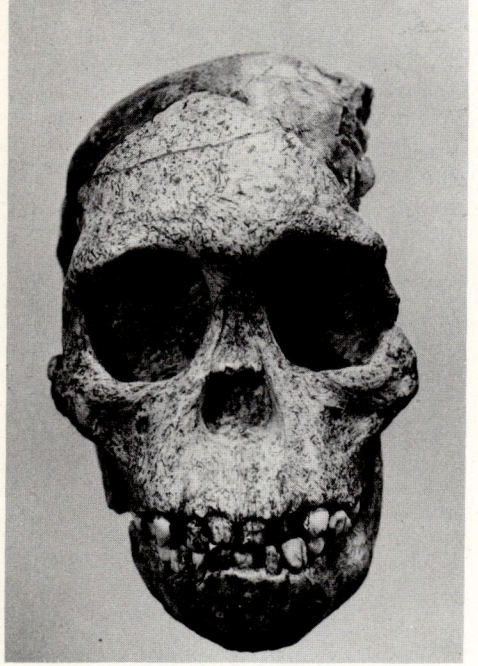

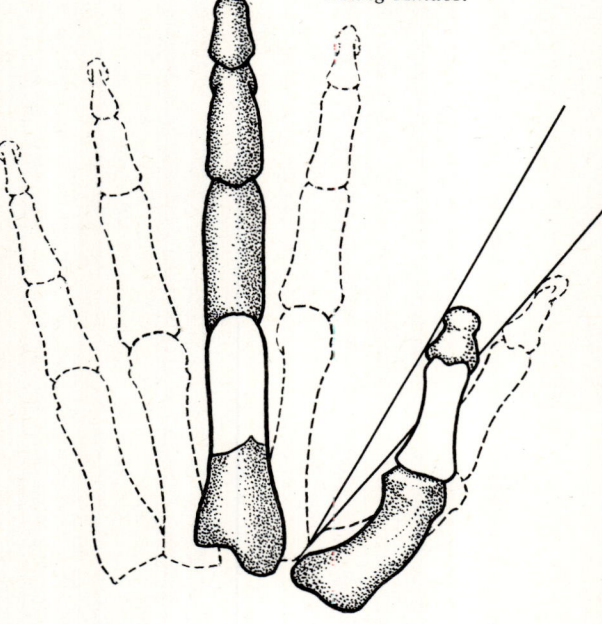

6
Ich weiß nicht, wie das Taung-Baby sein Leben begann, aber für mich bleibt es immer noch das Urkind, mit dem das ganze Abenteuer des Menschen begann. *Der Schädel des Taung-Kindes.*

7
Der Urahn des Menschen hatte einen kurzen Daumen und konnte deshalb die Hand nicht zu komplizierten Bewegungen verwenden. *Funde von Finger- und Daumenknochen des Australopithecus aus der untersten Flußbettschicht der Olduvai-Schlucht über die Knochen einer heutigen Hand gezeichnet.*

Der Körperteil, dem man sich natürlich besonders widmen muß, ist der Kopf, denn von allen menschlichen Organen hat er die weitreichendsten und einschneidendsten Veränderungen durchgemacht. Glücklicherweise hinterläßt der Kopf ein dauerhaftes Fossil (im Gegensatz zu den Weichteilen), und obwohl dieses Fossil uns weniger Informationen über das Gehirn gibt, als wir gern hätten, so vermittelt es uns doch eine Vorstellung über seine Größe. Eine Anzahl fossiler Schädel sind während der letzten fünfzig Jahre in Südafrika gefunden worden, und sie belegen die charakteristische Bauform des Kopfes, als er menschenähnlich zu werden begann. Abbildung 6 zeigt, wie der Schädel vor über zwei Millionen Jahren ausgesehen hat. Es ist ein historisch bedeutsamer Schädel, der nicht am Omo, sondern südlich des Äquators, in Taung, von einem Anatom namens Raymond Dart gefunden wurde. Es ist der Schädel eines fünf bis sechs Jahre alten Kindes, und obgleich das Gesicht fast vollständig ist, fehlt bedauerlicherweise ein Teil des Schädels. 1924 war dies ein verblüffender Fund, der erste seiner Art, und er wurde — selbst nachdem Dart seine Pionierarbeit geleistet hatte — mit vorsichtiger Zurückhaltung behandelt.

Doch Dart erkannte auf den ersten Blick zwei außergewöhnliche Eigentümlichkeiten. Die eine ist, daß das *foramen magnum* (das Loch im hinteren Schädel, durch das der Nervenstrang der Wirbelsäule zum Gehirn geführt wird) so angeordnet ist, daß es sich hier um ein Kind gehandelt haben mußte, das seinen Kopf aufrecht hielt. Das ist eine menschenähnliche Eigenschaft, denn bei den niederen Affen und bei den Menschenaffen hängt der Kopf von der Wirbelsäule nach vorn und sitzt nicht gerade auf dem Wirbelsäulenansatz. Die andere Eigenart sind die Zähne. Sie verraten uns immer eine Menge. Hier sind sie klein, rechteckig — es sind noch die Milchzähne des Kindes —, es sind nicht die großen, kämpferischen Schneidezähne, die die Menschenaffen haben. Das bedeutet also, daß es sich hier um ein Geschöpf handelte, das sich mit den Händen und nicht mit dem Mund sein Futter beschaffte. Die Form der Zähne läßt darüber hinaus den Schluß zu, daß dieses Geschöpf wahrscheinlich Fleisch aß, rohes Fleisch. Dazu mußte ein derartiges Geschöpf seine Hand benutzen, fast mit Sicherheit auch Werkzeuge aus Geröllsteinen und auch Feuersteinschaber, die es zur Jagd benutzte.

Dart nannte dieses Geschöpf *Australopithecus*. Das ist eine Bezeichnung, die mir gar nicht gefällt, denn sie bedeutet lediglich südlicher Menschenaffe. Das ist ein irreführender Name für ein Geschöpf aus Afrika, das als erstes kein Menschenaffe war. Ich habe den Verdacht, daß Dart, ein Australier, ein Körnchen Bosheit in diesen Namen gestreut hat.

Der Aufstieg des Menschen

Zehn Jahre vergingen, bis weitere Schädel gefunden wurden — nunmehr Schädel von Erwachsenen —, und erst gegen Ende der fünfziger Jahre unseres Jahrhunderts wurde die Geschichte des *Australopithecus* im wesentlichen zusammengestellt. Sie begann in Südafrika, wandte sich dann nach Norden zur Olduvai-Schlucht in Tansania, und in jüngster Zeit hat man die lohnendsten Funde von Fossilien und Werkzeugen im Bassin des Rudolfsees gemacht. Diese Geschichte ist einer der wissenschaftlichen Leckerbissen unseres Jahrhunderts. Sie ist in jeder Phase genauso aufregend wie die Entdeckungen auf dem Gebiet der Physik vor 1940 und in der Biologie seit 1950. Sie ist genauso befriedigend wie die Geschichte dieser beiden Disziplinen selbst — unter dem Aspekt nämlich, daß sie Licht auf unsere Natur als Menschen wirft.

Für mich hängt mit dem Australopithecus-Kind ein persönliches Erlebnis zusammen. 1950, als man sein Menschsein keineswegs wissenschaftlich anerkannt hatte, forderte man mich auf, ein wenig Mathematik zu treiben — man fragte mich, ob ich ein Maß für die Zahngröße des Taung-Kindes in Beziehung zu deren Form ermitteln könnte, so daß sie sich von Affenzähnen unterscheiden ließen. Ich hatte noch nie einen fossilen Schädel in der Hand gehalten, und ich war keineswegs ein Sachverständiger für Zähne. Aber es ließ sich alles recht gut an, und ich empfand ein Gefühl der Erregung, an das ich mich sogar in diesem Augenblick erinnern kann. Mit über 40 Jahren hatte ich bisher mein Leben damit verbracht, abstrakte mathematische Aufgaben über Formen und Gestalten zu lösen, und plötzlich erlebte ich, daß mein Wissen zwei Millionen Jahre zurückgriff und wie ein Scheinwerferstrahl in die Geschichte des Menschen eindrang. Das war phänomenal.

Und von diesem Augenblick an hatte ich mich ganz und gar dem Nachdenken darüber verschrieben, was nun den Menschen zu

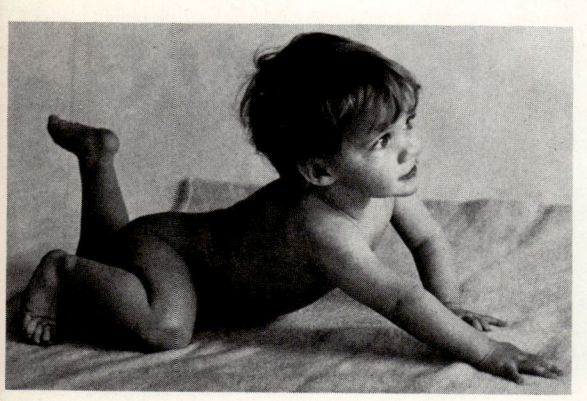
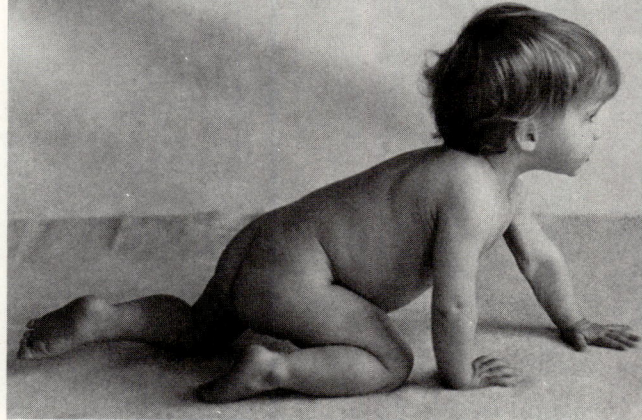

Vom Tier zum Halbgott

dem macht, was er ist. In der wissenschaftlichen Arbeit, die ich seither geleistet habe, in den Büchern, die ich schrieb, und auch in diesen Sendungen. Wie sind die Hominiden zu jenem Typ Mensch geworden, den ich verehre: gewissenhaft, aufmerksam, rücksichtsvoll, leidenschaftlich, mit der Fähigkeit, geistig mit den Symbolen der Sprache und der Mathematik, den Visionen von Kunst und Geometrie, von Dichtung und Wissenschaft umzugehen? Wie hat der Aufstieg des Menschen ihn von jenen tierhaften Anfängen zum wachsenden Forscherdrang geführt, der sich den Naturvorgängen zuwandte, zum ungestümen Drang nach Wissen, von dem diese Essays ein Zeugnis geben? Ich weiß nicht, wie das Taung-Kind sein Leben begonnen hat, aber für mich bleibt es immer noch das Urkind, mit dem das ganze Abenteuer Mensch seinen Anfang nahm.

Der menschliche Säugling, das Menschenwesen, ist ein Mosaik von Tier und Engel. So ist der Reflex, der den Säugling Tretbewegungen machen läßt, bereits im Mutterleib vorhanden — jede Mutter weiß das —, und dieser Reflex ist allen Wirbeltieren gemeinsam. Der Reflex ist ausreichend als Voraussetzung für ausgeklügeltere Bewegungen, die geübt werden müssen, bevor sie automatisch ablaufen. Im Alter von elf Monaten bestimmt der Reflex dem Säugling zu krabbeln. Dadurch werden neue Bewegungen eingeführt, die dann die Leitbahnen im Gehirn festlegen und ausbilden, jene Pfade im Kleinhirn insbesondere, wo Muskelbetätigung und Gleichgewichtsempfinden integriert sind. So wird

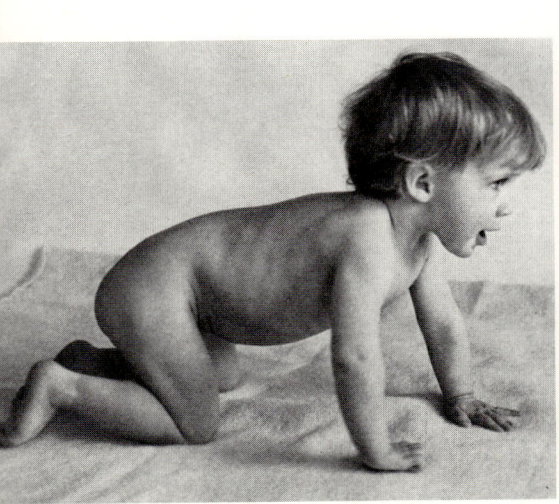 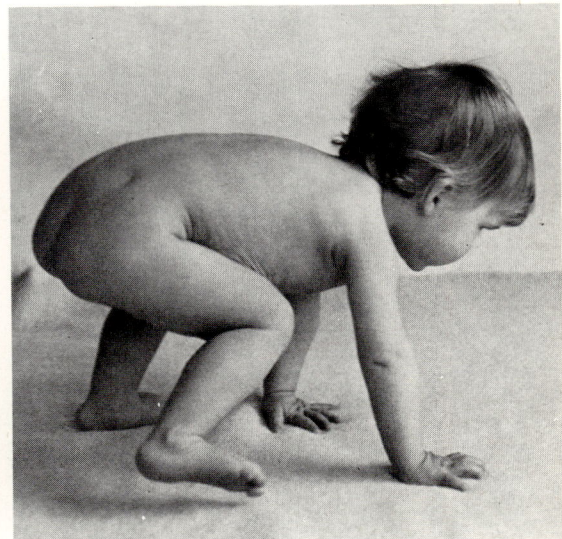

Der Aufstieg des Menschen

dann ein ganzes Repertoir subtiler, komplexer Bewegungen etabliert, die dem Kind zur zweiten Natur werden. Jetzt hat das Kleinhirn die Kontrolle übernommen. Alles was das Bewußtsein nun noch beisteuern muß, ist lediglich die Befehlsäußerung. Und bei einem vierzehnmonatigen Kind lautet der Befehl »stehen!«. Das Kind hat sich der Bestimmung des Menschen zum aufrechten Gang unterworfen.

Jede menschliche Tätigkeit geht teilweise auf unseren tierischen Ursprung zurück. Wir wären kalte und einsame Geschöpfe, wenn wir von diesem Blutstrom des Lebens abgetrennt wären. Dennoch ist es richtig, nach einer Unterscheidung zu fragen: Welche physischen Eigenschaften muß der Mensch mit den Tieren teilen, und welche Eigenheiten machen ihn zu etwas gänzlich Verschie-

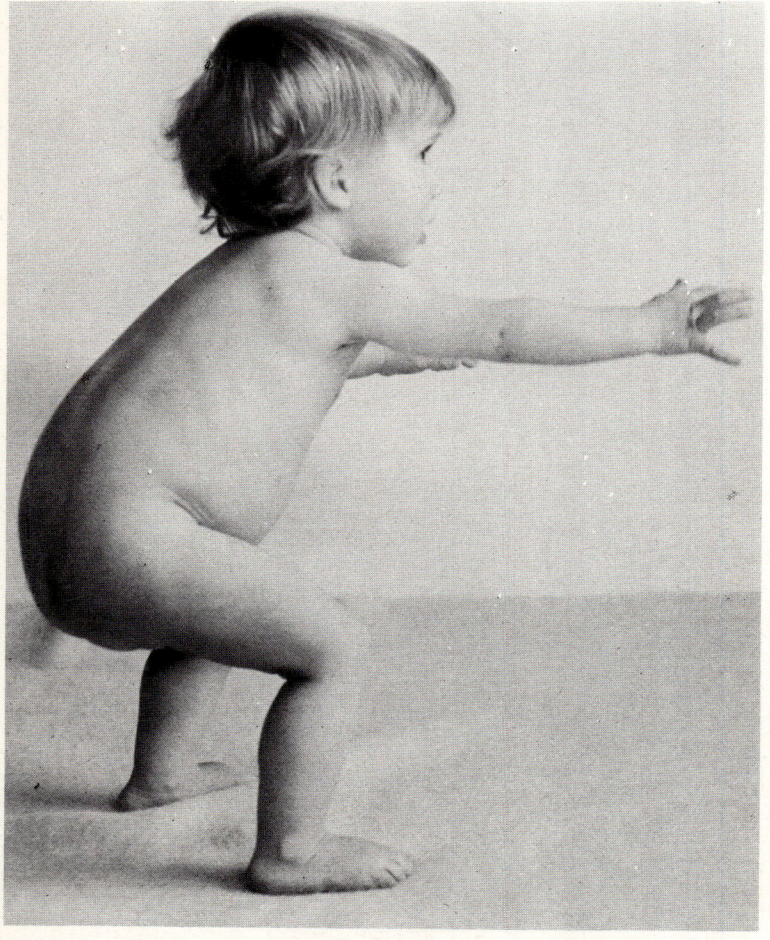

8
Das Kind hat die menschliche Entscheidung zum aufrechten Gang übernommen.
Ein vierzehn Monate altes Kind beginnt zu laufen.

Vom Tier zum Halbgott

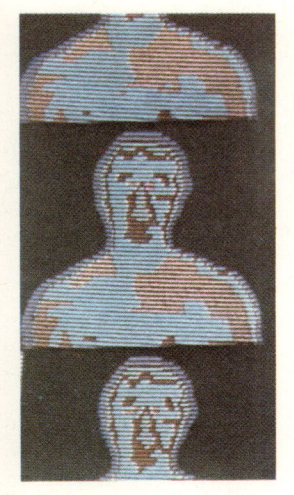

denem? Man halte sich einmal ein Beispiel vor Augen — je unkomplizierter, desto besser —, nehmen wir die Betätigung eines Leichtathleten, wenn er läuft oder springt. Wenn er die Startpistole hört, ist die Startreaktion des Sportlers dieselbe wie der Fluchtreflex der Gazelle. Der Läufer scheint ganz Tier in Aktion zu sein. Der Herzschlag wird beschleunigt. Wenn er mit größter Schnelligkeit läuft, pumpt das Herz fünfmal soviel Blut wie bei normaler Betätigung, und neunzig Prozent davon gehen in die Muskeln. Der Läufer braucht jetzt etwa hundert Liter Luft in der Minute, um sein Blut mit dem Sauerstoff anzureichern, den es dann zu den Muskeln befördert.

9
Das Denken des Leichtathleten ist in die Zukunft gerichtet, trachtet danach, seine Fähigkeit auszubauen. In seiner Vorstellung springt er in die Zukunft.
Leichtathlet vor dem Stabhochsprung und auf dem Höhepunkt seiner Übung. Infrarot-Fotografie des Kopfes und Oberkörpers eines erschöpften Leichtathleten.

Der Aufstieg des Menschen

10
Der Kopf ist die Triebfeder der kulturellen Evolution. *Grafische Computer-Darstellung von Stadien in der Evolution des Kopfes.*

Fossiler lemur

Aegyptopithecus

Dryopithecus

Die heftige Blutzirkulation und die Luftaufnahme können sichtbar gemacht werden, denn sie stellen sich auf Infrarotfilm, der auf Wärmeabstrahlung reagiert, deutlich dar. (Die blauen oder hellen Zonen sind die wärmsten, die roten oder dunklen Zonen sind kühler). Das Aufflackern, das wir sehen und das die Infrarotkamera analysiert, ist ein Nebenprodukt, welches die Grenze der Muskeltätigkeit ankündigt. Denn der wesentliche chemische Prozeß läuft darauf hinaus, durch Verbrennung von Zucker in den Muskeln, denselben Energie zuzuführen. Aber drei Viertel dieser Energie gehen als Wärme verloren. Es gibt noch eine andere Grenze, die für den Läufer und die Gazelle gleichermaßen besteht und sich durchgreifender bemerkbar macht: die Geschwindigkeit, bei der für eine vollständige chemische Verbrennung in den Muskeln zu wenig Sauerstoff verfügbar ist. Die Abfallprodukte der unvollkommenen Verbrennung verunreinigen jetzt das Blut — vorwiegend handelt es sich um Milchsäure. Sie bewirkt Erschöpfung und verhindert die Muskeltätigkeit, bis das Blut wieder mit frischem Sauerstoff gereinigt werden kann.

Bisher unterscheidet den Leichtathleten noch nichts von der Gazelle — das alles ist gewissermaßen noch der normale Stoffwechsel eines flüchtenden Tieres. Aber ein wesentlicher Unterschied besteht: Der Läufer war nicht auf der Flucht. Der Schuß, der ihn losrennen ließ, kam aus einer Startpistole, und was er wissentlich erlebte, war keine Furcht, sondern ein Hochgefühl. Der Läufer ist wie das Kind beim Spiel: Seine Handlungsweise ist ein Abenteuer in Freiheit, und der einzige Sinn dieser atemberaubenden chemischen Vorgänge lag darin, daß er die Grenzen seiner eigenen Kraft zu erkunden versuchte.

Natürlich gibt es physische Unterschiede zwischen dem Menschen und den anderen Tieren, ja selbst zwischen Mensch und Menschenaffe. Beim Stabhochsprung greift der Sportler zum Beispiel seinen Sprungstab mit einem genau ansetzenden Zugriff, den kein Affe richtig nachahmen kann. Und doch sind solche Unterscheidungen zweitrangig, wenn man sie mit dem wesentlichen Unterscheidungsmerkmal vergleicht. Das besteht nämlich darin, daß der Sportler ein erwachsener Mensch ist, dessen Verhalten nicht durch seine unmittelbare Umgebung bestimmt wird, wie es beim tierischen Verhalten immer der Fall ist. Für sich gesehen, ergeben seine Handlungen keinerlei praktischen Sinn. Sie sind eine Übung, die sich nicht an der Gegenwart ausrichtet. Das Denken des Sportlers ist in die Zukunft gerichtet, darauf, daß er seine Geschicklichkeit vergrößert — und in seiner Vorstellung springt er in die Zukunft.

Wenn der Stabhochspringer zum Absprung bereit ist, dann ist er ein Bündel menschlicher Fähigkeiten: der Zugriff der Hand,

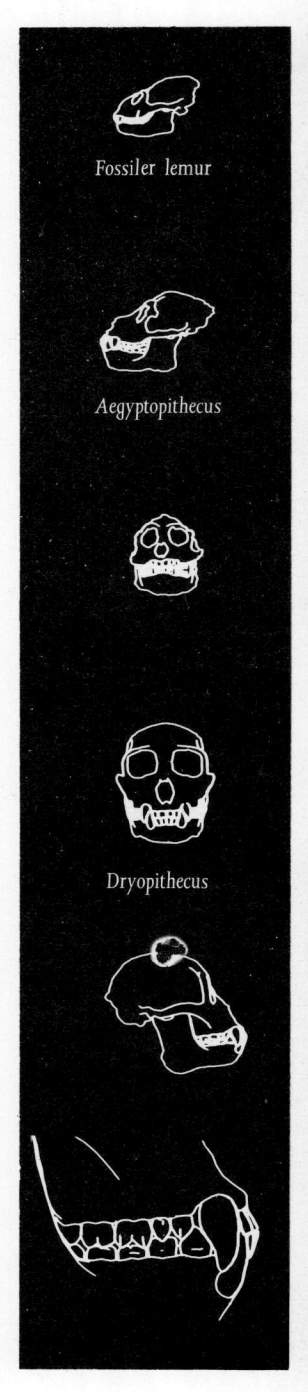

Vom Tier zum Halbgott

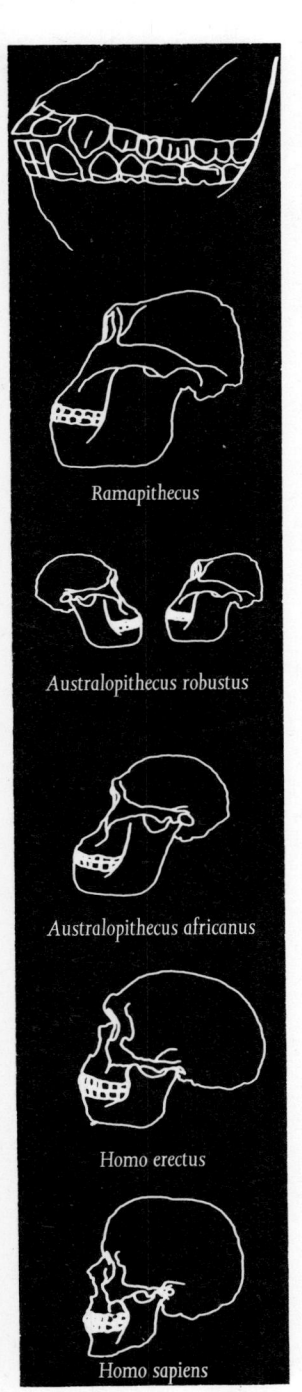

Ramapithecus

Australopithecus robustus

Australopithecus africanus

Homo erectus

Homo sapiens

das gekrümmte Bein, die Schulter- und Beckenmuskeln, ja der Stab selbst, in dem Energie gespeichert ist und wie bei einem von der Sehne schnellenden Pfeil freigesetzt wird. Die grundlegende Eigenheit dieses Komplexes liegt im Gefühl der Vorausschau, in der Fähigkeit, eine Zielvorstellung festzulegen und die Aufmerksamkeit unerbittlich darauf zu konzentrieren. Die Leistung des Sportlers enthüllt einen durchgehenden Plan: Vom einen Extrem zum anderen sind es die Erfindung des Sprungstabes und die geistige Konzentration in dem Augenblick vor dem Absprung, die diesem Plan das Siegel des Menschseins aufdrücken.

Der Kopf ist mehr als eine symbolische Darstellung des Menschen. Er beherbergt die Vorausschau, und damit die federnde Kraft, die die kulturelle Evolution vorantreibt. Wenn ich also den Aufstieg des Menschen auf seinen tierischen Ursprung zurückführe, so muß die Entwicklung des Kopfes und des Schädels aufgespürt werden. Leider existieren aus dem Zeitraum von etwa fünfzig Millionen Jahren, von dem hier die Rede sein soll, nur sechs oder sieben wesentlich voneinander zu unterscheidende Schädel, die als Stadien in dieser Evolution zu identifizieren sind. Es muß noch viele Zwischenstufen unter den unentdeckten Versteinerungen geben, und einige von ihnen wird man sicher finden. Inzwischen müssen wir jedoch erschließen, was geschehen ist, indem wir uns die Zwischenformen der bekannten Schädel vorzustellen versuchen. Am besten kann man die geometrischen Übergänge von einem Schädel zum anderen auf dem Computer berechnen. Um also die Kontinuität darzustellen, zeige ich die Schädel auf einem Computer mit Bildschirm, der uns dann die Übergänge andeutet.

Beginnen wir einmal vor fünfzig Millionen Jahren mit einem kleinen Baumbewohner, einem Lemuren. Der Name ist angemessenerweise von den Geistern der Toten im alten Rom abgeleitet. Der fossile Schädel gehört zur Lemuren-Familie *Adapis* und wurde in Kalkablagerungen bei Paris gefunden. Wenn der Schädel umgedreht wird, kann man das *foramen magnum* ganz hinten erkennen. Hier handelt es sich um ein Geschöpf, das den Kopf von der Wirbelsäule herunterhängen ließ und ihn nicht aufrecht hielt. Es ist wahrscheinlich, daß dieses Wesen sowohl Insekten als auch Pflanzen zu sich nahm, und es besaß mehr als die zweiunddreißig Zähne, die der Mensch und die meisten Primaten heute haben.

Der fossile Lemur verfügt über einige Wesensmerkmale der Primaten, das sind die Angehörigen der Familie, der auch die niedrigen Affen, die Menschenaffen und der Mensch angehören. Aus Überresten des Gesamtskeletts wissen wir, daß der Lemur Fingernägel hatte, keine Klauen. Er hatte einen Daumen, der wenigstens teilweise der übrigen Hand gegenübergestellt werden konnte, und am Schädel zeigen sich zwei Eigenheiten, die wirklich den Weg zu den Anfängen des Menschen weisen. Die Schnauze ist kurz, zurückgesetzt, die Augen sind groß und stehen weit auseinander. Das bedeutet, daß hier eine Auswahl zuungunsten des Geruchssinnes und zugunsten des Gesichtssinnes stattgefunden hat. Die Augenhöhlen sitzen immer noch ziemlich seitlich im Schädel, zu beiden Seiten der Schnauze, aber im Vergleich zu früheren Insektenfressern haben sich die Lemurenaugen schon nach vorn bewegt und ermöglichen in gewisser Weise stereoskopisches Sehen. Das sind zwar kleine Anzeichen einer evolutionären Entwicklung auf die feingegliederte Struktur des Menschenantlitzes hin, und doch liegt hier der Ursprung des Menschen.

Das war — ganz grob gerechnet — vor fünfzig Millionen Jahren. In den darauffolgenden zwanzig Millionen Jahren zweigt die Linie, die zu den Affen führt, von der Hauptentwicklungslinie in Richtung auf Menschenaffen und Menschen ab. Das nächste Wesen auf der Hauptentwicklungslinie war vor dreißig Millionen Jahren der fossile Schädel, der in Fayum in Ägypten gefunden und als *Aegyptopithecus* bezeichnet wurde. Er hat eine kürzere Schnauze als der Lemur, seine Zähne sind affenähnlich, und er ist größer — und doch lebt er noch auf Bäumen. Aber von diesem Zeitpunkt an verbringen die Urahnen der Menschenaffen und des Menschen einen Teil ihrer Zeit auf festem Boden.

Vor zwanzig Millionen Jahren gab es in Ostafrika, Europa und Asien Geschöpfe, die wir heute als anthropoide Affen bezeichnen würden. Ein klassischer Fund, den Louis Leakey machte, erhielt den würdigen Namen *Proconsul,* und es gab damals wenigstens eine andere weitverbreitete Gattung, den *Dryopithecus*. (Die Bezeichnung *Proconsul* ist ein Anthropologenscherz. Der Name soll andeuten, daß er ein Urahn eines berühmten Schimpansen war, der 1931 unter dem Spitznamen »Consul« lebte.) Das Gehirn ist beachtlich größer, die Augen sind jetzt vollkommen zum stereoskopischen Sehen nach vorn versetzt. Diese Entwicklung zeigt uns, in welche Richtung die Hauptlinie Menschenaffe und Mensch verlief. Wenn sich diese Hauptlinie jedoch schon wieder geteilt hatte, was möglich ist, dann ist dieses Geschöpf — was den Menschen angeht — auf einer anderen Entwicklungslinie, zu den niederen Affen, gewandert. Die Zähne zeigen uns, daß dies ein Affe ist, denn die Art und Weise, in der sich der Kiefer schließt, ist — nach den großen Schneidezähnen zu urteilen — nicht menschenähnlich.

Es ist die Veränderung im Gebiß, die die Abspaltung der Entwicklungslinie signalisiert, die im Augenblick ihres Auftretens zum Menschen hinführt. Der erste Sammler, den wir haben, ist der in Kenia und Indien gefundene *Ramapithecus*. Dieses Ge-

11
Die ständige Verwendung desselben Werkzeugs über lange Zeit hinweg zeigt die Kraft der Erfindung. Jedes Tier hinterläßt Spuren seiner Existenz. Der Mensch allein hinterläßt Spuren dessen, was er geschaffen hat.
Acheulische Handaxt des Homo erectus.

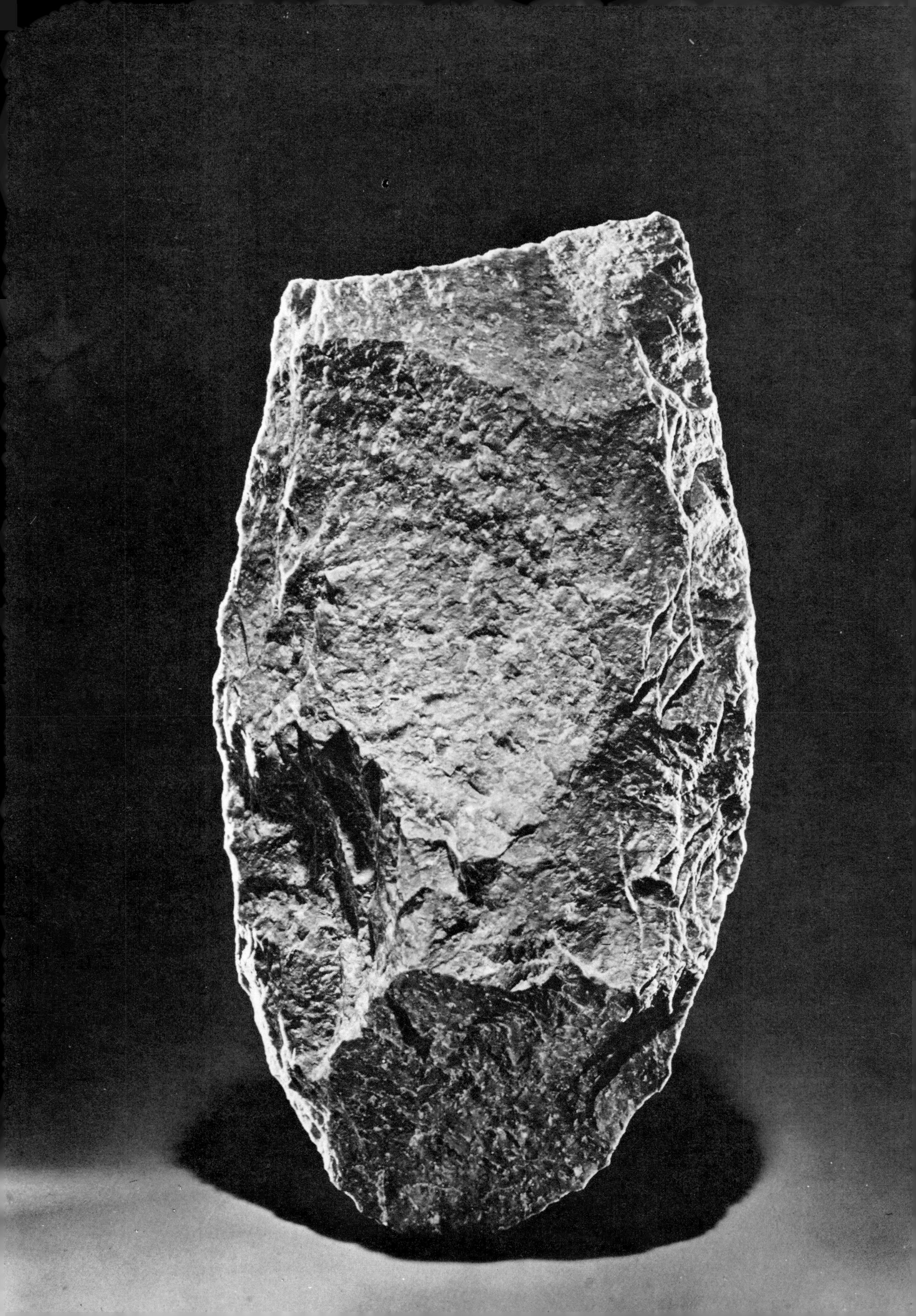

schöpf ist vierzehn Millionen Jahre alt, und wir haben nur Teile seines Kiefers. Es ist jedoch offensichtlich, daß die Zähne gleichmäßig stehen und menschlicher sind. Die großen Eckzähne der anthropoiden Affen sind verschwunden, das Gesicht ist wesentlich flacher, und wir befinden uns offensichtlich in der Nähe einer Abzweigung des Entwicklungs-Stammbaumes. Einige Anthropologen sind sogar so kühn, den *Ramapithecus* zu den Hominiden zu rechnen.

Nun gibt es eine Lücke von fünf bis zehn Millionen Jahren unter den fossilen Funden. In dieser Lücke ist unvermeidlicherweise der fesselndste Abschnitt der Geschichte verborgen. In diesem Zeitraum wird nämlich die Entwicklungslinie vom Hominiden zum Menschen endgültig von der Linie, die zu den heutigen Menschenaffen führt, abgespalten. Dafür haben wir bis heute noch keinen unzweideutigen Beleg gefunden. Später, vor etwa fünf Millionen Jahren, treten dann die eindeutigen Verwandten des Menschen auf.

Ein Vetter des Menschen, der nicht auf unserer direkten Entwicklungsstufe liegt, ist ein wuchtig gebauter *Australopithecus,* ein Vegetarier. Der *Australopithecus robustus* ist menschenähnlich, und seine Entwicklung führt in keine andere Richtung, er ist lediglich ausgestorben. Der Beweis dafür, daß dieses Geschöpf von Pflanzen lebte, liegt wiederum in seinen Zähnen und ist ganz direkt: Die Zähne, die noch erhalten blieben, sind durch den feinen Sand, den er mit den verspeisten Wurzeln aufnahm, konkav ausgeschliffen.

Sein Vetter auf der Entwicklungsstufe zum Menschen hin ist leichter gebaut — was aus dem Kiefer zu ersehen ist — und ist wahrscheinlich ein Fleischfresser. Er kommt dem, was man allgemein das »missing link« oder »fehlende Glied« genannt hat, am nächsten: *Australopithecus africanus,* einer von einer Anzahl fossiler Schädel, die bei Sterkfontein in Transvaal und an anderen Orten in Afrika gefunden wurden, der Schädel einer erwachsenen Frau. Das Taung-Kind, mit dem ich begonnen habe, wäre zu einer solchen Frau herangewachsen — voll aufrecht gehend und mit einem größeren Gehirn, das zwischen einem Pfund und eineinhalb Pfund wiegt. Das ist heute die Gehirnmasse eines großen Menschenaffen. Unsere Frau war jedoch ein kleines Geschöpf, lediglich einen Meter fünfundzwanzig groß. Jüngste Funde Richard Leakeys lassen auch tatsächlich vermuten, daß das Gehirn vor zwei Millionen Jahren sogar größer war als dieses.

Und mit dem größeren Gehirn haben die Vorfahren des Menschen zwei wichtige Erfindungen gemacht. Für eine von ihnen haben wir sichtbare Beweise und für die andere einen indirekten Nachweis. Zuerst die sichtbare Erfindung. Vor zwei Millionen

Jahren machte der *Australopithecus* rudimentäre Steinwerkzeuge, indem er einem rundlichen Stein durch einen einfachen Schlag eine scharfe Kante gab.

Eine weitere Million Jahre lang hat der Mensch im Verlauf seiner Entwicklung dieses Werkzeug nicht geändert. Er hatte die grundlegende Entdeckung gemacht, die zweckvolle Handlung durchgeführt, mit der man einen Stein präpariert und für die spätere Benutzung bereithält. Mit dieser sprunghaften Zunahme an Geschicklichkeit und Vorausschau, einem symbolischen Akt der Entdeckung der Zukunft, hatte er die Bremse gelockert, die die Umwelt allen anderen Geschöpfen aufzwingt. Die stetige Benutzung des gleichen Werkzeugs über so einen langen Zeitraum hinweg belegt die Stärke der Erfindung. Das Werkzeug wurde ganz einfach gehalten, indem man mit festem Zugriff das dicke Ende des Steins gegen die Innenfläche der Hand drückte. (Die Ahnen des Menschen hatten einen kurzen Daumen und konnten das Werkzeug daher nicht mit viel Geschick handhaben, aber den festen Zugriff machten sie sich zunutze.) Und dieses Werkzeug ist fast mit Sicherheit das eines Fleischfressers, mit dem man zuschlägt und zu schneiden vermag.

Die andere Erfindung ist eine gesellschaftliche. Ihr Vorhandensein können wir aus subtileren Überlegungen erschließen. Die Schädel und Skelette des *Australopithecus,* die nunmehr in größerer Anzahl gefunden worden sind, zeigen, daß die meisten Geschöpfe vor Erreichen des zwanzigsten Lebensjahres gestorben sind. Es muß daher viele Waisenkinder gegeben haben. Der *Australopithecus* hatte gewiß eine lange Kindheit wie alle Primaten. Noch im Alter von etwa zehn Jahren waren die Überlebenden Kinder. Deshalb müssen wir eine gesellschaftliche Organisation annehmen, innerhalb derer man sich um die Kinder kümmerte und sie gewissermaßen adoptierte. Sie wurden in die Gemeinde einbezogen und somit auch auf gewisse Weise erzogen. Das ist ein maßgeblicher Schritt, den wir auf dem Weg der kulturellen Evolution verzeichnen müssen.

An welchem Punkt können wir nun sagen, daß die Vorläufer unserer Art zum Menschen wurden? Das ist eine heikle Frage, denn solche Veränderungen passieren ja nicht über Nacht. Es wäre töricht, wenn man versuchte, sie plötzlicher darstellen zu wollen, als sie tatsächlich waren, die Übergangsstelle zu präzise festzulegen oder sich über bloße Bezeichnungen zu streiten. Vor zwei Millionen Jahren waren wir noch keine Menschen. Vor einer Million Jahren waren wir es, denn um diese Zeit erscheint ein Geschöpf, das man als *Homo* bezeichnen kann — als *Homo erectus.* Er breitet sich weit über Afrika hinweg aus. Der klassische Fund des *Homo erectus* wurde in China gemacht. Das ist der

Peking-Mensch, der etwa vierhunderttausend Jahre alt ist und der das erste Geschöpf darstellt, das mit Sicherheit Feuer benutzte.

Die Veränderungen des *Homo erectus,* die zu uns geführt haben, sind während mehr als einer Million Jahre erheblich, aber im Vergleich mit den voraufgegangenen scheinen sie nur graduell zu sein. Der Nachfolger, den wir am besten kennen, wurde zuerst in Deutschland im vergangenen Jahrhundert entdeckt: ein weiteres klassisches Schädelfossil, der Neandertaler. Er hat bereits ein etwa drei Pfund schweres Gehirn wie der moderne Mensch. Vielleicht sind einige Linien des Neandertal-Menschen ausgestorben, aber es ist möglich, daß eine Linie im Nahen Osten sich direkt auf uns hin entwickelte, zum *Homo sapiens.*

Irgendwann während der letzten Million Jahre hat der Mensch die Güte seiner Werkzeuge verändert — was vielleicht auf eine biologische Verfeinerung der Hand in diesem Zeitraum schließen läßt, besonders aber der Gehirnzentren, die die Hand steuern. Das (biologisch und kulturell) verfeinerte Geschöpf der letzten halben Million Jahre konnte bereits mehr als die uralten Steinwerkzeuge kopieren, die auf den *Australopithecus* zurückgingen. Es machte Werkzeuge, die eine wesentlich größere Handfertigkeit bei der Herstellung und natürlich auch bei der Benutzung erforderten.

Die Entwicklung solcher komplizierter Fähigkeiten und die Benutzung des Feuers sind keine isolierten Phänomene. Wir müssen uns ganz im Gegenteil immer ins Gedächtnis rufen, daß der wirkliche Sinngehalt der Evolution (biologisch sowie kulturell) die Herausarbeitung neuen Verhaltens ist. Nur weil das Verhalten keine Fossilien zurückläßt, sind wir gezwungen, darauf aus Knochen und Zähnen zu schließen. Knochen und Zähne sind nicht an sich interessant, nicht einmal für das Geschöpf, dem sie gehören, sondern sie dienen ihm als Grundausrüstung für sein Handeln — und für uns sind sie interessant, weil sie als Ausrüstungsgegenstände sein Tun enthüllen. Veränderungen in der Ausrüstung enthüllen Veränderungen im Verhalten und in der Geschicklichkeit.

Aus diesem Grunde fanden die Veränderungen des Menschen während seiner Evolution nicht als Stückwerk statt. Er wurde nicht aus der Hirnschale des einen Primaten und dem Kiefer eines anderen zusammengesetzt — diese irrige Vorstellung ist zu naiv, um der Wirklichkeit zu entsprechen, und führt lediglich zu einer Fälschung wie dem Piltdown-Schädel. Jedes Tier, und der Mensch ganz besonders, ist eine weitgehend integrierte Struktur, deren Teile sich zusammen mit dem Verhalten verändern. Die Evolution des Gehirns, der Hand, der Augen, der Füße, der Zähne, des ganzen menschlichen Körpergerüstes, ergaben ein Mosaik besonderer Begabungen — und in gewisser Weise ist jedes Kapitel die-

12
Die Jagd ist ein Gemeinschaftsunternehmen, dessen Höhepunkt, aber nur der Höhepunkt, das Töten ist.
Eine Gruppe von Wayana-Indianer-Jägern im Amazonasbecken, die vor der Jagd gemeinsam essen.

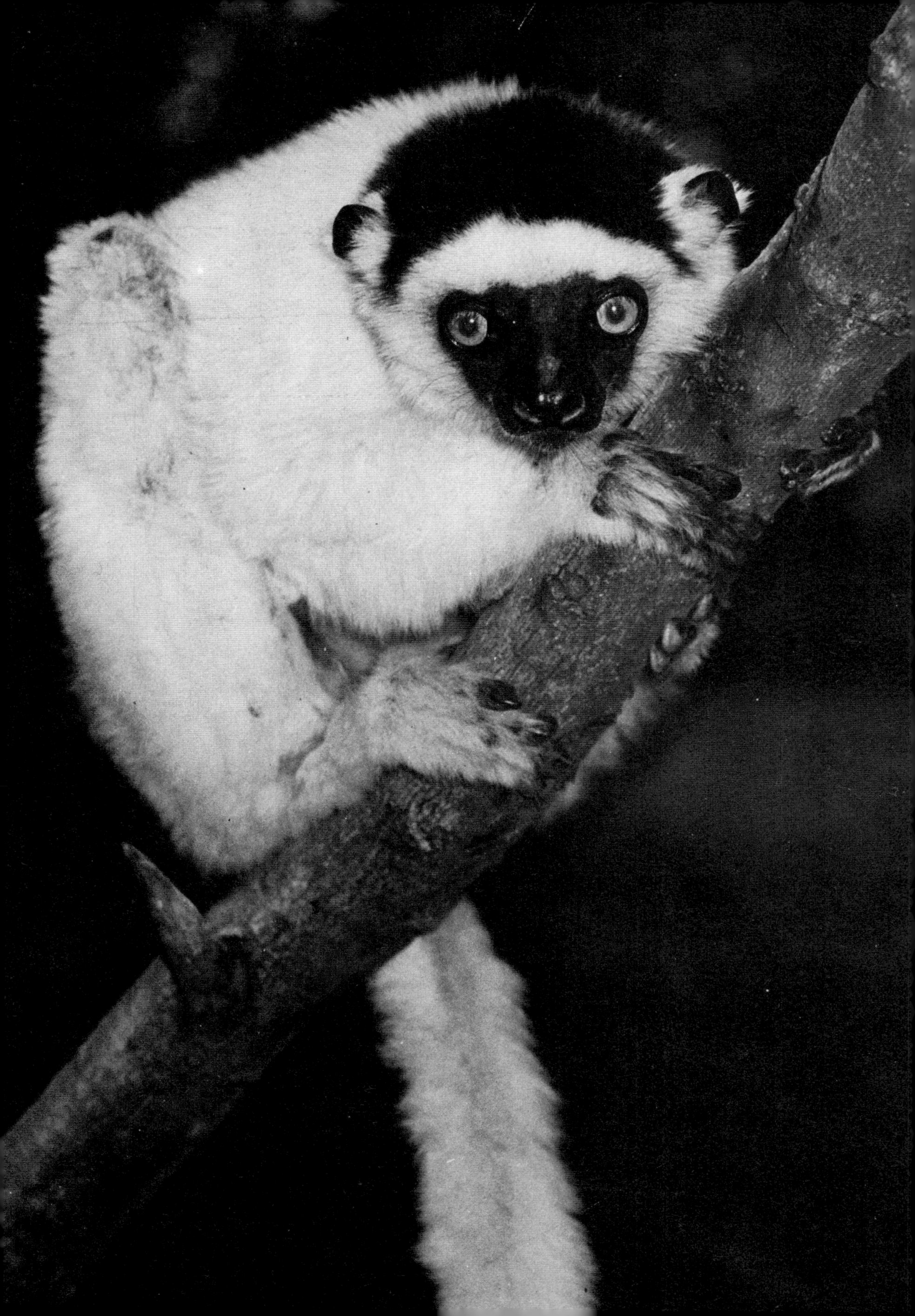

Vom Tier zum Halbgott

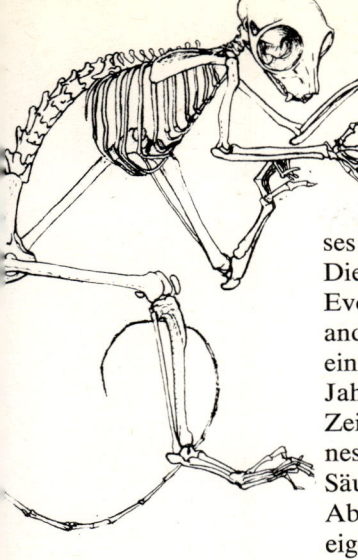

13
Die frühesten Geschöpfe auf dem Wege zum Menschen waren flinkäugige und feingliedrige Insekten – und Fruchtfresser wie die Lemuren. *Heutiger Lemur aus Madagaskar und Skelett des fruchtfressenden Buschbabys aus Ostafrika, ein enger Verwandter der Lemuren. (Man beachte die Struktur von Hand und Nägeln.)*

ses Buches ein Essay über eine besondere Gabe des Menschen. Diese Gaben haben ihn zu dem gemacht, was er ist, rascher in der Evolution und reicher sowie elastischer im Verhalten als irgendein anderes Tier. Anders als die Geschöpfe (darunter zum Beispiel einige Insekten), die seit fünf, zehn, ja sogar fünfzig Millionen Jahren unverändert geblieben sind, hat sich der Mensch in diesem Zeitraum bis zur Unkenntlichkeit gewandelt. Der Mensch ist keineswegs das majestätischste aller Geschöpfe. Schon lange vor den Säugetieren waren die Dinosaurier wesentlich eindrucksvoller. Aber der Mensch verfügt über das, was kein anderes Tier sein eigen nennen kann, über ein zusammengesetztes Puzzle von Fähigkeiten, die ihn allein über dreihundert Millionen Jahre Leben hinweg zu einem schöpferischen Wesen machen. Jedes Tier hinterläßt Spuren seines Daseins, der Mensch allein hinterläßt Spuren dessen, was er geschaffen hat.

Eine Veränderung der Nahrung ist beim Wandel der Spezies über einen fünfzig Millionen Jahre langen Zeitraum von Bedeutung. Die frühesten Geschöpfe in der Folge, die dann zum Menschen führte, waren Insekten- und Fruchtfresser wie die Lemuren mit flinken Augen und behenden Fingern. Frühe Affen und Hominiden vom *Ägyptopithecus* und *Proconsul* bis zum schweren *Australopithecus* müssen wohl ihre Tage damit verbracht haben, vorwiegend vegetarische Nahrung aufzustöbern. Erst der leicht gebaute *Australopithecus* brach mit der althergebrachten Primatengewohnheit des Vegetarismus.

Nachdem der Übergang vom Vegetarier zum Allesfresser erst einmal vollzogen war, hielt er sich beim *Homo erectus,* beim Neandertaler und auch beim *Homo sapiens*. Mit dem Urvorfahren, dem leicht gebauten *Australopithecus,* beginnend, aß die Menschenfamilie stets etwas Fleisch: zunächst kleine Tiere, später größere. Fleisch enthält Eiweiß in konzentrierter Form als Pflanzen, und der Fleischverzehr verringert die Nahrungsmenge und die auf das Essen verwandte Zeit um zwei Drittel. Die Folgen für die Evolution des Menschen waren weitreichend. Er hatte mehr freie Zeit zur Verfügung und konnte sie eher indirekt darauf verwenden, Nahrung von Quellen zu besorgen, die man mit roher Gewalt, vom Hunger getrieben, sonst nicht erschließen konnte (wie z. B. Großtiere). Dieser Umstand hat offensichtlich dazu beigetragen (durch natürliche Auswahl), die Tendenz aller Primaten zu fördern, eine Verzögerung im Gehirn zwischen Reiz und Reaktion einzuschalten. Ein Vorgang, der sich schließlich zur menschlichen Fähigkeit entwickelte, die Befriedigung von Wünschen beträchtlich herauszuschieben.

Die nachhaltigste Auswirkung einer indirekten Strategie, die auf eine Verbesserung der Nahrungsbeschaffung ausgerichtet ist, macht sich natürlich in sozialer Handlungsweise und Kommunikation bemerkbar. Ein langsames Wesen wie der Mensch kann ein großes Savannentier, das schnell entfliehen kann, nur dann anpirschen, verfolgen und stellen, wenn dies im Zusammenwirken mit anderen geschieht. Die Jagd erfordert nicht nur besondere Waffen, sondern auch bewußte Planung und Organisation mit Hilfe der Sprache. Die Sprache, die wir benutzen, hat etwas vom Charakter eines Jagdplanes, da wir einander (im Gegensatz zu den Tieren) in Sätzen anweisen, die aus beweglichen Einheiten bestehen. Die Jagd ist ein Gemeinschaftsunternehmen, dessen Höhepunkt — und nur der Höhepunkt — die Erlegung des Opfers ist.

Jagd kann eine an einem Ort anwachsende Bevölkerungsgruppe nicht am Leben erhalten. Der Grenzwert lag in der Savanne bei höchstens zwei Menschen pro Quadratmeile. Bei dieser Bevölkerungsdichte könnte die gesamte Festlandsfläche der Erde lediglich die heutige Bevölkerung von Kalifornien ernähren, etwa zwanzig Millionen Menschen, und nicht einmal die Bevölkerung Großbritanniens. Für den Jäger stellte sich also die Alternative brutal eindeutig: hungern oder weiterziehen.

Die Menschen zogen über erhebliche Entfernungen weg. Vor etwa einer Million Jahren waren sie in Nordafrika. Vor siebenhunderttausend Jahren oder sogar früher waren sie auf Java angelangt. Vor vierhunderttausend Jahren hatten sie sich nach Norden fächerförmig ausgebreitet, in östlicher Richtung bis nach China und in westlicher bis nach Europa. Diese unglaublich weitreichenden Wanderungen machten den Menschen von einem frühen Zeitpunkt an zu einer weitgestreuten Spezies, obgleich seine Gesamtzahl recht klein war — möglicherweise eine Million.

Was noch unglaublicher erscheint, ist die Tatsache, daß der Mensch sich just um die Zeit nach Norden wandte, als sich das Klima in diesen Regionen zur Eiszeit gewandelt hatte. In der großen Kälte wuchs das Eis gewissermaßen aus dem Boden. Das nördliche Klima war seit unerdenklichen Zeiten gemäßigt gewesen — buchstäblich mehrere hundert Millionen Jahre lang, und doch begann gerade um die Zeit, als sich der *Homo erectus* in China und Nordeuropa ansiedelte, eine Folge von drei getrennten Eiszeiten.

Die erste hatte ihren Höhepunkt schon überschritten, als der Peking-Mensch vor vierhunderttausend Jahren in Höhlen lebte. Es ist deshalb nicht erstaunlich, daß man in den Höhlen zum erstenmal die Überreste von Lagerfeuern findet. Das Eis bewegte sich nach Süden und wanderte dreimal zurück. Dreimal veränderte sich das Land. Die Eiskappen enthielten, wenn sie am umfangreichsten waren, soviel gefrorenes Wasser von der Erdoberfläche, daß sich der Meeresspiegel um etwa einhundertdreißig Meter

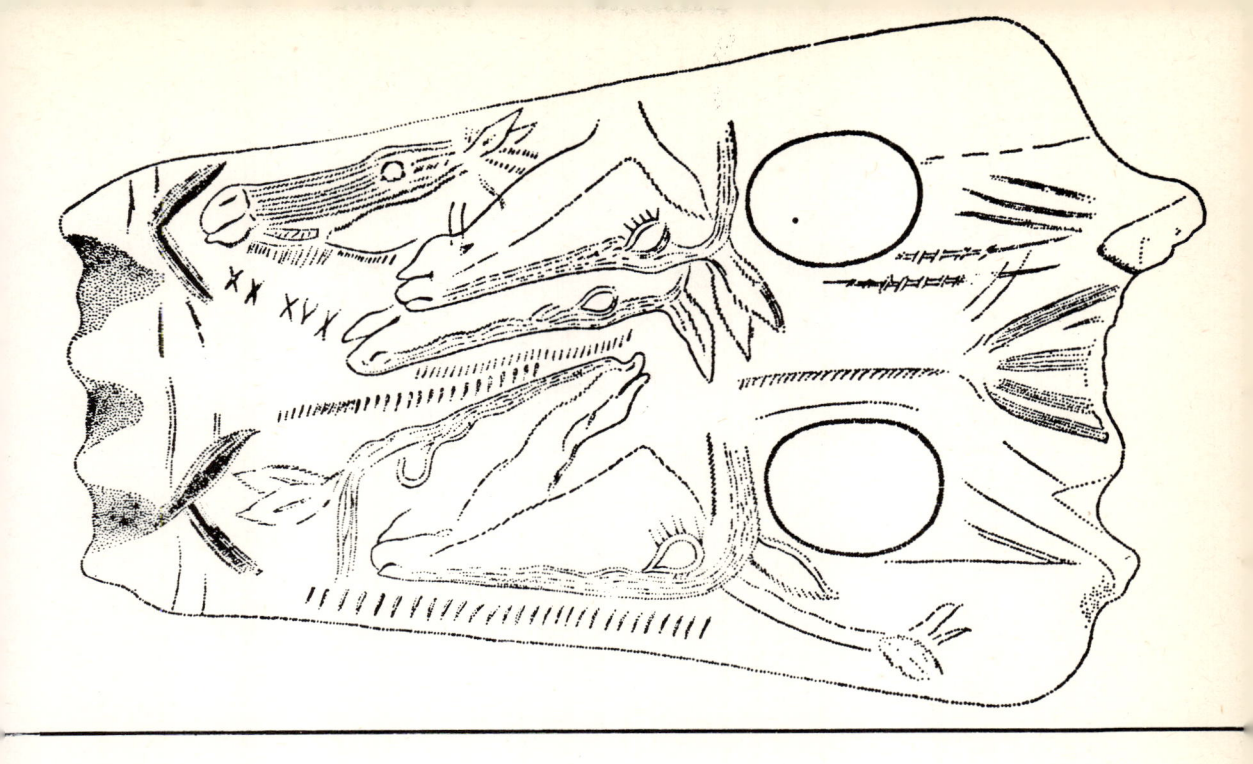

14
Fossile, die die kulturelle Evolution des Menschen in ihrer zeitlichen Abfolge ins Gedächtnis rufen.
Harpune aus Rentierhorn aus dem Magdalénien. Die Haken der Harpune haben sich von einer einfachen Einzelreihe während der letzten Eiszeit zu den Doppelreihen verändert. Durchbohrter Stab aus Santander, Spanien, mit Köpfen von Hirschkühen geschmückt. Felsbild einer Rentierjagd, Cueva de los Caballos, Valltorta-Schlucht, Provinz Castellón, Ostspanien. Die Erfindung von Pfeil und Bogen folgte am Ende der letzten Eiszeit.

47

Der Aufstieg des Menschen

15
Es gibt dreißigtausend Menschen dieser Art, und ihre Lebensweise neigt sich dem End
Lappen-Rentierherden vor einer Kote in Finnmark, 1900.

senkte. Nach der zweiten Eiszeit, vor über zweihunderttausend Jahren, trat der Neandertaler mit seinem großen Gehirn auf und erhielt seine Bedeutung dann während der letzten Eiszeit. Die Kulturen des Menschen, die wir am leichtesten zu erkennen vermögen, bildeten sich während der jüngsten Eiszeit, innerhalb der letzten hundert oder sogar fünfzigtausend Jahre. Da finden wir die komplizierten Werkzeuge, die auf wohldurchdachte Formen der Jagd hindeuten: den Speer zum Beispiel und die Keule, die vielleicht zum Geraderichten benutzt wurde, die mit Widerhaken ausgestattete Harpune und natürlich die Werkzeuge aus Feuerstein, die zur Herstellung der Jagdwaffen benötigt wurden.

Es ist klar, daß Erfindungen damals wie heute selten sind, aber sie verbreiten sich rasch in einer Kultur. So erfanden vor fünfzehntausend Jahren die Jäger in Südeuropa im Magdalénien die Harpune. Im Frühstadium dieser Erfindung waren die Harpunen des Magdalénien nicht mit Widerhaken versehen, später waren sie einreihig mit Fischhaken bestückt, und am Ende der Periode, als die Höhlenkunst aufblühte, wiesen sie eine doppelte Widerhakenreihe auf. Die Jäger des Magdalénien versahen ihre Knochenwerkzeuge mit Ornamenten, die man entsprechend der Ausgeprägtheit des Stils nach genauen Zeitabschnitten und geographischen Herkunftsorten bestimmen kann. Sie sind — im wirklichen Sinne — Fossilien, die die kulturelle Evolution des Menschen als eine geordnete Abfolge belegen.

Der Mensch überlebte die grausame Bewährungsprobe der Eiszeiten, weil er die geistige Beweglichkeit hatte, Erfindungen als solche zu erkennen und sie in Gemeineigentum zu verwandeln. Offensichtlich haben die Eiszeiten eine tiefgreifende Veränderung in der Lebensweise des Menschen bewirkt. Sie zwangen ihn, sich weniger auf Pflanzen und mehr auf Tiere zu verlassen. Die harten Jagdbedingungen am Rande des Eises haben auch die Jagdstrategie verändert. Es wurde weniger lohnend, Einzeltiere, ganz gleich, wie groß sie waren, auf der Pirsch zu verfolgen. Die bessere Lösung bestand darin, Tierherden zu verfolgen und nicht mehr aus dem Auge zu lassen — zu lernen, ihr Verhalten vorauszubestimmen und schließlich ihre Gewohnheiten anzunehmen, darunter auch das Hin- und Herziehen auf der Wanderschaft. Das ist ein merkwürdiger Anpassungsvorgang — die über den Menschen hinausreichende Lebensweise auf der Wanderschaft. Sie hat einige der frühen Jagdeigenheiten, weil auch hier verfolgt wird. Jagdort und Verfolgungsgeschwindigkeit werden vom nahrungsspendenden Tier bestimmt. Diese Lebensweise hat auch einige der später auftretenden Eigenschaften des Hütens in sich aufgenommen, denn das Tier wird versorgt und gewissermaßen als eine bewegliche Nahrungsreserve auf Lager gehalten.

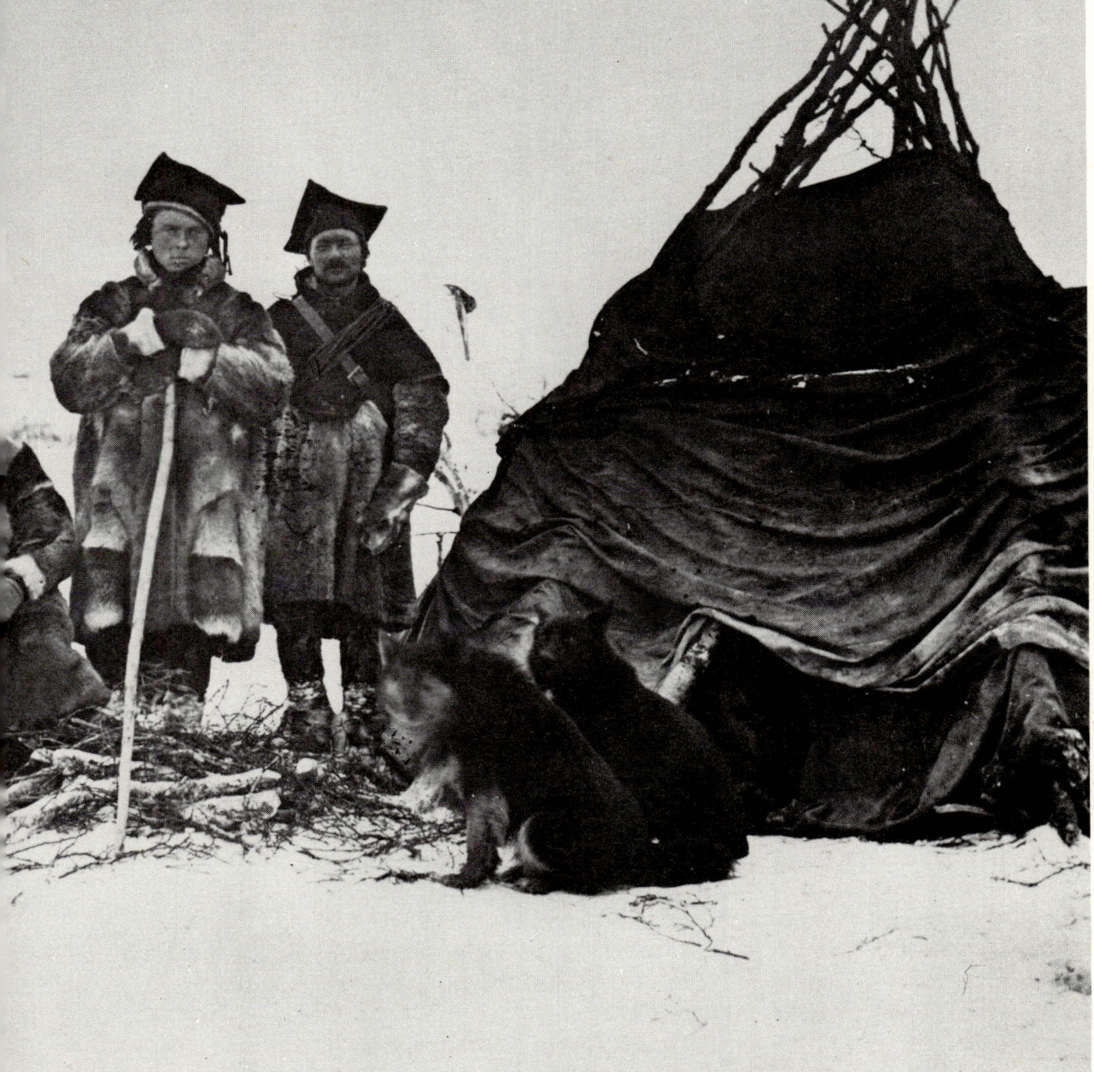

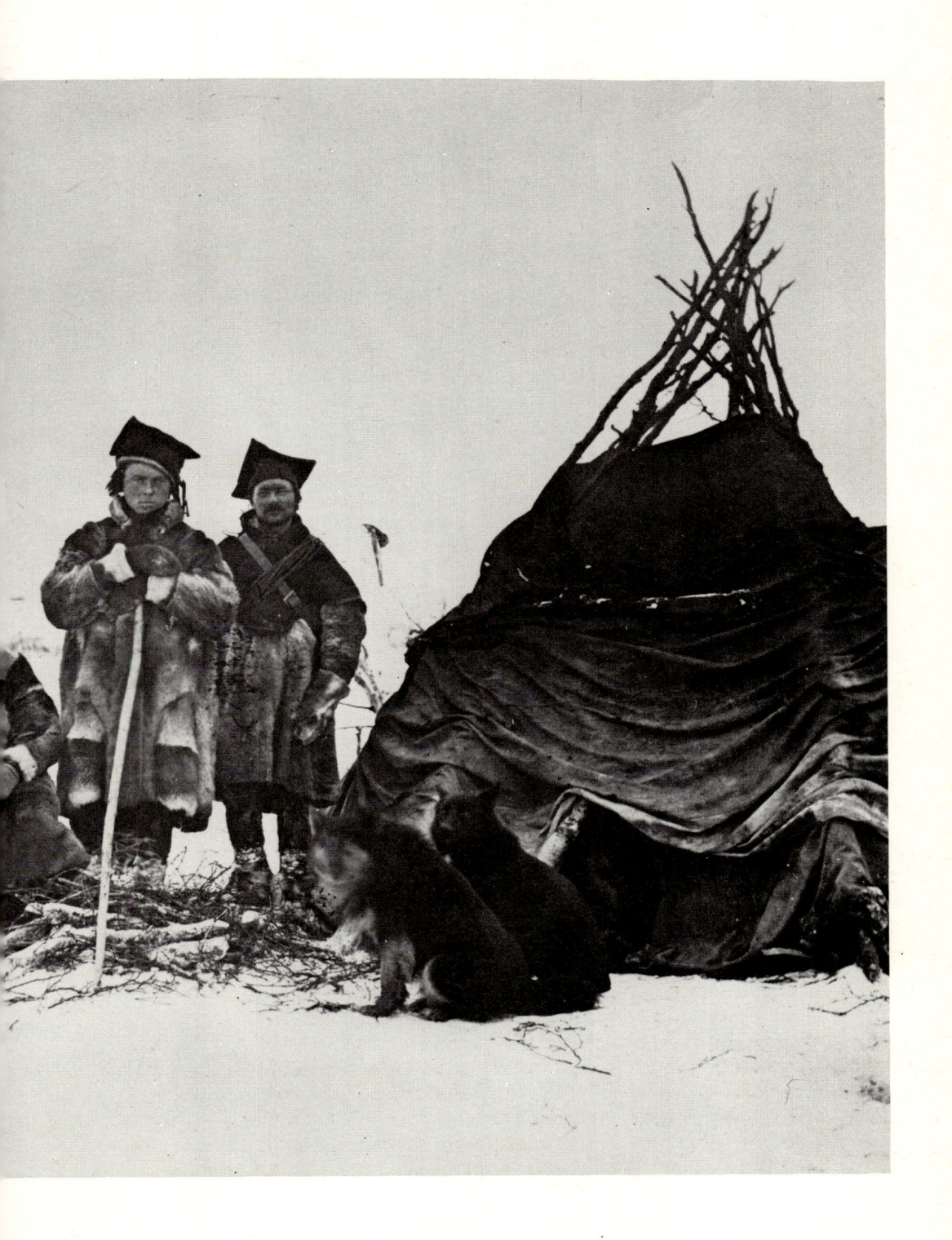

Diese über den Menschen hinausführende Lebensweise ist heute mittlerweile selbst ein kulturelles Fossil und kaum erhalten geblieben. Die einzigen Menschen, die noch auf diese Weise leben, sind die Lappen im hohen Norden Skandinaviens. Sie folgen dem Rentier noch heute so, wie sie es schon während der Eiszeit getan haben. Die Urahnen der Lappen könnten aus dem französisch-kantabrischen Höhlengebiet der Pyrenäen im Gefolge der Rentiere nach Norden gezogen sein, als sich die letzten Gletscher vor zwölftausend Jahren aus Südeuropa zurückbildeten. Es gibt dreißigtausend Menschen und dreihunderttausend Rentiere, deren Lebensweise sich einem Ende zuneigt. Die Herden gehen auf eigener Wanderschaft über die Fjorde hinweg, von einer vereisten Moosweide zur anderen, und die Lappen folgen ihnen. Aber die Lappen sind kein Hirtenvolk. Sie haben keine Kontrolle über die Rentiere, haben sie nicht zum Haustier gemacht. Sie bewegen sich einfach mit den Herden.

Obwohl die Rentierherden praktisch noch wild sind, verfügen die Lappen über einige der herkömmlichen Erfindungen zur Führung einzelner Tiere, die andere Kulturen auch schon entdeckt hatten. So richten sie zum Beispiel einige männliche Tiere als Zugtiere zu, indem sie sie kastrieren. Es herrscht eine sonderbare Wechselbeziehung. Die Lappen sind vom Rentier völlig abhängig — sie essen das Fleisch, ein Pfund pro Kopf am Tag, sie benutzen die Sehnen, die Pelze, Häute und Knochen, sie trinken die Milch, sie verwenden sogar die Geweihe. Und doch sind die Lappen freier als das Ren, weil ihre Lebensweise eine kulturelle Anpassung darstellt, nicht aber eine biologische. Die Anpassung, die die Lappen vollzogen haben, das Wanderleben in einer Landschaft aus Eis, stellt eine Entscheidung dar, die sie auch ändern können. Sie ist nicht unwiederbringlich wie biologische Mutationen. Eine biologische Anpassung ist nämlich eine angeborene Verhaltensweise. Aber eine Kultur stellt eine angelernte Verhaltensweise dar, eine gemeinschaftlich bevorzugte Form, die (wie andere Erfindungen) von einer ganzen Gesellschaft angenommen worden ist.

Darin beruht der grundlegende Unterschied zwischen einer kulturellen und einer biologischen Anpassung. Beide kann man an den Lappen demonstrieren. Das Herrichten eines Unterschlupfes aus Rentierhäuten stellt eine Anpassung dar, die die Lappen jederzeit abzuändern vermögen — die meisten von ihnen tun es bereits. Im Gegensatz dazu aber haben die Lappen oder Menschen, die ihre Urahnen waren, auch eine bestimmte biologische Anpassung durchgemacht. Die biologische Anpassung beim *Homo sapiens* ist nicht groß. Wir sind eine ziemlich homogene Spezies, weil wir uns so rasch von einem einzigen Zentrum aus über die Welt verbreitet haben. Dennoch existieren tatsächlich biologische Unter-

16
Eine schwedische Lappenfrau mit ihren Kindern auf der Sommerwanderung zu den Küsteninseln in Norwegen, 1925, und wilde Rentierherden nach der Einpferchung im Winterquartier.

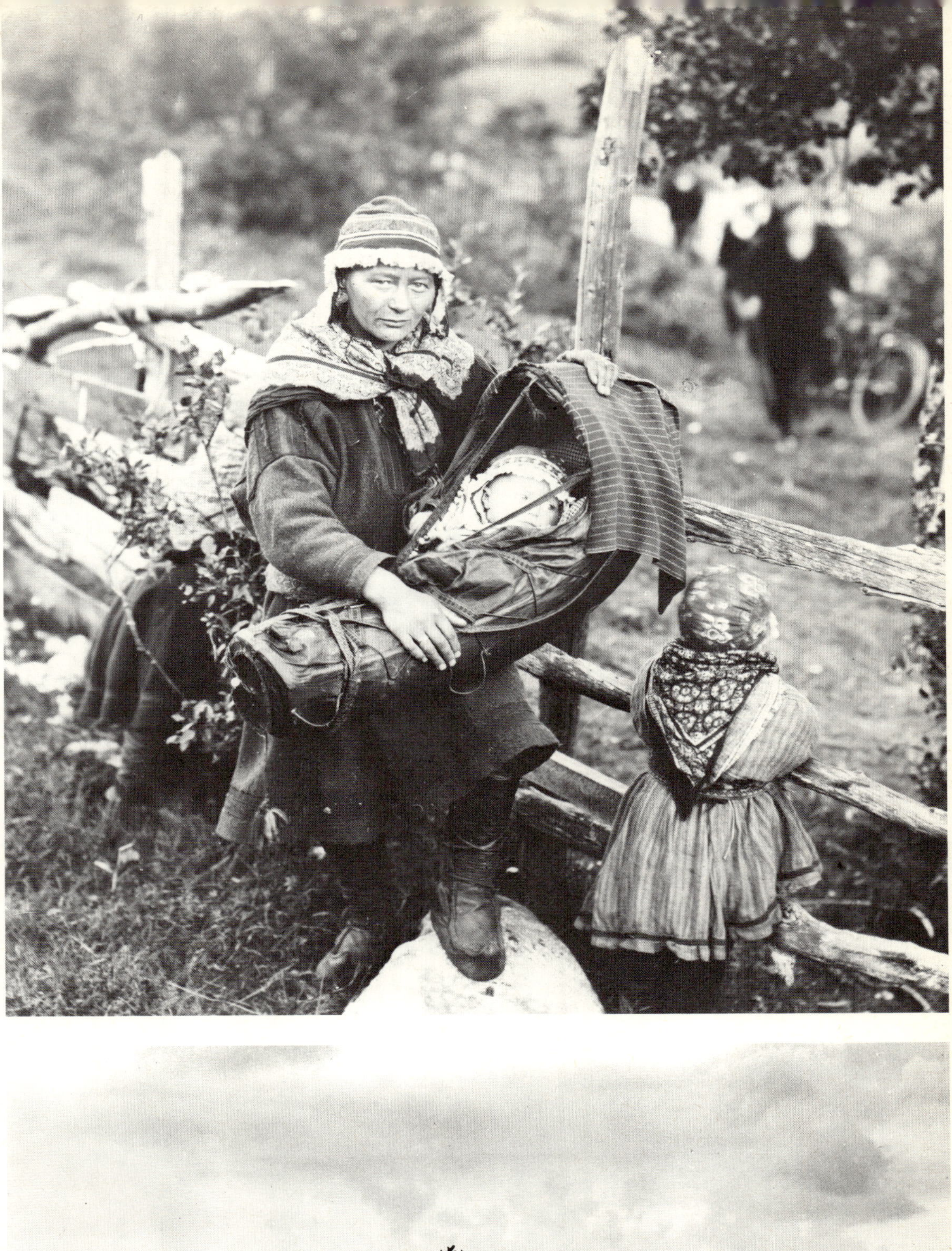

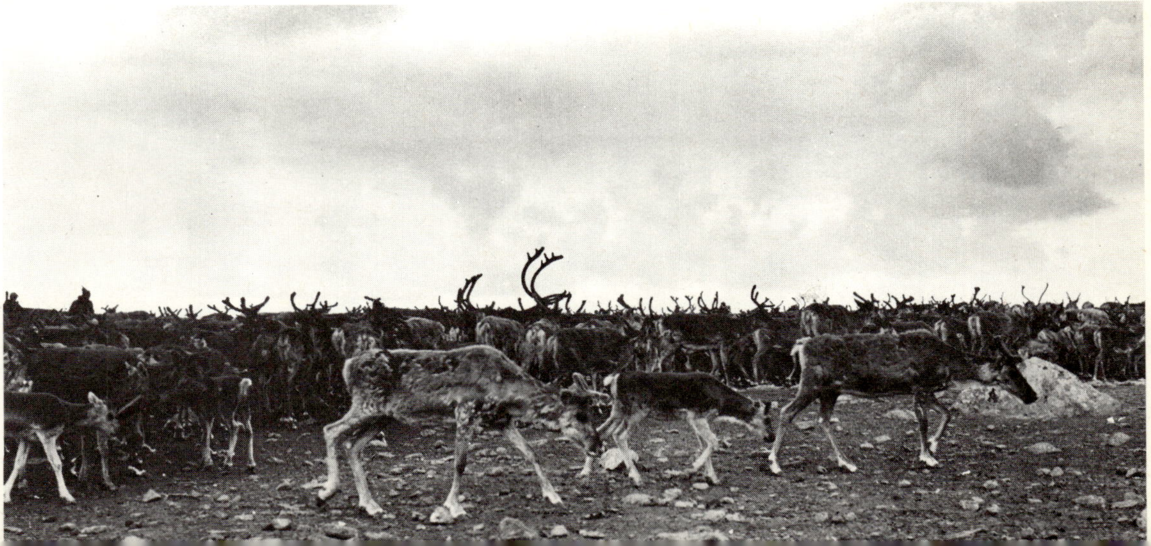

17
Leben auf der Wanderschaft in einer
Eislandschaft.
*Gezeichnet von dem Lappen Johan Turi für
seinen Bericht über das Leben seines Volkes:
Packtiere ziehen neben den Wildherden her.
Der Leitbock wird von einem Hirten auf
Skiern geführt.*

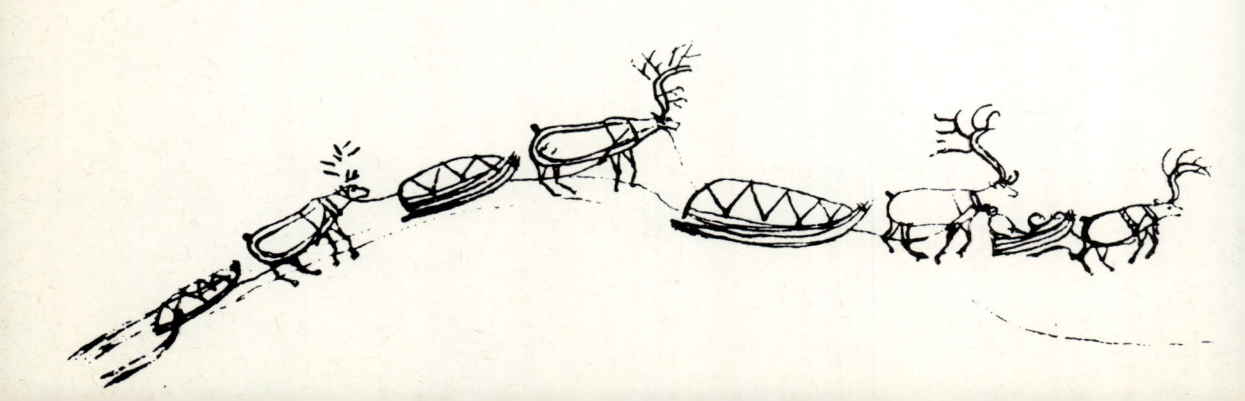

Vom Tier zum Halbgott

schiede zwischen Menschengruppen, wie wir ja alle wissen. Wir bezeichnen sie als Rassenunterschiede und meinen damit, daß sie durch einen Wechsel von Gewohnheit oder Wohnung nicht geändert werden können. Die Hautfarbe kann man nicht ändern. Warum sind dann die Lappen weiß? Der Mensch hatte ursprünglich eine dunkle Haut. Das Sonnenlicht erzeugt in seiner Haut Vitamin D, und wenn der Mensch in Afrika weiß gewesen wäre, dann hätte die Sonne zu viel davon hergestellt. Im Norden aber muß der Mensch alles vorhandene Sonnenlicht auf sich einstrahlen lassen, um genug Vitamin D zu bekommen, und deshalb hat die natürliche Zuchtwahl dort dem Menschen mit hellerer Haut den Vorzug gegeben.

Die biologischen Unterschiede zwischen verschiedenen Gemeinschaften sind von dieser bescheidenen Größenordnung. Die Lappen haben nicht aufgrund biologischer Anpassung überlebt, sondern durch Erfindungskraft: durch phantasievolles Ausnutzen der Gewohnheiten des Rentiers und all seiner Produkte, indem sie es zum Zugtier abrichteten, durch Gebrauchsgegenstände und mit Hilfe des Schlittens. Das Überleben im Eis hing nicht von der Hautfarbe ab. Die Lappen, ja der Mensch als solcher, haben die Eiszeiten durch die Krone aller Erfindungen überlebt — durch das Feuer.

Feuer ist das Symbol des Herdes, und von dem Zeitpunkt an, als vor dreißigtausend Jahren der *Homo sapiens* das Zeichen seiner Hand zu hinterlassen begann, war die Höhle die Herdstelle. Über wenigstens eine Million Jahre hinweg hat der Mensch in irgendeiner erkennbaren Form als Sammler und Jäger gelebt. Wir haben fast keine Denkmäler dieser ungeheuren Periode der Vorzeit, die viel länger ist als irgendeine geschichtliche Periode, die wir zu verzeichnen haben. Erst gegen Ende dieses Zeitalters finden wir am Rande des europäischen Eisplateaus in Höhlen, wie in Altamira (und andernorts in Spanien und Südfrankreich) Zeugnisse dessen, was das Denken des Menschen als Jäger beherrschte. Da sehen wir, was seine Welt ausmachte und ihn beschäftigte. Die etwa zwanzigtausend Jahre alten Höhlendarstellungen legen für immer die universale Grundlage seiner damaligen Kultur fest: das Wissen des Jägers von dem Tier, nach dem er pirschte und durch das er lebte.

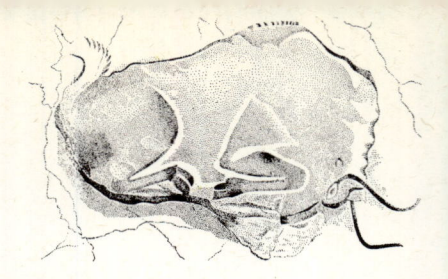

Man hält es vielleicht zunächst für verwunderlich, daß eine so lebendige Kunst wie die Höhlenmalerei so relativ jung und selten ist. Warum gibt es nicht mehr Zeugnisse der visuellen Vorstellungskraft des Menschen, zumal sie doch auf dem Gebiet seiner Erfindungen vorhanden sind? Wenn wir einmal darüber nachdenken, dann ist es gar nicht so sehr bemerkenswert, daß es nur so wenige Zeugnisse gibt, sondern eher, daß überhaupt welche existieren. Der Mensch ist ein mickeriges, langsames, linkisches, unbewaffnetes Tier — er mußte einen Faustkeil, einen Feuerstein, ein Messer, einen Speer erfinden. Aber warum hat er zu diesen wissenschaftlichen Entdeckungen, die für sein Überleben von ausschlaggebender Bedeutung waren, schon in früher Zeit jene künstlerischen Äußerungen hinzugefügt, die uns heute erstaunen: Verzierungen in Form von Tiergestalten. Warum ist der Mensch vor allem in solche Höhlen gegangen, warum hat er in ihnen gelebt und dann Bilder von Tieren gemalt, nicht da, wo er wohnte, sondern an Orten, die dunkel, geheimnisvoll, abgelegen, verborgen, unzugänglich waren?

Es liegt nahe zu sagen, daß das Tier an diesen Orten magisch beschworen wurde. Das ist sicher richtig, aber Magie ist nur ein Wort, keine Antwort. Magie allein ist ein Wort, das gar nichts erklärt. Es besagt, daß der Mensch über Macht zu verfügen glaubte, aber über welche Macht? Wir wollen immer noch wissen, welcher Art die Kraft war, die die Jäger aus den Malereien zu schöpfen glaubten.

An dieser Stelle kann ich nur meine persönliche Ansicht zum Ausdruck bringen. Ich glaube, daß die Macht, die Kraft, die wir hier zum erstenmal ausgedrückt sehen, die Kraft des Vorwegnehmens ist: die in die Zukunft gerichtete Vorstellungskraft. In diesen Gemälden machte sich der Jäger mit Gefahren vertraut, von denen er wußte, daß er sich ihnen zu stellen hatte, die jedoch noch nicht auf ihn zugekommen waren. Wenn der Jäger hier in das

18
In Höhlen wie Altamira finden wir die Zeugnisse dessen, was die Gedanken des Menschen als Jäger beherrschte. Ich glaube, daß die Kraft, die wir hier zum erstenmal ausgedrückt finden, die Kraft zur Vorausschau ist: die Vorstellung über die Zukunft.
Liegender Bison.

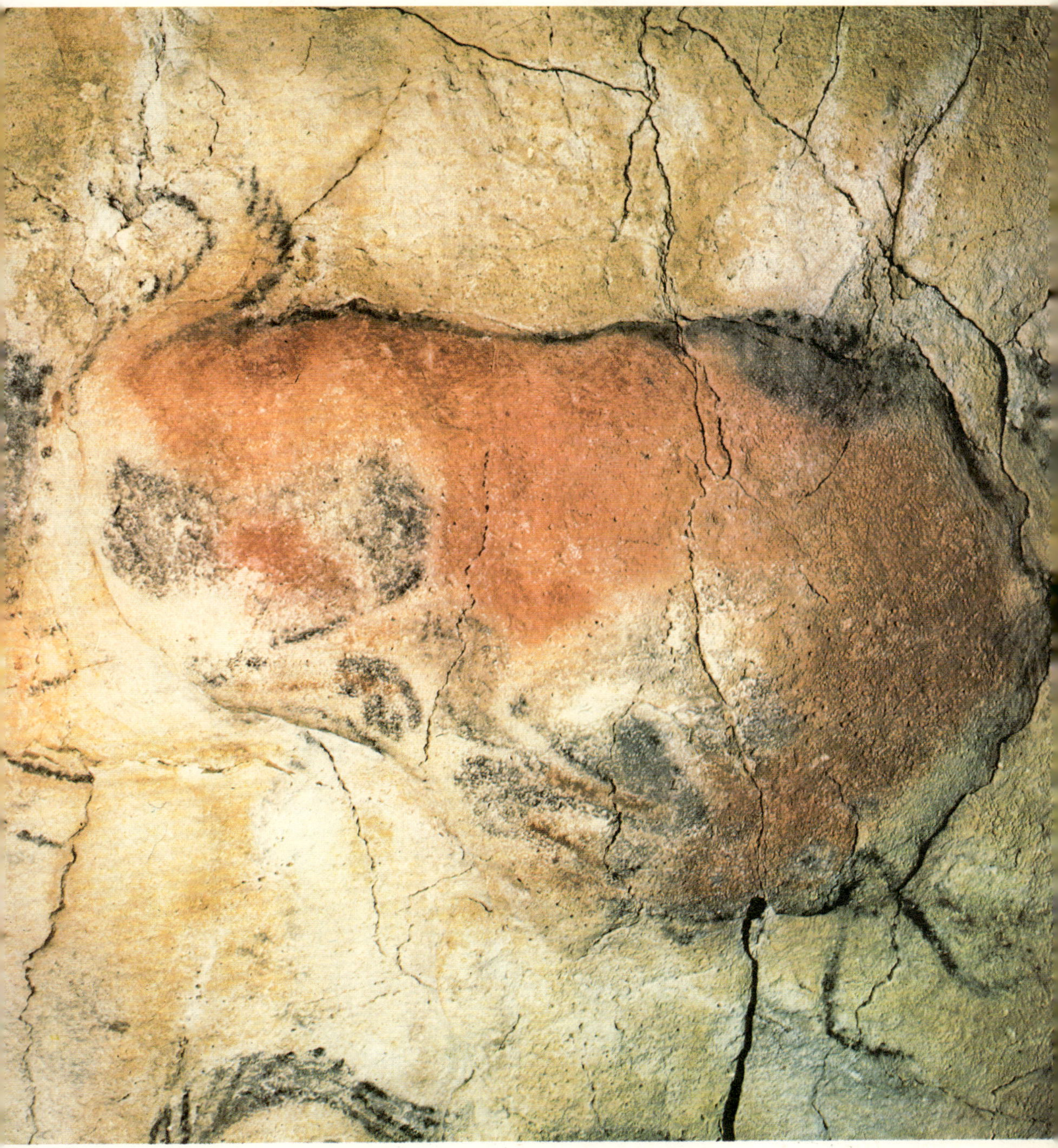

geheimnisvolle Dunkel geführt wurde und wenn das Licht plötzlich auf die Bilder fiel, dann sah er den Bison, so wie er ihm gegenübertreten mußte, er sah den Hirsch auf der Flucht, er sah den angreifenden Eber. Er fühlte sich mit ihnen allein, wie es dann auch auf der Jagd sein würde. Der Augenblick der Furcht wurde ihm gegenwärtig, der Wurfarm für den Speer spannte sich durch eine Erfahrung, die er erst noch machen würde und vor der er sich nicht mehr zu fürchten brauchte. Der Maler hatte den Augenblick der Furcht festgehalten, und der Jäger begab sich durch das Gemälde in dieses Gefühl hinein.

Für uns lassen die Höhlenmalereien die Lebensweise des Jägers als ein Schlaglicht der Geschichte wieder lebendig werden. Durch diese Malereien schauen wir in die Vergangenheit. Für den Jäger jedoch, möchte ich zu bedenken geben, waren sie ein Fernrohr der Vorstellungskraft: Sie führen den Gedanken von dem Gesehenen weg zu dem, was geschlossen oder erahnt werden kann. So geschieht es auch bei der Tätigkeit des Malens selbst. Bei aller überragenden Beobachtung bedeutet das Flachbild dem Auge nur etwas, weil der Geist es mit Rundung und Bewegung ausstattet, mit einer Wirklichkeit durch Schlußfolgerung, die nicht tatsächlich gesehen, sondern vorgestellt wird.

Kunst und Wissenschaft sind beides Tätigkeiten, die nur dem Menschen zu eigen sind. Sie leiten sich von der Fähigkeit her, sich die Zukunft einzubilden, vorauszuschauen, was geschehen könnte, und es planend vorwegzunehmen. Darüber hinaus ist es die Fähigkeit, die Zukunft in Bildern darzustellen.

Wir schauen durch das Fernrohr der Vorstellungskraft zurück auf die Erfahrungen der Vergangenheit. Die Männer, die diese Bilder gemalt haben, die Männer, die damals dabei waren, haben durch dieses Fernrohr vorausgeschaut. Sie schauten in Richtung des Aufstiegs des Menschen, denn das, was wir kulturelle Evolution nennen, ist im Grunde genommen ein fortwährendes Wachsen, eine Erweiterung der menschlichen Vorstellungskraft.

Die Männer, die die Waffen anfertigten, und die Männer, die die Bilder gemalt haben, taten dasselbe — sie nahmen eine Zukunft vorweg, wie es nur der Mensch kann. Sie schlossen auf das, was kommen würde, aus dem, was gegenwärtig war. Der Mensch hat viele einmalige Begabungen. Aber im Mittelpunkt, an der Wurzel, aus der alles Wissen erwächst, liegt die Fähigkeit, Schlußfolgerungen aus dem zu ziehen, was wir sehen, in Richtung auf das, was wir nicht sehen. Da liegt die Fähigkeit, unsere Gedanken durch Raum und Zeit zu bewegen und uns selbst in der Vergangenheit am Anfang der Stufenleiter zur Gegenwart zu erkennen. Der Abdruck der Hand drückt es überall in diesen Höhlen aus: »Das ist mein Zeichen, das ist der Mensch.«

19
Überall in den Höhlen besagt der Handabdruck: »Das ist mein Zeichen. Hier ist der Mensch.«
Umriß einer Hand in El Castillo, Santander, Spanien.

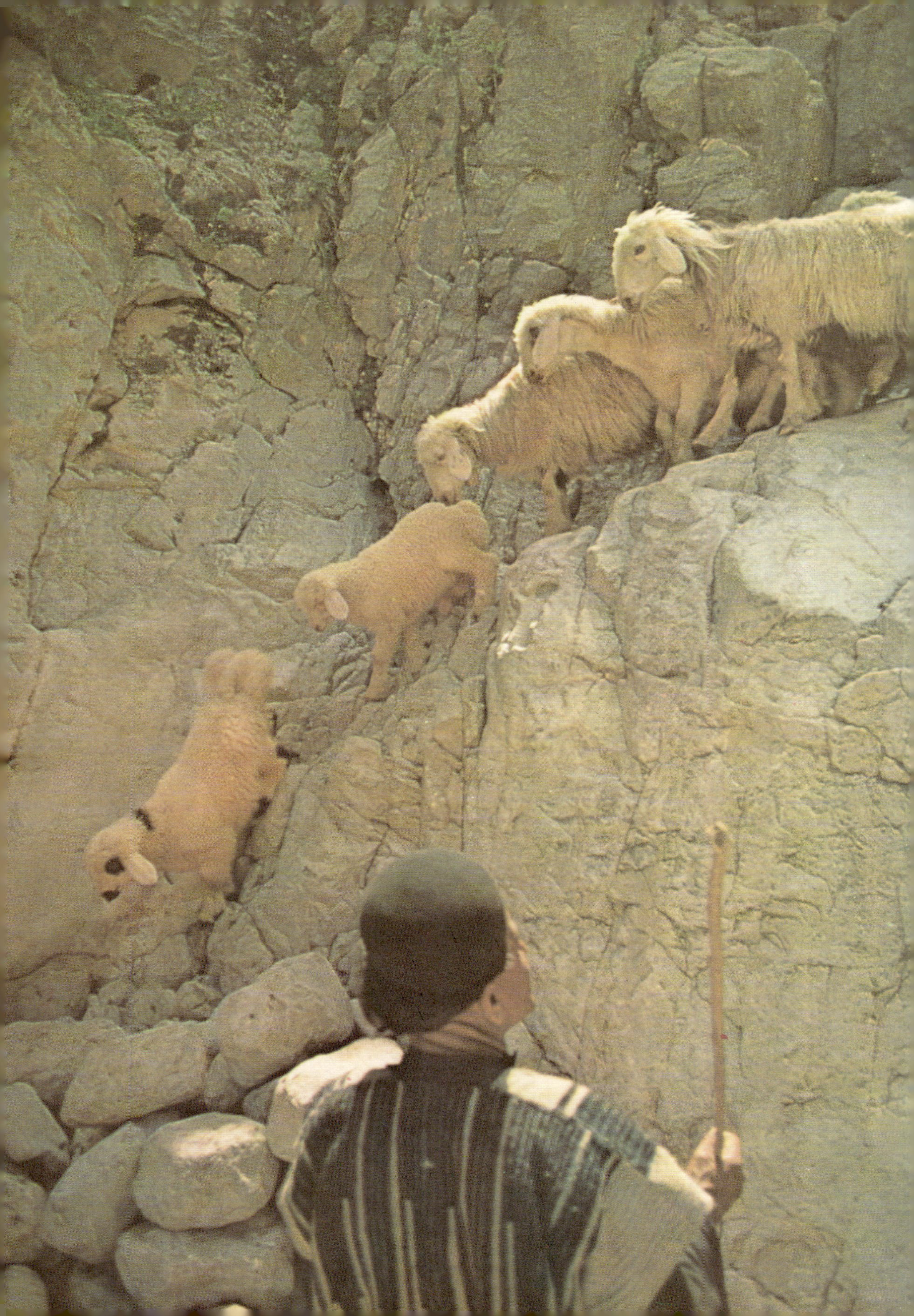

DIE ERNTE DER JAHRESZEITEN

Die Geschichte des Menschen ist sehr ungleich aufgeteilt. Zunächst gibt es seine biologische Evolution: alle Stufen, die uns von unseren Affenvorfahren trennen. Sie nahmen einige Millionen Jahre in Anspruch. Und dann gibt es seine Kulturgeschichte: das lange Anschwellen der Zivilisation, das uns von den wenigen noch existierenden Jägerstämmen in Afrika oder von den Sammlern in Australien trennt. Und diese ganze zweite, kulturelle Kluft ist auf wenige tausend Jahre beschränkt. Ihre Entstehung liegt lediglich etwa zwölftausend Jahre zurück — etwas mehr als zehntausend, aber wesentlich weniger als zwanzigtausend. Von jetzt an werde ich nur noch über diese letzten zwölftausend Jahre reden, die fast den gesamten Aufstieg des Menschen, wie wir ihn uns heute vorstellen, in sich enthalten. Dennoch ist der Unterschied zwischen den beiden Zahlenangaben, das heißt zwischen der biologischen und der kulturellen Zeitskala, so groß, daß ich es nicht ohne einen Rückblick darauf belassen kann.

Der Mensch hat wenigstens zwei Millionen Jahre gebraucht, um sich aus dem kleinen dunkelhäutigen Geschöpf mit dem Stein in der Hand, aus dem *Australopithecus* in Zentralafrika zu seinem modernen Erscheinungsbild, dem *Homo sapiens,* zu entwickeln. Das ist das Tempo biologischer Evolution — obgleich die biologische Evolution des Menschen schneller war als die irgendeines anderen Tieres. Der *Homo sapiens* jedoch hat wesentlich weniger als zwanzigtausend Jahre gebraucht, um die Geschöpfe hervorzubringen, die Sie und ich uns zu werden bemühen: Künstler und Wissenschaftler, Städtebauer und Zukunftsplaner, Lesende und Reisende, emsige Erforscher natürlicher Tatsachen und menschlichen Gefühls, unendlich viel reicher an Erfahrung und mit kühnerer Vorstellungskraft begabt als irgendeiner unserer Vorfahren. Das ist das Tempo der kulturellen Evolution. Wenn Sie erst einmal angefangen hat, dann macht sie entsprechend dem Zahlenverhältnis der beiden Angaben weiter, wenigstens hundertmal schneller als die biologische Evolution.

Wenn sie erst einmal angefangen hat: Das ist der Schlüsselsatz. Warum haben die kulturellen Veränderungen, die den Menschen zum Herrscher über die Erde gemacht haben, erst unlängst begonnen? Noch vor zwanzigtausend Jahren war der Mensch in all den Erdteilen, die er bis dahin erreicht hatte, ein Sammler und Jäger, dessen am weitesten entwickelte Technik darin bestand, sich an eine wandernde Herde anzuschließen, wie die Lappen das immer noch tun. Vor zehntausend Jahren hatte sich das geändert, und der Mensch hatte an manchen Orten mit der Zähmung von Haus-

20
Das ganze Ausmaß der Zivilisation entwickelt sich in wenigen tausend Jahren.
Bakhtiari-Frühlingswanderung, Zagros-Gebirge, Persien.

tieren und mit der Kultivierung einiger Pflanzen begonnen. Und das ist der Wandel, mit dem die Zivilisation begann. Es ist außerordentlich, wenn man sich einmal vorstellt, daß die Zivilisation, so wie wir sie verstehen, erst in den letzten zwölftausend Jahren angefangen hat. Da muß um etwa zehntausend vor Christi eine außergewöhnliche Explosion stattgefunden haben — und sie hat stattgefunden. Allerdings war es eine leise Explosion: das Ende der jüngsten Eiszeit.

Wir können das Bild und gewissermaßen den Geschmack dieser Veränderung noch in einer Gletscherlandschaft empfinden. Der Frühling in Island wiederholt sich jedes Jahr, aber einmal ist er über Europa und Asien hereingebrochen, als sich nämlich das Eis zurückbildete. Und der Mensch, der unglaubliche Entbehrungen ertragen hatte, war während der letzten Jahrmillion von Afrika heraufgezogen, hatte sich durch die Eiszeiten hindurchgekämpft und sah plötzlich die Erde vor sich aufblühen; er sah sich von Tieren umgeben und zog in ein ganz anderes Leben ein.

Das nennt man normalerweise die »neolithische Revolution«. Ich stelle es mir allerdings als etwas viel Weitreichenderes vor, als biologische Revolution. Mit ihr verwoben war die Kultivierung von Pflanzen und die Zähmung von Haustieren, was gewissermaßen sprunghaft erfolgte. Und unterschwellig war die bestimmende Erkenntnis, daß der Mensch seine Umwelt in ihrer wichtigsten Ausdrucksform beherrscht, nicht physikalisch, sondern im Bereich des Lebenden — im Lebensbereich von Pflanzen und Tieren. Damit geht eine ebenso mächtig wirkende soziale Revolution einher. Jetzt nämlich wurde es möglich — ja mehr noch, es wurde nötig —, daß der Mensch sich fest ansiedelte. Und dieses Geschöpf, das eine Million Jahre lang herumgewandert und marschiert war, mußte die grundlegende Entscheidung treffen, ob es bereit war, das Nomadenleben aufzugeben und zum Dorfbewohner zu werden. Wir haben eine anthropologische Chronik der Gewissenskämpfe eines Volkes, das diese Entscheidung trifft: Diese Chronik ist die Bibel, das Alte Testament. Ich glaube, daß die Zivilisation auf dieser Entscheidung beruht. Was nun Stämme angeht, die diese Entscheidung nie getroffen haben, so gibt es davon nur wenige Überlebende. Es gibt noch einige Nomadenstämme, die immer noch diese ungeheure über den Menschen hinauswachsende Reise von einem Weideplatz zum anderen unternehmen. Die Bakhtiari in Persien zum Beispiel. Man muß tatsächlich mit ihnen auf die Reise gehen und mit ihnen leben, um zu begreifen, daß die Zivilisation auf der Wanderschaft nie heranwachsen kann.

Alles im Nomadenleben geht auf unerdenkliche Zeiten zurück. Die Bakhtiari sind immer allein auf die Reise gegangen, ohne irgendwelche Aufmerksamkeit zu erregen. Wie andere Nomaden

Die Ernte der Jahreszeiten

sehen sie sich als eine Familie — als Söhne eines einzigen Urvaters. (Gleichermaßen pflegten sich die Juden als Kinder Israels, Kinder Jakobs zu bezeichnen.) Die Bakhtiari leiten ihren Namen von einem legendären Hirten aus der Mongolenzeit her — von Bakhtyar. Die Legende ihres Ursprungs beginnt mit den Worten:

Und der Vater unseres Volkes, Bakhtyar, der von den Hügeln herabkam, stammte aus dem Massiv der südlichen Berge in uralter Zeit. Die Frucht seiner Lenden war so zahlreich wie die Felsen im Gebirge, und sein Volk erfreute sich des Wohlstands.

Das biblische Echo klingt im Verlauf der Geschichte immer wieder an. Der Patriarch Jakob hatte zwei Frauen, und für jede der beiden hatte er sieben Jahre lang als Hirte gearbeitet. Man vergleiche damit den Patriarchen der Bakhtiari:

Das erste Weib des Bakhtyar hatte sieben Söhne, Väter der sieben brüderlichen Linien unseres Volkes. Sein zweites Weib hatte vier Söhne. Und unsere Söhne sollen die Töchter aus den Zelten eines Vaterbruders zum Weibe nehmen, auf das Herden und Zelte nicht zerstreut werden.

Wie bei den Kindern Israels waren die Herden von überragender Bedeutung. Sie sind stets im Denken des Geschichtenerzählers (oder des Heiratsvermittlers) gegenwärtig.

Vor zehntausend vor Christi pflegten Nomadenvölker dem natürlichen Wanderweg wilder Herden zu folgen. Schafe und Ziegen haben aber keine natürlichen Wanderwege. Sie wurden zum erstenmal vor etwa zehntausend Jahren zu Haustieren gemacht — nur der Hund ist ein noch älterer Gefährte des Menschen. Als der Mensch sie domestizierte, übernahm er anstelle der Natur die Verantwortung für die Tiere. Der Nomade mußte die hilflose Herde führen.

Die Rolle der Frauen in Nomadenstämmen ist eng umrissen. Ihre Funktion ist es vor allem, männliche Kinder zu gebären. Zu viele Mädchen sind stets ein Unglück, denn auf lange Sicht gesehen bedeuten sie drohendes Unheil. Abgesehen vom Gebären liegt ihre Aufgabe bei der Nahrungszubereitung und Kleiderherstellung. Die Frauen der Bakhtiari zum Beispiel backen Brot auf die biblische Weise — Laibe ungesäuerten Teigs werden auf heiße Steine gelegt. Mädchen und Frauen warten mit dem Essen, bis die Männer ihre Mahlzeit beendet haben. Das Leben der Frauen dreht sich wie das der Männer um die Herde. Sie melken die Tiere und stellen aus der Milch einen einfachen Joghurt her, indem sie die Milch in einer Ziegenhaut, die auf einen primitiven Holzrahmen gespannt ist, kirnen. Sie haben nur die einfachen technischen Hilfsmittel zur Verfügung, die auf Tagesreisen von einem Lagerplatz zum anderen mitgeführt werden können. Das einfache Leben ist nicht romantisch. Es ist eine Frage des Überlebens. Alles muß leicht genug sein, um getragen werden zu können, um es abends aufzustellen und jeden Morgen wieder wegzupacken. Wenn die Frauen mit ihren einfachen, uralten Vorrichtungen Wolle spinnen, so ist sie für den sofortigen Verbrauch bestimmt, um das zu reparieren, was für die Reise von Wichtigkeit ist — sonst nichts.

Es ist nicht möglich, unter Nomaden Dinge herzustellen, die mehrere Wochen nicht benutzt werden. Man könnte sie nicht tragen. Die Bakhtiari wissen auch tatsächlich nicht, wie man solche Dinge anfertigt. Wenn sie Metalltöpfe brauchen, tauschen sie sie von Seßhaften oder von einer Zigeunerkaste ein, die sich auf Metallarbeiten spezialisiert hat. Ein Nagel, ein Steigbügel, ein Spielzeug oder eine Kinderglocke, das sind Dinge, die man auf dem Tauschwege in der Außenwelt beschafft. Das Leben der Bakhtiari ist zu eng umrissen, als daß sie Zeit oder die Fähigkeit zur Spezialisierung hätten. Für Neuerungen ist kein Platz, denn auf der Wanderschaft ist zwischen Abend und Morgen, zwischen dem Kommen und Gehen ihres Lebens, einfach keine Zeit für die Entwicklung eines neuen Gerätes oder das Denken eines neuen Gedankens — ja es ist nicht einmal Zeit für eine neue Melodie. Die einzigen Gewohnheiten, die überliefert werden, sind die althergebrachten. Der einzige Ehrgeiz des Sohnes besteht darin, genauso wie der Vater zu sein.

Es ist ein Leben ohne scharfe Umrisse. Jeder Abend ist das Ende eines Tages, wie es der gestrige war, und jeder Morgen ist dann wieder der Beginn einer Reise, wie man sie am Vortag hinter sich gebracht hat. Wenn der Morgen graut, dann hat jeder nur eines im Kopf: Kann man die Herde über den nächsten Hochpaß hinwegbringen? Eines Tages im Verlauf der Reise muß die höchste Paßhöhe von allen überquert werden. Der Zadeku-Paß, viertausend Meter hoch im Zagros-Gebirge, über den die Herde sich irgendwie hinwegkämpfen muß oder wo sie im oberen Teil verlorengeht. Der Stamm muß nämlich weiter, der Hirte muß jeden Tag neue Weidegründe finden, denn in dieser Höhenlage ist die Weide an einem einzigen Tag abgegrast.

Alljährlich überqueren die Bakhtiari sechs Gebirgszüge auf der Wanderschaft (sie überqueren sie noch einmal bei der Rückkehr). Sie marschieren durch den Schnee und im Frühling durch das Schmelzwasser. Nur in einer Hinsicht hat sich ihr Leben über den Stand von vor zehntausend Jahren hinaus entwickelt. Die Nomaden der Frühzeit mußten zu Fuß gehen und ihre Lasten selbst tragen, die Bakhtiari haben dagegen Packtiere — Pferde, Esel, Maultiere —, die erst in der Zwischenzeit domestiziert worden sind. Sonst ist nichts neu in ihrem Leben. Und nichts ist der Erinnerung

Nomadenstämme unterwerfen sich immer noch diesen weiten
Wanderreisen von einem Weidegrund zum anderen. Sie haben
nur die einfachen technischen Hilfsmittel zur Verfügung, die man
auf Tagesreisen von einem Ort zum anderen mitführen kann.
*Schaf- und Ziegenherden auf der Frühlingswanderung und
eine alte Bakhtiari-Frau beim Spinnen von Wolle.*

wert. Nomaden haben keine Denkmäler, selbst nicht für die Toten. (Wo liegt Bakhtyar, wo Jakob begraben?) Die einzigen Male, die sie errichten, sind Wegzeichen an Stellen, wie dem »Frauenpaß«, der heimtückisch, aber von den Tieren leichter zu bewältigen ist als die Paßhöhe.

Die Frühjahrswanderung der Bakhtiari ist ein heroisches Abenteuer, und doch sind sie nicht so heldenhaft, sondern eher stoisch. Sie sind resigniert, weil das Abenteuer nirgends hinführt. Selbst die Sommerweidegründe sind nur ein vorübergehender Aufenthalt — im Gegensatz zu den Kindern Israels gibt es für die Bakhtiari kein Gelobtes Land. Der Familienvater hat sieben Jahre lang gearbeitet, wie Jakob, um eine Herde von fünfzig Schafen und Ziegen zu schaffen. Er rechnet damit, zehn von ihnen auf der Wanderschaft zu verlieren, wenn alles gutgeht. Wenn er Pech hat, verliert er vielleicht zwanzig von seinen fünfzig Tieren. Das sind die Risiken des Nomadenlebens, jahrein, jahraus. Und darüber hinaus steht am Ende der Reise immer noch nichts, außer einer ungeheuren überlieferten Resignation.

Wer weiß schon in einem beliebigen Jahr, ob die Alten, wenn sie die Pässe überquert haben, noch in der Lage sind, die letzte Prüfung zu bestehen: die Überquerung das Bazuft-Flusses? Drei Monate lang hat das Schmelzwasser den Fluß über die Ufer treten lassen. Die Hirten, die Frauen, die Packtiere und die Herden sind alle erschöpft. Man braucht einen ganzen Tag, um die Herden über den Fluß zu geleiten. Hier und jetzt ist der Tag der Bewährungsprobe. Heute ist der Tag, wo die Jungen zu Männern werden, denn der Weiterbestand der Herde und der Familie hängt von ihrer Stärke ab. Die Überquerung des Bazuft-Flusses ist wie der Übergang über den Jordan — es ist die Taufe an der Schwelle zur Mannbarkeit. Für den jungen Mann wird das Leben jetzt einen Augenblick lang aufregend. Und für die Alten — für die Alten stirbt es dahin.

Was geschieht mit den Alten, wenn sie den letzten Wasserlauf nicht mehr überqueren können? Gar nichts. Sie bleiben zurück, um zu sterben. Nur der Hund ist darüber verwundert, daß ein Mensch verlassen wird. Der Mensch nimmt die alte Nomadensitte hin. Er ist ans Ende seiner Reise gekommen, und am Ende ist kein Platz mehr für ihn.

Der größte Einzelschritt beim Aufstieg des Menschen ist der Wandel vom Nomadenleben zum dörflichen Ackerbau. Was hat diesen Wandel möglich gemacht? Ein Willensakt von Männern, gewiß, aber zugleich auch ein wunderlicher und geheimnisvoller Akt der Natur. Bei dem Aufbrechen der neuen Vegetation am Ende der Eiszeit erschien im Nahen Osten ein hybrider Weizen, also ein aus Kreuzungen entstandener Weizen. Er trat an zahl-

22
Die ersten Menschen, die nach Jericho kamen, ernteten Weizen, wußten aber nicht, wie man ihn pflanzt. Sie schufen Werkzeuge für die Ernte des Wildweizens.
Gebogene Sichel, 4. Jahrtausend v. Chr., Israel. Die Feuersteinschneiden wurden mit Bitumen in einen Hornhandgriff eingesetzt.

reichen Orten auf: Ein bezeichnender Platz ist die alte Oase von Jericho.

Jericho ist älter als der Ackerbau. Das erste Volk, das hierher kam und sich in der Nähe der Quelle in dieser sonst so verlassenen Umgebung ansiedelte, war ein Volk, das zwar Weizen erntete, aber noch nicht wußte, wie man ihn pflanzen mußte. Wir wissen das, weil die Menschen damals Werkzeuge für die Ernte des wilden Weizens herstellten, und das ist ein außergewöhnliches Beispiel von Vorausschau. Diese Leute stellten Feuersteinsicheln her, die bis heute erhalten sind. John Garstang fand sie, als er hier in den dreißiger Jahren Ausgrabungen machte. Das untere Ende der uralten Sichel wurde wohl in ein Stück Gazellenhorn oder Knochen eingefügt.

Oben auf dem Hügel und auf seinen Hängen gibt es heute nicht mehr den wilden Weizen, den die frühesten Bewohner geerntet haben. Aber die Gräser, die hier noch stehen, müssen dem Weizen, den sie damals zum erstenmal mit der Hand einsammelten, sehr ähnlich sein. Sie schnitten ihn mit jener sägenden Bewegung der Sichel, die die Schnitter in den seither verflossenen zehntausend Jahren immer wieder ausführten. Das war die natufianische Vorackerbau-Zivilisation. Sie konnte natürlich nicht von langer Dauer sein. Sie stand an der Schwelle zum Ackerbau, und der Ackerbau ist dann auch die nächste menschliche Tätigkeit, die hier auf dem Hügel von Jericho verwirklicht wurde.

Der Wendepunkt bei der Ausbreitung des Ackerbaus in der Alten Welt war fast mit Sicherheit das Auftreten von zwei Weizenarten mit einer großen, prall mit Samen angefüllten Ähre. In der Zeit vor achttausend vor Christi Geburt war Weizen nicht die üppige Pflanze, die er heute ist. Er war lediglich eines von vielen Wildgräsern, die sich über den ganzen Nahen Osten verbreiteten. Durch irgendeinen genetischen Zufall kreuzte sich der wilde Weizen mit einem natürlichen Ziegengras und bildete einen fruchtbaren Hybrid. Dieser Zufall muß während der reichhaltigen Vegetationsepoche, die der letzten Eiszeit folgte, mehrfach zustande gekommen sein. Was den genetischen Apparat angeht, der das Wachstum regelt, so kombinierte er die vierzehn Chromosomen des wilden Weizens mit den vierzehn Chromosomen von Ziegengras und brachte dadurch Spelzweizen mit achtundzwanzig Chromosomen hervor. Das macht den Spelzweizen um so vieles umfangreicher. Der Hybrid war in der Lage, sich natürlich zu ver-

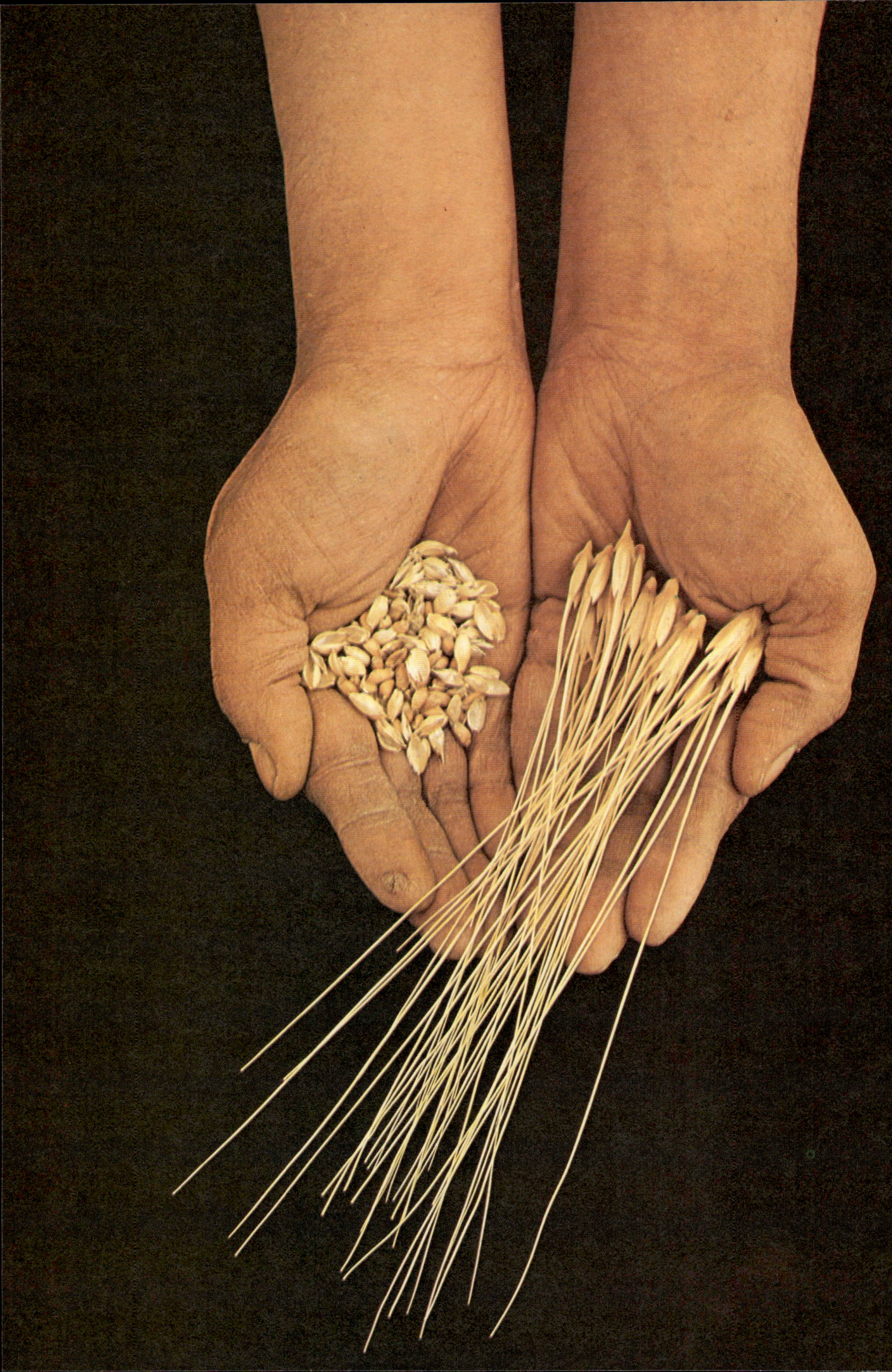

23
Der Wendepunkt für die Verbreitung des Ackerbaus in der Alten Welt war fast mit Sicherheit das Auftreten zweier hybrider Weizensorten. *Geschälter Spelzweizen und Brotweizenkörner; reife Weizenähre; die Spreu wird von den Körnern geblasen.*

Der Aufstieg des Menschen

24
Vor 8000 v. Chr. war der Weizen lediglich eines von vielen Wildgräsern. *Wildweizen, Triticum monococcum.*

breiten, denn die Samen sind so an die Hülse angesetzt, daß sie sich vom Wind forttragen lassen.

Es passiert zwar selten, daß ein solcher Hybrid fruchtbar ist, doch ist dieser Vorgang im Pflanzenreich keineswegs einmalig. Aber hier wird die Geschichte des reichen Pflanzenlebens, das auf die Eiszeit folgte, noch erstaunlicher. Es gab einen zweiten genetischen Unfall, der vielleicht passierte, weil der Spelzweizen bereits kultiviert worden war. Der Spelzweizen kreuzte sich mit einem anderen natürlichen Ziegengras und brachte einen noch größeren Hybrid mit zweiundvierzig Chromosomen hervor, und das ist der Brotweizen. Das war an sich schon unwahrscheinlich genug, und wir wissen heute, daß der Brotweizen nicht fruchtbar geworden wäre, wenn nicht in einem Chromosom eine ganz besondere genetische Mutation stattgefunden hätte.

Aber es gibt etwas, was noch sonderbarer ist. Wir haben jetzt eine wunderschöne Weizenähre, aber eine, deren Samenkörner sich vom Wind nie forttragen lassen, weil die Ähre zu dicht gefügt ist, um auseinanderzubrechen. Wenn man sie auseinanderbröselt, dann fliegt die Spreu weg, und jedes Korn fällt genau dahin, wo es gewachsen ist. Ich möchte noch einmal daran erinnern, daß dieser Vorgang ganz verschieden ist vom Wachstumsablauf des wilden Weizens oder des ersten, primitiven Hybrids, des Spelzweizens. Bei den primitiven Formen ist die Ähre wesentlich offener, und wenn sie aufbricht, gibt es einen ganz anderen Effekt — man erhält Samenkörner, die im Wind flugfähig sind. Die Brotweizensorten haben diese Fähigkeit verloren. Plötzlich sind der Mensch und die Pflanze zusammengekommen. Der Mensch hat einen Weizen, von dem er leben kann, aber auch der Weizen nimmt an, daß der Mensch für ihn geschaffen wurde, denn nur mit seiner Hilfe kann er sich fortpflanzen. Die Brotweizensorten können sich nur mit Hilfestellung vermehren. Der Mensch muß die Ähren einsammeln und die Saat ausstreuen, und das Leben beider, des Menschen und der Pflanze, hängt jeweils vom Leben des anderen ab. Das ist ein wahres Märchen aus der Genetik, als wäre der Beginn der Zivilisation schon im voraus vom Geist des Abtes Gregor Mendel gesegnet worden.

Ein glückliches Zusammentreffen von Lebensabläufen in der Natur und beim Menschen begründete den Ackerbau. In der Alten Welt geschah das vor etwa zehntausend Jahren, und es passierte in dem »Fruchtbaren Halbmond« des Nahen Ostens. Aber gewiß hat es sich mehrfach wiederholt. Fast mit Sicherheit wurde der Ackerbau noch einmal und unabhängig in der Neuen Welt erfunden — jedenfalls glaubten wir aufgrund der heute vorliegenden Beweise, daß der Mais der menschlichen Hilfe ebenso bedurfte wie der Weizen. Im Nahen Osten breitete sich überall der Acker-

Die Ernte der Jahreszeiten

bau auf den Hügelhängen aus, für die die Senke vom Toten Meer nach Judäa, ins Hinterland von Jericho, bestenfalls ein charakteristisches Beispiel, aber nicht mehr ist. Genau genommen hat der Ackerbau im Zweistromland mehrere Anfänge erlebt, einige von ihnen noch vor Jericho.

Dennoch hat Jericho mehrere Eigenarten, die es historisch einmalig machen und ihm einen ganz eigenen symbolischen Status verleihen. Im Gegensatz zu den vergessenen Dörfern andernorts ist Jericho monumental, älter als die Bibel, geschichtsträchtig, eine Stadt. Die alte Süßwasserstadt Jericho war eine Oase am Wüstenrand, deren Quelle seit grauer Vorzeit bis in die Zeit der heutigen modernen Stadt gesprudelt hat. Hier kamen Weizen und Wasser zusammen, und hier begann der Mensch nach unserer Definition die Zivilisation. Hierher kamen auch die Beduinen mit ihren dunkel verhüllten Gesichtern aus der Wüste und betrachteten voller Neid diese neue Lebensweise. Deshalb hat auch Josua die Stämme Israels auf dem Weg ins Gelobte Land hierher geführt – denn Weizen und Wasser machen die Zivilisation aus. Sie bedeuten die Verheißung eines Landes, in dem Milch und Honig fließen. Weizen und Wasser haben diese unfruchtbare Hügelfront zur ältesten Stadt der Welt gemacht.

Zu jener Zeit wird Jericho ganz plötzlich verwandelt. Menschen kommen und erregen bald den Neid ihrer Nachbarn, so daß sie Jericho befestigen müssen, es mit einer Mauer umschließen und – vor neuntausend Jahren – mit einem eindrucksvollen Turm versehen. Der Turm hat am Sockel einen Durchmesser von zehn Metern, und reicht fast ebenso tief in den Boden. Die Ausgrabungen, die an seiner Außenwand durchgeführt werden, zeigen Schicht um Schicht vergangener Zivilisationen: die frühen Menschen der Vorkeramikzeit, die nächsten Vorkeramiker, die beginnende Schnurkeramikzeit vor siebentausend Jahren. Frühe Kupferzeit, frühe Bronzezeit, mittlere Bronzezeit. Jede dieser Zivilisationen kam, eroberte Jericho, begrub es und baute sich selbst auf den Trümmern auf. So liegt der Turm gar nicht so sehr unter fünfzehn Metern Erde, sondern unter fünfzehn Metern vergangener Zivilisationen.

Jericho ist ein Mikrokosmos der Geschichte. In den kommenden Jahren wird man andere Stätten finden (einige wichtige neue Grabungsstätten hat man schon erschlossen), die unsere Vorstellung von den Anfängen der Zivilisation verändern. Und doch ist der mächtige Eindruck, wenn man an dieser Stelle steht, die Rückschau auf den Aufstieg des Menschen, gleichermaßen wirkungsvoll auf Denken und Empfinden. Als ich ein junger Mann war, glaubten wir alle, daß Meisterschaft auf der Herrschaft des Menschen über seine unbelebte Umwelt beruhe. Jetzt haben wir gelernt, daß die

Der Aufstieg des Menschen

wirkliche Meisterschaft aus dem Verständnis und der Gestaltung der lebenden Umwelt erwächst. So hat der Mensch im Nahen Osten begonnen, als er die Hand auf Pflanze und Tier legte und die Welt seinen Bedürfnissen entsprechend verwandelte, indem er mit beiden zu leben lernte. Als Kathleen Kenyon diesen uralten Turm in den fünfziger Jahren wiederentdeckte, da stellte sie fest, daß er hohl war. Für mich ist die Treppe im Inneren eine Art Wurzelstock, ein Guckloch auf den festgefügten Felssockel der Zivilisation. Und der Sockel der Zivilisation ist das Lebewesen, nicht die unbelebte Welt.

Um sechstausend vor Christi Geburt war Jericho eine große Ackerbausiedlung. Kathleen Kenyon schätzt, daß sie dreitausend Menschen beherbergte und innerhalb ihrer Mauern vier bis fünf Morgen Land umfaßte. Die Frauen mahlten den Weizen mit schweren Steinwerkzeugen, die eine seßhafte Gemeinde kennzeichnen. Die Männer kneteten und formten den Ton für Ziegelsteine, die zu den ältesten gehören, die wir kennen. Die Daumenabdrücke der Ziegelbrenner sind noch zu sehen. Der Mensch ist jetzt wie der Brotweizen an einem festen Ort seßhaft geworden. Eine seßhafte Gemeinde hat auch eine andere Beziehung zu den Toten. Die Einwohner von Jericho bewahrten einige Schädel auf und bedeckten sie mit kunstvollen Verzierungen. Niemand weiß warum, es sei denn, es hat sich um einen Akt der Ehrerbietung gehandelt.

Niemand, der mit dem Alten Testament groß geworden ist wie ich, kann Jericho verlassen, ohne zwei Fragen zu stellen: Hat Josua schließlich diese Stadt zerstört? Sind die Mauern tatsächlich eingestürzt? Das sind Fragen, die Besucher an diesen Ort locken und ihn zu einer lebenden Legende werden lassen. Die Antwort auf die erste Frage ist leicht: ja. Die Stämme Israels kämpften, um in den »Fruchtbaren Halbmond« eindringen zu können, der sich an der Küste des Mittelmeeres entlangstreckt, an den Bergen von Anatolien vorbei und hinunter zum Tigris und Euphrat. Hier in Jericho war die Schlüsselstellung, die ihren Weg die Berge von Judäa hinauf und hinunter in das fruchtbare Land am Mittelmeer

25
Jericho ist älter als die Bibel, jede Schicht birgt Geschichte. *Von der Ausgrabungsstätte in Jericho: getrockneter Lehmziegel; Plastik von Liebenden in Quarzit; mit Gips verzierter Schädel mit eingesetzten Ziermuscheln. Der Turm auf dem Hügel von Jericho. Das Mauerwerk besteht aus Feuerstein — vor 7000 v. Chr. bearbeitet. Das Metallgitter bedeckt den Schacht im Inneren des Turmes.*

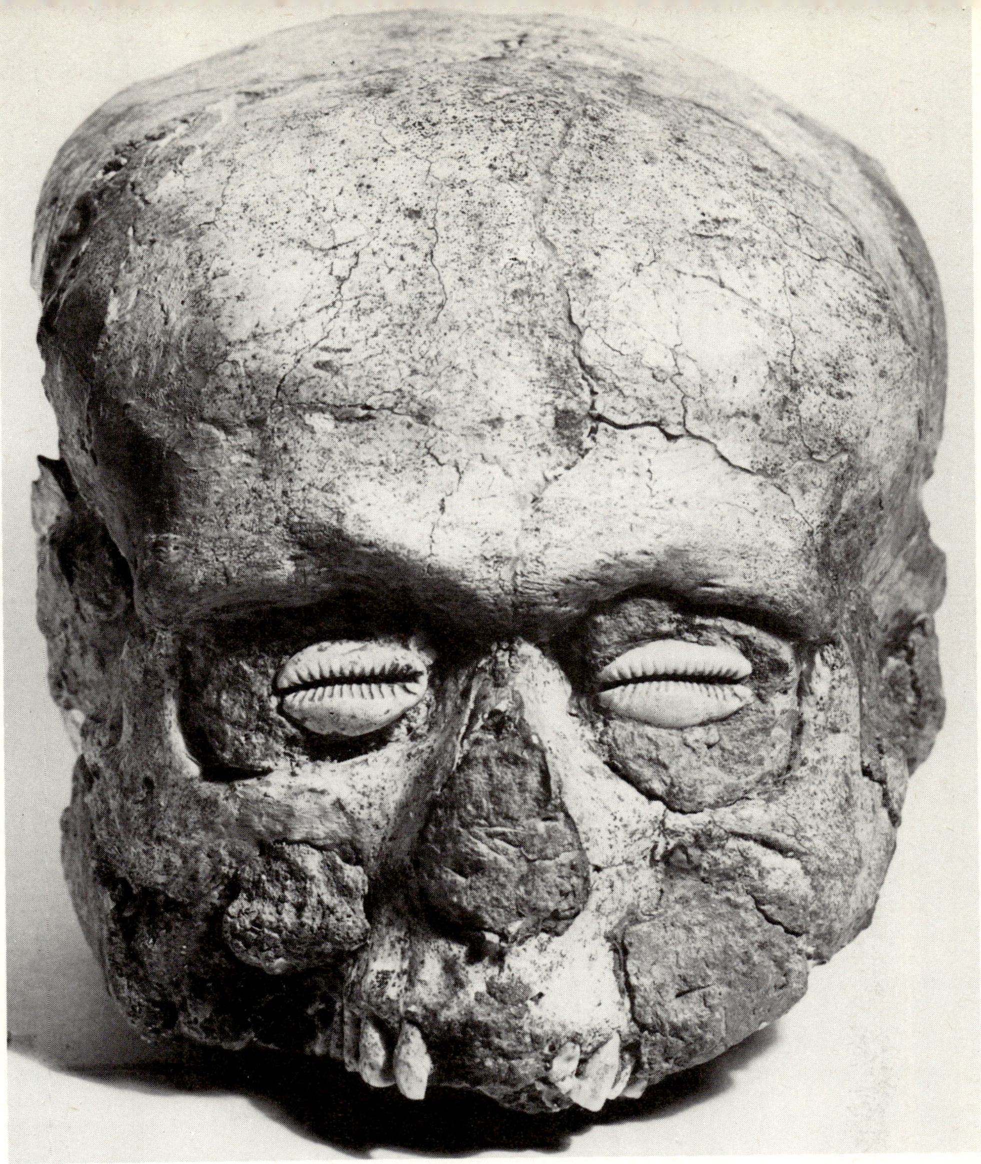

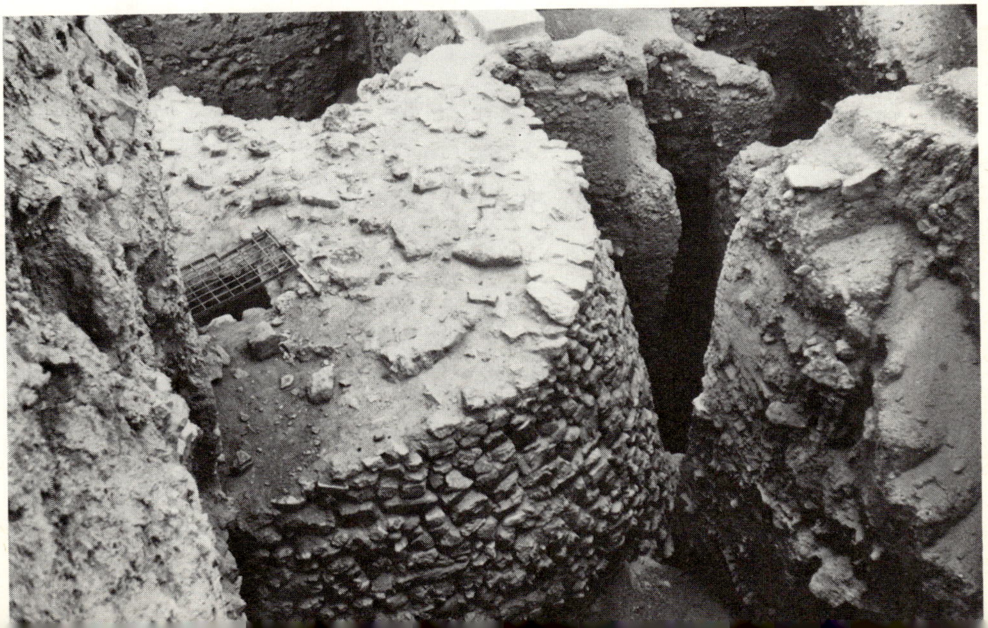

Der Aufstieg des Menschen

versperrte. Diese Schlüsselstellung mußten sie erobern, und sie taten es etwa um vierzehnhundert vor Christi Geburt — vor etwa dreitausenddreihundert bis dreitausendvierhundert Jahren. Die biblische Geschichte wurde erst etwa siebenhundert vor Christi Geburt schriftlich festgehalten. Das bedeutet also, daß der schriftliche Bericht schon etwa zweitausendsechshundert Jahre alt ist.

Aber sind die Mauern eingestürzt? Wir wissen es nicht, es gibt an dieser Ausgrabungsstätte keine archäologischen Anzeichen dafür, daß Mauern eines schönen Tages wirklich dem Erdboden gleichgemacht wurden. Aber viele Mauern fielen im Laufe der Zeit tatsächlich. Man kann hier eine Bronzezeitperiode verfolgen, in der Mauern wenigstens sechzehnmal wieder aufgebaut wurden. Dies ist nämlich ein Erdbebengebiet. Noch heute gibt es hier jeden Tag schwache Erdstöße, vier größere Erdbeben werden im Laufe eines Jahrhunderts registriert. Erst während der letzten Jahre haben wir begriffen, warum Erdbeben dieses Tal erschüttern. Das Rote Meer und das Tote Meer liegen im Verlauf des Großen Grabens in Ostafrika. Hier liegen zwei der Platten, die Kontinente in ihrem Schwebezustand auf dem dichten Erdmantel halten, nebeneinander. Wenn sie an dieser Stelle aneinander vorbeigleiten, reagiert die Erdoberfläche auf die Schockwellen, die aus dem Erdinnern heraufdringen. Deshalb hat es immer wieder Erdbeben

26
Ein Füllhorn von kleinen und subtil ausgeführten Kunstgegenständen, die für den Aufstieg des Menschen genauso wichtig sind wie irgendeine Apparatur der Kernphysik.
Ein Zimmermann bearbeitet ein Stück gedrechselten Holzes mit der Säge. Griechisch, 6. Jahrhundert v. Chr. Vertragsnagel aus Ton, sumerisch, 2400 v. Chr. Backofen mit Broten. Tonmodell. Griechische Inseln, 7. Jahrhundert v. Chr. Griechisches Spielzeug: Ein Affe preßt Oliven im Mörser. Alter Mann mit Weinpresse. Terrakotta-Modell, römische Periode.

Die Ernte der Jahreszeiten

entlang der Achse gegeben, an der das Tote Meer liegt. Meiner Ansicht nach ist deshalb die Bibel voller Erinnerungen an Naturwunder: eine uralte Sintflut, das Auslaufen des Roten Meeres, das Austrocknen des Jordans und das Einstürzen der Mauern von Jericho.

Die Bibel ist ein sonderbares Geschichtsbuch, teils Folklore und teils geschichtliche Chronik. Die Geschichte wird natürlich immer von den Siegern geschrieben, und als die Israelis hier durchbrachen, wurden sie zu Trägern der Geschichte. Die Bibel ist ihre Geschichte: die Geschichte eines Volkes, das sein Nomaden- und Hirtendasein beenden und zu einem Stamm von Ackerbauern werden mußte.

Ackerbau und Viehzucht scheinen einfache Tätigkeiten zu sein, aber die natufianische Sichel signalisiert uns, daß sie nicht stillstehend verharren. Jedes Stadium der Veredelung pflanzlichen und tierischen Lebens macht Erfindungen erforderlich, die als technisches Gerät beginnen und von denen dann wissenschaftliche Grunderkenntnisse ausgehen. Die Grundbausteine des rege tätigen Geistes liegen unbeachtet in irgendeinem Dorf irgendwo in der Welt umher. Das Füllhorn kleiner, subtiler Handwerkserzeugnisse ist genauso genial und in einem tieferen Sinne genauso wichtig für den Aufstieg des Menschen wie irgendeine Apparatur der Kern-

Gib mir einen Hebel, und ich werde die Erde ernähren.
Pflügen mit angeschirrten Ochsen, Ägypten.

physik: die Nadel, die Ahle, der Topf, das Kohlenbecken, der Spaten, der Nagel und die Schraube, der Blasebalg, die Schnur, der Knoten, der Webstuhl, das Pferdegeschirr, der Haken, der Knopf, der Schuh — man könnte hunderte benennen, ohne zögern zu müssen. Der Reichtum ergibt sich aus der Wechselwirkung von Erfindungen. Eine Kultur ist Multiplikator von Ideen, wobei jedes neue Gerät die Wirksamkeit der übrigen vergrößert und beschleunigt.

Die seßhafte Landwirtschaft schafft eine Technik, von der sich die ganze Physik, die ganze Naturwissenschaft herleitet. Wir können das an dem Wandel von der frühen Sichel zur heutigen erkennen. Auf den ersten Blick sehen sie weitgehend gleich aus: die Sichel des Sammlers, aus der Zeit vor zehntausend Jahren, und die Sichel aus der Zeit vor neuntausend Jahren, als der Weizen kultiviert wurde. Aber schauen Sie einmal genauer hin. Der kultivierte Weizen wird mit einer gewellten Schnittkante abgesägt. Wenn man nämlich den Weizenhalm schlägt, fallen die Körner auf den Boden. Wenn man ihn jedoch behutsam absägt, bleiben die Körner in der Ähre. Sicheln und Sensen sind seither immer so gemacht worden — bis in meine Kindheit während des ersten Weltkrieges, als die geschwungene Sense mit der gewellten Schnittkante immer noch zum Weizenmähen benutzt wurde. Ein technischer Vorgang dieser Art, physikalische Kenntnisse dieser Art, dringen aus jedem Bereich des bäuerlichen Lebens so spontan auf uns ein, daß wir das Gefühl haben, die Ideen entdeckten den Menschen und nicht umgekehrt.

Die mächtigste Erfindung des Ackerbaus ist natürlich der Pflug. Wir stellen uns den Pflug als Keil vor, der die Scholle teilt. Und der Keil ist eine wichtige frühe mechanische Erfindung. Aber der Pflug ist auch etwas viel Grundlegenderes: Er ist ein Hebel, der die Erde aufwirft, und er stellt somit eine der ersten Anwendungen des Hebelgesetzes dar. Als Archimedes wesentlich später den Griechen das Hebelgesetz erklärte, da sagte er, mit einem geeigneten Drehpunkt für einen Hebel könne er die Erde bewegen. Aber Jahrtausende zuvor hatten die Pflüger des Nahen Ostens bereits gesagt: »Gib mir einen Hebel, und ich werde die Erde *ernähren*.«

Ich habe bereits gesagt, daß der Ackerbau wenigstens noch einmal, viel später und in Amerika, unabhängig entdeckt worden ist. Der Pflug und das Rad gehörten nicht dazu, denn sie sind vom Zugtier abhängig. Der Schritt über den einfachen Ackerbau im Nahen Osten hinaus war die Abrichtung von Zugtieren. Die Tatsache, daß diese biologische Entwicklung in der Neuen Welt nicht vollzogen wurde, hielt sie auf dem Niveau des Grabstockes und der auf dem Rücken getragenen Last zurück. Die Neue Welt erfand nicht einmal die Töpferscheibe.

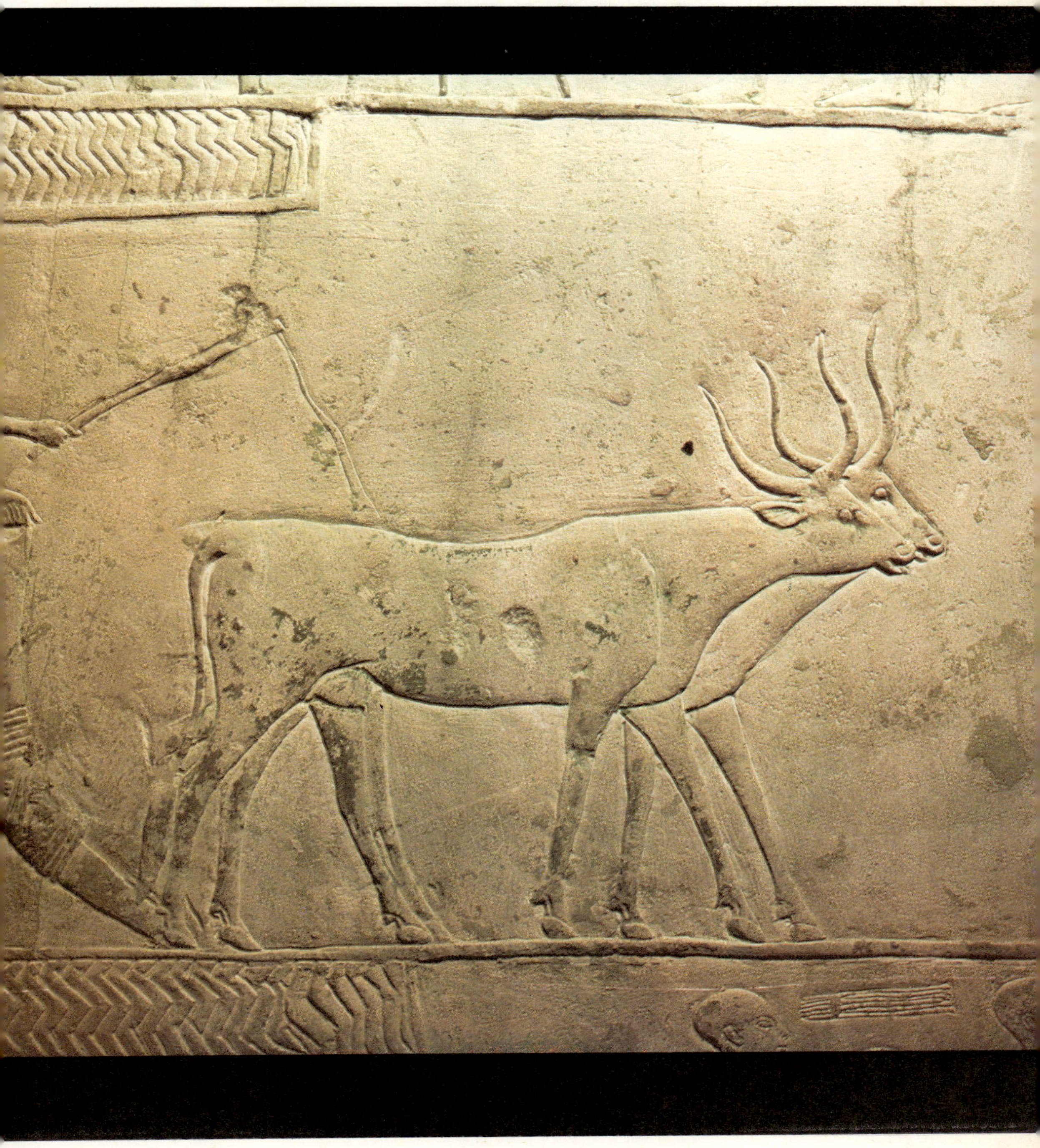

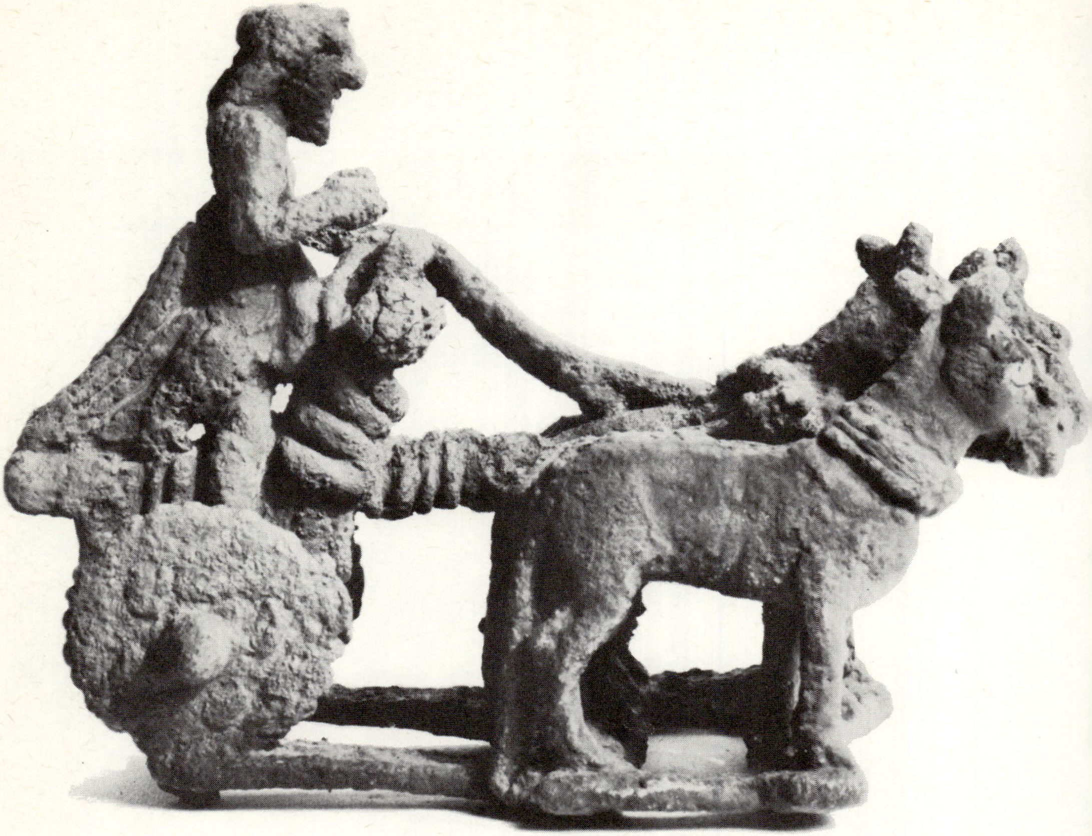

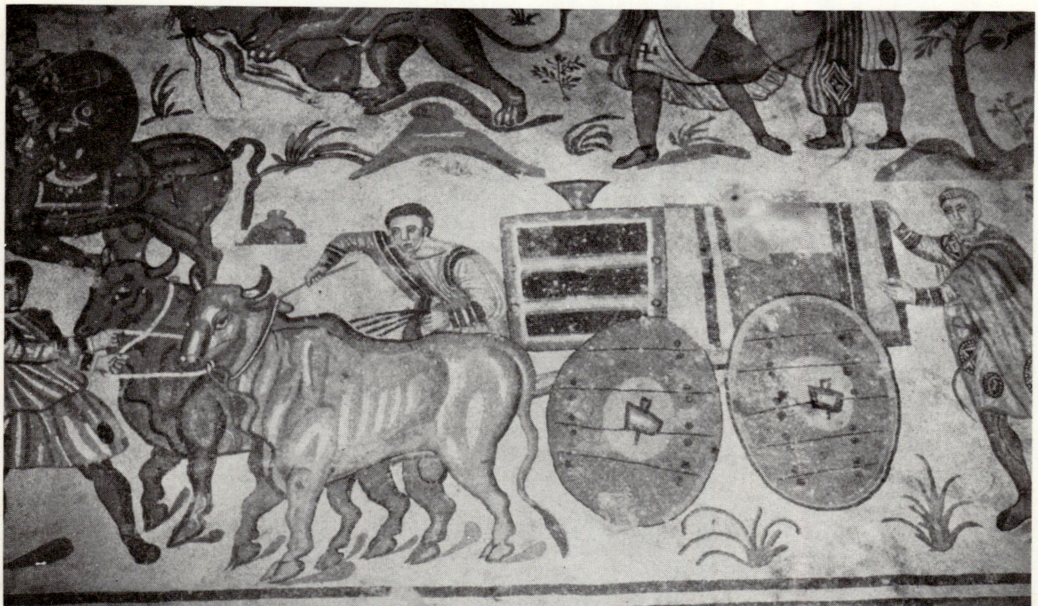

Die Ernte der Jahreszeiten

Das Rad trat zum erstenmal dreitausend Jahre vor Christi Geburt im heutigen Südrußland auf. Diese frühen Funde sind massive Holzräder, die an einem älteren Floß oder Schlitten zum Ziehen von Lasten befestigt sind, der dadurch in einen Karren verwandelt wird. Von diesem Zeitpunkt an werden Rad und Achse zur zweifachen Wurzel, aus der sich die Erfindungen entwickeln. So wird das Rad zum Beispiel in ein Werkzeug zum Mahlen von Weizen umgewandelt — und man benutzt Naturkräfte zu diesem Arbeitsvorgang: zunächst die Kraft des Tieres und später Wind- und Wasserkraft. Das Rad wird zum Modell für alle Drehbewegungen, eine Norm der Erklärung und ein himmlisches Symbol für übermenschliche Kräfte. Es wird zu diesem Modell in Wissenschaft und Kunst zugleich. Die Sonne ist ein Kampfwagen, und der Himmel selbst ist ein Rad seit der Zeit, in der die Babylonier und die Griechen die Kreisbewegung der Himmelsgestirne kartographieren. In der modernen Naturwissenschaft verläuft die natürliche Bewegung (das ist die unbehinderte Bewegung) in einer Geraden, aber für die griechische Naturwissenschaft war die Kreisbewegung die Bewegungsart, die natürlich (das heißt: der Natur innewohnend), ja sogar perfekt erschien.

Etwa um die Zeit, in der Josua Jericho stürmte, etwa vierzehnhundert vor Christi Geburt, verwandelten die Ingenieure aus Sumer und Assyrien das Rad in einen Flaschenzug zum Wasserschöpfen. Zur gleichen Zeit konstruierten sie großflächige Bewässerungssysteme. Die senkrechten Wartungsschächte sind noch wie Markierungszeichen über die persische Landschaft verteilt. Sie gehen hundert Meter tief in die Erde zu den Qanats oder Untergrundkanälen, aus denen das System besteht. In der Tiefe bleibt das Wasser vor Verdunstung bewahrt. Dreitausend Jahre nachdem diese Kanäle angelegt wurden, entnehmen die Dorffrauen von Khuzistan immer noch ihre Wasserrationen aus den Qanats und verrichten die harte Alltagsarbeit der Urzeitgemeinden.

Die Qanats sind späte Bauwerke einer Stadtzivilisation, und sie setzen bereits das Vorhandensein von Gesetzen voraus, die die Wasserrechte, den Landbesitz und andere Sozialbeziehungen regeln. In einer Ackerbaugemeinde (zum Beispiel bei den Großbauern von Sumer) hat das Gesetz einen anderen Charakter als das Nomadenrecht, das den Diebstahl einer Ziege oder eines Schafes ahndet. Jetzt ist die gesellschaftliche Struktur eng verbunden mit der Regelung von Angelegenheiten, die die Gemeinde als Ganzes betreffen: Zugang zum Land, die Aufrechterhaltung und Kontrolle der Wasserrechte, das Recht, die wertvollen Konstruktionen, von denen die Ernte abhängt, zu nutzen und zu verlegen.

Der Dorfhandwerker ist jetzt bereits zum selbständigen Erfinder geworden. Er vereint die mechanischen Grundgesetze in ausge-

28
Das Rad und die Achse sind die zwei Wurzeln aller Erfindungen.
Kupfermodell eines Kampfwagens. Mesopotamisch, etwa 2800 v. Chr. Römisches Mosaik eines Wagens mit Massivrädern.

Der Aufstieg des Menschen

klügelten Werkzeugen, die bereits frühe Maschinen sind. Im Nahen Osten sind sie überliefert: Die Bogendrechselbank zum Beispiel, eine der klassischen Vorrichtungen zur Umwandlung der linearen in eine rotierende Bewegung. Diese Vorrichtung beruht genialerweise darauf, daß man ein Seil um eine Walze bindet, und die Enden an den beiden Enden einer Art Geigenbogens befestigt. Das zu bearbeitende Holz wird auf der Walze befestigt. Es wird durch Hin- und Herbewegen des Bogens gedreht, wobei das Seil die Walze, an der das Holzstück befestigt ist, in eine Drehbewegung versetzt. Das Holzstück wird dabei zugleich von einem Meißel spanabhebend bearbeitet. Diese Vorrichtung ist mehrere tausend Jahre alt, aber ich habe gesehen, wie 1945 Zigeuner in einem englischen Wald damit Stuhlbeine gedrechselt haben.

Eine Maschine ist eine Vorrichtung zum Anzapfen der Energie der Natur. Das gilt für die ganz simple Webspindel, die die Bakhtiarifrauen bei sich tragen, und auch für das erste Kernkraftwerk der Geschichte und all seine Nachkommen. In dem Maße jedoch, wie die Maschine größere Energiequellen angezapft hat, hat sie sich immer mehr von ihrer natürlichen Verwendung entfernt. Wie kommt es, daß uns heute die Maschine in ihrer modernen Gestalt als eine Bedrohung erscheint?

29
Die Bogendrehbank bietet eine der klassischen Möglichkeiten zur Umwandlung linearer Bewegung in Drehbewegung. *Zimmerleute um die Mitte des 19. Jahrhunderts bei der Arbeit mit der Bogendrehbank, Zentralindien.*

Diese Frage hängt eng mit der Größenordnung von Energie zusammen, die die Maschine zu entwickeln vermag. Wir können die Frage als Alternative formulieren: Bewegt sich die Energie innerhalb der Arbeitsanforderung, für die die Maschine entwickelt wurde, oder ist sie so unverhältnismäßig groß, daß sie den Benutzer beherrschen und die Verwendung der Energie zu beeinträchtigen vermag? Die Fragestellung reicht daher weit zurück. Sie beginnt, als der Mensch zum erstenmal eine Kraft zähmte, die über seine eigene hinausging, nämlich die Kraft der Tiere. Jede Maschine ist eine Art Zugtier — selbst der Kernreaktor. Sie vergrößert den Überfluß, den der Mensch seit Beginn des Ackerbaus der Natur abgewonnen hat. Daher beschwört jede Maschine das ursprüngliche Dilemma wieder herauf: Spendet sie Energie als Reaktion auf die Erfordernisse ihres speziellen Verwendungszwecks, oder ist sie eine ungezähmte Energiequelle, die über die Grenzen konstruktiver Nutzung hinausgeht? Der Konflikt um die Größenordnung der Energie reicht weit bis in jene formbildende Zeit der menschlichen Geschichte zurück.

Der Ackerbau ist ein Teil der biologischen Revolution, die Domestizierung und Zähmung von Dorftieren ist der andere Bestandteil. Der Ablauf der Domestizierung ist geordnet. Zuerst kommt der Hund, möglicherweise sogar früher als zehntausend Jahre vor Christi Geburt. Dann kommen die Tiere als Nahrungsspender, beginnend mit Ziegen und Schafen. Und dann kommen Zugtiere wie der Wildesel. Die Tiere erwirtschaften einen Überfluß, der wesentlich über das hinausgeht, was sie gebrauchen. Aber das gilt nur so lange, wie die Tiere sich bescheiden mit ihrem Los abfinden, als Diener des Ackerbaus.

Man erwartet nicht, daß das Haustier sich gewissermaßen von jenem Zeitpunkt an als eine Bedrohung des Überflusses an Getreide erweist, von dem die seßhafte Gemeinde lebt und aufgrund dessen sie überlebt. Das ist ganz unerwartet, denn schließlich sind es der Ochse und der Esel als Zugtiere, die dazu beigetragen haben, diesen Überfluß zu schaffen. (Das Alte Testament weist nachdrücklich darauf hin, daß man diese Tiere gut zu behandeln habe. Dem Bauern verbietet es zum Beispiel, Ochse und Esel gemeinsam vor den Pflug zu spannen, weil sie auf verschiedene Weise arbeiten.) Vor etwa fünftausend Jahren jedoch tritt ein neues Zugtier auf — das Pferd. Und das ist unverhältnismäßig schneller, stärker und dominierender, als irgendein Haustier es zuvor war. Von diesem Zeitpunkt an wird das Pferd zur Bedrohung des Überflusses im Dorf.

Das Pferd hatte damit begonnen, Räderkarren zu ziehen wie der Ochse — aber eher prächtige Gefährte, etwa Kampfwagen bei königlichen Paraden. So um zweitausend vor Christi Geburt entdeckten die Menschen dann, daß sie das Pferd reiten konnten. Diese Entdeckung muß damals genauso verblüffend gewesen sein wie später die Erfindung des Flugzeugs. Vor allem brauchte man dazu ein größeres, stärkeres Pferd — das Pferd war ursprünglich ein recht kleines Tier und konnte wie das südamerikanische Lama einen Menschen nicht längere Zeit tragen. Die Verwendung des Pferdes als ernstzunehmendes Reittier beginnt deshalb bei den Nomadenstämmen, die Pferde züchteten. Es waren Männer aus Zentralasien, Persien, Afghanistan und von weiter her. Im Westen nannte man sie einfach Skythen, eine Sammelbezeichnung für ein neues und furchterregendes Geschöpf, für ein Naturphänomen.

Wenn man den Reiter anschaut, ist er ja mehr als ein Mann: Er befindet sich mannshoch über den anderen, und er bewegt sich mit einer verwirrenden Energie, so, als wolle er die ganze Welt der Lebewesen durchmessen. Als die Pflanzen und die Tiere im Dorf zum Nutzen des Menschen kultiviert worden waren, bedeutete das Besteigen eines Pferdes mehr als eine menschliche Geste. Es war der symbolische Akt der Herrschaft über die gesamte Schöpfung. Wir wissen, daß damals dieser Eindruck herrschte, weil wir Berichte über die ehrfürchtige Scheu und die Furcht haben, die das Pferd in geschichtlicher Zeit noch einmal hervorrief, als die berittenen Spanier 1532 die Armeen Perus überwältigten (die nie zuvor ein Pferd gesehen hatten). So waren die Skythen lange zuvor ein Terror, der über die Länder hinwegfegte, denen die Technik des Reitens unbekannt war. Als die Griechen die skythischen Reiter sahen, glaubten sie, Pferd und Reiter seien eins — und so kam die Legende vom Zentauren zustande. So war auch jener andere halbmenschliche Hybrid der griechischen Phantasie, der Satyr, ursprünglich nicht teilweise Ziege, sondern teilweise Pferd. So weit ging das Unbehagen, das das rasch dahineilende Geschöpf aus dem Osten hervorrief.

Wir können uns heute nicht einmal annähernd die Furcht vorstellen, die Pferd und Reiter im Nahen Osten und in Osteuropa auslösten, als sie dort zum erstenmal auftauchten. Das ist zurückzuführen auf einen Unterschied im Maßstab, den ich nur mit dem Auftauchen von deutschen Panzern 1939 in Polen vergleichen kann, von Panzern, die alles niederwalzten, was sich ihnen entgegenstellte. Ich glaube, daß die Bedeutung des Pferdes in der europäischen Geschichte stets unterschätzt worden ist. In einem gewissen Sinn wurde das Kriegshandwerk vom Pferd als eine Ausdrucksform nomadischer Lebensweise begründet. Das brachten die Hunnen, das brachten die Phrygier, das brachten schließlich die Mongolen mit sich, und das erreichte viel später unter Dschingis Khan seinen Höhepunkt. Die beweglichen Horden veränderten

30
Bewegliche Menschenmassen veränderten die Organisation der Schlacht.
Mongolische Kavallerie aus dem Jami'al-Tawarikh, der »Geschichte der Welteroberung«, vollendet 1306 von Rashid al-Din, Wesir und Geschichtsschreiber des Oljeitu Khan. Truppen durchreiten während der Mongolen-Invasion Indiens an einer Furt einen Fluß.

جماعة من مرده الفارسي قصدا بكر المصاف وقعت الروس بايدي وقارب النقوس بدنه وحطيت حرب الیوم ان جیبها ثقار

وحصلا للضياع والدماء من بخصر تلك الانواحي سعة كشفه ردالدمع ووقع والله المستعان الوه . يكفه دمه المالك والازرارت والحماري

١٠٨٢

insbesondere die Schlachtordnung. Sie tüftelten eine andersartige Kriegsstrategie aus — eine Strategie wie ein Kampfspiel — und wie gern spielen die Kriegstreiber ihr Spielchen!

Die Strategie der beweglichen Horde hängt vom Manövrieren ab, von rascher Kommunikation und von eingeübten taktischen Bewegungen, die sich zu verschiedenen Überraschungsangriffen koordinieren lassen. Die Überreste davon sind in den Kriegsspielen enthalten, die heute noch gespielt werden und die aus Asien kommen, wie zum Beispiel Schach und Polo. Die Kriegsstrategie wird vom Sieger immer als eine Art Spiel betrachtet. In Afghanistan wird bis auf den heutigen Tag ein Spiel durchgeführt, das sich Buz Kashi nennt und das auf die Reitwettbewerbe der Mongolen zurückgeht.

Die Männer, die Buz Kashi spielen, sind Profis — das heißt, sie werden dafür ausgebildet und bezahlt — und sie werden gemeinsam mit ihren Pferden lediglich für den Ruhm des Sieges geschult. Bei einem großen Fest kommen dreihundert Männer aus verschiedenen Stämmen zum Wettkampf, obgleich dies zwanzig oder sogar dreißig Jahre lang nicht mehr geschehen war, bis wir den Wettkampf organisierten.

Beim Buz Kashi bilden die Spieler keine Mannschaft. Ziel des Spiels ist es nicht zu beweisen, daß eine Gruppe besser ist als die andere, sondern als Ziel gilt, einen Sieger zu finden. In der Vergangenheit gab es berühmte Champions, und an die erinnert man sich. Der Präsident, der unser Spiel leitete, war ein Champion, der nicht mehr aktiv war. Der Präsident gibt seine Anweisungen durch einen Herold, der auch ein ehemaliger Spielteilnehmer sein kann, obgleich er sich nicht so sehr ausgezeichnet hat. Wo wir nun vielleicht einen Ball erwarten, liegt statt dessen ein geköpftes Kalb. (Und dieses makabre Spielzeug sagt etwas über das Spiel aus; als machten sich nämlich die Reiter einen Spaß mit dem Lebensunterhalt des Bauern.) Der Tierkörper wiegt etwa fünfzig Pfund, und die Aufgabe besteht darin, ihn hochzureißen, ihn gegen alle Angreifer zu verteidigen und ihn in zwei Stadien des Spiels in Sicherheit zu bringen. Das erste Stadium des Spiels besteht darin, daß der Reiter mit dem Kadaver zur feststehenden Anschlagfahne reitet und sie umrundet. Nach diesem wichtigen Spielabschnitt folgt der Rückritt. Der Reiter hastet um die Fahne herum, wobei er dauernd angegriffen wird, und macht sich dann auf den Rückritt zur Zielmarkierung, die aus einem Kreis im Mittelpunkt des Getümmels besteht.

Das Spiel wird durch ein einziges Tor gewonnen, also wird kein Pardon gegeben. Hier handelt es sich nicht um eine sportliche Angelegenheit. Die Regeln wissen nichts von Fairplay. Die Taktik ist rein mongolisch, Unterwerfung durch Schock. Das erstaunliche

31
Als die Griechen die skythischen Reiter sahen, glaubten sie, Roß und Reiter seien eins. So entwickelten sie die Legende vom Zentauren. *Griechische Vasenmalerei, ca. 560 v. Chr., Zentauren und zum Kampf rüstender Krieger.*

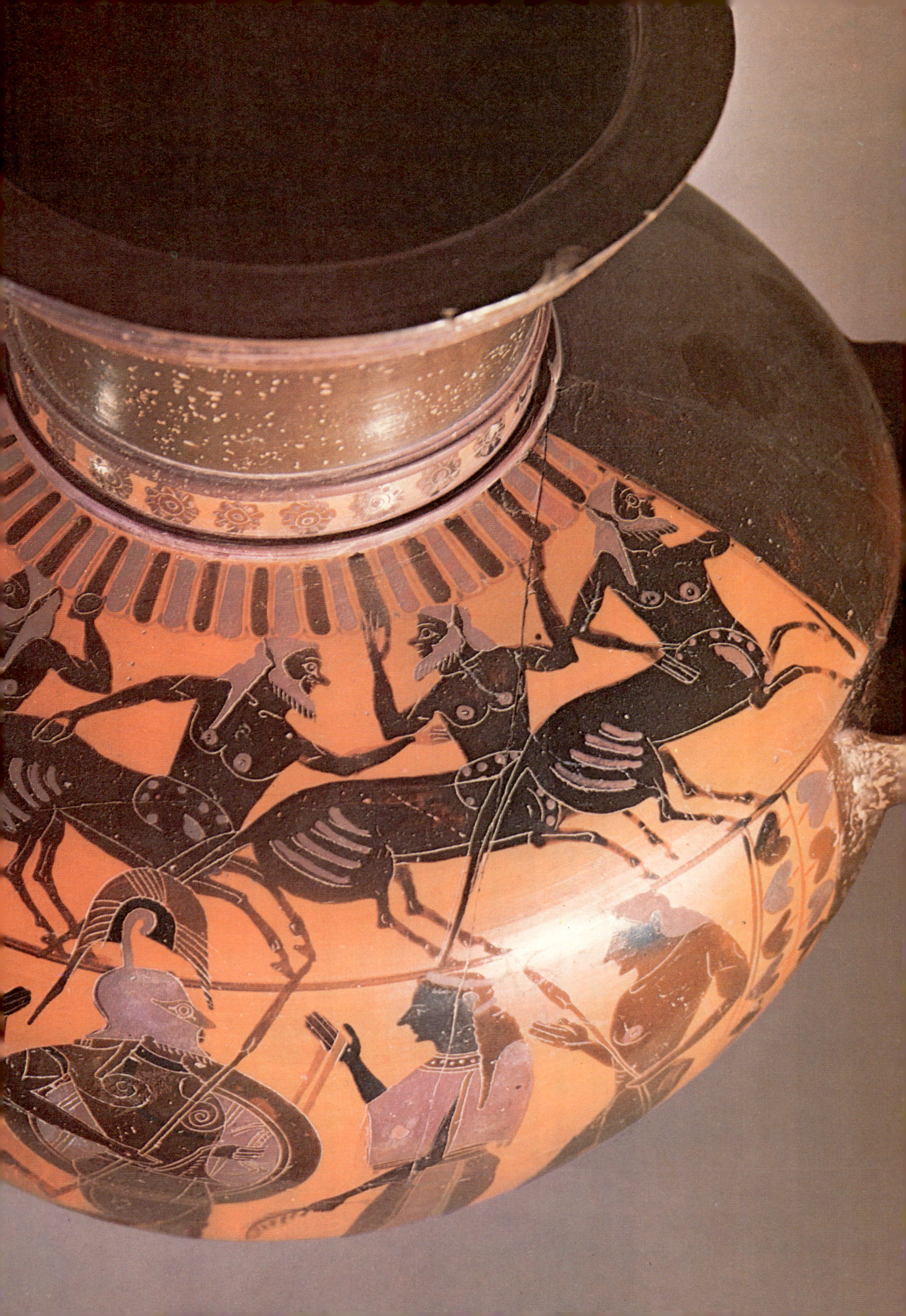

32
In Afghanistan wird bis auf den heutigen Tag das Spiel Buz Kashi gespielt, das auf die Reiterwettkämpfe der Mongolen zurückgeht.

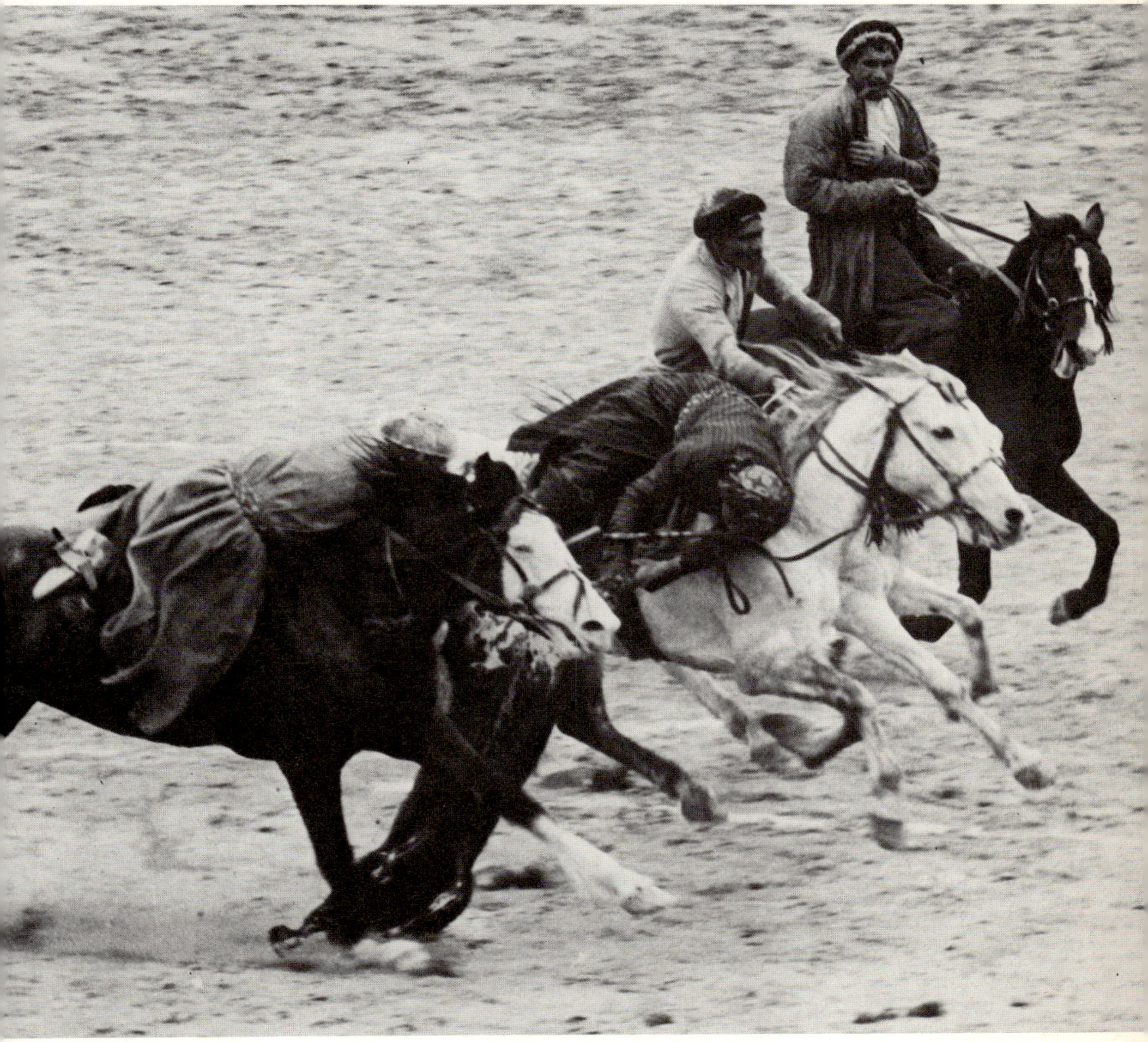

Der Aufstieg des Menschen

an diesem Spiel ist der Faktor, der die Armeen vernichtete, die sich den Mongolen entgegenstellten: Was hier als wildes Scharmützel erscheint, ist tatsächlich listiges Manövrieren, das sich plötzlich auflöst, wobei der Sieger unangefochten davonreitet, um das Ziel zu erreichen.

Man hat den Eindruck, daß die Zuschauer wesentlich erregter, gefühlsmäßig viel stärker beteiligt sind als die Spieler. Diese erscheinen im Gegensatz dazu engagiert, aber kalt. Sie reiten mit brillanter und brutaler Hingabe, aber sie werden nicht vom Spiel gefesselt, sondern vom Sieg. Erst nach dem Spiel wird der Sieger selbst von Erregung überwältigt. Er hätte den Präsidenten bitten müssen, das Tor anzuerkennen, und da er in dem Getümmel diesen Aspekt des Zeremoniells übersehen hat, hat er zugleich den Sieg gefährdet. Es versöhnt zu wissen, daß das Tor anerkannt wurde.

Buz Kashi ist ein Kriegsspiel. Es ist das Cowboy-Ethos, das es so spannungsgeladen macht: Reiten als kriegerische Handlung. Darin kommt die monomanische Kultur der Eroberung zum Ausdruck. Der Beutejäger posiert als Held, weil er mit dem Wirbelsturm daherreitet. Aber der Wirbelsturm an sich ist inhaltslos. Pferd oder Panzer, Dschingis Khan oder Hitler oder Stalin, die Kriegsmaschine schmarotzt lediglich von der Mühe und Arbeit anderer Menschen. Der Nomade in seiner letzten historischen Rolle als Krieger ist immer noch ein Anachronismus, wenn nicht gar Schlimmeres in einer Welt, die während der letzten zwölftausend Jahre entdeckt hat, daß die Zivilisation von seßhaften Menschen geschaffen wird.

Durch diesen ganzen Essay verläuft der Konflikt zwischen der nomadischen und der seßhaften Lebensweise. Deshalb ist es angebracht, als Nachruf gewissermaßen, auf jene hohe, stürmische, ungastliche Hochebene bei Sultaniyeh in Persien zu gehen, wo der letzte Versuch der Mongolendynastie des Dschingis Khan scheiterte, die nomadische Lebensweise zur höchsten Daseinsform zu machen. Dabei muß man anmerken, daß die Erfindung des Ackerbaus vor zwölftausend Jahren die seßhafte Lebensweise nicht ohne weiteres einführte oder bestätigte. Im Gegenteil: Die Domestizierung von Tieren, die mit dem Ackerbau kam, gab nomadischen Wirtschaftsformen neuen Auftrieb. So geschah es bei der Domestizierung des Schafes und der Ziege, und dann vor allem bei der Domestizierung des Pferdes. Denn es war schließlich das Pferd, das den Mongolenhorden des Dschingis Khan die Macht und die Organisation zur Eroberung Chinas und der Staaten des Islam vermittelte und es ihnen ermöglichte, die Einfallstore nach Mitteleuropa zu erreichen.

Dschingis Khan war ein Nomade und der Erfinder einer mächti-

33
Die stürmische, ungastliche Hochebene bei Sultaniyeh in Persien, wo der letzte Versuch, die Vorherrschaft der nomadischen Lebensweise zu etablieren, fehlschlug. *Das Mausoleum des Oljeitu Khan, der fünfter in der Erbfolge des Dschingis Khan war und von 1304 bis 1316 die persischen Ländereien des Mongolenreiches regierte. Die Buchillustration ist eine Widmung an Oljeitu in einem Koran-Manuskript aus dem Jahr 1310.*

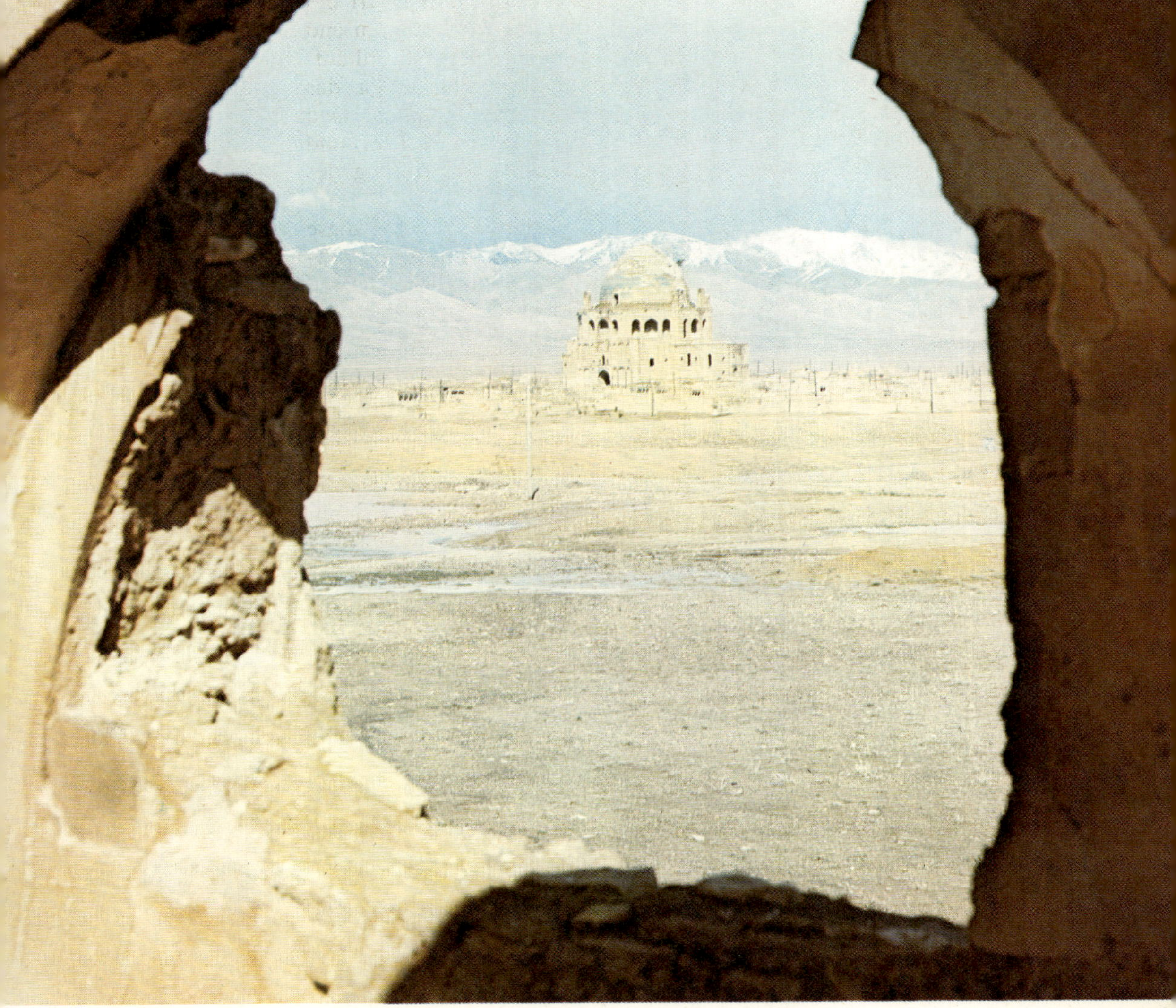

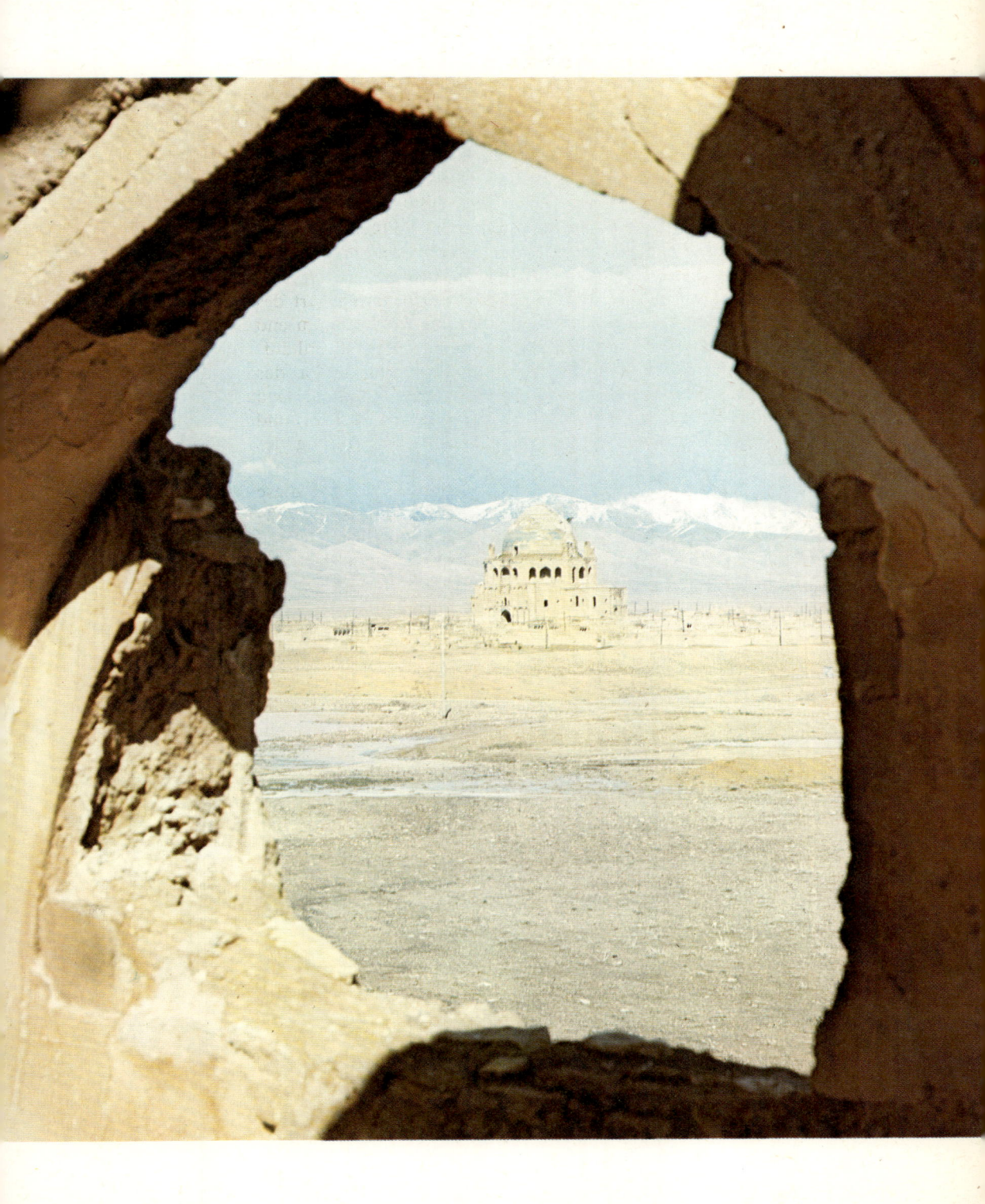

gen Kriegsmaschine — und dieses Zusammentreffen sagt etwas Wichtiges über den Ursprung des Krieges in der menschlichen Geschichte aus. Natürlich ist es verführerisch, die Augen vor der Geschichte zu schließen und statt dessen über den Ursprung des Krieges aus einem denkbaren tierischen Instinkt zu spekulieren: Als ob wir, wie der Tiger, immer noch töten müßten, um leben zu können, oder wie das Rotkehlchen kämpfen müßten, um den Nistbereich zu verteidigen. Der Krieg jedoch, der organisierte Krieg, beruht nicht auf einem menschlichen Instinkt. Er ist eine sorgfältig ausgeklügelte und Zusammenarbeit erfordernde Art des Diebstahls. Diese Art des Diebstahls begann vor zehntausend Jahren, als die Weizen erntenden Bauern einen Überfluß anhäuften und die Nomaden aus der Wüste kamen, um ihnen das wegzunehmen, was sie selbst nicht hervorbringen konnten. Den Beweis dafür haben wir in der befestigten Stadt Jericho und ihrem vorgeschichtlichen Turm gesehen. Das ist der Anfang des Krieges.

Dschingis Khan und seine mongolische Dynastie retteten diese diebische Lebensart in unser Jahrtausend hinüber: Zwischen zwölfhundert und dreizehnhundert machten sie den beinahe letzten Versuch, die Vorherrschaft des Räubers fest zu begründen, der nichts hervorbringt und der in seiner unsteten Art dem Bauern (der sich nirgendwohin flüchten kann) den Überfluß nimmt, den der Ackerbau anhäuft.

Aber dieser Versuch scheiterte. Er scheiterte, weil den Mongolen letzten Endes nichts anderes übrigblieb, als die Lebensweise der von ihnen unterworfenen Menschen anzunehmen. Als sie die Mohammedaner besiegt hatten, wurden sie zu Mohammedanern. Seßhaft wurden sie, weil Diebstahl, weil Krieg kein Dauerzustand ist, den man aufrechterhalten kann. Natürlich wurden die Gebeine Dschingis Khans immer noch zu seinem Gedächtnis von den Armeen im Feld herumgeschleppt. Sein Enkel Kublai Khan war jedoch bereits ein Erbauer und ein seßhafter Monarch in China. Vielleicht erinnern Sie sich an das Gedicht von Coleridge:

In Xanadu ließ Kublai Khan
ein stattlich Bauwerk wohl errichten

Der fünfte Nachfolger Dschingis Khans war der Sultan Oljeitu, der auf diese ungastliche Hochebene in Persien zog, um eine große neue Hauptstadt zu bauen — Sultaniyeh. Lediglich sein eigenes Mausoleum blieb übrig und diente später als Modell für manches islamische Bauwerk. Oljeitu war ein liberaler Monarch, der Männer aus aller Welt hierher holte. Er selbst war Christ, zuzeiten Buddhist und schließlich Mohammedaner, und an seinem Hof versuchte er tatsächlich einen Weltgerichtshof zu errichten.

Die Ernte der Jahreszeiten

Das war das eine, das der Nomade zur Zivilisation beitragen konnte: Er sammelte aus allen vier Windrichtungen der Welt die Kulturen, vermischte sie miteinander und schickte sie dann wieder hinaus, um die Erde zu befruchten.

Es entbehrt nicht einer gewissen Ironie, daß das Ende des Machtstrebens der mongolischen Nomaden darin gipfelte, daß Oljeitu bei seinem Tode als »Oljeitu der Erbauer« bekannt war. Es ist eine Tatsache, daß der Ackerbau und die seßhafte Lebensweise nunmehr unverrückbare Stufen auf dem Wege des Aufstiegs des Menschen darstellten und daß sie eine neue Grundlage für eine Erscheinungsform menschlicher Harmonie geschaffen hatten, die bis weit in die Zukunft hinein Früchte tragen sollte: die Organisation der Stadt.

In his hand he took the Golden Compasses, prepared
In Gods eternal store, to circumscribe
This Universe, and all created things.
One foot he center'd, and the other turn'd
Round through the vast profundity obscure;
And said, thus far extend, thus far thy bounds,
This be thy just circumference, O World!

DAS KORN IM STEIN

In seine Hand
Nahm er den goldnen Zirkel, geschaffen
Unter Gottes Obhut, nahm ihn einzukreisen
Das All, die ganze Schöpfung:
Die eine Spitze in der Mitte ruht, die andre dreht sich
Um die Tiefen unergründlich dunkel noch.
Da spricht er, soweit reichest du, hier deine Grenzen,
Dies werde dein gerechter Wirkungskreis, o Welt.
                           Milton, *Das verlorene Paradies,* Buch VII

John Milton hat sie beschrieben, und William Blake hat sie gezeichnet, die Gestaltung der Erde mit einer einzigen umgreifenden Bewegung des Zirkels Gottes. Aber das ist ein übertrieben statisches Bild der Vorgänge in der Natur. Die Erde besteht nunmehr seit über viertausend Millionen Jahren. In dieser Zeit ist sie stets durch zwei Einwirkungen gestaltet und verändert worden. Die verborgenen Kräfte im Erdinneren haben Schichten aufgeworfen, die Landmassen angehoben und verschoben. Auf der Erdoberfläche hat die Erosion von Schnee und Regen und Sturm, von Flüssen und Meeren, von Sonne und Wind eine natürliche Architektur geschaffen.

Der Mensch ist auch zum Architekten seiner Umwelt geworden, aber ihm sind keine Kräfte untertan, die so mächtig wären wie die der Natur. Seine Methode ist wählerisch und tastend gewesen: ein geistiger Zugriff, bei dem das Handeln vom Verstehen abhängt. Ich möchte die Geschichte dieses Zugriffs an den Kulturen der Neuen Welt verfolgen, die jünger sind als Europa und Asien. In meinem ersten Essay habe ich mich auf Äquatorial-Afrika konzentriert, denn dort hatte der Mensch seine Anfänge, und im zweiten auf den Nahen Osten, denn dort begann die Zivilisation. Jetzt ist es an der Zeit, sich daran zu erinnern, daß der Mensch bei seinem langen Marsch über die Erde auch andere Kontinente erreicht hat.

Der Canyon de Chelly in Arizona ist ein verborgenes Tal, in dem sich kein Lüftchen rührt, das fast ohne Unterbrechung zweitausend Jahre lang von einem Indianerstamm nach dem anderen bewohnt gewesen ist, seit der Geburt Christi also, länger als irgendein anderer Ort in Nordamerika. Sir Thomas Browne formulierte einmal einen überraschenden Satz: »Die Jäger stehen bereit in *Amerika,* und in *Persien* haben sie bereits ihren ersten Schlummer hinter sich.« Zur Zeit von Christi Geburt ließen sich die Jäger hier im Canyon de Chelly zum Ackerbau nieder, und sie

34
John Milton beschrieb und William Blake zeichnete die Erschaffung der Erde in einer einzigen kreisförmigen Bewegung durch den Zirkel Gottes. *William Blakes Aquarell aus dem Jahre 1794 für das Vorsatzblatt von »Europa, eine Prophezeiung«.*

begannen, mit denselben Schritten beim Aufstieg des Menschen, die bereits im Nahen Osten getan worden waren.

Warum begann die Zivilisation in der Neuen Welt soviel später als in der Alten? Offensichtlich weil der Mensch in der Neuen Welt ein Spätankömmling war. Er kam, bevor noch Schiffe erfunden waren. Das bedeutet, daß er trockenen Fußes über die Behring-Straße wanderte, als sie noch während der letzten Eiszeit eine breite Festlandsbrücke bildete. Die Gletscherkunde weist auf zwei mögliche Zeiten hin, in denen der Mensch von den am weitesten östlich gelegenen Landzungen der Alten Welt über Sibirien hinaus über die felsigen Einöden des westlichen Alaska in die Neue Welt vordrang. Ein Zeitraum lag zwischen achtundzwanzigtausend und dreiundzwanzigtausend vor Christi Geburt und der andere zwischen vierzehntausend und zehntausend. Danach ließen die Fluten des Schmelzwassers gegen Ende der letzten Eiszeit den Meeresspiegel wieder um einige hundert Meter ansteigen und riegelten damit die Bewohner der Neuen Welt ab.

Das bedeutet, daß der Mensch von Asien nach Amerika kam, und zwar nicht später als vor etwa zehntausend Jahren und nicht früher als vor etwa dreißigtausend. Und die Menschen kamen auch nicht notwendigerweise alle zusammen. In archäologischen Funden (wie zum Beispiel frühen Siedlungen und Werkzeugen) gibt es Anzeichen dafür, daß zwei getrennte Kulturströme nach Amerika gekommen sind. Für mich ist es besonders aufschlußreich, daß es subtile, aber überzeugende biologische Beweise dafür gibt, die ich nur so interpretieren kann, daß der Mensch während zweier aufeinanderfolgender Wanderungsschübe nach Amerika gekommen ist.

Die Indianerstämme Nord- und Südamerikas haben nicht alle Blutgruppen aufzuweisen, die in anderen Teilen der Welt unter der Bevölkerung zu finden sind. Ein faszinierender Blick in ihre Vorzeit wird durch diese unerwartete biologische Eigenart eröffnet. Die Blutgruppen werden nämlich so vererbt, daß sie in der Gesamtbevölkerung eine genetische Chronik der Vergangenheit ergeben. Die völlige Abwesenheit der Blutgruppe A bei einer Bevölkerung bedeutet fast mit Gewißheit, daß auch unter den Vorfahren keine Angehörigen dieser Blutgruppe waren. Ähnlich verhält es sich mit der Blutgruppe B. So liegen die Dinge tatsächlich in Amerika. Die Stämme Mittel- und Südamerikas (im Amazonasgebiet, in den Anden und in Feuerland) gehören ausschließlich der Blutgruppe 0 an. Dasselbe gilt für einige nordamerikanische Stämme. Andere (unter ihnen die Sioux, die Chippewa und die Pueblo-Indianer) besitzen die Blutgruppe 0, vermischt mit zehn bis fünfzehn Prozent der Blutgruppe A. Zusammenfassend kann als bewiesen gelten, daß es nirgendwo in Ame-

35
Der Canyon de Chelly in Arizona ist ein abgelegenes Tal, in dem kein Windhauch weht.
T. H. O'Sullivans Fotografie der Pueblo-Ruinen, die man als »Weißes Haus« bezeichnete, aus dem Jahre 1873.

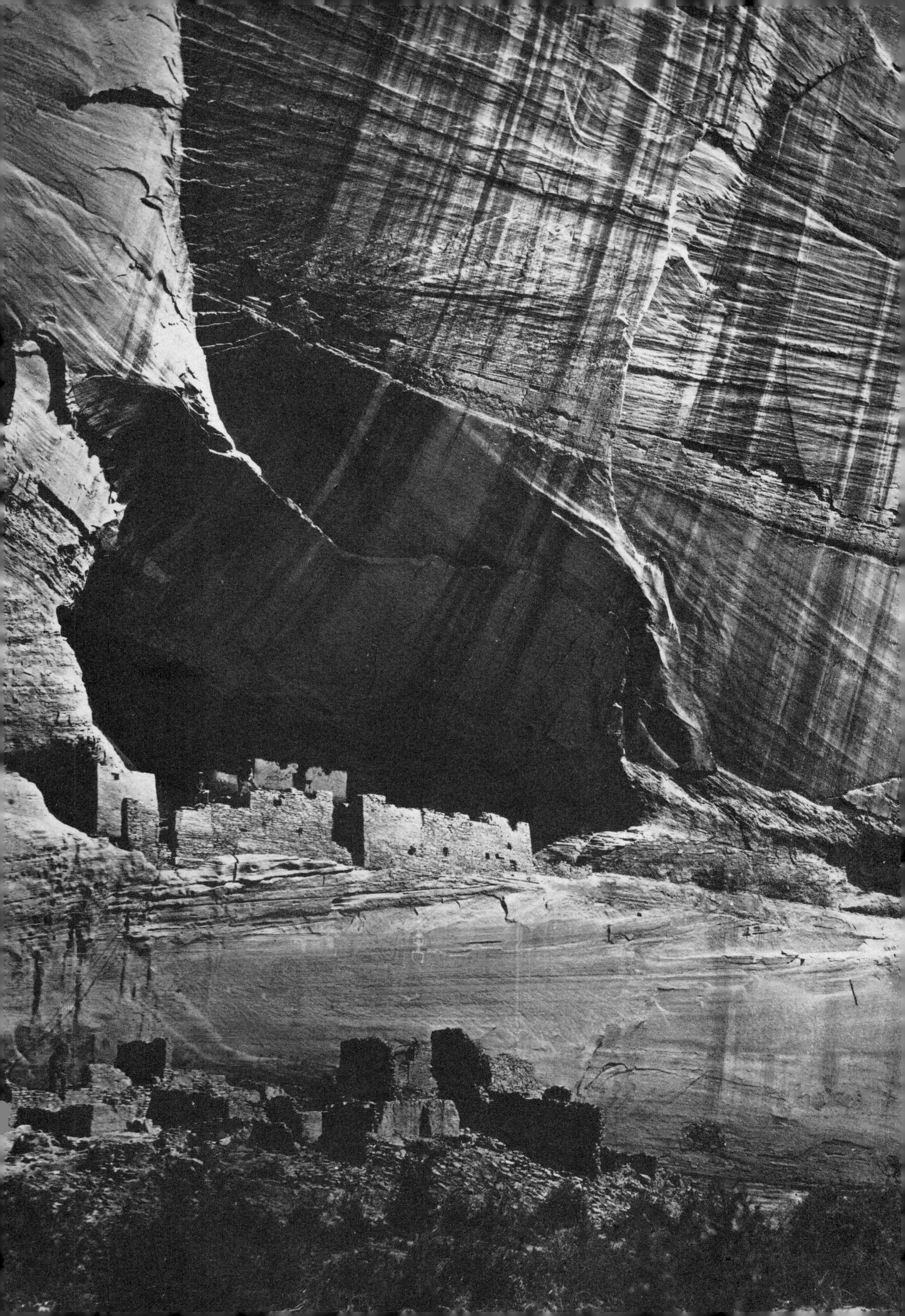

Der Aufstieg des Menschen

rika unter der Urbevölkerung die Blutgruppe B gibt, die in den meisten anderen Gegenden der Welt vorhanden ist. In Zentral- und Südamerika gehört die indianische Urbevölkerung insgesamt der Blutgruppe 0 an. In Nordamerika hat sie die Blutgruppe 0 und A. Das kann ich vernünftigerweise nur so interpretieren, daß man an eine erste Wanderung kleiner, miteinander verwandter Gruppen (alle der Blutgruppe 0 angehörig) nach Amerika glauben muß, die sich vermehrten und bis in den Süden ausbreiteten. Dann folgte ihnen eine zweite Welle, wieder aus kleinen Gruppen bestehend, die nunmehr entweder der Blutgruppe A allein oder A und 0 angehörten und die ihnen nur bis nach Nordamerika folgten. Die amerikanischen Indianer des Nordens setzten sich dann auch aus Nachkommen dieser späteren Völkerwanderung zusammen und sind somit — relativ gesehen — Nachzügler.

Der Ackerbau im Canyon de Chelly spiegelt diese spätere Ankunft wider. Obwohl in Mittel- und Südamerika Mais schon lange kultiviert worden war, ist er hier erst etwa um die Zeitenwende aufgetreten. Die Menschen leben sehr einfach, haben keine Häuser, wohnen in Höhlen. Etwa um das Jahr fünfhundert wird die Keramik eingeführt. Grubenhäuser werden im Inneren der Höhlen ausgehoben und mit einem Lehmdach oder ungebrannten Ziegeln abgedeckt. Und in diesem Stadium wird der Canyon in seiner Entwicklung festgehalten bis etwa um das Jahr eintausend, als die große Pueblo-Zivilisation Steinbauwerke einführte.

Ich mache einen grundlegenden Unterschied zwischen Architektur als formendes Gestalten und Architektur als Zusammensetzen von Teilen. Das scheint eine recht simple Unterscheidung zu sein: die Lehmhütte, das Steinbauwerk. Es handelt sich hier jedoch um einen grundlegenden geistigen Unterschied, nicht nur um einen technischen. Ich glaube, daß dies einer der wichtigsten Schritte ist, die der Mensch je getan hat, wo immer und wann auch immer er sich dazu entschloß: Die Unterscheidung zwischen der formenden Tätigkeit der Hand einerseits und der spaltenden oder analytischen Betätigung der Hand andererseits.

Es scheint das natürlichste auf der Welt zu sein, wenn man etwas Ton nimmt und ihn zu einer Kugel formt, eine kleine Tonfigur daraus macht, einen Becher, ein Grubenhaus. Zunächst haben wir das Gefühl, daß uns damit die natürliche Gestalt vermittelt worden ist. Aber das ist nicht der Fall. Dies ist die vom Menschen gemachte Form. Eine Schale spiegelt die hohle Hand wider; das Grubenhaus spiegelt den formenden Zugriff des Menschen wider. Nichts ist eigentlich über die Natur selbst herausgefunden worden, wenn der Mensch ihr diese warmen, gerundeten, weiblichen, künstlerischen Formen aufdrängt. Das einzige, was man dabei reflektiert, ist die Form der eigenen Hand.

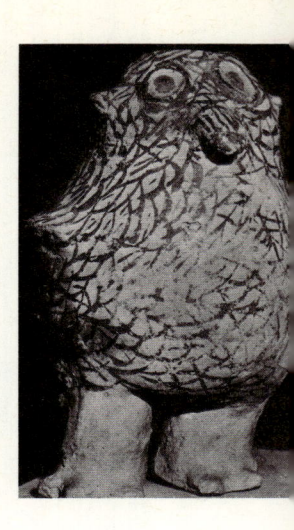

Das Korn im Stein

Da gibt es aber auch eine Tätigkeit der menschlichen Hand, die anders ist und im Gegensatz zur erstgenannten steht. Das ist das Spalten von Holz oder Gestein; denn durch den Vorgang des Spaltens forscht die Hand (mit einem Werkzeug bewehrt) tastend unter der Oberfläche und wird damit zu einem Instrument der Entdeckung. Es bedeutete einen großen geistigen Schritt nach vorn, als der Mensch ein Stück Holz oder einen Steinbrocken auseinanderbrach und den Abdruck damit freilegte, den die Natur vor dem Aufspalten dort hinterlassen hatte. Diesen Schritt haben die Pueblo-Bewohner in den roten Sandsteinklippen getan, die über dreihundert Meter hoch die Arizona-Siedlung überragen. Die plattenförmig angeordneten Schichten des Gesteins boten sich zum Absägen an, und die Blocks wurden dann auf ähnlichen Ebenen wieder angeordnet, wie sie auf den Klippen des Canyon de Chelly abgelagert gewesen waren.

Schon in früher Zeit hat der Mensch durch Bearbeitung des Steins Werkzeuge hergestellt. Bisweilen hatte der Stein eine natürliche Körnung, manchmal hat der Werkzeugmacher die Spaltlinien geschaffen, indem er zuvor lernte, wie man den Stein anschlagen muß. Vielleicht kommt diese Idee in erster Linie vom Holzspalten, denn Holz ist ein Material mit einer sichtbaren Struktur, die sich entlang der Maserung leicht erschließen läßt, die aber quer zur Maserung nur schwer aufzubrechen ist. Auf diesem einfachen Anfang aufbauend, legt der Mensch die Natur der Dinge offen und entfaltet die Gesetze, die die Struktur diktiert und enthüllt. Jetzt drängt sich die Hand nicht mehr der Form, der Gestalt der Dinge auf. Statt dessen wird sie zum Instrument der Entdeckung und zugleich der Freude, wobei das Werkzeug über seinen momentanen Nutzen hinauswächst und in die Eigenschaften und Formen, die im Material verborgen sind, enthüllend eindringt. Wie ein Mensch, der einen Kristall durchsägt, finden wir in der Form des Inneren die geheimen Naturgesetze.

Die Erkenntnis der Entdeckung einer der Materie zugrundeliegenden Ordnung ist das Grundkonzept des Menschen zur Erforschung der Natur. Die Architektur der Dinge enthüllt eine Struktur unter der Oberfläche, einen verborgenen Verlauf, der, erst einmal offengelegt, das Auseinandernehmen von natürlich Geformtem und das Zusammensetzen in neuer Anordnung ermöglicht. Für mich ist das jener Schritt beim Aufstieg des Menschen, mit dem die theoretische Naturwissenschaft beginnt. Diese Fähigkeit ist genauso ursprünglich gültig für die Art und Weise, in der der Mensch seine eigenen Gemeinschaften aufbaut, wie auch für seine Vorstellung von der Natur.

Wir Menschen gesellen uns in Familien zueinander, die Familien schließen sich zu Sippen zusammen, die Sippen zu Geschlechtern,

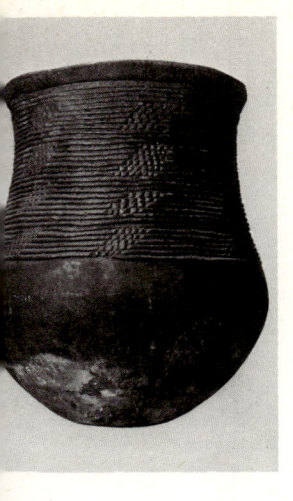

36
Über die Natur selbst ist nichts entdeckt worden, als der Mensch diese angenehm runden, weiblichen Kunstformen ausführt.
*Pueblo-Topf in Eulenform. Korbmacherperiode, 8. Jahrhundert.
Pueblo-Topf, 8. Jahrhundert.*

die Geschlechter zu Stämmen, die Stämme zu Völkern. Und dieses Gefühl für Hierarchie, für eine Pyramide, bei der eine Schicht auf die andere gesetzt wird, macht sich bei uns immer wieder geltend, ganz gleich, auf welche Weise wir die Natur betrachten. Die Kernteilchen bilden Kerne, die Kerne vereinigen sich zu Atomen, die Atome zu Molekülen, die Moleküle zu Basen, die Basen steuern die Zusammensetzung von Aminosäuren, die Aminosäuren bilden Proteine. Wir finden wiederum in der Natur etwas, das zutiefst der Art und Weise zu entsprechen scheint, in der sich unsere eigenen gesellschaftlichen Beziehungen bilden.

Der Canyon de Chelly ist eine Art Mikrokosmos der Kulturen, und sein Höhepunkt war erreicht, als die Pueblo-Indianer bald nach dem Jahr eintausend die großen Bauten errichteten. Sie stellen nicht nur ein Verständnis für die Natur der Steinbauweise dar, sondern auch für menschliche Beziehungen, denn die Pueblo-Indianer bildeten hier wie an anderen Orten eine Art Miniaturstadt. Die Wohnungen in den Klippen wurden bisweilen terrassenförmig bis zu fünf oder sechs Stockwerken aufgebaut, wobei die oberen Stockwerke jeweils zurückgesetzt waren. Die Vorderseite des Wohnblocks schloß mit der Klippe ab, die Rückseite bog sich gegen die Klippe. Diese großen architektonischen Komplexe haben manchmal eine Grundfläche von einem oder eineinhalb Morgen, und sie bestehen aus vierhundert oder mehr Räumen.

Steine machen eine Mauer, Mauern machen ein Haus, Häuser machen Straßen, und Straßen machen eine Stadt. Eine Stadt besteht aus Steinen, und eine Stadt besteht aus Menschen; aber sie ist kein Steinhaufen, und sie ist auch keine zusammengewürfelte Menschenhorde. Bei dem Schritt vom Dorf zur Stadt wird eine neue Gemeindeorganisation aufgebaut, die auf der Arbeitsteilung und auf der Befehlskette beruht. Wenn man sich das einmal vor Augen führen will, muß man durch die Straßen einer Stadt gehen, die keiner von uns gesehen hat, die einer Kultur angehört, die versunken ist.

Machu Picchu liegt in den Hochanden in Südamerika, etwa zweitausendsechshundert Meter hoch. Diese Stadt wurde von den Inkas auf dem Höhepunkt ihrer Macht errichtet, etwa um fünfzehnhundert unserer Zeitrechnung, oder etwas früher (fast genau um die Zeit, als Kolumbus die Westindischen Inseln erreichte). Damals war die Planung einer Stadt die größte Leistung der Inkas. Als die Spanier fünfzehnhundertzweiunddreißig Peru eroberten und ausplünderten, haben sie Machu Picchu und ihre Schwesterstädte irgendwie übersehen. Danach war die Stadt vierhundert Jahre lang vergessen, bis Hiram Bingham, ein junger Archäologe von der Yale-Universität, an einem Wintertag 1911 zufällig auf die Stadt stieß. Damals war sie schon jahrhundertelang verlassen

37
Die Straße einer Stadt, die keiner von uns gesehen hat, in einer verschwundenen Kultur. *Mörtellose Fugen und die kissenförmig behauenen Vorderseiten der Granitblöcke kennzeichnen die Inka-Bauweise. Nächste Seite: Machu Picchu, Urubamba-Tal, Ostanden, Peru. Der Kamm des Berges im Hintergrund, des Huayna Picchu, erreicht eine Höhe von 4800 Metern.*

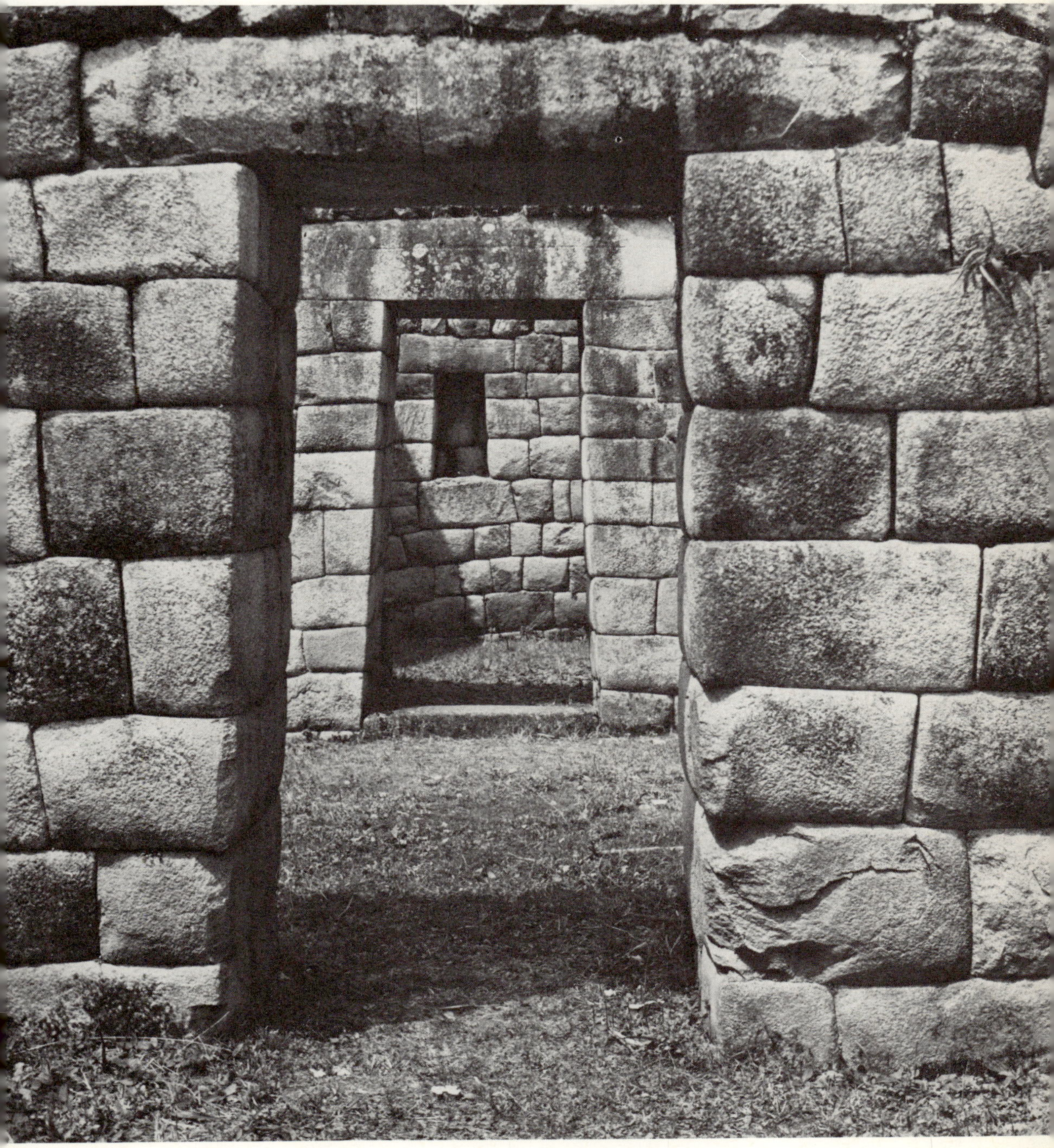

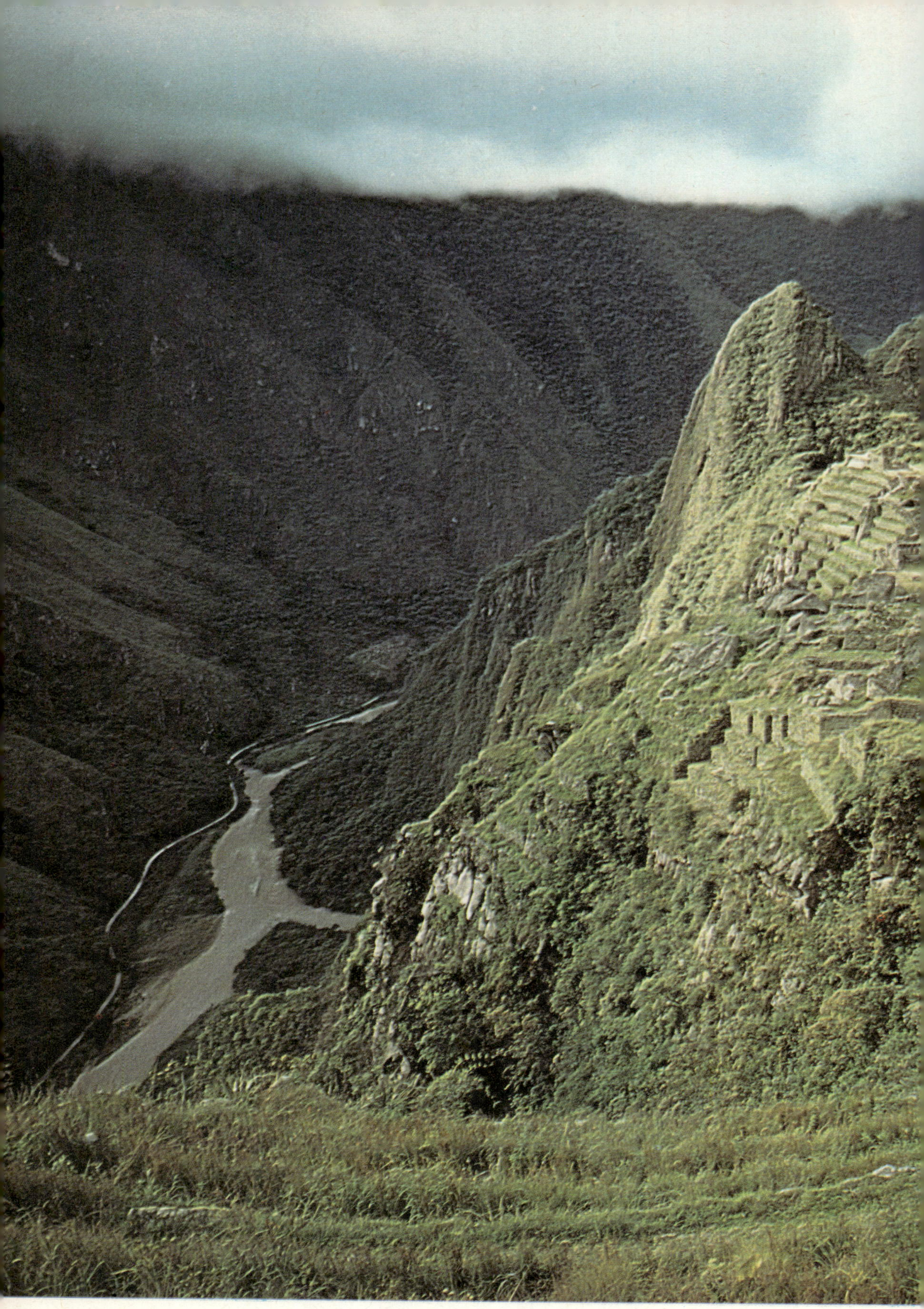

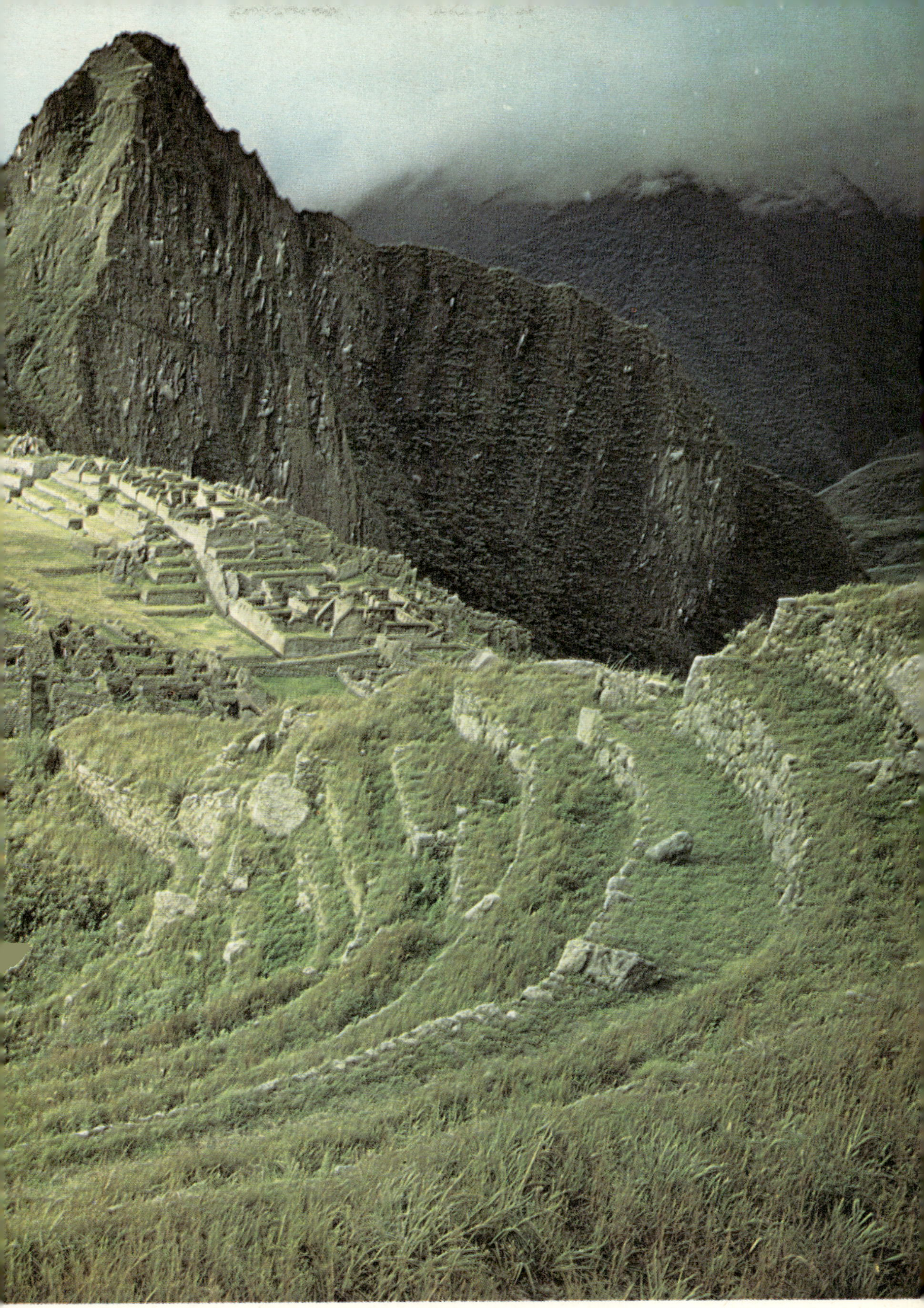

und vollkommen ausgeplündert. In dem Skelett einer Stadt aber liegt die Struktur jeder Stadtzivilisation begründet, zu jeder Zeit, überall in der Welt.

Eine Stadt braucht eine Grundlage, ein Hinterland mit reichem landwirtschaftlichem Überschuß. Die sichtbare Grundlage für die Inka-Zivilisation war der Ackerbau auf Terrassen. Heute wächst natürlich auf den kahlen Terrassen nichts als Gras, aber einst wurde hier die Kartoffel kultiviert (Peru ist ihr Ursprungsland) und auch der Mais, den es damals schon lange gab und der ursprünglich von Norden her eingeführt worden war. Da in dieser Stadt zeremonielle Staatsaktionen stattfanden, wurden zweifellos dem Inka, wenn er zu Besuch kam, tropische Köstlichkeiten angeboten, die man für ihn in diesem Klima angebaut hatte: Coca zum Beispiel, eine berauschende Pflanze, die nur die Aristokratie der Inkas kauen durfte und aus der wir Cocain gewinnen.

Mittelpunkt der Terrassenkultur ist ein Bewässerungssystem. Das wurde von den Prä-Inkareichen und vom Inka-Reich geschaffen. Es verläuft unter den Terrassen her, durch Kanäle und Aquädukte, durch die großen Schluchten hinunter zum Pazifik durch die Wüste, die es aufblühen läßt. Genau wie im fruchtbaren Zweistromland gibt auch hier die Regulierung der Bewässerung den Ausschlag. Auch hier in Peru begann die Inkazivilisation mit Bewässerungsregulierung.

Ein großes Bewässerungssystem, das sich über ein Reich erstreckt, bedarf einer starken zentralen Autorität. So war es in Mesopotamien. So war es in Ägypten. So war es im Reich der Inka. Das bedeutet, daß diese Stadt und alle Städte hier auf einer unsichtbaren Kommunikationsgrundlage beruhten, mit deren Hilfe die Autorität in der Lage war, allgegenwärtig und überall vernehmbar zu sein, indem sie Befehle vom Zentrum gab und Informationen an das Zentrum heranzog. Drei Erfindungen unterhielten das Herrschaftsnetz der Autorität: die Straßen, die Brücken (in einem solch wilden Land wie diesem), die Nachrichtenübermittlung. Diese drei konzentrierten sich hier auf ein Zentrum, wenn der Inka anwesend war, und von ihm gingen sie aus. Das sind die drei Bindeglieder, durch die jede Stadt an alle anderen gebunden ist und die, so erkennen wir plötzlich, in dieser Stadt anders geartet sind.

Straßen, Brücken, Nachrichtenverbindungen in einem Großreich sind immer Erfindungen einer fortgeschrittenen Entwicklungsstufe, denn wenn sie unterbrochen werden, wird auch die Autorität abgesondert und bricht zusammen — in jüngerer Zeit sind sie deshalb auch ganz typisch die ersten Angriffsziele einer Revolution. Wir wissen, daß der Inka viel Sorgfalt auf sie verwendet hat. Und doch gab es auf den Straßen keine Räder, unter den Brücken

38
Mitteilungen in Form von Zahlenangaben waren auf Inka-Schnüren zu finden, die man Quipus nennt.

Das Korn im Stein

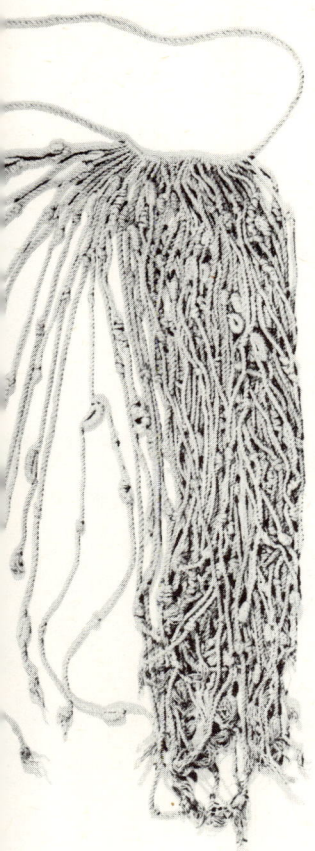

keine Bögen, die Nachrichten wurden nicht schriftlich festgelegt. Die Kultur der Inka hatte bis zum Jahr 1500 diese Erfindungen noch nicht gemacht. Der Grund ist darin zu suchen, daß die Zivilisation in Amerika mehrere tausend Jahre später begann und unterdrückt wurde, bevor sie Zeit gefunden hatte, alle Erfindungen der Alten Welt zu machen.

Es scheint sehr sonderbar, daß einer Architektur, die große Bausteine auf Rollen bewegen konnte, die Anwendung des Rades fehlte. Wir vergessen dabei, daß beim Rad die feststehende Achse den Ausschlag gibt (und daß, nebenbei bemerkt, die Natur kein Vorbild für das Rad liefert). Es scheint sonderbar, wenn man Hängebrücken baut, daß einem dabei der Bogen als Bauelement nicht bekannt ist. Besonders verwunderlich scheint es jedoch, wenn man eine Zivilisation hat, die zahlenmäßige Informationen aufzeichnete und sie doch nicht schriftlich fixierte – der Inka war nämlich genauso analphabetisch wie sein ärmster Bürger oder auch wie der spanische Gangster, der ihn stürzte.

Die Nachrichten in Form von zahlenmäßig ausgedrückten Daten kamen auf Schnüren zum Inka, die man *Quipus* nennt. Das Quipu zeichnet nur Zahlen auf (als Knoten, die wie unser Dezimalsystem angeordnet sind) und ich möchte eigentlich als Mathematiker gern sagen, daß Zahlen einen genauso informativen und menschlichen Symbolgehalt haben wie Wörter, aber das ist hier nicht der Fall. Die Zahlen, die das Leben der Menschen in Peru beschrieben, wurden auf einer Art umgekehrter Lochkarte gesammelt, auf einer Computerkarte in Blindenschrift, die als geknüpfte Schnur ausgeführt war. Wenn der Mann heiratete, wurde die Schnur im Sippenbündel auf einen anderen Platz gehängt. Alles, was die Armeen des Inka speicherten, in den Getreidelagern und Lagerhäusern, wurde auf diesen Quipus vermerkt. Es ist eine Tatsache, daß Peru bereits die gefürchtete Metropole der Zukunft war, das umfassende Gedächtnis, in dem ein Weltreich die Taten eines jeden Bürgers speichert, ihn unterhält, ihm seine Beschäftigung zuweist und alles ganz unpersönlich als Zahlen festlegt.

Es handelte sich bei den Inka um eine bemerkenswert dichte Sozialstruktur. Jeder hatte einen Platz, für jeden war gesorgt, und jeder – Bauer, Handwerker oder Soldat – arbeitete für einen Mann, den höchsten Inka. Er war das zivile Staatsoberhaupt, und er war zugleich die religiöse Fleischwerdung der Gottheit. Die Handwerker, die mit viel Hingabe einen Stein bearbeiteten, so daß er das Symbol der Verbindung zwischen der Sonne und ihrem Gott und König, dem Inka, darstellte, arbeiteten für den Inka.

Dieses war natürlich ein außerordentlich gefährdetes Reich. In weniger als hundert Jahren, von 1438 an, hatten die Inka etwa

Der Aufstieg des Menschen

fünftausend Kilometer Küstenstreifen erobert, fast das ganze Land zwischen den Anden und dem Pazifik. Und doch ritt 1532 ein fast analphabetischer spanischer Abenteurer, Francisco Pizarro, mit ganzen zweiundsechzig furchtbaren Pferden und einhundertundsechs Fußsoldaten nach Peru hinein und eroberte über Nacht das große Reich. Wie? Indem er der Pyramide die Spitze abschlug — indem er den Inka gefangennahm. Und von diesem Augenblick an fiel das Reich zusammen, und die Städte, die wunderschönen Städte, standen den Goldplünderern und Aasgeiern offen.

Freilich ist eine Stadt mehr als eine zentrale Autorität. Was ist eine Stadt? Eine Stadt bedeutet Menschen. Eine Stadt ist lebendig. Sie ist eine Gemeinde, die auf der Grundlage von Landwirtschaft lebt, die wesentlich ergiebiger ist als auf dem Dorf, so daß

39
Die griechischen Tempel waren begrenzt durch die Anwendung von Richtscheit und Viereck. *Der Tempel des Poseidon in Paestum, Süditalien. Die beiden Säulenreihen dienen dazu, die Gesamtstruktur aufzulockern.*

Das Korn im Stein

sich der Staat jede Art von Handwerker leisten kann und ihn auf Lebenszeit zum Spezialisten macht.

Die Spezialisten sind dahin, ihre Arbeit ist zerstört worden. Die Arbeit der Männer, die Machu Picchu erbauten — der Goldschmied, der Kupferschmied, der Weber, der Töpfer —, ist geraubt worden. Das Gewebe ist zerfallen, die Bronze ist verwittert, das Gold wurde gestohlen. Was allein übrigbleibt, ist die Arbeit der Bauleute, die wunderbare Handwerkskunst der Männer, die die Stadt erbauten — denn die Männer, die eine Stadt erbauen, sind nicht die Inka, sondern die Handwerker. Aber wenn man natürlich für einen Inka arbeitet (wenn man für irgendeinen anderen arbeitet), dann wird man durch dessen Geschmack bestimmt, und man macht selbst keine Erfindung. Diese Männer arbeiteten noch bis zum Ende des Reiches mit dem Querbalken. Den Bogen haben sie nie erfunden. Hier ist ein Maßstab für die Zeitverzögerung zwischen der Neuen Welt und der Alten, denn hier genau liegt der Punkt, den die Griechen zweitausend Jahre zuvor erreicht hatten und bei dem auch sie verharrten.

Paestum in Süditalien war eine griechische Kolonie, deren Tempel älter sind als das Parthenon: sie stammen etwa aus der Zeit um 500 vor Christi Geburt. Der Fluß ist versandet und heute vom Meer durch trostlose Salzflächen getrennt. Aber der Ruhm von Paestum ist immer noch spektakulär. Obgleich die Stadt im neunten Jahrhundert von Sarazenen geplündert wurde und später, im elften Jahrhundert, von den Kreuzrittern, sind die Ruinen von Paestum immer noch eines der Wunder griechischer Architektur.

Paestum ist zur gleichen Zeit entstanden wie die griechische Mathematik. Pythagoras lehrte in einer anderen griechischen Kolonie, in Crotone, nicht weit von hier, im Exil. Wie in der Mathematik von Peru zweitausend Jahre später, waren die griechischen Tempel miteinander durch den geraden Querbalken und das Rechteck verbunden. Die Griechen haben auch nicht den Bogen erfunden, und deshalb erscheinen ihre Tempel wie überfüllte Säulenalleen. Sie scheinen offen zu stehen, wenn wir sie als Ruinen wahrnehmen, aber in Wirklichkeit sind sie Bauwerke ohne Zwischenräume, weil sie mit einzelnen Querbalken verbunden werden mußten. Die Spanne, die von einem flachen Balken überbrückt werden kann, wird durch die Stärke dieses Balkens bestimmt und begrenzt.

Wenn wir uns einen Balken über zwei Säulen gelegt vorstellen, dann zeigt eine Computeranalyse, daß sich die Belastungen im Balken vergrößern, wenn wir die Säulen weiter voneinander wegrücken. Je länger der Balken, desto größer die Druckbelastung, die sein Gewicht im oberen Teil hervorruft, und desto größer die Spannung, die im unteren Teil entsteht. Und Gestein hat eine sehr geringe Zugfestigkeit. Die Säulen geben nicht nach, weil sie zusammengedrückt werden, aber der Balken gibt nach, wenn die Spannung zu groß wird. Er gibt im unteren Teil nach, es sei denn, die Säulen bleiben dicht beieinander.

Die Griechen konnten äußerst einfallsreich sein, wenn es darum ging, die Struktur leicht zu machen, indem man zum Beispiel zwei Säulenreihen verwendete. Aber solche Vorrichtungen waren lediglich ein Notbehelf. Die physischen Grenzen des Steins konnten nicht grundsätzlich ohne eine neue Entdeckung überwunden werden. Da die Griechen von der Geometrie fasziniert waren, ist es verblüffend, daß sie den Bogen nicht erfunden haben. Aber es ist eine Tatsache, daß der Bogen eine Erfindung des Ingenieurwesens ist und wahrscheinlich die Entdeckung einer praktischer und

40
Die physikalischen Grenzen des Steins konnten ohne eine Neuentdeckung nicht überschritten werden.
Spannungsoptische Modelle zeigen Linien der gleichmäßigen Belastung bei Säulen mit Auflage und beim Bogen. Die Belastung wird auf der Unterseite des aufliegenden Balkens erheblich stärker. Der Rundbogen verteilt die Belastung wesentlich gleichmäßiger.

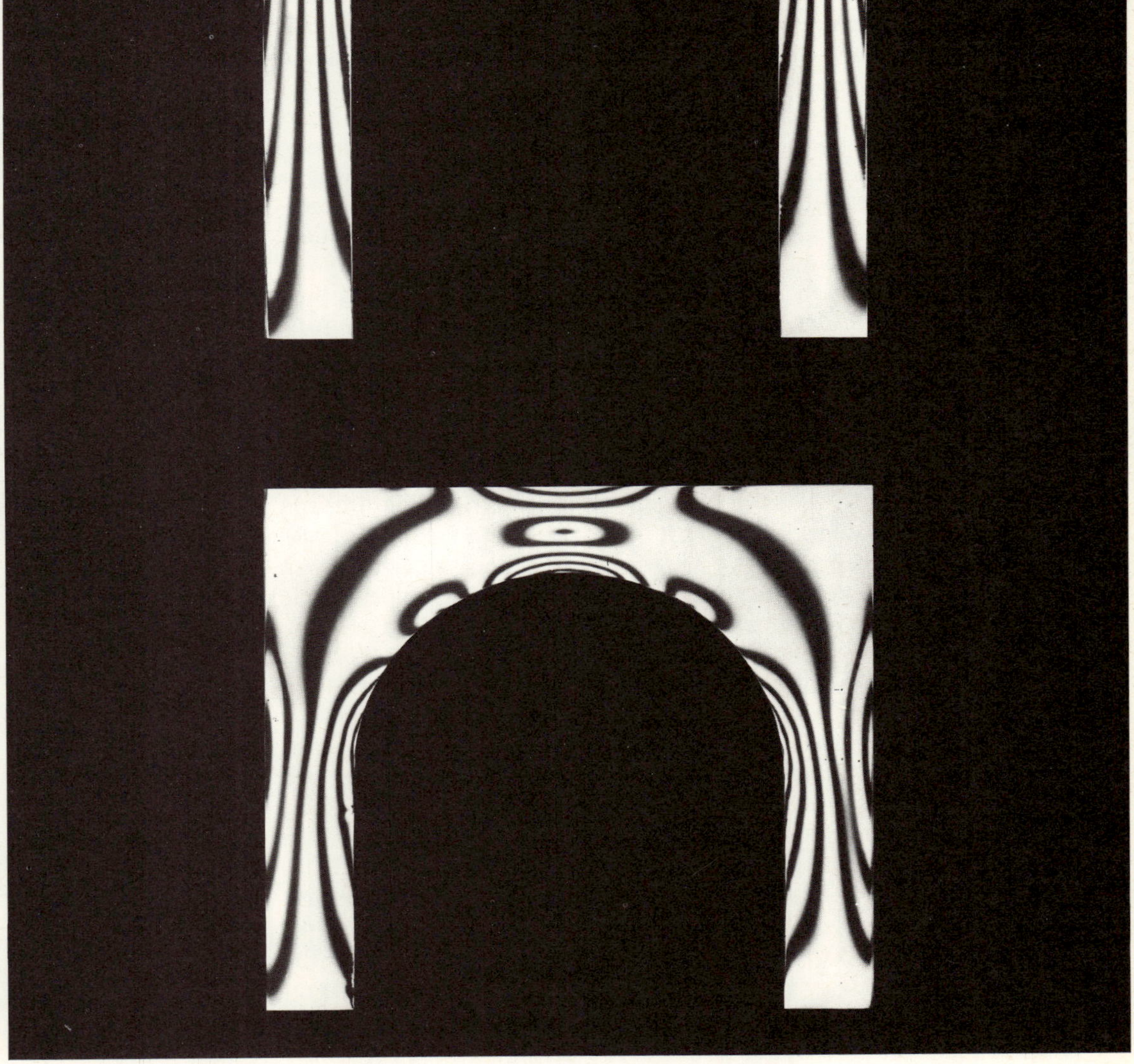

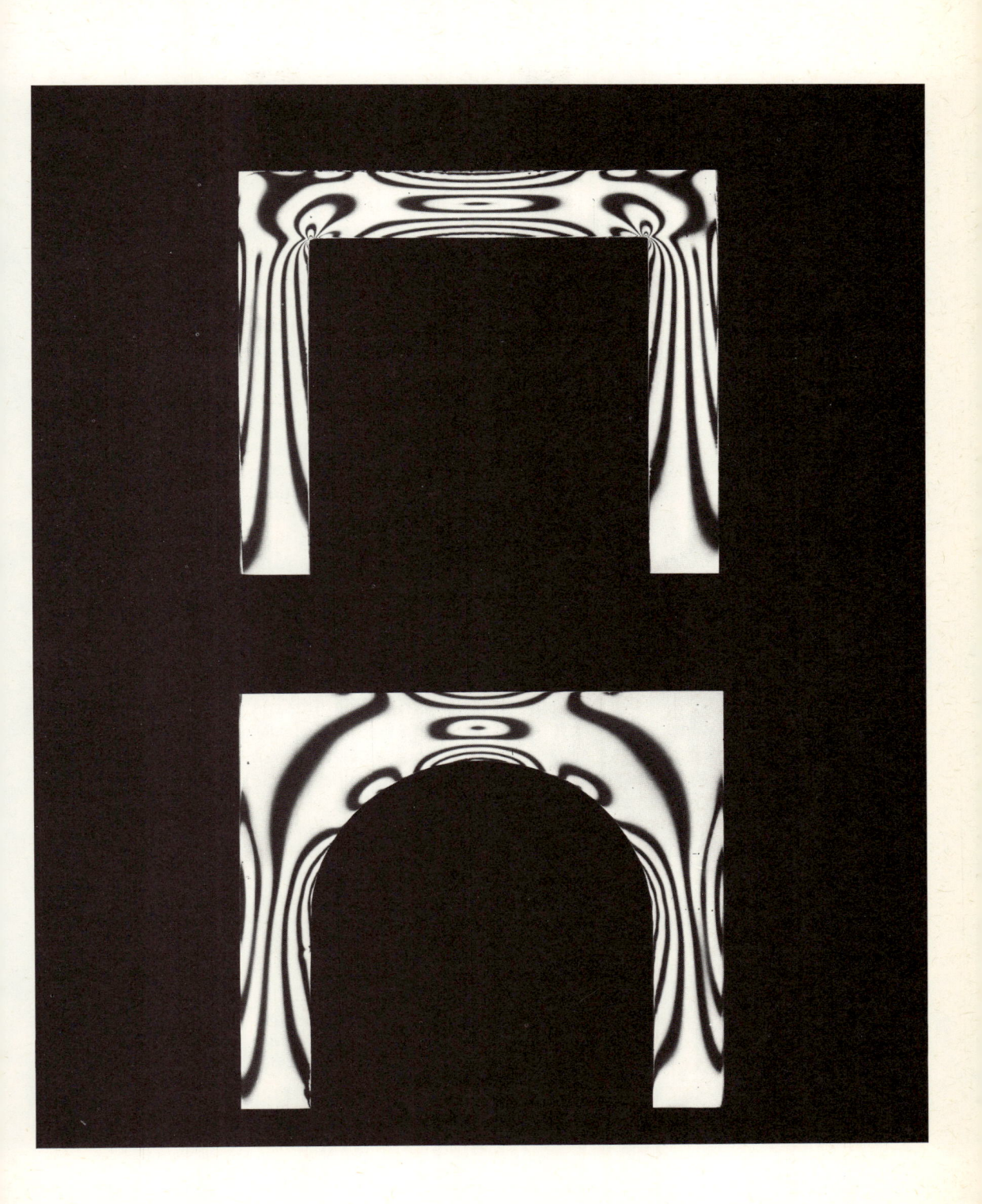

Der Aufstieg des Menschen

41
Der Bogen ist die Entdeckung einer praktischen, der Allgemeinheit dienenden Kultur. *»El Puente del Diablo«, der Aquädukt bei Segovia.*

plebejischer gesonnenen Kultur als der griechischen oder der peruanischen.

Der Aquädukt bei Segovia, in Spanien, wurde von den Römern etwa um das Jahr 100 zur Regierungszeit des Kaisers Trajan erbaut. Er befördert das Wasser des Rio Frio, das von der etwa 15 Kilometer weit entfernten hohen Sierra kommt. Der Aquädukt überspannt das Tal fast einen Kilometer weit mit mehr als hundert doppelstöckigen Rundbögen, die aus grob behauenen Granitblöcken bestehen und ohne Kalkmörtel oder Zement zusammengefügt sind. Die kolossalen Proportionen des Aquädukts haben die spanischen und maurischen Bürger in späteren, dem Aberglauben mehr zugeneigten Zeiten so beeindruckt, daß sie diesen Aquädukt *El puente del Diablo,* die Teufelsbrücke, nannten.

Die Konstruktion erscheint auch uns gewaltig und auf überschwengliche Weise in ihren Proportionen weit über die Funktion der Wasserbeförderung hinaus zu gehen. Aber wir bekommen ja auch unser Wasser durch Drehen am Wasserhahn, und wir vergessen leichtfertig die allgegenwärtigen Probleme der Stadtzivilisation. Jede fortgeschrittene Kultur, die ihre gelernten Spezialisten in Städten konzentriert, verläßt sich auf jene Art Erfindung und Organisation, die der römische Aquädukt von Segovia zum Ausdruck bringt.

Die Römer haben den Bogen nicht zuerst in Stein entwickelt, sondern als eine auf Gußformen beruhende Konstruktion aus einer Art Beton. Strukturell gesehen ist der Bogen lediglich eine Methode, Zwischenraum zu überbrücken, wobei die Mitte des überbrückenden Trägers nicht mehr belastet wird als die übrigen Teile. Die Belastung verteilt sich an allen Stellen ziemlich gleichmäßig nach außen hin. Aus diesem Grund jedoch kann man den Bogen aus Einzelteilen herstellen, aus getrennten Steinblöcken, die dann durch die Gesamtbelastung gegeneinander gedrückt werden. In diesem Sinne stellt der Bogen den Triumph jener geistigen Methode dar, die die Natur zerlegt und die Einzelbestandteile in neuen und kraftvollen Kombinationen wieder zusammensetzt.

Die Römer haben ihre Bögen immer als einen Halbkreis angelegt. Sie hatten eine mathematische Formel gefunden, die sich bewährte, und sie neigten nicht zum Experimentieren. Der Kreis blieb auch dann noch Grundlage des Bogens, als er in den arabischen Ländern in Massenproduktion hergestellt wurde. Das wird an der klosterähnlichen, religiösen Architektur offensichtlich, die die Mauren verwirklichten. Es wird zum Beispiel an der großen Moschee in Cordoba klar, die 785, nach der arabischen Eroberung, vollendet wurde. Die Moschee ist ein wesentlich geräumigeres Bauwerk als der griechische Tempel in Paestum, und doch hatte man hier offensichtlich ganz ähnliche Schwierigkeiten. Wie-

42
Der Kreis blieb Grundlage des Bogens,
als dieser in den arabischen
Ländern häufig gebaut wurde.
Die große Moschee in Cordoba.

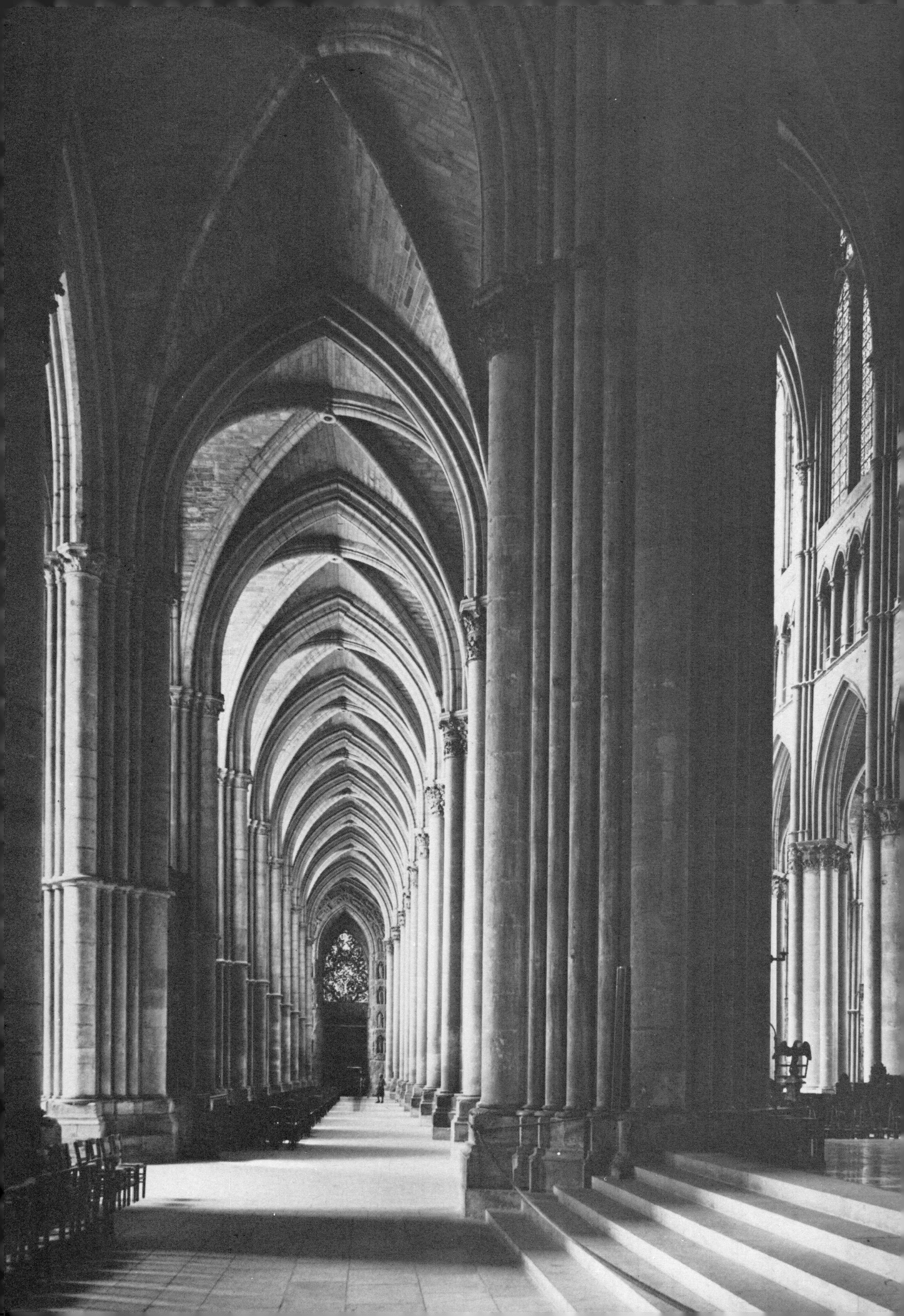

43
Die Kathedralen wurden durch
allgemeine Übereinkunft der Städter
von einfachen Bauleuten errichtet.
*Hauptschiff und Chorgang
der Kathedrale in Reims.*

der einmal ist der ganze Bau mit Mauerwerk angefüllt, dessen man sich ohne eine neue Erfindung nicht entledigen konnte.

Theoretischen Erfindungen, die durchgreifende Konsequenzen haben, kann man normalerweise ansehen, daß sie überzeugend und originell sind. Praktische Erfindungen jedoch, selbst wenn sie sich als weitreichend erweisen, haben oft ein bescheideneres und weniger denkwürdiges Aussehen. Eine bauliche Neuerung, die die Beschränkungen des römischen Bogens überwand, ist wahrscheinlich von außerhalb nach Europa gekommen und zunächst fast heimlich eingeführt worden. Die Entdeckung ist eine neue Bogenform, die nicht auf dem Kreis, sondern auf der Ellipse beruht. Das scheint keine große Veränderung zu sein, und doch ist ihre Auswirkung auf die Gliederung von Bauwerken verblüffend. Natürlich ist ein Spitzbogen höher und eröffnet dadurch mehr Raum, läßt mehr Licht ein. Aber was noch viel grundlegender ist: Die Wölbung des gotischen Bogens macht es möglich, den Raum auf eine neuartige Weise zu begrenzen, wie in Reims zum Beispiel. Die Last wird von den Wänden genommen, die deshalb von Glasfenstern durchbrochen werden können, und die ganze Bauweise läuft darauf hinaus, das Gebäude wie einen Käfig an das bogenförmige Dach zu hängen. Das Innere des Bauwerkes ist offen, weil das Skelett sich außerhalb befindet.

John Ruskin beschreibt die Wirkung des gotischen Spitzbogens in bewundernswerter Weise.

Ägyptische und griechische Bauten stehen meist durch ihr eigenes Gewicht und ihre Masse bedingt, wobei ein Stein passiv auf einem anderen ruht. Bei den gotischen Gewölben und bei dem gotischen Maßwerk herrscht eine Starre vor, wie wir sie bei den Knochen eines Gliedes finden oder in den Fasern eines Baumes: eine elastische Spannung und Weitervermittlung der Kraft von einem Teil zum anderen und darüber hinaus ein sorgfältiger Ausdruck dieser Energie in jeder einzelnen sichtbaren Fluchtlinie des Bauwerks.

Unter all den Zeugnissen menschlicher Vermessenheit gibt es keines, das an diese Turmbauten aus Maßwerk und Glas heranreichen würde, die etwa um das Jahr 1200 in Nordeuropa ins Bewußtsein der Menschen drängen. Der Bau dieser riesigen, trotzigen Ungeheuer ist eine verblüffende Leistung menschlicher Vorausschau — oder sollte ich eher sagen, da sie errichtet wurden, bevor irgendein Mathematiker die Kräfte in diesen Bauten genau zu berechnen vermochte, der menschlichen Einsicht. Natürlich konnte dies nicht ohne Fehler und erhebliche Rückschläge geschehen. Was jedoch den Mathematiker an den gotischen Kathedralen besonders berühren muß, ist die Zuverlässigkeit der Einsicht in diesen Bauten, wie glatt und verstandesmäßig ein solches Bauwerk

Der Aufstieg des Menschen

aus der Erfahrung einer Struktur zur nächsten weiterentwickelt wurde.

Die Kathedralen wurden durch die allgemeine Übereinkunft von Städtern und für diese Städter durch einfache Maurer errichtet. Sie zeigen fast keinerlei Beziehung zu der gängigen Alltagsarchitektur jener Zeit, und doch wird in diesen Bauten in jedem Augenblick die Improvisation zur Entdeckung. Wenn man den mechanischen Aspekt betrachtet, so hatte die neue Bauweise den halbkreisförmigen römischen Bogen auf solche Weise in den hohen gotischen Spitzbogen verwandelt, daß die Belastung durch den Bogen zur Außenseite des Gebäudes verläuft. Und dann kam im 12. Jahrhundert auch die plötzliche revolutionäre Umwandlung dieses Bautyps in den Halbbogen: der Strebepfeiler. Die Belastung verläuft durch den Strebepfeiler so, wie sie sich in meinem Arm fortsetzt, wenn ich die Hand hebe und sie gegen das Gebäude drücke, als wollte ich es abstützen — es ist keinerlei Mauerwerk notwendig, so keine direkte Belastung auftritt. Die Architektur hat eigentlich kein Grundprinzip zu dieser realistischen Betrachtung hinzugewonnen bis zur Erfindung des Stahls und der Stahlbetonbauten.

Man hat das Gefühl, daß die Männer, die diese hohen Gebäude planten, von ihrer neuentdeckten Macht über die Kräfte im Stein berauscht waren. Wie hätten sie sich sonst anmaßen können, Gewölbe von 42 und 50 Meter Spannweite zu bauen, wo sie noch keine der Belastungen zu berechnen vermochten? Nun, das Gewölbe von 50 Meter Spannweite — in Beauvais, etwa 150 Kilometer von Reims entfernt — brach in sich zusammen. Früher oder später mußten die Bauleute eine Katastrophe erleben: es gibt eine physikalische Grenze für Ausmaße, selbst in Kathedralen. Und als das Dach von Beauvais 1284 einstürzte, einige Jahre nach der Fertigstellung, da kam es für das Abenteuer der Hochgotik zu einer gewissen Ernüchterung: Man hat nie wieder ein solch hohes Bauwerk zu errichten versucht. (Und doch war dieser königliche Bauplan vielleicht sogar in sich richtig; möglicherweise waren die Fundamente in Beauvais einfach nicht fest genug, und der Untergrund gab unter der Last des Bauwerkes nach.) Aber das Gewölbe von 45 Meter Spannweite in Reims hatte Bestand, und von 1250 an wurde Reims zum Mittelpunkt für die Künste in Europa.

Der Bogen, der Strebepfeiler, die Kuppel (die ja eine Art Bogen in der Drehbewegung darstellt) sind nicht die letzten Schritte auf dem Wege der Nutzbarmachung der inneren Struktur in der Natur für unsere eigenen Zwecke. Was jedoch darüber hinaus reicht, muß eine feinere Struktur haben: Wir müssen uns jetzt die Grenzen des Materials selbst vor Augen führen. Es ist so, als ob

44
Die Dombauer führten einen Satz Kleinwerkzeug mit sich. Die Senkrechte wurde mit Hilfe des Lotes ermittelt. Die Horizontale wurde nicht mit der Wasserwaage, sondern durch Ansetzen eines rechten Winkels an die Lotrechte festgelegt.
Bauleute bei der Arbeit, 13. Jahrhundert.

45
Die Last wird den Wänden abgenommen, und das Bauwerk hängt wie ein Käfig am bogenförmigen Dach.
Schwibbögen, Kathedrale in Reims.

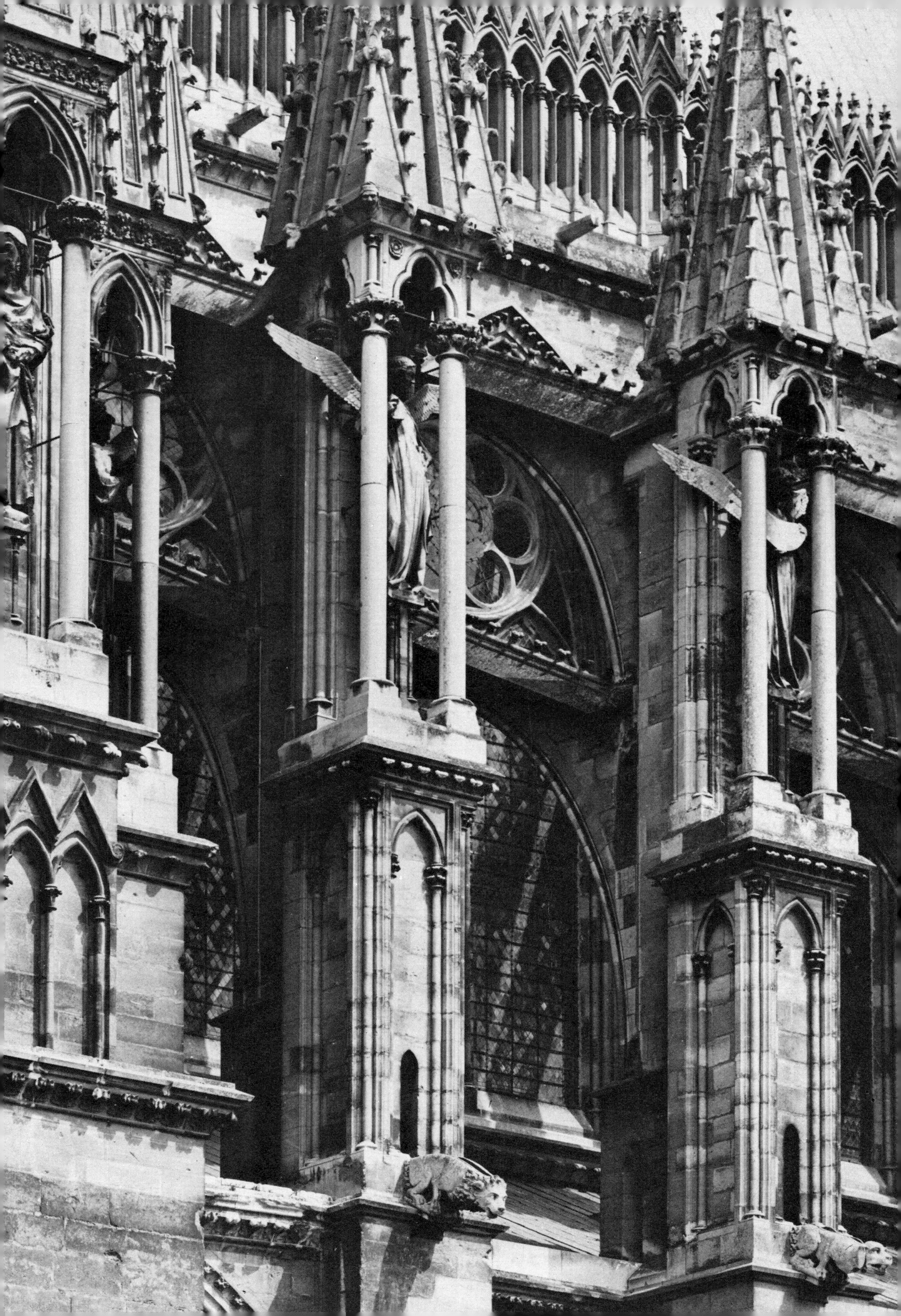

Der Aufstieg des Menschen

46
Die Kuppel ist eine Art rotierender Bogen.
Entwurf von Pier Luigi Ner
den Palazetto dello Sport in

die Architektur gleichzeitig mit der Physik ihren Schwerpunkt verlagert, und zwar auf die mikroskopische Ebene der Materie. Das moderne Problem ist daher nicht mehr die Entwicklung einer Struktur aus den Materialien, sondern die Entwicklung der Materialien für eine Struktur.

Die Bauleute hatten nicht so sehr einen Grundvorrat von Mustern im Kopf als vielmehr von Ideen, die durch Erfahrung wuchsen, während sie von einer Bauhütte zur nächsten zogen. Einfache Werkzeuge führten sie mit sich. Mit dem Zirkel rissen sie die Ovale für die Spitzbögen und die Kreise für die Fensterrosetten an. Sie bestimmten die Schnittpunkte mit Gabellehren, um sie dann miteinander zu verbinden und in wiederholbare Muster zu bringen. Die Senkrechte und die Horizontale wurden mit dem Zeichendreieck festgelegt, wie schon von den griechischen Mathematikern, wobei man sich den rechten Winkel zunutze machte (siehe Seite 157). Das heißt, die Senkrechte wurde mit dem Senklot ermittelt und die Waagerechte nicht etwa mit Hilfe einer Wasserwaage, sondern mit dem Senklot, das an einen rechten Winkel angelegt wurde.

Die wandernden Bauleute waren eine geistige Aristokratie (wie 500 Jahre später die Uhrmacher) und konnten sich in ganz Europa frei bewegen, stets in der Gewißheit, willkommen zu sein und eine Beschäftigung zu finden. Sie nannten sich schon im 14. Jahrhundert *Freimaurer*. Das handwerkliche Geschick, das sie im Kopf und in den Händen hatten, schien anderen genausosehr Geheimnis wie Überlieferung, ein geheimer Wissensfundus, der außerhalb des ermüdenden Formalismus aller Kathederwissenschaft war, die die Universitäten zu jener Zeit vermittelten. Als gegen Anfang des 17. Jahrhunderts die Arbeit der Freimaurer allmählich ein Ende fand, begannen sie Ehrenmitglieder in ihre Zunft aufzunehmen, die sich in dem Glauben wiegte, ihr Handwerk gehe auf die Pyramiden zurück. Das war eigentlich gar keine schmeichelhafte Legende, denn die Pyramiden waren mit einer wesentlich primitiveren Geometrie erbaut worden als die Kathedralen.

Und doch gibt es etwas in der geometrischen Vorstellung, das universal ist. Lassen Sie mich meine Vorliebe für schöne Architektur — wie zum Beispiel für die Kathedrale in Reims — erklären. Was hat die Architektur mit Wissenschaft zu tun? Insbesondere hat sie mit jener Wissenschaft zu tun, wie wir sie zu Beginn dieses Jahrhunderts verstanden, als die Wissenschaft ganz und gar aus Zahlen bestand — aus dem Dehnungskoeffizienten dieses Metalls, der Frequenz jener Schwingung.

Es ist doch einfach so, daß sich unsere Vorstellung von der Naturwissenschaft gegen Ende des 20. Jahrhunderts radikal ge-

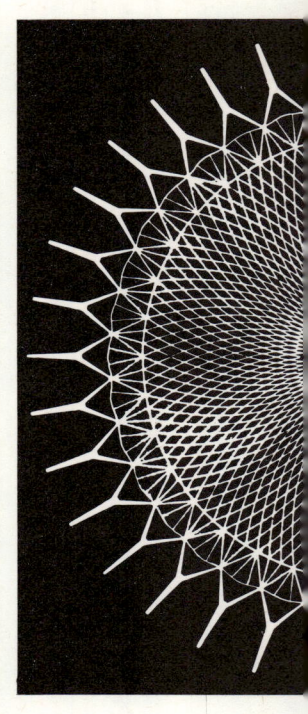

Das Korn im Stein

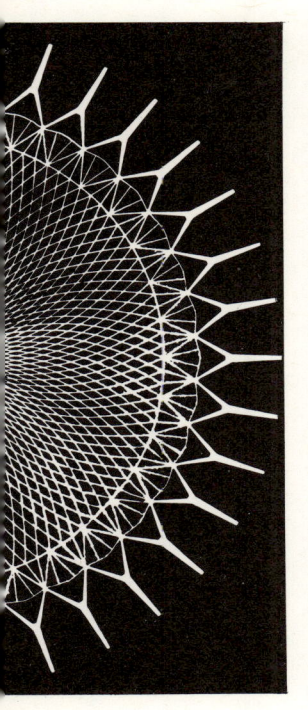

wandelt hat. Wir sehen die Wissenschaft als eine Beschreibung und Erklärung der zugrundeliegenden Formprinzipien der Natur, und Worte wie *Struktur, Muster, Plan, Anordnung, Architektur* kommen in jeder Beschreibung vor, zu der wir ansetzen. Ich habe das zufällig mein ganzes Leben lang miterlebt, und es bereitet mir ein besonderes Vergnügen, denn die Sparte der Mathematik, die ich seit meiner Kindheit gern betrieben habe, ist die Geometrie. Heute jedoch ist das nicht mehr eine Frage persönlicher oder beruflicher Vorliebe, denn heute ist das die Alltagssprache wissenschaftlicher Erläuterung. Wir reden von der Art und Weise, in der Kristalle zusammengesetzt sind, von der Weise, in der die Atome aus ihren Teilchen bestehen, und vor allem reden wir über die Weise, in der lebende Moleküle aus ihren Teilen zusammengesetzt sind. Die Spiralstruktur der DNS ist das lebendigste Abbild der Wissenschaft in den letzten Jahren geworden. Und dieses Abbild ist auch in den Bögen lebendig.

Was haben die Leute gemacht, die dieses Gebäude und andere von gleicher Art errichtet haben? Sie nahmen einen Haufen toter Steine, der keineswegs eine Kathedrale darstellt, und sie machten ihn zu einer Kathedrale, indem sie die natürliche Schwerkraft ausnutzten, die Art und Weise, in der der Stein natürlich an seinen Ablagerungsstellen liegt, die brillante Entdeckung der Strebepfeiler und Strebebögen und so weiter. Aus der Analyse der Natur schufen sie die überragende Synthese dieser Struktur. Der Mensch, der sich heute für die Architektur der Natur interessiert, ist derselbe Typ Mensch, der vor fast 800 Jahren diese Architektur geschaffen hat. Eine Gabe vor allen anderen macht den Menschen einmalig und einzig unter den Tieren, und das ist eine Gabe, die hier überall zum Ausdruck kommt: seine ungeheure Freude daran, seine Fähigkeiten, seine Geschicklichkeit auf die Probe zu stellen und weiter fortzuentwickeln.

Ein verbreitetes philosophisches Klischee besagt, daß die Naturwissenschaft reine Analyse oder Reduktion ist, so als nehme man einen Regenbogen auseinander, und daß die Kunst reine Synthese darstellt, so als setze man den Regenbogen zusammen. Dem ist nicht so. Alle Vorstellungskraft beginnt mit einer Analyse der Natur. Michelangelo hat das in seiner Skulptur lebendig und indirekt zum Ausdruck gebracht (das wird ganz besonders deutlich an den Skulpturen, die er nicht vollendete), und er hat es auch ausdrücklich in seinen Sonetten über den Schöpfungsakt geäußert.

> *Wenn das, was göttlich in uns, neu zu schaffen strebt*
> *Ein Menschenantlitz, wirken Hirn und Hand in einem;*
> *Und schenken dem Modell, dem brüchig-feinen*
> *Die freie Kraft der Kunst. Der stumme Stein, er lebt.*

»Hirn und Hand wirken in einem«: das Material bestätigt sich

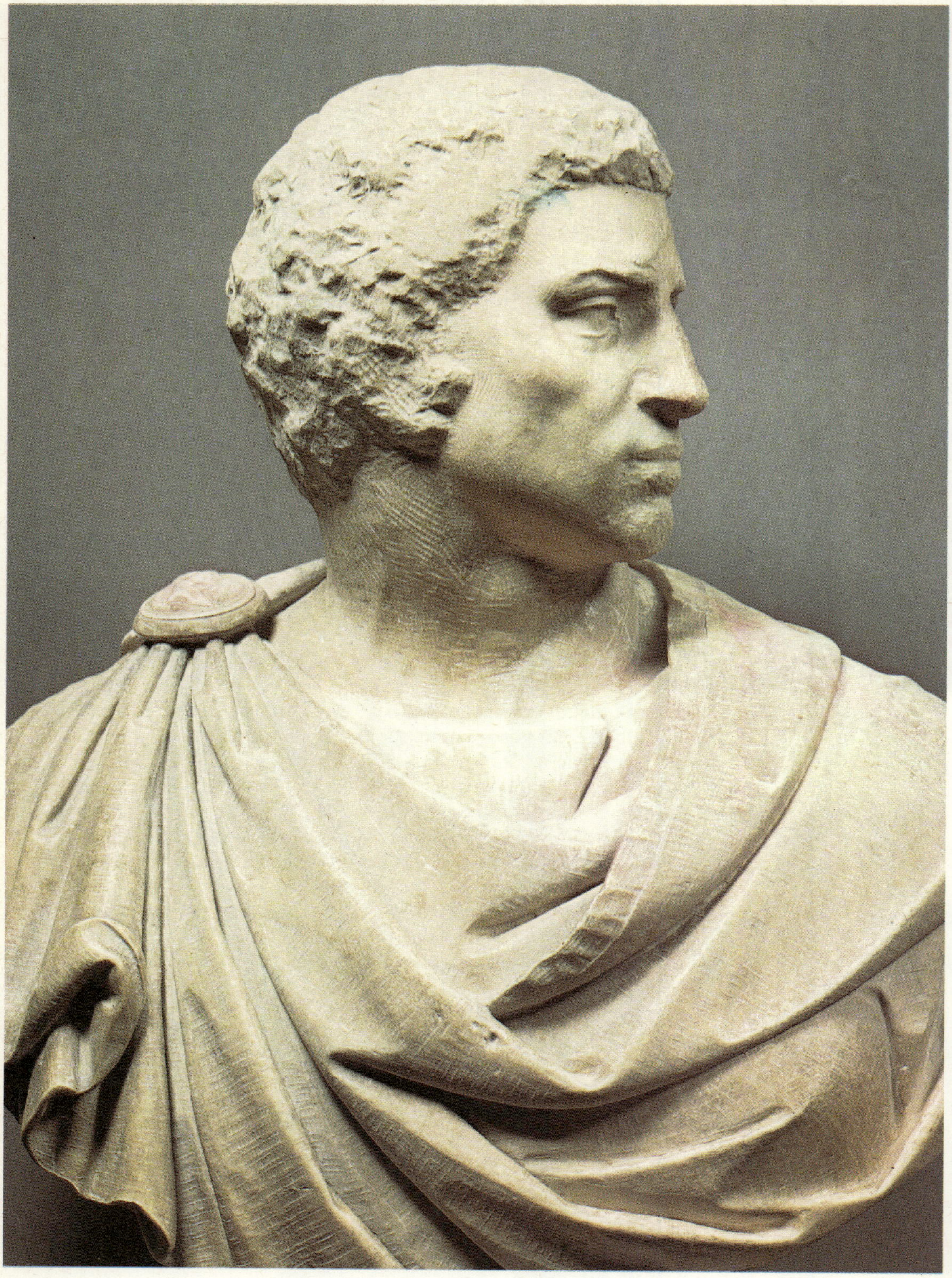

Das Korn im Stein

durch die Hand und deutet somit dem Gehirn im vorhinein die Form des Werkes an. Der Bildhauer so gut wie der Maurer tastet innerhalb der Natur nach der Form, und für ihn ist sie dort bereits festgelegt. Das Prinzip ist stets das gleiche.

Der größte Künstler kann es nicht erleben,
Was wohl der rohe Stein in seiner dumpfen Hülle
Nicht hütet: Doch des Marmors Zauberfülle
Erschließen kann die Hand, dem Hirn ergeben.

Zur Zeit, als Michelangelo den Kopf des Brutus gestaltete, haben andere Männer den Marmor für ihn aus dem Steinbruch gewonnen. Aber Michelangelo hatte selbst als Steinmetz in Carrara begonnen, und er fühlte immer noch, daß der Hammer in den Händen dieser Männer sowie in seiner eigenen Hand im Stein nach einer Gestalt suchte, die dort bereits schlummerte.

Die Steinmetze in Carrara arbeiten heute für die modernen Bildhauer, die gelegentlich hierherkommen — Marino Marini, Jacques Lipchitz und Henry Moore. Die Beschreibungen ihrer Arbeit sind nicht so poetisch wie die eines Michelangelo, aber dieselbe Empfindung steckt in ihnen. Die Gedanken Henry Moores sind besonders treffend, da sie sich zurückbeziehen auf das große erste Genie von Carrara.

Als junger Bildhauer konnte ich mir anfangs keinen teuren Stein leisten, und ich habe mir meine Steine besorgt, indem ich zu den Steinmetzen ging und mir das heraussuchte, was sie einen Abfallblock nannten. Und dann mußte ich in derselben Weise vorgehen, wie es vielleicht Michelangelo getan hat. Ich mußte nämlich warten, bis mir eine Idee kam, die mit der Form des Steinblocks übereinstimmte, und diese Idee erkannte ich dann in dem Block.

Natürlich kann es nicht buchstäblich wahr sein, daß das, was der Bildhauer sich vorstellt und aus dem Stein schlägt, bereits dort vorhanden ist, verborgen in dem Steinblock. Und doch gibt diese Metapher die Wahrheit über die Beziehung zur Entdeckung wieder, die zwischen Mensch und Natur besteht. Es ist bezeichnend, daß naturwissenschaftliche Philosophen (besonders Leibniz) sich derselben Metapher zugewendet haben, in der der Geist durch eine Ader im Marmor angeregt wird. In einem bestimmten Sinne ist alles, das wir entdecken, bereits vorhanden: das Werk eines Bildhauers und das Naturgesetz sind beide im Rohmaterial verborgen. In einem Sinne ist das, was ein Mensch entdeckt, *von ihm* entdeckt; es würde in den Händen eines anderen nicht genau diese Gestalt annehmen — weder die Skulptur noch das Naturgesetz würden identische Kopien sein, wenn sie von zwei verschiedenen Köpfen in zwei verschiedenen Zeitaltern hervorgebracht wurden. Entdeckung ist eine Doppelbeziehung von Analyse und Synthese zugleich. Als Analyse forscht sie angestrengt nach dem, was da ist,

47
»Des Marmors Zauberfülle erschließen kann die Hand, dem Hirn ergeben.«
Michelangelos Brutus-Büste, Bargello-Museum, Florenz.

Der Aufstieg des Menschen

Die Hand ist die Messerschneide des Geistes.
Henry Moores »Zweiteilige Messerschneide«, 1962.

aber dann als Synthese setzt sie die Einzelteile in einer Form zusammen, mit der der schöpferische Geist über die bloßen Grenzen, das nackte Skelett hinausgeht, das die Natur ihm bietet.

Plastik ist eine sinnliche Kunst. (Die Eskimo machen kleine Steinplastiken, die gar nicht zum Anschauen gedacht sind, sondern nur zum Anfassen.) Deshalb muß es sonderbar erscheinen, daß ich als Modell für die Naturwissenschaft, die man sich normalerweise als ein abstraktes und kaltes Unternehmen vorstellt, die warmen, körperlichen Ausdrucksmittel der Skulptur und der Architektur wähle, und doch ist das ganz richtig so. Wir müssen verstehen, daß wir die Welt nur durch Tun und nicht durch Kontemplation in den Griff bekommen. Die Hand ist wichtiger als das Auge. Wir gehören nicht zu einer jener kontemplativen Zivilisationen des Fernen Ostens oder des Mittelalters, die glaubten, daß man die Welt nur anzuschauen und zu überdenken brauchte — und die keinerlei Naturwissenschaft ausübten, so wie sie für uns charakteristisch ist. Wir sind aktiv, und wir wissen tatsächlich (siehe Seite 417), und das ist etwas mehr als ein symbolisches Ereignis in der Evolution des Menschen, wir wissen, daß es die Hand ist, die die nachfolgende Entwicklung des Gehirns bewirkt hat. Wir finden heute Werkzeuge, die vom Menschen angefertigt wurden, bevor er überhaupt Mensch geworden war. Benjamin Franklin hat 1778 den Mensch »das Tier, das Werkzeug herstellt« genannt, und das trifft zu.

Ich habe die Hand beschrieben, wenn sie ein Instrument der Entdeckung als Werkzeug benutzt. Das ist das Thema dieses Essays. Wir sehen das jedesmal, wenn ein Kind lernt, Hand und Werkzeug miteinander zu verbinden — um sich die Schnürriemen zuzumachen, eine Nadel einzufädeln, einen Drachen fliegen zu lassen oder auf einer Lochpfeife zu flöten. Hand in Hand mit der praktischen Tätigkeit geht eine andere, nämlich Freude an der Tätigkeit um ihrer selbst willen zu empfinden — Freude an der Fähigkeit, die man vervollkommnet und die man dadurch vervollkommnet, daß man damit zufrieden ist. Das ist eigentlich der Grundanstoß für jedes Kunstwerk, und auch für die Naturwissenschaft: unser poetisches Entzücken an dem, was Menschenwesen tun, weil sie es zu tun vermögen. Das aufregendste daran ist, daß die poetische Hinwendung letzten Endes die wirklich profunden Ergebnisse zeitigt. Selbst in der Vorgeschichte hat der Mensch bereits Werkzeuge hergestellt, die schärfere Schnittkanten aufwiesen, als eigentlich nötig waren. Die schärfere Schnittkante verlieh ihrerseits dem Werkzeug eine raffiniertere Anwendungsmöglichkeit, eine praktische Verfeinerung und Ausweitung auf Verrichtungen, für die das Werkzeug ursprünglich nicht geplant war.

Henry Moore nennt diese Skulptur *die Messerschneide*. Die

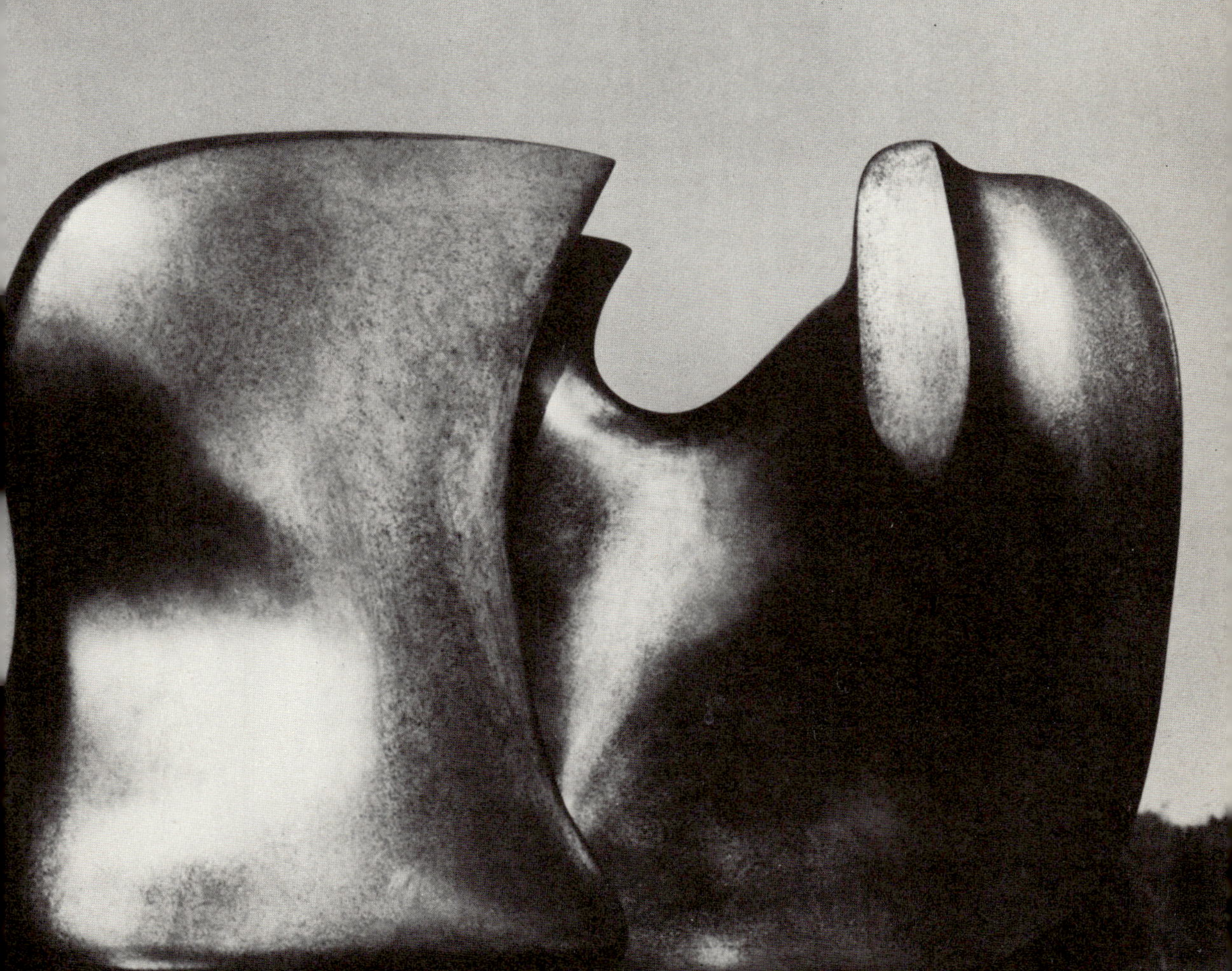

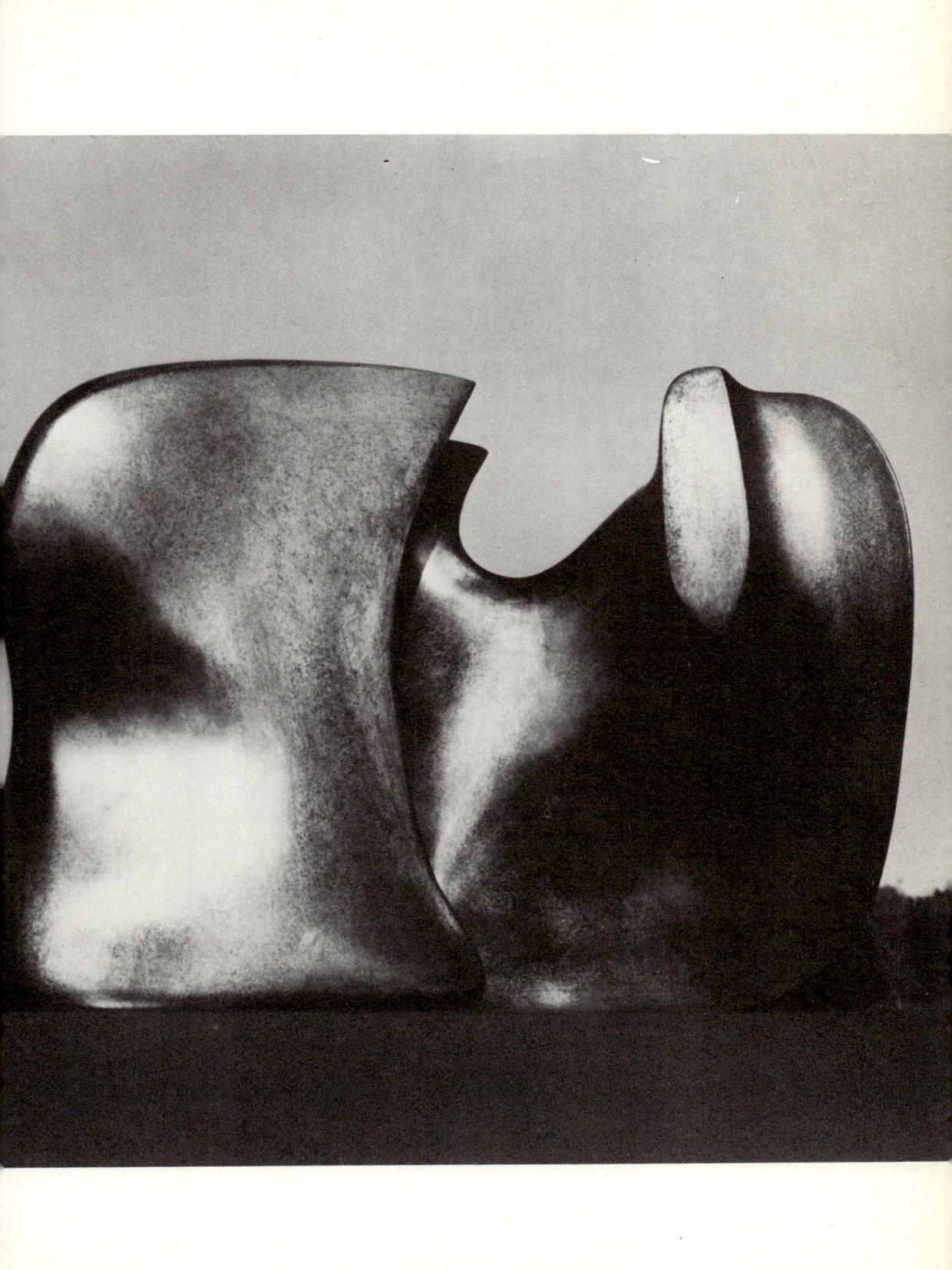

Hand ist die Messerschneide des Geistes. Zivilisation ist nicht eine Sammlung vollendeter Kunstprodukte, sie ist die Verbesserung in der Ausführung von Prozessen. Letzten Endes ist der lange Marsch des Menschen die Verfeinerung der sich betätigenden Hand.

Die mächtigste Antriebskraft beim Aufstieg des Menschen ist sein Vergnügen an seiner eigenen Geschicklichkeit. Er macht gern, was er gut macht, und wenn er es gut gemacht hat, dann macht er es gern besser. Man sieht das in seiner Wissenschaft. Man sieht das in der Großartigkeit, mit der er Skulpturen schafft und baut, in der liebenden Fürsorge, der Heiterkeit, der Vermessenheit. Die Denkmäler sollen Könige und Religionen, Helden, Dogmen feiern, aber letzten Endes feiern sie den Erbauer.

So bringt die große Tempelarchitektur jeder Zivilisation die Identifizierung des Individuums mit der menschlichen Spezies zum Ausdruck. Wenn man das wie in China Ahnenverehrung nennt, ist eine solche Erklärung zu eng gefaßt. Ausschlaggebend ist doch, daß das Monument für den toten Menschen zu den Lebenden spricht und damit ein Gefühl der Permanenz schafft, das eine ganz charakteristische menschliche Anschauung zum Ausdruck bringt: das Konzept nämlich, daß menschliches Leben eine Kontinuität bildet, die über das Individuum hinausgeht, durch es hindurchfließt. Der Mann, der auf seinem Pferd bestattet wurde oder den man in seinem Schiff in Sutton Hoo verehrt, wird in den Steindenkmälern späterer Zeiten ein Sprecher für den Glauben, daß es etwas wie die Menschheit als Ganzes gibt, deren Vertreter jeder von uns ist — im Leben und im Tode.

Ich könnte diese Folge nicht abschließen, ohne mich meinen Lieblingsdenkmälern zuzuwenden, die von einem Mann erbaut wurden, der nicht mehr wissenschaftliche Ausrüstung zur Verfügung hatte als ein gotischer Dombauer. Das sind die Watts Towers in Los Angeles, die der Italiener Simon Rodia erbaut hat. Mit 12 Jahren kam er von Italien in die Vereinigten Staaten. Dann, im Alter von 42, nachdem er als Fliesenleger und Hilfsarbeiter tätig gewesen war, beschloß er ganz plötzlich, in seinem Garten diese ungeheuerlichen Bauten zu errichten, und zwar aus Maschendraht, Eisenbahnschwellen, Moniereisen, Zement, Muscheln, aus Glas und Kachelscherben natürlich — aus allem, das er so fand oder das die Nachbarskinder ihm brachten. Er brauchte 33 Jahre, um die Türme zu errichten. Nie hatte ihm jemand geholfen. Er sagte sich: »Meist wußte ich ja selber nicht, was ich nun als nächstes machen wollte.« Rodia vollendete diese Türme 1954. Da war er 75 Jahre alt. Das Haus, den Garten und die Türme schenkte er einem Nachbarn und zog einfach weg.

»Ich hatte mir vorgenommen, etwas Großes zu tun«, hatte

49
Denkmäler, von einem Mann errichtet, der über nicht mehr wissenschaftliches Rüstzeug verfügte als ein gotischer Bauhüttenhandwerker.
Watts Towers, Los Angeles. Detail eines Mosaiks mit Werkzeugabdrücken und (umseitig) die Türme selbst.

1923

Der Aufstieg des Menschen

Simon Rodia damals gesagt, »und das hab' ich auch getan. Man muß entweder ganz gut oder ganz schlecht sein, damit sich die Menschen an einen erinnern.« Seine technischen Fähigkeiten hatte er beim Bauen erworben, indem er einfach an die Arbeit ging und indem er Freude an seinem Tun empfand. Natürlich stellte die städtische Bauaufsicht fest, daß die Türme nicht sicher seien, und 1959 nahm die Behörde eine Prüfung vor. Dies ist der Turm, den sie umzuwerfen versuchten. Ich bin froh, sagen zu können, daß es ihnen nicht gelang. Die Watts Towers haben also überlebt, die Arbeit von Simon Rodias Händen, ein Denkmal im 20. Jahrhundert, das uns zurückführt auf die einfache fröhliche und grundlegende Fähigkeit, aus der sich unsere ganze Kenntnis der Gesetze der Mechanik herleitet.

Das Werkzeug, das die Menschenhand verlängert, ist darüber hinaus ein Instrument der Vision. Es zeigt die Struktur der Dinge und macht es möglich, sie in neuen phantasievollen Kombinationen zusammenzustellen. Aber das Sichtbare ist natürlich nicht die einzige Struktur in der Welt. Darunter liegt eine noch feinere Struktur. Und der nächste Schritt beim Aufstieg des Menschen ist die Entdeckung eines Werkzeuges, das uns die unsichtbare Struktur der Materie zugänglich macht.

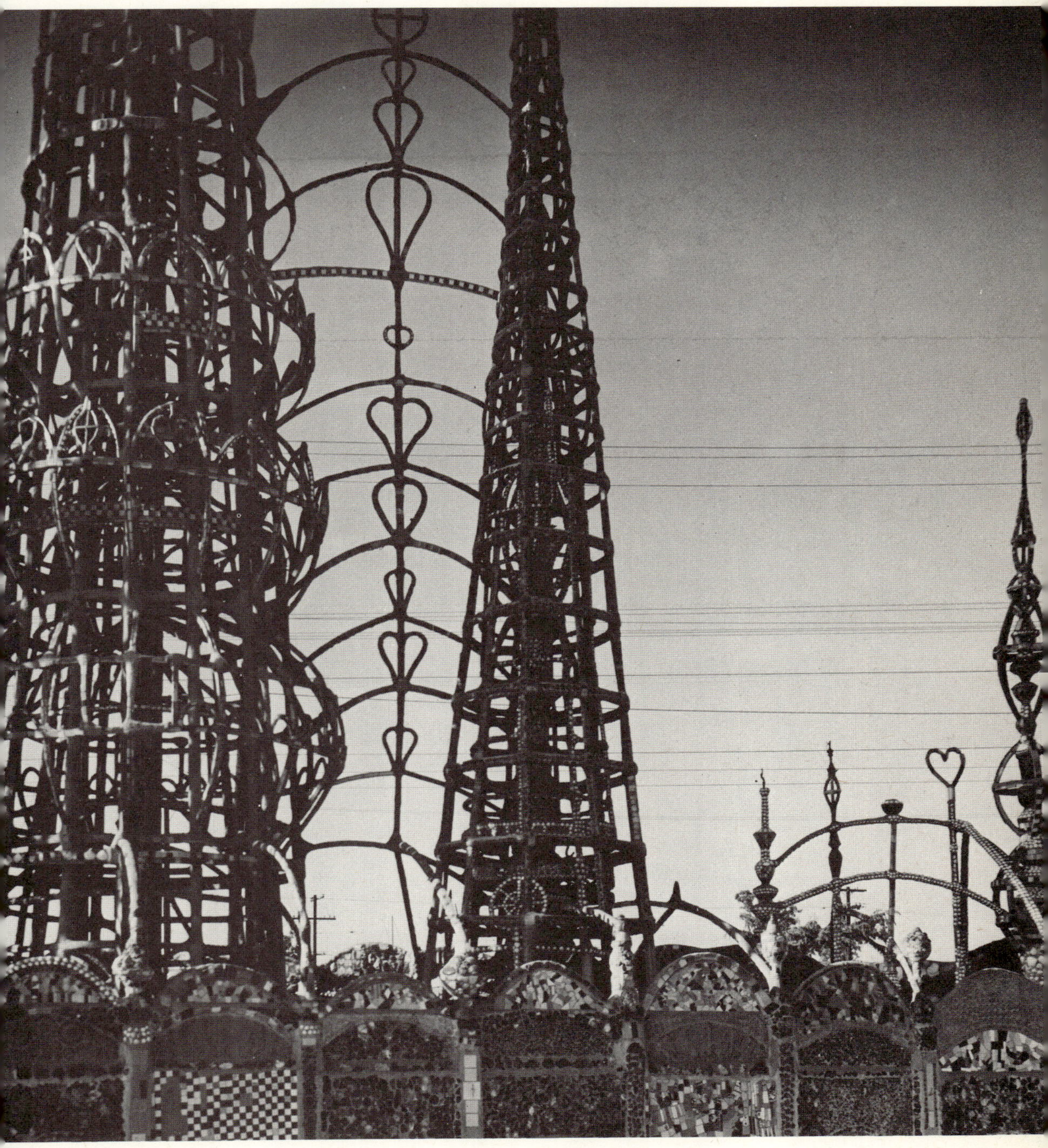

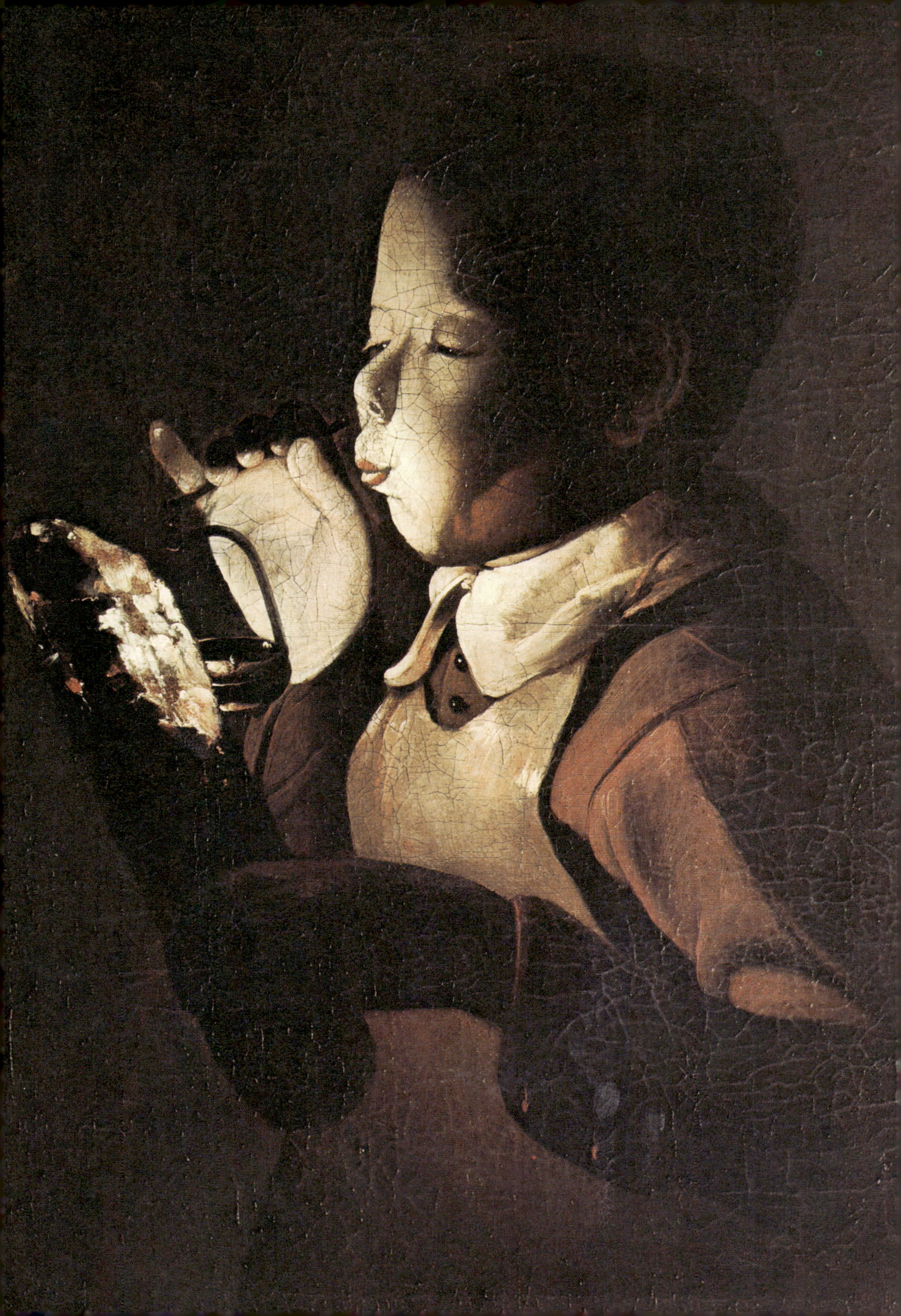

DAS VERBORGENE FORMPRINZIP

Mit Feuer unterwirft der Schmied das Eisen;
Läßt in der rechten Form sein Denken walten,
Kein Künstler ohne Feuer kann gestalten
Das Gold, das größte Reinheit soll erweisen.
Ja, selbst der Phönix, unvergleichlich schön,
Muß durch die läutenden Flammen gehn.

Was durch Feuer erreicht wird, ist Alchemie, ob im Brennofen oder im Küchenherd.

Die Beziehung des Menschen zum Feuer wird durch ein besonderes Geheimnis und eine besondere Faszination gekennzeichnet. Feuer ist das einzige der vier griechischen Elemente, in dem kein Tier lebt (nicht einmal der Salamander). Die moderne Physik beschäftigt sich eingehend mit der unsichtbaren Feinstruktur der Materie, und die wurde zunächst durch das scharfe Werkzeug Feuer erschlossen. Obgleich diese Art der Analyse vor mehreren tausend Jahren bei praktischen Vorgängen begonnen hat (die Gewinnung von Salz und Metallen zum Beispiel), so wurde doch durch den Hauch von Zauberei, der aus dem Feuer hervorgeht, das Alchemistengefühl in Bewegung gesetzt, daß Substanzen in unbestimmbarer Weise verändert werden können. Das ist die lebensspendende Eigenschaft, die Feuer zu einer Quelle des Lebens und zu etwas Lebendigem macht, das uns in einen verborgenen Untergrund innerhalb der dinglichen Welt führt. Viele alte Rezepte bringen das zum Ausdruck.

Nun ist die Substanz des Zinnobers von solcher Art, daß seine Sublimationen um so exquisiter werden, je mehr man ihn erhitzt. Zinnober wird zu Quecksilber, und wenn dies eine Anzahl weiterer Sublimationen durchgemacht hat, wird es wiederum in Zinnober verwandelt und ermöglicht somit dem Menschen, das ewige Leben zu genießen.

Das ist das klassische Experiment, mit dem die Alchemisten im Mittelalter bei denen Ehrfurcht zu erwecken wußten, die sie zwischen China und Spanien beobachteten. Sie nahmen den roten Farbstoff Zinnober, der ein Quecksilbersulphid ist, und erhitzten ihn. Die Wärme treibt den Schwefel fort und hinterläßt eine wunderschöne Perle des geheimnisvollen silbrig glänzenden flüssigen Metalls Quecksilber, was den Auftraggeber erstaunt und ihm ehrfürchtigen Respekt einflößt. Wenn das Quecksilber unter Luftzufuhr erhitzt wird, oxidiert es und wird nicht (wie das alte Rezept es sich vorstellte) wieder zu Zinnober, sondern zu einem Quecksil-

50
Die göttliche Eigenschaft, die das Feuer zu einem Lebensspender zu machen scheint.
»Le Souffleur à la Lampe« von Georges de la Tour, 1720.

beroxid, das auch rot ist. Und doch hatte diese Vorschrift nicht ganz unrecht. Das Oxid kann wieder in Quecksilber verwandelt werden, von Rot in Silber, und das Quecksilber in sein Oxid, von Silber zu Rot, alles durch die Einwirkung des Feuers.

Das ist an sich nicht einmal ein Experiment von Bedeutung, obgleich es eine Tatsache ist, daß Schwefel und Quecksilber die beiden Elemente sind, von denen die Alchemisten vor 1500 annahmen, daß aus ihnen das Universum zusammengesetzt sei. Aber etwas Wichtiges zeigt dieses Experiment, daß Feuer nämlich nicht nur stets als das zerstörende Element, sondern als das umwandelnde Element begriffen worden ist. Darauf beruhte die Magie des Feuers.

Ich erinnere mich, wie Aldous Huxley an einem langen Abend mit mir sprach, wobei er seine weißen Hände gegen das Kaminfeuer hielt und sagte: »Das bringt die Umwandlung zustande. Darin stecken die Legenden, die es beweisen. Und vor allem die Legende vom Phönix, der im Feuer wiedergeboren wird und Generation um Generation immer wieder lebendig wird.« Feuer ist das Symbol von Jugend und Blut, die symbolische Farbe im Rubin und im Zinnober, und im Ocker wie im Blutstein, mit denen sich die Menschen im Zeremoniell bemalt haben. Und als Prometheus, wie die griechische Mythologie es erzählt, dem Menschen das Feuer brachte, da gab er ihm damit Leben und verwandelte ihn in einen Halbgott – und deshalb haben die Götter den Prometheus gestraft.

Etwas praktischer gesehen: wir glauben, daß der Mensch der Frühzeit schon vor etwa vierhunderttausend Jahren das Feuer gekannt hat. Das bedeutet, daß schon der *Homo erectus* das Feuer entdeckt hatte. Wie ich schon betonte, mit Gewißheit war es in den Höhlen des Peking-Menschen vorhanden. Jede Kultur hat sich seither das Feuer *zunutze* gemacht, obgleich es gar nicht klar ist, daß sie alle wußten, wie man Feuer *macht*. In historischer Zeit hat man einen Stamm gefunden (die Pygmäen in den tropischen Regenwäldern auf den Andaman-Inseln südlich von Birma), der sorgfältig spontan auftretende Feuer hegte und pflegte, weil der Stamm über keine Methode des Feuermachens verfügte.

Im allgemeinen haben die verschiedenen Kulturen das Feuer zum gleichen Zweck benutzt: um warm zu bleiben, um Beute suchende Feinde abzuschrecken und um Lichtungen in den Urwald vorzutreiben sowie die einfachen Umwandlungen des Alltagslebens zu vollziehen – zu kochen, Holz zu trocknen und zu härten, Steine aufzuheizen und zu spalten. Aber die große Umwandlung, die unsere Zivilisation einrichten half, geht viel tiefer: dabei handelt es sich um die Verwendung des Feuers zur Erschließung einer ganz neuen Klasse von Materialien, um die Erschließung der Metalle. Das ist

51
Sobald Kupfer durch Zug belastet wird, zum Beispiel beim Dehnen eines Drahtes, beginnt es, sichtbar nachzugeben. *Das Abreißen von Kupferdraht geschieht aufgrund des inneren Weggleitens von Kristallen vor dem Bruch. Vergrößerung 15fach.*

Das verborgene Formprinzip

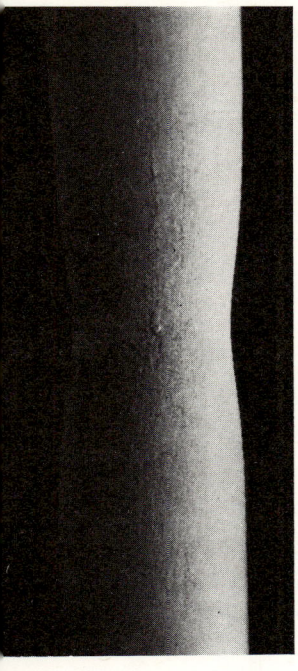

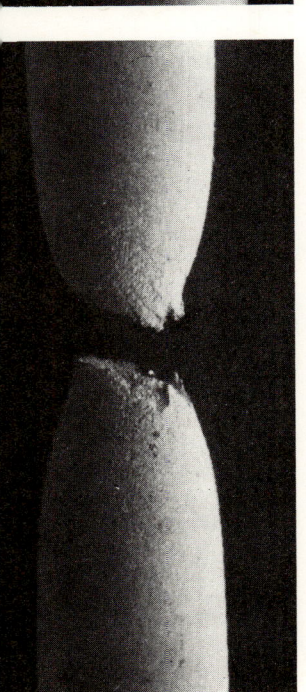

einer der großen Schritte in der Technik und ein großer Schritt vorwärts beim Aufstieg des Menschen, der der wichtigen Entdeckung von Steinwerkzeugen gleichkommt. Diese Entdeckung nämlich wurde gemacht, nachdem man im Feuer ein feineres Werkzeug zum Zerlegen der Materie erkannt hatte. Die Physik ist das Messer, das in die Grundgestalt der Natur hineinschneidet. Das Feuer, das flammende Schwert, ist das Messer, das unter die sichtbare Struktur in den Stein vorzudringen vermag.

Vor fast zehntausend Jahren, nicht lange nach dem Beginn der seßhaften Ackerbaugemeinden, begannen die Menschen im Nahen Osten Kupfer zu benutzen. Die Verwendung von Metall konnte allerdings nicht allgemein verbreitet werden, wenn nicht ein systematischer Prozeß erfunden wurde, die Metalle zu gewinnen. Dabei handelt es sich um die Gewinnung der Metalle aus ihren Erzen, die, wie wir heute wissen, vor siebentausend Jahren begann, etwa um das Jahr 5000 vor Christi Geburt in Persien und Afghanistan. Zu jener Zeit warfen die Menschen den grünen Malachitstein ins Feuer, und daraus ergoß sich das rote Metall Kupfer. Glücklicherweise wird Kupfer bei einer vergleichsweise niedrigen Temperatur gewonnen. Sie erkannten das Kupfer, weil es auch bisweilen in Brocken auf der Erdoberfläche gefunden wird, und in dieser Form war es seit über zweitausend Jahren gehämmert und bearbeitet worden.

Die Neue Welt bearbeitete ebenfalls Kupfer, und um die Zeitenwende schmolz man es dort auch, aber da blieb die Entwicklung stehen. Nur die Alte Welt machte dann auch weiterhin das Metall zum Rückgrat des zivilisierten Lebens. Plötzlich wird die Reichweite menschlicher Machtvollkommenheit ungeheuerlich erweitert. Der Mensch hat ein Material zur Verfügung, das geformt, gezogen, gehämmert und gegossen werden kann. Man kann es in ein Werkzeug verwandeln, ein Ornament, in ein Gefäß, und man kann es wieder ins Feuer werfen und erneut formen. Das Material hat nur einen Nachteil: Kupfer ist ein Weichmetall. Sobald ein Kupferdraht zum Beispiel Belastungen unterworfen wird, beginnt er sichtlich nachzugeben. Und das geschieht deshalb, weil Kupfer, wie jedes Metall, aus einzelnen Kristallschichten besteht. In diesen Kristallschichten, waffelförmig übereinander angeordnet, liegen die Atome des Metalls in einem regelmäßigen Netz. Diese Kristallschichten rutschen übereinander, bis sie sich dann schließlich trennen. Wenn der Kupferdraht dünner wird (das heißt, wenn er eine Schwäche entwickelt), so geschieht dies nicht so sehr, weil er der Zugspannung nicht mehr gewachsen ist, sondern er versagt durch ein inneres Weggleiten der Kristallschichten.

Der Kupferschmied dachte natürlich vor sechstausend Jahren nicht so. Er sah sich dem großen Problem gegenüber, daß man

Kupfer nicht mit einer scharfen Schneide versehen kann. Eine kurze Zeitspanne wurde der Aufstieg des Menschen aufgehalten, bis es gelang, ein Hartmetall mit Schnittkante herzustellen. Wenn das als eine anspruchsvolle Anforderung an den technischen Fortschritt erscheint, so nur deshalb, weil dieser nächste Schritt als Entdeckung so paradox und wunderbar ist.

Wenn wir uns den nächsten Schritt einmal modern ausgedrückt vorstellen, so war, was getan werden mußte, ganz banal. Wir haben gehört, daß Kupfer als reines Metall weich ist, weil seine Kristalle Parallelebenen haben, die leicht aneinander vorbeirutschen. (Es kann etwas durch Hämmern gehärtet werden, wobei man die großen Kristalle auseinanderbricht und sie unregelmäßig gestaltet.) Wir können das gedanklich ableiten, denn wenn wir etwas Rauhes in die Kristalle einbauen könnten, dann würden die Ebenen nicht mehr aneinander vorbeirutschen, und das Metall würde hart. Auf der Ebene der Feinstruktur natürlich, die ich beschreibe, muß dieses rauhe Material aus einer anderen Art von Atomen anstelle einiger Kupferatome in den Kristallen bestehen. Wir müssen eine Legierung herstellen, deren Kristalle starrer sind, weil die Atome in ihnen nicht alle von der gleichen Art sind.

Das ist die moderne Darstellung. Erst in den letzten fünfzig Jahren haben wir zu verstehen gelernt, daß sich die besonderen Eigenschaften der Legierungen aus ihrer Atomstruktur herleiten. Und doch, durch glücklichen Zufall oder durch Versuche, haben bereits die alten Metallschmelzer diese Antwort gefunden: daß man nämlich, wenn man dem Kupfer ein noch weicheres Metall, Zinn, zusetzt, eine Legierung erhält, die härter und widerstandsfähiger ist als die beiden Grundbestandteile — die Bronze. Vielleicht bestand der Glückszufall darin, daß in der Alten Welt Zinnerze zusammen mit Kupfererzen gefunden werden. Wichtig ist anzumerken, daß fast jedes reine Metall wenig widerstandsfähig ist. Viele Unreinheiten sind schon ausreichend, um es widerstandsfähiger zu machen. Was das Zinn nun bewirkt, ist keine einmalige, sondern eine generelle Funktion: dem reinen Metall wird eine Art atomarer Schleifsand zugesetzt — Körner von verschiedener Rauheit, die dann in den Kristallgittern steckenbleiben und sie am Rutschen hindern.

Ich habe mir Mühe gegeben, die Natur der Bronze wissenschaftlich zu beschreiben, denn hier handelt es sich um eine wunderbare Entdeckung. Wunderbar ist diese Entdeckung auch als Enthüllung der Möglichkeiten, die ein neuer Prozeß in sich birgt und bei denen anklingen läßt, die sich damit beschäftigen. Die Bearbeitung der Bronze erreichte ihren subtilsten Ausdruck in China. Nach China war die Bronze fast mit Sicherheit aus dem Nahen Osten gekommen, wo sie etwa um 3800 vor Christi Geburt entdeckt worden war.

52
Gefäße zur Aufbewahrung von Wein und Nahrungsmitteln — spielerisch und zugleich göttlich.
Ein Weinkrug in Form einer Eule, chinesische Bronze, 800 v. Chr.

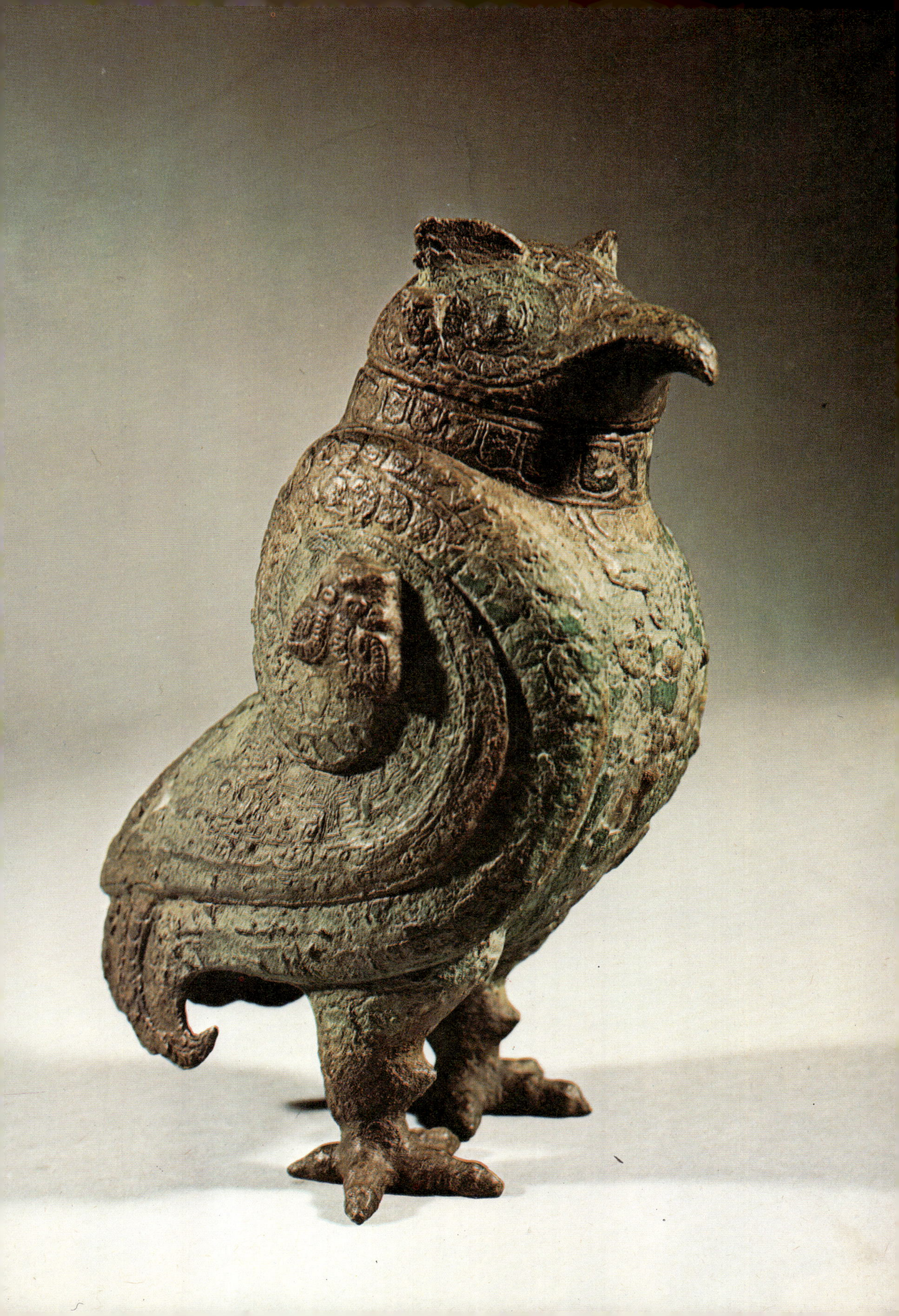

Der Aufstieg des Menschen

Die Glanzzeit der Bronze in China ist zugleich der Anfang der chinesischen Zivilisation, wie wir sie verstehen — der Anfang der Shang-Dynastie, 1500 vor Christi Geburt.

Die Shang-Dynastie beherrschte eine Gruppe feudaler Landstriche im Tal des Gelben Flusses, und sie schuf zum ersten Mal einen Einheitsstaat und eine Kultur in China. In jeder Hinsicht handelt es sich hier um eine formbildende Zeit, in der auch Keramik entwickelt und die Schrift festgelegt wurde. (Die Kalligraphie, sowohl auf keramischen Gegenständen als auch auf der Bronze, ist verblüffend.) Die Bronzen in der Glanzzeit wurden mit der orientalischen Vorliebe für das Detail gestaltet, das für sich schon faszinierend wirkt.

Die Chinesen machten die Form für den Bronzeguß aus Streifen, die über einem keramischen Kern gerundet worden waren. Weil man diese Streifen heute noch findet, wissen wir, wie der Prozeß ablief. Wir können die Vorbereitung des Kerns nachvollziehen, das Kerben des Musters, und besonders das Einkerben der Schriftzeichen auf die Streifen, die dann dem Kern aufgelegt wurden. Die Streifen stellen somit eine äußere Keramikform dar, die hart gebrannt wird, um dann das heiße Metall aufzunehmen. Wir können auch der traditionellen Herstellung der Bronze folgen. Die Anteile Kupfer und Zinn, die die Chinesen benutzten, sind ziemlich genau. Bronze kann mit fast jedem Prozentsatz zwischen etwa fünf und zwanzig Prozent Zinn hergestellt werden, das dem Kupfer hinzugefügt wird. Aber die besten Shang-Bronzen enthalten fünfzehn Prozent Zinn, und bei diesem Mischungsverhältnis ist die Formgenauigkeit des Gusses perfekt. Bei diesem Mischungsverhältnis ist die Bronze fast dreimal so hart wie Kupfer.

Die Shang-Bronzen sind zeremonielle, der Gottheit geweihte Objekte. Sie bringen in China eine monumentale Anbetung zum Ausdruck, die in Europa zur gleichen Zeit den Bau von Stonehenge bewirkte. Bronze wird von diesem Zeitpunkt an ein Metall für alle Verwendungszwecke, gewissermaßen zum Plastikwerkstoff jener Zeit. Bronze hat diese universale Eigenart, wo immer sie in Europa und in Asien gefunden wird.

Aber auf dem Höhepunkt der chinesischen Handwerkskunst drückt die Bronze etwas mehr aus. Das Überzeugende an diesen chinesischen Arbeiten, Gefäße für Wein und Nahrungsmittel — teilweise verspielt und teilweise göttlich —, liegt darin, daß sie eine Kunst etablieren, die ganz spontan aus ihrer eigenen technischen Gestaltungsfähigkeit heraus entsteht. Der Hersteller wird durch das Material beherrscht und geleitet, in der Form und in der Oberfläche ergibt sich seine Gestaltung aus dem Herstellungsverfahren. Die Schönheit, die er schafft, die Meisterschaft, die er vermittelt, kommen aus seiner eigenen Hingabe an die Handwerkskunst.

53
Die Bearbeitung von Bronze erreichte ihre höchste Vollendung in China.
Gegossene Bronzeglocke, 800 v. Chr. Detail der Beschriftung auf der Oberseite der Glocke.

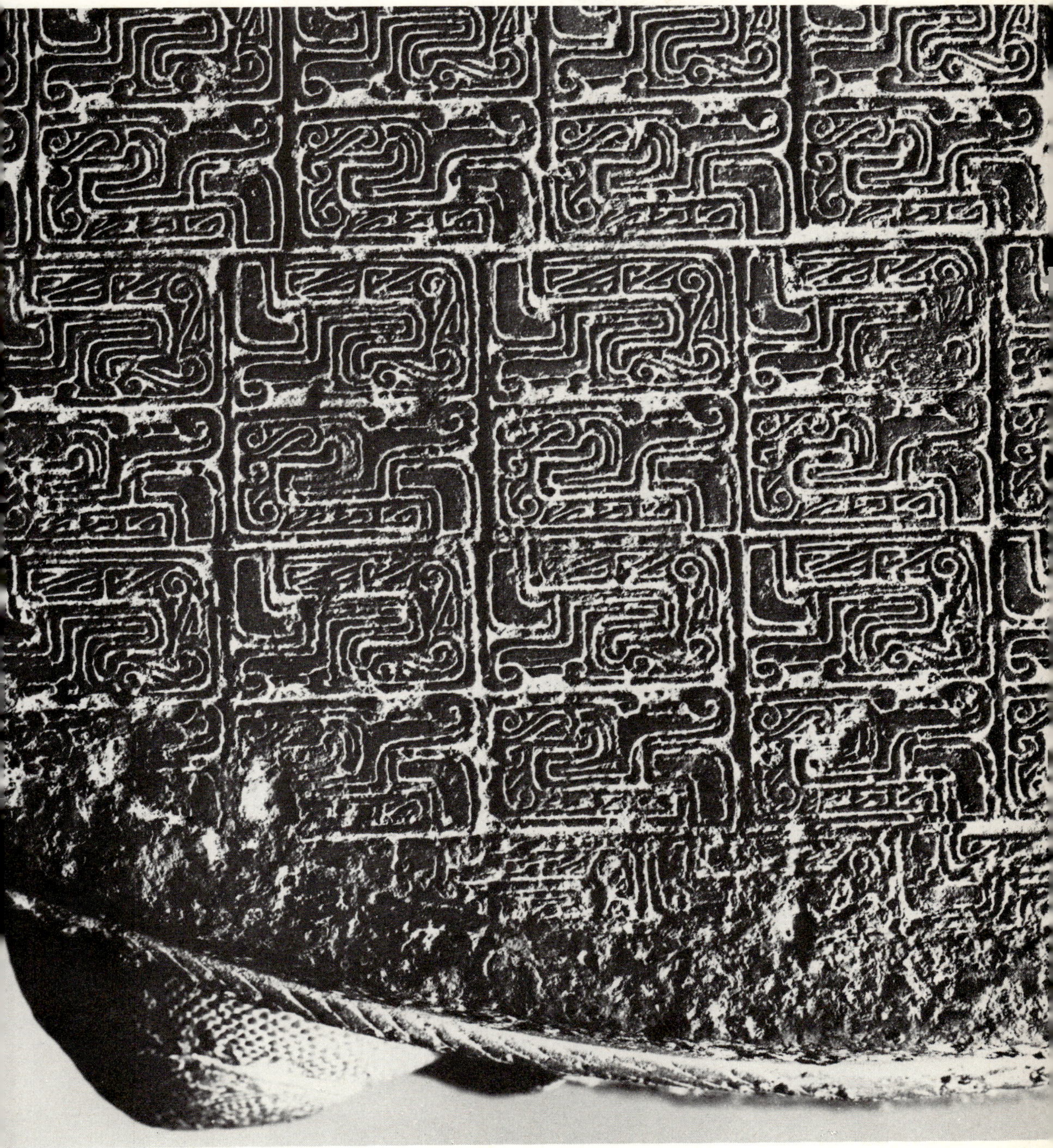

54

Das Schmieden des Schwertes ist wie alle alte Metallkunde vom Ritual begleitet.
Der Waffenschmiedemeister Getsu schmiedet den Stahlrohling. Das Härten und Polieren der Klinge wird in der Tempelwerkstatt im japanischen Nara ausgeführt.

Das verborgene Formprinzip

Der wissenschaftliche Grundgehalt dieser klassischen Verfahren ist ganz klar abgegrenzt. Mit der Entdeckung, daß Feuer Metalle schmelzen kann, kommt auch eines Tages die Erkenntnis, daß das Feuer sie wieder zusammenzubringen vermag, um eine Legierung mit neuen Eigenschaften daraus zu bilden. Das gilt genauso für Eisen wie für Kupfer. Die Parallele zwischen den Metallen gilt für jede Entwicklungsstufe. Eisen wurde auch zunächst in natürlicher Form verwendet. Roheisen kommt in Meteoriten auf die Erdoberfläche, und aus diesem Grund ist sein Name in der sumerischen Sprache »Metall vom Himmel«. Als später die Eisenerze geschmolzen wurden, erkannte man das Metall, denn es war bereits verwendet worden. Die Indianer in Nordamerika benutzten Meteoreisen, konnten jedoch nie die Erze schmelzen.

Gußeisen ist natürlich eine wesentlich spätere Entdeckung, weil es so viel schwieriger ist, das Eisen aus den Erzen zu gewinnen, als das bei Kupfer der Fall ist. Der erste positive Nachweis der praktischen Anwendung ist vielleicht ein Werkzeugteil, das in einer der Pyramiden hinterlassen wurde. Dadurch wird die Entdeckung des Eisens auf etwa 2500 vor Christi Geburt verlegt. Aber die weitgehende Anwendung von Eisen wird erst durch die Hethiter am Schwarzen Meer um etwa 1500 vor Christi Geburt eingeführt – also zu dem Zeitpunkt, als die schönsten Bronzen in China gegossen wurden, zur Zeit von Stonehenge.

Und wie das Kupfer seinen Reifezustand in der Bronzelegierung erreicht, so wird das Eisen als Stahllegierung mündig. Innerhalb von fünfhundert Jahren, etwa um das Jahr 1000 vor Christi Geburt, wird Stahl in Indien hergestellt, und die ausgezeichneten Eigenschaften der verschiedenen Stahlsorten werden bekannt. Dennoch blieb Stahl bis in die jüngste Zeit ein spezielles und in gewisser Weise seltenes Material für begrenzte Verwendung. Noch vor zweihundert Jahren war die Stahlindustrie in Sheffield klein und rückständig, und der Quäker Benjamin Huntsman, der eine Präzisionsuhrfeder machen wollte, mußte sich erst zum Metallurgen ausbilden und herausfinden, wie man Stahl herstellen konnte.

Da ich mich dem Fernen Osten zugewandt habe, um die Perfektion der Bronze zu schildern, will ich auch ein orientalisches Beispiel für die Methoden wählen, die die besonderen Eigenschaften des Stahls hervorbringen. Sie erreichen für mich ihren Höhepunkt in dem Schmieden des japanischen Schwertes, das seit dem Jahr 800 in verschiedener Weise kontinuierlich fortgeführt worden ist. Die Schwertherstellung ist wie alle alte Metallkunde von einem Ritual umgeben, und das aus einem ganz einsichtigen Grunde. Wenn man keine Schriftsprache hat, wenn man über nichts verfügt, das man als eine chemische Formel bezeichnen könnte, dann muß man ein genaues Zeremoniell haben, das die Abfolge der einzel-

Der Aufstieg des Menschen

55
Die beiden Eigenschaften werden schließlich im vollendeten Schwert vereinigt.

nen Bearbeitungsvorgänge festlegt, so daß sie genau bestimmt sind und man sich an sie erinnern kann.

Also gibt es in diesem Bereich eine Art Handauflegen, eine bekennerhafte Erbfolge, mit der die eine Generation die Materialien, das Feuer und den Waffenschmied absegnet und die Kenntnisse an die nächste weiterreicht. Der Mann, der unser Schwert schmiedet, hat den Titel eines »lebenden Kulturdenkmals«, der den führenden Meistern alter Handwerkskünste in aller Form von der japanischen Regierung verliehen wird. Sein Name ist Getsu, und formal gesehen ist er in seinem Handwerk ein direkter Abkömmling des berühmten Schwertmachers Masamune, der das Verfahren im 13. Jahrhundert vervollkommnete — um die Mongolen zurückzuschlagen. So jedenfalls behauptet es die Überlieferung. Gewiß versuchten um diese Zeit die Mongolen wiederholt von China her in Japan einzudringen, und zwar unter dem Kommando des Enkels von Dschingis Khan, des berüchtigten Kublai Khan.

Eisen ist eine spätere Entdeckung als Kupfer, weil es in jedem Stadium seiner Verarbeitung mehr Hitze braucht — beim Schmelzen, beim Bearbeiten und natürlich bei der Weiterverarbeitung seiner Legierung, des Stahls. (Der Schmelzpunkt von Eisen liegt bei etwa 1500 °C, also um etwa 500 °C höher als der Schmelzpunkt von Kupfer.) Bei der Wärmebehandlung und auch was die Reaktion auf zugesetzte Elemente angeht, ist der Stahl ein Material, das unendlich viel empfindlicher ist als Bronze. In diesem Material wird das Eisen mit einem winzigen Teil Kohle legiert, normalerweise weniger als ein Prozent, und die Variationen im Mischverhältnis bestimmen die dem Stahl zugrundeliegenden Eigenschaften.

Der Prozeß der Schwertherstellung reflektiert die feinfühlige Beherrschung der Kohlenmenge und der Wärmebehandlung, mit deren Hilfe ein Objekt aus Stahl vollkommen auf seine Funktion hin bearbeitet wird. Selbst der Rohstahlblock ist nicht einfach, denn ein Schwert muß zwei verschiedene, miteinander nicht vereinbare Materialeigenschaften haben. Es muß biegsam und dennoch hart sein. Das sind keine Eigenschaften, die man demselben Material verleihen kann, es sei denn, daß es aus einzelnen Lagen besteht. Um diese Lagen zu erhalten, wird der Rohstahlblock abgesägt und dann immer wieder übereinander gebogen und wieder flach geschmiedet, so daß eine Vielzahl von Innenflächen entsteht. Das Schwert, das Getsu schmiedet, macht es erforderlich, den Rohstahlblock fünfzehnmal übereinander zu biegen und wieder flach zu schmieden. Das bedeutet, daß die Anzahl der einzelnen Stahlschienen 2^{15} ausmacht, was mehr als dreißigtausend Schichten bedeutet. Jede Schicht muß mit der nächsten fest verbunden werden, da diese ja eine andere Eigenschaft hat. Es ist so, als woll-

...puren des Wassers auf einem ...chwert, das von Nobuhide im 9. Jahrhundert für Kaiser Meije geschmiedet wurde.

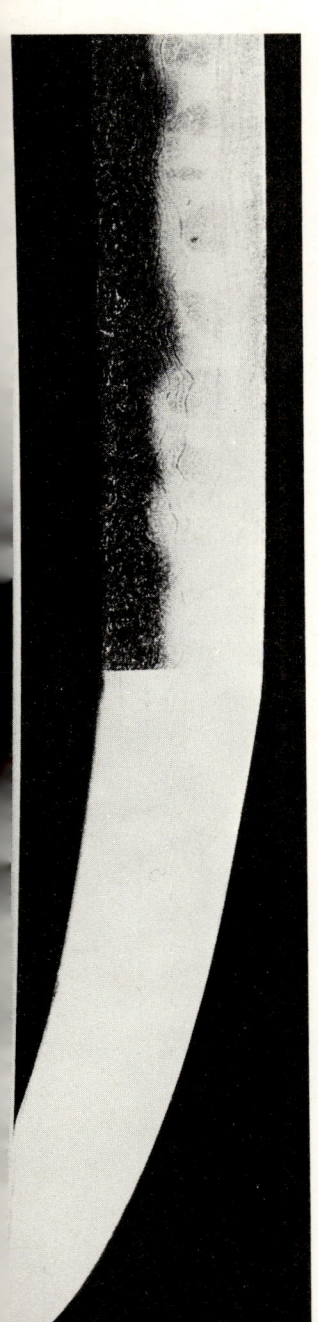

te der Schmied hier versuchen, die Biegsamkeit von Gummi mit der Härte von Glas zu kombinieren. Und das Schwert ist ja im wesentlichen gesehen eine große Schichtpackung dieser beiden Eigenschaften.

Im letzten Stadium wird das Schwert mit Ton verschiedener Dicke bedeckt, so daß das Metall beim Erhitzen und beim Abschrecken durch Wasser mit verschiedener Geschwindigkeit abkühlt. Die Temperatur des Stahls für diesen abschließenden Vorgang muß genau beurteilt werden, und in einer Zivilisation, in der diese Festlegung nicht durch Messen ermittelt wird, »ist es herkömmliche Art, das Schwert beim Erhitzen zu beobachten, bis es in der Glut die Farbe der Morgensonne erreicht hat«. Um dem Schwertmacher gegenüber fair zu sein, muß ich sagen, daß solche Farbhinweise auch in der europäischen Stahlherstellung überliefert wurden: noch im 18. Jahrhundert war das richtige Stadium zum Tempern des Stahls erreicht, wenn das flüssige Metall strohgelb glühte oder purpur oder blau, entsprechend dem jeweiligen Bestimmungszweck.

Der Höhepunkt, nicht so sehr des Dramatischen als vielmehr der Chemie, ist das Abschrecken im Härtebad, wodurch das Schwert gehärtet und die verschiedenen Eigenschaften in seinem Inneren fixiert werden. Verschiedene Kristallformen und -größen werden durch die unterschiedlichen Abkühlungszeiten gebildet. Große, abgerundete Kristalle in der Umgebung des elastischen Schwertkerns und kleine, zackige Kristalle in der Nähe der Schnittkante. Die beiden Eigenschaften von Gummi und Glas werden endgültig in dem vollendeten Schwert miteinander verschmolzen. Sie offenbaren sich in der Oberflächenerscheinung des Schwertes — ein gleißender Schimmer, schillernd wie Seide, auf den die Japaner großen Wert legen. Aber die Erprobung des Schwertes, die Erprobung einer technisch-praktischen Anwendung, der Test einer wissenschaftlichen Theorie, ist doch immer die Frage: »Funktioniert das Werkstück?« Kann es den menschlichen Körper in der rituell festgelegten Weise auseinanderhauen? Die traditionellen Schwerthiebe werden genauso sorgfältig in Zeichnungen festgelegt wie die Schnitte eines Rindes auf einem Diagramm im Kochbuch: »Schwerthieb Nummer zwei — der O-jodan.« Der Körper wird heutzutage durch gepreßtes Stroh simuliert. In der Vergangenheit jedoch wurde ein neues Schwert ganz praktisch ausprobiert, indem man es nämlich zur Exekution eines Verurteilten verwendete.

Das Schwert ist die Waffe der Samurai. Mit Hilfe des Schwertes überstanden sie endlose Bürgerkriege, die Japan vom 12. Jahrhundert an zerrissen. Alles an diesen Rittern ist feine Kunstschmiedearbeit: der biegsame Panzer, der aus Stahlstreifen besteht, das Pferdegeschirr, die Steigbügel. Und doch konnten die Samurai selbst keinen dieser Gebrauchsgegenstände herstellen. Wie Reiter anderer Kulturen, lebten sie von der Gewalt und waren — selbst was ihre Waffen angeht — von der Handfertigkeit von Dorfbewohnern abhängig, die sie abwechselnd beschützten und ausraubten. Auf die Dauer wurden die Samurai zu einem Söldnerheer, das seine Dienste für Gold verkaufte.

Unsere Kenntnisse über die Zusammensetzung der materiellen Welt aus ihren Elementen ergeben sich aus zwei Quellen. Eine, die ich bereits dargelegt habe, ist die Entwicklung von Methoden zur Herstellung und Legierung nützlicher Metalle. Die andere Quelle ist die Alchemie, und sie hat eine ganz andersartige Eigenschaft. Sie ist begrenzt, nicht auf tägliche Verwendung gerichtet und umfaßt einen erheblichen Fundus an spekulativer Theorie. Aus Gründen, die etwas geheimnisvoll, aber keineswegs zufällig sind, war die Alchemie vorwiegend mit einem anderen Metall, dem Gold beschäftigt, das praktisch nutzlos ist. Und doch hat das Gold die menschlichen Gesellschaften so in seinen Bann geschlagen, daß ich nicht umhinkann, die Eigenschaften herauszuarbeiten, die dem Gold seine symbolische Kraft verliehen haben. Gold ist die universale Beute in allen Ländern, in allen Kulturen, zu allen Zeiten. Eine repräsentative Sammlung von Goldgegenständen kann man wie eine Chronik von Zivilisationen lesen. Ein Rosenkranz aus emailliertem Gold, England, 16. Jahrhundert. Goldene Schlangenbrosche, 400 vor Christi Geburt, griechisch. Die dreifache Goldkrone von Abuna, 17. Jahrhundert, abessinisch. Goldenes Schlangenarmband, altrömisch. Ritualgefäße aus achämenidischem Gold, 6. Jahrhundert vor Christi Geburt, persisch. Trinkschale aus Malikgold, 8. Jahrhundert vor Christi Geburt, persisch. Kopf eines Bullen aus Gold ... zeremonielles Goldmesser, Chimu, Vorinkazeit, Peru, 9. Jahrhundert ...

Ein bildhauerisch gestaltetes Salzfäßchen aus Gold, geschaffen von Benvenuto Cellini, Figuren aus dem 16. Jahrhundert, für König Franz den Ersten. Cellini erinnert sich an das, was sein französischer Auftraggeber darüber sagte:

Als ich der Königlichen Majestät diese Arbeit vorstellte, hielt er vor Bewunderung den Atem an und konnte die Blicke nicht davon lassen. Er rief voller Erstaunen: »Dies ist hundertmal himmlischer, als ich je hätte träumen können! Was für ein Wunder dieser Mann ist!«

Die Spanier plünderten Peru des Goldes wegen, das die Inkaaristokratie so gesammelt hatte, wie wir vielleicht Briefmarken sammeln, mit einem Hauch von Midas dabei. Gold für die Gier, Gold für Ehrfurcht, Gold für Macht, Opfergold, lebensspendendes Gold, Gold für die Zärtlichkeit, wollüstiges Gold ...

56
Gold ist die allgemeine Prämie in allen Ländern, in allen Kulturen, zu allen Zeiten.
Griechisches Gold: Maske eines achäanischen Königs aus einem Schachtgrab in Mykenä, 16. Jahrhundert v. Chr.
Persisches Gold: Münze des Königs Krösus, 7. Jahrhundert.
Peruanisches Gold: Mochica puma, mit der aufgeprägten Abbildung doppelköpfiger Schlangen.
Afrikanisches Gold: Innenteil eines Häuptlings-Brustumhangs, mit Kakaobohnenmuster, Ghana, 19. Jahrhundert.
Modernes Gold: Zentraler Inputempfänger, Concorde Multiplex-Taschenrechner, Edinburgh, 20. Jahrhundert.

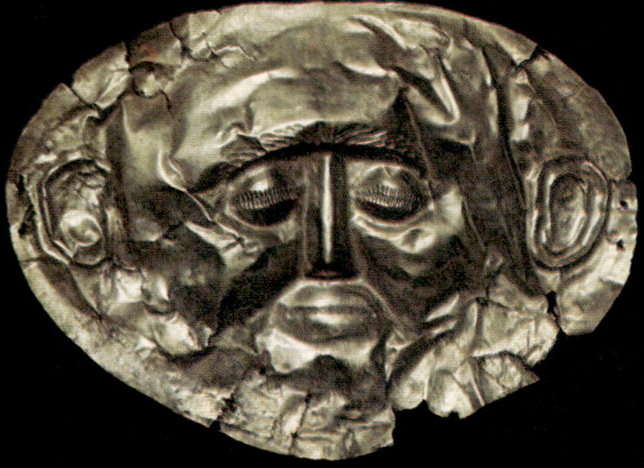
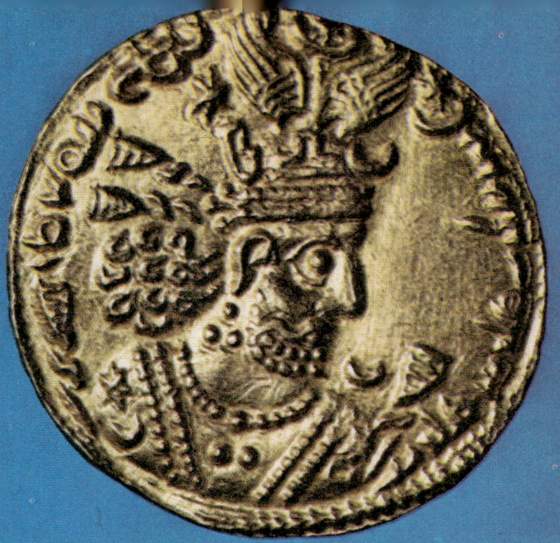
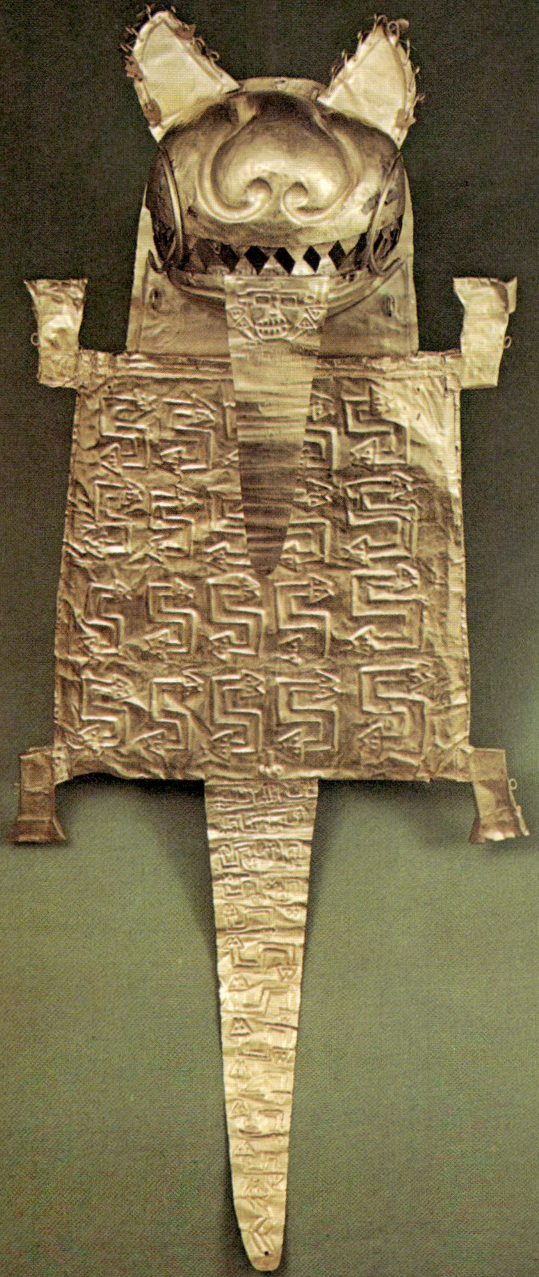
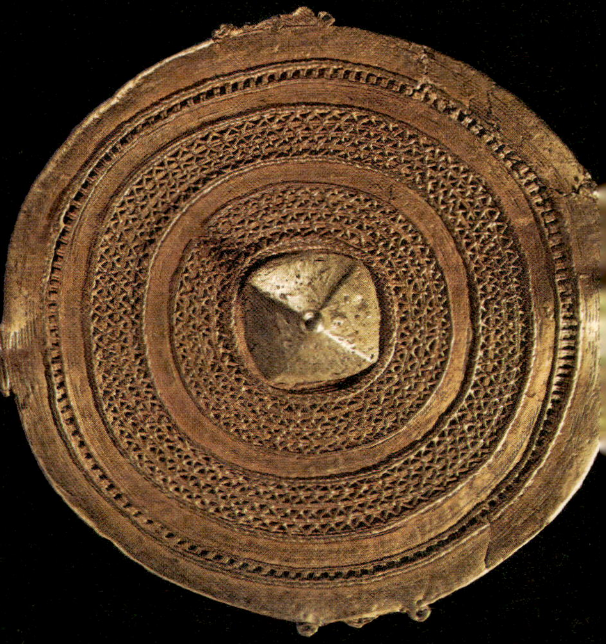
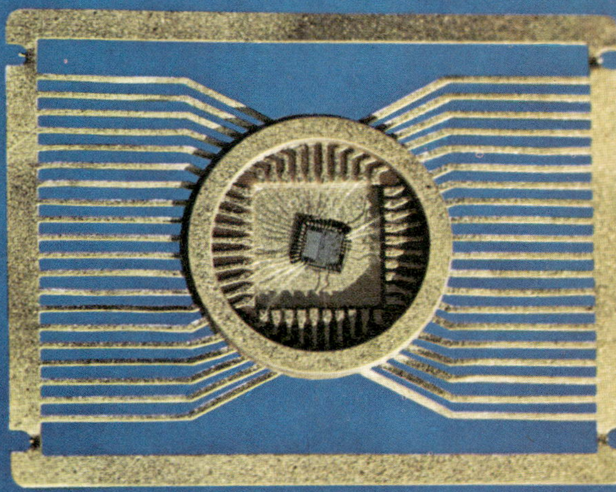

Die Chinesen haben herausgefunden, was das Gold so unwiderstehlich macht. Ko-Hung sagt: »Wenn gelbes Gold hundertmal geschmolzen wird, so wird es doch nicht verdorben.« In diesem Satz werden wir uns der Tatsache bewußt, daß Gold eine physikalische Eigenschaft hat, die es einmalig macht, die in der Praxis erprobt und begutachtet und die in der Theorie gekennzeichnet werden kann.

Es ist leicht einzusehen, daß der Mann, der einen Goldgegenstand formte, nicht nur Techniker, sondern auch Künstler war. Ebenso wichtig und gar nicht so leicht zu erkennen ist jedoch, daß der Mensch, der Gold prüfte, ebenfalls mehr war als ein bloßer Techniker. Für ihn bedeutete Gold ein Element der Wissenschaft. Eine Methode zur Verfügung zu haben ist nützlich, aber es geht einem wie mit jeder Fähigkeit: was ihr Leben verleiht, ist ein fester Platz innerhalb eines allgemeinen Bauplans der Natur — eine Theorie.

Die Männer, die Gold prüften und raffinierten, legten eine Naturtheorie offen: eine Theorie, derzufolge Gold einmalig war und doch aus anderen Elementen hätte hergestellt werden können. Deshalb hat man im Altertum soviel Zeit und Forschergeist darauf verwandt, Prüfverfahren für reines Gold zu erarbeiten. Francis Bacon hat die Sachlage zu Beginn des 17. Jahrhunderts geradeheraus geschildert.

Gold hat die folgenden Eigenschaften — Gewicht, Dichte, Fixierung, Schmiedbarkeit oder Weichheit, Unangreifbarkeit durch Rost, Farbe oder Gelbtinktur. Wenn ein Mann ein Metall herzustellen vermag, das all diese Eigenschaften hat, dann mögen die Menschen argumentieren, ob dieses Gold ist oder nicht.

Unter den verschiedenen klassischen Prüfverfahren für Gold macht eines die diagnostische Eigenschaft am besten sichtbar. Dabei handelt es sich um eine zuverlässige Prüfung durch Läuterung. Ein Tiegel wird im Brennofen auf eine Temperatur erhitzt, die wesentlich höher liegt, als es reines Gold erfordert. Das Gold wird mit seinen Unreinheiten oder seiner Schlacke in das Gefäß gelegt und schmilzt. (Gold hat einen ziemlich niedrigen Schmelzpunkt, etwas über tausend Grad Celsius, fast denselben wie Kupfer.) Jetzt setzt sich die Schlacke vom Gold ab und wird von den Tiegelwänden aufgesogen: Ganz plötzlich also erfolgt eine sichtbare Trennung zwischen der Schlacke dieser Welt, wenn wir das einmal so sagen wollen, und der verborgenen Reinheit des Goldes in der Flamme. Der Traum der Alchemisten, künstliches Gold herstellen zu können, muß letzten Endes an der Wirklichkeit der Goldperle geprüft werden, die den Eichtest bestanden hat.

Die Fähigkeit des Goldes, sich dem zu widersetzen, was man damals Zerfall nannte (was wir heute Angriff durch Chemikalien

57
*Renaissance-Gold: ziseliertes Goldemail-Salzfäßchen von Benvenuto Cellini, mit der Abbildung von Neptun und Venus, Geschenk an König Franz I. von Frankreich, 1543.
Irisches Gold: goldene Halsberge. Grafschaft Clare, 9. Jahrhundert.*

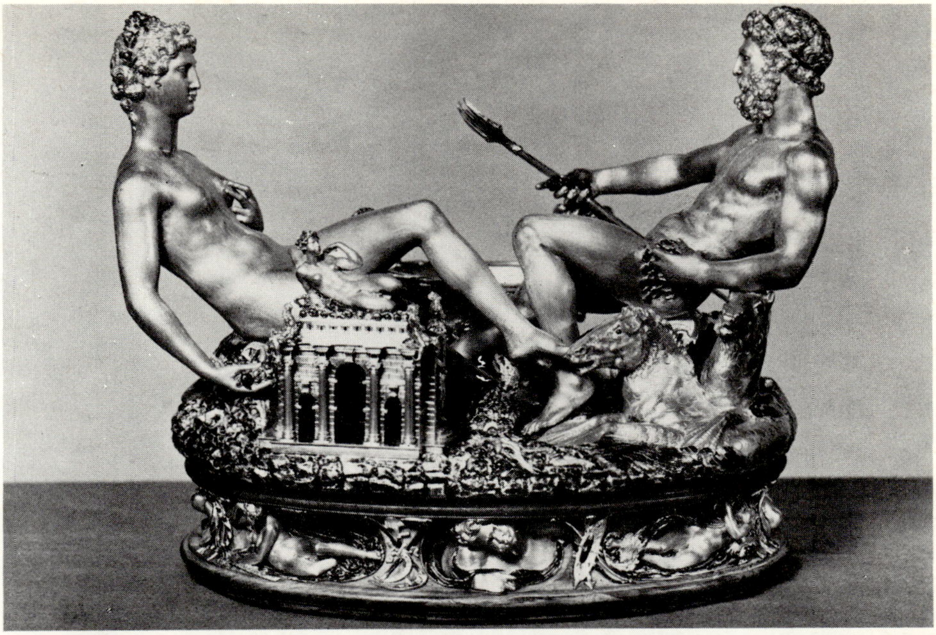

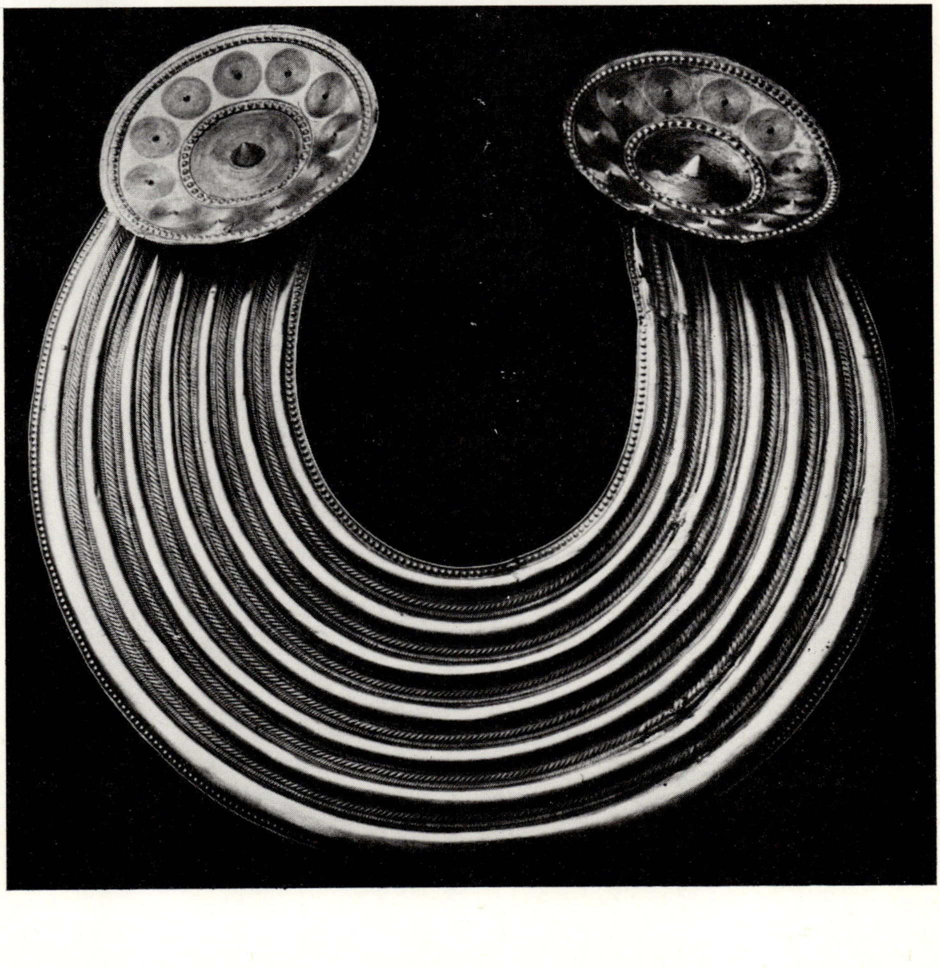

Der Aufstieg des Menschen

nennen würden), war einmalig und deshalb sowohl wertvoll als auch wichtig für die Diagnose. Damit ging auch ein mächtiger Symbolismus einher, der selbst in den frühesten Formeln ausdrücklich vorkommt. Die erste schriftliche Bezugnahme auf die Alchemie, die wir haben, ist etwas über zweitausend Jahre alt und kommt aus China. Darin wird berichtet, wie man Gold macht und wie man es zur Verlängerung des Lebens verwendet. Das ist für uns eine außergewöhnliche Zusammenstellung. Für uns ist Gold wertvoll, weil es selten ist. Für die Alchemisten in aller Welt war das Gold jedoch wertvoll, weil es unzerstörbar war. Keine Säure oder Lauge, die zu jener Zeit bekannt war, konnte das Gold angreifen. Auf diese Weise haben die Goldschmiede der Kaiser das Gold geprüft, oder wie sie zu sagen pflegten, sie haben es geschieden, und zwar mit Hilfe einer Säurebehandlung, die weniger umständlich war als die Läuterung.

Zu einer Zeit, als man das Leben für brutal, kurz, ärmlich und einsam hielt (und für die meisten Leute war es das tatsächlich), da stellte Gold für die Alchemisten den einen, ewigen Lebensfunken im menschlichen Körper dar. Der Drang, Gold herzustellen und das Lebenselixier zu finden, sind dasselbe Unterfangen. Gold ist das Symbol der Unsterblichkeit — aber vielleicht sollte ich nicht Symbol sagen, denn im Denken der Alchemisten war Gold der Ausdruck, die Verkörperung der Unzerstörbarkeit, sowohl in der physikalischen als auch in der lebendigen Welt.

Als dann die Alchemisten versuchten, unedle Metalle in Gold zu verwandeln, da trachteten sie im Feuer nach der Umformung des Zerstörbaren in das Unzerstörbare. Sie versuchten, aus dem Alltäglichen die Eigenschaft der Beständigkeit zu gewinnen. Das war dasselbe wie die Suche nach ewiger Jugend: jede Arznei gegen das Altern enthielt Gold, metallisches Gold, als wesentlichen Bestandteil, und die Alchemisten beschworen ihre Kunden, aus Goldbechern zu trinken, um dadurch das Leben zu verlängern.

Die Alchemie ist mehr als eine Sammlung mechanischer Tricks oder als der unbestimmte Glaube an angenehme Magie. Sie ist zunächst eine Theorie über die Beziehung zwischen Welt und menschlichem Leben. Zu einer Zeit, als es keine klare Unterscheidung zwischen Substanz und Prozeß, zwischen Element und Aktion gab, stellten die alchemistischen Elemente Aspekte der menschlichen Persönlichkeit dar — genauso wie die griechischen Elemente den vier Säften entsprachen, die das menschliche Temperament in sich vereint. Der Arbeit der Alchemisten liegt deshalb eine profunde Theorie zugrunde: eine Theorie, die sich in erster Linie natürlich von den griechischen Vorstellungen über Erde, Feuer, Luft und Wasser herleitet, die aber dann schon im Mittelalter eine neue und sehr bedeutende Form angenommen hatte.

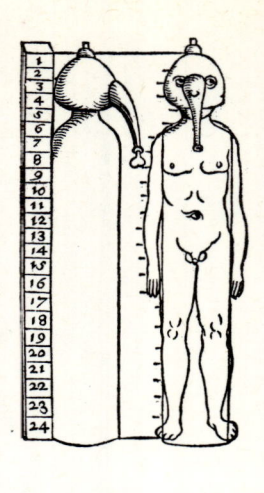

Das verborgene Formprinzip

58
Das Universum und der Körper gehen auf die gleichen Materialien, Prinzipien oder Elemente zurück.
*Die Darstellung des Körperbrennofens von Paracelsus mit einem Maßstab für Urinuntersuchungen zur Krankheitsdiagnose, aus »Aurora Thesaurusque philosophorum«, Basel, 1577.
Illustration der drei Elemente Erde, Luft und Feuer durch Paracelsus. Die Entsprechung der anatomischen und astronomischen Formen in der alchemistischen Naturtheorie.*

Damals bestand für die Alchemisten eine Beziehung zwischen dem Mikrokosmos des menschlichen Körpers und dem Makrokosmos der Natur. Ein Vulkan war wie eine Eiterbeule im größeren Maßstab; ein Sturm und ein Regenschauer waren so etwas wie ein Weinkrampf. Unter diesen oberflächlichen Gleichnissen lag das tiefere Konzept, daß nämlich das Universum und der Körper aus dem gleichen Material, aus den gleichen Prinzipien oder Elementen bestehen. Für die Alchemisten gab es zwei solcher Prinzipien. Das eine war Quecksilber, das für alles stand, was festgefügt und dauerhaft ist. Das andere Prinzip war der Schwefel, der für alles stand, das brennbar und vergänglich ist. Alle aus Materie geschaffenen Körper, einschließlich des menschlichen, waren aus diesen beiden Prinzipien gemacht und konnten aus ihnen auch neu erschaffen werden. So glaubten die Alchemisten zum Beispiel, daß alle Metalle im Erdinneren aus Quecksilber und Schwefel wachsen, etwa so wie die Knochen im Embryo aus dem Ei entstehen. Sie meinten es mit dieser Analogie wirklich ernst. Sie ist auch heute noch in der Symbolsprache der Medizin erhalten. Wir benutzen immer noch als Symbol für das Weibliche das Alchemistenzeichen für Kupfer, das heißt, für das, was weich ist: Venus. Als Symbol für das Männliche benutzen wir das Alchemistenzeichen für Eisen, das heißt, das was hart ist: Mars.

Das erscheint uns heute als eine unglaublich kindische Theorie, ein Gemisch aus Fabel und falschen Vergleichen. Aber unsere Chemie wird in fünfhundert Jahren auch kindisch erscheinen. Jede Theorie beruht auf einer Analogie, und früher oder später versagt die Theorie, weil sich die Analogie als falsch erweist. Eine Theorie hilft zu ihrer Zeit, die Probleme des Alltags zu lösen. Die medizinischen Probleme waren bis etwa 1500 durch den Glauben der Antike bestimmt, daß alle Heilung entweder von Pflanzen oder von Tieren herkommen muß — eine Art Vitalismus, der den Gedanken nicht ertragen konnte, daß die Chemikalien des Körpers genauso wie andere chemische Stoffe sind, und der deshalb die Medizin weitgehend auf Kräuterkuren beschränkte.

Die Alchemisten führten nunmehr ganz ungezwungen Minerale in die Medizin ein: Salz, zum Beispiel, stellte einen Wendepunkt bei der Umstellung dar, und ein neuer Theoretiker der Alchemie erklärte Salz zu seinem dritten Element. Er entwickelte darüber hinaus eine sehr charakteristische Heilmethode für eine Krankheit, die um 1500 in Europa wütete und zuvor nicht aufgetreten war, die neue Geißel der Menschheit, Syphilis. Bis auf den heutigen Tag wissen wir nicht, woher die Syphilis kam. Vielleicht wurde sie von den Seeleuten auf den Schiffen des Kolumbus eingeschleppt. Sie kann sich auch mit dem Eroberungszug der Mongolen vom Osten her verbreitet haben, oder es ist einfach möglich, daß sie zuvor nicht als eigene Krankheit erkannt worden war. Die Heilmethode für diese Krankheit erwies sich als abhängig von der Anwendung des wirksamsten Alchemistenmetalls, des Quecksilbers. Der Mann, der diese Heilmethode zur wirksamen Anwendung brachte, steht an der Wegscheide zwischen der alten Alchemie und der neuen, er steht auf dem Weg zur modernen Chemie, zur Iatrochemie, zur Biochemie, zur Chemie des Lebens. Er war im sechzehnten Jahrhundert in Europa tätig. Der Ort war Basel in der Schweiz. Man schrieb das Jahr 1527.

Es gibt einen Augenblick beim Aufstieg des Menschen, in dem er aus dem Schattenreich des geheimen und anonymen Wissens in ein neues Gefüge der offenliegenden und persönlich gebunde-

59
Der Arzt war ein gelehrter Akademiker, der aus einem sehr alten Buch vorlas, und der bedauernswerte Patient befand sich in den Händen irgendeines Assistenten, der tat, was er zu tun geheißen wurde.
Drei Ärzte beim Gespräch, während dem Patienten das Bein amputiert wird. Holzschnitt aus einem Werk über die Arbeit des Chirurgen, Frankfurt, 1465.

Das verborgene Formprinzip

nen Entdeckung eintritt. Der Mann, den ich als symbolisch für diesen Vorgang gewählt habe, kam als Aureolus Philippus Theophrastus Bombastus von Hohenheim auf die Welt. Glücklicherweise gab er sich dann den etwas kompakteren Namen Paracelsus, um seine Verachtung für Celsus und andere Autoren zum Ausdruck zu bringen, die schon über tausend Jahre tot waren und deren medizinische Texte dennoch im Mittelalter gängig waren. Um 1500 glaubte man immer noch, daß die Werke der klassischen Autoren die inspirierte Weisheit eines goldenen Zeitalters der Medizin und Wissenschaft und auch der Künste enthielten.

Paracelsus wurde in der Nähe von Zürich 1493 geboren und starb 1541 in Salzburg im frühen Alter von achtundvierzig Jahren. Er stellte eine dauernde Herausforderung an alles Akademische dar. So war er zum Beispiel der erste, der eine Industriekrankheit erkannte. Es gibt sowohl groteske als auch rührende Episoden in dem unablässigen lebenslangen Kampf, den Paracelsus mit der ältesten Überlieferung seiner Zeit ausfocht, der medizinischen Praxis. Sein Kopf war eine nie versiegende Quelle von Theorien, viele von ihnen widersprüchlich, die meisten ungeheuerlich. Er war ein Mensch, wie aus einer Geschichte von Rabelais entsprungen, pittoresk, von unstetem Charakter, der mit den Studenten trank, den Frauen nachstellte, einen großen Teil der Alten Welt bereiste und noch bis vor kurzem in den Geschichtsbüchern der Naturwissenschaft als Quacksalber galt. Aber das war er sicher nicht. Er war ein Mann von verzetteltem, aber profundem Genie.

Wichtig ist dabei, daß Paracelsus eine starke Persönlichkeit war. In ihm erfahren wir vielleicht zum erstenmal das flüchtige Gefühl, daß eine wissenschaftliche Entdeckung von einer Persönlichkeit ausgeht und daß die Entdeckung zum Leben erweckt wird, während wir zuschauen, wie sie von einer Person gemacht wird. Paracelsus war ein praktischer Mann, der verstanden hatte, daß die Behandlung eines Patienten von der Diagnose abhängt (er war ein brillanter Diagnostiker) und vom direkten Einsatz des Arztes selbst. Er brach mit der Tradition, die den Arzt als einen gelehrten Akademiker sah, der aus einem sehr alten Buch vorlas, während der arme Patient in den Händen irgendeines Assistenten war, der das tat, was ihm gesagt wurde. »Es kann keinen Chirurgen geben, der nicht auch ein Internist ist«, schrieb Paracelsus. »Wo der Internist nicht auch Chirurg ist, da stellt er lediglich ein Idol dar, hinter dem nichts anderes steht als ein aufgeputzter Affe.«

Solche Aphorismen machten Paracelsus bei seinen Rivalen nicht beliebt, aber sie machten ihn attraktiv für andere unabhängige Geister im Zeitalter der Reformation. So wurde er für das eine Jahr des Triumphes in seiner sonst katastrophalen weltlichen Karriere nach Basel gebracht. In Basel litt 1527 Johann Frobenius, der große Protestant und humanistische Drucker, an einer ernsthaften Infektion von einer Beinverletzung — das Bein sollte amputiert werden —, und in seiner Verzweiflung wandte er sich an seine Freunde in der neuen Bewegung, die ihm den Paracelsus schickten. Paracelsus warf die Akademiker aus dem Zimmer, rettete das Bein und bewirkte eine Heilung, die in ganz Europa Widerhall fand. Erasmus schrieb ihm: »Ihr habt Frobenius, der mir soviel wie mein halbes Leben bedeutet, von der Unterwelt zurückgebracht.«

Es ist kein Zufall, daß neue, bilderstürmerische Ideen in der Medizin und die chemische Behandlung im Verein miteinander am selben Ort und zur gleichen Zeit auftreten, und zwar gemeinsam mit der Reformation, die Luther 1517 einleitete. Brennpunkt jener historischen Zeit war Basel. Der Humanismus hatte hier selbst vor der Reformation geblüht. Es gab eine Universität mit einer demokratischen Tradition, so daß der Stadtrat darauf bestehen konnte, daß Paracelsus die Lehrerlaubnis erhielt, obwohl die Mediziner in Basel ihn schief anschauten. Die Frobenius-Familie druckte Bücher, unter ihnen auch einige von Erasmus, die die neue Philosophie auf allen Gebieten und überall hin verbreiteten.

Eine große Wende bereitete sich in Europa vor, größer vielleicht sogar als der religiöse und politische Umsturz, den Martin Luther in Gang gesetzt hatte. Das symbolische Schicksalsjahr 1543 war ganz nahe. In diesem Jahr wurden drei Bücher veröffentlicht, die das Geistesleben Europas veränderten: die anatomischen Zeichnungen des Andreas Vesalius, die erste Übersetzung der griechischen Mathematik und Physik des Archimedes und das Werk des Nikolaus Kopernikus »Sechs Bücher über die Umläufe der Himmelskörper«. In diesem Werk wurde die Sonne in den Mittelpunkt des Universums gestellt, und das Buch schuf damit, was wir heute die wissenschaftliche Revolution nennen.

Diese ganze Auseinandersetzung zwischen Vergangenheit und Zukunft wurde 1527 vor dem Münster in Basel prophetisch in einer einzigen Tat zusammengefaßt. Paracelsus warf ein altes medizinisches Handbuch des Avicenna, eines arabischen Gefolgsmannes von Aristoteles, in das traditionelle Sonnenwendfeuer der Studenten.

Es liegt etwas Symbolisches im Sonnenwendfeuer, das ich in die Gegenwart zu projizieren versuchen möchte. Das Feuer ist das Element des Alchemisten, welches dem Menschen ermöglicht, tief in die Struktur der Materie einzudringen. Ist dann das Feuer selbst eine Erscheinungsform der Materie? Wenn man das glaubt, dann muß man ihm eine ganze Menge unmöglicher Eigenschaften zuschreiben, wie zum Beispiel, daß es leichter sei als nichts. Zwei-

60
Paracelsus war ein pittoresker, chaotischer Charakter.
Porträt des Paracelsus, dem Quentin Metsys zugeschrieben.

FAMOSO·DOCTOR　　　　　　　PARESELSVS.

hundert Jahre nach Paracelsus, noch bis 1730, versuchten die Chemiker das mit der Theorie des Phlogiston, als einer letzten Verkörperung des Feuers als Materie. Aber es gibt keine Substanz Phlogiston, genausowenig wie es das Vitalprinzip gibt, denn Feuer ist kein Material, genausowenig wie das Leben Materie ist. Feuer ist ein Wandlungsprozeß und eine Veränderung, durch die materielle Elemente in neue Kombinationen zusammengebracht werden. Die Natur chemischer Prozesse verstand man erst, als man das Feuer selbst als einen Prozeß verstehen konnte.

Die Geste des Paracelsus hatte besagt, »die Wissenschaft kann nicht auf die Vergangenheit zurückgreifen. Ein Goldenes Zeitalter hat es nie gegeben.« Man brauchte weitere zweihundertfünfzig Jahre, um das neue Element, den Sauerstoff, zu entdecken, der endlich die Natur des Feuers zu erklären ermöglichte und der die Chemie aus ihrer Befangenheit im Mittelalter riß. Das sonderbare daran ist, daß der Mensch, der die Entdeckung machte, Joseph Priestley, gar nicht die Natur des Feuers untersuchte, sondern ein anderes von den griechischen Elementen, die unsichtbare und allgegenwärtige Luft.

Das meiste, was von Joseph Priestleys Laboratorium übriggeblieben ist, findet sich im Smithsonian Institut in Washington, D. C. Und natürlich ist diese Ausrüstung dort ganz fehl am Platze. Diese Ausrüstung müßte nämlich eigentlich in Birmingham, in England, im Zentrum der industriellen Revolution, stehen, wo Priestley seine hervorragendste Arbeit leistete. Warum sind die Gegenstände in Amerika? Weil der Pöbel Priestley 1791 aus Birmingham vertrieben hat. Priestleys Geschichte ist charakteristisch für einen weiteren Konflikt zwischen Originalität und Tradition. 1761 war er im Alter von 28 Jahren eingeladen worden, moderne Sprachen an einer der religiös unabhängigen Akademien (er war Unitarier) zu lehren, an einer Akademie also, die für jene, die nicht Konformisten der englischen Hochkirche waren, den Platz von Universitäten einnahmen. Innerhalb eines Jahres wurde Priestley durch die naturwissenschaftlichen Vorlesungen eines seiner Kollegen dazu veranlaßt, ein Buch über die Elektrizität in Angriff zu nehmen, und von diesem Buch ausgehend, wandte er sich chemischen Experimenten zu. Er interessierte sich auch sehr für die amerikanische Revolution (Benjamin Franklin hatte ihn dazu ermutigt) und später für die Französische Revolution. Am zweiten Jahrestag der Erstürmung der Bastille verbrannten daher königstreue Bürger das, was Priestley als eines der am sorgfältigsten zusammengestellten Laboratorien in der Welt bezeichnete. Er ging nach Amerika, wurde aber dort auch nicht willkommen geheißen. Geschätzt wurde er nur von Menschen, die ihm geistig nahestanden. Als Thomas Jefferson Präsident wurde, sagte er zu Joseph

61
Priestley war ein ziemlich schwieriger, kalter, streitsüchtiger, übergenauer, steifer, puritanischer Mann.
Joseph Priestley, von Ellen Sharples 1794 gezeichnet, als Priestley nach der Verwüstung seines Birminghamer Hauses und Laboratoriums durch den Pöbel in Amerika lebte.

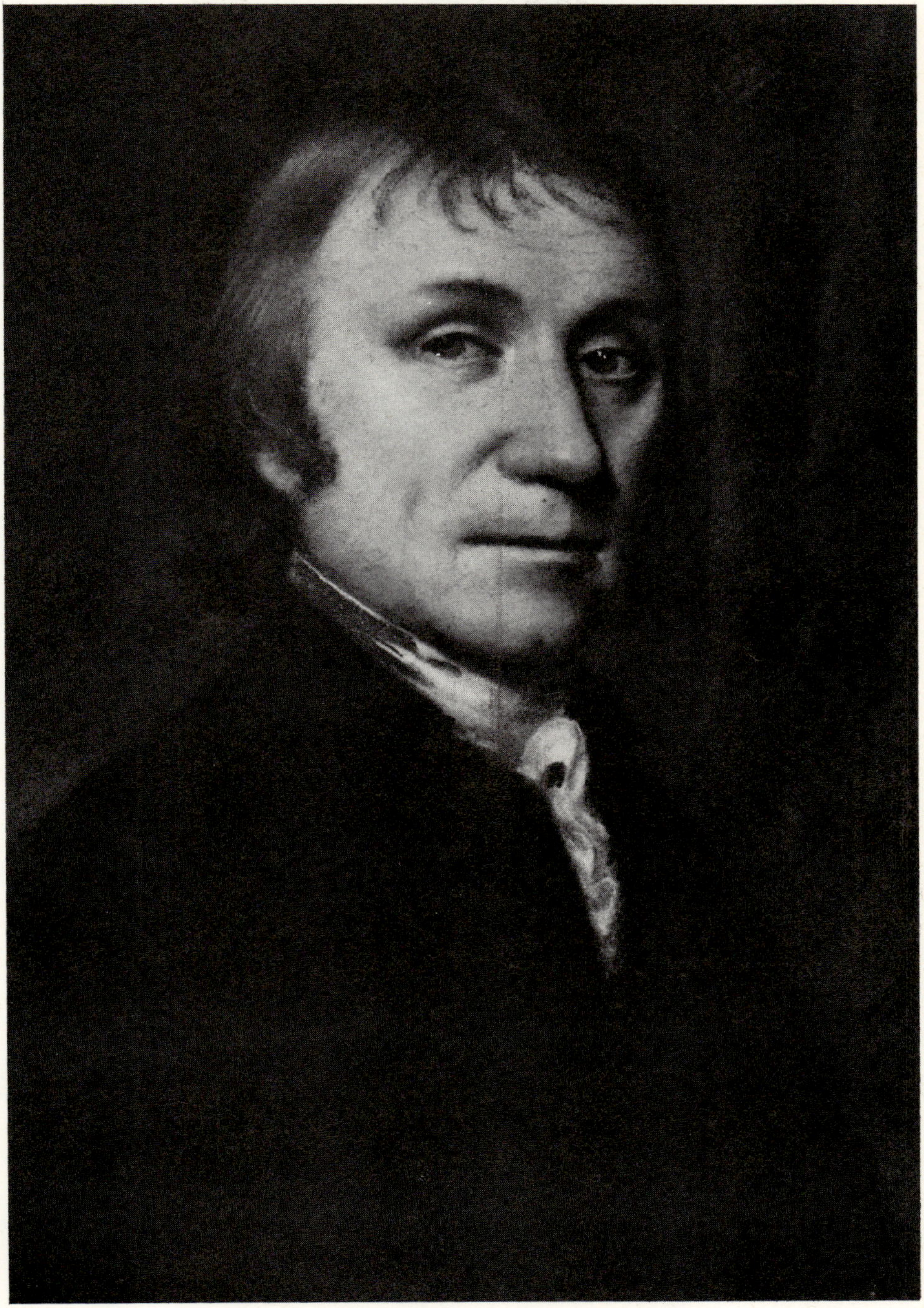

62
Lavoisier wiederholte ein Experiment von Priestley, das fast eine Karikatur eines der klassischen alchemistischen Experimente darstellt.
Der Schmelztiegel des Alchemisten enthielt reine Kügelchen des silbrigflüssigen Quecksilbermetalls, das aus Zinnober sublimiert worden war.
Rekonstruktion von Lavoisiers Experiment in einer modernen Apparatur. Das Vorstadium des Experimentes ist zu sehen, wobei Quecksilber unter Zuführung von Sauerstoff erhitzt wird.
Unten: Quecksilber in einer Flasche.
Gegenüber: Das erhitzte Quecksilber vereinigt sich mit Sauerstoff. Die Menge des adsorbierten Sauerstoffs wird durch das Absinken der Flüssigkeitssäule gemessen.
Der vollständige Apparat: Das Experiment wird nunmehr umgekehrt, indem man das Quecksilberoxid weiter erhitzt.

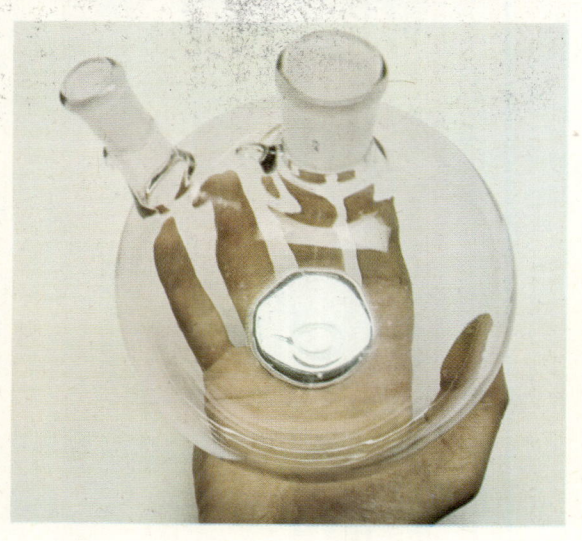

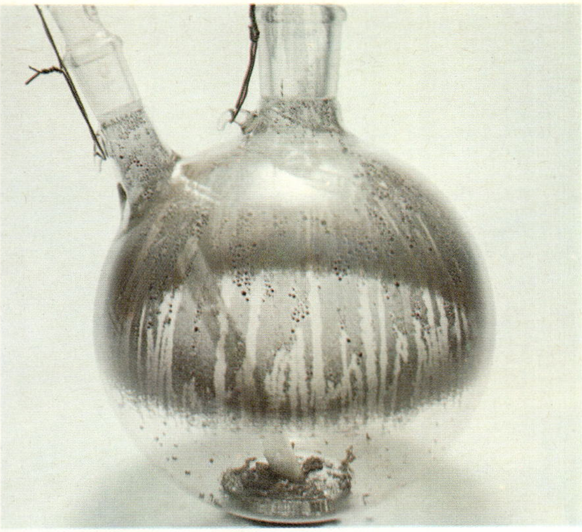
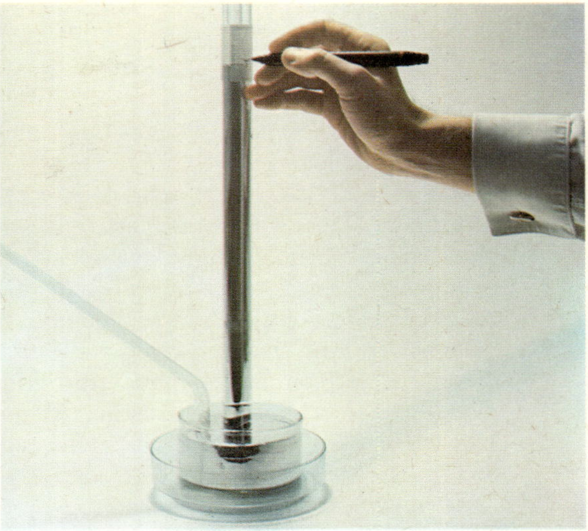
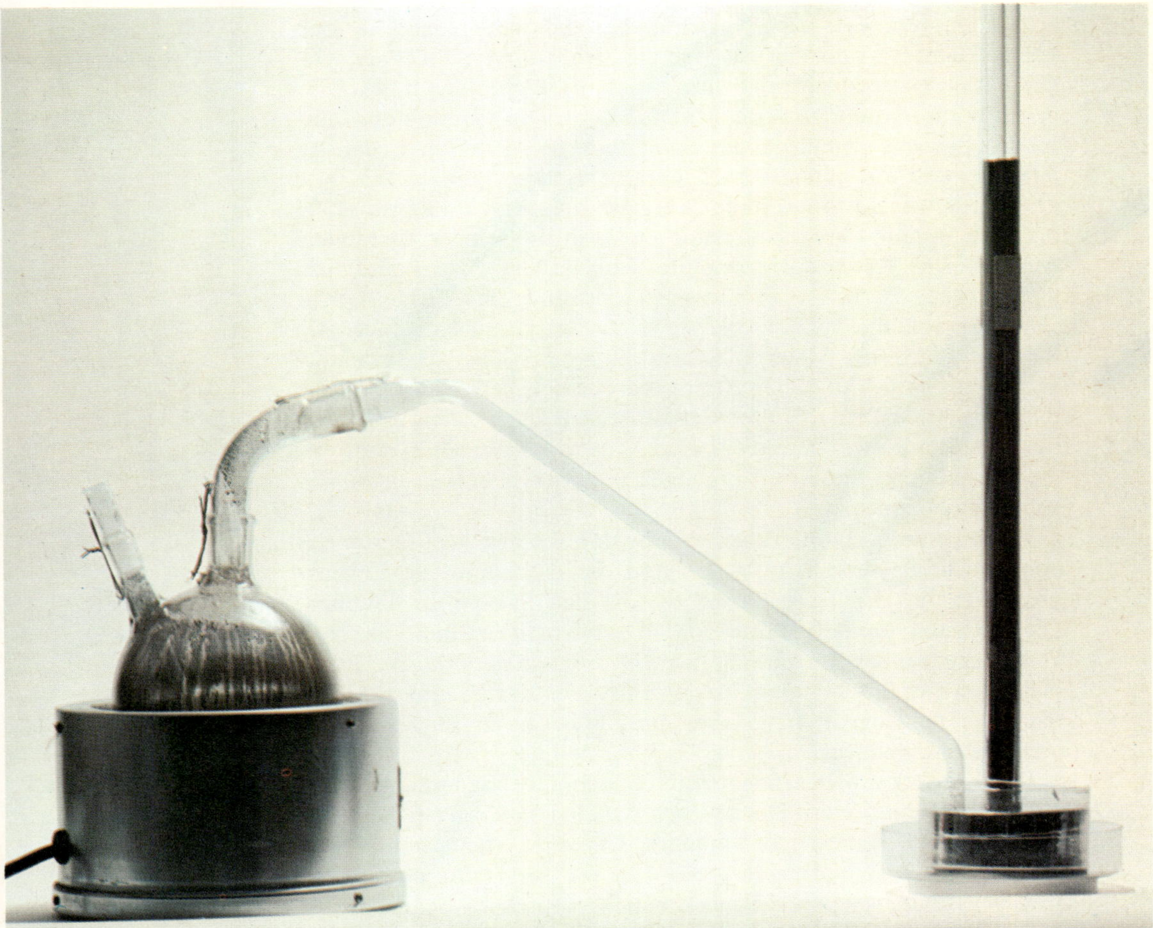

Priestley: »Ihr Leben ist eines der wenigen, das für die Menschheit von Bedeutung ist.«

Ich würde Ihnen jetzt sehr gern erzählen, daß der Pöbel, der Priestleys Haus in Birmingham zerstörte, gleichzeitig den Traum von einem schönen, liebenswerten und charmanten Mann zertrümmerte. Aber leider habe ich da meine Zweifel, ob das tatsächlich zutreffend wäre. Ich glaube nicht, daß Priestley sehr liebenswert war, genausowenig wie Paracelsus. Ich habe eher den Verdacht, daß er ein ziemlich schwieriger, kalter, streitsüchtiger, übergenauer, steifer, puritanischer Mann war. Aber der Aufstieg des Menschen wird nicht durch liebenswerte Leute bewirkt. Er wird von Menschen gefördert, die zwei Eigenschaften besitzen: eine ungeheure Integrität und wenigstens ein kleines bißchen Genie. Priestley verfügte über beides.

Die Entdeckung, die er machte, bestand darin, daß die Luft keine Elementarsubstanz ist: daß sie sich aus verschiedenen Gasen zusammensetzt und daß unter diesen Gasen Sauerstoff — den er noch die entphlogistierte Luft nannte — den Bestandteil ausmacht, der von grundlegender Bedeutung für tierisches Leben ist. Priestley war ein guter Experimentator, und er ging umsichtig in verschiedenen Schritten seine Aufgabe an. Am 1. August 1774 erzeugte er ein wenig Sauerstoff und sah zu seinem Erstaunen, wie hell eine Kerze darin brannte. Im Oktober desselben Jahres ging er nach Paris, wo er Lavoisier und anderen Auskunft über seine Feststellung gab. Aber erst als er zurückkam und am 8. März 1775 eine Maus in Sauerstoff gesetzt hatte, da erkannte er, wie gut es sich in dieser Atmosphäre atmen ließ. Ein paar Tage danach schrieb Priestley einen amüsanten Brief, in dem er Franklin mitteilte: »Zwei Mäuse und ich sind die einzigen Geschöpfe, die das außergewöhnliche Vergnügen genossen haben, diese Atmosphäre einzuatmen.«

Priestley entdeckte darüber hinaus, daß die grünen Pflanzen im Sonnenlicht Sauerstoff ausatmen und daß sie somit die Lebensgrundlage für die Tiere darstellen, die den Sauerstoff einatmen. Die nächsten hundert Jahre sollten dann zeigen, daß dies von ausschlaggebender Bedeutung war. Tiere hätten sich überhaupt nicht entwickeln können, wenn Pflanzen nicht zunächst den Sauerstoff erzeugt hätten, aber um 1770 hatte darüber noch niemand nachgedacht.

Die Entdeckung des Sauerstoffs erhielt ihre Bedeutung durch das klare revolutionäre Denken des Antoine Lavoisier (der in der Französischen Revolution umkam). Lavoisier wiederholte eines von Priestleys Experimenten, das fast die Karikatur eines klassischen Alchemistenexperiments darstellt, das ich zu Beginn dieser Abhandlung (S. 123) beschrieb. Beide Männer erhitzten das rote

Œuvres de Lavoisier _ Tom. III _ PL. IX.

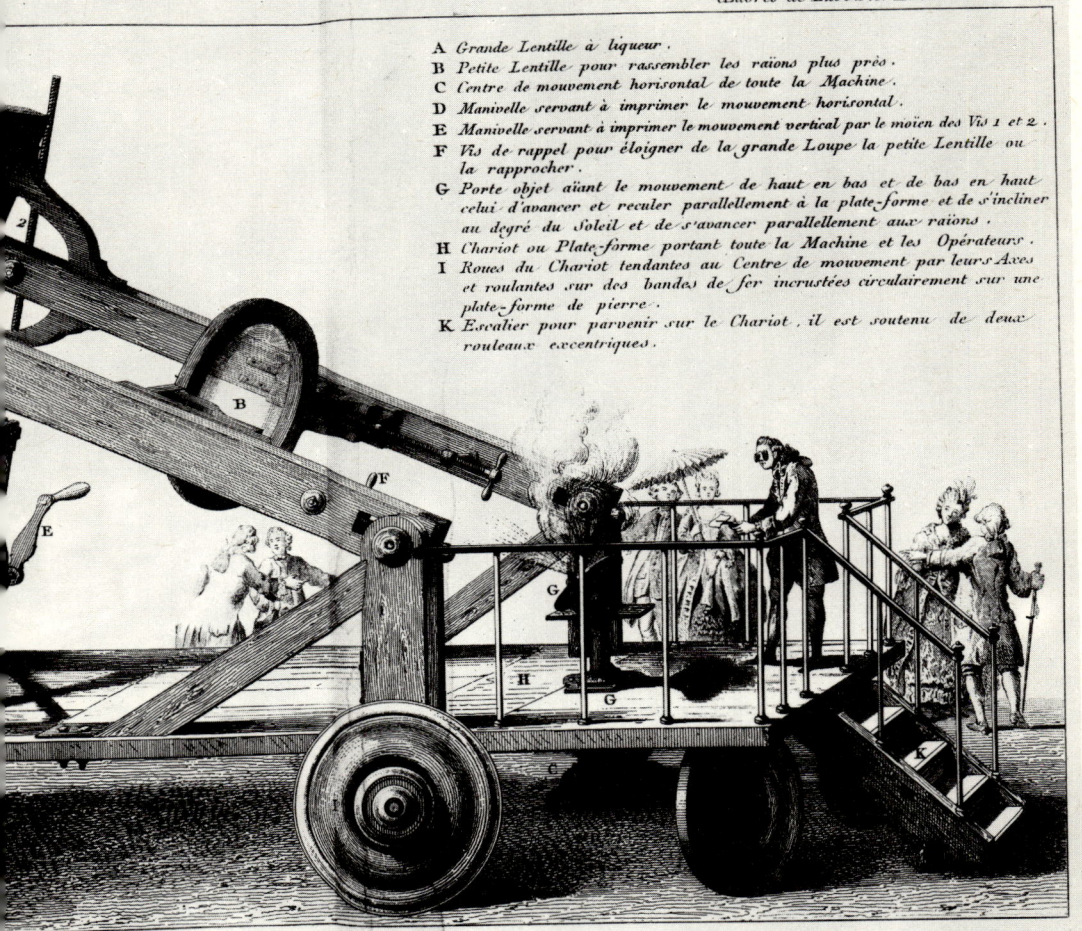

A Grande Lentille à liqueur.
B Petite Lentille pour rassembler les raïons plus près.
C Centre de mouvement horisontal de toute la Machine.
D Manivelle servant à imprimer le mouvement horisontal.
E Manivelle servant à imprimer le mouvement vertical par le moïen des Vis 1 et 2.
F Vis de rappel pour éloigner de la grande Loupe la petite Lentille ou la rapprocher.
G Porte objet aïant le mouvement de haut en bas et de bas en haut celui d'avancer et reculer parallellement à la plate-forme et de s'incliner au degré du Soleil et de s'avancer parallellement aux raïons.
H Chariot ou Plate-forme portant toute la Machine et les Opérateurs.
I Roues du Chariot tendantes au Centre de mouvement par leurs Axes et roulantes sur des bandes de fer incrustées circulairement sur une plate-forme de pierre.
K Escalier pour parvenir sur le Chariot, il est soutenu de deux rouleaux excentriques.

ée par 2 Glaces de 52 po. de diam. chacune coulées à la Manufacture Royale de St Gobin, courbées et travaillées sur une portion de Sphère
lleur des Ponts et Chaussées, et ensuite opposées l'une à l'autre par la concavité. L'espace lenticulaire qu'elles laissent entr'elles a été
plus de 6 pouc. d'epaisseur au centre. Cette Loupe a été construite d'après le désir de L'ACADÉMIE Roïale des Sciences, aux frais et
de cette Académie, sous les yeux de Messieurs de Montigny, Macquer, Brisson, Cadet et Lavoisier, nommés Commissaires par l'Académie.
Berniere, perfectionnée et exécutée par Mr. Charpentier, Mécanicien au Vieux Louvre. *A Monsieur De Trudaine.*
Par son très humble et très obéissant Serviteur, Charpentier.

63
Das Brennglas war damals gerade in Mode. *Radierung mit einer Abbildung des großen Brennglases, das Lavoisier für die Königliche Akademie der Wissenschaften 1777 außerhalb von Paris errichten ließ.*

64
»Du weißt doch, daß kein Mensch das Atom teilen kann.«
Porträt von John Dalton.

Quecksilberoxid mit Hilfe eines Brennglases (das Brennglas war damals gerade in Mode) in einem Tiegel, in dem sie die Entstehung des Gases beobachten und das Gas sammeln konnten. Das Gas war Sauerstoff. Soweit das qualitative Experiment. Für Lavoisier war dies jedoch der direkte Hinweis darauf, daß chemischer Abbau auch mengenmäßig ermittelt werden kann.

Die Idee war einfach und durchgreifend. Man führe das alchemistische Experiment in beiden Richtungen durch und messe die Mengen, die umgewandelt werden, genau nach. Zunächst vorwärts: Man verbrenne Quecksilber (so daß es Sauerstoff aufnimmt) und messe die genaue Menge Sauerstoff, die aus einem verschlossenen Gefäß zwischen dem Einsetzen des Verbrennungsvorgangs und seinem Ende aufgenommen wird. Nunmehr drehe man den Vorgang um: Man nehme das Quecksilberoxid, das entstanden ist, erhitze es heftig und treibe somit den Sauerstoff daraus wieder aus. Quecksilber bleibt übrig. Sauerstoff strömt in die Flasche, und die entscheidende Frage ist jetzt: »Wieviel ist entwichen?« Genau die Menge, die zuvor aufgenommen worden war. Plötzlich erscheint dieser Vorgang als das, was er ist, ein materieller Vorgang, bei dem genau festgelegte Mengen von zwei Substanzen miteinander verbunden und voneinander getrennt werden. Essenzen,

Das verborgene Formprinzip

Prinzipien, Phlogiston sind verschwunden. Zwei konkrete Elemente, Quecksilber und Sauerstoff, sind in Wirklichkeit und nachweislich zusammengebracht und wieder getrennt worden.

Es erscheint vielleicht als eine schwache Hoffnung, daß wir von den primitiven Arbeitsvorgängen der ersten Kupferschmiede und den magischen Spekulationen der Alchemisten zu der wirksamsten Idee in der modernen Naturwissenschaft vordringen: der Idee der Atome. Und doch ist dieser Weg, der Weg durch das Feuer, direkt. Ein Schritt bleibt noch über die Wahrnehmung chemischer Elemente hinaus, die Lavoisier quantifizierte, um zum Ausdruck der Atomstruktur zu kommen, die dann der Sohn eines Handwebers aus Cumberland, John Dalton, aufstellte.

Nach dem Feuer, nach dem Schwefel, dem brennenden Quecksilber, war es unvermeidlich, daß der Höhepunkt dieser Geschichte in der naßkalten Atmosphäre Manchesters stattfinden sollte. Hier verwandelte zwischen 1803 und 1808 ein Quäkerlehrer namens John Dalton die nebelhafte Kenntnis chemischer Verbindung, so brillant sie auch immer von Lavoisier herausgearbeitet worden war, unversehens in das zuverlässige moderne Konzept einer Atomtheorie. Es war eine Zeit großartiger Entdeckungen in der Chemie — in jenen fünf Jahren wurden zehn neue Elemente gefunden; und doch war Dalton an diesen Vorgängen gar nicht interessiert. Er war, ganz ehrlich gesagt, ein etwas farbloser Mann. (Ganz gewiß war er farbenblind, und der genetische Defekt der Verwechslung von Rot und Grün, den er an seiner eigenen Person beschrieb, war lange Zeit unter der Bezeichnung »Daltonismus« bekannt.)

Dalton war an ländlichen Dingen interessiert, den Erscheinungen, die immer noch die Landschaft in Manchester kennzeichnen: Wasser, Sumpfgas, Kohlendioxid. Dalton stellte sich konkrete Fragen über die Art und Weise, in der sie sich gewichtsmäßig miteinander verbinden. Warum denn, wenn Wasser aus Sauerstoff und Wasserstoff besteht, kommen immer genau die richtigen Mengen zusammen, um eine bestimmte Menge Wasser zu ergeben? Warum, wenn Kohlendioxid, wenn Methan erzeugt wird, gibt es diese Gewichtskonstanten?

Den ganzen Sommer des Jahres 1803 arbeitete Dalton an der Lösung dieser Frage. Er schrieb: »Eine Untersuchung der relativen Gewichte kleinster Partikel ist meines Wissens vollkommen neu. Ich habe in jüngster Zeit diese Forschungen mit beachtlichem Erfolg durchgeführt.« Und damit war er sich darüber klargeworden, daß die Antwort sein mußte, ja, die uralte griechische Atomtheorie ist richtig. Aber das Atom ist nicht bloß eine Abstraktion; im physischen Sinne hat es ein Gewicht, das dieses oder jenes Element kennzeichnet.

1805 veröffentlichte Dalton erstmalig seine Vorstellung von der Atomtheorie. Sie sah folgendermaßen aus: Wenn eine minimale Menge Kohlenstoff, ein Atom, sich zu Kohlendioxid verbindet, dann geschieht das unwandelbar mit einer im voraus festliegenden Menge Sauerstoff — mit zwei Atomen Sauerstoff.

Wenn dann Wasser aus den beiden Sauerstoffatomen hergestellt wird, wobei sich jedes Sauerstoffatom mit der erforderlichen Menge von Wasserstoff verbindet, dann bildet sich ein Wassermolekül aus einem Sauerstoffatom und ein zweites Wassermolekül aus dem anderen Sauerstoffatom.

Die Gewichte sind richtig: Das Gewicht von Sauerstoff, das eine Einheit Kohlendioxid herstellt, liefert zwei Einheiten Wasser. Sind nun die Gewichte auch richtig für eine Verbindung, die keinen Sauerstoff in sich enthält — für Sumpfgas oder Methan, in dem sich der Kohlenstoff direkt mit Wasserstoff verbindet? Ja, genau. Wenn man die beiden Sauerstoffatome sowohl aus dem Dioxidmolekül mit dem einzelnen Kohlenstoff entfernt als auch aus den beiden Wassermolekülen, dann ist der materielle Ausgleich genau: man hat die richtigen Mengen Wasserstoff und Kohlenstoff, um Methan daraus zu bilden.

Daltons Symbole für die Elemente.

Die gewogenen Mengen verschiedener Elemente, die sich miteinander verbinden, drücken durch ihre Konstanz ein zugrundeliegendes Kombinationsschema zwischen ihren jeweiligen Atomen aus.

Es ist die genaue Arithmetik der Atome, die die chemische Theorie zur Grundlage der modernen Atomtheorie macht. Das ist die erste nachhaltige Lektion, die wir aus dieser Vielzahl von Spekulationen über Gold, Kupfer und Alchemie lernen, bis diese Überlegungen bei Dalton ihren Höhepunkt finden. Die zweite

Das verborgene Formprinzip

Lektion trifft eine Feststellung über die naturwissenschaftliche Methode. Dalton war, wie gesagt, ein Gewohnheitsmensch. Siebenundfünfzig Jahre lang ging er jeden Tag außerhalb von Manchester spazieren. Er maß die Niederschläge, die Temperatur — ein einmalig monotones Unternehmen in diesem Klima. Aus all dieser unübersehbaren Masse von Angaben ergab sich nie irgend etwas. Aus der einen beharrlichen, fast kindlichen Frage nach den Gewichten, die in die Konstruktion dieser einfachen Moleküle eingehen — aus dieser einfachen Frage jedoch erschloß sich die moderne Atomtheorie. Das ist das Wesen der Wissenschaft: man stelle eine dreiste Frage, und man ist damit schon auf dem Weg zur richtigen Antwort.

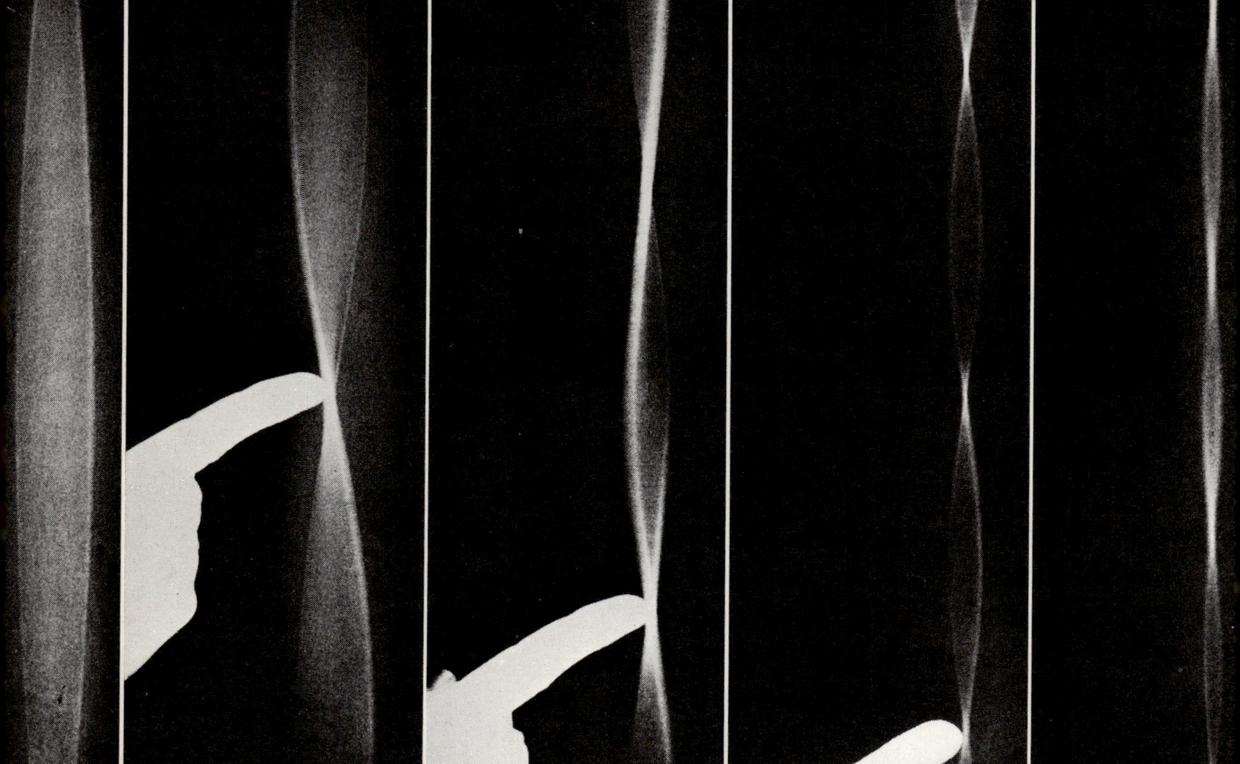

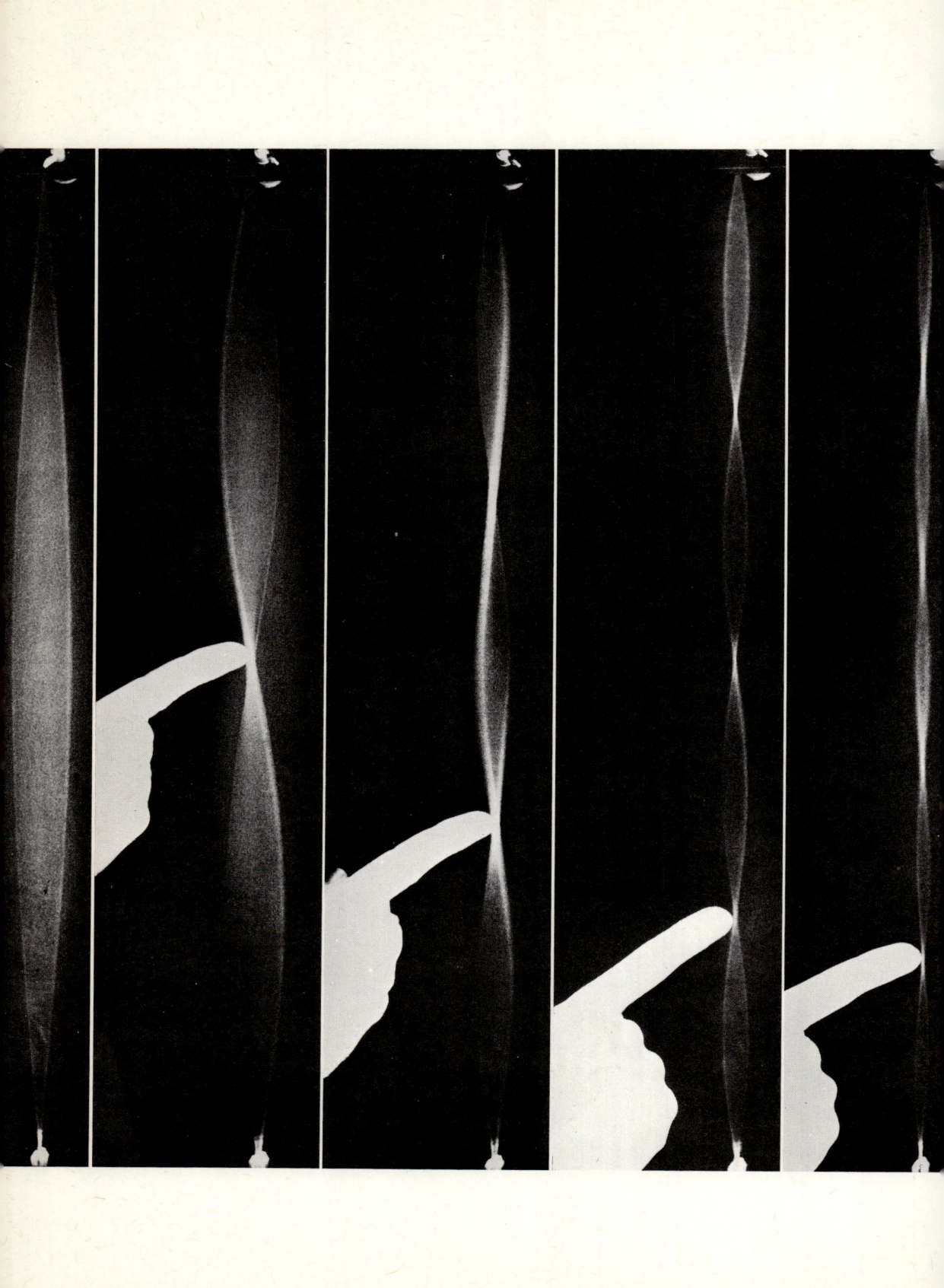

DIE SPHÄRENMUSIK

Mathematik ist in mehrfacher Hinsicht die ausgeklügeltste und komplizierteste der Wissenschaften — so scheint es wenigstens mir als Mathematiker. Ich empfinde daher sowohl ein besonderes Vergnügen als auch ein gewisses Gehemmtsein, wenn es darum geht, den Fortschritt der Mathematik zu beschreiben, denn das ist Gegenstand so vieler menschlicher Spekulationen gewesen: Eine Leiter für mystisches wie auch für vernunftbestimmtes Denken beim geistigen Aufstieg des Menschen. Dennoch gibt es einige Grundvorstellungen, die jede Darstellung der Mathematik einbeziehen muß: die logische Idee des Beweises, die empirische Idee der exakten Naturgesetze (besonders des Raumes), die Entwicklung des Konzeptes von Operationen und die Bewegung in der Mathematik von einer statischen zu einer dynamischen Beschreibung der Natur. Sie bilden das Thema dieses Kapitels.

Selbst primitive Völker haben ein Zahlensystem. Möglicherweise zählen sie nicht weit über vier hinaus, aber sie wissen, daß zwei von einer Sache plus zwei der gleichen Sache vier ausmacht, und das nicht nur bisweilen, sondern immer. Von diesem Grundschritt ausgehend, haben viele Kulturen ihr eigenes Zahlensystem aufgebaut, normalerweise als Schriftsprache mit ähnlichen Konventionen. Die Babylonier, die Mayas und die Völker Indiens zum Beispiel, haben im wesentlichen dieselbe Schreibweise für große Zahlen als bestimmte Reihenfolge einzelner Zahlen erfunden, die auch wir benutzen, obwohl sie in Raum und Zeit weit voneinander getrennt lebten.

Daher gibt es keinen Platz und keinen Augenblick in der Geschichte, wo man sich nun hinstellen könnte, um zu sagen, »die Arithmetik beginnt hier und jetzt«. Die Menschen haben in jeder Kultur gezählt, so wie sie miteinander gesprochen haben. Die Arithmetik beginnt wie die Sprache in der Legende. Mathematik in unserem Sinne jedoch, die mit Zahlen argumentiert, ist eine andere Angelegenheit. Ich bin auf die Insel Samos gereist, um nach den Ursprüngen dieser Denkweise am Schnittpunkt zwischen Legende und Geschichte zu suchen.

In Urzeiten war Samos das Zentrum der griechischen Hera-Verehrung, der Königin des Himmels, der rechtmäßigen (und eifersüchtigen) Gemahlin des Zeus. Was von ihrem Tempel, dem Heraion, übriggeblieben ist, geht auf das sechste Jahrhundert vor Christi Geburt zurück. Zu jener Zeit, etwa um 580 v. Chr., wurde auf Samos der erste geniale Denker und Begründer der griechischen Mathematik, Pythagoras, geboren. Zu seinen Lebzeiten wurde die Insel vom Tyrannen Polycrates besetzt. Eine Überlieferung

66
Pythagoras fand eine grundlegende Beziehung zwischen musikalischen Harmonien und der Mathematik.
Eine vibrierende Saite spielt den Grundton. Wenn der Auflagepunkt auf die Mitte verschoben wird, spielt die Saite den Ton in der darüberliegenden Oktave. Wenn der Auflagepunkt bei einem Drittel der Saite liegt, spielt die Saite die Quint; bei einem Viertel der Saite erhalten wir die Quart, eine Oktave höher; bei einem weiteren Fünftel ergibt sich die Terz in Dur darüber.

berichtet, daß Pythagoras, bevor er floh, eine Zeitlang im verborgenen in einer kleinen weißen Berghöhle lehrte, die heute noch den Leichtgläubigen vorgeführt wird.

Samos ist eine Zauberinsel. Die Lüfte sind voll vom Seewind, vom Duft der Bäume und von Musik. Andere griechische Inseln wären vielleicht als Kulisse für Shakespeares »Sturm« auch geeignet, aber für mich ist dies Prosperos Insel, die Küste, wo der Gelehrte zum Zauberer wurde. Vielleicht war Pythagoras eine Art Zauberer für seine Anhänger, denn er lehrte sie, daß die Natur durch Zahlen gelenkt wird. In der Natur gibt es eine Harmonie, sagte er, eine Einheit in ihrer Vielheit, und die hat eine Sprache: Zahlen sind die Sprache der Natur.

Pythagoras fand eine grundlegende Beziehung zwischen der musikalischen Harmonie und der Mathematik. Die Geschichte seiner Entdeckung ist nur in verstümmelter Form, wie eine Volkssage überliefert, aber was er entdeckte, war durchaus präzise. Eine einzelne gespannte Saite, die als Ganzes vibriert, bringt einen Grundton hervor. Die Töne, die mit diesem Grundton harmonieren, werden dadurch hervorgerufen, daß man die Saite in eine Zahl von Teilen unterteilt: in genau zwei Teile, in genau drei Teile, in genau vier Teile und so weiter. Wenn der Ruhepunkt der Saite, der Auflagepunkt, nicht bei einer dieser genau festgelegten Stellen liegt, dann gibt es einen Mißklang.

Wenn wir die Auflagestelle verschieben, dann erkennen wir die harmonierenden Töne, wenn wir den festgelegten Punkt erreichen. Beginnen wir mit der ganzen Saite: das ist der Grundton. Man legt den Auflagepunkt auf die Mitte: das ist die darüberliegende Oktave. Verschiebt man den Punkt auf ein Drittel der Saite, so erhält man die Quint darüber. Verschiebt man die Auflage über ein Viertel der Saite, so bekommt man die Quart, eine weitere Oktave darüberliegend. Und wenn man nun den Auflagepunkt auf eine Stelle verschiebt, die auf genau einem Fünftel der Saite liegt, so ergibt dies (was Pythagoras nicht erreichte) die Terz in Dur darüber.

Pythagoras hatte festgestellt, daß die Akkorde, die wohlklingend auf das Ohr — das westliche Ohr — wirken, genauen Unterteilungen der Saite durch ganze Zahlen entsprechen. Für die Pythagoräer hatte diese Entdeckung eine mystische Kraft. Die Übereinstimmung zwischen Natur und Zahl war so zwingend, daß sie davon überzeugt waren, nicht nur die Geräusche der Natur, sondern all ihre charakteristischen Abmessungen müßten einfache Zahlen sein, die Harmonien ausdrücken. So glaubten zum Beispiel Pythagoras und seine Anhänger, daß wir in der Lage sein müßten, die Umlaufbahnen von Himmelskörpern zu berechnen (die sich die Griechen so vorstellten, daß sie auf Kristallsphären um die

Blinder Harfenspieler, Ägypten, 1400 v. Chr.

Die Sphärenmusik

Fragment der Hand eines Harfenspielers, Zypern, 5. Jahrhundert v. Chr.

Erde befördert wurden), indem man sie zu musikalischen Intervallen in Beziehung setzt. Sie hatten den Eindruck, daß alle Regelmäßigkeiten in der Natur musikalisch sind. Die Himmelsbewegungen waren für sie Sphärenmusik.

Diese Ideen verliehen Pythagoras den Status eines Sehers in der Philosophie, fast eines Religionsstifters, dessen Anhänger eine geheime und möglicherweise revolutionäre Sekte bildeten. Es ist anzunehmen, daß viele der späteren Anhänger von Pythagoras Sklaven waren. Sie glaubten an die Seelenwanderung, worin vielleicht ihre Hoffnung auf ein glücklicheres Leben nach dem Tode zum Ausdruck kam.

Ich habe von der Sprache der Zahlen gesprochen, das heißt von der Arithmetik, aber mein letztes Beispiel waren die Himmelssphären, die ja geometrische Gebilde sind. Dieser Übergang ist nicht zufällig. Die Natur setzt uns Formen vor: eine Welle, einen Kristall, den menschlichen Körper, und wir sind es, die die Zahlenrelation in diesen Dingen spüren und finden müssen. Pythagoras war ein Pionier, als es darum ging, die Geometrie mit Zahlen in Verbindung zu bringen, und da dies auch mein Fachgebiet in der Mathematik ist, wollen wir uns doch einmal anschauen, was er eigentlich getan hat.

Pythagoras hatte bewiesen, daß die Welt der Töne durch exakte Zahlen bestimmt wird. Er bewies weiterhin, daß dies auch auf die Welt des Sehens zutrifft. Das ist eine außerordentliche Leistung. Ich schaue mich um. Hier bin ich in dieser wunderbaren, farbenfrohen griechischen Landschaft, inmitten der wilden Naturformen, der orphischen Täler, des Meeres. Wo kann unter diesem schönen Chaos eine einfache Zahlenstruktur sein?

Die Frage zwingt uns, auf die ganz primitiven Konstanten in unserer Erkenntnis der Naturgesetze zurückzugehen. Um eine angemessene Antwort zu geben, müssen wir von den allgemein gültigen Fakten der Erfahrung ausgehen. Unsere visuelle Welt beruht auf zwei Erfahrungen: auf der Erfahrung, daß die Schwerkraft senkrecht wirkt und daß der Horizont im rechten Winkel dazu verläuft. Und es ist diese Kombination, dieses Fadenkreuz auf visuellem Gebiet, das die Natur des rechten Winkels festlegt. Wenn ich also diesen erfahrungsgemäßen rechten Winkel drehen würde (in Richtung »abwärts« und in Richtung »seitlich«), viermal, dann komme ich zurück zum Fadenkreuz, das sich aus der Schwerkraft und dem Horizont ergibt. Der rechte Winkel wird durch diesen viergeteilten Vorgang definiert und wird dadurch von jedem anderen zufälligen Winkel unterschieden.

In der Welt des Sehens, in der vertikalen Bildebene, die unsere Augen uns vermittelt, wird ein rechter Winkel durch seine vierfache Drehung bis zurück zum Ausgangspunkt definiert. Dieselbe

Definition gilt auch in der horizontalen Welt der Erfahrung, in der wir uns ja tatsächlich bewegen. Betrachten wir doch einmal diese Welt, die Welt der flachen Erdoberfläche und der Karte und der Richtungszeichen auf dem Kompaß. Hier schaue ich über die Meerenge von Samos nach Kleinasien hinüber, genau südlich. (Ich habe meinen Zeigestock als rechtwinkliges Dreieck gestaltet, denn ich möchte die vier Rotationseinstellungen aneinanderreihen.) Wenn ich diese dreieckige Kachel um einen rechten Winkel drehe, so deutet sie genau nach Westen. Wenn ich sie nun noch einmal um einen zweiten rechten Winkel drehe, deutet sie genau nach Norden. Und wenn ich jetzt noch einmal um 90 Grad drehe, dann deutet sie genau nach Osten. Schließlich muß die vierte und letzte Drehung die Kachel wieder genau nach Süden ausrichten, wo sie auf Kleinasien hindeutet, in die Richtung also, von der wir ausgegangen sind.

Nicht nur die natürliche Welt, wie wir sie erfahren, sondern auch die Welt, die wir konstruieren, ist auf dieser Beziehung aufgebaut. So ist es seit den Zeiten gewesen, in denen die Babylonier die Hängenden Gärten bauten, seit der Zeit, in der die Ägypter die Pyramiden errichteten. Diese Kulturen wußten bereits in praktischer Hinsicht, daß es das Dreieck der Bauleute gibt, in dem die Zahlenbeziehungen den rechten Winkel bestimmen und herstellen. Die Babylonier kannten viele, vielleicht Hunderte von Formeln für dieses Verhältnis, und zwar noch vor dem Jahr 2000 v. Chr. Die Inder und die Ägypter kannten einige. Es scheint, daß die Ägypter fast immer Dreiecke benutzten, die aus drei, vier oder fünf Einheiten zusammengesetzt waren. Erst um 550 v. Chr. etwa erhob Pythagoras diese Erkenntnis aus der Welt empirischer Erfahrung in den Bereich dessen, was wir von nun an beweisbare Tatsache nennen. Er stellte nämlich die Frage: »Wie leiten sich solche Zahlen für die Dreieckskonstruktion der Bauleute von der Tatsache her, daß ein rechter Winkel das ist, was man viermal dreht, so daß es wieder in dieselbe Richtung zeigt?«

Sein Beweis, so meinen wir, lautete etwa folgendermaßen. (Und das ist nicht der Beweis, der in den Schulbüchern steht.) Die vier Hauptrichtungspunkte — Süd, West, Nord, Ost — der Dreiecke, die das Kreuz der Windrose ausmachen — sind die Ecken eines Quadrates. Ich verschiebe die vier Dreiecke so, daß die lange Seite eines jeden auf dem Richtungspunkt eines benachbarten endet. Jetzt habe ich ein Quadrat auf der längsten Seite der rechtwinkligen Dreiecke — auf der Hypotenuse — konstruiert. Nur damit wir wissen, was zum eingeschlossenen Bereich gehört und was nicht, fülle ich in das kleine innere Quadrat, das nunmehr entstanden ist, eine weitere Kachel. (Ich benutze Kacheln, weil viele Fliesenmuster in Rom, im Orient sich von dieser Zeit an aus der

67
Pythagoras erhob dieses Wissen aus der Welt empirischer Tatsachen in die Welt dessen, was wir heute Beweisbarkeit nennen würden.
Der pythagoreische Beweis, im Text beschrieben, daß bei einem rechtwinkligen Dreieck das Quadrat über der Hypotenuse gleich der Summe der Quadrate über den beiden anderen Seiten ist.

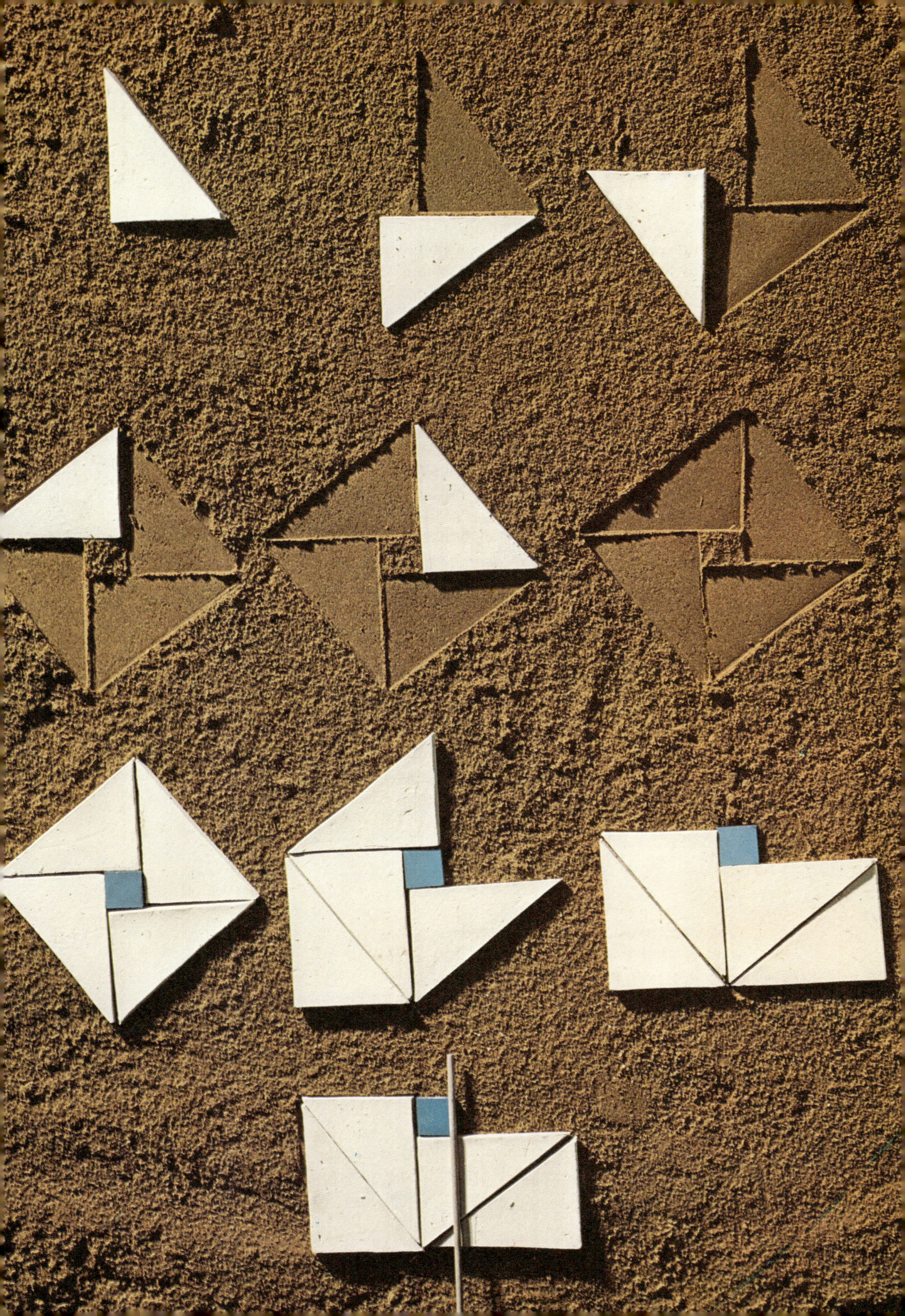

Verschmelzung zwischen mathematischer Beziehung und dem Nachdenken über die Natur ergeben.)

Jetzt haben wir ein Quadrat auf der Hypotenuse, und wir können es natürlich durch Berechnung mit den Quadraten auf den beiden kürzeren Dreiecksseiten in eine Beziehung setzen. Dabei würde man aber die natürliche Struktur und Geschlossenheit der Darstellung nicht einbeziehen. Wir brauchen gar keine Berechnung. Ein kleines Spiel, wie es Kinder und Mathematiker spielen, zeigt mehr als das Berechnen. Man setzt einfach zwei Dreiecke auf neue Positionen, wie nebenstehend gezeigt. Man verschiebt das Dreieck, das nach Süden zeigte, in der Weise, daß seine längste Seite genau zusammenfällt mit der längsten Seite des Dreiecks, das nach Norden gezeigt hat. Jetzt bewegt man das Dreieck, das nach Osten wies, so daß seine längste Seite übereinstimmt mit der längsten Seite des Dreiecks, das nach Westen zeigte.

Jetzt haben wir eine L-förmige Abbildung: Jetzt legt man eine kleine Trennlatte auf, die das Ende des L vom aufrecht stehenden Teil abtrennt. Dann ist es klar, daß das Ende ein Quadrat über der kürzeren Seite des Dreiecks darstellt. Der aufrecht stehende Teil des L ist ein Quadrat über der längeren der beiden Seiten, die den rechten Winkel einschließen.

Pythagoras hatte auf diese Weise ein allgemeines Theorem bewiesen: Nicht nur für das 3:4:5-Dreieck aus Ägypten oder jedes beliebige babylonische Dreieck, sondern für jedes Dreieck, das einen rechten Winkel umschließt. Er hatte bewiesen, daß das Quadrat über der längsten Seite oder Hypotenuse gleich ist dem Quadrat über einer der anderen zwei Seiten plus dem Quadrat über der anderen, wenn, und nur wenn, der dadurch eingeschlossene Winkel ein rechter Winkel ist. Die Seiten 3:4:5 bilden ein rechtwinkliges Dreieck, weil

$$5^2 = 5 \times 5 = 25$$
$$= 16 + 9 = 4 \times 4 + 3 \times 3$$
$$= 4^2 + 3^2.$$

Und dasselbe gilt für die Seiten von Dreiecken, die von den Babyloniern entdeckt wurden, ob ganz schlicht als 8:15:17 oder etwas abschreckend als 3367:4356:4825, wobei die Babylonier keinen Zweifel ließen, daß sie in der Arithmetik zu Hause waren.

Bis auf den heutigen Tag bleibt der Kernsatz des Pythagoras das wichtigste einzelne Theorem in der gesamten Mathematik. Das scheint kühn und außergewöhnlich, wenn man es so sagt, und doch ist es in keiner Weise eine extravagante Erklärung. Was Pythagoras nämlich festlegte, ist eine grundlegende Kennzeichnung des Raumes, in dem wir uns bewegen, und es war zum erstenmal, daß diese Kennzeichnung in Zahlen übersetzt wurde. Das genaue Passen der Zahlen beschreibt die exakten Gesetze,

68
Pythagoras hatte somit nicht nur einen allgemeinen Lehrsatz für das 3:4:5 = Dreieck des alten Ägypten geliefert oder für irgendein babylonisches Dreieck, sondern für jedes Dreieck, das einen rechten Winkel hat. *Seite aus einer arabischen Fassung aus dem Jahre 1258 und ein chinesischer Blockdruck des Lehrsatzes, der nach chinesischer Überlieferung auf den Zeitgenossen des Pythagoras Chou Pei zurückgeführt wird.*

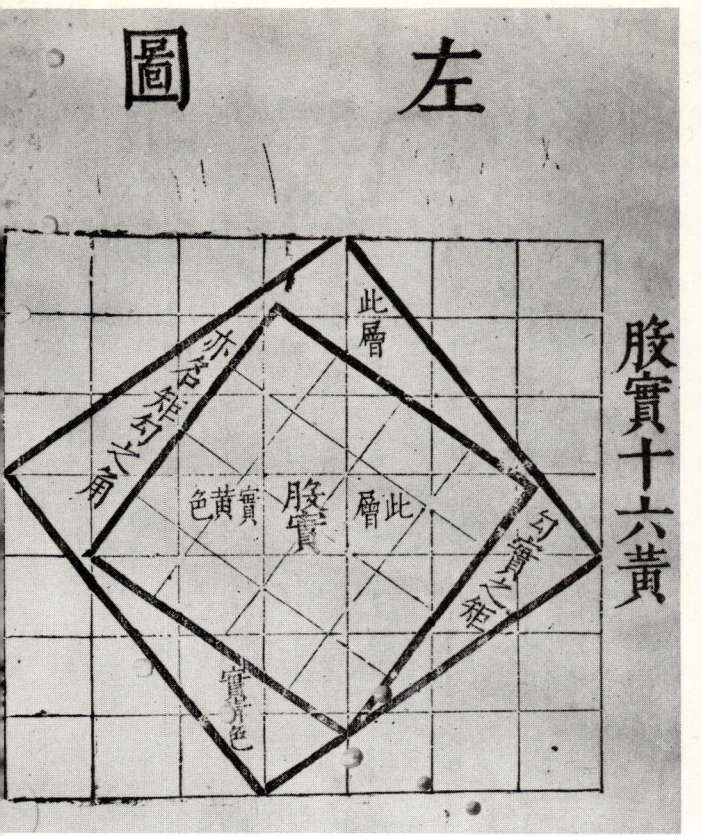

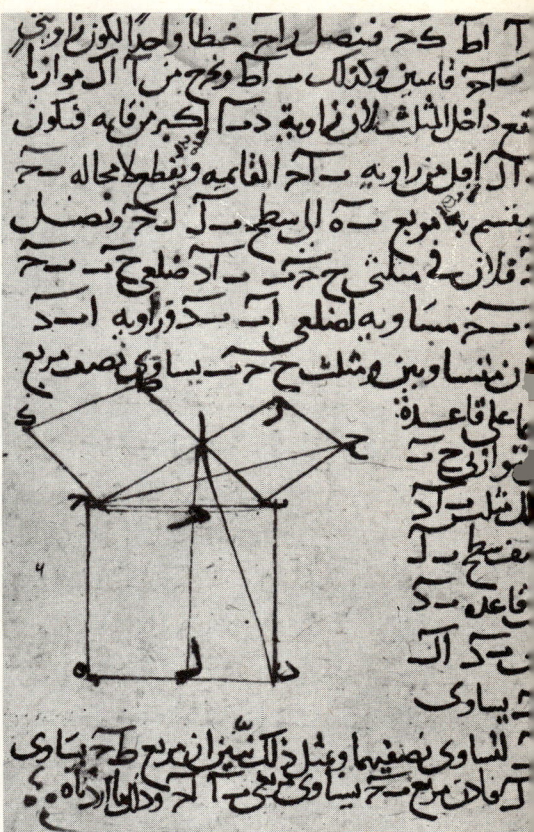

die das Universum zusammenhalten. Ja, die Zahlen, die rechtwinklige Dreiecke darstellen, sind auch als Botschaften vorgeschlagen worden, die wir an Planeten in anderen Sternsystemen als Test für die Existenzen von vernunftbegabtem Leben aussenden können.

Wichtig ist jedenfalls, daß das Theorem des Pythagoras in der Form, in der ich es bewiesen habe, eine Erhellung der Symmetrie des ebenen Raumes darstellt. Der rechte Winkel ist das Element der Symmetrie, das die Ebene auf vierfache Weise aufteilt. Wenn der ebene Raum eine andere Symmetrie hätte, wäre das Theorem nicht gültig. Irgendeine andere Beziehung zwischen den Seiten besonderer Dreiecke wäre dann zutreffend. Der Raum ist genauso ein wesentlicher Bestandteil der Natur wie die Materie, selbst wenn er (wie die Luft) unsichtbar ist. Darum geht es in der Wissenschaft der Geometrie. Die Symmetrie ist nicht lediglich eine beschreibende Spitzfindigkeit. Wie andere Gedanken bei Pythagoras, dringt auch dieser zur Harmonie in der Natur vor.

Als Pythagoras dieses große Theorem bewiesen hatte, opferte er den Musen hundert Ochsen als Dank für die Erleuchtung. Das ist eine Geste, die zugleich Stolz und Demut ausdrückt, und jeder Wissenschaftler hat bis heute diese Empfindung, wenn die Zahlen stimmen und besagen, »dies ist ein Teil der Struktur der Natur selbst und ein Schlüssel zu ihr«.

Pythagoras war ein Philosoph und auch eine Gestalt religiöser Verehrung für seine Anhänger. Es ist eine Tatsache, daß in ihm etwas von jenem asiatischen Einfluß zu spüren war, der sich durch die ganze griechische Kultur bemerkbar macht und den wir im allgemeinen übersehen. Wir neigen dazu, uns Griechenland als Teil des Westens vorzustellen, aber Samos, der äußerste Rand des klassischen Griechenland, ist nur eine Seemeile von der Küste Kleinasiens entfernt. Von dort her strömte vieles von dem Denken, das Griechenland zunächst Anregungen gab. Unerwartet strömte es in den Jahrhunderten danach zurück nach Asien, bevor es je Westeuropa erreichte.

Wissen geht auf erstaunliche Reisen, und was uns als Sprung in der Zeit erscheint, erweist sich oft als ein langes Fortschreiten von einem Ort zum anderen, von einer Stadt zur anderen. Die Karawanen bringen mit ihrer Handelsware auch das Handelsgebaren ihrer Länder — die Gewichte und Maße, die Rechenmethoden — und Methoden sowie Ideen kamen, wohin sie auch immer gingen, durch Asien und Nordafrika. Als ein Beispiel unter zahlreichen ist die Mathematik des Pythagoras nicht direkt auf uns gekommen. Sie beflügelte die Vorstellungskraft der Griechen, aber die Stelle, wo sie in ein ordentliches System geformt wurde, war die Stadt Alexandria am Meer. Der Mann, der das System begründete und der es berühmt machte, war Euklid, der es wohl auch um 300 v. Chr. nach Alexandria brachte.

Euklid gehörte offensichtlich der pythagoreischen Tradition an. Als ein Zuhörer ihn fragte, was der praktische Nutzen eines bestimmten Theorems sei, soll Euklid voller Verachtung seinem Sklaven gesagt haben, »er will vom Lernen profitieren — gib ihm eine Münze«. Diese Zurechtweisung war möglicherweise eine Adaptation des Mottos der pythagoreischen Bruderschaft, das man frei übersetzt als »ein Diagramm und einen Schritt, nicht ein Diagramm und eine Münze« bezeichnen könnte — wobei »ein Schritt« ein Schritt im Wissen ist und das, was ich den Aufstieg des Menschen genannt habe.

Der Einfluß der euklidischen Geometrie als Modell mathematischer Argumentation war ungeheuerlich und nachhaltig. Sein Buch *Elemente der Geometrie* wurde mehr als irgendein anderes Buch nach der Bibel bis in unsere Tage übersetzt und nachgedruckt. Ich hatte meinen ersten Mathematikunterricht bei einem Mann, der noch die Theoreme der Geometrie mit den Nummern angab, die Euklid ihnen gegeben hatte. Das war selbst vor fünfzig Jahren gar nichts Ungewöhnliches, und in der Vergangenheit waren diese Zahlen die übliche Referenz. Als John Aubrey etwa 1680 be-

69
»Die Elemente der Geometrie« wurden bis auf den heutigen Tag öfter als irgendein anderes Buch außer der Bibel übersetzt und kopiert.
Seite der Übersetzung des Euklid von Adelard von Bath, die im 12. Jahrhundert angefertigt und fortlaufend kopiert wurde. Diese Kopie entstand in Italien gegen Ende des 15. Jahrhunderts.

Geometriæ Euclidis liber primus incipit.

Punctus est cuius pars non est. Linea est longitudo sine latitudine, cuius quidem extremitates duo puncta sunt. Linea recta est ab uno puncto in alium punctum extenso in extremitates suas utrique recipiens. Superficies est quæ longitudinem & latitudinem tantum habet, cuius termini quidem sunt lineæ. Superficies plana est ab una linea ad aliam extenso in extremitates suas eas recipiens. Angulus planus est duarum linearum alternus contactus, quarum expansio supra superficiem applicatioque non directa. Quandoque angulum continent duæ lineæ rectæ fuerint, rectilineus angulus nominatur. Quando recta linea supra rectam lineam steterit, duoque anguli utrobique fuerint æquales, eorum uterque rectus erit. Lineaque lineæ superstans, ei cui superstat, perpendicularis dicitur. Angulus vero qui recto maior est, obtusus dicitur. Angulus minor recto, acutus appellatur. Terminus est quod cuiusque finis est. Figura est quæ termino vel terminis continetur. Circulus est figura plana una quidem linea contenta, quæ circumferentia notatur, in cuius medio punctus est a quo omnes lineæ ad circumferentiam exeuntes sibi invicem sunt æquales. Et hic quidem punctus centrum circuli dicitur. Diametros circuli est linea recta, quæ supra centrum eius transiens, extremitatesque suas circumferentiæ applicans, circulum in duo media dividit. Semicirculus est figura plana diametro circuli & medietate circumferentiæ contenta. Portio circuli est figura recta linea & parte circumferentiæ contenta, semicirculo quidem aut maior aut minor. Rectilineæ figuræ sunt quæ rectis lineis continentur. Earum quædam trilateræ, tribus rectis lineis; quædam quadrilateræ, quatuor rectis lineis; quædam multilateræ, pluribus quam quatuor rectis lineis continentur. Figurarum trilaterarum alia est triangulus habens æqualia latera, alia triangulus duo habens æqualia latera, alia triangulus trium inæqualium laterum. Earum vero alia est orthogonium unum scilicet rectum angulum habens, alia Ambligonium aliquem obtusum habens angulum, alia oxigonium in qua tres anguli sunt acuti. Figurarum autem quadrilaterarum alia est quadratum æquilaterum atque rectangulum, alia est Tetragonus longus estque figura rectangula sed non æquilatera, alia est elmuahym æquilatera sed rectangula non est. Aliæ similes elmuahym quæ oppositas latera habent æqualia atque oppositos angulos æquales, idem tamen nec rectos angulos, nec æquis lateribus continentur. Præter has autem omnes figuræ elmuariffæ notantur. Æquidistantes lineæ sunt quæ in eadem superficie collocatæ atque in alterutram partem protractæ, non convenient, etiam si in infinitum protrahantur.

Petitiones sunt quinque. A quolibet puncto in quemlibet punctum rectam lineam ducere, atque lineam definitam in continuum rectumque quantumlibet protrahere. Super centrum quodlibet quantumlibet occupando spacium, circulum designare. Omnes rectos angulos sibi invicem esse æquales. Si linea recta super duas lineas rectas ceciderit, duoque anguli ex una parte duobus angulis rectis minores fuerint, illas duas lineas in eandem propinquitatis partem dubio coniunctum iri. Item duas lineas rectas...

Linea
Linea recta
Superficies plana
Angulus
Angulus rectus
Angulus acutus
Angulus obtusus
Circulus
Diametros circuli
Circumferentia
Portio minor
Semicirculus
Portio maior
Triangulum æquilaterum
Triangulus duorum æqualium laterum
Figura trilatera
Orthogonium
Ambligonium
Oxigonium
Quadratum
Tetragonus longus
Simile elmuahym
Elmuahym
Elmuariffæ sunt figuræ irregulares
Lineæ æquidistantes

Der Aufstieg des Menschen

schrieb, wie sich Thomas Hobbes im besten Mannesalter plötzlich »in die Geometrie verliebt« hatte und auch in die Philosophie, da erklärte er, das habe alles begonnen, als Hobbes »in der Bibliothek eines Gentleman Euklids *Elemente* offen daliegen fand und feststellte, daß es sich um das 47. *Element* »*des ersten Buches*« handelte. These 47 in Buch I der Euklidischen *Elemente* ist das berühmte Theorem des Pythagoras.

Die andere Wissenschaft, die in Alexandria während der Jahrhunderte um die Zeitenwende praktiziert wurde, war die Astronomie. Auch hier wieder können wir den Fortgang der Geschichte als Beigabe der Legende verfolgen: Wenn die Bibel sagt, daß drei Weise aus dem Morgenlande einem Stern nach Bethlehem folgten, dann klingt in der Geschichte das Echo eines Zeitalters an, in dem die Weisen Sterngucker waren. Das Geheimnis der Gestirne, das die Weisen in alter Zeit zu ergründen suchten, wurde von einem Griechen namens Ptolemäus entdeckt, der etwa um 150 in Alexandria tätig war. Seine Arbeit kam in arabischer Schriftfassung nach Europa, denn die griechischen Originalmanuskripte waren weitgehend verschollen, einige von ihnen bei der Plünderung der großen Bibliothek von Alexandria durch christliche Eiferer im Jahre 389 verlorengegangen, andere während der Kriege und Invasionen, die das östliche Mittelmeergebiet im Mittelalter stets durchtobten.

Das Modell der Gestirne, das Ptolemäus konstruierte, ist auf wunderbare Weise komplex, geht jedoch von einer einfachen Analogie aus. Der Mond dreht sich um die Erde, das ist offensichtlich; und genauso offensichtlich erschien es Ptolemäus, daß die Sonne und Planeten sich gleichermaßen verhalten. (Die Alten stellten sich Mond und Sonne als Planeten vor.) Die Griechen hatten geglaubt, daß die perfekte Gestalt der Bewegung ein Kreis sei, und so ließ Ptolemäus die Planeten sich auf Kreisen bewegen oder auf Kreisen, die ihrerseits wiederum auf anderen Kreisbahnen verliefen. Uns erscheint das heute sowohl einfältig als auch gekünstelt. In Wirklichkeit aber war dieses System eine wunderbare und funktionsfähige Erfindung und für Araber sowie Christen ein Glaubensartikel durch das ganze Mittelalter. Diese Anschauung blieb vierzehnhundert Jahre bestehen, was wesentlich länger ist, als man von irgendeiner jüngeren wissenschaftlichen Theorie ohne radikale Veränderung erwarten kann.

Es ist hier vielleicht angemessen, sich einmal zu überlegen, warum die Astronomie so früh und so kompliziert entwickelt wurde und warum sie praktisch der Archetyp für die Physik geworden ist. Die Sterne müßten an sich am allerwenigsten unter den Naturgegenständen dazu geeignet sein, menschliche Neugierde zu erregen. Der menschliche Körper müßte eigentlich ein wesentlich bes-

70
Das ptolemäische System baute sich auf Kreisen auf, an denen die Zeit gleichförmig und unerschütterlich entlanglief.
Illustration aus einem provenzalischen Manuskript des 14. Jahrhunderts. Die Engel betätigen Kurbeln, die eine Himmelssphäre um die Erde drehen.

Die Sphärenmusik

serer Kandidat für ein frühes systematisches Interesse gewesen sein. Warum hat dann doch die Astronomie die erste Stelle unter den Naturwissenschaften noch vor der Medizin eingenommen? Warum wandte sich die Medizin selbst an die Sterne, wenn es um Vorzeichen ging, die die günstigen oder ungünstigen Einflüsse beim Kampf um das Leben eines Patienten voraussagten? Da muß doch eigentlich der Appell an die Astrologie ein Aufgeben der Medizin als Wissenschaft bedeuten? Meiner Meinung nach liegt ein wichtiger Grund darin, daß die beobachteten Bewegungen die Sterne sich als berechenbar erwiesen und daß sie sich von einem frühen Zeitpunkt an (vielleicht um 3000 v. Chr. in Babylon) für die Mathematik anboten. Die Vorrangstellung der Astronomie beruht auf dem sonderbaren Umstand, daß sie mathematisch behandelt werden kann. Der Fortschritt der Physik und der Biologie in jüngster Zeit hing in gleicher Weise davon ab, daß man Formeln für ihre Gesetze fand, die sich als mathematische Modelle darstellen lassen.

Immer wieder verlangt die Ausbreitung von Ideen nach neuen Impulsen. Der Aufstieg des Islam im siebenten Jahrhundert war der neue mächtige Impuls. Er machte sich zunächst als ein örtlich begrenztes Ereignis, ungewiß in seinen Auswirkungen, bemerkbar. Aber nachdem Mohammed erst einmal im Jahre 630 Mekka erobert hatte, nahm der Islam die südliche Welt im Handstreich. Innerhalb von hundert Jahren eroberte er Alexandria, begründete eine berühmte Stätte der Gelehrsamkeit in Bagdad und drängte seine Grenzen nach Osten über Isfahan in Persien hinaus. Im Jahre 730 reichte das Weltreich der Mohammedaner von Spanien und Südfrankreich bis an die Grenzen von China und Indien: ein Weltreich von spektakulärer Stärke und würdiger Anmut, zu einer Zeit, in der Europa in das finstere Mittelalter abrutschte.

In dieser Religion, die dauernd Anhänger missionierte, wurde das Wissen der besiegten Völker mit fast kleptomanischem Eifer gesammelt. Zugleich kam es zum Freisetzen einfacher, örtlicher Fähigkeiten, die man zuvor verachtet hatte. Die ersten Moscheen mit Kuppeldach wurden zum Beispiel mit Geräten erbaut, die keineswegs komplizierter waren als das rechtwinklige Dreieck der alten Bauleute, das auch heute noch Verwendung findet. Die Masjid-i-Jomi (die Freitags-Moschee) in Isfahan ist eines der eindrucksvollsten Baudenkmäler des frühen Islam. In Zentren wie diesem wurde das Wissen Griechenlands und des Ostens wie ein Schatz aufbewahrt, aufgenommen und erweitert.

Mohammed hatte stets nachdrücklich darauf bestanden, daß der Islam nicht in einen Wunderglauben ausarten sollte. Er wurde dem geistigen Gehalt nach ein Muster für Kontemplation und Analyse. Mohammedanische Schriftsteller entpersönlichten und formalisierten die Gottheit: Der Wunderglaube des Islam ist nicht Blut und Wein, Fleisch und Brot, sondern eine überirdische Ekstase.

Allah ist das Licht des Himmels und der Erde. Sein Leuchten mag man mit einer Lampe vergleichen, die in einer Nische steht, eine Lampe in einem Kristall sterngleicher Leuchtkraft, Licht über Licht. In Tempeln, die Allah zur Erinnerung an seinen Namen zu bauen gestattet hat, preisen ihn Männer morgens und abends, Männer, die weder Handel noch Gewinn davon abzuhalten vermag, seiner zu gedenken.

Eine der griechischen Erfindungen, die der Islam ausarbeitete und verbreitete, war das Astrolabium. Als Beobachtungsgerät ist es primitiv. Es mißt lediglich den Anstiegswinkel der Sonne oder eines Sternes, und das nur grob. Aber indem man diese Einzelbeobachtung mit den Angaben auf einer oder mehreren Sternkarten verglich, konnte man durch das Astrolabium noch zusätzlich ein ausgeklügeltes System von Berechnungen erhalten, die die geographische Breite, den Sonnenauf- und -untergang, die Zeit für das Gebet und die Richtung, in der Mekka lag, für den Reisenden ermitteln. Und über der Sternkarte war das Astrolabium natürlich zum mystischen Wohlbehagen mit astrologischen und religiösen Darstellungen verziert.

Auf lange Zeit diente das Astrolabium als Taschenuhr und Rechenschieber in aller Welt. Als der Dichter Geoffrey Chaucer 1391 eine erste Lernfibel zur Verwendung des Astrolabiums für seinen Sohn verfaßte, da schrieb er sie von einem arabischen Astronomen des achten Jahrhunderts ab.

Rechnen war für maurische Gelehrte eine immerwährende Freude. Sie schätzten mathematische Fragen über alles, es machte ihnen Spaß, ausgeklügelte Methoden für die Lösung zu entwickeln,

71
Das Astrolabium war die Taschenuhr und zugleich der Rechenschieber der Welt.
Rückseite eines islamischen Astrolabiums aus Toledo, 9. Jahrhundert. Vorderseite eines gotischen Astrolabiums, 1390, von der Art, wie Chaucer es beschreibt. Astrologischer Computer aus Kupfer. Bagdad, 1241.

قد وضعنا كلام...
بين النفس والخيال   بيت الملوا...
بين اللمس كالـ...
ضابط ...
...الظاهر ...
بين النقل والحركـ...

صنعة محمد
بن خُتلُخ الموصلي
سنة ٦٣٩

تولد ... الحرارة
... والرطوبة
الزرقاء

انا ذو البلاغة والحديث تصامتا و نطق ...
يخفى اللبيب ضميره فابينه فكان ا...

und bisweilen verwandelten sie ihre Methoden in mechanische Hilfsmittel. Ein etwas raffinierterer Taschenrechner als das Astrolabium ist der astrologische oder astronomische Rechner, so etwas wie ein automatischer Kalender, der im 13. Jahrhundert im Kalifat von Bagdad gebaut wurde. Die Rechenvorgänge, die man mit ihm bewältigt, gehen nicht tief. Es handelt sich um eine Kombination von Zifferblättern für die Voraussage, und doch gibt dieses Gerät Zeugnis für das mechanische Geschick jener, die es vor 700 Jahren herstellten, und auch für ihre Leidenschaft beim Spiel mit Zahlen.

Die wichtigste Einzelerfindung, die die fleißigen, wißbegierigen und toleranten arabischen Gelehrten von weit her mitbrachten, war das Schreiben von Zahlen. Die europäische Schreibweise für Zahlen war seinerzeit immer noch vom ungelenken römischen Typ, bei der die Zahlen aus ihren Teilen durch einfaches Zusammenziehen zusammengestellt werden: Zum Beispiel wird 1825 als MDCCCXXV geschrieben, weil es die Summe von M = 1000, D = 500, C + C + C = 100 + 100 + 100, XX = 10 + 10, und V = 5 ist. Der Islam ersetzte diese Methode durch die moderne Dezimalschreibweise, die wir immer noch die arabische nennen. In dieser untenstehenden Notiz in einem arabischen Manuskript sind die Zahlen in der oberen Zeile 18 und 25. Die 1 und die 2 erkennen wir sofort als unsere eigenen Zahlensymbole (obwohl die 2 auf dem Kopf steht). Um die 1825 zu schreiben, werden die vier Zahlensymbole einfach so in der Abfolge hingeschrieben, wie sie stehen, wobei sie als Einzelzahl direkt aussagefähig sind. Es ist die Stelle, an der jedes Symbol steht, die gleichzeitig bestimmt, ob das Zahlensymbol für Tausender oder Hunderter oder Zehner oder Einer steht.

Ein System jedoch, das die Größe durch die Stellung bezeichnet, muß auch Leerstellen als Möglichkeit vorsehen. Die arabische Schreibweise erfordert die Erfindung der Null. Das Symbol für Null erscheint zweimal auf dieser Seite und noch mehrfach auf der nächsten, wo es genauso aussieht wie unsere eigene Zahl. Das Wort Ziffer ist ein arabisches Wort, auch Algebra, Almanach, Zenit und ein Dutzend weiterer Bezeichnungen in Mathematik und Astronomie. Die Araber brachten das Dezimalsystem etwa um 750 aus Indien, aber in Europa konnte es sich noch weitere fünfhundert Jahre lang nicht einbürgern.

Vielleicht ist es die Größe des maurischen Weltreiches, die es zu

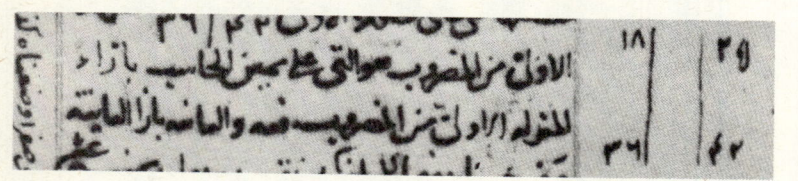

In einem voraufgehenden Teil dieses Manuskripts, das links abgebildet ist, sind die Zahlen 1 bis 9 verwendet. Sie sehen von rechts nach links gelesen so aus.

٩٨٧٦٥٤٣٢١

Die Sphärenmusik

einer Art Basar des Wissens machte, dessen Gelehrte unter sich häretische Nestorchristen im Osten und untreue Juden im Westen zählten. Das ist möglicherweise ein Vorzug im Islam als Religion, da ja der Islam, obwohl er darauf hinarbeitete, Menschen zu überzeugen, ihr Wissen nicht verachtete. Im Osten ist die persische Stadt Isfahan das Monument des Islam. Im Westen besteht noch ein gleichermaßen bemerkenswerter Vorposten, die Alhambra in Südspanien.

Von außen gesehen ist die Alhambra eine kantige, brutale Festung, die keinerlei Andeutung von arabischer Formgestaltung gibt. Innen ist sie keine Festung, sondern ein Palast, und ein Palast, der ganz bewußt geplant wurde, um auf der Erde die Segnungen des himmlischen Paradieses vorwegzunehmen. Die Alhambra ist ein spätes Bauwerk. Sie drückt die Gelassenheit eines Weltreiches aus, das seinen Höhepunkt überschritten hat, nicht mehr auf Abenteuer aus ist und, wie man glaubte, gesichert. Die Religion der Meditation ist sinnlich und selbstzufrieden geworden. Sie ertönt von der Musik des Wassers, dessen Wellenbewegung durch alle arabischen Melodien dringt, obwohl die Musik ganz eindeutig auf der pythagoreischen Tonleiter beruht. Jeder Innenhof ist seinerseits ein Echo eines Traumes und die Erinnerung an einen Traum, durch den der Sultan schwebte (denn gehen tat er nie, er wurde getragen). Die Alhambra ist der Beschreibung des Paradieses im Koran ganz besonders nahe.

Gesegnet sei der gerechte Lohn all jener, die sich geduldig und redlich mühen und auf Allah vertrauen. Jene, die den rechten Glauben tief im Herzen tragen und gute Werke tun, sie sollen auf ewig in die Hallen des Paradieses Einzug halten, wo Flüsse zu ihren Füßen dahinströmen ... und sie sollen in den Gärten des Entzückens geehrt werden, auf Sitzpolstern einander ins Auge blickend. Ein Pokal soll unter ihnen die Runde machen mit Wasser von einem Brunnen, milde, erquickend für jene, die trinken ... Ihre Gefährtinnen sollen auf sanften grünen Kissen und auf wunderschönen Teppichen ruhen.

Die Alhambra ist das letzte und erlesenste Denkmal der arabischen Zivilisation in Europa. Der letzte maurische König regierte hier bis 1492, als die Königin Isabella von Spanien bereits das Abenteuer des Kolumbus unterstützte. Die Alhambra ist eine Honigwabe von Innenhöfen und Gemächern, und die Sala de las Camas ist der am besten umsorgte Platz im Palast. Hierher kamen die Mädchen des Harems nach dem Bade und ruhten sich nackt hingestreckt aus. Blinde Musikanten spielten auf der Empore, die Eunuchen trotteten umher. Und der Sultan schaute von oben herab und ließ einen Apfel hinunterbringen, um dem Mädchen seiner Wahl kundzutun, daß es die Nacht mit ihm verbringen werde.

72
Von außen gesehen erscheint die Alhambra als eine klobige, drohende Festung.
Ansicht der Sierra Nevada und der Alhambra in Granada.

73
Die Alhambra ist das letzte und prächtigste Denkmal arabischer Zivilisation in Europa.
Die Musikantenempore und die Bäder des Harem.

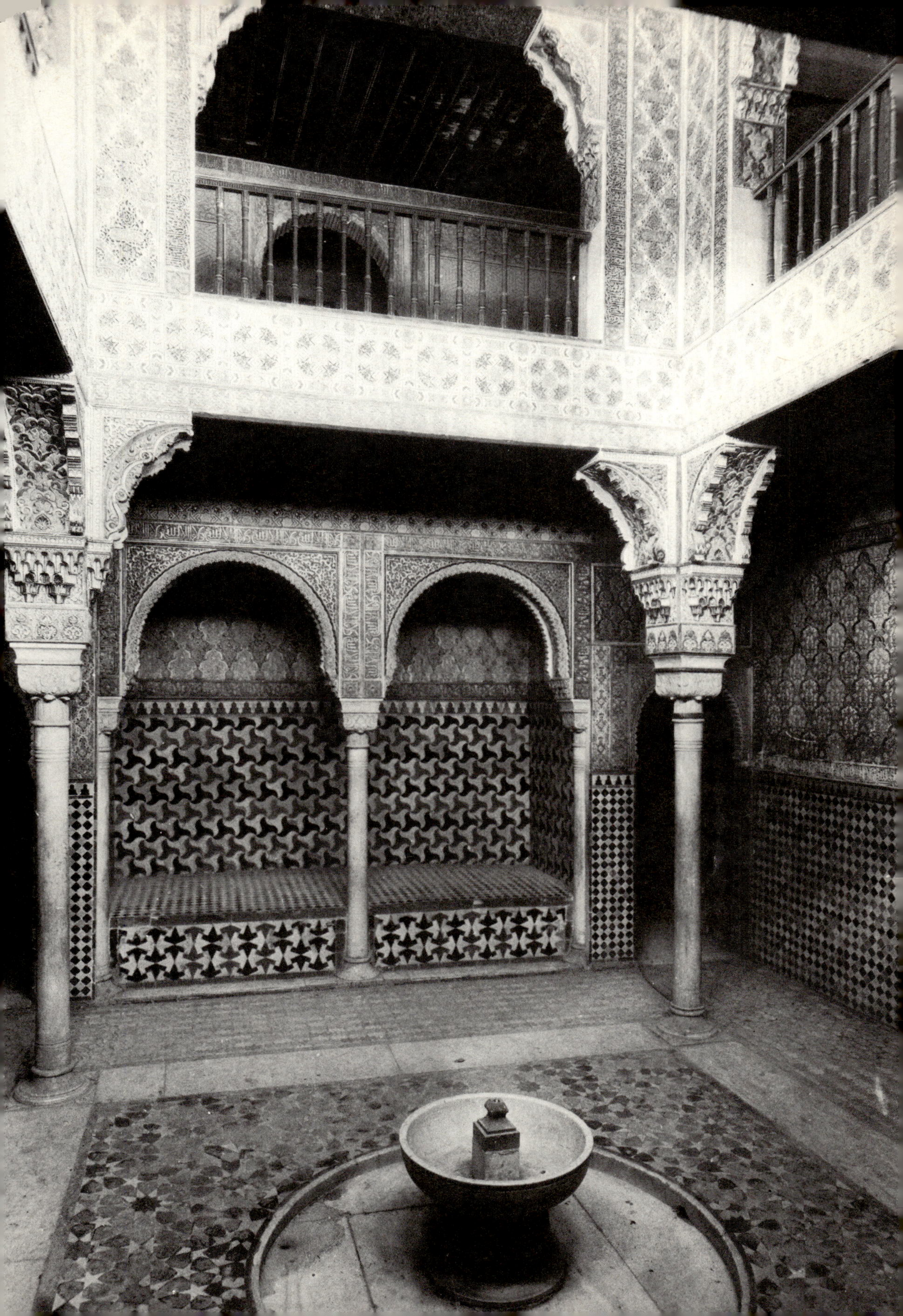

Der Aufstieg des Menschen

In einer westlichen Zivilisation wäre dieser Raum mit kostbaren Zeichnungen weiblicher Formen, mit erotischen Bildern ausgestattet, hier nicht. Die Darstellung des menschlichen Körpers war den Mohammedanern verboten, ja selbst das Studium der Anatomie war untersagt, was ein großes Hindernis für die islamische Wissenschaft darstellte. Somit also finden wir hier farbige, aber außergewöhnlich einfache geometrische Muster. Der Künstler und der Mathematiker sind in der arabischen Zivilisation eins geworden, und das meine ich ganz wörtlich. Diese Muster stellen einen Höhepunkt arabischer Erforschung der Feinheiten und Symmetrien des Raumes selber dar: der flache, zweidimensionale Raum, den wir nun die euklidische Ebene nennen und den Pythagoras zuerst gekennzeichnet hatte.

In der Fülle der Muster beginne ich mit einem sehr einfachen. Es wiederholt ein zweiblättriges Motiv dunkler, horizontal angeordneter Blätter und ein anderes mit hellen, vertikalen. Aber ein weiterer heikler Punkt wäre hier anzumerken. Die Araber mochten besonders gern Muster, bei denen die dunklen und die hellen Teile identisch sind. Wenn man also einen Augenblick lang die Farben außer acht läßt, dann kann man sehen, daß man ein dunkles Blatt einmal um einen rechten Winkel in die Position eines danebenliegenden hellen Blattes drehen könnte. Wenn man dann um den gleichen Punkt weiter rotiert, kann man das Blatt in die nächste Position bringen und (wiederum um den gleichen Punkt) in die nächste und schließlich in die Ausgangsposition zurück. Die Drehung wendet das ganze Muster gleichmäßig. Jedes Blatt des Musters rutscht in die Lage eines anderen, ganz egal, wie weit vom Mittelpunkt sie liegen.

Die Spiegelung in einer waagerechten Linie ergibt eine zweifache Symmetrie des farbigen Musters und ist somit auch eine Spiegelung in der Senkrechten. Wenn wir jedoch die Farben ein-

Die Sphärenmusik

mal außer acht lassen, dann erkennen wir, daß hier eine vierfache Symmetrie besteht. Sie ergibt sich durch die Drehung um einen rechten Winkel, die viermal wiederholt wird, womit ich schon zuvor das Theorem des Pythagoras bewiesen hatte. Somit also wird das nicht eingefärbte Muster in seiner Symmetrie dem Quadrat des Pythagoras gleich.

Ich wende mich einem wesentlich komplizierteren Muster zu. Diese windverwehten Dreiecke in vier Farben zeigen nur eine sehr gerade Symmetrie — in zwei Richtungen. Man könnte das Muster in der Waagerechten verschieben oder auch senkrecht in neue identische Positionen bringen. Die Tatsache, daß diese Dreiecke wie vom Wind verweht aussehen, ist nicht ohne Bedeutung. Es ist ungewöhnlich, ein symmetrisches System vorzufinden, das keine spiegelbildliche Deckung erlaubt. Dieses jedoch erlaubt die spiegelbildliche Deckung nicht, weil die wellenförmigen Dreiecke in ihrer Bewegung alle im Uhrzeigersinn angeordnet sind, und spiegelbildlich kann man sie einfach nicht machen, ohne sie nun im umgekehrten Uhrzeigersinn anzuordnen.

Jetzt stelle man sich einmal vor, daß man den Unterschied zwischen Grün, Gelb, Schwarz und Königsblau außer acht läßt und statt dessen die Unterscheidung ganz einfach zwischen hellen und dunklen Dreiecken macht. Dann gibt es ebenfalls eine Drehsymmetrie. Wenn man nun die Aufmerksamkeit wieder einmal auf einen Überschneidungspunkt richtet: Sechs Dreiecke treffen sich dort, und sie sind abwechselnd hell und dunkel. Ein dunkles Dreieck kann dort in die Position des nächsten dunklen Dreiecks gedreht werden, dann in die Position des nächsten und schließlich zurück in die Ausgangsposition — eine dreifache Symmetrie also, die das ganze Muster rotieren läßt.

Die Möglichkeiten weiterer symmetrischer Deckung brauchen hier nicht aufzuhören. Wenn man die Farben ganz beiseite läßt,

Der Aufstieg des Menschen

74
Symmetrien, die durch die N
des Raumes, in dem wir leb
vorgegeben sind.
Natürliche Kristalle von pur
farbenem Fluorid, Rhomben
isländischem Spat, Pyritwürf

dann gibt es eine geringere Drehung, mit der man ein dunkles Dreieck auf den Platz des hellen Dreiecks daneben zu befördern vermag, weil es in seinen Umrissen identisch ist. Dieser Drehvorgang geht dann weiter ins dunkle, ins helle, ins dunkle, ins helle und schließlich zurück zum ursprünglichen dunklen Dreieck — eine sechsfache Raumsymmetrie, die das ganze Muster dreht. Und die sechsfache Symmetrie ist jene, die wir alle am besten kennen, denn es ist die Symmetrie des Schneekristalls.

An dieser Stelle muß man dem Nichtmathematiker zugestehen, die Frage zu stellen: »Na wenn schon? Ist das denn Mathematik? Haben die arabischen Professoren und die modernen Mathematiker ihre Zeit mit solchen eleganten Spielereien verbracht?« Die unerwartete Antwort darauf lautet: Es ist eben kein Spiel. Dieser Vorgang bringt uns direkt zu etwas, das schwer zu lernen ist, und das ist die Tatsache, daß wir in einer besonderen Art des Raumes leben — dreidimensional, flach — und daß die Eigenschaften dieses Raumes unzerstörbar sind. Wenn wir fragen, welcher Vorgang ein Muster auf sich selber zurückdreht, dann entdecken wir die unsichtbaren Gesetze, die unseren Raum beherrschen. Es gibt nur ganz bestimmte Symmetrien, die unser Raum abstützen kann, nicht nur bei den Mustern, die vom Menschen geschaffen werden, sondern auch unter den regelmäßigen Erscheinungen, die die Natur selbst ihren grundlegenden Atomstrukturen auferlegt.

Diese Strukturen, die gewissermaßen die natürlichen Formen des Raums umschließen, sind die Kristalle. Und wenn man sich einmal einen solchen Kristall anschaut, der von Menschenhand unberührt ist — etwa isländischen Felspat —, dann erfährt man einen regelrechten Schock der Überraschung, wenn einem klar wird, daß es gar nicht selbstverständlich ist, daß diese Kristallflächen regelmäßig sind. Es ist nicht einmal selbstverständlich, daß sie flache Ebenen darstellen. Die Kristalle sind eben in dieser Form vorhanden. Wir sind daran gewöhnt, sie als regelmäßig und symmetrisch zu sehen. Aber warum? Sie wurden ja nicht vom Menschen in diese Form gebracht, sondern von der Natur. Die flache Kristallfläche ist kennzeichnend für die Art und Weise, in der Atome zusammenkommen mußten — und noch eines und noch ein weiteres. Die Glattheit, die Regelmäßigkeit ist der Materie vom Raum mit der gleichen Endgültigkeit aufgezwungen worden, wie der Raum auch den maurischen Mustern ihre Symmetrien verlieh, die ich analysiert habe.

Nehmen Sie einmal einen Pyritkubus. Oder den meiner Meinung nach wunderschönsten Kristall von allen, Fluor, ein Oktaeder, einen Achtflächner. (Das ist auch die natürliche Kristallform des Diamantkristalls.) Ihre Symmetrien werden diesen Kristallen

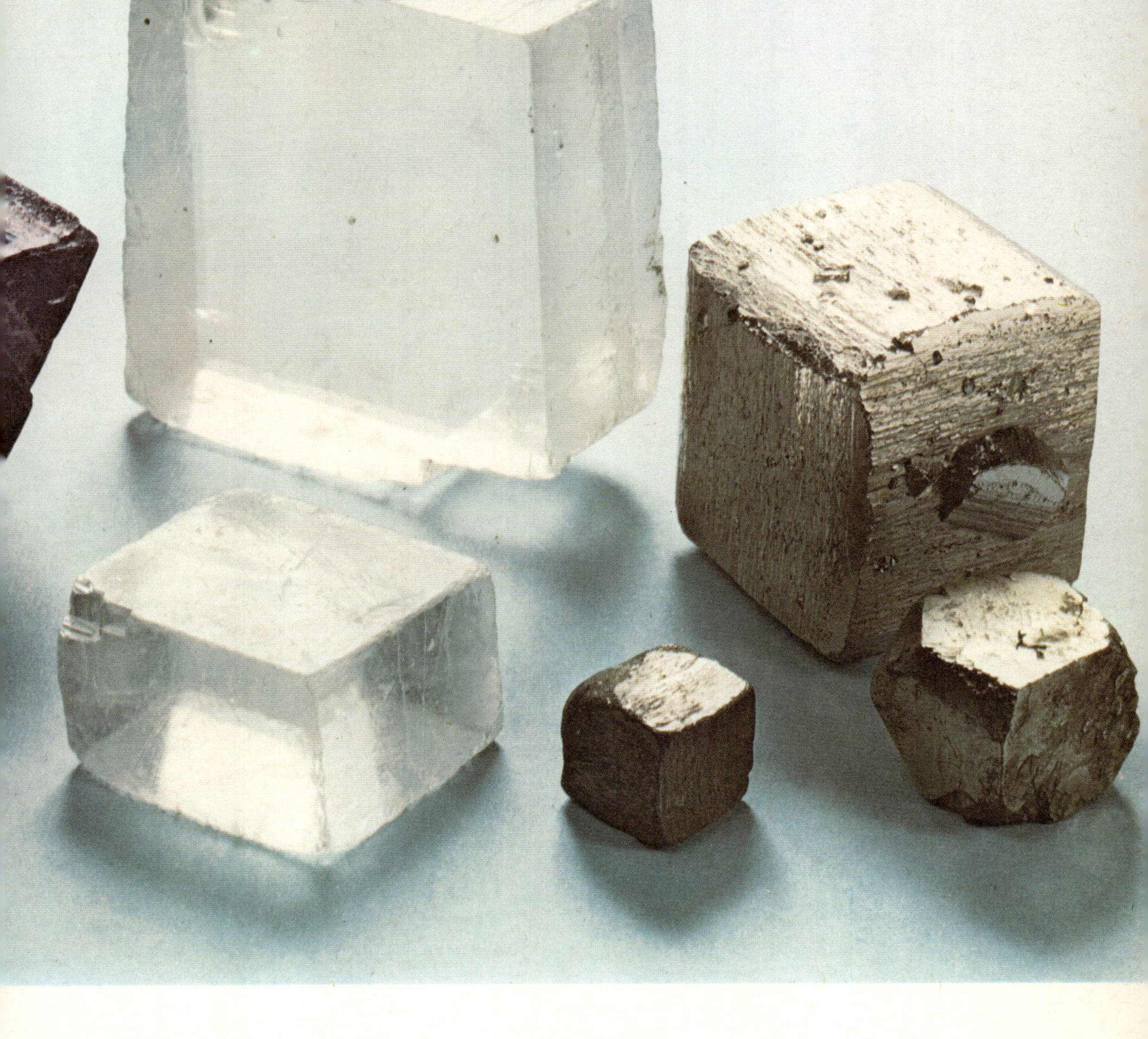

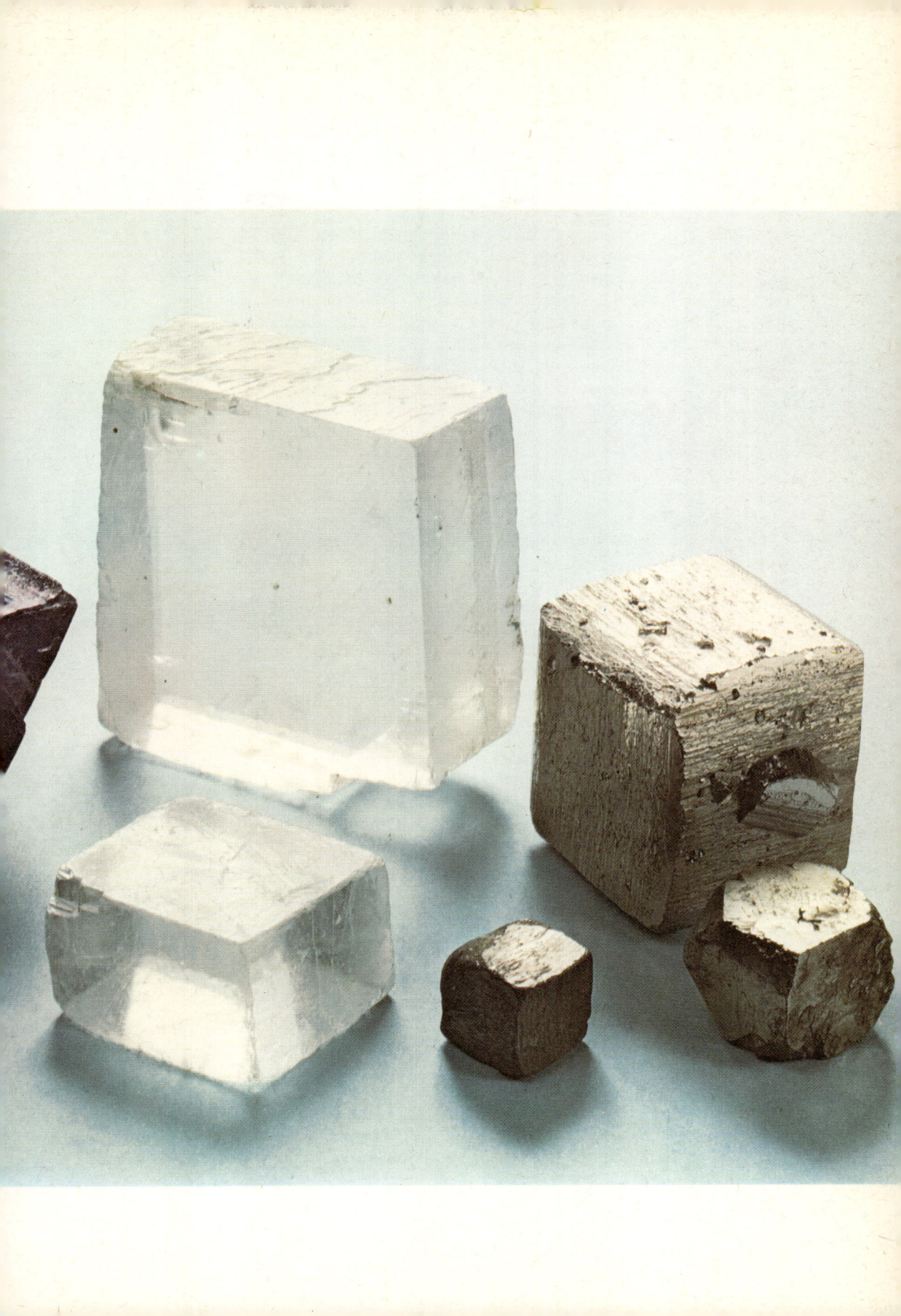

durch die Natur des Raumes aufgezwungen, in dem wir leben — durch die drei Dimensionen nämlich, durch die Ebene, auf der wir leben. Und keine Ballung von Atomen kann dieses Grundgesetz der Natur brechen. Wie die Einzelteile, die ein Muster ausmachen, sind auch die Atome im Kristall in alle Richtungen gestapelt. Also muß ein Kristall genau wie ein Muster eine Form haben, die sich unendlich in allen Richtungen wiederholen ließe. Deshalb können die Kristallflächen nur ganz bestimmte Formen annehmen. Sie könnten gar nichts anderes als Symmetrien im Muster aufweisen. Die einzigen Drehungen, die zum Beispiel möglich sind, bewegen sich zweimal oder viermal um die Achse oder auch drei- oder sechsmal — nicht mehr. Fünfmal geht auch nicht. Man kann keine Zusammenstellung von Atomen erreichen, die Dreiecke bilden, die sich dann zu je fünf regelmäßig in den Raum einfügen.

Es war die große Leistung der arabischen Mathematik, über diese Erscheinungsformen der Muster nachgedacht zu haben, wobei praktisch die Möglichkeiten der Raumsymmetrie (wenigstens in zwei Dimensionen) erschöpft wurden. Das Ganze hat eine überzeugende Endgültigkeit, eine tausendjährige Überzeugungskraft. Der König, die nackten Frauen, die Eunuchen und die blinden Musikanten bildeten ein wunderbares Muster von Formen, bei denen die Erforschung des Seienden vollkommen war, aber innerhalb dessen man leider auch nicht nach Veränderung strebte. In der Mathematik gibt es nichts Neues, weil es im menschlichen Denken nichts Neues gibt, bis der Aufstieg des Menschen sich zu einer andersartigen Dynamik hinentwickelt.

Das Christentum begann etwa um das Jahr 1000 von Brückenköpfen wie dem Dorf Santillana an einem Küstenstreifen, den die Mauren nie besetzt hatten, nach Nordspanien zurückzufluten. Das Christentum ist eine Religion der dortigen Erde, die sich in der einfachen Bilderwelt des Dorfes ausdrückt — da ist der Ochse, der Esel, das Lamm Gottes. Die Tierbilder wären in der islamischen Gottesverehrung undenkbar gewesen. Nicht nur die Tierform ist erlaubt. Der Gottessohn ist ein Kind, seine Mutter ist eine Frau und Gegenstand persönlicher Anbetung. Wenn die Jungfrau in einer Prozession mitgeführt wird, dann befinden wir uns in einem ganz anderen Universum der religiösen Schau: Hier gibt es keine abstrakten Grundmuster, sondern überquirlendes und unbändiges Leben.

Als das Christentum sich anschickte, Spanien zurückzugewinnen, da kam es im Grenzgebiet zu den aufregendsten Auseinandersetzungen. Hier hatten sich Mauren und Christen und auch Juden miteinander vermischt und bildeten eine außerordentlich interessante Kultur verschiedener Glaubensbekenntnisse. 1085 lag das

75
Die berühmte Übersetzerschule in Toledo. *Alfons der Weise, der Studenten diktiert.*

Zentrum dieser Mischkultur eine Zeitlang in der Stadt Toledo. Toledo war das geistige Tor zum christlichen Europa, das Einfallstor für alle Klassiker, die die Araber aus Griechenland, aus dem Nahen Osten, aus Asien zusammengeholt hatten.

Wir stellen uns Italien als den Geburtsort der Renaissance vor. Aber die Grundidee wurde im Spanien des zwölften Jahrhunderts Wirklichkeit, und sie wird symbolisiert und zum Ausdruck gebracht durch die berühmte Übersetzerschule in Toledo, wo die alten Texte aus dem Griechischen (das Europa bereits vergessen hatte) über das Arabische und Hebräische ins Lateinische umgesetzt wurden. In Toledo wurden neben anderen intellektuellen Höchstleistungen schon sehr früh astronomische Tabellen zusammengestellt, gewissermaßen eine Enzyklopädie der Sternpositionen. Es ist charakteristisch für die Stadt und für die Zeit, daß diese Tabellen christlichen Ursprungs, aber die Ziffern arabisch und heute erkennbar modern sind.

Der berühmteste Übersetzer und der brillanteste war Gerhard von Cremona, der eigens aus Italien gekommen war, um eine Kopie des Buches von Ptolemäus über die Astronomie, das *Almagest,* aufzuspüren, und der dann in Toledo blieb, um Archimedes, Hippokrates, Galen und Euklid – die Klassiker der griechischen Wissenschaft – zu übersetzen.

Aber für mich persönlich ist der bemerkenswerteste und auf lange Sicht gesehen der einflußreichste Mann, der übersetzt wurde, kein Grieche. Meine Meinung kommt vielleicht daher, daß ich an

CIVITAS · FLORENTIE

His præostensis, iteremus lineæ, & dubitentur literæ mus lineam d q: & sit comparabit sibi in prima figura perficiem circuli [per 12 p 11] [per 3 d 11] & circulus, quem reflectetur: & erit arcus, que 6: quia uterque subtendit ang punctis b, f, reflectentur duo p n imago u. Et extrahamus ex [per 11 p 1] & sit z u e: & sit d c c neam z u e in duobus punctis altius est puncto u, ex prima t z, e: & sit arcus z o e: & conti extrahamus extra circulum: & dine d q faciamus arcum t q lineas d z, d e in t, k: & conti ergo lineam d q in l. Quia erg cularis super superficiem circ lus h d t, h d k erit rectus : [pe superficies h d t, h d k faciet i li circulum [per 1 th. 1 sphær. ter duas lineas h d, d t erit æq inter duas lineas h d, d q: & est inter duas lineas h d, d k: & d e est æqualis lineæ d o [per arcus sunt huiusmodi, quod e secundum angulos æquales d demonstratum est 66 n 5] & sunt æquales lineæ d q [per t ctum r est imago z, & k est i neæ d t, d q, d k sunt æquale d e sunt æquales: erit [per 7 p d z, sicut proportio q d ad d o k d ad d e. Sed proportio q d figura [præcedentis numeri est maior proportione n d d tio d t ad d z est maior propor similiter k d ad d e. Et quia du æquales, & duæ lineæ d t, d k neæ t k æquidistans z e [per p 5 d t ad d z, sicut d k ad d e: z d, sic ead ed.] Ergo [per proportio d t ad d z, & k d ad portio l d ad d u. Ergo propo lineam d [per 10 p 5.] Ergo n go imago lineæ z u e rectæ, es est conuexa. Ex quibus pate quibusdam sitibus.

76
In einem Florentiner Fresko, das etwa 1350 entstand, wird kein Versuch zur perspektivischen Darstellung gemacht, weil der Maler die Dinge nicht so aufzeichnen wollte, wie sie aussehen, sondern wie sie sind.

Die Sphärenmusik

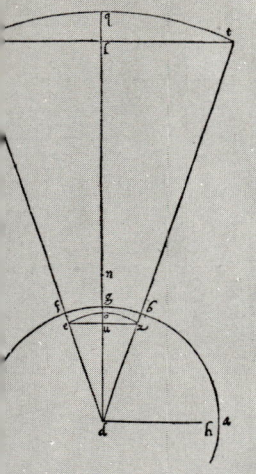

77
Alhazan entdeckte als erster, daß wir einen Gegenstand sehen, weil jeder Punkt darauf einen Lichtstrahl ins Auge schickt und reflektiert. Die Vorstellung vom Lichtbündel, das vom Gegenstand zum Auge geht, wird zur Grundlage der Perspektive.

der Wahrnehmung von Objekten im Raum interessiert bin, und das war ein Thema, bei dem die Griechen völlig falsch lagen. Die Beziehung der Objekte im Raum zueinander wurde etwa um das Jahr 1000 zum erstenmal begriffen, und zwar von einem exzentrischen Mathematiker, den wir Alhazan nennen und der der einzige wirklich originelle wissenschaftliche Denker war, den die arabische Kultur hervorbrachte. Alhazan erkannte als erster, daß wir ein Objekt sehen, weil jeder einzelne Punkt dieses Objektes einen Lichtstrahl in unser Auge wirft und reflektiert. Die griechische vorherrschende Meinung konnte nicht erklären, wie ein Objekt, zum Beispiel meine Hand, seine Größe zu verändern scheint, wenn es sich bewegt. Aus Alhazans Betrachtungen wird klar, daß der Lichtkegel, der vom Umriß und der Form meiner Hand ausgeht, schmaler wird in dem Maße, wie ich meine Hand fortbewege. Wenn ich meine Hand dem Betrachter zuwende, dann wird der Strahlenkegel, der ins Auge des Betrachters eindringt, größer und umfaßt gleichzeitig einen weiteren Winkel. Und das, nur das, ist der Grund für den Unterschied in der Größenordnung. Das ist eine so einfache Wahrnehmung, daß es uns erstaunen muß, wie wenig Aufmerksamkeit die Wissenschaftler (mit Ausnahme von Roger Bacon) diesem Phänomen sechshundert Jahre lang geschenkt haben. Die Künstler jedoch hatten sich dessen schon längst zuvor und auf ganz praktische Weise angenommen. Die Vorstellung des Strahlenkegels, der vom Objekt zum Auge verläuft, wird zur Grundlage der Perspektive, und Perspektive ist der neue Leitgedanke, der um diese Zeit die Mathematik wieder belebt.

Die aufregende Tatsache der Perspektive ging im fünfzehnten Jahrhundert in Norditalien, in Florenz und Venedig, in die Kunst ein. Ein Manuskript von Alhazans *Optik* in der Übersetzung der Vatikan-Bibliothek in Rom ist von Lorenzo Ghiberti mit Anmerkungen versehen, der die berühmten Bronzebilder für die Türen des Baptisteriums in Florenz schuf. Es war nicht der erste Pionier der Perspektive — das war möglicherweise Filippo Brunelleschi — und es gab eine ausreichende Zahl dieser Künstler, um eine klar abgrenzbare Schule der Perspectivi zu bilden. Das war eine geistige Vereinigung, denn das Ziel dieser Männer war nicht lediglich, die Gestalten lebenswahr darzustellen, sondern auch, ein Gefühl ihrer Bewegung im Raum zu vermitteln.

Die Bewegung wird klar, sobald wir eine Arbeit der Perspectivi mit einer früheren vergleichen. Carpaccios Gemälde der Hl. Ursula, die einen Venedig ähnlichen Hafen verläßt, entstand 1495. Der offensichtliche Effekt ist dabei, daß dem sichtbaren Raum eine dritte Dimension verliehen wird, genauso wie das Ohr um diese Zeit eine zusätzliche Tiefe und Dimension in den neuen Harmonien der europäischen Musik entdeckt. Der letztliche Effekt

Der Aufstieg des Menschen

ist aber nicht so sehr Tiefe als vielmehr Bewegung. Wie die neue Musik, sind das Bild und die darauf dargestellten Personen beweglich. Vor allem haben wir den Eindruck, daß sich das Auge des Malers in Bewegung befindet.

Stellen wir dem einmal ein florentinisches Fresko gegenüber, das hundert Jahre zuvor, also etwa um 1350, gemalt wurde. Es ist eine Ansicht der Stadt, von außerhalb der Mauern gesehen, und der Maler schaut ganz naiv über die Mauern hinweg, so daß die Dächer der Häuser erscheinen, als wären sie in einzelnen Reihen angeordnet. Das ist jedoch keine Frage des handwerklichen Könnens, sondern eine Frage der Absicht. Die Perspektive wird hier nicht einmal versuchsweise dargestellt, weil der Maler davon ausging, Dinge nicht so darzustellen, wie sie aussehen, sondern wie sie sind: Hier haben wir eine Ansicht durch das Auge Gottes, eine

78
Der Perspektivenmaler hat eine andere Absicht. Das Bild und die darauf befindlichen Personen sind beweglich.
Vittorio Carpaccios St. Ursula und ihr Freier beim Abschied von ihren Eltern. Accademia, Venedig, 1495.

Die Sphärenmusik

kartographische Darstellung ewiger Wahrheit. Der Perspektivenmaler hat eine ganz andere Absicht. Er zwingt uns ganz bewußt, von absoluten und abstrakten Ansichten abzusehen. Nicht so sehr eine Örtlichkeit, sondern vielmehr ein Augenblick ist für uns festgehalten, und ein flüchtiger Augenblick: Eine Stellungnahme in der Zeit eher als im Raum. Dies alles wurde mit genauen mathematischen Mitteln erreicht. Der ganze Apparat, der dazugehört, ist von Albrecht Dürer, dem deutschen Maler, der 1506 nach Italien reiste, um »die geheimnisvolle Kunst der Perspektive« zu lernen, sorgfältig aufgezeichnet worden. Dürer hat natürlich selbst einen Augenblick in der Zeit festgehalten, und wenn wir uns seine Umgebung vor Augen halten, dann sehen wir, wie der Künstler den dramatischen Augenblick gewählt hat. Er hätte schon zu einem früheren Zeitpunkt bei seinem Abschreiten des Modells innehalten können, oder er hätte sich weiter bewegen und die Vision zu einem späteren Zeitpunkt festhalten können. Statt dessen jedoch entschloß er sich, sein Auge wie die Blende einer Kamera zu öffnen, und verständlicherweise in dem überzeugenden Augenblick, wo er das Modell ganz von vorn sieht. Perspektive ist nicht ein einzelner Gesichtspunkt, sondern sie stellt für den Maler einen aktiven und fortlaufenden Vorgang dar.

Bei der frühen Perspektivmalerei war es üblich, ein Visier und ein Raster zu wählen, um den Augenblick des Anschauens festzuhalten. Die Peilvorrichtung kommt aus der Astronomie, und das gerasterte, das karierte Papier, auf das das Bild dann gezeichnet wurde, gehört jetzt zum alltäglichen Arbeitszeug der Mathematiker. All die natürlichen Einzelheiten, in denen Dürer schwelgt, sind Ausdruck der Dynamik der Zeit: der Ochse und der Esel, die jugendfrische Röte auf der Wange der Jungfrau. Bei dem Bild handelt es sich um »Die Anbetung der Weisen aus dem Morgenlande«. Die drei Weisen haben ihren Stern gefunden, und was er ihnen verkündet, ist die Geburt der Zeit.

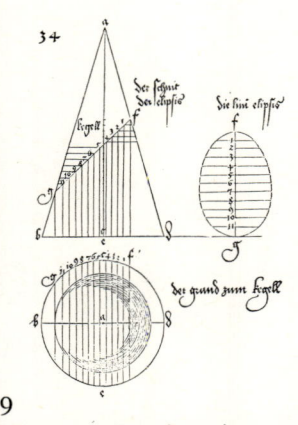

79
Dürer hat selbst einen Augenblick in der Zeit fixiert.
»Stell dir eine Bildeinfassung mit einem Bündel von Fäden zwischen deinem Auge und dem Aktmodell, das du zeichnest, vor. Dann zeichne diese Quadrate auf das Papier. Setze einen Punkt auf das Netz, der dann als Fixpunkt dient.« So beschrieb Leonardo die Verwendung eines Netzes wie des hier abgebildeten. Dürers Diagramm der Konstruktion einer Ellipse.

80
Der Ochse und der Esel,
der Anflug von Jugend
auf der Wange der
Jungfrau.
*Dürers »Anbetung der
Heiligen Drei Könige«.
Uffizien, Florenz
(Ausschnitt).*

Der Augenblick als eine
Spur im Raum.
»Die Sintflut«
von Paolo Uccello
und seine perspektivische
Analyse eines Meß-
kelches.

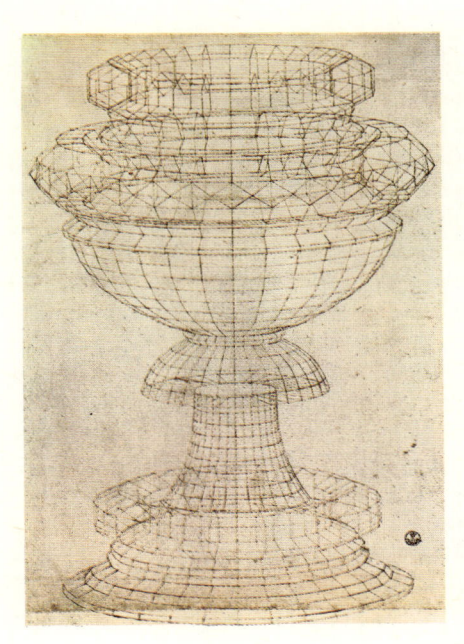

Die Flugbahn eines Projektils ... das Auftreffen eines Flüssigkeitstropfens.
Leonardos Zeichnung vom Flug der Mörserkugeln bei einer Belagerung. Ein Wassertropfen bildet sich und reißt aufgrund der Schwerkraftwirkung ab.

Der Meßkelch im Mittelpunkt von Dürers Gemälde war ein Meisterstück für das Lehren der Perspektive. Wir haben zum Beispiel die Analyse von Uccello von diesem Meßkelch. Wir können ihn, an einen Computer angeschlossen, drehen, wie das der Perspektivenkünstler getan hat. Sein Auge arbeitete wie eine Drehscheibe, um die sich verschiebende Form zu verfolgen und zu erforschen, die Ausdehnung der Kreise in Ellipsen, und um den Augenblick der Zeit als eine Spur im Raum einzufangen.

Die Analyse der veränderlichen Bewegung eines Objektes, wie ich sie mit dem Computer durchführen kann, war dem griechischen und islamischen Denken recht fremd. Griechen und Araber hielten immer Ausschau nach dem, was unwandelbar und statisch ist, nach einer zeitlosen Welt vollkommener Ordnung. Der Kreis war für sie die vollendete Form. Die Bewegung muß gleichförmig und glatt in Kreisen ablaufen; das besagte die Harmonie der Sphären.

Deshalb war auch das ptolemäische System auf Kreisbahnen gegründet, an denen entlang sich die Zeit gleichmäßig und unerschütterlich bewegte. Aber Bewegungen in der Welt der Wirklichkeit sind nicht gleichförmig. Sie ändern in jedem Augenblick ihre Richtung und ihre Geschwindigkeit, und sie können nicht analysiert werden, es sei denn, eine Mathematik wird erfunden, in der die Zeit eine veränderliche Größe, eine Variable ist. Das ist ein theoretisches Problem, was die Gestirne angeht, aber auf der Erde ist es ein praktisches und auf den Nägeln brennendes Problem — bei der Flugbahn eines Geschosses zum Beispiel, beim sprießenden Wachsen einer Pflanze, beim Auftreffen eines einzelnen Tropfens Flüssigkeit, der abrupten Veränderungen in Form und Richtung unterworfen ist. Die Renaissance hatte nicht die technischen Mittel, um den einzelnen Bildausschnitt wie mit einer Kamera von einem Augenblick zum anderen anzuhalten, aber die Renaissance hatte das geistige Rüstzeug dafür: das innere Auge des Malers und die Logik des Mathematikers.

So wurde Johannes Kepler nach 1600 davon überzeugt, daß die Bewegung eines Planeten nicht kreisförmig und nicht gleichmäßig ist, sondern daß sie eine Ellipse darstellt, auf der sich der Planet mit wechselnder Geschwindigkeit entlangbewegt. Das bedeutet, daß die alte Mathematik der statischen Verhaltensmuster nicht mehr genügt, auch nicht die Mathematik der gleichförmigen Bewegung. Man braucht eine neue Mathematik, um mit augenblicklicher Bewegung zu arbeiten und sie definieren zu können.

Die Mathematik der Augenblicksbewegung wurde von zwei überragenden Köpfen des späten siebzehnten Jahrhunderts — von Isaac Newton und Gottfried Wilhelm Leibniz — entwickelt. Sie ist uns heute so vertraut, daß wir uns die Zeit als ein natürliches Element bei der Beschreibung der Natur vorstellen, aber das war

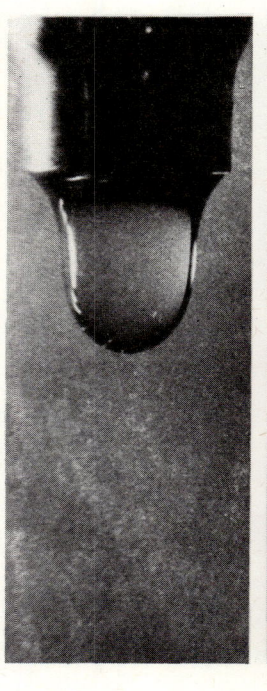

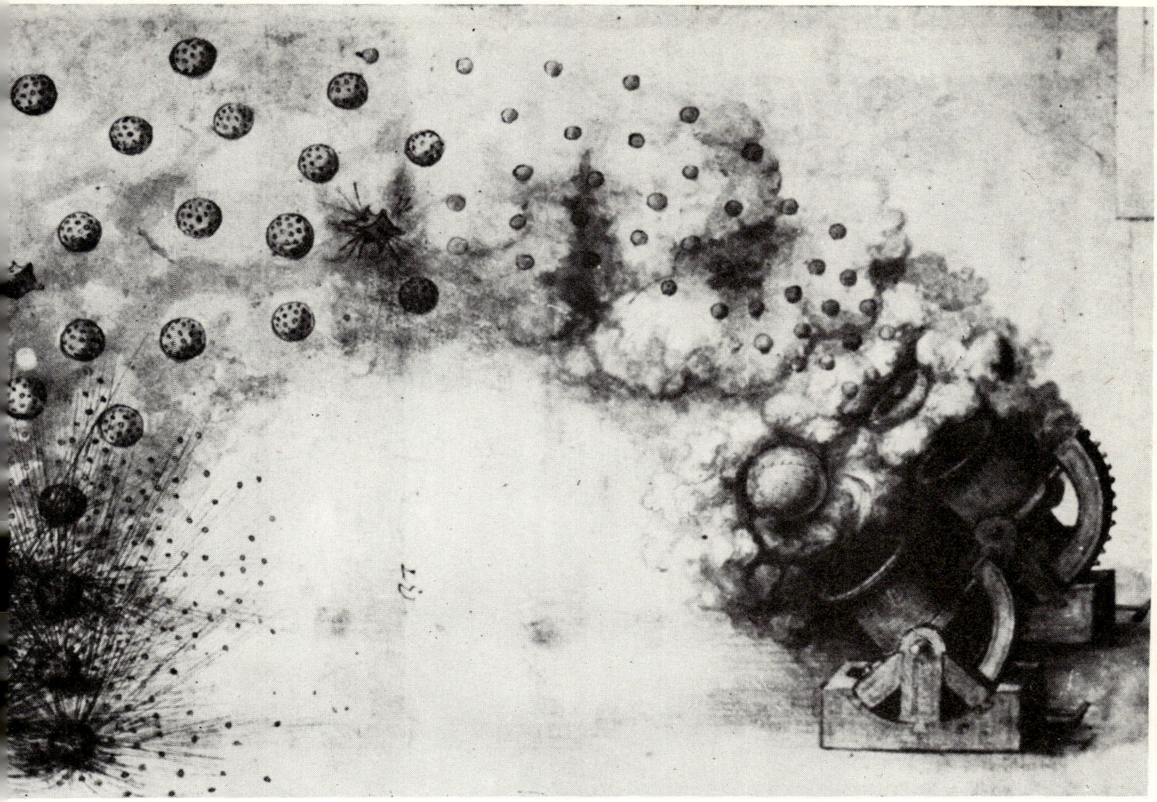

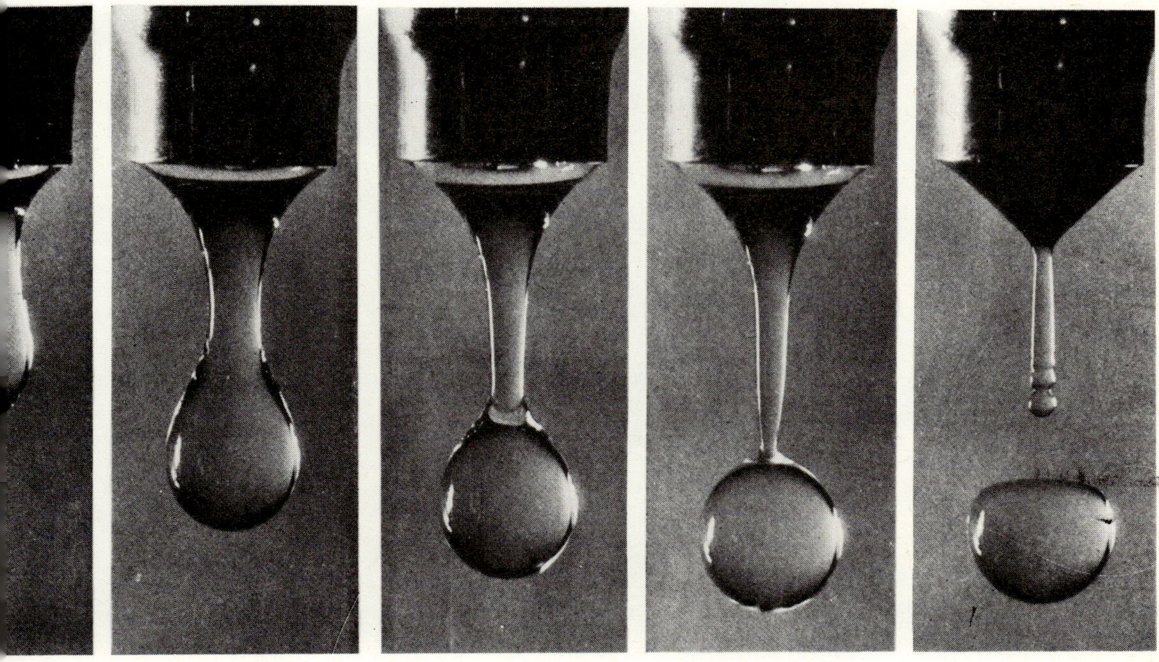

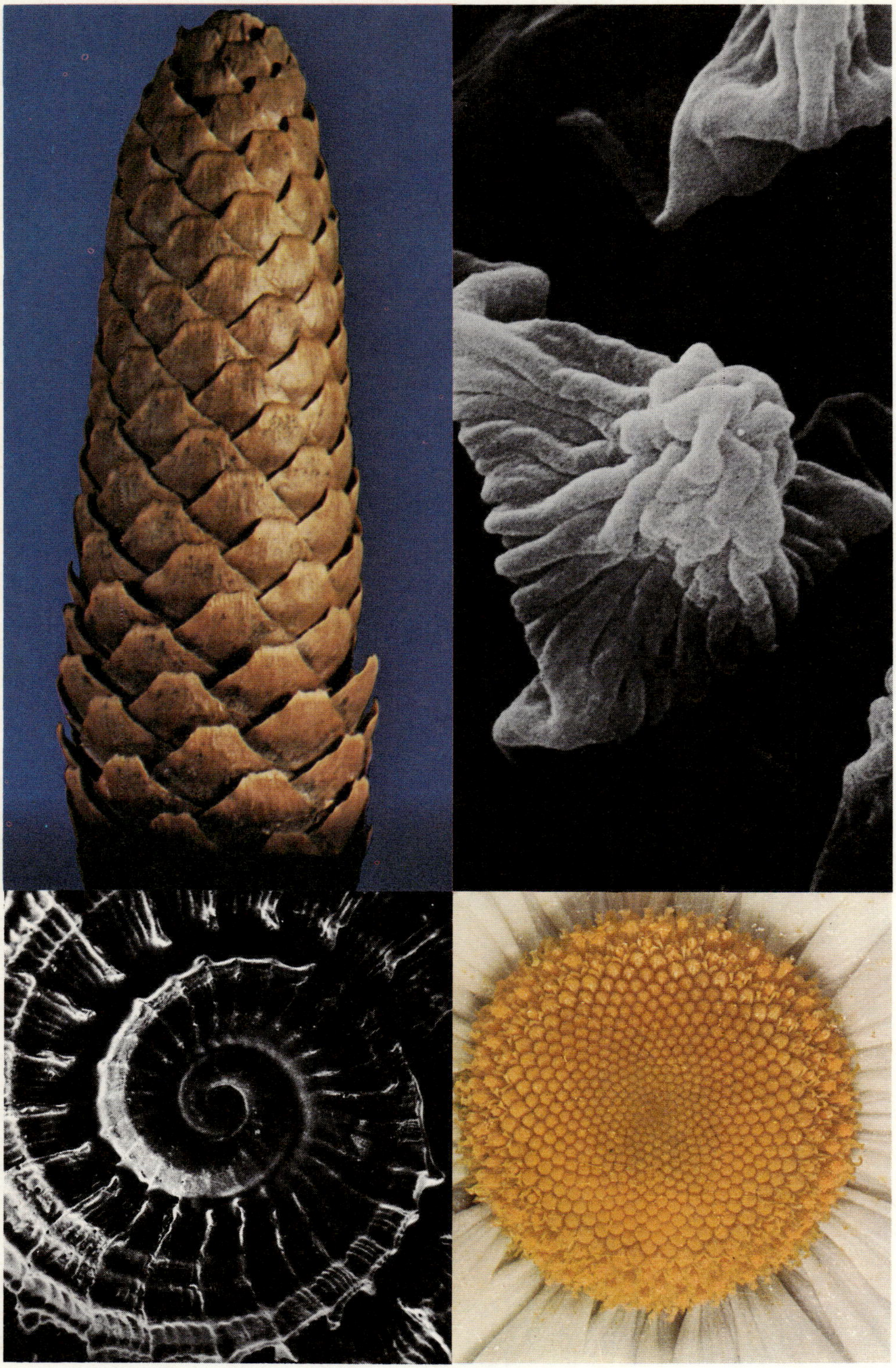

Die Sphärenmusik

82
Das sprießende Wachstum einer Pflanze.
Ein Tannenzapfen, die Oberfläche eines Rosenblütenblattes, eine Muschel und eine Gänseblume.

nicht immer so. Diese beiden Gelehrten führten die Idee einer Tangente ein, die Vorstellung von Beschleunigung, die Vorstellung von Neigung, die Vorstellung vom unendlich Kleinen, vom Differential. Es gibt ein Wort, das vergessen ist, aber das wirklich die beste Bezeichnung für den Strom der Zeit darstellt, den Newton wie eine Kamerablende anhielt: *Fluxions* war Newtons Bezeichnung für das, was normalerweise (nach Leibniz) als Differentialrechnung bezeichnet wird. Wenn man sich diese Rechenweise lediglich als eine fortgeschrittene Methode vorstellt, dann geht man an ihrer wirklichen Bedeutung vorbei. Bei diesem Rechenvorgang wird die Mathematik eine dynamische Ausdrucksform des Denkens, und das bedeutet einen großen geistigen Schritt vorwärts auf dem Wege des Aufstiegs des Menschen. Das technische Konzept, das diese Methode anwendbar macht, ist sonderbarerweise die Vorstellung von einem unendlich kleinen Schrittchen. Der geistige Durchbruch kam dadurch, daß man diesem Schrittchen eine nachhaltige Bedeutung verlieh. Aber das technische Konzept können wir den Profis überlassen und uns damit begnügen, es als die Mathematik der Veränderung zu bezeichnen.

Die Naturgesetze waren, seit Pythagoras erklärt hatte, daß Zahlen die Sprache der Natur seien, immer durch Zahlen ausgedrückt worden. Jetzt jedoch mußte die Sprache der Natur Zahlen einbeziehen, die die Zeit beschrieben. Die Naturgesetze wurden zu Bewegungsgesetzen, und die Natur selbst wurde nicht nur eine Abfolge von einzelnen Momentaufnahmen, sondern zum Bewegungsvorgang.

83
Die Mathematik wird zum dynamischen Denkvorgang, ein wesentlicher geistiger Schritt beim Aufstieg des Menschen.
Computergrafik-Darstellung der Bewegungsabläufe von subatomaren Teilchen.

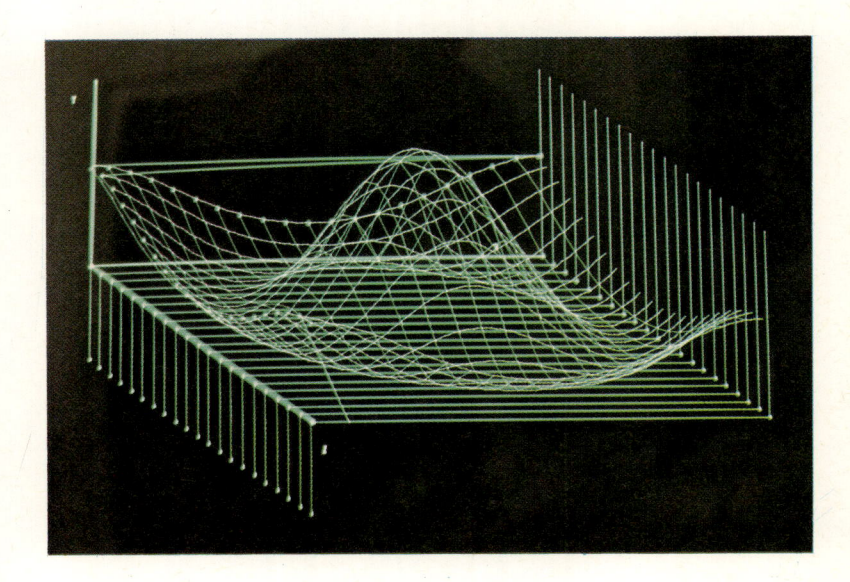

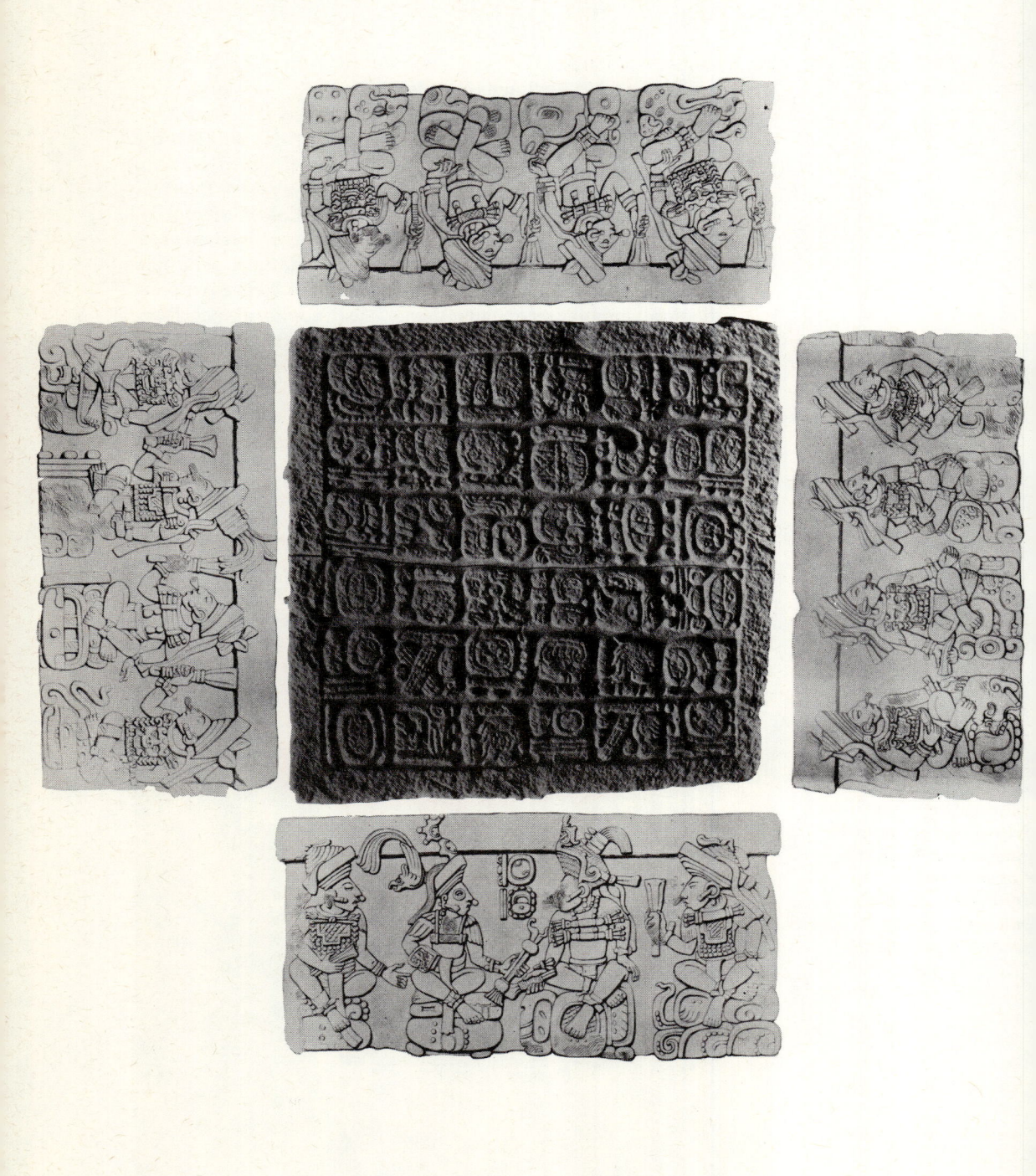

DER STERNENBOTE

Die erste Wissenschaft im modernen Sinne, die in der Zivilisation des Mittelmeeres heranwuchs, war die Astronomie. Es ist ganz natürlich, wenn man von der Mathematik gleich zur Astronomie fortschreitet, denn die Astronomie war schließlich zuerst entwickelt worden und wurde dann zum Modell für alle anderen Naturwissenschaften, just weil sie in genaue Zahlen umgesetzt werden konnte. Das ist nun keineswegs eine Voreingenommenheit meinerseits. Voreingenommen bin ich aber insofern, als ich mich entschlossen habe, das Drama der ersten mediterranen Naturwissenschaft in der Neuen Welt zu entfalten.

Grundbestandteile der Astronomie gibt es in allen Kulturen, und sie waren offensichtlich von Bedeutung für die Gedankenwelt früher Völker. Ein Grund dafür ist klar. Die Astronomie ist das Wissen, das uns durch die Jahreszeiten führt — zum Beispiel anhand der offensichtlichen Bewegungen der Sonne. Auf diese Weise kann man eine Zeit festlegen, zu der die Menschen säen, ernten, ihre Herden weitertreiben und so fort. Deshalb haben alle Siedlerkulturen einen Kalender, der ihre Pläne bestimmt, und das galt für die Neue Welt genauso wie für Babylon und Ägypten.

Ein Beispiel dafür ist die Maya-Zivilisation, die vor dem Jahre 1000 an der Landenge Amerikas zwischen dem Atlantik und dem Pazifik florierte. Sie kann für sich in Anspruch nehmen, die höchste der amerikanischen Kulturen zu sein: Sie hatte eine Schriftsprache, Fähigkeiten im Ingenieurwesen und eine ursprüngliche Kunst. Die Tempelkomplexe der Maya mit ihren steilen Pyramiden beherbergten einige Astronomen, und wir haben Porträts einer Gruppe dieser Astronomen auf einem großen Altarstein, der erhalten ist. Der Altar erinnert an einen frühen astronomischen Kongreß, der im Jahre 776 zusammentrat. Sechzehn Mathematiker sind damals zum Zentrum der Maya-Wissenschaft, der heiligen Stadt Copan in Mittelamerika, gekommen.

Die Maya hatten ein System der Arithmetik, das dem europäischen weit voraus war: zum Beispiel hatten sie ein Symbol für die Null. Sie waren gute Mathematiker, und dennoch haben sie nie die Bewegungen der Gestirne aufgezeichnet, mit Ausnahme der allereinfachsten. Statt dessen war ihr Ritual vom Ablauf der Zeit besessen, und diese formale Fixierung beherrschte ihre Astronomie wie auch ihre Gedichte und Legenden.

Als die große Konferenz in Copan zusammentrat, waren die Priesterastronomen der Maya in Schwierigkeiten geraten. Wir könnten annehmen, daß eine dieser größeren Schwierigkeiten, die es notwendig machte, gelehrte Delegierte von vielen Zentren

84
Das Maya-Ritual war vom Vergehen der Zeit besessen, und dieser formale Gedanke beherrscht die Maya-Astronomie.
Altarstück »Q«, Copan, zur Erinnerung an die Zusammenkunft von Maya-Astronomen, die die Unterschiede in ihren beiden gebräuchlichen Kalendern beseitigen wollten. Die Oberfläche ist mit Datenglyphen versehen, die die Neumonde im 8. Jahrhundert aufzeichnen. Das Datum der Zusammenkunft erscheint zwischen den Köpfen von Astronomen auf der Seite des Steins.

herbeizurufen, sich auf ein Beobachtungsproblem in der Wirklichkeit bezogen hat. Aber da sind wir im Irrtum. Der Kongreß wurde einberufen, um ein arithmetisches Berechnungsproblem zu lösen, das die Hüter des Maya-Kalenders fortwährend beunruhigte. Die Maya hatten zwei Kalender, einen heiligen und einen profanen, die niemals über lange Zeit übereinstimmten. Sie verwandten ihre geistige Energie darauf, den Unterschied zwischen den beiden Kalendern abzustellen. Die Astronomen der Maya hatten lediglich einfache Regeln für die Planetenbewegungen am Himmel, und sie hatten keinerlei Konzept der mechanischen Abhängigkeit der Gestirne voneinander. Ihre Vorstellung von der Astronomie war ausschließlich formal, eine Angelegenheit, die dazu diente, ihre Kalender im richtigen Ablauf zu halten. Das war alles, was hier 776 verhandelt wurde.

Wichtig ist natürlich, daß die Astronomie nicht beim Kalender haltmacht. Es gibt einen weiteren Verwendungszweck unter den frühen Völkern, der jedoch nicht universal war. Die Bewegungen der Sterne am Nachthimmel können auch dazu dienen, den Reisenden, besonders den Seefahrer, der keine anderen Anhaltspunkte hat, zu führen. Das war die Hauptbedeutung der Astronomie für die Seefahrer der Alten Welt im Mittelmeer. Soweit wir jedoch wissen, haben die Völker der Neuen Welt die Astronomie nicht als wissenschaftliche Leitvorstellung für Land- und Seereisen benutzt. Ohne Astronomie ist es wirklich nicht möglich, einen Weg über große Entfernungen zu finden oder eine Theorie über die Gestalt der Erde, die Land- und Wassermassen darauf, zu entwickeln. Kolumbus bediente sich einer alten und, unserer Auffassung nach, groben Astronomie, als er Segel setzte, um die andere Seite der Erde zu erreichen. Er glaubte zum Beispiel, daß die Erde wesentlich kleiner sei, als sie wirklich ist. Dennoch fand er die Neue Welt. Es kann kein Zufall sein, daß die Neue Welt nie daran gedacht hat, daß die Erde rund sei, und sich auch nie darum bemühte, die Alte Welt aufzufinden. Es war die Alte Welt, die die Segel setzte und rund um die Erde fuhr, um die Neue Welt zu entdecken.

Die Astronomie ist nicht der Höhepunkt der Wissenschaft oder der menschlichen Erfindungskraft, aber sie ist ein Prüfstein für die Wirksamkeit eines Temperaments und einer geistigen Bemühung, die eine Kultur bestimmen. Die Seefahrer des Mittelmeeres hatten seit der Zeit der Griechen eine besonders beharrliche Wißbegierde, die das Abenteuer mit der Logik kombinierte — das Empirische mit dem Vernunftbestimmten —, und zwar in einer einzigen Forschungshaltung vereint. Die Neue Welt hatte das nicht.

Hat dann etwa die Neue Welt gar nichts entdeckt? Natürlich ist es nicht so. Selbst eine so primitive Kultur wie die auf den Osterinseln hat eine ungeheure Entdeckung gemacht — die Bear-

85
Ein Gefühl, daß die Gestirne sich um ihre Nabe drehen, wobei die Nabe die runde Erde *Die Abbildung zeigt Bahnen, die die Planeten ziehen könnten. Die ptolemäische Theorie versuchte, diese Bahnen zu erklären. Die Fotografie zeigt die Bewegungen von Merkur, Venus, Mars, Jupiter und Saturn, die durch Langzeitbelichtung im Münchner Planetarium aufgezeichnet wurden.*

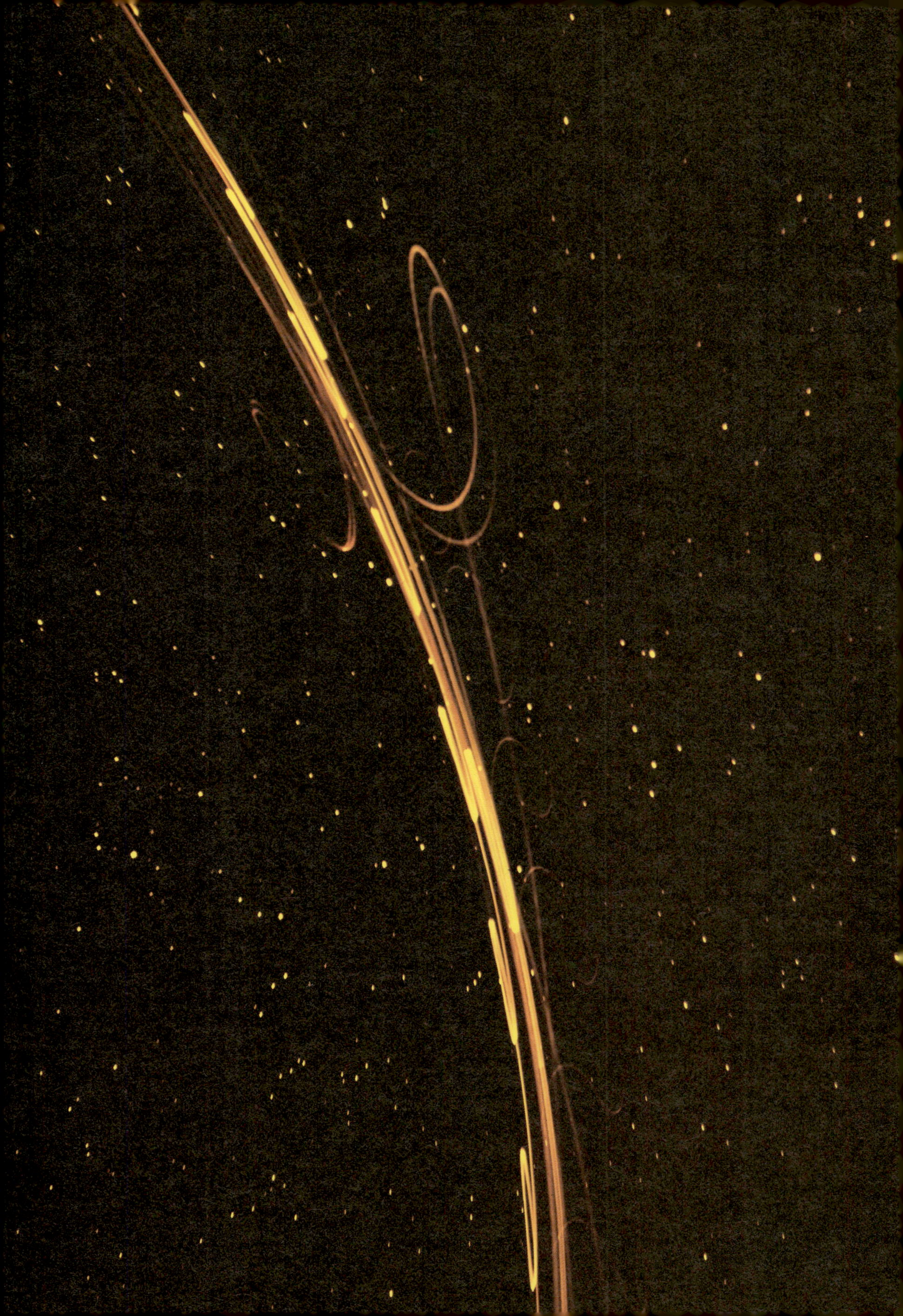

Der Aufstieg des Menschen

Ein irdisches Paradies wird nicht durch leere Wiederholung geschaffen.
Eine Reihe von Steinköpfen der Moais-Bucht, Osterinsel

beitung von riesengroßen und gleichförmigen Standbildern. Es gibt nichts dergleichen irgendwo in der Welt, und die Leute stellen wie üblich alle möglichen irrelevanten Fragen über diese Statuen. Warum wurden sie so gestaltet? Wie hat man sie transportiert? Wie kamen sie an die Stellen, an denen sie jetzt stehen? Aber das ist gar nicht das ausschlaggebende Problem. Stonehenge aus einer wesentlich früheren steinzeitlichen Zivilisation war erheblich schwieriger zusammenzufügen. Dasselbe gilt für Avebury und zahlreiche andere Denkmäler. Nein, primitive Kulturen bahnen sich ganz langsam ihren Weg, wenn es um diese enormen gemeinsamen Aufgaben geht.

Die kritische Frage, die man beim Anblick dieser Statuen stellen sollte, ist doch, warum wurden sie alle gleichartig gestaltet? Man sieht sie dort sitzen wie Diogenes in seiner Tonne mit leeren Augenhöhlen in den Himmel schauend, sie betrachten Sonne und Sterne, die über ihnen wandern, ohne je versucht zu haben, sie zu verstehen. Als die Holländer diese Insel am Ostersonntag 1722 entdeckten, sagten sie, daß sie den Eindruck eines Paradieses auf Erden mache. Dem war aber gar nicht so. Ein irdisches Paradies wird nicht durch diese leere Wiederholung geschaffen, wie ein Tier hinter Käfigstangen, das immer wieder dieselbe Runde macht und immer wieder dieselben Verrichtungen durchführt. Diese eingefrorenen Gesichter, diese festgehaltenen Einzelbilder in einem ablaufenden Film sind charakteristisch für eine Zivilisation, der es nicht gelungen war, den ersten Schritt beim Aufstieg zum vernunftgemäßen Wissen zu tun. Das ist das Versagen der Kulturen in der Neuen Welt, die in ihrer eigenen symbolischen Eiszeit absterben.

Die Osterinseln liegen über sechzehnhundert Kilometer westlich von der nächsten bewohnten Insel, von Pitcairn, entfernt. Sie liegen über zweitausend Kilometer von der nächsten östlichen Inselgruppe, den Juan-Fernandez-Inseln, entfernt, wo Alexander Selkirk, das Vorbild für Robinson Crusoe, 1704 an Land geworfen wurde. Solche Entfernungen kann man nicht navigieren, es sei denn, man hat ein Modell der Gestirne und der Sternpositionen, mit dessen Hilfe man seinen Weg zu bestimmen vermag. Man fragt oft nach den Osterinseln und danach, wie je Menschen hierhergekommen sind. Sie kamen durch Zufall her; das ist gar keine Frage. Die Frage sollte lauten, warum konnten sie nicht wieder von hier weg? Sie konnten nicht weg, weil sie kein Gefühl für die Sternbahnen hatten, das ihnen den Rückweg ermöglicht hätte.

Warum nicht? Ein offensichtlicher Grund liegt darin, daß es am südlichen Himmel keinen Polarstern gibt. Wir wissen, daß dies von Bedeutung ist, denn der Polarstern spielt eine Rolle bei der Vogelwanderung. Die Vögel finden ihren Weg mit Hilfe des

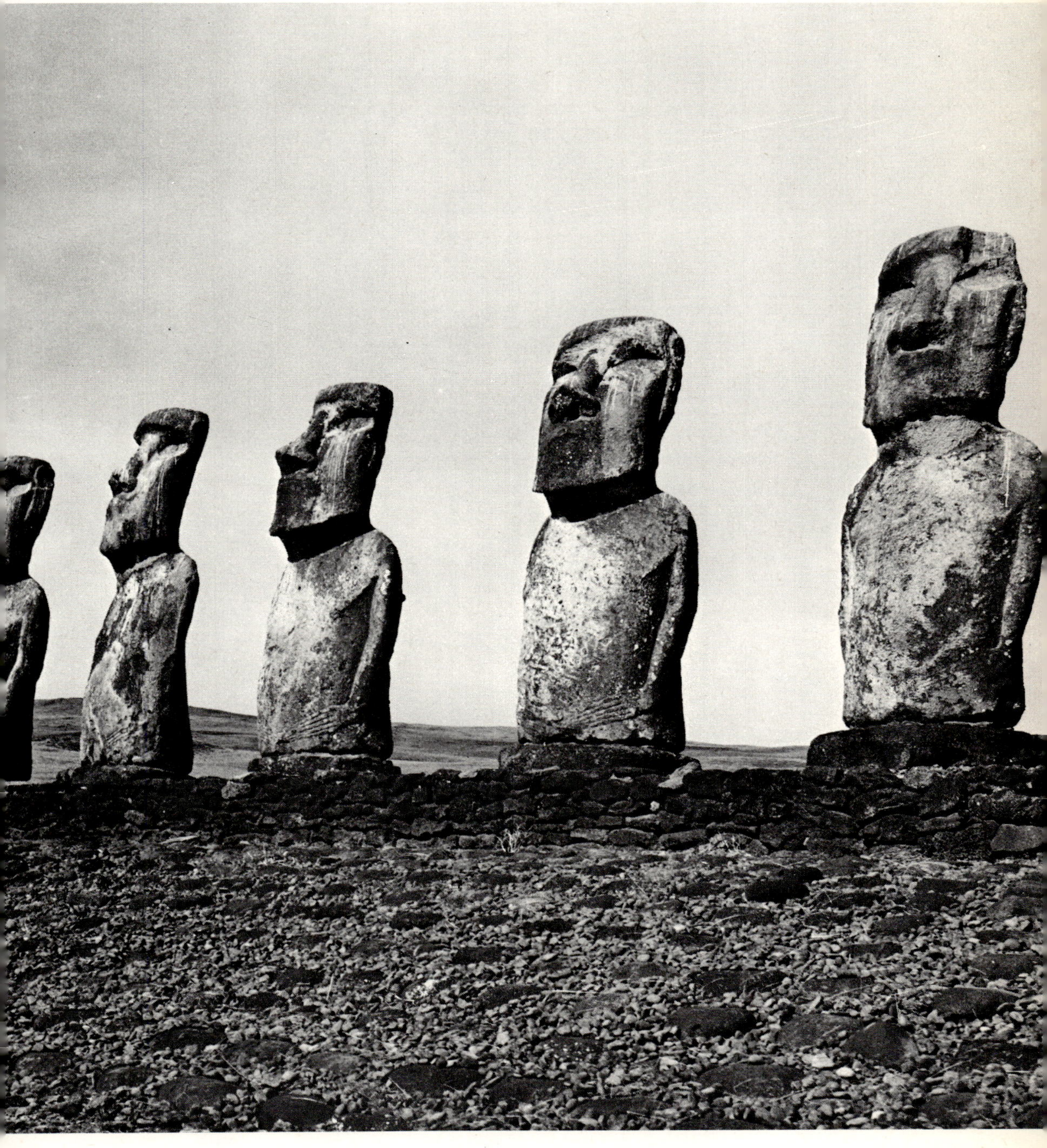

Polarsterns. Deshalb findet vielleicht der Vogelzug vorwiegend auf der nördlichen Halbkugel und nicht auf der südlichen statt.

Das Nichtvorhandensein eines Polarsterns könnte hier in der südlichen Halbkugel von Bedeutung sein, aber nicht für die ganze Neue Welt. Mittelamerika liegt doch nördlich des Äquators.

Woran hat es da gemangelt? Niemand weiß es. Ich glaube, daß diesen Völkern jenes große dynamische Ebenbild fehlte, das die Alte Welt so in Bewegung gebracht hat — das Rad. Das Rad war in der Neuen Welt lediglich ein Spielzeug, in der Alten Welt jedoch war es das größte Symbol der Dichtkunst und der Wissenschaft. Alles beruhte darauf. Dieses Gefühl für Gestirne, die sich um ihre Achse bewegen, ermutigte auch Christoph Kolumbus, als er 1492 die Segel setzte, und die Nabe, der Mittelpunkt, war die runde Erde. Er hatte es von den Griechen gelernt, die glaubten, daß die Gestirne auf Sphären festgelegt seien, die bei ihrer Drehung Musik erzeugten. Räder innerhalb von Rädern. Das war das System des Ptolemäus, das über tausend Jahre lang wirkte.

Über hundert Jahre bevor Christoph Kolumbus die Segel setzte, war die Alte Welt in der Lage gewesen, ein überragendes Uhrwerk der Himmelsgestirne zu bauen. Giovanni de Dondi in Padua schuf es etwa um 1350. Er hatte sechzehn Jahre dafür gebraucht, und es ist bedauerlich, daß das Original nicht mehr erhalten ist. Glücklicherweise war es möglich, aus seinen eigenen Arbeitsunterlagen ein Duplikat zu bauen, und im Smithsonian Institute in Washington ist nunmehr dieses großartige Modell untergebracht.

Aber noch überzeugender als das mechanische Wunder ist das geistige Konzept, das sich von Aristoteles, Ptolemäus und den Griechen herleitet und sich hier als eine Ansicht der Planeten, von der Erde aus gesehen, äußert. Von der Erde aus gibt es sieben Planeten — oder wenigstens glaubten das die Alten, da sie die Sonne auch als Planeten der Erde zählten. Deshalb hat die Uhr also sieben Scheiben wie eine Art Zifferblätter, und auf jedem Zifferblatt bewegt sich ein Planet. Die Bahn des Planeten auf seiner Scheibe entspricht (in etwa) der Bahn, die wir von der Erde aus sehen können — die Uhr ist so zuverlässig wie die Beobachtungsmethoden waren, als sie geschaffen wurde. Wo die Bahn von der Erde aus gesehen kreisförmig erscheint, ist sie auch auf dem Zifferblatt kreisförmig. Das war leicht. Aber für den Fall, daß die Bahn eines Planeten auf den Ausgangspunkt zurückführt, wenn man ihn von der Erde betrachtet, hat de Dondi eine mechanische Kombination von Rädern entwickelt, die die Epizyklen nachahmen (das heißt, das Rollen der Kreise auf Kreisen), mit denen Ptolemäus die Planetenbahn beschrieben hatte.

Zuerst also die Sonne: ein kreisförmiger Bahnverlauf, wie man seinerzeit annahm. Das nächste Zifferblatt zeigt den Mars: Man

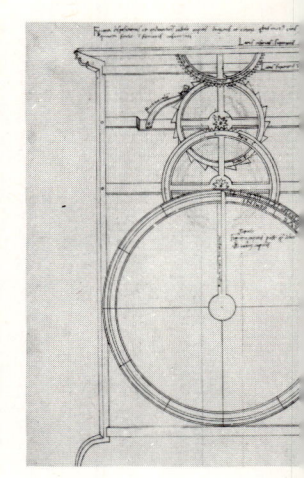

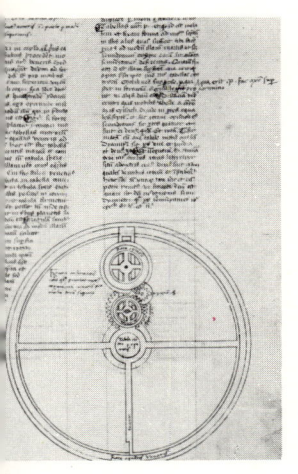

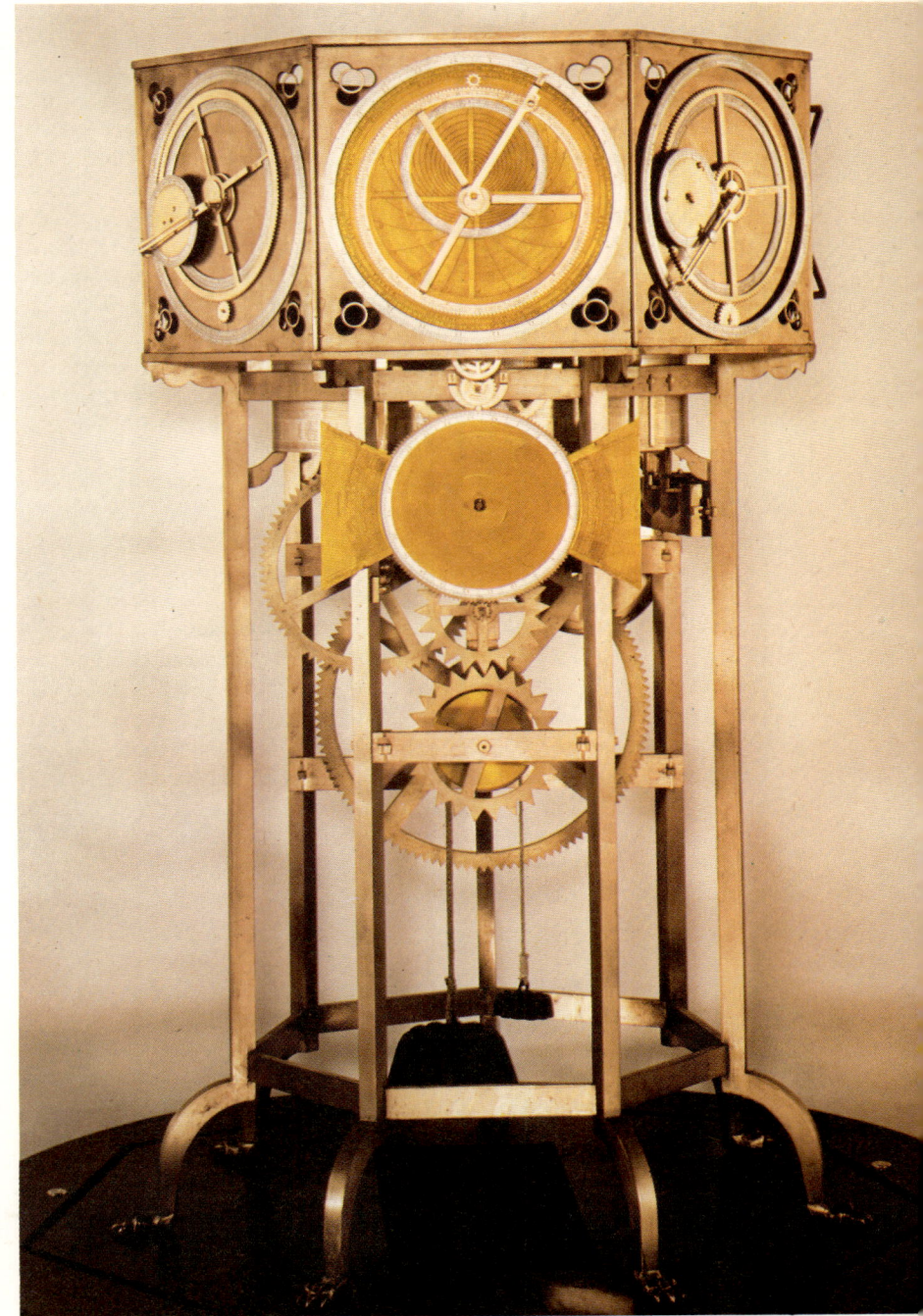

87
Ein prächtiges Uhrwerk, die Gestirne darstellend. *Rekonstruktion der Astronomischen Uhr von Giovanni de Dondi aus Padua und eine Kopie von zwei Seiten des Dondi-Manuskriptes aus dem späten 15. Jahrhundert, in dem der Mechanismus der Uhr beschrieben ist.*

beachte dabei, daß seine Bahn auf einem Uhrwerksrad innerhalb eines anderen Rades verläuft. Dann der Jupiter: noch mehr Räder innerhalb von Rädern. Als nächstes der Saturn: Räder innerhalb von Rädern. Dann kommen wir zum Mond — ist der nicht auf der Abbildung von de Dondi ganz besonders attraktiv? Sein Zifferblatt ist einfach, denn der Mond ist wirklich ein Erdplanet, und seine Bahn wird als Kreis dargestellt. Zuletzt kommen wir dann zu den Darstellungen für die beiden Planeten, die zwischen uns und der Sonne liegen, zum Merkur also und schließlich zur Venus. Noch einmal dasselbe Bild: Das Rad, das den Planeten Venus transportiert, dreht sich innerhalb eines größeren hypothetischen Rades.

Das ist ein bewundernswertes geistiges Konzept. Es ist sehr komplex — aber das macht es nur noch bewundernswerter. Im Jahre 150, gar nicht lange nach Christi Geburt, sind die Griechen also in der Lage gewesen, diese überragende Konstruktion zu planen und mathematisch darzustellen. Aber was stimmt daran nicht? Nur eins: daß sieben Scheiben für die Gestirne da sind — den Gestirnbahnen muß aber *ein* Mechanismus zugrunde liegen, nicht sieben. Der dafür erforderliche Mechanismus wurde nicht erkannt, bis Kopernikus 1543 die Sonne in den Mittelpunkt setzte.

Nikolaus Kopernikus war ein angesehener Kleriker und ein humanistischer Intellektueller aus Thorn, 1473 geboren. Er hatte in Italien Jura und Medizin studiert. Seine Regierung beriet er in Fragen der Währungsreform, und der Papst erbat seine Hilfe zur Reform des Kalenders. Wenigstens zwanzig Jahre seines Lebens widmete er sich der modernen Theorie, daß die Natur einfach sein müsse. Warum waren dann die Umlaufbahnen der Planeten so kompliziert? Weil wir, so fand Kopernikus, sie von der Stelle aus anschauen, wo wir zufällig sind, von der Erde aus. Wie die Pioniere der Perspektive fragte nun Kopernikus, warum schauen wir sie nicht von einer anderen Stelle aus an? Aus guten Gründen, die in der Renaissance wurzeln, gefühlsmäßigen eher als verstandesgemäßen, wählte er die goldene Sonne als Standpunkt.

In der Mitte von allem sitzt die Sonne auf ihrem Thron. Könnten wir in diesem allerschönsten Tempel diese Lichtquelle an einer besseren Stelle unterbringen, um das Ganze auf einmal zu erleuchten? Man nennt sie zu Recht die Leuchte, den Geist, die Herrscherin über das Universum: Hermes Trismegistus nennt sie den sichtbaren Gott, die Elektra des Sophokles bezeichnet sie als die alles Sehende. So sitzt die Sonne wie auf einem Königsthron und regiert ihre Kinder, die Planeten, die sie umschweben.

Wir wissen, daß Kopernikus lange Zeit daran gedacht hatte, die Sonne in den Mittelpunkt des Planetensystems zu setzen. Er könnte durchaus die erste noch befangene und unmathematische Skizze seines Schemas aufgezeichnet haben, bevor er vierzig war.

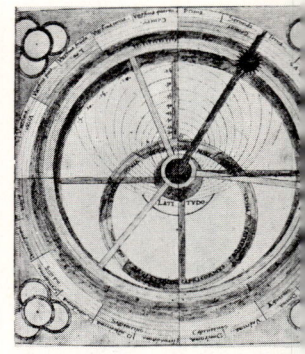

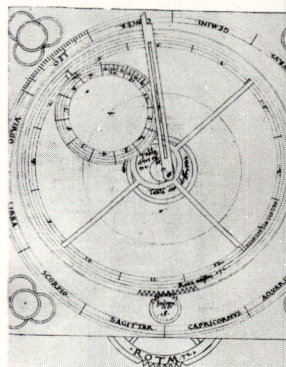

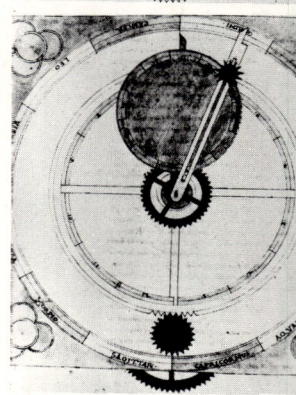

Die Zifferblätter der Dondi-Uhr, die die Bahnen von Sonne, Mars und Venus zeigen.

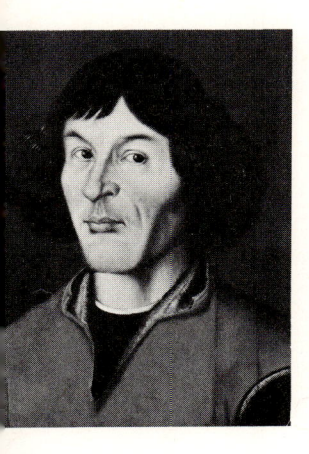

Der Sternenbote

Dabei handelte es sich jedoch nicht um eine These, die man in einem Zeitalter des religiösen Umsturzes leichtfertig vortragen durfte. 1543, als er fast siebzig war, hatte Kopernikus sich schließlich so weit gewappnet, daß er seine mathematische Beschreibung der Gestirne veröffentlichen konnte: *De Revolutionibus Orbium Coelestium, Die Umläufe der Himmelskörper,* worin er ein einziges System voraussetzte, das sich um die Sonne bewegt. (Das Wort »Revolution« hat heute einen Anklang, der gar nicht astronomisch ist, und das ist nicht zufällig so. Es leitet sich aus jener Zeit und jener Streitfrage ab.) Kopernikus verstarb noch im selben Jahr. Man sagt, daß er nur einmal ein Exemplar seines Buches gesehen hat, als man es ihm nämlich auf dem Sterbebett in die Hand gab.

Der Durchbruch der Renaissance in einem Ansturm — in der Religion, Kunst, Literatur, Musik und in der Mathematik — bedeutete einen direkten Zusammenstoß mit dem gesamten mittelalterlichen Denksystem. Uns erscheint der Platz der Mechanik des Aristoteles und der Astronomie des Ptolemäus im mittelalterlichen System rein zufällig. Für die Zeitgenossen von Kopernikus repräsentierten sie jedoch die natürliche und sichtbare Weltordnung. Das Rad, als griechisches Ideal der vollkommenen Bewegung, war zu einem versteinerten Götzen geworden, so starr wie der Kalender der Maya oder die Standbilder auf den Osterinseln.

Das System des Kopernikus erschien seinem Zeitalter unnatürlich, obwohl sich die Planeten immer noch auf Kreisbahnen bewegten. (Es war ein jüngerer Mann, Johannes Kepler, der später in

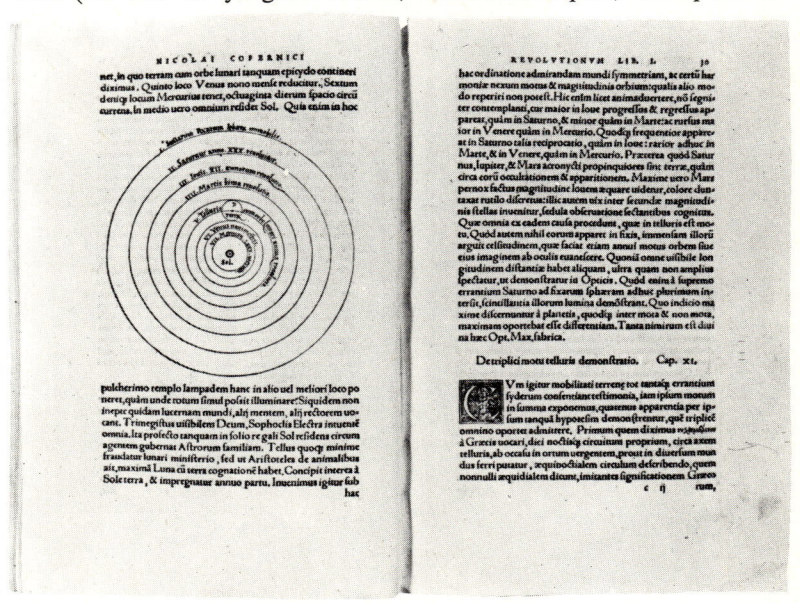

88
Kopernikus setzte 1543 die Sonne in den Mittelpunkt der Gestirne.
Nikolaus Kopernikus als junger Mann in Thorn, Polen.

Zwei Seiten aus dem Werk »De Revolutionibus Orbium Coelestium«.

Prag tätig war und zeigte, daß die Planetenbahnen in Wirklichkeit Ellipsen sind.) Das jedoch beunruhigte den Mann auf der Straße oder auf der Kanzel gar nicht. Sie hatten sich dem Himmelsrad verschrieben: Die himmlischen Heerscharen mußten um die Erde marschieren. Das war zum Glaubensartikel geworden, als hätte die Kirche endgültig beschlossen, das ptolemäische System sei nicht von einem levantinischen Griechen, sondern vom Allmächtigen selber erfunden worden. Ganz offensichtlich ging es bei dieser Frage nicht um Ansichten, sondern um Autorität. Diese Auseinandersetzung erreichte erst siebzig Jahre später in Venedig ihren Höhepunkt.

Im Jahre 1564 wurden zwei große Männer geboren — der eine war der Engländer William Shakespeare und der andere der Italiener Galileo Galilei. Wenn Shakespeare über das Drama der Macht in seinem Zeitalter schreibt, verlegt er die Handlung zweimal in die Republik Venedig: einmal im *Kaufmann von Venedig* und dann im *Othello*. Das hat er getan, weil im Jahre 1600 das Mittelmeer immer noch im Mittelpunkt der Welt stand und Venedig der Nabel des Mittelmeeres war. Hierher kamen ehrgeizige Männer, um zu arbeiten, denn sie konnten hier ungehindert tätig sein: Kaufleute, Abenteurer und Intellektuelle, eine Schar von Künstlern und Handwerkern bevölkerte die Straßen von Venedig.

Die Venezianer hatten den Ruf, ein geheimnistuerisches und unaufrichtiges Volk zu sein. Venedig war ein Freihafen, wie wir das heute nennen würden, und das brachte ein bißchen von jenem verschwörerischen Flair mit sich, das auch über Städten wie Lissabon und Tanger liegt. In Venedig war es auch, wo ein falscher Mäzen dem Giordano Bruno 1592 eine Falle stellte und ihn dann der Inquisition auslieferte, die ihn acht Jahre später in Rom auf dem Scheiterhaufen verbrannte.

Die Venezianer waren bestimmt ein praktisches Volk. Galilei hatte tiefgreifende Arbeiten auf dem Gebiet der naturwissenschaftlichen Grundlagenforschung in Pisa durchgeführt. Was jedoch die Venezianer dazu brachte, ihn sich als Professor für Mathematik nach Padua zu holen, war, vermute ich fast, seine Begabung für praktische Erfindungen. Einige von ihnen sind noch in der historischen Sammlung der *Accademia Cimento* in Florenz erhalten. Sie sind auf hervorragende Weise durchdacht und ausgeführt. Es gibt einen gläsernen Apparat zur Messung der Ausdehnung von Flüssigkeiten, der etwa wie ein Thermometer aussieht, und eine empfindliche hydrostatische Waage, um die Dichte von Wertgegenständen festzustellen. Diese Waage beruht auf dem archimedischen Prinzip. Dann gibt es auch noch eine Vorrichtung, die Galilei, der eine Begabung als Verkäufer hatte, einen »Militärkompaß« nannte, obwohl es sich dabei in Wirklichkeit um ein Recheninstrument

89
Um 1600 war das Mittelmeer noch das Zentrum der Welt, und Venedig war der Nabel des Mittelmeeres. *Ausschnitte aus einem Holzschnitt mit einer Ansicht von Venedig von Jacopo de'Barbari, datiert 1500.*

90

Galilei war ein kleiner, untersetzter aktiver Mann mit rotem Haar. *Porträt von Galileo Galilei, 8 Jahre vor seinem Prozeß, von Octavio Leoni gezeichnet.*

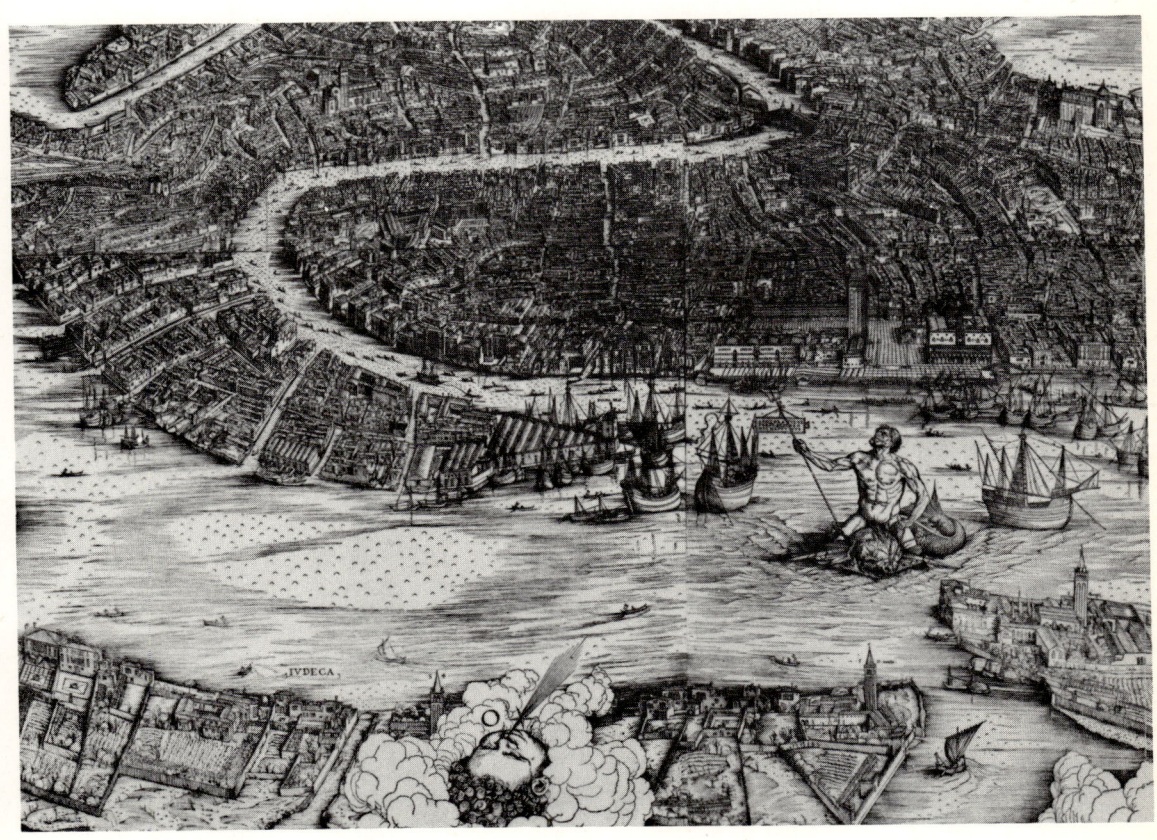

handelte, einem modernen Rechenschieber nicht unähnlich. Galilei stellte diese Rechner in seiner eigenen Werkstatt her und verkaufte sie auch. Er schrieb ein Handbuch für seinen »Militärkompaß« und verlegte es unter seiner eigenen Adresse. Das war eines der ersten Werke Galileis, die veröffentlicht wurden. Da handelte es sich um solide, wirtschaftlich nutzbare Wissenschaft, wie die Venezianer sie zu schätzen wußten.

So ist es also gar nicht erstaunlich, daß gegen Ende des Jahres 1608 einige Brillenmacher in Flandern, die eine primitive Form des Guckglases entwickelt hatten, versuchten, es an die Republik Venedig zu verkaufen. Aber die Republik hatte natürlich in der Person von Galilei einen Wissenschaftler und Mathematiker in ihren Diensten, der wesentlich begabter war als irgend jemand in Nordeuropa — und der auch viel besser für sich Reklame machte, der nämlich, als er ein Fernrohr gemacht hatte, den ganzen Senat von Venedig oben auf den Glockenturm drängte, um das Fernrohr voller Stolz vorzuführen.

Galilei war ein kleiner, untersetzter agiler Mann mit rotem Haar und mehr Kindern, als ein Junggeselle eigentlich haben dürfte. Er war fünfundvierzig, als er die Nachricht von der flämischen Erfindung vernahm, und sie regte ihn außerordentlich an. In einer Nacht entwickelte er sie selbständig und machte ein fast genauso gutes Instrument mit einer dreifachen Vergrößerung, was lediglich etwa einem zuverlässigen Opernglas entspricht. Bevor er allerdings auf den Glockenturm in Venedig stieg, verbesserte er die Vergrößerung auf das Acht- bis Zehnfache und hatte damit ein wirkliches Fernrohr zur Hand. Mit diesem Fernrohr kann man oben vom Glockenturm aus, wo der Horizont etwa 35 Kilometer weit weg ist, nicht nur Schiffe auf hoher See entdecken, sondern man kann auch ein Schiff, das noch zwei Segelstunden oder mehr entfernt ist, bereits identifizieren. Das war den Maklern am Rialto natürlich eine Menge Geld wert.

Galilei beschrieb die Ereignisse seinem Schwager in Florenz in einem Brief, datiert vom 29. August 1609:

Dann müßt ihr wissen, daß es fast zwei Monate her ist, seit hier die Nachricht verbreitet wurde, daß in Flandern dem Grafen Maurice ein Guckglas vorgeführt worden sei, das so zusammengesetzt ist, daß weit entfernte Dinge dadurch recht nah erscheinen, so daß man einen zwei Meilen entfernten Mann klar zu sehen vermag. Das schien mir ein so wunderbarer Effekt zu sein, daß er mich zum Nachdenken anregte. Da mir schien, daß dieses Glas auf der Wissenschaft von der Perspektive beruht, habe ich begonnen, über seine Fertigung nachzudenken. Schließlich fand ich die Zusammenhänge heraus, und zwar so vollkommen, daß ein Instrument, das ich herstellte, bei weitem den Ruf des flämischen übertraf. Als die

Ein Instrument von der Art, wie Galilei sie herstellte: eine empfindliche hydrostatische Waage zur Bestimmung der Dichte von Gegenständen aus Edelmetall nach dem archimedischen Prinzip.

91
Galilei brachte die Vergrößerung bis auf acht- oder zehnmal, dann erst hatte er ein wirkliches Fernrohr geschaffen.
Das Fernrohr, das Galilei vermutlich 1609 der Signorina vorführte.

Der Aufstieg des Menschen

Nachricht, daß ich ein solches Gerät hergestellt hatte, Venedig erreichte, wurde ich vor nunmehr sechs Tagen von der Signorie aufgefordert, ihr und dem ganzen Senat das Instrument zu zeigen, und zwar zum unendlichen Erstaunen aller.

Galilei ist der Schöpfer der modernen wissenschaftlichen Methode. Und die begründete er in den sechs Monaten nach seinem Triumph auf dem Campanile, was jedem anderen schon Ruhm genug gewesen wäre. Damals überlegte er sich, daß es nicht genug sei, das Spielzeug aus Flandern zu einem Navigationsinstrument zu machen. Man konnte es auch in ein Werkzeug der Forschung verwandeln, eine Idee, die jener Zeit fremd und neu war. Er verbesserte die Vergrößerung des Fernrohres auf 1 : 30 und richtete es auf die Sterne. Auf diese Weise hat er eigentlich zum erstenmal das verwirklicht, was wir uns unter angewandter Naturwissenschaft vorstellen: ein Gerät zu bauen, den Versuch durchzuführen und die Ergebnisse zu veröffentlichen. Das tat er zwischen September 1609 und März 1610, als er in Venedig das großartige Buch *Sidereus Nuncius, Der Sternenbote,* herausgab, in dem ein illu-

92
Das Spielzeug aus Flandern konnte in ein Instrument der Forschung verwandelt werden. *Wandbild aus der Dachstube im Hause eines Mitglieds der römischen Accademia dei Lincei, aus dem die modische Beschäftigung mit der Beobachtung durch Fernrohre hervorgeht, die Galileis Demonstrationen auslöste.*

93
»Es ist ein sehr schöner und erhebender Anblick, den Körper des Mondes wahrzunehmen.« *Galileis Aquarelle von den Phasen des Mondes, wie er sie 1612 durch eines seiner Fernrohre wahrnahm.*

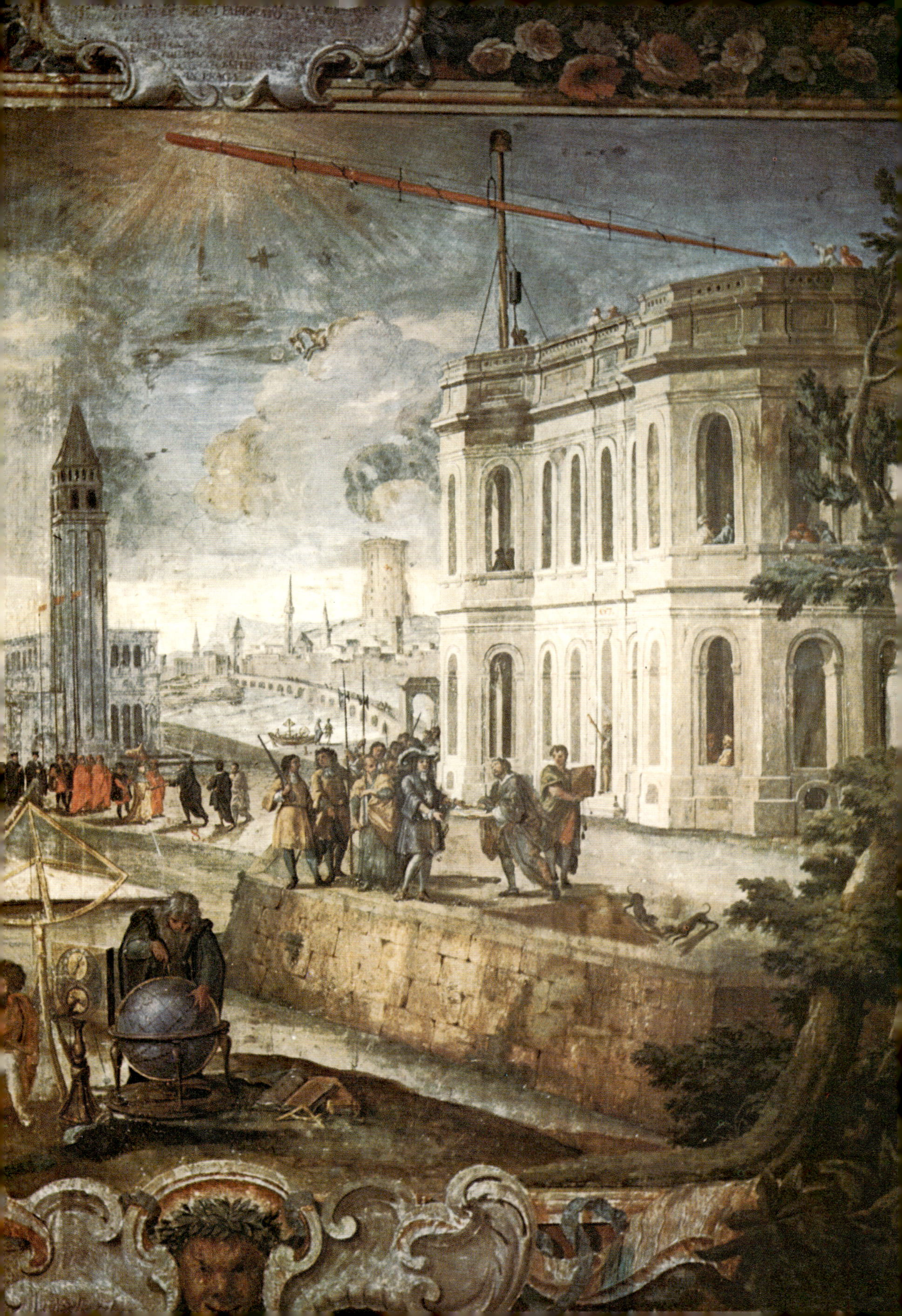

strierter Bericht über seine neuen astronomischen Beobachtungen gegeben wurde. Was besagte dieses Buch?

(Ich habe) Myriaden von Sternen gesehen, die noch nie zuvor wahrgenommen wurden und die an Zahl die zuvor bekannten Sterne um mehr als das Zehnfache übertreffen.

Aber das, was bei weitem das größte Erstaunen hervorrufen wird und was mich schließlich insonderheit bestimmte, die Aufmerksamkeit aller Astronomen und Philosophen auf diese Tatsache zu richten, das ist, daß ich vier Planeten entdeckt habe, die vor meiner Zeit weder irgendeinem Astronomen bekannt waren noch von irgendeinem beobachtet worden sind.

Das waren die Trabanten des Jupiter. Im *Sternenboten* wird dann auch berichtet, wie Galilei sein Fernrohr auf den Mond selbst gerichtet hat. Galilei war der erste Mensch, der kartographische Darstellungen des Mondes veröffentlichte. Wir haben seine Originalaquarelle.

Es ist ein wunderschöner und ergötzlicher Anblick, den Körper des Mondes wahrzunehmen ... (Er) besitzt gewißlich keine glatte und geschliffene Oberfläche, sondern eine rauhe und ungleichmäßige, und, just wie das Gesicht der Erde selbst, ist er überall voller großer Vorsprünge, tiefer Schluchten und wellenförmiger Aufwürfe.

Der britische Botschafter am Hofe des Dogen in Venedig, Sir Henry Wotton, berichtete am Tage der Veröffentlichung des *Sternenboten* an seine Vorgesetzten nach England:

Der Mathematikprofessor in Padua hat ... vier neue Planeten entdeckt, die sich um die Sphäre des Jupiter bewegen, nebst zahlreichen anderen unbekannten Fixsternen; gleichermaßen ... daß der Mond nicht rund sei, sondern mit zahlreichen Vorsprüngen versehen ... Der Autor ist auf dem besten Wege, entweder außergewöhnlich berühmt oder außergewöhnlich lächerlich zu werden. Mit dem nächsten Schiff werden Euer Lordschaft von mir eines der (optischen) Instrumente erhalten, wie sie dieser Mann hergestellt hat.

Die Nachricht war sensationell. Galileis Ruhm war noch größer als sein Triumph bei den Handelsleuten. Und doch war diese Entdeckung gar nicht so sehr willkommen, denn was Galilei am Himmel gesehen und jedermann, der willens war hinzuschauen, auch verkündet hatte, war nämlich, daß der ptolemäische Himmel einfach nicht stimmte. Kopernikus hatte mit seiner nachdrücklichen Vermutung recht gehabt, die nunmehr offen dastand und als richtig bewiesen war. Aber diese Theorie bereitete dem Establishment seiner Tage gar keine Freude.

Galilei glaubte, daß er nun lediglich beweisen müsse, Kopernikus habe recht gehabt, und dann würden ihm alle Fachleute fol-

Der Sternenbote

gen. Das war sein erster Fehler: der Fehler, unbefangen über die Motive anderer Leute nachzudenken, ein Fehler, den Wissenschaftler immer machen. Er glaubte auch, daß sein Ruf nun überzeugend genug sei, um in seine Heimat Florenz zurückzukehren, seinen ziemlich langweiligen Lehrauftrag in Padua, der ihm zur Last geworden war, aufzugeben und den Schutz der im wesentlichen antiklerikalen, sicheren Republik Venedig aufgeben zu können. Das war sein zweiter und letztlich tödlicher Fehler.

Die Erfolge der protestantischen Reformation im sechzehnten Jahrhundert hatten die römisch-katholische Kirche veranlaßt, eine erbarmungslose Gegenreformation einzuleiten. Die Reaktion gegen Luther war überall voll im Gange. Die Auseinandersetzung in Europa ging um Autorität. 1618 begann der 30jährige Krieg. 1622 schuf Rom die Institution für die Verbreitung des Glaubens — propagatio fidei —, von der wir noch heute das Wort *Propaganda* herleiten. Katholiken und Protestanten waren in eine Auseinandersetzung verwickelt, die wir wohl heute als kalten Krieg bezeichnen würden und in der, hätte Galilei das doch nur gewußt, weder großen noch kleinen Persönlichkeiten Pardon gegeben wurde. Das Urteil war auf beiden Seiten sehr einfach: Wer nicht für uns ist — ist ein Ketzer. Selbst ein so weltferner Glaubensdeuter wie der Kardinal Bellarmine hatte die astronomischen Spekulationen des Giordano Bruno unerträglich gefunden und ihn deshalb auf den Scheiterhaufen geschickt. Die Kirche war eine große weltliche Macht, und in jener bitteren Zeit kämpfte sie auf einem politischen Kreuzzug, bei dem alle Mittel durch den Zweck geheiligt wurden — die Ethik des Polizeistaates.

Galilei war meiner Meinung nach auf wunderliche Weise naiv, was die Welt der Politik anging, und ganz besonders naiv, wenn er glaubte, daß er sie zu überlisten vermöge, weil er ja klug sei. Zwanzig Jahre lang, und noch darüber hinaus, bewegte er sich auf einer Straße, die unweigerlich zu seiner Verurteilung führte. Es brauchte Zeit, um ihn zu unterlaufen, aber es konnte nie irgendein Zweifel bestehen, daß Galilei zum Schweigen gebracht werden würde, denn die Spaltung zwischen ihm und den Herrschenden war absolut. Sie glaubten, daß der Glaube dominieren sollte, und Galilei glaubte, daß die Wahrheit überzeugen müsse.

Dieser Konflikt zwischen Prinzipien und, natürlich, Persönlichkeiten kam beim Gerichtsverfahren gegen Galilei 1633 offen zum Ausbruch. Aber jedes politische Verfahren hat eine lange, verborgene Geschichte über Machenschaften hinter den Kulissen. Die verborgene Geschichte der Ereignisse vor diesem Prozeß liegt in den verschlossenen Geheimarchiven des Vatikans. Zwischen den unendlichen Reihen von Dokumenten steht ein bescheidener Stahlschrank, in dem der Vatikan das aufbewahrt, was er als grundle-

94
»Der Mathematikprofessor in Padua hat vier neue Planeten entdeckt, die um die Bahn des Jupiter kreisen.«
Seite aus dem »Sternenboten« mit den Umlaufpositionen der Monde des Jupiter.

Titelseite einiger der wissenschaftlichen Arbeiten, die Galilei zwischen 1606 und 1630 in Venedig, Padua, Florenz und Rom veröffentlichte. »Il Saggiatore« war dem neuen Papst, Urban VIII. gewidmet.

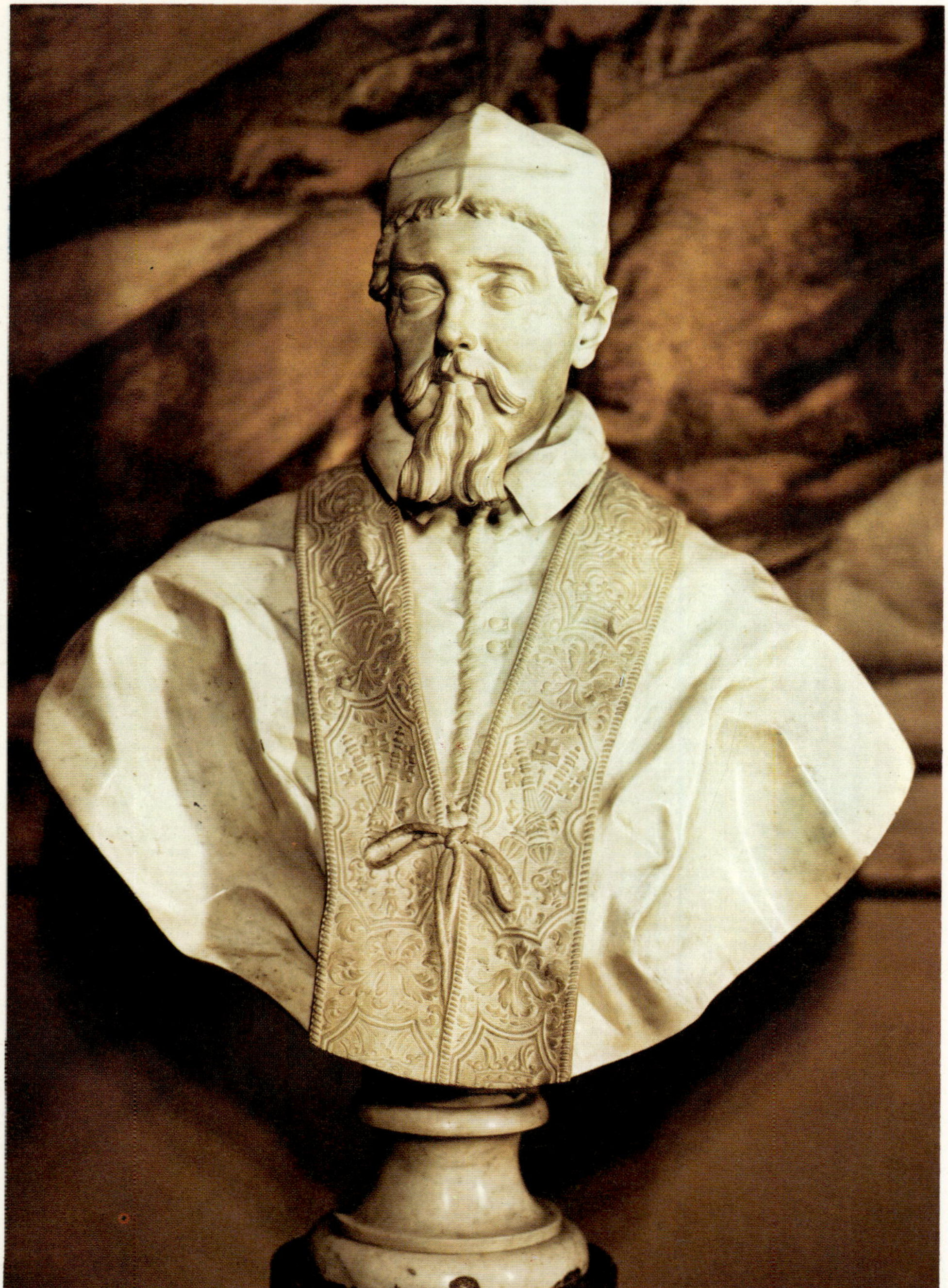

Der Sternenbote

gende Dokumente betrachtet. Hier liegt zum Beispiel der Antrag Heinrichs VIII. auf Scheidung — dessen abschlägiger Bescheid die Reformation nach England brachte und die Bindung an Rom beendete. Der Prozeß des Giordano Bruno hat nicht viele Dokumente hinterlassen, denn die meisten wurden zerstört. Was jedoch noch vorhanden ist, liegt hier im Vatikan.

Dort ist der berühmte Kodex 1181, *Verfahren gegen Galileo Galilei*. Der Prozeß war 1633, und die erste auffallende Tatsache dabei ist, daß das Dokument bereits 1611 beginnt, zur Zeit von Galileis Triumph in Venedig und Florenz. Hier in Rom wurden Geheiminformationen gegen Galilei dem Heiligen Offizium der Inquisition vorgelegt. Die Angaben im frühesten Dokument, das nicht in dieser Akte liegt, besagen, daß Kardinal Bellarmine Nachforschungen über ihn anstellen ließ. Berichte wurden in den Jahren 1613, 1614 und 1615 abgeheftet. Um diese Zeit war Galilei selbst alarmiert. Unaufgefordert geht er nach Rom, um seine Freunde unter den Kardinälen dazu zu bewegen, das kopernikanische Weltbild nicht zu untersagen.

Aber es ist zu spät. Im Februar 1616 wird in den Kodex als Entwurf die Formel eingefügt, die wir hier in freier Übersetzung wiedergeben:

Überlegungen, die es zu untersagen gilt:
Daß die Sonne unbeweglich im Mittelpunkt der Gestirne ruhe; daß die Erde nicht der Mittelpunkt der Gestirne sei und daß sie nicht unbeweglich sei, sondern sich in einer zweifachen Bewegung befinde.

Galilei selbst scheint jeder strengen Zensur entgangen zu sein. Er wird jedenfalls vor den großen Kardinal Bellarmine berufen, und er ist überzeugt, und darüber hat er einen Brief von Bellarmine, daß er das kopernikanische Weltsystem nicht für richtig halten oder gar verteidigen darf — aber damit endet dieses Dokument. Unglücklicherweise liegt hier bei den Akten ein Dokument, das weitergeht und auf das sich der Prozeß berufen wird. Aber das liegt alles noch siebzehn Jahre von diesem Zeitpunkt entfernt.

Mittlerweile geht Galilei zurück nach Florenz, und er ist sich zweier Dinge bewußt: Erstens, daß die Zeit, Kopernikus in der Öffentlichkeit zu verteidigen, noch nicht gekommen ist; und zweitens, daß er fest daran glaubt, ein solcher Zeitpunkt werde sich einstellen. Was den ersten Punkt angeht, hat er recht. Was den zweiten Punkt betrifft — hat er nicht recht. Galilei wartet jedoch zunächst einmal ab, bis — ja bis wann? Bis ein intellektueller Kardinal zum Papst gewählt werden sollte: Maffeo Barberini.

Das geschah 1623, als Maffeo Barberini zum Papst Urban VIII. ausgerufen wurde. Der neue Papst war ein Liebhaber der Künste. Musik schätzte er besonders. Bei dem Komponisten Gregorio

95
Es gibt einen bescheidenen Safe, in dem der Vatikan das aufbewahrt, was er für die wichtigsten Dokumente hält.
Der Autor in den Geheimarchiven des Vatikans beim Sichten der Dokumente über den Prozeß des Galilei.

96
1623 wurde ein intellektueller Kardinal zum Papst gewählt: Maffeo Barberini.
Büste des neuen Papstes von dem Bildhauer und Architekten, den er besonders hoch schätzte, Gianlorenzo Bernini, der den Ausbau des Petersdomes 1626 begann.

Allegri gab er ein *Miserere* für neun Stimmen in Auftrag, das noch lange Zeit später für den Vatikan reserviert war. Der neue Papst hatte eine Vorliebe für die Architektur. Er wollte den Petersdom zum Zentrum von Rom machen. Dem Bildhauer und Architekten Gianlorenzo Bernini gab er den Auftrag, das Innere von St. Peter zu vollenden, und Bernini entwarf voller Kühnheit den großen Baldacchino (den Baldachin über dem päpstlichen Thron), der die einzige würdige Ergänzung zu Michelangelos ursprünglichem Konzept darstellt. In seiner Jugend hatte der intellektuelle Papst auch Gedichte geschrieben, eines von ihnen war ein Preislied auf Galilei über seine astronomischen Schriften.

Papst Urban VIII. sah sich als Neuerer. Er war ein in sich gefestigter, ungeduldiger Geist:

Ich weiß es besser als alle Kardinäle zusammengenommen! Der Spruch eines lebenden Papstes ist mehr wert als alle Erlasse von hundert toten Päpsten,

sagte er voller Anmaßung. In Wirklichkeit erwies sich jedoch Barberini als Papst als reiner Barockmensch: ein verschwenderischer Anhänger von Vetternwirtschaft, extravagant, herrschsüchtig, unstet in seinen Intrigen und absolut taub gegenüber den Ideen anderer. Er ließ sogar die Vögel in den Vatikanischen Gärten töten, weil sie ihn störten.

Galilei kam 1624 voller Optimismus nach Rom, und er führte mit dem neugewählten Papst in den Vatikanischen Gärten sechs lange Gespräche. Galilei hoffte, daß der intellektuelle Papst das 1616 erlassene Verbot des kopernikanischen Weltbildes zurückziehen oder zumindest umgehen würde. Es zeigte sich jedoch, daß Urban VIII. nicht einmal bereit war, so etwas zu erwägen. Galilei hoffte jedoch immer noch — und die Beamten des päpstlichen Hofes erwarteten es —, daß Urban VIII. die neuen wissenschaftlichen Ideen ganz unauffällig in das kirchliche Denken einfließen lassen würde, bis sie unmerklich die alten Vorstellungen ersetzten. Schließlich waren doch auch so die heidnischen Ideen des Ptolemäus und Aristoteles zum christlichen Glaubensgut geworden. Galilei hatte stets vorausgesetzt, daß der endgültige Beweis seiner Theorie in der Natur gefunden werden muß.

Ich glaube, daß wir bei der Diskussion physikalischer Probleme nicht von der Autorität des Geschriebenen ausgehen sollten, sondern von Sinneserfahrungen und erforderlichen Demonstrationen ... Auch Gott ist nicht weniger großartig in den Naturereignissen offenbart als in den heiligen Erklärungen der Bibel.

Urban VIII. wandte dagegen ein, daß es keinen endgültigen Prüfstein für Gottes Plan geben könne, und er bestand darauf, daß Galilei dies in seinem Buch zum Ausdruck bringen müsse.

Es wäre eine außergewöhnliche Kühnheit, wenn irgend jemand sich anschicken wollte, die göttliche Kraft und Weisheit zu begrenzen und auf irgendeine eigene Vermutung einzuschränken.

Dieser Vorbehalt war dem Papst besonders wichtig. Er hielt Galilei davon ab, irgendeine endgültige Schlußfolgerung zum Ausdruck zu bringen (selbst die negative Folgerung, daß Ptolemäus unrecht hatte), denn dadurch würde das Recht Gottes beeinträchtigt, das Universum durch wunderbare Kraft anstelle der Naturgesetze zu bestimmen.

Zur endgültigen Auseinandersetzung kam es 1632, als Galilei endlich sein Buch, den *Dialog über die großen Weltsysteme*, drucken lassen konnte. Urban VIII. war außer sich vor Zorn.

Der Galilei hat es auf sich genommen, sich in Dinge einzumischen, auf die er sich nicht einlassen sollte, und er verbreitet sich auch über die bedeutungsvollsten und gefährlichsten Themen, die in unserer Zeit aufgewirbelt werden können

schrieb er am 4. September jenes Jahres an den Botschafter in der Toscana. Im gleichen Monat kam der entscheidende Befehl:

Seine Heiligkeit beauftragt den Inquisitor in Florenz, Galilei im Auftrag des Heiligen Offiziums mitzuteilen, daß er sobald wie möglich im Verlauf des Monats Oktober in Rom vor dem Generalkommissar des Heiligen Offiziums zu erscheinen habe.

Der Papst Urban VIII., Maffeo Barberini der Freund, hat ihn persönlich dem Heiligen Offizium der Inquisition ausgeliefert, dessen Entscheidung unwiderruflich ist.

Im Dominikanerkloster von Santa Maria Sopra Minerva leitete die heilige römische und universale Inquisition Verfahren gegen jene ein, deren Loyalität in Frage stand. Die Inquisition war 1542 von Papst Paul III. geschaffen worden, um der Verbreitung der reformatorischen Glaubensthesen Einhalt zu gebieten, wobei sie insbesondere gegründet wurde »gegen häretische Verderbtheit in der gesamten Christenheit«. Nach 1571 wurde ihr darüber hinaus Vollmacht erteilt, auch die schriftlich festgelegten Glaubenssätze zu beurteilen, und sie richtete den Index der verbotenen Bücher ein. Die Verfahrensregeln waren strikt und genau festgelegt. Sie waren 1588 formalisiert worden, und es handelte sich hier natürlich nicht um Verfahrensvorschriften eines Gerichtshofes. Der Gefangene hatte keine Unterlagen über die Anklage und über die Beweisdokumentation. Außerdem hatte er keinen Verteidiger.

Beim Prozeß gegen Galilei waren zehn Richter anwesend: alle Kardinäle, alle Dominikaner. Einer von ihnen war der Bruder des Papstes, ein anderer des Papstes Neffe. Der Prozeß wurde vom Generalkommissar der Inquisition geleitet. Der Saal, in dem Galilei der Prozeß gemacht wurde, ist jetzt ein Teil des Hauptpostamtes in Rom, aber wir wissen, wie er 1633 ausgesehen hat: ein geisterhaft anmutender Konferenzsaal in einem Herrenklub.

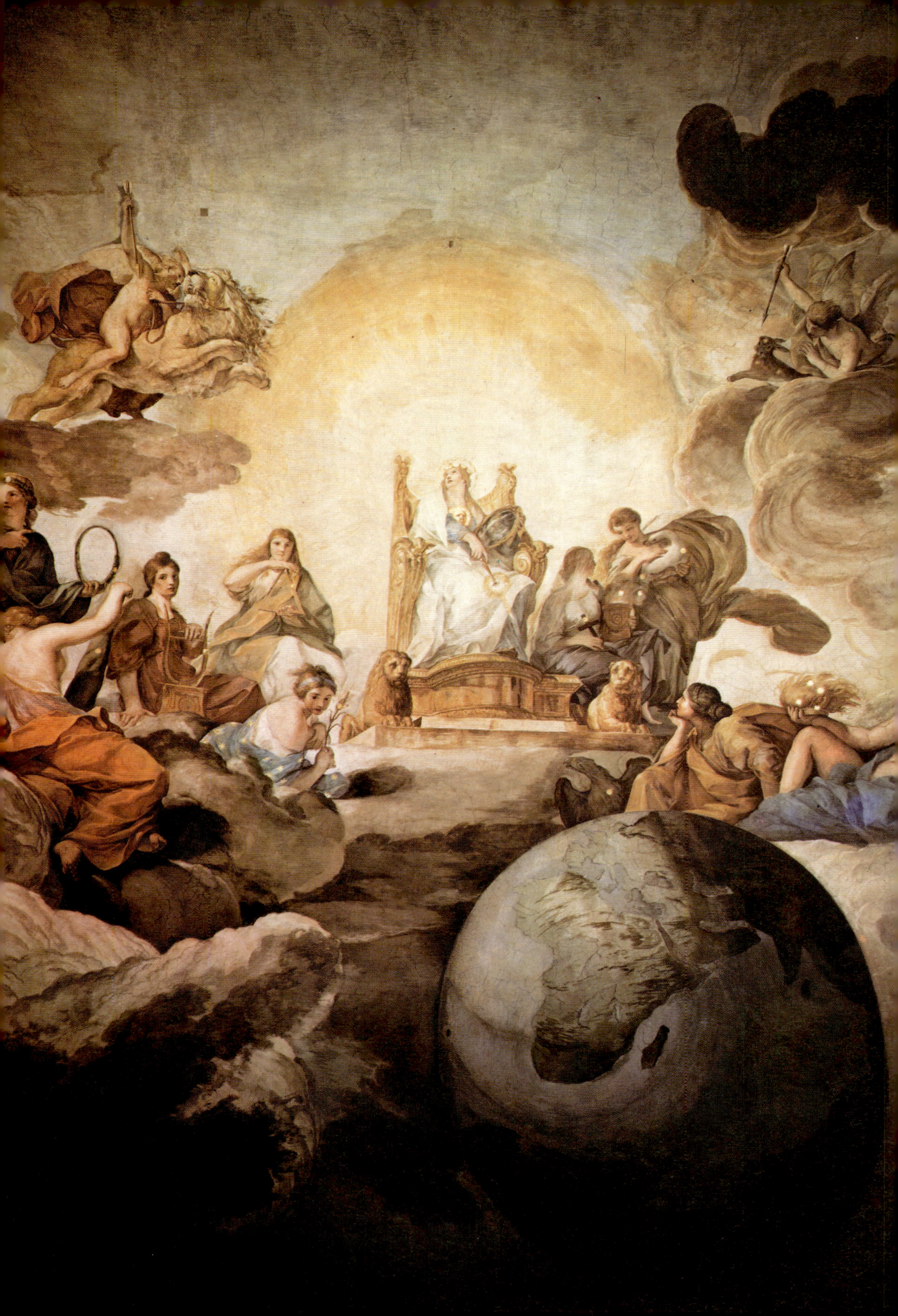

Der Sternenbote

Wir wissen auch ganz genau, auf welche Weise Galilei in diesen Saal kam. Es hatte 1624 mit den Spaziergängen in Gesellschaft des neuen Papstes in den Vatikanischen Gärten begonnen. Es war klar, daß der Papst es nicht erlauben würde, daß man sich offen zur Doktrin des Kopernikus bekannte. Aber es gab eine andere Möglichkeit, und im darauffolgenden Jahr begann Galilei auf italienisch den *Dialog über die großen Weltsysteme* zu schreiben, in dem einer der Sprecher Einwände gegen die Theorie vorträgt und zwei andere — sichtlich klügere — darauf antworteten.

Die Theorie des Kopernikus ist nämlich nichts Selbstverständliches. Es ist nicht klar, wie die Erde einmal im Jahr um die Sonne herumfliegen kann oder wie sie sich einmal am Tag um ihre eigene Achse zu drehen vermag und dabei nicht in den Weltraum geschleudert wird. Es ist nicht klar, wie ein Gewicht von einem hohen Turm herabgeworfen und dennoch senkrecht auf eine sich drehende Erde fallen kann. Gegen diese Einwände antwortete Galilei gewissermaßen im Namen von Kopernikus, des längst Verstorbenen. Wir dürfen nie vergessen, daß Galilei dem heiligen Establishment 1616 und 1633 in Verteidigung einer Theorie die Stirn bot, die nicht die seine, sondern die eines Toten war, und er tat es, weil er sie für richtig hielt.

Aber im eigenen Namen legte Galilei in sein Buch die Empfindung, die uns all seine wissenschaftlichen Äußerungen geben, von jenem Zeitpunkt an, als er — noch ein junger Mann — zunächst seine Hand auf seinen Puls gelegt und ein Pendel beobachtet hatte. Es handelt sich um das Gefühl, daß es die hier auf unserer Erde herrschenden Gesetze sind, die ins Universum hinauswirken und die wohlgehüteten Kristallsphären einfach durchbrechen. Die Kräfte am Himmel sind von der gleichen Art wie jene auf der Erde, so versichert uns Galilei. Die mechanischen Experimente, die wir also hier durchführen, können uns Informationen über die Sterne vermitteln. Indem er sein Fernrohr auf den Mond, auf Jupiter und auf die Sonnenflecken richtete, brachte er den klassischen Glauben ins Wanken, daß die Gestirne vollkommen und unwandelbar sind.

Das Buch wurde 1630 vollendet, und Galilei fand es nicht leicht, dafür die kirchliche Druckerlaubnis zu bekommen. Die Zensoren zeigten Verständnis, aber es wurde sehr bald klar, daß es mächtigere Kräfte gab, die sich gegen das Buch stemmten. Schließlich jedoch sammelte Galilei nicht weniger als vier Imprimaturen, und zu Beginn des Jahres 1632 wurde das Buch in Florenz veröffentlicht. Es war ein sofortiger Erfolg, und für Galilei eine sofortige Katastrophe. Ohne Zögern grollte der Donner aus Rom: Den Druck einstellen! Alle Exemplare zurückkaufen — die bereits ausverkauft waren! Galilei sollte nach Rom kommen, um Rede und Antwort zu stehen. Nichts, das er vorbrachte, konnte gegen diesen

97
Barberini, der Papst, erwies sich als ein reiner Barockmensch: verschwenderische Vetternwirtschaft herrschte, er war extravagant, herrschsüchtig und in seinen Intrigen unermüdlich. *Eine der Decken des Palazzo Barberini, 1629 bis 1633 von Andrea Sacchi gemalt. Die allegorischen Darstellungen illustrieren einen Abschnitt aus der Weisheit Salomons, Kap. 6, 22–23: »Habt ihr nun Gefallen an Thron und Zepter, ihr Herrscher der Völker, so haltet die Weisheit in Ehren, damit ihr für immer die Herrschaft behaltet.« Die schweigsamen Dienerinnen der Weisheit sind durch Sternbilder gekennzeichnet. Auf dem Brustbild der Weisheit kann man die etwas verschwommene Abbildung der Sonne erkennen.*

Befehl wirksam werden: sein Alter (er war jetzt fast siebzig), seine Krankheit (unter der er tatsächlich litt), die Gönnerschaft des Großherzogs der Toscana, nichts zählte. Er mußte nach Rom. Es war klar, daß der Papst selbst erheblichen Anstoß an dem Buch genommen hatte. Er hatte wenigstens eine Stelle gefunden, auf die er bestanden hatte und die nun im Buch dem Manne in den Mund gelegt wurde, der eher den Eindruck eines einfältigen Menschen vermittelt. Der vorbereitende Prozeßausschuß legt das schwarz auf weiß fest: daß der Vorbehalt, den ich erwähnt habe und der dem Papst so wichtig war, »in bocca di un sciocco« gelegt wurde — nämlich dem Verteidiger der traditionellen Ansicht in den Mund gelegt wurde, den Galilei »Simplicius« nannte. Es kann sehr wohl sein, daß der Papst Simplicius als eine Karikatur seiner selbst empfand, jedenfalls fühlte er sich beleidigt und hintergangen.

So wurde am 12. April 1633 Galilei in diesen Saal gebracht, saß an diesem Tisch und beantwortete die Fragen des Inquisitors. Die Fragen wurden in ausgemacht höflicher Weise in dieser intellektuellen Atmosphäre, die während der Inquisition herrschte, an ihn gerichtet — auf lateinisch und in der dritten Person. Wie wurde er nach Rom gebracht? Ist dies sein Buch? Wie war er dazu gekommen, es zu schreiben? Was ist in seinem Buch? All diese Fragen erwartete Galilei. Er war auch darauf vorbereitet, das Buch zu verteidigen. Aber dann kam eine Frage, die er nicht erwartete.

Inquisitor: War er in Rom, insonderheit im Jahre 1616 und zu welchem Behufe?

Galilei: Ich war im Jahr 1616 in Rom, weil ich herausfinden

98
Zehn Richter waren anwesend. Einer von ihnen war der Bruder des Papstes, ein anderer sein Neffe.
Aquarell von Urban VIII. bei der Erteilung des Segens. Sein Bruder Antonio hält ihm die Kerze. Der dritte Kardinal ist sein Neffe Francesco, der sich bei Galileis Prozeß der Stimme enthielt.

wollte, welche Ansichten zu vertreten angemessen war, nachdem ich gehört hatte, daß man Zweifel an den von Nikolaus Kopernikus geäußerten Vorstellungen hegte.

Inquisitor: Dann möge er uns sagen, was damals beschlossen und ihm auferlegt wurde.

Galilei: Im Monat Februar 1616 erklärte mir Kardinal Bellarmine, daß es wider die Heilige Schrift sei, die Meinung des Kopernikus für eine erwiesene Tatsache zu halten. Daher könne man diese Meinung weder hegen noch verteidigen. Als Hypothese könne sie jedoch übernommen und verwendet werden. Zur Bestätigung dieser Erklärung habe ich einen Bescheid von Kardinal Bellarmine, ausgestellt am 26. Mai 1616.

Inquisitor: Wurde ihm vielleicht zu jener Zeit noch von jemand anderem eine Auflage gemacht?

Galilei: Ich erinnere mich an nichts sonst, das mir gesagt oder nahegelegt wurde.

Inquisitor: Wenn ihm jetzt erklärt wird, daß in Gegenwart von Zeugen die Anweisung erging, daß er die besagte Meinung weder hegen noch verteidigen oder sie in welcher Weise auch immer lehren dürfe, dann möge er uns erklären, ob er sich gar doch erinnert.

Galilei: Ich erinnere mich daran, daß die Anweisung lautete, ich dürfe die besagte Meinung weder hegen noch verteidigen. Die anderen beiden Ergänzungen, nämlich diese Meinung weder lehren zu dürfen noch sie auf welche Weise auch immer zu erwägen, sind nicht ausgeführt in dem Bescheid, auf den ich mich stütze.

Inquisitor: Hat er nach besagter Auflage die Erlaubnis zum Schreiben des Buches erwirkt?

Galilei: Ich habe keine Erlaubnis zum Schreiben dieses Buches erwirkt, weil ich der Meinung bin, daß ich den erhaltenen Anweisungen gegenüber nicht ungehorsam war.

Inquisitor: Als er um die Druckerlaubnis für das Buch gebeten hat, eröffnete er da den strikten Befehl der Heiligen Kongregation, den wir soeben erwähnten?

Galilei: Ich habe nichts gesagt, als ich um die Druckerlaubnis eingab, denn ich habe im Buch die besagte Meinung weder gehegt noch verteidigt.

Galilei hatte ein unterschriebenes Dokument, das nur besagt, daß es ihm verboten sei, die Theorie des Kopernikus so zu behandeln, als sei sie eine bewiesene Tatsache. Das war ein Verbot, das jedem katholischen Zeitgenossen damals auferlegt wurde. Die Inquisition behauptet nun, daß ein Dokument existierte, das Galilei und Galilei allein, verbietet, diese Theorie *in welcher Weise auch immer* zu lehren — das heißt, selbst in der Diskussion oder in der Spekulation oder als Hypothese. Die Inquisition braucht das Dokument nicht vorzuweisen. Das gehört nicht zur Verfahrensordnung. Wir aber haben das Dokument; es liegt in den Geheimarchiven, und es ist eine offenkundige Fälschung — oder wenn man ganz großzügig ist —, ein Entwurf für eine vorgesehene Zusammenkunft, der jedoch zurückgewiesen wurde. Das Dokument ist nicht von Kardinal Bellarmine unterzeichnet. Es trägt keine Unterschrift von Zeugen, es ist nicht vom Notar unterzeichnet. Es ist auch nicht von Galilei abgezeichnet, so daß man damit den Nachweis hätte erbringen können, daß er es erhalten hat.

Mußte sich nun die Inquisition wirklich in juristische Spitzfindigkeiten zwischen der Definition von »hegen oder verteidigen« und »in welcher Weise auch immer zu lehren« flüchen, angesichts dieser Dokumente, die in keinem Gerichtshof der Welt anerkannt worden wären? Ja, das tat sie. Es blieb ihr nichts anderes übrig. Das Buch war veröffentlicht worden, mehrere Zensoren hatten ihm die Druckerlaubnis erteilt. Der Papst konnte jetzt seinen Zensoren die Hölle heiß machen — er ruinierte seinen eigenen Sekretär, weil er Galilei zur Hand gegangen war. Aber irgendeine empfindliche öffentliche Manifestation mußte durchgeführt werden, um zu zeigen, daß das Buch zu verurteilen war (es stand dann zweihundert Jahre auf dem Index) *aufgrund einer von Galilei bewerkstelligten Täuschung.* Deshalb vermied man beim Prozeß alle Zentralfragen, sowohl die im Buch als auch bei Kopernikus zitierten, und man konzentrierte sich darauf, Galilei so darzustellen, als hätte er wissentlich die Zensoren getäuscht und somit nicht nur herausfordernd, sondern auch unehrlich gehandelt.

Der Gerichtshof trat nicht mehr zusammen. Der Prozeß endete zu unserem Erstaunen hier. Das heißt, Galilei wurde noch zweimal in diesen Saal gebracht, und man erlaubte ihm, in eigener Sache auszusagen, aber Fragen wurden ihm nicht mehr gestellt. Das Urteil wurde bei einer Zusammenkunft der Kongregation des Heiligen Offiziums formuliert, bei der der Papst den Vorsitz führte und in der unwiederbringlich festgelegt wurde, was zu geschehen hatte. Der abtrünnige Wissenschaftler sollte gedemütigt werden; die Autorität sollte nicht nur in ihrem Vorgehen, sondern auch in ihrer Absicht nachdrücklich demonstriert werden. Galilei sollte widerrufen, und es sollten ihm die Folterinstrumente gezeigt werden.

Was diese Drohung für einen Mann bedeutete, der seine Laufbahn als Arzt begonnen hatte, das können wir nach dem Zeugnis eines Zeitgenossen beurteilen, der tatsächlich auf die Folterbank gespannt worden war und die Prozedur überlebt hatte. Es handelt sich um William Lithgow, einen Engländer, der 1620 von der spanischen Inquisition auf die Folterbank gespannt wurde.

Ich wurde zur Folterbank gebracht und darauf festgeschnallt. Meine Füße wurden durch die beiden Öffnungen der aus drei Balken bestehenden Folterbank gezogen. Um meine Knöchel wurde

99
Galilei führte mit dem neugewählten Papst sechs lange Gespräche in den Vatikanischen Gärten. *Fresko, das einen Kardinal darstellt, der neben dem von Bernini erbauten Tritonenbrunnen einhergeht und aus der Heiligen Schrift einem bußfertigen Akademiker vorliest. Das Wandbild in einem römischen Privathaus geht möglicherweise auf die Zeit 1620–30 zurück, als das Endergebnis von Galileis Eintreten für die kopernikanische Theorie noch nicht bekannt war.*

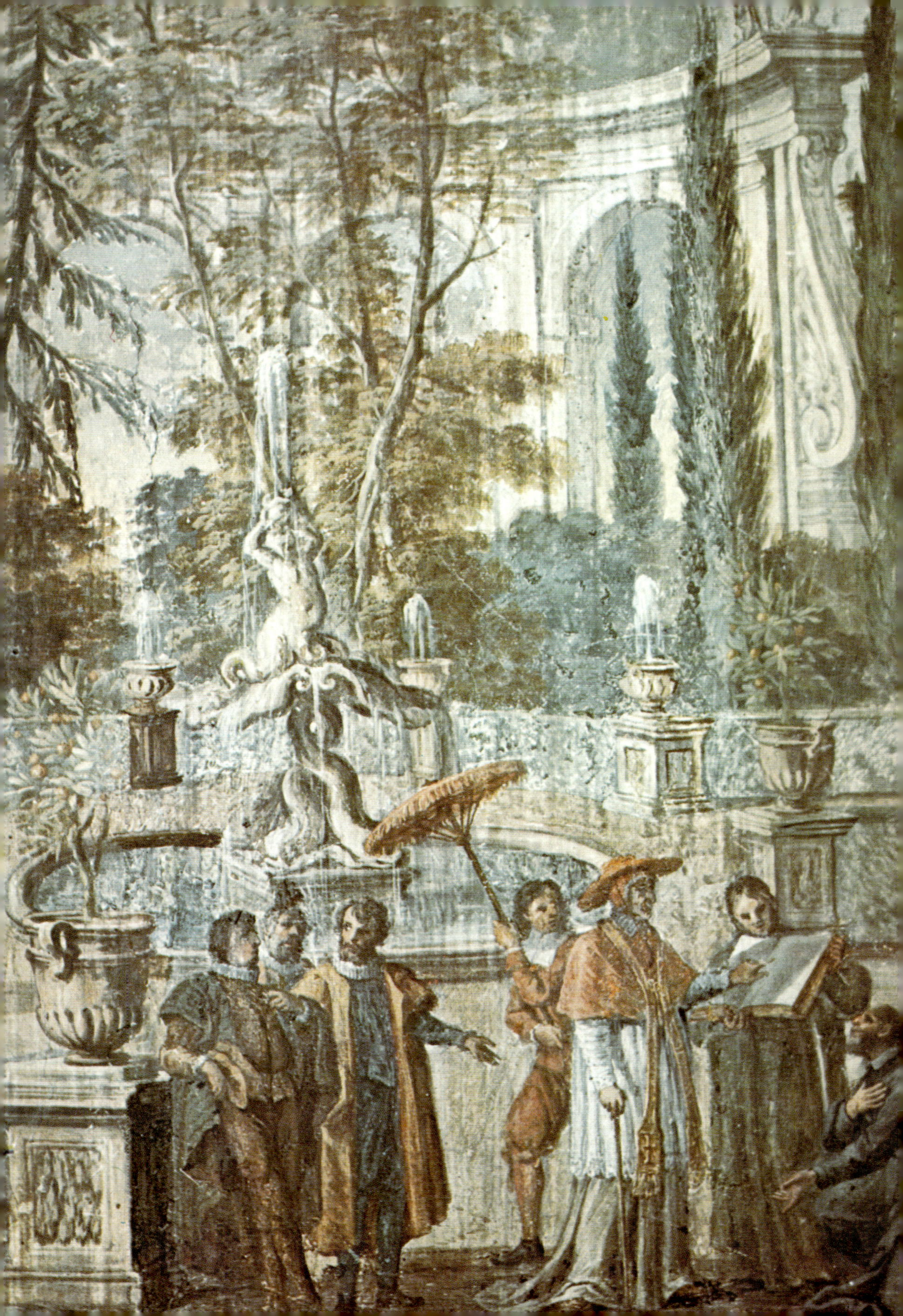

ein Seil gelegt. Als die Hebel betätigt wurden, sprengte der Druck meiner Knie gegen die beiden Planken die Sehnen in meinen Kniekehlen, und meine Kniescheiben wurden zerquetscht. Meine Augen traten aus dem Kopf, auf meinem Mund bildete sich Schaum, und meine Zähne begannen zu klappern... und Blut schoß aus meinen Armen, aus den zerrissenen Sehnen, aus Händen und Knien.

Galilei wurde nicht gefoltert. Man drohte ihm nur zweimal die Folter an. Seine Einbildungskraft tat das übrige. Das war der Zweck des Prozesses, Menschen mit Einbildungskraft vor Augen zu führen, daß sie nicht immun waren gegen primitive, animalische Furcht. Galilei erklärte sich einverstanden zu widerrufen.

Ich, Galileo Galilei, Sohn des verstorbenen Vincenzo Galilei aus Florenz, siebzig Jahre alt, in Person vor dieses Tribunal berufen und vor Euch kniend, würdigste Eminenzen, Kardinäle, Generalinquisitoren gegen die häretische Verderbtheit in der ganzen Christenrepublik, vor meinen Augen, mit den Händen sie berührend, die Heilige Schrift — schwöre, daß ich geglaubt habe und jetzt glaube und mit Gottes Hilfe auch in Zukunft glauben werde, alles, was von der Heiligen Katholischen und Apostolischen Römischen Kirche überliefert, gepredigt und gelehrt wird. Aber dennoch — nachdem Rechtens mir durch dieses Heilige Offizium ein Verbot nahegebracht wurde, darauf hinauslaufend, daß ich dem falschen Glauben abschwören muß, daß die Sonne das Zentrum der Welt und unbeweglich ist, und daß die Erde nicht der Mittelpunkt der Welt ist und sich bewegt, und daß ich nicht in irgendeiner Weise im gesprochenen Wort oder in der Schrift die besagte Doktrin verteidigen oder lehren darf, und nachdem mir Kenntnis gegeben wurde, daß die besagte Doktrin gegen die Heilige Schrift verstößt — habe ich ein Buch geschrieben und gedruckt, in dem ich diese bereits verurteilte Doktrin erörtere und Argumente von großer Überzeugungskraft zu ihrer Unterstützung heranführe, ohne jedoch irgendeine Lösung derselben vorzulegen. Aus diesem Grunde hat das Heilige Offizium mich heftig der Häresie verdächtigt, das heißt, es hat verkündet, daß ich angenommen und geglaubt habe, die Sonne sei das Zentrum der Welt und unbeweglich und daß die Erde nicht das Zentrum ist und sich bewegt:

Daher nun, im Wunsche, dem Denken Eurer Eminenzen und dem Denken aller gläubigen Christen diesen starken Verdacht zu nehmen, der vernünftigerweise gegen mich gehegt wird, schwöre ich mit reinem Herzen und unerschütterlichem Glauben ab, ich verfluche und verabscheue die vorgenannten Irrtümer und Irrlehren sowie im allgemeinen alle anderen Irrtümer und alles sektiererische Denken, das gegen die benannte Heilige Kirche verstößt. Ich schwöre, daß ich in Zukunft nie wieder etwas ausdrücken oder bestätigen werde, weder im Wort noch in der Schrift,

100
Im Prozeß wurden alle Kernfragen des Buches selbst oder der kopernikanischen Lehre vermieden, statt dessen beschränkte man sich darauf, mit Formeln und Dokumenten zu jonglieren.
Das Dokument, auf dem die Anklage der Inquisition gegen Galilei beruhte. Es gibt vor, ein Verbot wiederzugeben, das Galilei in Anwesenheit von Kardinal Bellarmine und Zeugen am 26. Februar 1616 auferlegt wurde, ist jedoch nicht von den angeblichen Zeugen unterzeichnet. Galilei legte einen bei weitem nicht so einschränkenden Brief vor, der von Bellarmine am 26. Mai 1616 geschrieben und unterzeichnet worden war.

Der Sternenbote

das Anlaß zu einem ähnlichen Verdacht gegen meine Person geben könnte. Ich schwöre, wenn ich von einem Abtrünnigen oder von einer Person, der Abtrünnigkeit verdächtigt, erfahre, ich diese Person dem Heiligen Offizium oder dem Inquisitor, der für den Ort, an dem ich weile, zuständig ist, zur Kenntnis bringen werde. Weiter schwöre und verspreche ich, in ihrer Integrität alle Strafen abzudienen, die mir von diesem Heiligen Offizium auferlegt werden oder in Zukunft zugedacht sind. Im Falle meines Verstoßes (was Gott verhüten möge!) gegen irgendeines dieser Versprechen, gegen meine Bekundungen und Schwüre, unterwerfe ich mich all den Schmerzen und Strafen, die im Heiligen Kanonischen Recht und in anderen Konstitutionen vorgesehen und verbreitet sind, im allgemeinen und im besonderen gegen solche Zuwiderhandelnden.

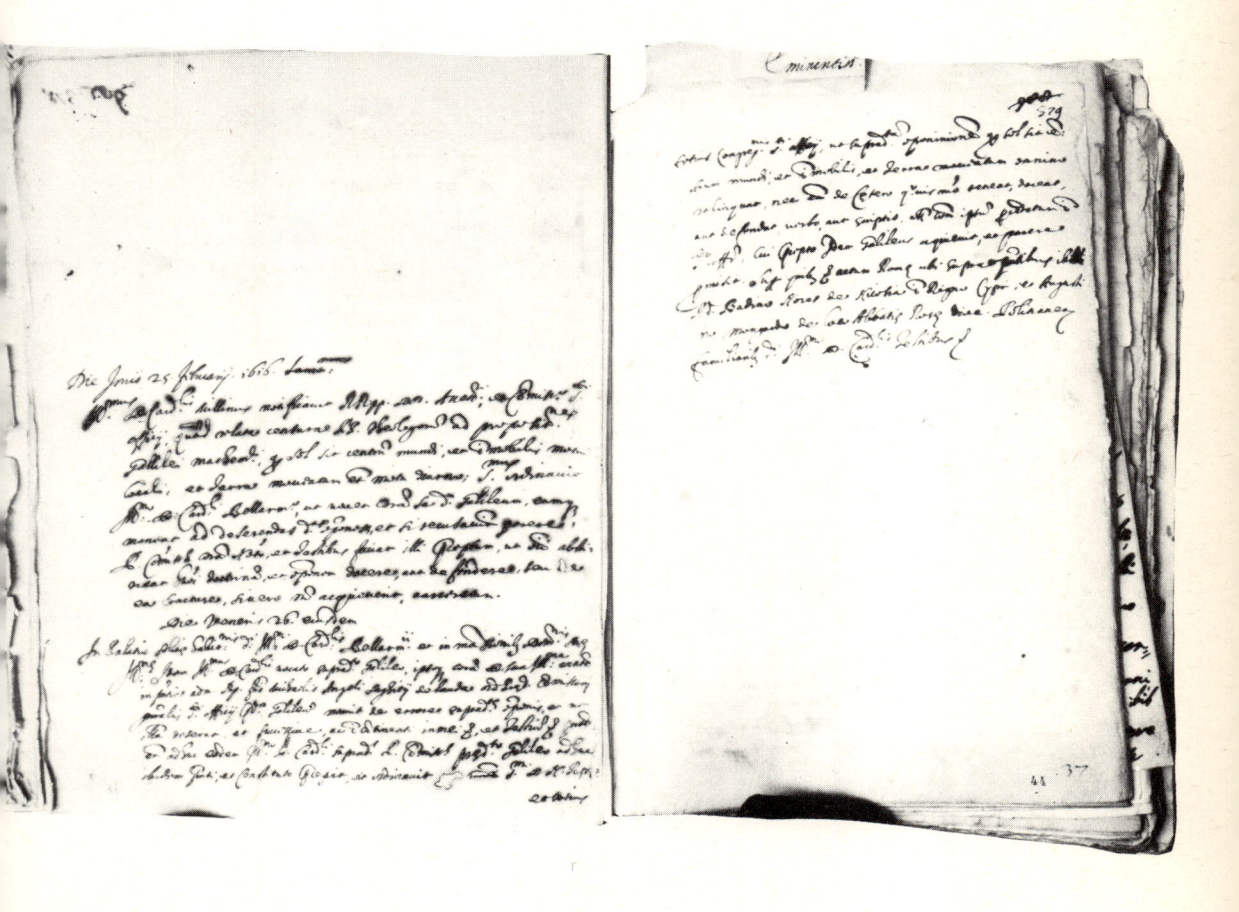

So wahr mir Gott helfe und dieses Heilige Evangelium, das ich mit meinen Händen berühre.

Ich, der besagte Galileo Galilei, habe abgeschworen, gelobt und versprochen und mich, wie zuvor gesagt, gebunden. Zum Zeugnis der Wahrheit dieser Erklärung habe ich mit eigener Hand das vorliegende Dokument meines Abschwörens unterzeichnet und es Wort für Wort in Rom im Kloster der Minerva an diesem 22. Tag des Juni 1633 vorgetragen.

Ich, Galileo Galilei, habe wie oben abgeschworen, was ich mit eigener Hand beurkunde.

Galilei stand den Rest seines Lebens in seiner Villa in Arcetri in einiger Entfernung von Florenz unter striktem Hausarrest. Der Papst war unversöhnlich. Nichts durfte veröffentlicht werden. Die verbotene Doktrin durfte nicht erörtert werden. Galilei durfte nicht einmal mit Protestanten sprechen. Das Ergebnis war von nun an tiefes Schweigen unter den katholischen Wissenschaftlern in aller Welt. Galileis größter Zeitgenosse, René Descartes, stellte seine Buchveröffentlichungen in Frankreich ein und ging schließlich nach Schweden.

Galilei hatte sich entschlossen, eines zu tun. Er wollte das Buch schreiben, das der Prozeß unterbrochen hatte: das Buch über *Die Neuen Wissenschaften,* worunter er die Physik verstand, nicht die Physik der Gestirne, sondern der irdischen Vorgänge. Er schloß dieses Buch 1636, drei Jahre nach dem Prozeß ab, als alter Mann von zweiundsiebzig Jahren. Natürlich konnte er es nicht veröffentlichen lassen, bis schließlich einige Protestanten in Leiden im Niederländischen das Werk zwei Jahre später druckten. Zu dieser Zeit war Galilei völlig erblindet.

Zu denen, die Galilei in Arcetri besuchten, gehörte der junge Dichter John Milton aus England, der sich auf sein Lebenswerk vorbereitete, ein episches Gedicht, das er plante. Es ist eine Ironie des Schicksals, daß zu dem Zeitpunkt, als Milton seine große Dichtung dreißig Jahre später schrieb, auch er völlig erblindet war. Milton identifizierte sich gegen Ende seines Lebens mit Samson Agonistes, Samson unter den Philistern.

Geblendet in Gaza, mahlend im Gefängnis bei den Sklaven, der das Philisterreich noch im Augenblick seines Todes zerstörte. Und das tat Galilei, wenn auch gegen seinen Willen. Die Auswirkungen des Prozesses und der Inhaftierung bedeuteten ein völliges Verharren der wissenschaftlichen Tradition im Mittelmeerraum. Von jetzt an bewegte sich die wissenschaftliche Revolution nach Nordeuropa. Galilei starb, immer noch in seinem eigenen Hause gefangen, 1642. Am ersten Weihnachtsfeiertag des gleichen Jahres wurde in England Isaac Newton geboren.

101
»Dieses Universum ist jetzt für mich in solch enge Grenzen zusammengeschrumpft, wie sie mir von meinen eigenen Körperempfindungen gesetzt sind.«
Die Erde, vom Mond aus gesehen.

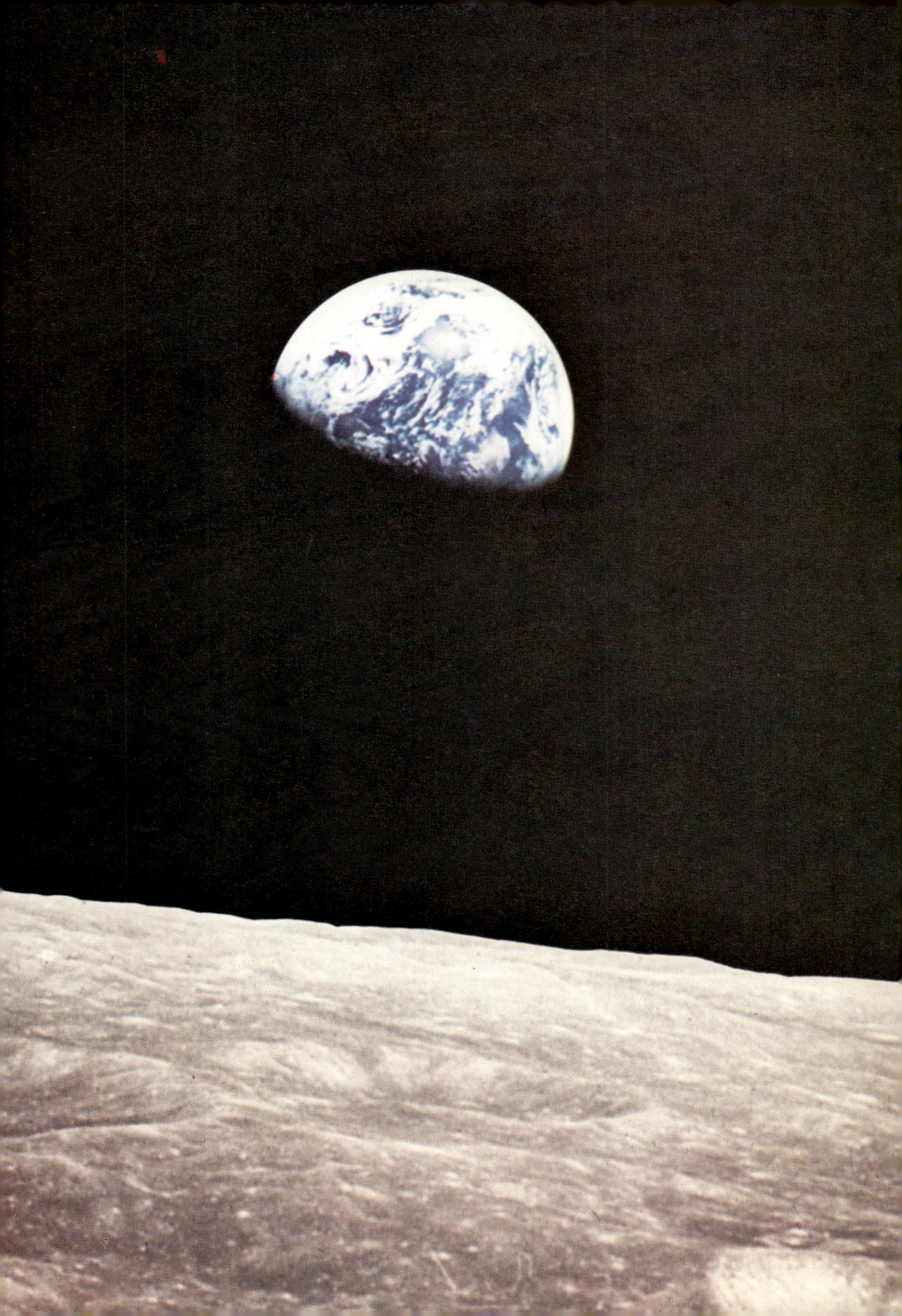

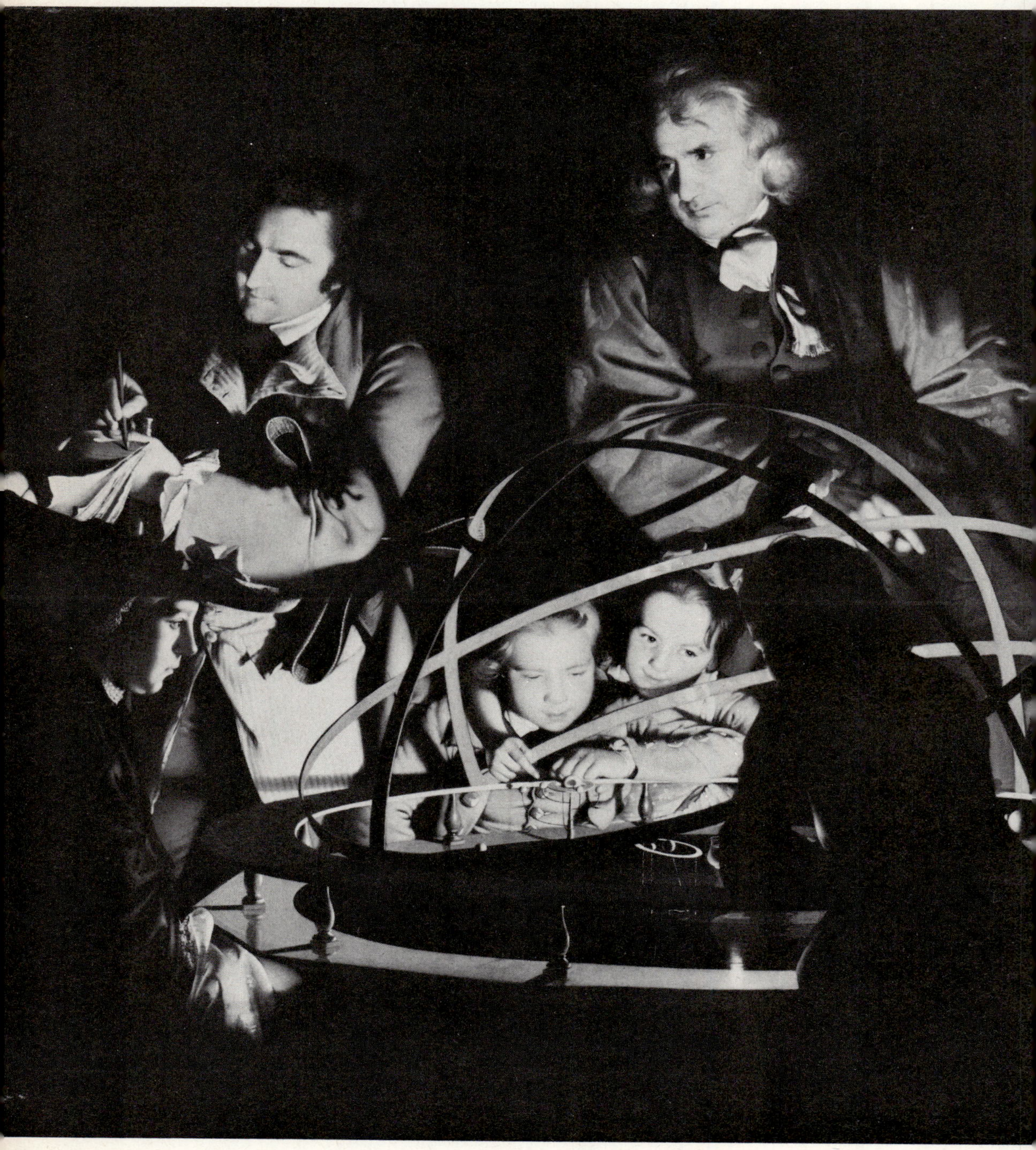

DAS MAJESTÄTISCHE UHRWERK

Als Galilei die ersten Seiten des *Dialoges über die großen Weltsysteme* etwa um 1630 schrieb, da brachte er zweimal zum Ausdruck, daß die italienische Wissenschaft (und der Handel) nunmehr Gefahr liefen, von Rivalen im Norden überholt zu werden. Was für eine zutreffende Prophezeiung! Der Mann, an den er vornehmlich dachte, war der Astronom Johannes Kepler, der im Jahr 1600 im Alter von achtundzwanzig Jahren nach Prag kam und hier auch seine produktivsten Jahre verbrachte. Er entwickelte die drei Gesetze, die das System des Kopernikus von einer allgemeinen Beschreibung der Sonne und der Planeten in eine präzise mathematische Formel umwandelten.

Zunächst zeigte Kepler, daß die Umlaufbahn eines Planeten nur annähernd kreisförmig ist: Sie ist eine weite Ellipse, in der die Sonne etwas außerhalb des Mittelpunktes liegt, und zwar in einem der Brennpunkte. Zweitens: Ein Planet bewegt sich nicht mit konstanter Geschwindigkeit: Konstant ist die Geschwindigkeit, mit der die Linie, die den Planeten mit der Sonne verbindet, das Gebiet überstreicht, das zwischen der Umlaufbahn des Planeten und der Sonne liegt. Drittens: Die Zeit, die ein Planet braucht, um eine Umlaufbahn zu durchlaufen — das Planetenjahr — verlängert sich mit der (durchschnittlichen) Entfernung des Planeten von der Sonne in sehr genauer Weise.

So lagen die Dinge, als Isaac Newton 1642 am ersten Weihnachtstag geboren wurde. Kepler war zwölf Jahre zuvor verstorben, Galilei im gleichen Jahr. Und nicht nur die Astronomie, sondern die Naturwissenschaft stand am Scheidewege: Sie wartete auf einen neuen Denker, der den ausschlaggebenden Schritt von bloßen Beschreibungen, die in der Vergangenheit ihre Pflicht getan hatten, zu dynamischen, kausal fixierten Erklärungen der Zukunft tat.

Um 1650 hatte sich der Schwerpunkt der zivilisierten Welt von Italien nach Nordeuropa verlagert. Der offensichtliche Grund dafür ist in der Tatsache zu finden, daß die Handelswege der Welt seit der Entdeckung und Erforschung Amerikas anders verliefen. Das Mittelmeer war nicht mehr, was sein Name voraussetzt, die Mitte der Welt. Der Mittelpunkt der Welt hatte sich, wie Galilei bereits warnend angedeutet hatte, nach Norden verlagert, an den Rand des Atlantiks. Und mit einem veränderten Handel ging eine veränderte politische Einstellung Hand in Hand, während Italien und der Mittelmeerraum immer noch von Autokratien beherrscht wurden.

Neue Ideen und neue Prinzipien machten jetzt bei den protestantischen Seefahrervölkern des Nordens Fortschritte, in England und den Niederlanden. England wurde eine Republik und puritanisch. Holländer kamen über den Kanal, um das englische Marschland zu entwässern. Das sumpfige Tiefland wurde fester Ackerboden. Ein Geist der Unabhängigkeit wuchs im Flachland und Nebel von Lincolnshire, wo Oliver Cromwell seine »Ironsides« rekrutierte. 1650 war England eine Republik geworden, die ihren regierenden Monarchen geköpft hatte.

Als Newton 1642 im Haus seiner Mutter in Woolsthorpe geboren wurde, war sein Vater bereits einige Monate zuvor verstorben. Wenig später heiratete seine Mutter wieder, und Newton blieb in der Obhut einer Großmutter. Er war nicht gerade ein Junge ohne Elternhaus, und doch zeigte er in seinem Leben nie jene menschliche Wärme, die Eltern zu geben vermögen. Sein ganzes Leben lang machte er den Eindruck eines ungeliebten Mannes. Er heiratete nie. Er schien niemals fähig gewesen zu sein, sich mit jener Wärme hinzugeben, die eine Leistung als natürliches Ergebnis des Nachdenkens kennzeichnet, das in Gesellschaft anderer Menschen seinen letzten Schliff erhalten hat. Ganz im Gegenteil, Newtons Leistungen waren einsamer Art, und er fürchtete auch stets, daß andere sie ihm stehlen könnten, so wie sie ihm (dachte er möglicherweise) seine Mutter gestohlen hatten. Wir hören fast nichts von seiner Schulzeit oder von den frühen Universitätsjahren.

Die zwei Jahre, nachdem Newton in Cambridge sein Diplom erhalten hatte, 1665 und 1666, waren die Pestjahre in England, und er verbrachte seine Zeit zu Hause, während die Universität geschlossen blieb. Seine Mutter war verwitwet und nach Woolsthorpe zurückgekehrt. Hier entdeckte er seine Goldader: die Mathematik. Heute, wo seine Notizbücher entschlüsselt worden sind, ist es klar, daß Newton keinen guten Unterricht genossen hatte und daß er sich die meisten mathematischen Kenntnisse, über die er verfügte, selbst hatte erarbeiten müssen. Dann erst schritt er zu originellen Entdeckungen fort. Er erfand »Fluxions«, die wir heute als Differentialrechnung bezeichnen. Newton behielt die Fluxionen als sein geheimes Werkzeug für sich. Er entwickelte seine Lösungen damit, aber schrieb sie mit herkömmlichen mathematischen Formeln aus.

Hier entwickelte Newton auch die Idee einer universellen Schwerkraft und stellte sie sofort dadurch auf die Probe, daß er die Bewegung des Mondes um die Erde berechnete. Der Mond war für ihn ein mächtiges Symbol. Wenn er seiner Umlaufbahn folgte, weil die Erde ihn anzieht, so argumentierte er, dann ist der Mond wie ein Ball (oder ein Apfel), den man sehr kräftig geschleudert hat: Er fällt auf die Erde zu, allerdings so schnell,

103
1665 und 1666 waren Pestjahre, Newton verbrachte die Zeit der Universitätsschließung zu Hause.
Woolsthorpe Manor. Skizze vom Haus der Mutter Newtons von William Stukeley aus dem frühen 18. Jahrhundert.

daß er immer daran vorbeirast — er dreht sich im Kreise, weil die Erde rund ist. Wie groß muß da die Anziehungskraft sein?

Ich schloß, daß die Kräfte, die Planeten in ihren Umlaufbahnen halten, den Quadraten ihrer Entfernung von den Mittelpunkten, um die sie sich bewegen, umgekehrt proportional sein müssen. Somit habe ich die Kraft, die erforderlich ist, um den Mond in seiner Umlaufbahn zu halten, mit der Schwerkraft an der Oberfläche der Erde verglichen und konnte feststellen, daß sie sich fast ganz entsprechen.

Das Understatement ist für Newton bezeichnend. Seine erste grobe Berechnung hatte tatsächlich die Periode des Mondes ganz in der Nähe ihres wirklichen Wertes, etwa bei $27\frac{1}{4}$ Tagen, ergeben.

Wenn die Zahlen so richtig herauskommen wie in diesem Fall, dann weiß man wie schon Pythagoras, daß ein Geheimnis der Natur einem offen auf der Hand liegt. Ein universal gültiges Gesetz beherrscht das majestätische Uhrwerk der Gestirne, in dem die Bewegung des Mondes nur ein harmonischer Teilaspekt ist. Da hat man einen Schlüssel in das Schloß gesteckt und umgedreht, und die Natur hat in Zahlen ihre Struktur preisgegeben. Aber wenn man Newton heißt, dann veröffentlicht man das nicht.

Als er 1667 nach Cambridge zurückkehrte, wurde Newton zum Ehrenmitglied seines College, des Trinity-Colleges, ernannt. Zwei Jahre später stellte sein Professor seinen Lehrstuhl für Mathematik zur Verfügung. Das war vielleicht nicht ausdrücklich zugunsten Newtons, wie man lange Zeit angenommen hatte, aber die Wirkung war dieselbe — Newton erhielt den Lehrstuhl. Damals war er sechsundzwanzig.

Newton veröffentlichte seine erste Arbeit auf dem Gebiet der Optik. Wie all seine großen Gedanken war sie im Grundkonzept auch »in den beiden Pestjahren 1665 und 1666 entwickelt worden, denn in jenen Tagen hatte ich die beste Zeit, was Entdeckungen anging«. Newton war nicht zu Hause, sondern er war für kurze Zeit zum Trinity-College nach Cambridge zurückgekehrt, als die Pest nachließ.

Es ist sonderbar, sich vorzustellen, daß ein Mann, den wir doch für den Meister der Ausdeutung des stofflichen Universums halten, mit dem Nachdenken über das Licht begonnen hat. Dafür gibt es zwei Gründe. Erstens lebte man damals in einer Welt der Seefahrer, in der die intelligenten Denker Englands sich mit all den Problemen beschäftigten, die sich aus der Seefahrt ergaben. Männer wie Newton hielten sich selbst nicht für technische Forscher; das wäre eine zu naive Erklärung ihrer Interessen. Sie wurden auf Themen aufmerksam, über die sich die bedeutenden Männer ihrer Zeit stritten, wie das mit jungen Männern immer der Fall gewesen ist. Das Fernrohr war eines der Grundprobleme jener Zeit. Newton wurde sich auch zuerst des Problems der Farben im weißen Licht bewußt, als er Linsen für sein eigenes Fernrohr schliff.

Dafür gibt es natürlich einen guten Grund. Physikalische Phänomene bestehen immer aus der Wechselwirkung von Energie mit Materie. Wir sehen die Materie mit Hilfe des Lichts. Wir sind uns der Anwesenheit einer Lichtquelle bewußt, wenn sie uns durch Materie verstellt wird. Dieser Gedanke ist grundlegend für die Welt jedes großen Physikers, der feststellt, daß er sein Verständnis des einen nicht ohne das andere vertiefen kann.

1666 begann Newton darüber nachzudenken, was wohl die Verzerrungen am Rande einer Linse hervorrufen könne, und er schaute sich den Effekt an, indem er ihn mit Hilfe eines Prismas simulierte. Jede Linse ist am Rand ein kleines Prisma. Die Tatsache nun, daß das Prisma farbiges Licht ergibt, ist eine Binsenweisheit, so alt wie die Lehren des Aristoteles. Aber leider waren auch die Deutungen jener Zeit genauso alt, denn sie bezogen keine Qualitätsanalyse ein. Sie besagten ganz einfach, weißes Licht kommt durch das Glas und wird am dünnen Rand der Linse etwas abgedunkelt, so daß rotes Licht daraus entsteht. Es wird ein bißchen mehr abgedunkelt, wenn das Glas dicker ist, und wird grün. Es wird noch etwas mehr abgedunkelt, wo das Glas am dicksten ist, und so wird es blau. Wunderbar! Aber diese ganze Beschreibung erklärt gar nichts, obwohl sie sehr plausibel klingt. Das, was diese These nicht erklärt, wie Newton zeigte, wurde in dem Augenblick offensichtlich, als er das Sonnenlicht durch einen Schlitz einließ und dann durch sein Prisma schickte. Folgendes geschah: Die Sonne kommt als kreisförmiges Strahlenbündel herein, tritt aber in länglicher Form wieder heraus. Jedermann wußte, daß das Spektrum gedehnt war. Auch das war denjenigen, die sich

104
Newton in Cambridge.
Porträt von Isaac Newton ohne Perücke, in Cambridge 1689 von Godfrey Kneller gemalt.

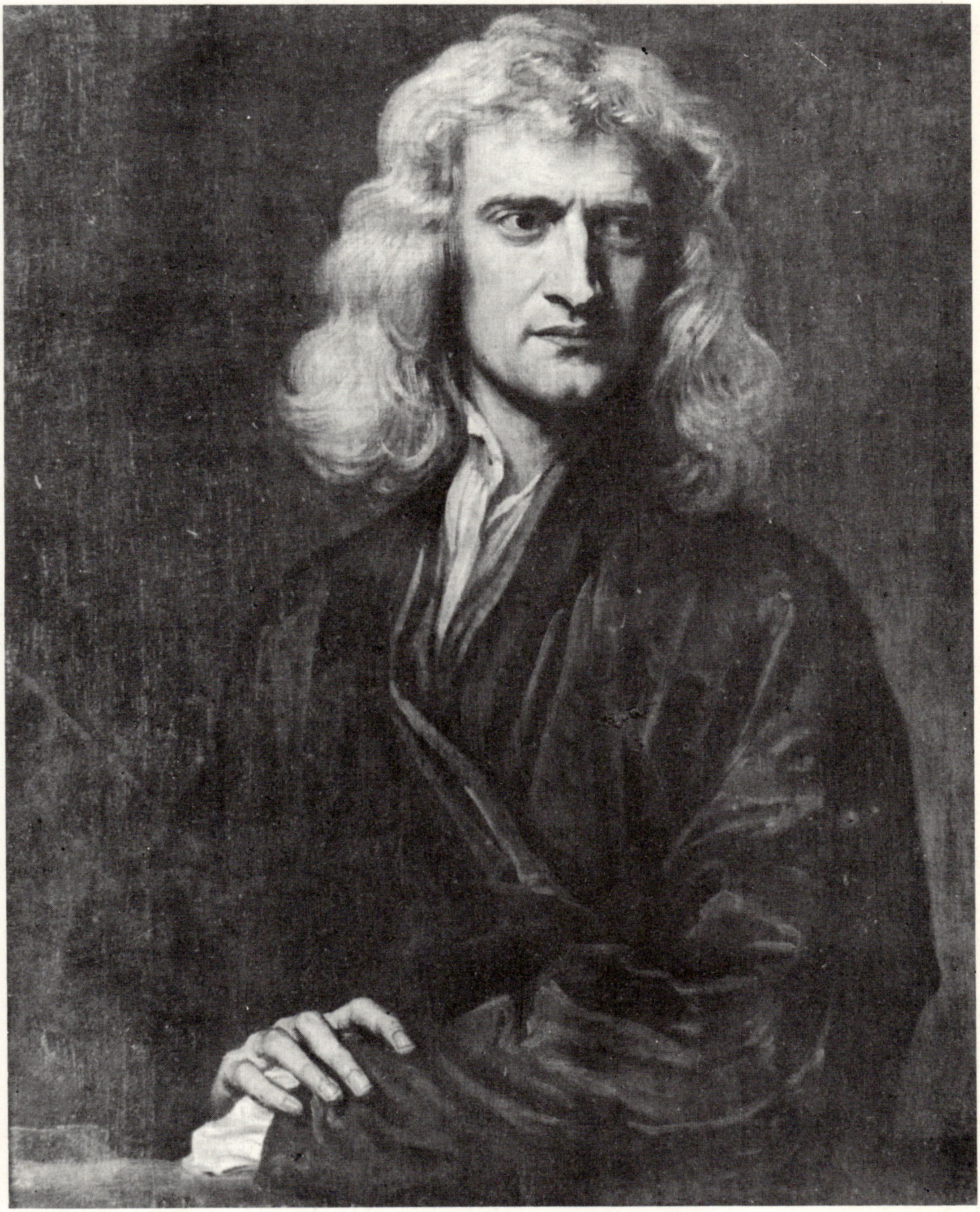

die Mühe des Nachprüfens machten, schon tausend Jahre bekannt. Aber es bedarf eines mächtigen Denkers wie Newton, sich den Kopf darüber zu zerbrechen, um Offensichtliches zu erklären. Und Newton sagte, offensichtlich sei, daß das Licht nicht verändert wird, sondern daß das Licht physikalisch getrennt wird.

Das ist eine grundlegend neue Idee in der wissenschaftlichen Deutung, die für seine Zeitgenossen ziemlich unzugänglich war. Robert Hook stritt mit ihm, alle möglichen Physiker stritten mit ihm, bis Newton schließlich all der Argumente so überdrüssig wurde, daß er an Leibniz schrieb:

Ich fühlte mich so von den Diskussionen verfolgt, die sich aus der Veröffentlichung meiner Theorie des Lichtes ergaben, daß ich meine eigene Unklugheit dafür verantwortlich machte, mich von einem so wichtigen und segensreichen Zustand, wie es meine Ruhe ist, getrennt zu haben, um einem Schattenbild nachzujagen.

Von diesem Zeitpunkt an weigerte er sich wirklich, noch irgend etwas mit Debatten zu tun zu haben — und erst recht nicht mit Debattierern wie Hooke. Er veröffentlichte auch sein Buch über die Optik erst 1704, ein Jahr nach Hookes Tod, nachdem er den Präsidenten der Königlichen Akademie der Wissenschaften gewarnt hatte:

Ich habe die Absicht, mich nicht weiter über Fragen der Philosophie auszulassen, und deshalb hoffe ich, Sie werden es mir nicht verübeln, wenn Sie feststellen, daß ich auf jenem Gebiet in Zukunft nichts mehr vorlege.

Aber beginnen wir doch von vorn, mit Newtons eigenen Worten. Im Jahr 1666

beschaffte ich mir ein dreikantiges Glasprisma, um damit das berüchtigte Phänomen *der* Farben *auszuprobieren. Und dieserhalben, nachdem ich meine Kammer abgedunkelt und ein kleines Loch in meine Fensterläden gemacht hatte, um eine angemessene Menge des Sonnenlichtes hereinzulassen, hielt ich mein Prisma gegen das Loch, so daß es somit sein Licht auf die gegenüberliegende Wand brechen sollte. Zuerst war es eine angenehme Kurzweil, die kräftigen und intensiven Farben zu beobachten, die solchermaßen entstanden. Aber nachdem ich mich nach einer Weile aufmerksamer mit ihrer Betrachtung beschäftigte, da sah ich mit Erstaunen, daß sie in länglicher Form erschienen, obwohl sie doch aufgrund der überlieferten Brechungsgesetze meiner Erwartung nach kreisförmig hätten sein sollen.*

Und ich sah, daß das Licht auf der einen Seite des Abbildes eine wesentlich größere Brechung durchmachte als das Licht an der anderen Seite. Somit erwies sich der wahre Grund für die Länge jenes Abbildes als kein anderer denn der, daß das Licht aus Strahlen besteht, die sich verschieden brechen lassen, was ohne

Beziehung auf den Unterschied in ihrem Einfallswinkel jeweils nach der Brechungskraft auf verschiedene Teile der Wand übertragen wurde.

Die längliche Gestalt des Spektrums war nunmehr erklärt. Sie wurde verursacht durch die Trennung und das Ausfächern der Farben. Blau wird mehr abgebogen oder gebrochen als Rot, und dabei handelt es sich um eine absolute Eigenschaft der Farben.

Dann plazierte ich ein anderes Prisma ... so daß das Licht ... auch dadurch dringen konnte und wiederum gebrochen wurde, bevor es auf der Wand ankam. Nachdem dies geschehen war, nahm ich das erste Prisma in meine Hand und drehte es allmählich hin und her um seine Achse, um zu bewirken, daß die verschiedenen Teile des Abbildes nacheinander durchstrahlt wurden, so daß ich beobachten konnte, auf welche Stellen auf der Wand das zweite Prisma sie brechen würde.

Wenn irgendeine Art von Strahlen von anderen Arten von Strahlen sorgfältig getrennt worden ist, dann hat sie danach ganz beständig ihre Farbe beibehalten, ganz gleichgültig, wie sehr ich mich auch anstrengte, um dieselbe zu verändern.

Damit war die herkömmliche Ansicht über den Haufen geworfen, denn wenn Licht durch Glas verändert würde, dann müßte das zweite Prisma neue Farben bewirken und das Rot in Grün oder Blau verwandeln. Newton nannte dies sein kritisches Experiment. Es bewies, daß die Farben nicht weiter verändert werden können, wenn sie erst einmal durch Brechung voneinander getrennt sind.

Ich habe das Licht mit Prismen gebrochen und es mit Körpern reflektiert, die im Tageslicht andere Farben hatten. Ich habe es mit der farbigen Luftschicht abgefangen, die zwischen zusammengedrückten Glasplatten entsteht: Ich habe es durch farbige Medien geschickt und durch Medien, die mit anderen Strahlen erhellt waren. Ich habe es in verschiedener Weise behandelt, und doch konnte ich nie irgendeine neue Farbe daraus hervorbringen.

Aber die gar erstaunlichste und wunderbarste Komposition war die des Weiß. Es gibt keine einzelne Art von Strahlen, die dies allein bewirken kann. Das Weiß besteht immer aus anderen Bestandteilen, und für seine Komposition sind alle zuvor genannten Primärfarben, in angemessener Proportion gemischt, erforderlich. Ich habe oft mit Bewunderung wahrgenommen, daß alle Farben des Prismas, die man aufeinander zulenkt und dadurch wiederum mischt, ein Licht reproduzierten, das gänzlich und vollkommen weiß war.

Daraus folgt, daß das Weiß die übliche Farbe des Lichtes ist. Denn Licht ist ein vermischtes Beieinander von Strahlen, die mit allen Arten von Farben ausgestattet sind, während sie zwanglos

Der Aufstieg des Menschen

von den verschiedenen Strahlen leuchtender Körper ausgeschickt werden.

Dieser Brief wurde an die Königliche Akademie der Wissenschaften geschrieben, kurz nachdem Newton 1672 zum Mitglied ernannt worden war. Er hatte sich als ein neuer Experimentator erwiesen, der es verstand, eine Theorie zu bilden und diese entscheidend gegen Alternativlösungen zu prüfen. Er war recht stolz auf seine Leistung.

Ein Naturforscher würde kaum erwarten, daß die Wissenschaft jener Farben mathematisch würde, und doch wage ich zu versichern, daß in dieser Wissenschaft genausoviel Gewißheit steckt wie in jeder anderen Sparte der Optik.

Newton hatte sich nun sowohl in London als auch an der Universität einen Ruf geschaffen, und ein Gefühl für Farbe scheint in jene großstädtische Welt einzudringen, als habe das Spektrum sein Licht über die Seidenstoffe und Gewürze verbreitet, die die Kaufleute in die Hauptstadt brachten.

Die Palette der Maler wurde vielseitiger, es entwickelte sich eine Vorliebe für farbkräftige Gegenstände aus dem Fernen Osten, und es wurde ganz natürlich, daß man Farbbezeichnungen im Gespräch anwandte. Das wird nachhaltig aus der Dichtung jener

105
Die große Bibliothek des Christopher Wren wurde in Neville's Court erbaut.
Wrens Zeichnung der Bibliothek des Trinity College.

Das majestätische Uhrwerk

Zeit klar. Alexander Pope, der sechzehn war, als Newton seine *Optik* veröffentlichte, war gewiß ein weniger gefühlvoller Dichter als Shakespeare, und doch benutzt er drei- bis viermal so viele Farbbezeichnungen wie Shakespeare, und er benutzt sie etwa zehnmal so oft. Popes Beschreibung der Fische in der Themse zeigt dies:

Der helläugige Barsch mit den sattroten Flossen,
Der Silberaal, von glitzernden Schlieren umflossen,
Der gelbe Karpfen, die Schuppen goldbenetzt,
Flinke Forellen, die Purpurtupfer aufgesetzt.

Diese Beschreibung wäre unerklärlich, wenn wir sie nicht als eine Übung in Farbbeschreibung verstehen würden.

Ein guter Ruf in der Großstadt, das bedeutete unweigerlich neue Auseinandersetzungen. Ergebnisse, die Newton in Briefen an Londoner Wissenschaftler skizzierte, wurden durchgehechelt. So begann auch nach 1676 eine lange und bittere Auseinandersetzung mit Gottfried Wilhelm Leibniz über die Priorität auf dem Gebiet der Differentialrechnung. Newton war nie bereit zu glauben, daß Leibniz, der selbst ein begnadeter Mathematiker war, diese Theorie unabhängig erarbeitet hatte.

Newton erwog, sich ganz von der Wissenschaft in die Abge-

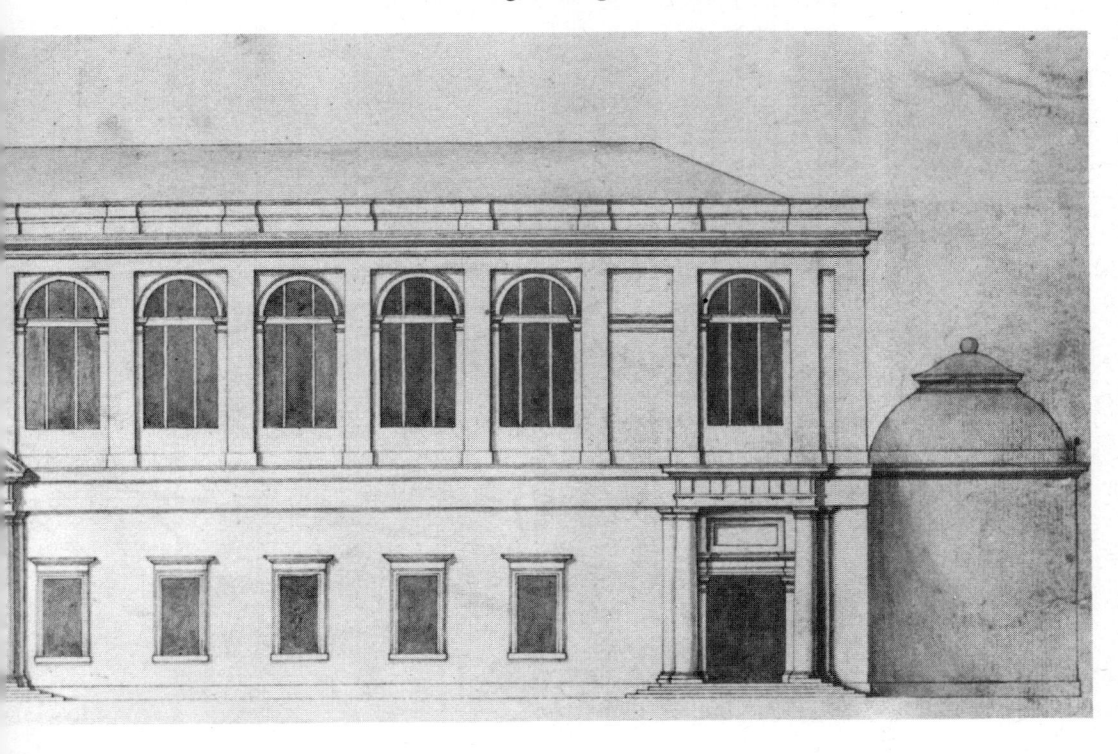

106

»Ich beschaffte mir ein dreikantiges Glasprisma.« *Fünf der optischen Experimente Newtons aus dem Jahr 1672.* »Ich hielt mein Prisma gegen das Loch, so daß somit das Licht gebrochen auf die gegenüberliegende Wand fallen konnte.«

»Dann plazierte ich ein anderes Prisma, so daß das Licht auch dadurch dringen konnte. Nachdem dies geschehen war, nahm ich das erste Prisma in meine Hand und drehte es allmählich hin und her, so daß ich beobachten konnte, auf welche Stellen der Wand die durch das zweite Prisma gebrochenen Strahlen fallen würden.«

»Wenn irgendeine Art von Strahlen von anderen Strahlen sorgfältig getrennt worden ist, dann haben diese danach ständig ihre Farbe beibehalten.«

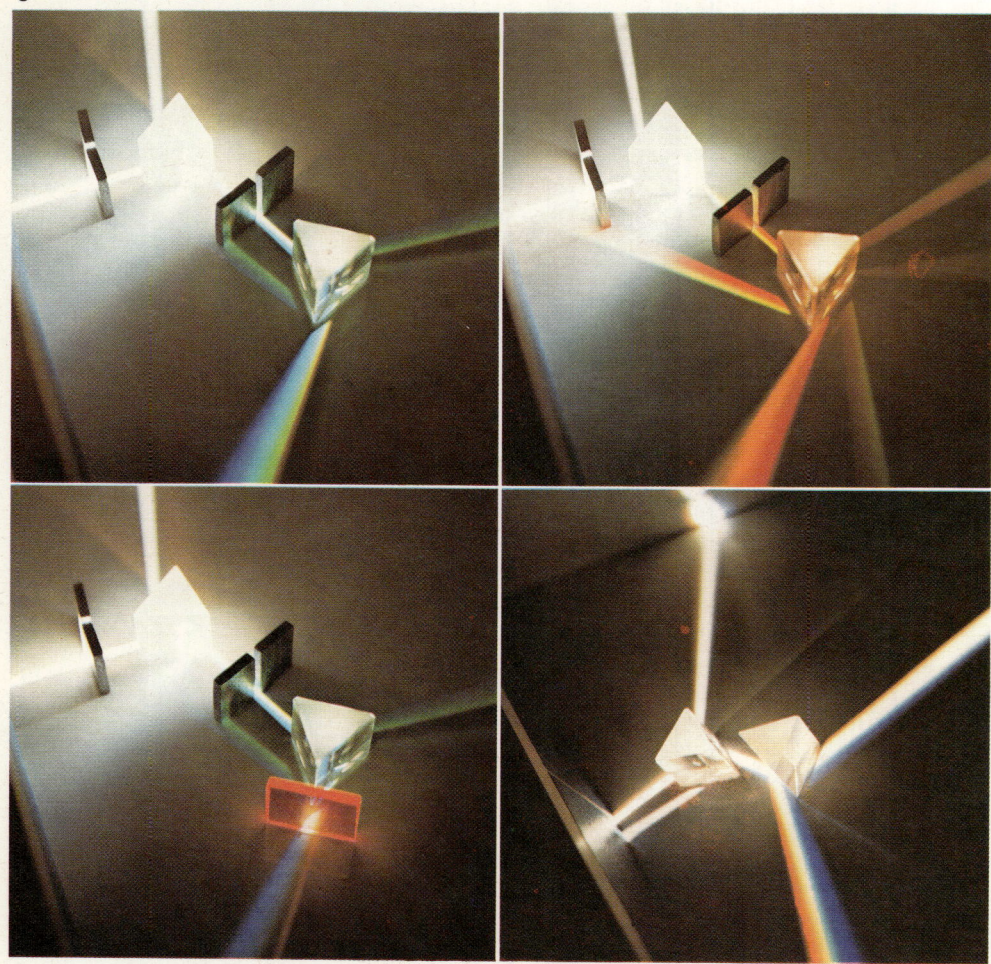

»Ich habe es (das Licht) durch farbige Medien geschickt und es in verschiedener Weise behandelt; und doch konnte ich nie irgendeine neue Farbe daraus hervorbringen.«

»Ich habe oft mit Bewunderung wahrgenommen, daß alle Farben des Prismas, die man aufeinander zulenkt und dadurch wiederum mischt, ein Licht hervorbrachten, das gänzlich und vollkommen weiß war.«

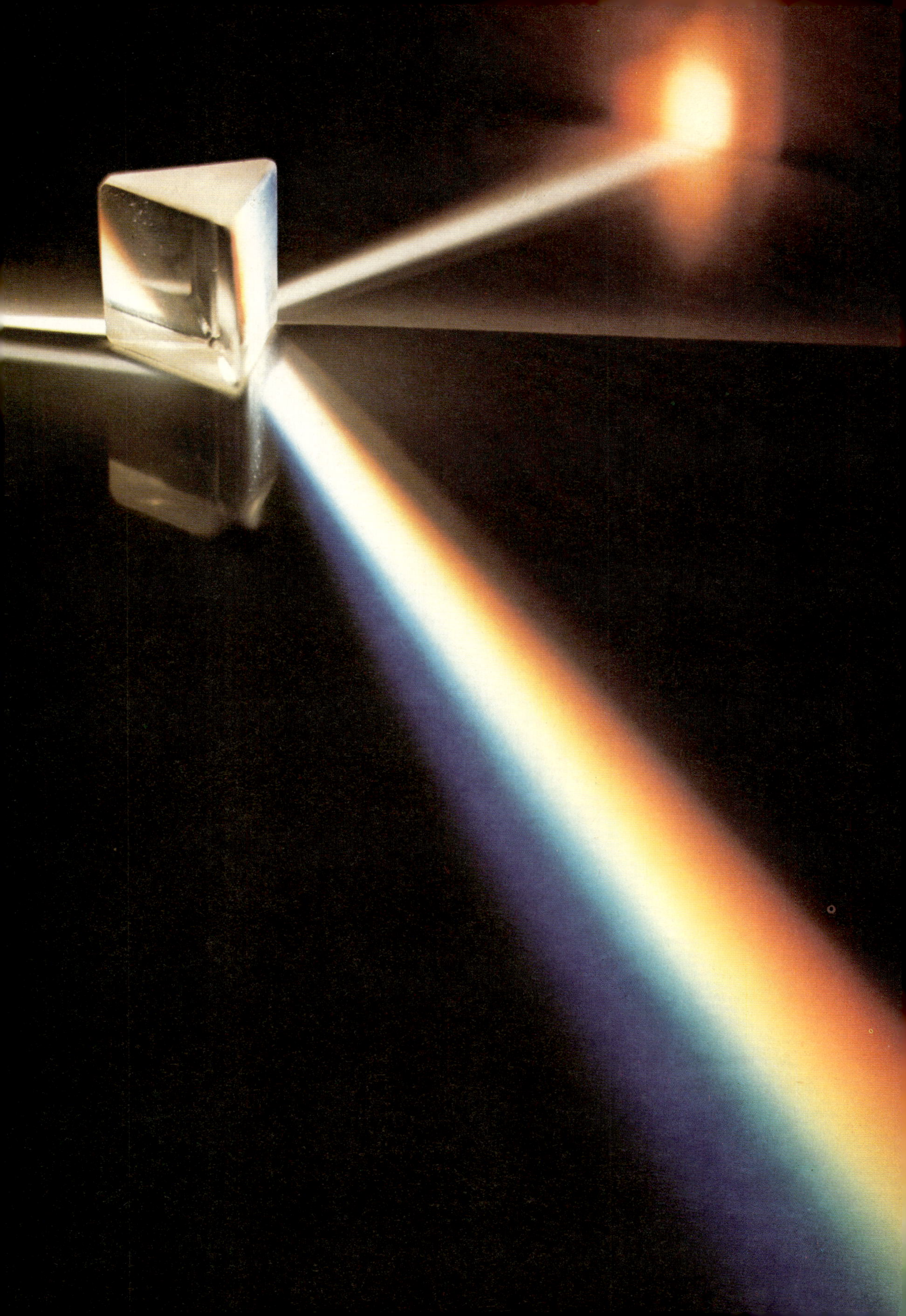

107

Newton in der Münzprägeanstalt.
Ein Porträt von Newton mit langer Allongeperücke, wie Godfrey Kneller ihn 1702 in London sah.

108

Drei Jahre, von 1684 bis 1687, vergingen, bis Newton den Beweis ausführte. Halley überredete ihn zu den »Principia«, unterstützte ihn und finanzierte das Werk sogar.
Halleys Brief an Isaac Newton, als dieser drohte, die Arbeit am Buch eher aufgeben zu wollen als einen Anspruch Robert Hookes anzuerkennen. Geschrieben am 29. Juni 1886. »Ich muß Si jetzt wiederum bitten, Ihre Ressentiments nicht so anwachsen zu lassen, daß sie uns Ihres dritten Buches berauben. Da Sie nunmehr Schrifttype und Papier gebilligt haben, werde ich die Herausgabe nachdrücklich vorantreiben.«

schiedenheit im Trinity-College zurückzuziehen. Der große Komplex der Universität war ein geräumiger Aufenthaltsort für einen Gelehrten in gesicherten Verhältnissen. Dort hatte er auch sein eigenes kleines Labor und seinen eigenen Garten. In Neville's Court wurde die große Bibliothek durch den berühmten Architekten Christopher Wren gebaut. Newton beteiligte sich mit vierzig Pfund am Bau. Es schien, daß er sich nunmehr geruhsam auf ein Privatgelehrtendasein einstellen könne. Aber wenn er sich letzten Endes weigern würde, sich unter die Wissenschaftler in London zu mischen, dann würden diese nach Cambridge kommen, um ihm ihre Argumente vorzutragen.

Newton hatte die Idee einer universalen Schwerkraft im Pestjahr 1666 skizziert und hatte sie sehr erfolgreich dazu benutzt, die Bewegung des Mondes um die Erde zu beschreiben. Es scheint erstaunlich, daß er in den darauffolgenden zwanzig Jahren fast keinen Versuch unternahm, irgend etwas über das größere Problem der Erdbewegung um die Sonne zu veröffentlichen. Was ihn daran hinderte, weiß man nicht, aber die Tatsache ist offenkundig. Erst 1684 kam es in London zu einem Streitgespräch zwischen Sir Christopher Wren, Robert Hooke und dem jungen Astronomen Edmond Halley. Als Ergebnis dieses Gespräches kam Halley nach Cambridge, um Newton aufzusuchen.

Nachdem sie eine Weile zusammengesessen hatten, fragte ihn der Doktor (Halley), wie er sich die Kurve vorstelle, die von den Planeten beschrieben würde, wenn man einmal annimmt, daß die Anziehungskraft auf die Sonne hin dem Quadrat der Entfernung von der Sonne umgekehrt proportional sei. Sir Isaac antwortete umgehend, daß es eine Ellipse sein müsse. Der Doktor, von Freude und Bewunderung überwältigt, fragte ihn, wie er das wisse. »Aber ich bitte Sie«, sagte er, »ich habe es berechnet«. Daraufhin bat Doktor Halley ihn umgehend um seine Berechnung. Sir Isaac schaute unter seinen Aufzeichnungen nach, konnte die Berechnung jedoch nicht finden, versprach aber, sie noch einmal zu machen und ihm dann zuzuschicken.

Newton brauchte drei Jahre, von 1684 bis 1687, um den Beweis schriftlich auszuarbeiten, und der ganze Beweis wurde so lang wie die *Principia*. Halley betreute, bearbeitete und finanzierte sogar die *Principia,* und Samuel Pepis nahm sie als Präsident der Königlichen Akademie der Wissenschaften 1687 entgegen.

Als Weltsystem waren die Principia sensationell vom Augenblick ihrer Veröffentlichung an. Es handelt sich um eine wunderbare Beschreibung der Welt, die unter einem einzigen Gesetzeskanon zusammengefaßt wird. Aber das Ganze ist auch noch viel mehr, nämlich ein Meilenstein in der Geschichte wissenschaftlicher Methodik. Wir stellen uns den Aufbau der Wissenschaft als eine

Serie von eingebrachten Ansichten vor, eine nach der anderen, die sich aus der euklidischen Mathematik ableiten. So ist es auch. Aber erst, nachdem Newton dies in ein physikalisches System umgewandelt hatte, indem er die Mathematik von einer statischen Bestandsaufnahme in eine dynamische verwandelt hatte, beginnt die moderne wissenschaftliche Methode tatsächlich rigoros anwendbar zu werden.

Und wir können im Buch sehen, wo die Hindernisse waren, die ihn davon abhielten, weiter rasch vorzudringen, nachdem ihm die Beschreibung der Mondumlaufbahn so gut gelungen war. So bin ich zum Beispiel überzeugt, daß der Grund darin zu sehen ist, daß er das Problem unter Abschnitt 12 nicht lösen konnte: »Wie kann eine Kugel ein Partikel anziehen?« In Woolsthorpe hatte er eine ungefähre Berechnung gemacht, wobei er die Erde und den Mond als Partikel behandelte. Aber sie (und die Sonne und die Planeten) sind große Kugeln. Kann die Schwerkraftanziehung zwischen ihnen genau ersetzt werden durch eine Anziehungskraft zwischen ihren Mittelpunkten? Ja, aber nur (so erwies es sich ironischerweise) für Anziehungskräfte, die mit dem Quadrat der Entfernung abnehmen. Und darin sehen wir die ungeheuren mathematischen Schwierigkeiten, die er überwinden mußte, bevor er veröffentlichen konnte. Als Newton mit Fragen angegangen wurde wie zum Beispiel »Sie haben nicht erklärt, warum die Schwerkraft wirkt«, »Sie haben nicht erklärt, wie ein Vorgang tatsächlich auf Entfernung stattfinden kann«, oder auch »Sie haben nicht erklärt, warum sich Lichtstrahlen in dieser Weise verhalten«, dann antwortete er stets auf dieselbe Weise: »Ich stelle keine Hypothesen auf.« Damit meinte er: »Ich beschäftige mich nicht mit metaphysischer Spekulation. Ich lege ein Gesetz fest und leite davon die Erscheinungen ab.« Das war es genau, was er in seiner Arbeit über Optik gesagt hatte, und genau das war von seinen Zeitgenossen nicht als ein neuer Gesichtspunkt in der Optik verstanden worden.

Wenn nun Newton ein sehr einfacher, sehr trockener, auf Tatsachen fixierter Mann gewesen wäre, dann ließe sich all das leicht erklären. In Wirklichkeit war er aber ein außergewöhnlich unsteter Mensch. Er praktizierte die Alchemie. Insgeheim schrieb er umfangreiche Wälzer über die Offenbarung. Er war überzeugt, daß das Gesetz der umgekehrten Quadrate tatsächlich bereits bei Pythagoras zu finden war. Und für einen solchen Mann, der in seinem Privatleben voll wilder metaphysischer und mystischer Spekulationen war, ist es ein ungewöhnlicher Ausdruck seiner Geheimnistuerei, wenn er in der Öffentlichkeit sagt, »Ich stelle keine Hypothesen auf«. William Wordsworth schrieb im *Präludium* einen beredten Satz,

109
In seinen privaten Schriften war Newton nicht so arrogant, wie er der Öffentlichkeit so oft und in der verschiedensten Art erschien. *Terrakotta-Büste Newtons von John Rysbrack nach dem Modell für das Denkmal in der Westminsterabtei. Aus verschiedenen Blickwinkeln fotografiert.*

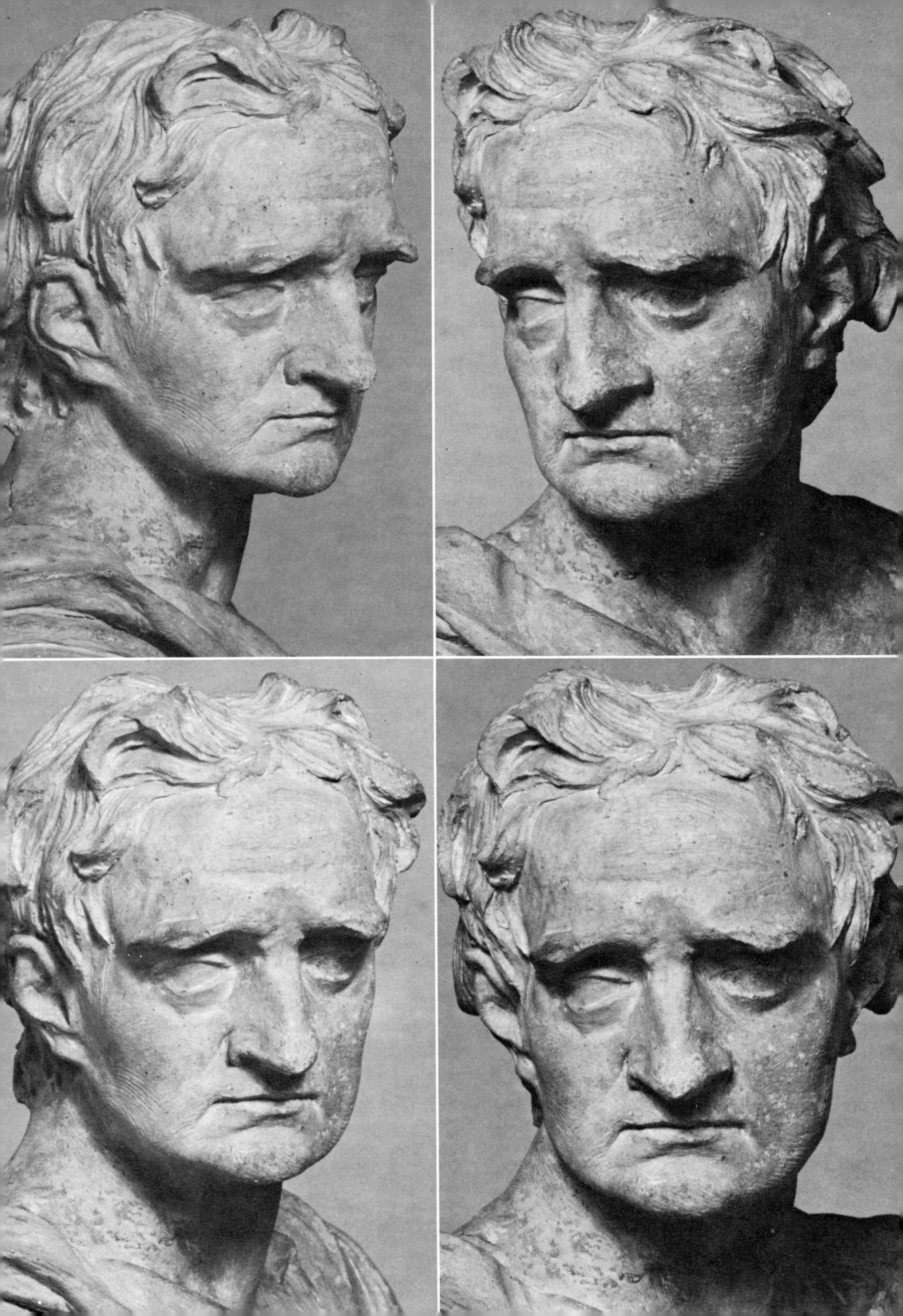

Newton, mit seinem Prisma und dem schweigenden Gesicht, der das Ganze genau durchschaut und zum Ausdruck bringt.

Nun, das Gesicht, das er der Öffentlichkeit zeigte, war sehr erfolgreich. Natürlich konnte Newton in der Universität keine Beförderung bekommen, weil er ein Unitarier war — er erkannte die Doktrin der Heiligen Dreifaltigkeit, mit der sich die Naturwissenschaftler seinerzeit vom Temperament her wenig zu befreunden vermochten, nicht an. Deshalb konnte er nicht Geistlicher, deshalb konnte er auch auf keinen Fall zum Rektor eines College ernannt werden. So ging Newton 1696 nach London zur Staatlichen Münzprägeanstalt. Nach einiger Zeit wurde er Direktor der Münzanstalt. Nach Hookes Tod nahm er den Vorsitz der Königlichen Akademie der Wissenschaften an. Das war 1703. 1705 wurde er von Königin Anne geadelt. Bis zu seinem Tode im Jahre 1727 beherrschte er die intellektuelle Szene in London. Der Dorfbursche hatte es geschafft.

Das Traurige daran ist, wie ich glaube, daß er es nach seinen eigenen Wertvorstellungen nicht geschafft hatte, sondern lediglich wenn man die Wertvorstellungen des achtzehnten Jahrhunderts zugrunde legt. Das Traurige ist auch, daß es jene Gesellschaft war, deren ungeschriebenes Gesetz er annahm, als er sich bereit erklärte, in den beratenden Gremien des Establishments den Diktator zu spielen und das sogar als Erfolg zu betrachten.

Ein geistiger Diktator ist keine sympathische Gestalt, selbst wenn er sich von bescheidenen Anfängen hochgearbeitet hat. Dennoch war Newton in seinen privaten Schriften nicht so arrogant, wie er in der Öffentlichkeit erschien, oft und auf verschiedene Weise dargestellt.

Die ganze Natur zu erklären ist eine zu schwierige Aufgabe für einen einzelnen Mann oder selbst für ein einzelnes Zeitalter. Es ist wesentlich besser, wenig mit Gewißheit zu leisten, und den anderen, die nachfolgen, den Rest zu überlassen, als wenn man alles zu erklären versuchte.

Und in einem noch berühmteren Satz sagt er dasselbe weniger präzise, aber mit einem Anflug von Pathos.

Ich weiß nicht, als was ich der Welt erscheine, aber mich selbst dünkt, ich sei nur wie ein Junge gewesen, der am Strand spielt und sich bisweilen damit vergnügt, einen noch glatteren Kiesel oder eine noch hübschere Muschel zu finden als gewöhnlich, während der große Ozean der Wahrheit völlig unentdeckt vor mir lag.

Als Newton über siebzig war, wurde in der Königlichen Akademie der Wissenschaften sehr wenig wirklich wissenschaftliche Arbeit geleistet. England hatte unter den Hannoveraner Königen sein Hauptaugenmerk auf das Geld gerichtet (damals war die Zeit

110
Es scheint uns respektlos, daß Newton zu Lebzeiten Gegenstand der Satire war.
Zeitgenössische Karikatur, die Newtons Schwerkraft ironisiert.

A. *absolute Gravity*. B. *Conatus against absolute Gravity*. C. *partial Gravity*.
D. *comparative Gravity* E. *horizontal, or good Sense*. F. *Wit*. G. *comparative Levity,
or Coxcomb*. H. *partial Levity, or pert Fool*. I. *absolute Levity, or Stark Fool*.

des Zusammenbruchs der schwindlerischen Südsee-Investitions-Gesellschaft) sowie auf Politik und Skandal. In den Kaffeehäusern erfanden behende Geschäftsleute Gesellschaften, die fiktive Erfindungen auswerten sollten. Schriftsteller verspotteten die Wissenschaftler, teils aus Verachtung, teils aus politischen Motiven, denn Newton galt beim Regierungsestablishment als eine wichtige Persönlichkeit.

Im Winter 1713 bildete eine Gruppe unzufriedener Tory-Schriftsteller eine literarische Gesellschaft. Bis zum Tode der Königin Anne im darauffolgenden Sommer trafen sich diese Schriftsteller oft in den Räumen des Leibarztes der Königin, Dr. John Arbuthnot, im St. James's Palast. Die Gesellschaft nannte sich Scriblerus Club und hatte sich zum Ziel gesetzt, die gelehrten Gesellschaften jener Zeit der Lächerlichkeit preiszugeben. Jonathan Swifts Angriff auf die Wissenschaftler im dritten Buch von *Gullivers Reisen* geht auf die Diskussionen dieser Gruppe zurück. Die Gruppe von Tories, die später John Gay dabei unterstützten,

111
»Es ist wesentlich besser, ein wenig mit Gewißheit zu leisten und den Rest anderen zu überlassen, als alle Dinge erklären zu wollen.«
Putten, die mit Newtons Fernrohr, seinem Universum, seinem Prisma, seinen Münzen und seinem Schmelzofen Experimente machen. Halbrelief von Rysbrack auf dem Newton-Denkmal in der Westminsterabtei.

Das majestätische Uhrwerk

als er seine Satire auf die Regierung in der *Bettleroper* schrieb, halfen ihm auch 1717 beim Schreiben eines Dramas *Drei Stunden nach der Hochzeit*. Da steht im Mittelpunkt der Satire ein aufgeblasener alternder Wissenschaftler mit dem Namen Dr. Fossile. Hier sind einige typische Szenen aus dem Stück, wo der Dialog zwischen ihm und einem Abenteurer, Plotwell, läuft, der mit der Dame des Hauses eine Beziehung unterhält.

Fossile: Ich habe Lady Longfort meinen Adlerstein versprochen. Die arme Lady läuft Gefahr, eine Fehlgeburt zu entbinden, und es ist gut, daß ich an den Stein gedacht habe. Hah! Wer kommt denn da! Der Bursche gefällt mir aber gar nicht, aber ich will nicht zu kritisch sein.

Plotwell: lIIustrissime domine, huc adveni —

Fossile: Illustrissime domine — non usus sum loquere Latinam — Wenn Sie kein Englisch sprechen, können wir uns mündlich nicht verständigen.

Plotwell: Ich kann Englisch bloß bißchen sprechen. Hab' viel

gehört von Rom von große Licht von alle Künste und Wissenschaften, beriemter Doktor Fossile. Möchte Kommutation machen (wie heißt doch). Mechte von meine Sachen fir seine Sachen tauschen.

Das beherrschende Thema der Satire ist natürlich die Alchemie. Der technische Jargon ist durchgehend recht treffend.

Fossile: Bitte, Sir, von welcher Universität kommen Sie?
Plowell: Beriemte Universität Krakau ...
Fossile: ... Aber welche geheimen Künste beherrschen Sie, Sir?
Plotwell: Sie sehen, Sir, das Tabaksdose.
Fossile: Schnupftabaksdose.
Plotwell: Richtig. Schnupftabaksdose. Das Dose sein aus wahre echte Gold.
Fossile: Wie das?
Plotwell: Wie das? Ich mache Gold, ich ganz selber, von die Blei auf die große Kirche von Krakau.
Fossile: Durch welche Vorrichtungen?
Plotwell: Mit Kalzination, Reverberation, Purifikation, Sublimation, Amalgamation, Präzipitation, Volitilisation.
Fossile: Nun aber vorsichtig mit Ihren Behauptungen. Die Volitilisation von Gold ist gar nicht so einfach ...
Plotwell: Ich nicht brauche erzählen beriemte Doktor Fossile, daß all die Metalle sind bloß unreife Gold.
Fossile: Das ist wie ein Philosoph gesprochen. Und deshalb sollte das Parlament ein Gesetz gegen die Ausbeutung von Bleiminen verabschieden, und was das Einschlagen von jungen Bäumen angeht.

Die wissenschaftlichen Bemerkungen kommen rasch und direkt von diesem Punkt an: Da geht es um das beschwerliche Problem, auf See die Längengrade zu bestimmen, um die Erfindung der Fluxionen, auch Differentialrechnung genannt.

Fossile: Ich bin im Augenblick Experimenten nicht zugeneigt.
Plotwell: ... Haben Sie beschäftigt mit Längengrade, Sir?
Fossile: Ich beschäftige mich nicht mit Unmöglichem. Ich suche nur nach dem Lebenselexier.
Plotwell: Was Sie halten dann von neue Fluxionenmethode?
Fossile: Ich kenne die Methode nur, wo sie mit Quecksilber ausgeführt wird.
Plotwell: Ha, ha. Ich meine Fluxion von die Quantität.
Fossile: Die größte Quantität, die ich je erfahren habe, waren drei Liter am Tag.
Plotwell: Gibt vielleicht irgendein Geheimnis in Hydrologie, Zoologie, Mineralogie, Hydraulik, Akustik, Pneumatik, in Logarithmentechnik, wo Sie wollen Erklärung von?
Fossile: Das ist alles außerhalb meines Arbeitsbereiches.

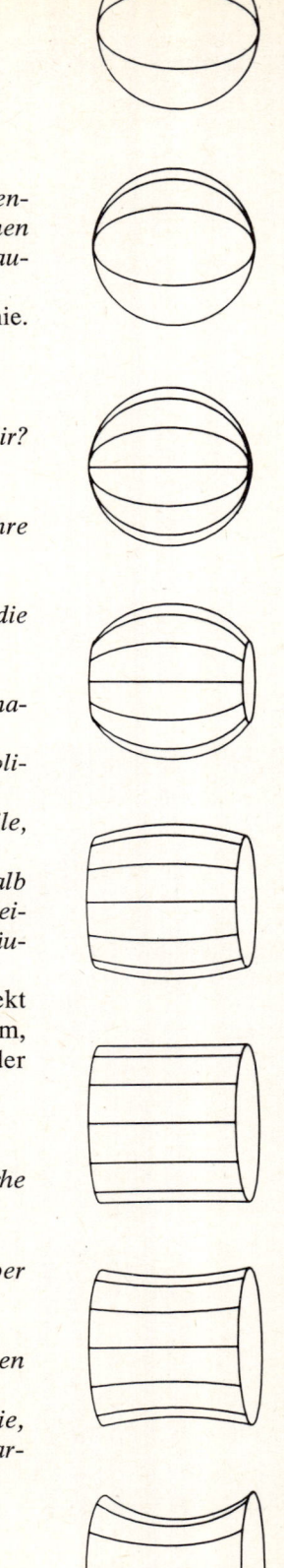

Das majestätische Uhrwerk

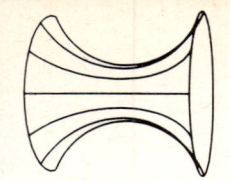

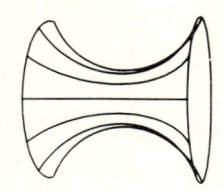

112
Wir können uns einen Raum vorstellen, der Sattelpunkte aufweist.
Computergrafik der Umwandlung eines Kreises zur negativen Krümmung.

113
Der Seemann pflegte an fernen Gestaden seine Ablesung der Sternpositionen mit denen in Greenwich zu vergleichen.
Panoramaansicht von Greenwich, gemalt von R. Griffier, 1750.

Es scheint uns heute respektlos, daß Newton noch zu Lebzeiten im Mittelpunkt einer Satire stand und daß er auch ernsthafter Kritik unterworfen wurde. Es ist aber eine Tatsache, daß jede Theorie, wie majestätisch sie auch immer sein mag, verborgene Voraussetzungen beinhaltet, die es irgendwann einmal notwendig machen, daß sie durch eine andere Theorie ersetzt wird. Newtons Theorie, wunderbar als Annäherung an die Natur, mußte auch solche Nachteile in sich haben. Newton gab das zu. Die erste Annahme, von der er ausging, ist die folgende: Er sagte zu Beginn: »Den Raum setze ich als absolut voraus.« Damit meinte er, daß Raum eben überall flach und unendlich sei, wie in unserer eigenen Nachbarschaft. Leibniz kritisierte diese Auffassung von Anfang an, und auch zu Recht. Es ist doch selbst unserer eigenen Erfahrung nach nicht einmal wahrscheinlich. Wir sind daran gewöhnt, jeweils in einem flachen Raum zu leben, aber sobald wir uns im großen die Erde anschauen, wissen wir doch, daß es den nicht überall gibt.

Die Erde ist kugelförmig, so daß der Punkt am Nordpol von zwei Beobachtern auf dem Äquator, die weit voneinander entfernt sind, angepeilt werden kann, wobei dennoch jeder von beiden sagt: »Ich schaue genau nach Norden.« Solch ein Zustand ist dem Bewohner einer flachen Erde unvorstellbar, oder gar einem, der glaubt, daß die Erde als Ganzes flach ist, wie sie ihm in seiner Nähe erscheint. Newton verhielt sich in der Tat wie ein Anhänger der Theorie der flachen Erde im kosmischen Maßstab: Er zog hinaus in den Raum mit seiner Elle in der einen und seiner Taschenuhr in der anderen Hand, wobei er den Raum so kartographierte, als sei er überall so wie gerade hier. Und das ist nicht notwendigerweise der Fall.

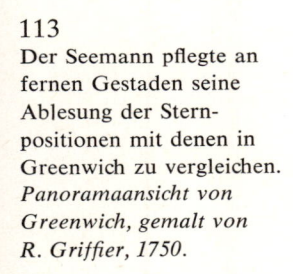

Apr: 22
1715

Das majestätische Uhrwerk

Es ist nicht einmal so, daß der Raum überall kugelförmig sein muß — das heißt, daß er eine herausragende Biegung aufweist. Es kann sehr wohl sein, daß der Raum örtlich bedingt aufgeworfen und wellenförmig ist. Wir können uns eine Art Raum vorstellen, der Sattelerhebungen hat, über den Massivkörper in bestimmte Richtungen leichter gleiten als in andere. Die Bewegungen der Gestirne müssen natürlich immer noch dieselben bleiben — wir sehen sie, und unsere Deutungen müssen mit ihnen übereinstimmen. Aber die Erklärungen wären dann in ihrer Art verschieden. Die Gesetze, die den Mond und die Planeten beherrschen, wären geometrischer Natur und nicht der Schwerkraft unterworfen.

Zu jener Zeit waren das alles Spekulationen, die noch weit in der Zukunft lagen, und selbst wenn sie damals geäußert worden wären, hätten die Mathematiker jener Zeit sie nicht zu bewältigen vermocht. Nachdenkliche und philosophische Geister waren sich allerdings der Tatsache bewußt, daß Newton, indem er den Raum als absolutes Netz darstellte, unserer Auffassung von den Dingen eine unwirkliche Einfachheit aufgezwungen hatte. Im Gegensatz dazu hatte Leibniz die prophetischen Worte geäußert: »Ich halte den Raum für etwas rein Relatives, wie es auch die Zeit ist.«

Die Zeit ist die andere Absolute in Newtons System. Die Zeit ist von grundlegender Bedeutung für die Kartographierung der Gestirne: Wir wissen ja zunächst gar nicht, wie weit die Sterne entfernt sind, lediglich, in welchem Augenblick sie unser Gesichtsfeld durchlaufen. So erforderte die Welt der Seeleute die Vervollkommnung von zweierlei Instrumenten: von Fernrohren und Uhren.

Nehmen wir als erstes die Verbesserungen des Fernrohres. Die

14
Die Uhrmacher jener Zeit waren die Aristokraten unter den Handwerkern.
John Harrisons erster Schiffschronometer.

15
Ein Schiff ist tatsächlich eine Art Modell eines Sterns.
Handbuch der Navigation. Raubdruck von John Toynson, »der am Wasser bei der alten Brücke unter dem Zeichen der Seekarten wohnt«. Er stahl den Druck dem großen holländischen Drucker Blaeu in Amsterdam.

Navigatoren bei der Arbeit mit ihren Karten, während die holländische Flotte Segel setzt.
Der Königliche Astronom John Flamsteed und sein Assistent bei der Beobachtung. Ausschnitt aus dem Deckengemälde im Royal Naval College, Greenwich.

Der Aufstieg des Menschen

Bemühungen hatten im neuen Königlichen Observatorium in Greenwich ihr Zentrum gefunden. Der allgegenwärtige Robert Hooke hatte die Sternwarte eingeplant, als er zusammen mit Sir Christopher Wren nach dem großen Brand London wiederaufbaute. Der Seemann, der versucht, seine Position — Längengrad und Breitengrad — fern von der Küste festzulegen, pflegte von jetzt an seine Positionsbestimmungen der Sterne mit denen in Greenwich zu vergleichen. Der Meridian von Greenwich wurde

116
Das Universum Newtons tickte ohne Makel etwa 200 Jahre lang weiter. Wenn sein Geist irgendwann einmal vor 1900 in die Schweiz gekommen wäre, so hätten dort alle Uhren einhellig Halleluja geschlagen. Just um diese Zeit ging es mit Zeit und Licht zum erstenmal schief.
Glockenturm in Bern.

Das majestätische Uhrwerk

zur festen Bezugslinie in der stürmischen Welt eines jeden Seemanns: der Meridian und die Greenwicher Normalzeit.

Das zweite wichtige Hilfsmittel zur Festlegung der eigenen Position war die Verbesserung der Uhr. Die Uhr wurde zum Symbol und zentralen Anliegen jenes Zeitalters, denn Newtons Theorien konnten auf See lediglich praktisch angewendet werden, wenn man eine Uhr dazu bringen konnte, die Zeit auf hoher See präzise anzugeben. Das Prinzip ist recht einfach. Da die Sonne sich

John Harrisons prämierter Chronometer Nr. 4.

117
Seine Arbeit als Angestellter im Schweizerischen Patentamt.
Albert Einstein an seinem Schreibtisch im Patentamt in Bern, 1905.

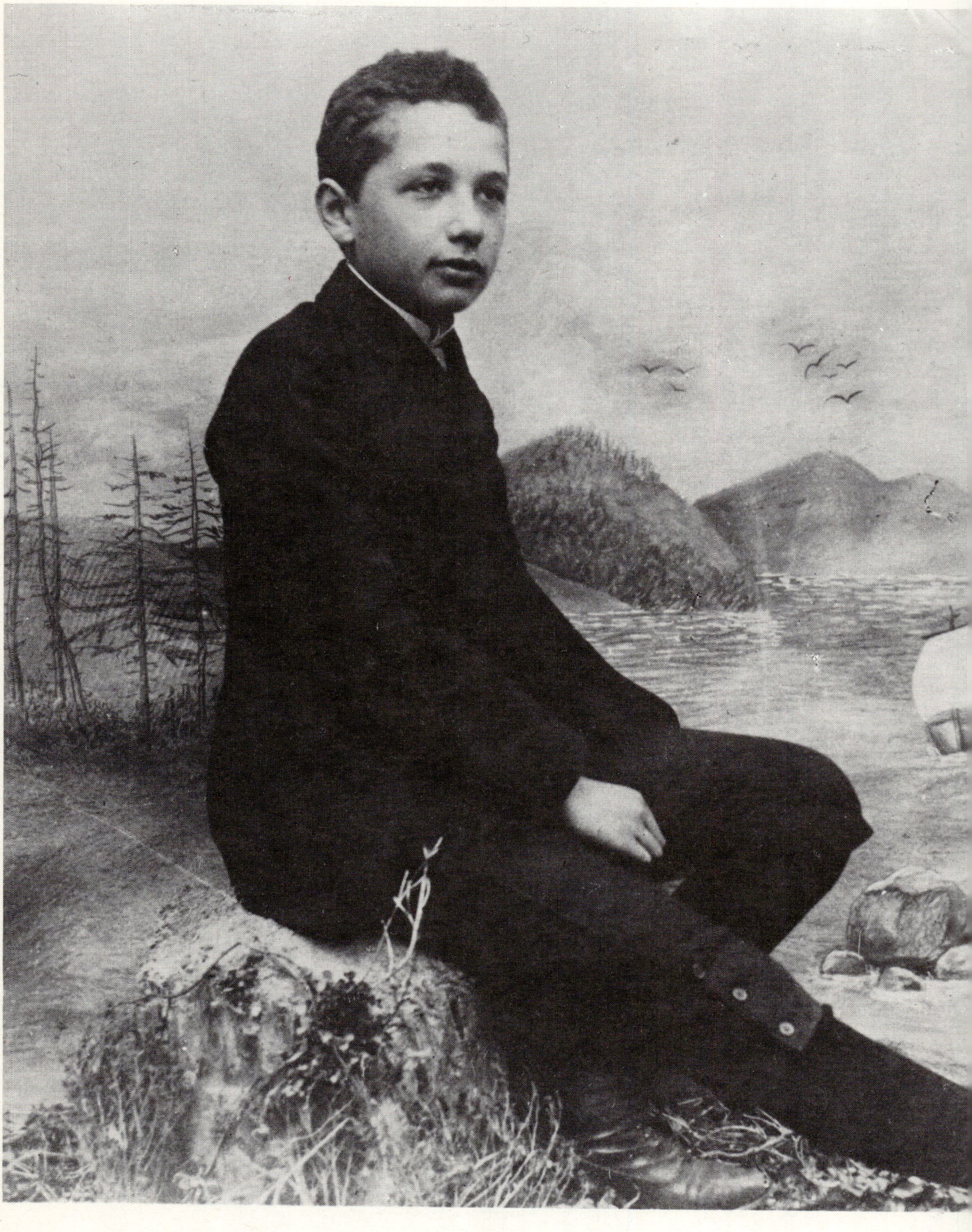

*»Wie würde die Welt aussehen, wenn ich auf einem Lichtstrahl reiten könnte.«
Albert Einstein im Alter von vierzehn.*

Das majestätische Uhrwerk

in vierundzwanzig Stunden einmal um die Erde dreht, bedeutet jeder der dreihundertsechzig Längengrade vier Minuten. Ein Seemann, der die Mittagsposition auf seinem Schiff (die höchste Position der Sonne) mit der Mittagszeit auf einer Uhr vergleicht, die die Greenwich-Zeit wiedergibt, weiß deshalb, daß je vier Minuten Unterschied ihn um einen Längengrad weiter vom Meridian in Greenwich plazieren.

Die Regierung schrieb eine Belohnung von 20 000 Pfund für einen Chronometer aus, der sich auf einer Reise von sechs Wochen bis auf einen halben Längengrad genau erwies. Die Londoner Uhrmacher (John Harrison zum Beispiel) bauten eine geniale Uhr nach der anderen, die so konstruiert war, daß ihre verschiedenen Pendel miteinander den Ausgleich für das Schlingern des Schiffes bringen sollten. Diese technischen Probleme verursachten eine wahre Erfindungswelle, und sie legten auch das besondere Interesse für die Zeit fest, das sowohl die Wissenschaft als auch unser Alltagsleben seither beherrschte. Ein Schiff ist eigentlich eine Art Modell eines Sternes. Wie bewegt sich ein Stern durch den Raum, und wie wissen wir, an welche Zeit er sich hält? Das Schiff ist der Ausgangspunkt für das Nachdenken über relative Zeit.

Die Uhrmacher jener Zeit waren unter den Handwerkern Aristokraten, genauso wie die Leute der Bauhütte es im Mittelalter gewesen waren. Es ist ein netter Gedanke, daß die Uhr, so wie wir sie heute kennen, als Schrittmacher, der auf unseren Puls gebunden ist oder als Taschendiktator des modernen Lebens, bereits seit dem Mittelalter die Fertigkeiten von Handwerkern beschäftigt hatte, wenn auch in geruhsamer Weise. In jener Zeit wollten die Uhrmacher nicht die Tageszeit wissen, sondern die Bewegungen der Gestirne wiedergeben. Das Universum Newtons tickte ohne Makel etwa zweihundert Jahre lang weiter. Wenn sein Geist irgendwann einmal vor 1900 in die Schweiz gekommen wäre, so hätten dort alle Uhren einstimmig Halleluja geschlagen. Nach 1900 kam ein junger Mann nach Bern, der damals keine zweihundert Meter vom alten Glockenturm entfernt wohnte, ein junger Mann, der die ganze Welt aufhorchen lassen sollte: Albert Einstein.

Just um diese Zeit ging es mit Zeit und Licht zum erstenmal schief. 1881 hatte Albert Michelson ein Experiment durchgeführt (was er sechs Jahre später mit Edward Morley wiederholte), bei dem er Licht in verschiedene Richtungen lenkte und ungeheuer erstaunt war, feststellen zu müssen, daß unabhängig davon sich immer wieder die gleiche Lichtgeschwindigkeit ergab, wie der Apparat sich auch immer bewegte. Das war gar nicht in Übereinstimmung mit Newtons Gesetzen. Und es war dieses kleine Murren im Herzen der Physik, das etwa um 1900 die Wissenschaftler zunächst dazu brachte, aufzumerken und Fragen zu stellen.

Es ist nicht gewiß, daß sich der junge Einstein über diese Fragen ganz klar war, denn er war kein besonders aufmerksamer Student gewesen. Gewiß ist jedoch, daß er sich zu der Zeit, als er hier nach Bern kam, bereits gefragt hatte, wie unsere Erfahrungen aussehen würden, wenn man sie vom Gesichtspunkt des Lichtes her betrachtet.

Die Antwort auf diese Frage ist voller Widersprüche, und das macht sie zu einer bohrenden Frage. Und doch, wie bei allen Paradoxen, ist es besonders wichtig, die Frage richtig zu stellen. Das Genie von Männern wie Newton und Einstein liegt darin, daß sie klare, unschuldige Fragen stellen, die dann katastrophale Antworten nach sich ziehen. Der Dichter William Cowper nannte Newton einen »kindlichen Weisen« aufgrund dieser Eigenart, und die Beschreibung trifft auch ganz genau auf das Gefühl des Erstaunens der Welt gegenüber zu, das Einstein in seinem Gesicht zum Ausdruck brachte. Ob er darüber redete, wie man auf einem Lichtstrahl reiten könnte oder durch den Raum fallen würde, Einstein war stets voller schöner, einfacher Illustrationen solcher Prinzipien, und ich will mir seine Art hinter den Spiegel stecken. Ich gehe zum Glockenturm in Bern und fahre mit der Straßenbahn, die er jeden Tag benutzte, wenn er auf dem Weg zu seiner Arbeit als Angestellter im Schweizerischen Patentamt war.

Der Gedanke, den Einstein als Jüngling gehabt hatte, war: »Wie sähe die Welt aus, wenn ich mich auf einem Lichtstrahl bewegen würde?« Nehmen wir einmal an, diese Straßenbahn bewegt sich von der Uhr auf dem gleichen Strahl weg, mit dessen Hilfe wir die Uhr ablesen können. Dann würde natürlich die Uhr stehenbleiben. Ich, die Straßenbahn, die auf dem Lichtstrahl fährt, würden in der Zeit fixiert sein. Die Zeit würde innehalten.

Lassen Sie mich das noch deutlicher sagen. Nehmen wir einmal an, die Uhr hinter mir zeigt »Mittag« an, wenn ich abfahre. Jetzt reise ich 300 000 Kilometer davon weg mit Lichtgeschwindigkeit. Dazu brauchte ich eine Sekunde. Aber die Zeit auf der Uhr, wie ich sie ablese, besagt immer noch »Mittag«, weil der Lichtstrahl von der Uhr weg genauso lange braucht wie ich. Was nun die Uhr, so wie ich sie sehe, angeht und was das Universum innerhalb der Straßenbahn angeht, so habe ich mich vom Ablauf der Zeit abgetrennt, während ich mit der Lichtgeschwindigkeit Schritt gehalten habe. Das ist außergewöhnlich paradox. Ich will nicht die Schlußfolgerungen daraus behandeln, auch nicht andere Folgerungen, über die sich Einstein Gedanken gemacht hat. Ich will mich nur auf diesen Punkt konzentrieren: Wenn ich nämlich auf einem Lichtstrahl fahren würde, dann würde die Zeit für mich plötzlich zu Ende gehen. Und das muß doch bedeuten, daß ich in dem Maße, wie ich die Lichtgeschwindigkeit erreiche (was ich ja in

119
Vorurteilslos betrachtet, sehen heute die meisten Patentanträge ziemlich unsinnig aus.
Patentantrag 1904.

Das majestätische Uhrwerk

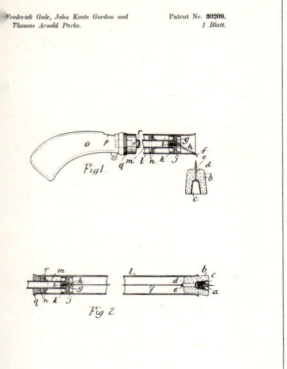

dieser Straßenbahn simulieren werde), in einem Kasten von Zeit und Raum allein bin, der sich immer mehr von den Normen meiner Umgebung entfernt.

Solche Paradoxe machen zweierlei klar. Zunächst einmal ist es offenkundig: Es gibt keine universale Zeit. Aber eine subtilere Erkenntnis: Die Erfahrung für den Reisenden und den, der zurückbleibt, ist sehr verschieden – und das gilt somit auch für jeden von uns auf seinem eigenen Weg. Meine Erfahrungen innerhalb der Straßenbahn sind in sich konsequent: Ich entdecke dieselben Gesetze, dieselben Beziehungen zwischen Zeit, Abstand, Geschwindigkeit, Masse und Kraft, die jeder andere Beobachter wahrnimmt. Die tatsächlichen Werte aber, die ich für die Zeit, für den Abstand und so weiter bekomme, sind nicht dieselben, die ein Mann auf dem Gehweg hat.

Das ist der Kern des Prinzips der Relativität. Aber die offensichtliche Frage ist doch: »Was hält denn nun seinen Kasten und meinen zusammen?« Der Weg des Lichtes. Licht ist der Informationsträger, der uns verbindet. Deshalb ist diese grundlegende experimentelle Tatsache etwas, das die Leute seit 1881 erstaunt und beschäftigt: Die Tatsache nämlich, daß wir beim Austausch von Signalen entdecken, wie Informationen immer mit der gleichen Geschwindigkeit ausgetauscht werden. Wir bekommen immer wieder denselben Wert für die Lichtgeschwindigkeit. Und dann müssen natürlich Zeit und Raum und Masse für jeden von uns verschieden sein, denn sie müssen für mich hier in der Straßenbahn und für den Mann da draußen konsequent dieselben *Gesetze* liefern – und doch denselben *Wert* für die Lichtgeschwindigkeit.

Das Licht und die anderen Strahlungen sind Signale, die sich von einem Mittelpunkt aus wie Wellen im Universum ausbreiten, und es gibt keine Möglichkeit, mit deren Hilfe sich die Nachricht vom ursprünglichen Ereignis schneller nach außen hin bewegen kann, als es diese Wellen tun. Die Licht- oder die Radiowelle oder auch der Röntgenstrahl sind der endgültige Träger von Nachrichten oder Botschaften und bilden ein grundlegendes Informationsnetz, das das materielle Universum zusammenhält. Selbst wenn die Botschaft, die wir aussenden wollen, lediglich eine Zeitangabe ist, so können wir sie von einem Ort zum anderen nicht schneller übermitteln, als das mit Hilfe des Lichtes oder der Radiowelle geschieht, die die Botschaft tragen. Es gibt keine Universalzeit für die Welt, kein von Greenwich ausgehendes Signal, nach dem wir unsere Uhren zu stellen vermöchten, ohne daß die Lichtgeschwindigkeit unwiederbringlich damit verflochten ist.

Bei diesem Widerspruch muß einer nachgeben. Denn der Weg eines Lichtstrahls (wie der Weg eines Geschosses) erscheint einem zufälligen Beobachter nicht genau so wie dem Mann, der das

120
Es gibt keine Universalzeit für die ganze Welt, kein Signal aus Greenwich, nach dem wir unsere Uhren stellen können, ohne daß die Lichtgeschwindigkeit unweigerlich damit zu tun hätte.
Der Beobachter auf dem Bürgersteig sieht die stehende Straßenbahn links ohne Verzerrung. Er sieht die

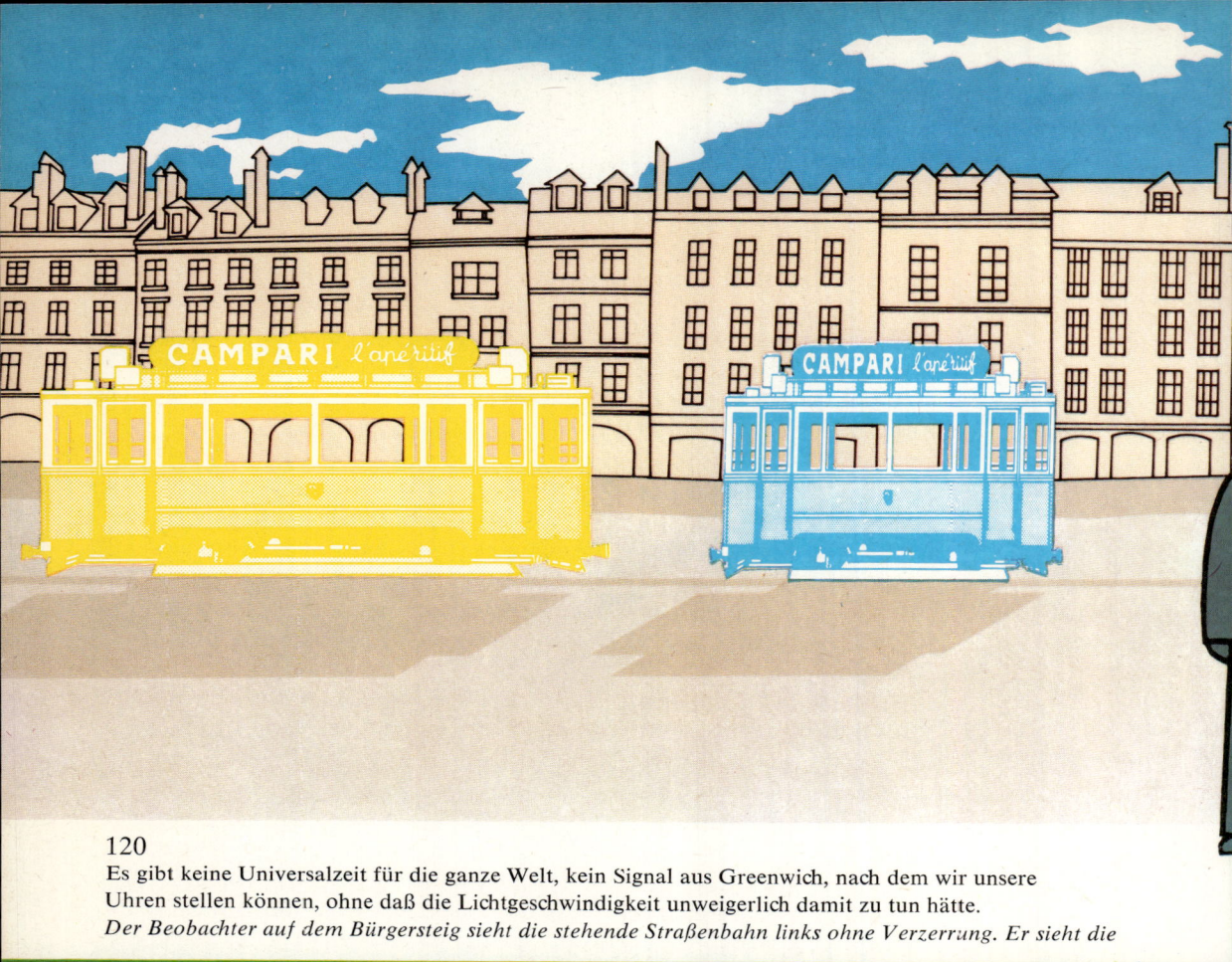

anderen beiden Straßenbahnen groß und schmal, denn beide bewegen sich mit großer Geschwindigkeit. Eine Straßenbahn sieht tiefblau aus, weil sie sich auf ihn zubewegt, die andere sieht rötlicher aus, weil sie sich fortbewegt. Das sind jedoch keine Relativitätsauswirkungen. Der Beobachter in der stehenden Straßenbahn sieht die Häuser unverzerrt. In der sich bewegenden Bahn sieht er sie groß und schmal.

121
In seinem Leben vereinigte Einstein das Licht mit der Zeit und die Zeit mit dem Raum; die Energie mit der Materie, die Materie mit dem Raum und den Raum mit der Schwerkraft.
Der berühmte Aufsatz aus dem Jahre 1905.
Die Tafel, die 1931 von Einstein bei der zweiten von drei Vorlesungen über Relativität in Oxford benutzt wurde.

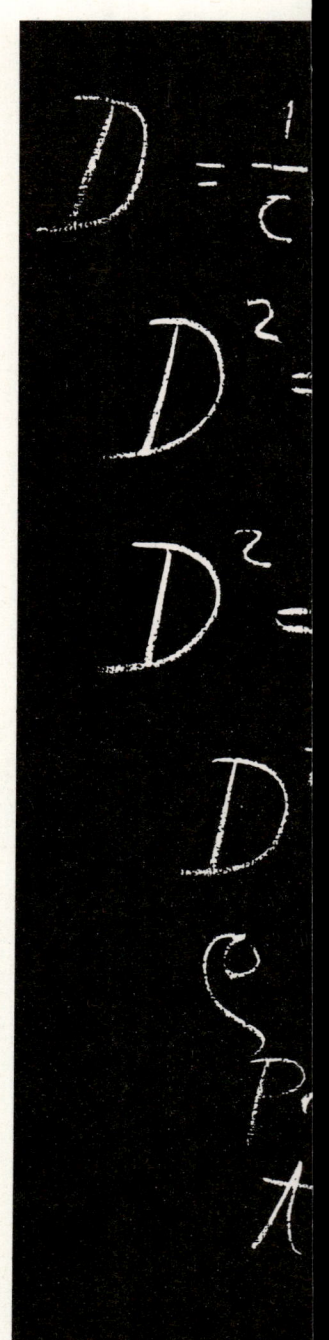

Geschoß abgefeuert hat. Der Weg erscheint dem zufälligen Beobachter länger, und damit muß auch ihm die Zeit, die das Licht für seinen Weg braucht, länger erscheinen, wenn er denselben Wert für seine Geschwindigkeit bekommen will.

Ist das wirklich so? Ja. Wir wissen genug über kosmische und atomare Prozesse, um festzustellen, daß dies bei hohen Geschwindigkeiten zutrifft. Wenn ich wirklich, sagen wir einmal, mit halber Lichtgeschwindigkeit reisen würde, dann wäre das, was auf meiner Uhr als etwas über drei Minuten erschien, Einsteins Straßenbahnfahrt nämlich, eine halbe Minute länger für den Mann auf dem Gehsteig.

Wir wollen die Straßenbahn auf Lichtgeschwindigkeit bringen, um einmal festzustellen, wie die Erscheinungen sich da ausmachen. Der Relativitätseffekt beruht darin, daß die Dinge ihre Form verändern (es gibt auch Farbveränderungen, aber die beruhen nicht auf der Relativität). Die Dächer der Gebäude scheinen sich nach innen und vorn zu neigen. Auch scheinen die Gebäude zusammengedrängt. Ich bewege mich horizontal, also erscheinen horizontale Entfernungen kürzer, und dennoch bleiben die Höhen dieselben. Autos und Menschen werden auf dieselbe Weise verzerrt: Sie er-

$$\frac{du}{dt} = \frac{1}{\tau} \frac{1}{P} \frac{dP}{dt}$$

$$\frac{P_0 - P}{P} \sim \frac{1}{P^2} \quad (1a)$$

$$\frac{P_0 - P}{P_0} \sim \kappa \varrho \quad (2a)$$

10^{-53}

10^{-26}

$10^8 \, L.y$

$10^{10} (10^{11}) \, y$

scheinen dünn und groß. Was für mich zutrifft, der hier hinausschaut, das gilt auch für den Draußenstehenden, der hereinschaut. Diese Märchenwelt der Relativität ist symmetrisch. Der Beobachter sieht die Straßenbahn zusammengeschoben: dünn und hoch.

Das ist offenkundig ein Bild von der Welt, das sich ganz von dem unterscheidet, das Newton gehabt hatte. Für Newton bildeten Zeit und Raum einen absoluten Rahmen, innerhalb dessen die materiellen Ereignisse der Welt in unerschütterlicher Ordnung ihren Lauf nahmen. Er hatte eine Ansicht von der Welt, die dem Auge Gottes entsprach: Für jeden Beobachter sah sie genauso aus, ganz gleich, wo er war, ganz gleich, wohin er reiste. Im Gegensatz dazu ist Einsteins Sicht die Sicht des menschlichen Auges, in dem das, was Sie sehen und was ich sehe, für jeden von uns relativ ist, das heißt, in Beziehung steht zu unserem Standort und zu unserer Geschwindigkeit. Diese Relativität läßt sich nicht beseitigen. Wir können nicht wissen, was die Welt an sich ist, wir können sie nur mit dem vergleichen, als was sie jedem von uns erscheint, und zwar durch den praktischen Vorgang eines Informationsaustausches. Ich in meiner Straßenbahn und Sie im Sessel können keine göttliche und momentane Ansicht der Ereignisse gemeinsam haben — wir können einander nur unsere eigenen Ansichten mitteilen. Mitteilung, Kommunikation ist nichts Augenblickliches. Wir können der Kommunikation nicht die grundlegende Zeitverzögerung aller Signale nehmen, die durch die Lichtgeschwindigkeit bedingt ist.

Die Straßenbahn erreichte nicht die Lichtgeschwindigkeit. Sie blieb freundlicherweise in der Nähe des Patentamtes stehen. Einstein stieg aus, leistete seine Arbeit und blieb oft noch abends im Café Bollwerk. Die Arbeit im Patentamt war nicht sehr anstrengend. Wenn man sie einmal vorurteilslos betrachtet, sehen heute die meisten damaligen Patentanträge idiotisch aus: ein Antrag auf Verbesserung eines Kindergewehrs, ein Antrag über die Regelung von Wechselstrom, von dem Einstein unmißverständlich schrieb: »Der Antrag ist unrichtig, ungenau und unklar.«

Abends im Café Bollwerk pflegte er mit seinen Kollegen ein wenig über Physik zu reden. Er rauchte dann Zigarren und trank Kaffee. Er war jedoch ein Mann, der sich seine eigenen Gedanken machte. Er drang zum Kern der Frage vor: »Wie setzen sich nicht die Physiker, sondern menschliche Wesen miteinander in Verbindung? Welche Signale senden wir aus? Wie erreichen wir Wissen?« Und das ist die Kernfrage all seiner Schriften, dieses Entblättern des Wissenskerns, fast Blütenblatt um Blütenblatt.

So beschäftigte sich also die große Arbeit von 1905 nicht nur mit dem Licht oder, wie ihr Titel besagt, mit der *Elektrodynamik bewegter Körper,* denn sie erhält im selben Jahr noch eine Nachschrift, die besagt, daß Energie und Masse gleichwertig sind, $E = mc^2$. Für uns ist es bemerkenswert, daß der erste Bericht über die Relativität schon eine praktische und zugleich verheerende Voraussage für die Atomphysik beinhaltet. Für Einstein ist das ganz einfach nur ein Aspekt seiner Gesamtschau der Welt. Wie Newton und alle naturwissenschaftlichen Denker war er im Innersten ein Unitarier. Das kommt von der profunden Einsicht in die Naturvorgänge selbst, besonders in die Beziehungen zwischen Mensch, Wissen, Natur. Die Physik besteht nicht aus Ereignissen, sondern aus Beobachtungen. Relativität bedeutet, die Welt nicht als Ereignisse, sondern als Beziehungen zu verstehen.

Einstein erinnerte sich an jene Jahre mit Vergnügen. Meinem Freund Leo Szilard sagte er viele Jahre später: »Es waren die glücklichsten Jahre meines Lebens. Niemand erwartete von mir, daß ich goldene Eier legte.« Natürlich produzierte er weiterhin goldene Eier: die Wirkungsquanten, die allgemeine Relativitätstheorie, die Feldtheorie. Mit ihnen kam die Bestätigung von Einsteins früher Arbeit und die Ernte seiner Voraussagen. 1915 hatte er in der allgemeinen Relativitätstheorie vorausgesagt, daß das Schwerkraftfeld in der Nähe der Sonne einen Strahl nach innen abdrängen würde — wie eine Raumverzerrung. Zwei Expeditionen, die von der Königlichen Akademie der Wissenschaften nach Brasilien und zur Westküste Afrikas geschickt wurden, untersuchten diese Behauptung während der Sonnenfinsternis am 29. Mai 1919. Arthur Eddington, der die afrikanische Expedition leitete, erinnerte sich immer noch an die erste Meßkontrolle der Fotografien, die dort gemacht wurden, als an den größten Augenblick seines Lebens. Die Gelehrten der Akademie teilten sich rasch die Nachricht mit. Eddington telegrafierte an den Mathematiker Littlewood, und Littlewood schrieb eine Notiz an Bertrand Russell:

Einsteins Theorie ist vollkommen bestätigt. Die vorausgesagte Verschiebung betrug 1".72 und die beobachtete 1".75 ± 06.

Die Relativität war eine Tatsache. Sie galt für die spezielle und die allgemeine Theorie. $E = mc^2$ wurde natürlich auch später bestätigt. Selbst das Detail, daß die Uhren langsamer gehen müßten, wurde schließlich durch das unerbittliche Schicksal bestätigt. 1905 hatte Einstein eine etwas ironisch gemeinte Anweisung für ein ideales Experiment zur Überprüfung dieser Behauptung gegeben.

Wenn in A zwei synchronisierte Uhren stehen und die eine von ihnen mit konstanter Geschwindigkeit v über eine geschlossene Kurve bewegt wird, bis sie wieder nach A zurückkehrt, wofür wir einmal die Zeit von t Sekunden annehmen, dann hat die letztere Uhr bei ihrer Ankunft in A $1/2 \, t \, (v/c)^2$ Sekunden im Vergleich zu jener Uhr verloren, die stationär geblieben ist. Daraus schlie-

»Hör auf, Gott vorzuschreiben, was er tun soll.« *Albert Einstein und Niels Bohr auf der Solvay-Konferenz 1933.*

ßen wir, daß eine Uhr, die auf dem Erdäquator fixiert ist, um eine sehr kleine Zeitspanne langsamer geht als eine identische Uhr, die auf einem Erdpol steht.

Einstein starb 1955, fünfzig Jahre nach der großartigen Veröffentlichung von 1905. Aber 1955 konnte man schon die Zeit auf ein milliardstel Sekunde genau messen. Deshalb war es auch möglich, sich diesen sonderbaren Vorschlag noch einmal vorzunehmen, nämlich »sich zwei Männer auf der Erde, den einen am Nordpol und den anderen auf dem Äquator, vorzustellen. Der auf dem Äquator dreht sich rascher als der am Nordpol, deshalb geht seine Uhr langsamer«. Und genau das wurde bestätigt.

Das Experiment wurde von einem jungen Mann, H. J. Hay, in Harwell ausgeführt. Er stellte sich die Erde als eine flache Scheibe vor, so daß der Nordpol im Mittelpunkt ist und der Äquator am Rande der Scheibe verläuft. Nun setzte er eine radioaktive Uhr auf den Rand und eine andere ins Zentrum der Platte und ließ die Platte umlaufen. Die Uhren messen die Zeit statistisch, indem sie die Anzahl radioaktiver Atome zählen, die zerfallen. Und siehe da, die Uhr am Rande von Hays Scheibe läuft langsamer als die Uhr im Mittelpunkt. Das geschieht auf jeder sich drehenden Scheibe, bei jedem Plattenspieler. In diesem Augenblick des Lesens altert bei jeder sich drehenden Schallplatte der Mittelteil schneller als der Rand, und zwar mit jeder Umdrehung.

Einstein war eher der Schöpfer eines philosophischen als eines mathematischen Systems. Er hatte eine geniale Begabung dafür, philosophische Ideen aufzuspüren, die der praktischen Erfahrung neue Aspekte verliehen. Er betrachtete die Natur wie ein Pfadfinder, das heißt, wie ein Mann inmitten des Chaos der Erscheinungen, der glaubt, daß eine gemeinsame Struktur sichtbar wird, wenn wir uns die ganze Sache einmal unbefangen anschauen.

Einstein hatte im Verlauf eines Lebens das Licht mit der Zeit verbunden und die Zeit mit dem Raum; die Energie mit der Materie, die Materie mit dem Raum und den Raum mit der Schwerkraft. Am Ende seines Lebens arbeitete er immer noch daran, die Einheit zwischen der Schwerkraft und den Kräften der Elektrizität und des Magnetismus zu finden. Seine Vision der Natur war die eines Menschen in Gegenwart von etwas Gottähnlichem, und das sagte er auch immer über die Natur. Er sprach gern von Gott: »Gott würfelt nicht«, »Gott ist nicht bösartig«. Eines Tages sagte Niels Bohr schließlich zu ihm: »Schreiben Sie doch nicht immer Gott vor, was er tun soll.« Aber das ist nicht ganz fair. Einstein war ein Mann, der ungeheuer einfache Fragen stellen konnte. Sein Leben und seine Arbeit haben gezeigt: Wenn die Antworten auch einfach sind, dann kann man Gott denken hören.

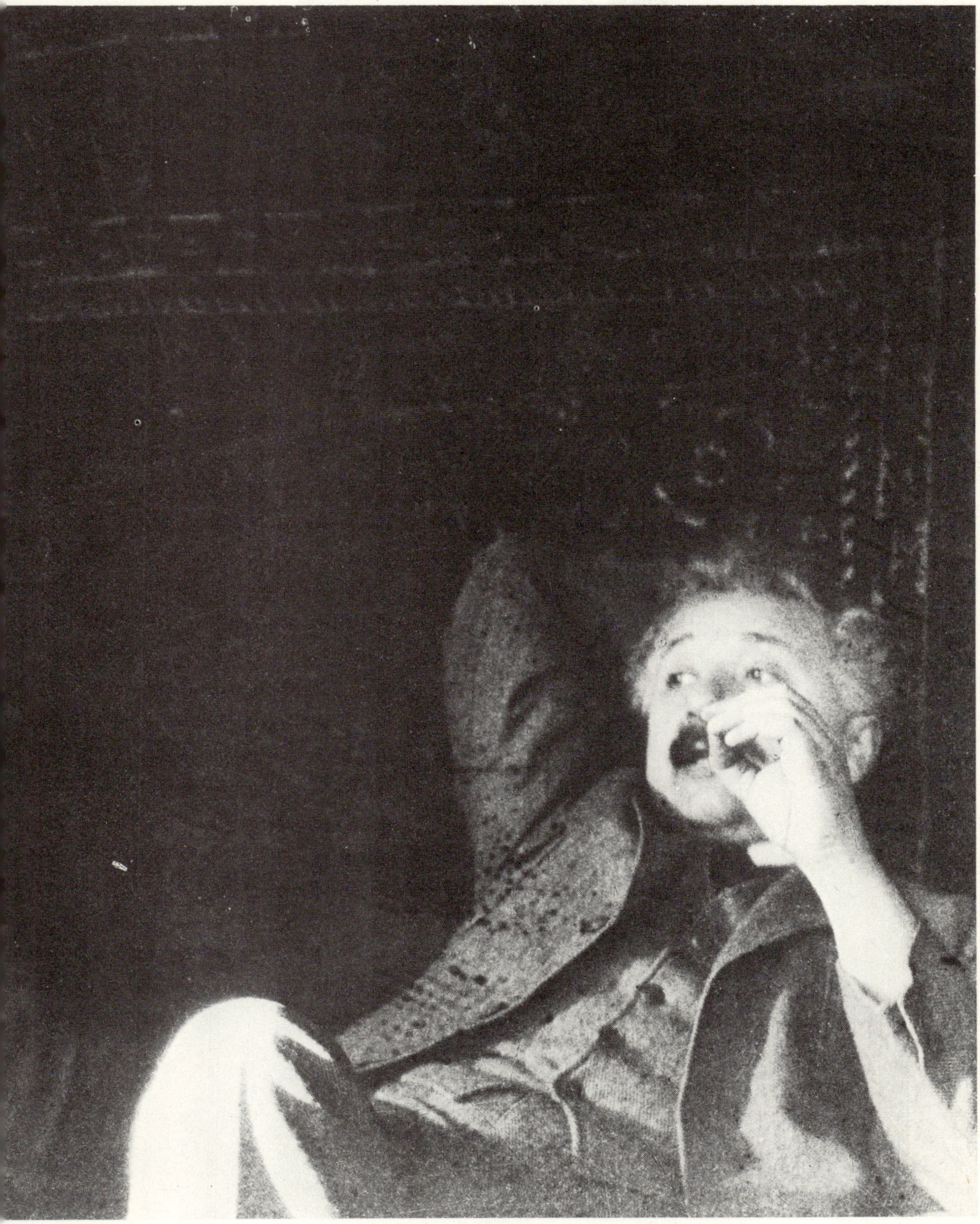

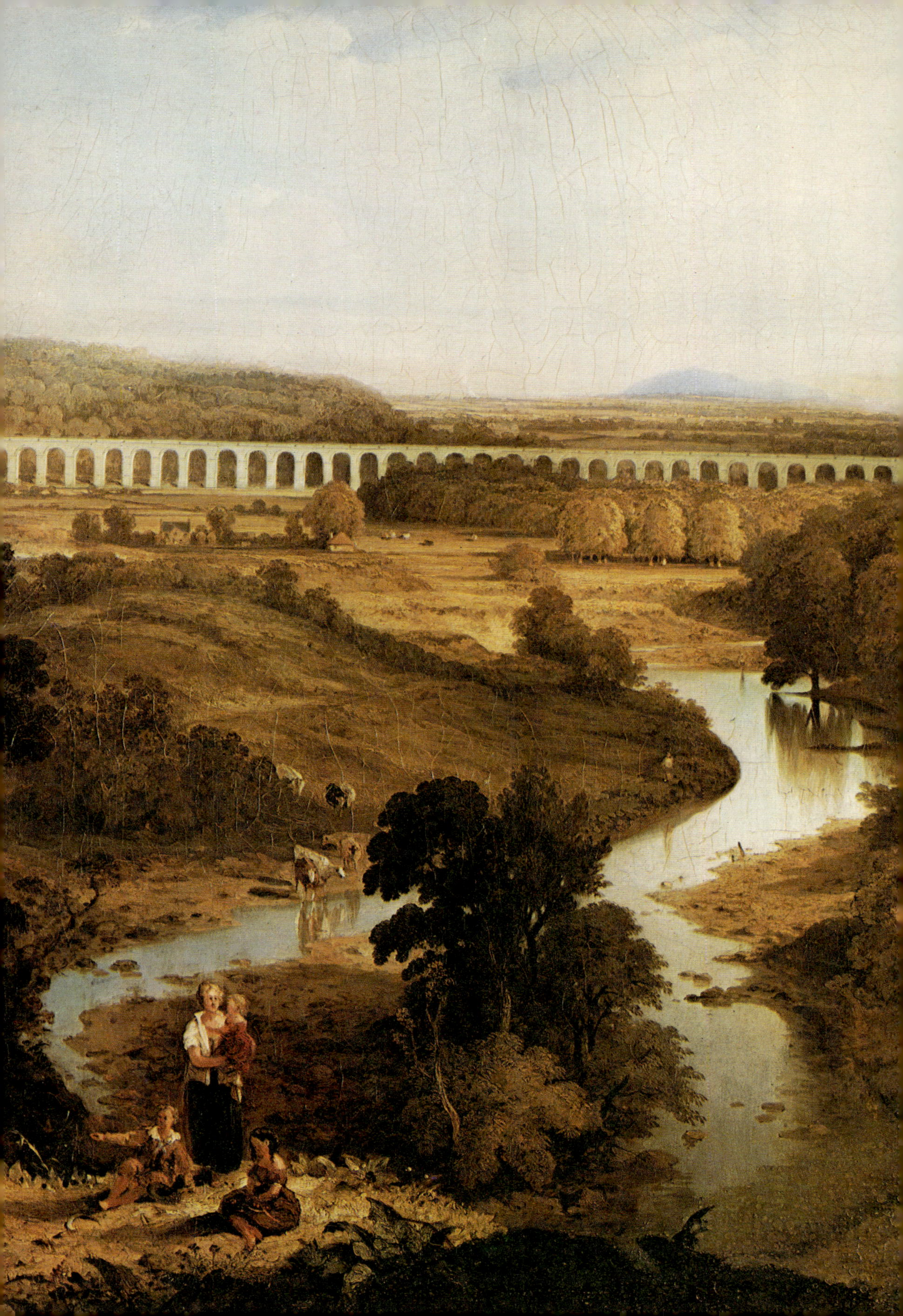

DAS STREBEN NACH MACHT DURCH ENERGIE

Revolutionen werden nicht vom Schicksal, sondern von Männern gemacht. Manchmal sind es einzelgängerische geniale Männer, aber die großen Revolutionen im achtzehnten Jahrhundert wurden von Geringeren gemacht, die sich zusammengeschlossen hatten. Was sie beflügelte, war die Überzeugung, daß jeder Mensch Herr seines eigenen Schicksals ist.

Wir nehmen es heute als selbstverständlich hin, daß die Wissenschaft eine gesellschaftliche Verantwortung hat. Diese Idee wäre Newton oder Galilei nie gekommen. Sie stellten sich die Wissenschaft als eine Darstellung der Welt vor, so wie sie ist, und die einzige Verantwortung, die sie für ihren Teil anerkannten, war, die Wahrheit zu sagen. Die Idee, daß die Wissenschaft ein gesellschaftliches Unterfangen ist, ist modern. Sie beginnt mit der industriellen Revolution. Wir sind erstaunt darüber, daß wir ein soziales Gefühl nicht früher in der Vergangenheit finden, weil wir uns der Illusion hingeben, daß die industrielle Revolution ein goldenes Zeitalter beendete.

Die industrielle Revolution ist eine lange Folge von Veränderungen, die etwa um 1760 begannen. Sie ist auch nicht allein: Sie gehört zu einem Dreigespann von Revolutionen. Die beiden anderen, die Amerikanische Revolution begann 1775 und die Französische Revolution nahm 1789 ihren Anfang. Es mag sonderbar erscheinen, wenn man eine industrielle Revolution und zwei politische Revolutionen in einen Topf wirft. Es ist jedoch eine Tatsache, daß sie alle soziale Revolutionen waren. Die industrielle Revolution ist ganz schlicht die englische Methode, soziale Veränderungen herbeizuführen. Ich stelle sie mir auch immer als die Englische Revolution vor.

Was macht sie besonders englisch? Offensichtlich begann sie in England. England war bereits die größte Manufakturnation. Aber die Manufaktur war eine Heimindustrie, und die industrielle Revolution beginnt auf den Dörfern. Die Männer, die sie machen, sind Handwerker: der Mühlenbauer, der Uhrmacher, der Kanalbauer, der Hufschmied. Was die industrielle Revolution so eigentümlich englisch macht, ist die Tatsache, daß sie auf dem Lande verwurzelt ist.

Während der ersten Hälfte des achtzehnten Jahrhunderts, in der alten Epoche von Newton und des Verfalls der Akademie der Wissenschaften, sonnte sich England im späten Glanz der Dorfindustrie und des Überseehandels durch die Abenteurerkaufleute. Der Glanz verblaßte. Der Handel wurde konkurrenzintensiver. Gegen Ende des Jahrhunderts waren die Bedürfnisse der Industrie

123
Was die industrielle Revolution so besonders englisch macht, ist die Tatsache, daß sie auf dem Lande stattfand.
»Der Almond Viadukt«, 1844 von David Octavius Hill gemalt (später galt er als ein Pionier der Fotografie). Das Bild zeigt die Spannweite der Brücke, über die die Eisenbahnlinie von Edinburgh nach Glasgow verlaufen sollte.

Der Aufstieg des Menschen

124
Der Arbeiter lebte in Armut und Finsternis.
Die ersten Fotografien des Landlebens sind schockierend. Sie strafen jede Idylle ländlicher Heiterkeit Lügen.

härter und drängender. Die Organisation der Heimarbeit war nicht mehr produktiv genug. Innerhalb von zwei Generationen, etwa zwischen 1760 und 1820, veränderte sich die überlieferte Arbeitsmethode. Vor 1760 war es üblich, die Arbeit den Dorfbewohnern ins eigene Haus zu bringen. Um 1820 war es an der Tagesordnung, Arbeiter in eine Fabrik zu bringen und sie dort bei der Arbeit beaufsichtigen zu lassen.

Wir träumen vom idyllischen Landleben im achtzehnten Jahrhundert, von einem verloren Paradies wie Oliver Goldsmith das 1770 in seinem *Verlassenen Dorf* beschrieben hat.
Liebliches Auburn, schönstes Dorf im Wiesental,
Woselbst der Landmann Kraft und Wohlstand zeigte dazumal.
Begnadet ist, wer krönt — wie sich's gebeut —
Der Jugend Mühsal mit des Alters Ausgeglichenheit.
Das ist eine Legende, und George Crabbe, ein Dorfpfarrer, der das Leben der Dorfbewohner aus eigener Erfahrung kannte, war darüber so entrüstet, daß er als Antwort ein beißend realistisches Gedicht schrieb.
So heiter singt die Muse uns vom Erdensohn,
Sie ahnt nichts von den Qualen seiner Fron.
Von Arbeit er zerrüttet ist, von Zeit gebeugt und matt.
Ob er für hohles Wortgeklingel da Verständnis hat?

Auf dem Land arbeiteten die Männer vom Morgengrauen bis zum Sonnenuntergang, und der Arbeiter lebte nicht in der Sonne, sondern in Armut und Dunkelheit. Die Hilfsmittel zur Erleichterung der Arbeit waren nicht der Rede wert, wie die Wassermühle, die schon zu Chaucers Zeiten uralt war. Die industrielle Revolution begann mit solchen Maschinen. Die Mühlenbaumeister waren die Ingenieure des kommenden Zeitalters. James Brindley aus Staffordshire begann seinen Aufstieg mit siebzehn Jahren 1733, in dem er Mühlräder ausbesserte. Er war arm in einem Dorf zur Welt gekommen.

Brindleys Verbesserungen waren praktisch: Sie intensivierten und beschleunigten die Leistung des Wasserrades als Maschine. Es war die erste Mehrzweckmaschine für die neue Industrie. Brindley arbeitete zum Beispiel an der Verbesserung des Mahlens von Feuersteinen, die in der aufblühenden keramischen Industrie verwendet wurden.

Und doch lag um 1750 bereits eine größere Bewegung in der Luft. Das Wasser war zum Element des Ingenieurs geworden, und Männer wie Brindley waren wie besessen davon. Das Wasser sprudelte reichlich auf dem Lande. Es war nicht nur eine Energiequelle, es stellte auch eine neue Welle der Bewegung dar. James Brindley war ein Pionier in der Kunst des Kanalbaus, oder wie man das damals nannte, in der Kunst der »Navigation« (weil

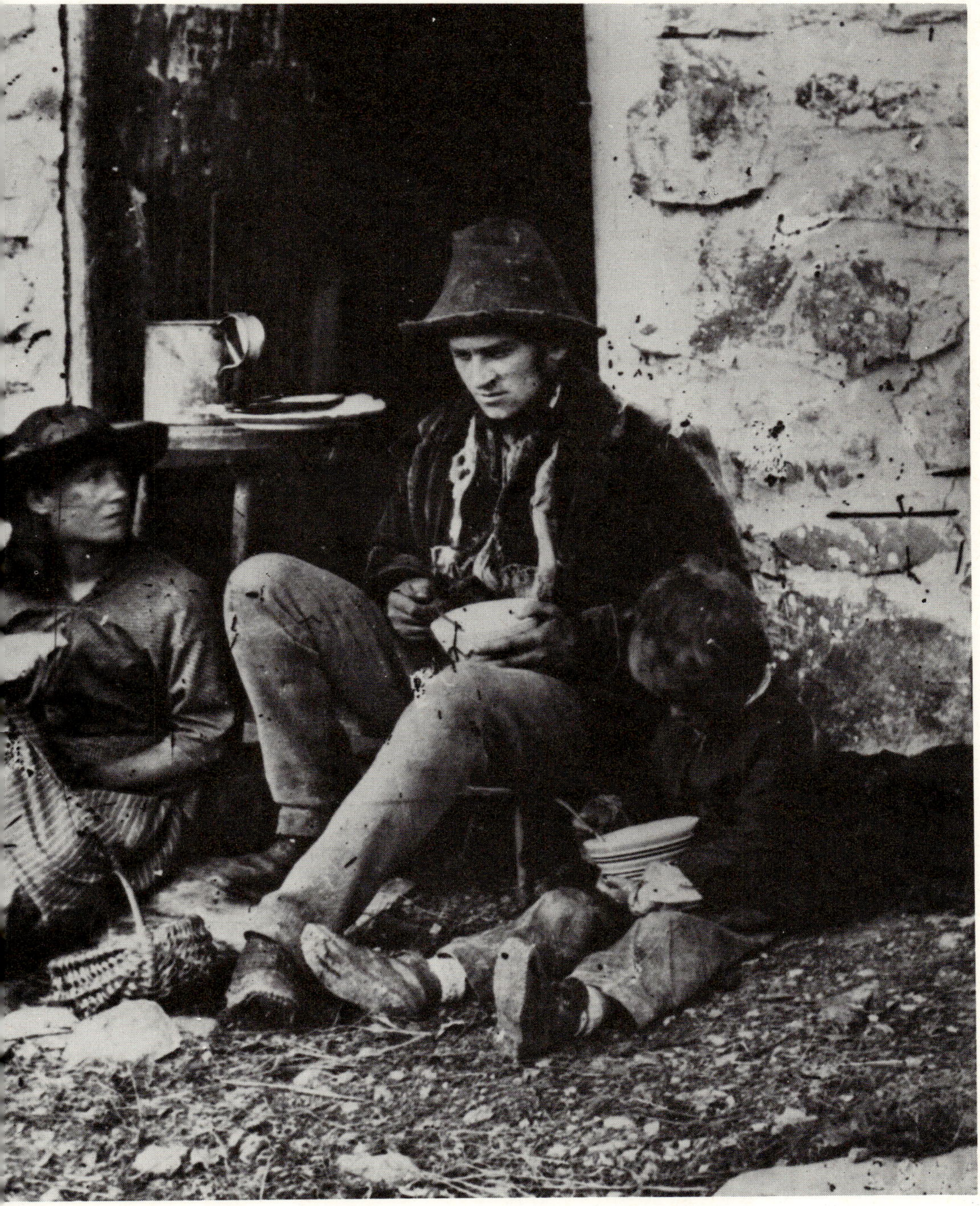

Brindley das Wort »Navigator« nicht buchstabieren konnte, nennt man auf englisch Kanalarbeiter heute noch »navvies«).

Brindley hatte aus eigenem Interesse begonnen, die Wasserstraßen, auf denen er reiste, genauer zu betrachten, während er seine technischen Projekte für Mühlen und Bergwerke ausführte. Der Herzog von Bridgewater bat ihn dann, einen Kanal zu bauen, der die Kohle von den Bergwerken des Herzogs in Worsley in die aufblühende Stadt Manchester bringen sollte. Es war ein umfangreicher Plan, wie ein Brief an den *Manchester Mercury* 1763 belegt.

Ich habe unlängst die künstlichen Wunder in London und die natürlichen Wunder von Peak betrachtet, aber keines von ihnen hat mir so viel Genugtuung verschafft wie der Kanal des Herzogs von Bridgewater in unserem Lande. Sein Planer, der geniale Mr. Brindley, hat tatsächlich solcherlei Verbesserungen durchgeführt, daß man wahrlich erstaunt ist. In Barton Bridge hat er einen schiffbaren Kanal in die Luft verlegt, denn er ist so hoch wie die Baumwipfel. Während ich ihn noch mit einer Mischung von Erstaunen und Entzücken betrachtete, fuhren vier Kanalschiffe im Abstand von etwa drei Minuten an mir vorbei, zwei von ihnen waren aneinander gekettet und wurden von zwei Pferden gezogen, die auf dem Leinpfad des Kanals einhertrotteten, auf welchem ich mich kaum zu gehen trauen würde, da ich schon fast zitterte, den großen Fluß Irwell unter mir zu erblicken. Wo Cornebrooke dem Kanal im Wege liegt ... etwa eine Meile von Manchester entfernt, da haben die Beauftragten des Herzogs eine kleine Werft geschaffen und verkaufen Kohle für dreieinhalb Pennies pro Korb ... Sie beabsichtigen, sie im nächsten Sommer bis nach Manchester zu bringen.

Brindley verband dann Manchester mit Liverpool, und zwar auf noch kühnere Weise. Insgesamt baute er ein Netz von etwa sechshundert Kilometern Kanal über ganz England.

Zwei Dinge sind besonders charakteristisch, wenn es um den Bau des englischen Kanalsystems geht, und sie sind bezeichnend für die ganze industrielle Revolution. Zunächst einmal waren die Männer, die die Revolution in Gang brachten, praktische Leute. Wie Brindley hatten sie oft wenig Schulbildung, aber die damalige Schulbildung konnte ohnehin einen einfallsreichen Kopf nur behindern. Die Oberschulen durften laut Gesetz lediglich die klassischen Fächer lehren, wegen derer sie ursprünglich gegründet worden waren. Die Universitäten (es gab nur zwei in Oxford und Cambridge) interessierten sich wenig für moderne oder naturwissenschaftliche Fächer, und sie waren jenen ohnehin verschlossen, die nicht der englischen Hochkirche angehörten.

Das zweite Kennzeichen ist, daß die neuen Erfindungen für den

125
Die Kanäle waren Verbindungsarterien: Sie waren nicht dazu gedacht, Ausflugsboote zu befördern, sondern Lastkähne. Auf den Wasserstraßen wurde der Handel im ganzen Land abgewickelt. *Der Aquädukt in Pont-Cysylltau, der den Llangollen-Kanal über das Tal des Flusses Dee führt. Erbaut von Thomas Telford 1795.*

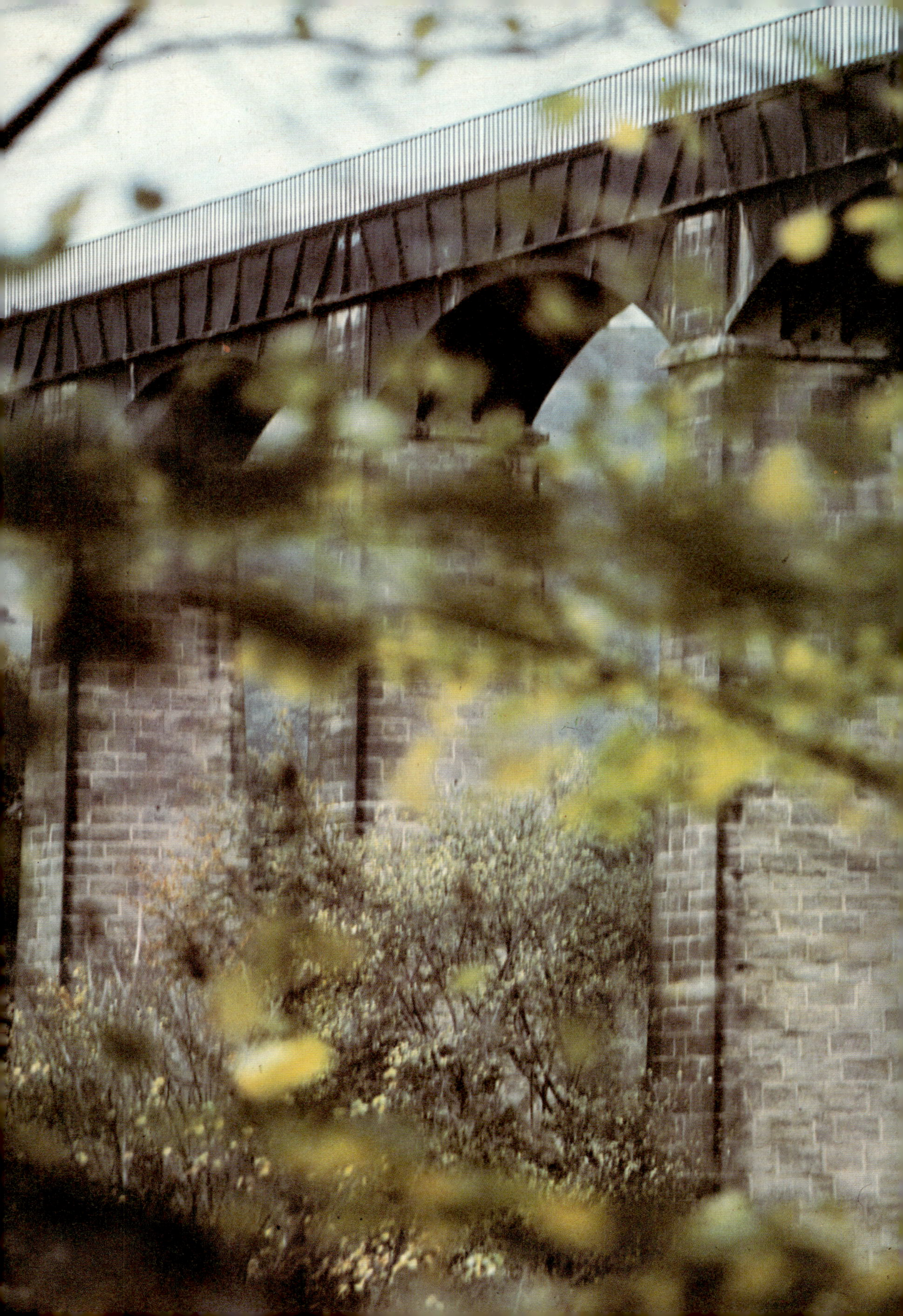

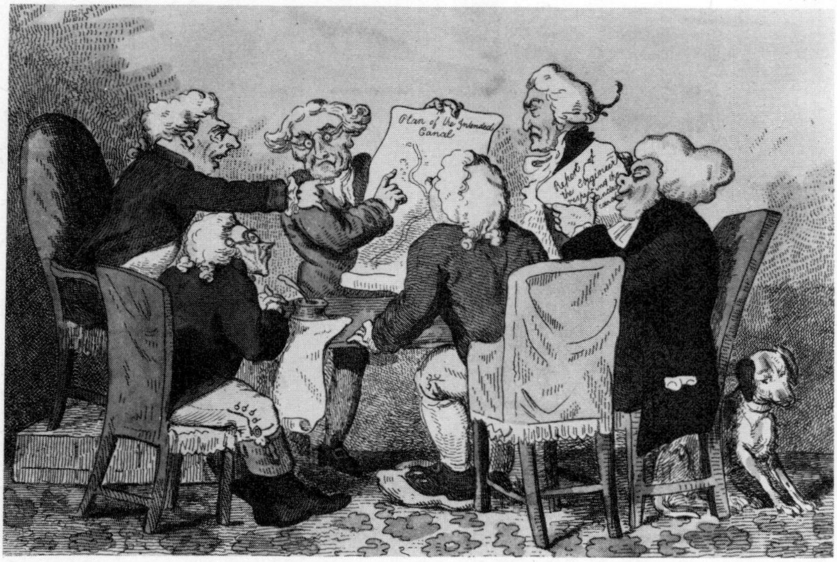
Plan of the Intended Canal

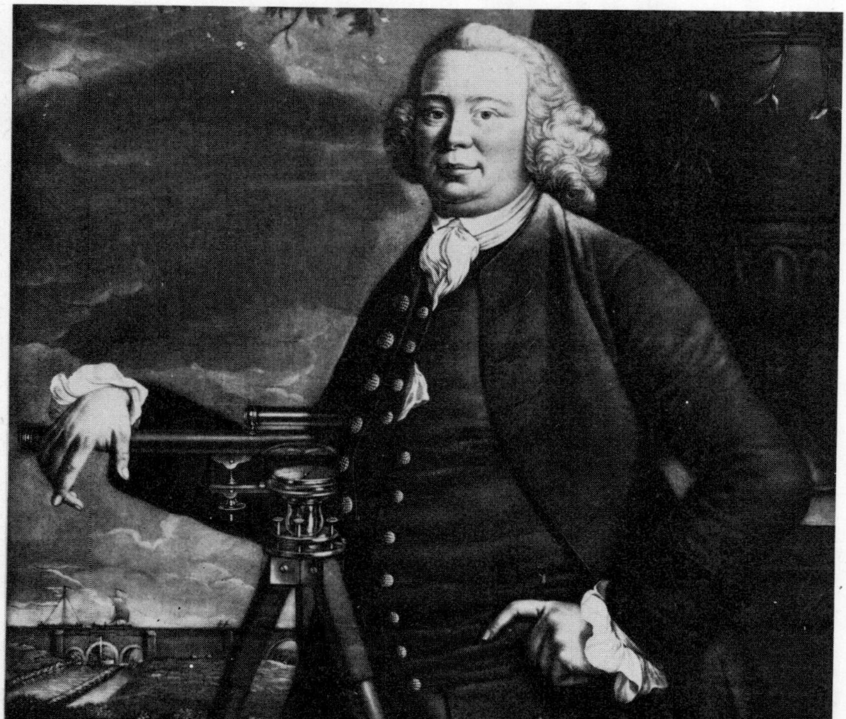

Das Streben nach Macht durch Energie

Der Herzog von Bridgewater. Medaillon von Josiah Wedgwood.

alltäglichen Gebrauch gedacht waren. Die Kanäle waren Kommunikationsadern: Sie waren nicht dazu gedacht, Ausflüglerboote zu befördern, sondern Lastkähne. Und die Lastkähne waren nicht für Luxusgüter gedacht, sondern für Töpfe und Pfannen, für Tuchballen, Kästen mit Spitze und all die einfachen Dinge, die die Leute für Pfennige erwerben. Diese Güter wurden in Dörfern hergestellt, die jetzt zu Städten heranwuchsen, weit von London entfernt. Es handelte sich hier um einen landesweiten Handel.

Die Technik in England war zum Gebrauch bestimmt, im ganzen Lande, auch weit entfernt von der Hauptstadt. Das genau konnte die Technik hinter den düsteren Mauern der europäischen Fürstenhöfe *nicht* leisten. Die Franzosen und die Schweizer zum Beispiel waren genauso geschickt wie die Engländer (und wesentlich erfinderischer), wenn es um die Herstellung von wissenschaftlichem Spielzeug ging. Aber sie verschwendeten diese uhrwerksgenaue technische Intelligenz darauf, Spielzeuge für reiche oder fürstliche Mäzene herzustellen. Die Automaten, auf die sie jahrelange Arbeit verwendeten, sind bis auf den heutigen Tag, was ihre elegante Beweglichkeit angeht, die hervorragendsten, die je konstruiert wurden. Die Franzosen waren die Erfinder der Automation: das heißt, der Idee, daß jeder Schritt in einer Folge von Bewegungen den nächsten auslöst und steuert. Selbst die moderne Steuerung von Maschinen durch Lochkarten war bereits um 1800 für die Seidenwebstühle von Lyon von Joseph Maria Jacquard erfunden worden, und es wurde bei solch luxuriöser Tätigkeit ausgiebig von ihr Gebrauch gemacht.

Die feine Handwerksarbeit solcher Art konnte in Frankreich einen Mann vor der Revolution vorwärtsbringen. Ein Uhrmacher, Pierre Caron, der eine neue Unruh für die Uhr erfand und mit seiner Arbeit die Gunst der Königin Marie Antoinette gefunden hatte, machte am Hof Karriere und wurde Graf Beaumarchais. Er hatte auch musikalisches und literarisches Talent, und später schrieb er ein Stück, auf das Mozart seine Oper *Die Hochzeit des Figaro* aufbaute. Obwohl eine Komödie eigentlich eine ungeeignete Quelle für Kultur- und Sittengeschichte sein müßte, enthüllen die Intrigen um das Stück und im Stück, wie begabte Leute an den Höfen Europas behandelt wurden.

Auf den ersten Blick sieht *Die Hochzeit des Figaro* wie ein französisches Marionettenspiel aus, voller geheimer Kulissenapparatur. Aber es ist tatsächlich so, daß dieses Stück eines der frühen Sturmsignale der Revolution darstellt. Beaumarchais hatte ein feines politisches Gespür für das, was in der Luft lag, und er arbeitete auf lange Sicht. Er war von den königlichen Ministern zu verschiedenen fragwürdigen Transaktionen herangezogen worden, und in ihrem Auftrag war er auch an einem geheimen Waffen-

126
Das Wasser sprudelte reichlich auf dem Lande. George Criukshanks Karikatur eines Aktionärstreffens während des Booms im Kanalbau im späten 18. Jahrhundert. James Brindley, der autodidaktische Tiefbauingenieur, 1770.

A LA MÉMOIRE DE J. M. JACQUARD.

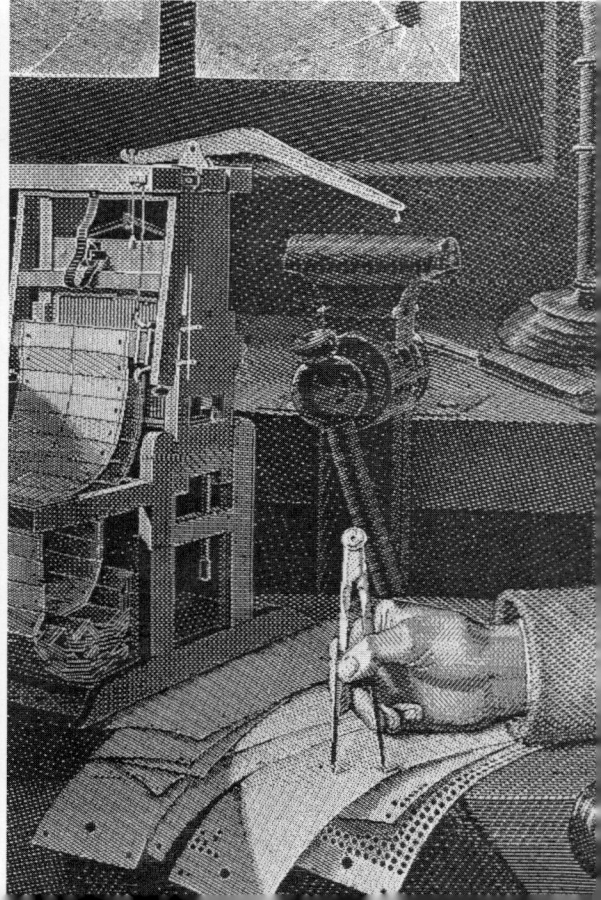

*Signor Naldi als der einfallsreiche Figaro,
eine Theaterradierung für die Zeitschrift »The Stage«,
1818 von George Cruikshank ausgeführt.*

geschäft mit den amerikanischen Revolutionären beteiligt, so daß sie die Engländer besser bekämpfen konnten. Der König mochte wohl geglaubt haben, daß er ein kleiner Macchiavelli sei und daß er solche politischen Machenschaften nur auf den Export beschränken könnte. Beaumarchais jedoch war wesentlich sensibler und auch aufgeweckter. Er fühlte, wie sich die Revolution ankündigte, und die Botschaft, die er der Figur des Figaro, des Dieners, mitgab, ist revolutionär.

Bravo, Signor Padrone —
Jetzt beginne ich, das ganze Geheimnis zu verstehen und Ihre generösen Intentionen zu schätzen. Der König ernennt Sie zum Botschafter in London, ich gehe als Kurier, und meine Susanna als Geheimattaché. Na, da soll mich doch der Teufel holen, wenn sie das mitmacht — Figaro weiß es besser.

Mozarts berühmte Arie »Graf, kleiner Graf, du magst wohl tanzen gehn, doch ich, ich spiel' die Weise« (Se vuol ballare, Signor Contino...) ist eine einzige Herausforderung. Im Text von Beaumarchais lautet sie folgendermaßen:

Nein, Mylord Graf, Sie sollen sie nicht haben, sie sollen sie nicht haben. Denn Sie sind ein großer Herr. Sie glauben, Sie seien ein großer Genius. Adel, Wohlstand, Ehren, Anerkennungen! Das alles macht einen Mann so stolz! Was haben Sie denn getan, so vieler Vorzüge teilhaftig zu werden? Sie haben sich die Mühe gemacht, geboren zu werden, sonst nichts. Davon einmal abgesehen, sind Sie ein recht ordinärer Wicht.

Eine öffentliche Debatte begann über die Natur des Wohlstandes, und da man nichts zu besitzen braucht, um darüber argumentieren zu können, ja, da ich in der Tat absolut mittellos war, habe ich über den Wert des Geldes und der Zinsen geschrieben. Sobald fand ich mich selbst wieder, auf die Zugbrücke eines Gefängnisses schauend... Gedruckter Unfug ist nur in jenen Ländern gefährlich, wo sein freier Umlauf behindert wird. Ohne das Recht zu kritisieren, sind auch Lob und Anerkennung wertlos.

Das geschah also unter dem höfischen Zeremoniell der französischen Gesellschaft, die so stark auf Form bedacht war, wie der Garten des Schlosses in Villandry zeigt.

Es scheint heute unvorstellbar, daß die Gartenszene in der *Hochzeit des Figaro*, die Arie, in der Figaro seinen Herrn »Signor Contino«, kleiner Graf nennt, zu ihrer Zeit für revolutionär gehalten wurde. Aber stellen Sie sich einmal vor, wann die Arien geschrieben wurden. Beaumarchais schloß sein Stück *Die Hochzeit des Figaro* etwa um 1780 ab. Vier Jahre lang mußte er gegen eine Horde von Zensoren kämpfen, vor allem gegen Ludwig XVI. selbst, um schließlich eine Aufführung zu erreichen. Als das Stück aufgeführt wurde, kam es in ganz Europa zum Skandal. Mozart

27
Die Franzosen und die Schweizer verschwendeten ihre uhrwerksgenaue technische Intelligenz darauf, Spielzeuge für die Reichen oder fürstliche Mäzene herzustellen. Die Automaten, die von Vater und Sohn Jacquet-Droz gebaut worden waren, wurden 1774 von den königlichen Höfen in aller Welt beachtet. Die Hände des Schreibers und der Mechanismus. Selbst die moderne Steuerung von Maschinen durch Lochkarten wurde etwa um 1800 von Joseph Jacquard für die Seidenwebstühle von Lyon entwickelt.
Jacquard, Porträt in grauer Seide, auf einem seiner Webstühle gewoben. Die Jacquard-Karten, die im Ausschnitt zu sehen sind, teilen die vierhundert Kettenfäden des Gewebes in vorprogrammierte Muster auf.

Der Aufstieg des Menschen

128
Das Naturkind aus den Hinterwäldern.
Benjamin Franklin setzt Mirabeau den Lorbeerkranz der Freiheit aufs Haupt.

war in der Lage, es in Wien aufzuführen, indem er es in eine Oper umwandelte. Mozart war damals dreißig, das war im Jahr 1786. Drei Jahre später, 1789, kam die Französische Revolution.

Wurde Ludwig XVI. denn entthront und enthauptet wegen der *Hochzeit des Figaro*? Natürlich nicht. Die Satire enthält keine gesellschaftliche Brisanz, aber sie ist ein sozialer Gradmesser. Sie zeigt, daß neue Männer an die Tür klopfen. Was brachte Napoleon dazu, den letzten Akt des Stückes als »Revolution in Aktion« zu bezeichnen? Es war Beaumarchais selbst, in der Gestalt des Figaro, der auf den Grafen deutet und sagt: »Sie glauben, ein großes Genie zu sein, weil Sie ein großer Adliger sind. Sie haben sich um nichts bemühen müssen, nur darum, geboren zu werden.«

Beaumarchais repräsentierte eine andere Aristokratie, die der begabten Handwerker: der Uhrmacher zu seiner Zeit, der Bauleute der Vergangenheit, der Drucker. Was Mozart an dem Stück anregte, war der revolutionäre Eifer, der für ihn durch die Bewegung der Freimaurer dargestellt wurde, der er angehörte und die er in der *Zauberflöte* verherrlichte. (Die Freimaurer waren damals eine im Aufschwung befindliche Geheimgesellschaft, deren Grundhaltung gegen das Establishment und gegen die Geistlichkeit gerichtet war. Weil man wußte, daß Mozart ein Mitglied war, war es schwierig, 1791 einen Priester an sein Sterbebett zu bekommen.) Denken Sie einmal an den größten Freimaurer jener Zeit, an den Drucker Benjamin Franklin. Er war in Frankreich am Hofe Ludwigs XVI. 1784 Gesandter, als *Die Hochzeit des Figaro* uraufgeführt wurde. Er ist mehr als irgend jemand sonst ein Beispiel für jene in die Zukunft schauenden, kraftvoll selbstsicheren, machtvoll vorwärts marschierenden Männer, die das neue Zeitalter schufen.

Vor allem hatte Benjamin Franklin so ungeheures Glück. Als er 1778 sein Agrément am französischen Hof vorlegte, stellte sich erst im letzten Moment heraus, daß die Perücke und die Diplomatenuniform ihm zu klein waren. Also ging er kühn in seinem eigenen Haarschopf, und er erhielt sofort den Beinamen eines Naturkindes aus den Hinterwäldern.

All sein Tun trägt das Siegel eines Mannes, der weiß, was er will, und der das auch zu artikulieren versteht. Er veröffentlichte einen Jahresalmanach, *Poor Richard's Almanack,* der voller Rohmaterial für zukünftige Spruchweisheit ist: »Hunger hat noch nie den Schimmel am Brot gesehen.« »Wenn du den Wert des Geldes wissen willst, versuch, dir etwas zu borgen.« Franklin schrieb:

1732 veröffentlichte ich meinen Almanach zum erstenmal ... der dann von mir etwa fünfundzwanzig Jahre fortgesetzt wurde ... Ich habe mich redlich bemüht, ihn sowohl unterhaltsam als auch nützlich zu gestalten, und der Almanach war daher so stark ge-

LA FRANCE LIBRE

ESSAI SUR LE DESPOTISME

129
Benjamin Franklin repräsentiert jene in die Zukunft schauenden, kraftvoll selbstsicheren, machtvoll vorwärts drängenden Männer, die das neue Zeitalter schufen.
Benjamin Franklin, von Joseph Duplessis 1778 in Paris gemalt.

Das Streben nach Macht durch Energie

fragt, daß ich daraus erhebliche Gewinne empfing, zumal alljährlich fast zehntausend Exemplare davon verkauft wurden ... wobei kaum irgendein Haus auf dem Lande ohne den Almanach war. Ich betrachtete ihn als ein angemessenes Organ, Bildung unter das gemeine Volk zu bringen, das ohnehin kaum irgendwelch andere Bücher erwarb.

Jenen, die den Nutzen neuer Erfindungen bezweifelten (Anlaß war der erste Wasserstoffballonaufstieg in Paris 1783), schrieb Franklin ins Stammbuch: »Was ist schon der Nutzen eines neugeborenen Kindes?« Sein Charakter ist in dieser Antwort zusammengefaßt: optimistisch, erdverbunden, treffend und bedenkenswert genug, daß sie Michael Faraday, ein größerer Wissenschaftler, im nächsten Jahrhundert noch einmal benutzte. Franklin spürte ganz genau, wie die Dinge gesagt wurden. Er stellte die ersten Zweistärkengläser her, und zwar für sich selbst, indem er die Brillengläser halb durchsägte, denn er konnte der französischen Sprache bei Hofe nur dann folgen, wenn er auch den Gesichtsausdruck des Sprechers sah.

Männer wie Franklin hatten eine Leidenschaft für vernunftbestimmtes Wissen. Wenn man sich einmal den Berg beachtlicher Leistungen anschaut, der über sein ganzes Leben verteilt ist — die Streitschriften, die Zeichnungen, die Drucklettern —, dann sind wir verblüfft von der Vielfalt und der Anwendungsbreite seines erfinderischen Geistes. Die wissenschaftliche Salonunterhaltung jener Zeit war die Elektrizität. Franklin hatte etwas für Spaß übrig (er war ein ziemlich ungehöriger Mann), und doch nahm er die Elektrizität ernst. Er erkannte sie als eine Naturkraft. Er stellte die Theorie auf, daß der Blitz elektrisch geladen sei, und 1752 bewies er es. Wie würde ein Mann wie Franklin das beweisen? — Indem er während eines Gewitters einen Schlüssel von einem Drachen herunterhängen ließ. Da er der Franklin war, war das Glück ihm hold. Das Experiment tötete ihn nicht, lediglich manche, die es nachzumachen versuchten. Natürlich verwandelte er sein Experiment in eine praktische Erfindung, den Blitzableiter. Damit bewirkte er, daß sein Experiment die Theorie der Elektrizität erhellte. Er argumentierte, daß alle Elektrizität gleichartig ist und nicht, wie man damals glaubte, aus zwei verschiedenen Flüssigkeiten bestände.

Es gibt noch eine Anmerkung zur Erfindung des Blitzableiters, die uns wieder einmal daran erinnert, daß sich die Kulturgeschichte an unerwarteten Stellen verbirgt. Franklin argumentierte ganz recht, daß der Blitzableiter am besten mit einem spitzen Ende arbeiten würde. Das stellten einige Wissenschaftler in Frage, die sich für ein abgerundetes Oberteil entschieden, und die Königliche Akademie der Wissenschaften mußte einen Schiedsspruch fällen.

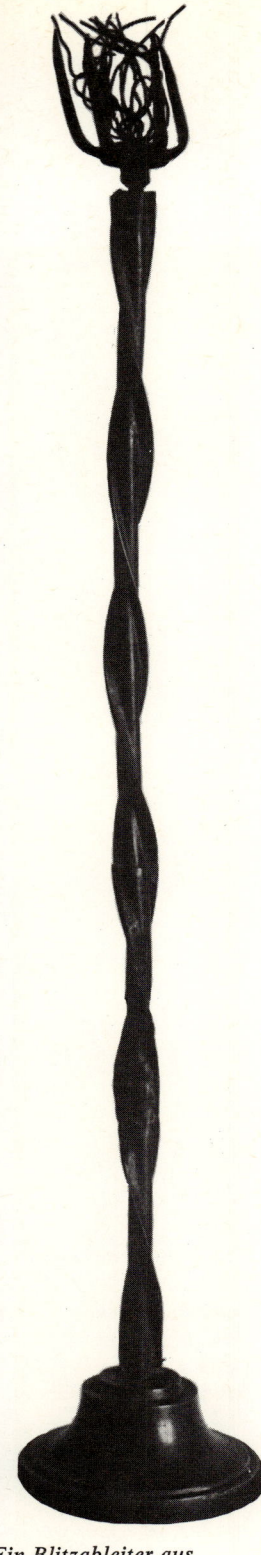

Ein Blitzableiter aus Franklins Tagen.

Das Argument wurde aber auf primitivere Weise und auf höherer Ebene entschieden: König Georg III., im Zorn gegen die Amerikanische Revolution aufbrausend, ließ runde Oberteile an den Blitzableitern auf allen königlichen Gebäuden anbringen. Politisches Einmischen in die Wissenschaft ist normalerweise tragisch. Da muß man schon froh sein, wenn es auch noch komische Aspekte dabei gibt, wie in *Gullivers Reisen* zwischen den beiden großen Reichen von *Lilliput* und *Blefuscu*, die sich dadurch unterscheiden, daß sie ihr Frühstücksei an der Spitze oder am abgerundeten Teil öffneten.

Franklin und seine Freunde lebten die Wissenschaft. Sie beschäftigten sich mit ihren Gedanken und ihren Händen damit. Für sie war das Verständnis der Natur ein außerordentlich praktisches Vergnügen. Sie waren Männer, die in der Gesellschaft standen: Franklin war ein Politiker, ob er nun Papiergeld druckte oder seine endlosen geistreichen Pamphlete. Seine Politik war genauso geradlinig wie seine Experimente. Er veränderte die blumige Präambel der amerikanischen Unabhängigkeitserklärung, so daß sie mit schlichtem Gottvertrauen lautete: »Wir halten diese Wahrheit für *selbstverständlich,* daß alle Menschen gleich geschaffen sind.« Als der Krieg zwischen England und den amerikanischen Revolutionären ausbrach, schrieb er einen offenen Brief an einen englischen Politiker, der sein Freund gewesen war, und er schrieb feurige Worte:

Ihr habt damit begonnen, unsere Städte niederzubrennen. Schaut Eure Hände an! Sie sind mit dem Blut Eurer eigenen Anverwandten befleckt.

Der rote Widerschein am Himmel war zum Sinnbild des neuen Zeitalters in England geworden. In den Predigten von John Wesley loderte die Flamme, in den Hochöfen der industriellen Revolution wie in der Landschaft von Abbeydale in Yorkshire, einem frühen Zentrum für neue Eisen- und Stahlherstellungsmethoden. Die Herren der Industrie waren die Eisenmeister: mächtige, überlebensgroße, dämonische Gestalten, von denen die Regierungen mit Recht den Verdacht hegten, daß sie wirklich glaubten, alle Menschen seien gleich geschaffen. Die Arbeiter im Norden und im Westen waren keine Landarbeiter mehr, sie bildeten jetzt eine industrielle Gemeinde. Sie mußten mit Geld, nicht mehr mit Naturalien bezahlt werden. Die Regierungen in London waren von all diesen Ereignissen weit entfernt. Sie weigerten sich, ausreichendes Kleingeld zu prägen, so daß Eisenmeister wie John Wilkinson ihre eigenen Lohnmünzen prägten, mit ihren eigenen, gänzlich unfürstlichen Gesichtern darauf. Alarm in London: Handelte es sich hier um eine republikanische Verschwörung? Nein, es war keine Verschwörung. Aber es trifft zu, daß liberale Erfindungen aus liberalen Köpfen stammen. Das erste Modell einer

130
Tom Paine, ein Feuerkopf in Amerika und England, Vorkämpfer der Menschenrechte. *Paine wurde von James Gillray verspottet, weil er angeblich versuchte, Britannia ins Korsett der Französischen Revolution einzuschnüren. (Paines Vater war in Thetford in Norfolk Korsettmacher gewesen.)*

THOMAS PAIN,
STAY-MAKER
from Thetford.
Paris Modes by express

Eisenbrücke, das in London ausgestellt wurde, hatte Tom Paine gebaut, ein Feuerkopf, in Amerika und in England bekannt, Verfechter der *Menschenrechte*.

Mittlerweile wurde Gußeisen bereits auf revolutionäre Weise von Eisenmeistern wie John Wilkinson verwendet. Er baute 1787 das erste Schiff aus Eisen, und er prahlte, daß dieses Boot noch nach seinem Tode seinen Sarg befördern würde. 1808 wurde er tatsächlich in einem Eisensarg bestattet. Das Boot fuhr natürlich unter einer Eisenbrücke her; Wilkinson hatte 1779 mit dazu beigetragen, in einer nahegelegenen Stadt in der Grafschaft Shropshire, die immer noch Ironbridge genannt wird, diese Brücke zu bauen.

Machte denn die eiserne Architektur tatsächlich der Architektur der Kathedralen Konkurrenz? Ja. Es war ein heroisches Zeitalter. Thomas Telford muß so empfunden haben, als er die offene Landschaft mit Eisen überbrückte. Er war in seiner Jugend ein armer Schafhirte gewesen, arbeitete dann als Maurergeselle und wurde aus eigener Initiative Straßen- und Kanalbauingenieur, der Freund von Dichtern. Sein großer Aquädukt, der den Llangollen-Kanal über den Fluß Dee trägt, zeigt, daß er ein Meister des Eisengusses im großen Maßstab gewesen ist. Die Denkmäler der industriellen Revolution haben etwas von römischer Größe — von der Größe republikanischer Männer.

Die Männer, die die industrielle Revolution machten, stellt man

131
Eisenmeister wie John Wilkinson münzten ihre eigenen Lohnmünzen mit ihren eigenen, gänzlich unaristokratischen Gesichtern darauf.
Eine Wilkinson-Lohnmünze, 1788.

132
Die Denkmäler der industriellen Revolution haben etwas von römischer Größe, von der Größe republikanischer Männer.
Die Brücke in Coalbrookdale, die erste große freitragende Eisenbrücke, die zwischen 1775 und 1779 über der Severn errichtet wurde.

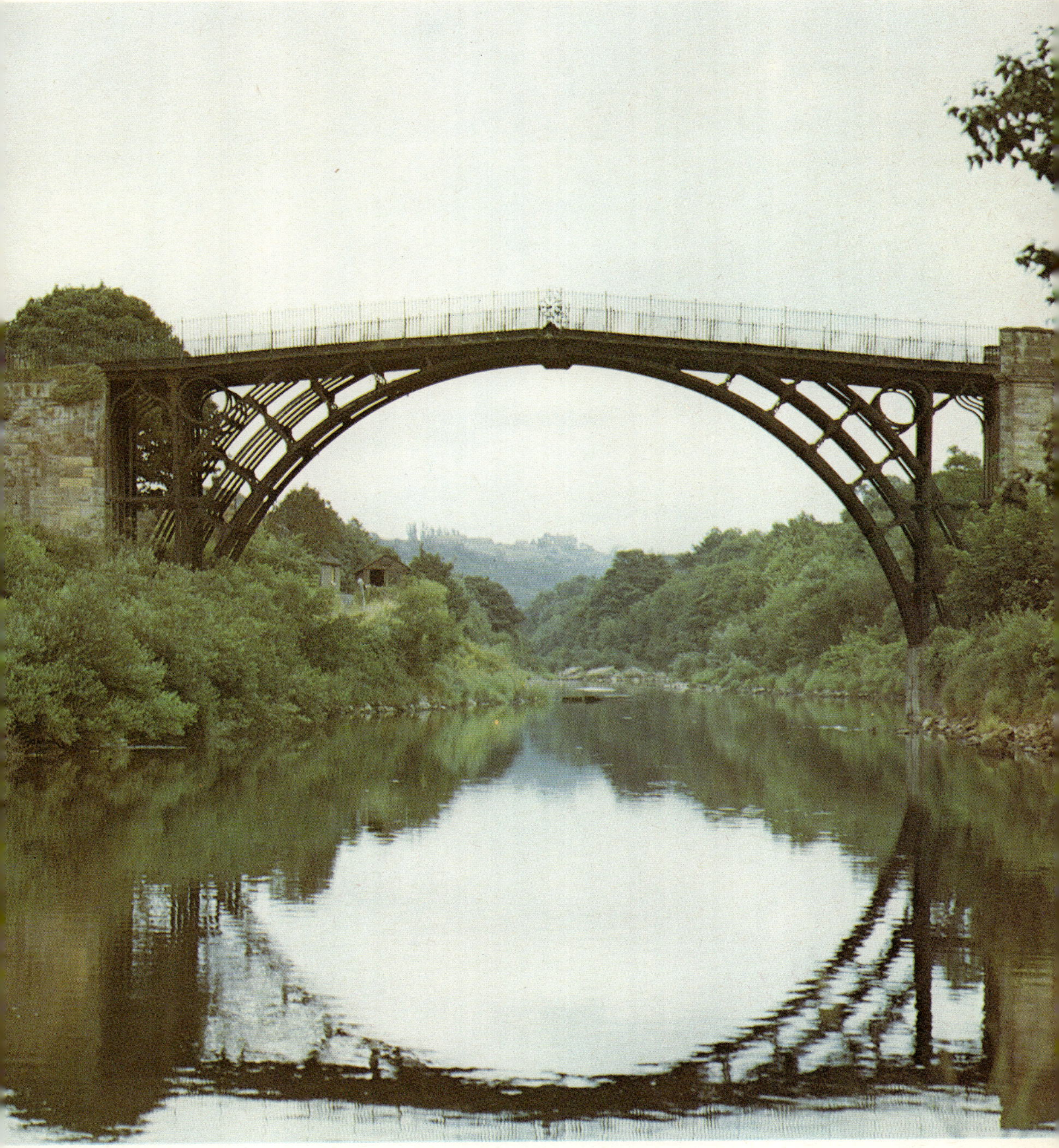

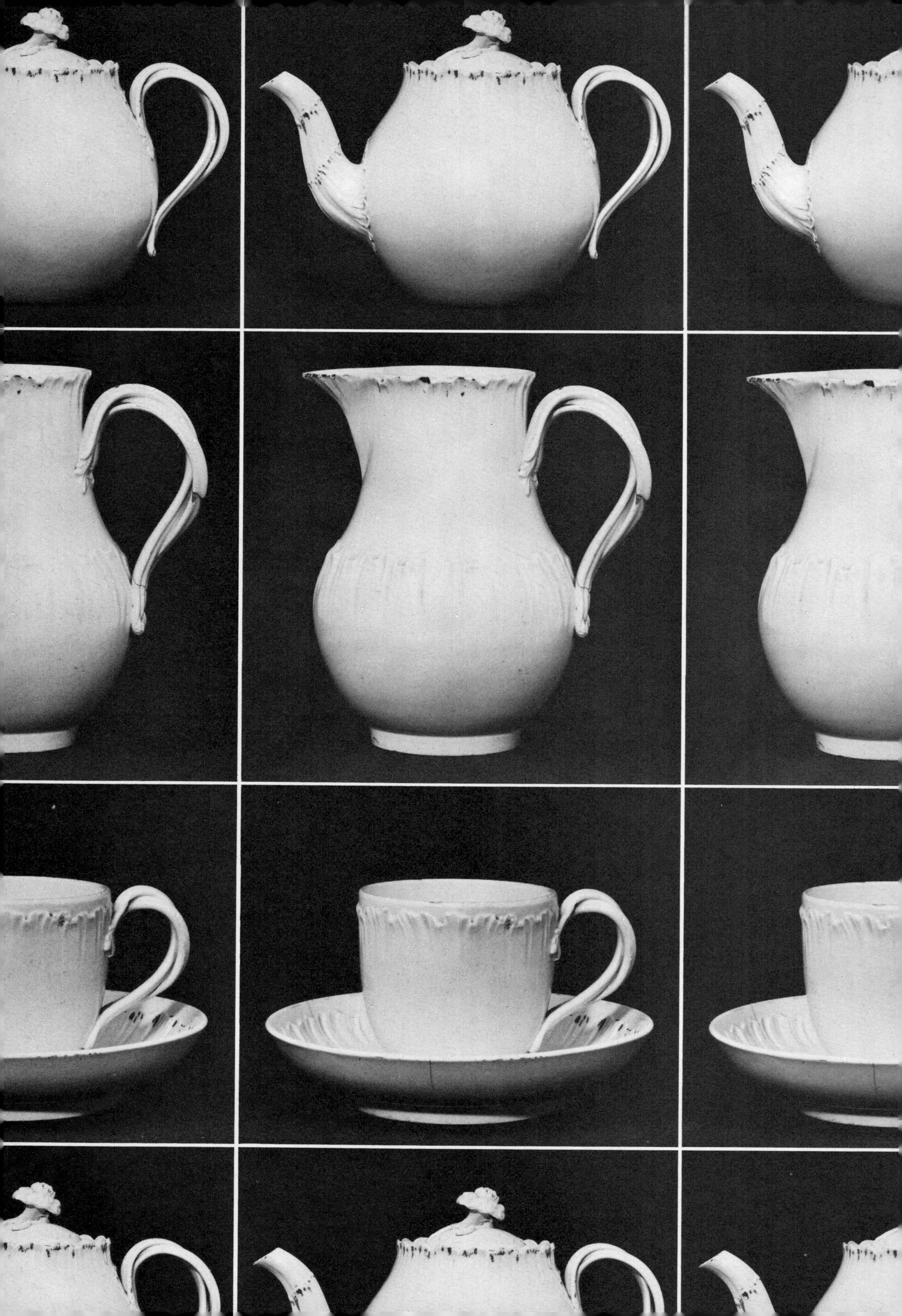

Das Streben nach Macht durch Energie

Josiah Wedgwoods Pyrometer, das ihm die Berufung in die Königliche Akademie der Wissenschaften zu London einbrachte.

133
Das Steingut, das Wedgwood berühmt machte, verwandelte die Küchen der Arbeiterklasse während der Industriellen Revolution. *Steingut aus der Zeit um 1780.*

sich normalerweise als Geschäftsleute mit harten Zügen vor, mit keinem anderen Motiv als Eigeninteresse. Das ist sicherlich falsch. Viele von ihnen waren nämlich Erfinder, die auf diese Weise ins Geschäft gekommen waren. Ein anderer Grund ist, daß eine Mehrheit von ihnen nicht der Kirche von England angehörte, sondern der puritanischen Tradition unter den Unitariern und ähnlichen religiösen Bewegungen anhing. John Wilkinson stand stark unter dem Einfluß seines Schwagers Joseph Priestley, der später als Chemiker berühmt wurde, der aber außerdem ein unitarischer Geistlicher war und möglicherweise als erster das Prinzip formulierte, »größtmögliches Glück für die größtmögliche Zahl« zu schaffen.

Joseph Priestley war seinerseits wissenschaftlicher Berater bei Josiah Wedgwood. Wedgwood stellen wir uns normalerweise als einen Mann vor, der wunderbares Geschirr für die Aristokratie und den königlichen Hof herstellt. Das tat er auch bei seltenen Gelegenheiten, wenn er einen Auftrag erhielt. So machte er 1774 ein fast tausendteiliges feindekoriertes Service für Katharina die Große von Rußland, ein Service, das über zweitausend Pfund kostete — eine Menge Geld in der Währung jener Tage. Die Grundlage dieses Geschirrs jedoch war seine eigene Keramik, Steingut, und die tausend Teile kosteten ohne Dekoration weniger als fünfzig Pfund und sahen doch so aus und fühlten sich so an wie das Geschirr von Katharina der Großen, außer den handgemalten Idyllen. Das Steingut, das Wedgwood berühmt und wohlhabend machte, war kein Porzellan, sondern eine weiße Keramik für den täglichen Gebrauch. Das konnte der sprichwörtliche Mann auf der Straße für etwa einen Shilling pro Stück kaufen. Im Laufe der Zeit verwandelte dieses Geschirr auch die Küchen der Arbeiterklasse während der industriellen Revolution.

Wedgwood war ein außergewöhnlicher Mann: natürlich erfinderisch auf seinem eigenen Fachgebiet und auch, was die wissenschaftlichen Methoden angeht, die sein Handwerk möglicherweise zuverlässiger machten. Er erfand eine Möglichkeit, die hohen Temperaturen im Brennofen mit Hilfe eines Gleitausdehnungsmessers zu bestimmen, in dem sich ein Probeteil aus Ton bewegte. Das Messen von hohen Temperaturen ist ein uraltes und schwieriges Problem bei der Herstellung von Keramik und Metallen, und es ist ganz angemessen (wenn wir einmal die damaligen Umstände in Betracht ziehen), daß Wedgwood in die Königliche Akademie der Wissenschaften aufgenommen wurde.

Josiah Wedgwood war aber keine Ausnahme. Es gab Dutzende von Männern wie ihn. Er selbst gehörte einer Gruppe von etwa einem Dutzend Männern an, der Mondgesellschaft, der Lunar Society of Birmingham (Birmingham war damals noch eine Gruppe verstreut liegender Dörfer), die sich diesen Namen zugelegt

4165.

Das Streben nach Macht durch Energie

Wedgwood, von George Stubbs.

hatte, weil sie sich immer um die Vollmondnacht herum trafen. Das hatte man so eingerichtet, damit Leute wie Wedgwood, der einige Entfernung nach Birmingham zurücklegen mußte, in der Lage waren, sicher über die schlechten Straßen zu reisen, die während der dunklen Nächte gefährlich waren.

Wedgwood aber war in dieser Runde gar nicht der wichtigste Industrielle, das war Matthew Boulton, der James Watt nach Birmingham brachte, weil sie dort gemeinsam die Dampfmaschine bauen konnten. Boulton redete gern über Meßmethoden. Er sagte, die Natur habe ihn zum Ingenieur auserwählt, indem sie ihn im Jahr 1728 zur Welt kommen ließ, denn 1728 ist die Anzahl von Kubikzoll in einem Kubikfuß. Die Medizin war in dieser Gruppe auch von Bedeutung, denn es wurden neue und wichtige Fortschritte auf diesem Gebiet gemacht. Dr. William Withering entdeckte in Birmingham die Digitalisbehandlung. Einer der Ärzte, der berühmt geblieben ist und der der Mondgesellschaft angehörte, war Erasmus Darwin, der Großvater von Charles Darwin. Sein anderer Großvater war Josiah Wedgwood.

Vereine wie die Mondgesellschaft geben ein Bild vom Lebensgefühl derer, die die industrielle Revolution gemacht haben (von jenem sehr englischen Lebensgefühl), daß sie nämlich gesellschaftliche Verantwortung trugen. Ich nenne das ein englisches Gefühl, obwohl das nicht ganz fair ist. Die Mondgesellschaft war erheblich von Benjamin Franklin und anderen Amerikanern beeinflußt, die mit ihr in Verbindung standen. In diesem Club war jedoch ein einfacher Glaube zu spüren: Das gute Leben ist *mehr* als materielle Annehmlichkeit, aber das gute Leben muß auf materieller Annehmlichkeit *begründet* sein.

Es dauerte hundert Jahre, bis die Ideale der Mondgesellschaft im viktorianischen England Wirklichkeit wurden. Als das schließlich geschah, schien diese Wirklichkeit ganz banal, sogar komisch wie eine Ansichtspostkarte aus jener Zeit. Es ist komisch, wenn man sich vorstellt, daß Baumwollunterwäsche und Seife einen Wandel im Leben der Armen bewirken konnten. Dennoch bedeuteten diese einfachen Dinge — die Kohle auf einem Eisenrost, Glas in den Fenstern, ein gewisses Angebot an Lebensmitteln — eine wunderbare Verbesserung im Lebensstandard und in der Gesundheit. Nach unseren Maßstäben waren die Industriestädte Elendsviertel, aber für die Menschen, die aus einer Köhlerhütte gekommen waren, bedeutete ein Reihenhäuschen Befreiung von Hunger, von Schmutz und Krankheit. Es bot eine neue Vielfalt der Wahl. Das Schlafzimmer mit dem erbaulichen Spruch an der Wand scheint uns heute komisch und armselig, aber für die Arbeiterfrau bot es die erste Erfahrung privater Annehmlichkeit. Vielleicht rettete die Metallbettstatt mehr Frauen vor dem Kindbettfieber als

134
Josiah Wedgwood war ein außergewöhnlicher Mann: natürlich erfindungsreich in seinem eigenen Handwerk, aber auch was die wissenschaftlichen Verfahren angeht, die sein Handwerk möglicherweise präziser gestalten konnten.
Josiah Wedgwoods sorgfältige Versuche zur Bestimmung der Farben seiner »Jasper Ware«, 1776.

Der Aufstieg des Menschen

die schwarze Reisetasche des Arztes, die selbst auch eine medizinische Neuerung darstellte.

Diese Segnungen ergaben sich aus der Massenproduktion in den Fabriken, und das Fabriksystem war abscheulich. Die Schulbücher haben recht mit ihren Berichten darüber. Die Fabriken aber waren auf die alte, herkömmliche Weise abscheulich. Bergwerke und Werkstätten waren lange vor der industriellen Revolution feucht, überfüllt und tyrannisch geleitet gewesen. In den Fabriken machte man einfach weiter, was in der Dorfheimarbeit immer den Ausschlag gegeben hatte: man hegte eine herzlose Verachtung für die, die darin arbeiteten.

Die Luftverpestung durch die Fabriken war auch nichts Neues. Auch hier hatten lange zuvor Bergwerk und Werkstatt die Umgebung verdreckt. Wir stellen uns die Luftverseuchung als eine moderne Belästigung vor, aber das ist sie nicht. Sie ist lediglich eine andere Erscheinungsform der erbärmlichen Gleichgültigkeit gegenüber Gesundheit und Annehmlichkeit, die in der Vergangenheit über Jahrhunderte hinweg die Pest zu einer alljährlichen Heimsuchung hatte werden lassen.

Das neue Übel, das die Fabriken abscheulich machte, war von anderer Art: es war die Beherrschung von Menschen durch den Arbeitsrhythmus der Maschinen. Die Arbeiter wurden zum erstenmal durch ein unmenschliches Uhrwerk angetrieben: die Energie kam zunächst vom Wasser und dann aus dem Dampf. Es erscheint uns heute wahnwitzig (es *war* wahnwitzig), daß die Fabrikherren durch jenen Energiestrom berauscht waren, der pausenlos aus dem Dampfkessel der Fabrik hervorsprühte. Ein neues Ethos wurde gepredigt, innerhalb dessen die Todsünde nicht Grausamkeit oder Laster war, sondern Faulheit. Selbst die Sonntagsschulen mahnten die Kinder:

Der Satan findet Zugang stets, wo Hände ohne Arbeit sind.

Die Veränderung der Zeitskala in den Fabriken war abscheulich und zerstörerisch. Die Veränderung in der Energieskala aber öffnete die Tür zur Zukunft. Matthew Boulton aus der Mondgesellschaft zum Beispiel baute eine Fabrik, die ein wahres Schmuckkästchen war, denn Boultons Art der Metallbearbeitung stützte sich ganz auf die Fertigkeit der Handwerker. James Watt kam zu ihm, um den Sonnengott aller Energie, die Dampfmaschine, zu bauen, denn nur hier fand er die genauen Bearbeitungsnormen, die erforderlich waren, um die Maschine gegen den Dampfdruck abzudichten.

1776 war Matthew Boulton ganz aufgeregt über seine neue Partnerschaft mit James Watt, zum Bau der Dampfmaschine. Als James Boswell ihn im gleichen Jahr besuchen kam, sagte er mit großer Geste zu ihm: »Wir verkaufen hier, Sir, was alle Welt zu ha-

Eine Fabrikmedaille mit der aufgeprägten Wattschen Dampfmaschine, 1786.

135
Matthew Boulton baute eine Fabrik, die ein Schmuckkästchen war. »Ich verkaufe hier, Sir, was die ganze Welt zu haben wünscht — Energie.«
Matthew Boultons und James Watts berühmte Soho-Schmiede in Birmingham: »Aus Kunst, Industrie und Gesellschaft ein großer Segen kommt.« Garantieschein mit Abbildung der Fabrik.

136
Hundert Jahre vergingen, bis die Ideale der Mondgesellschaft im viktorianischen England Wirklichkeit wurden. Als das endlich geschah, schien die Wirklichkeit banal, sogar komisch.
Inneres einer Kate, 1896.

From Art, Industry and Society, Great Blessings Flow

Der Aufstieg des Menschen

137
Das neue Konzept von der Natur als Träger der Energi nahm sie im Sturm.
Förderanlage einer Zeche, etwa 1790.

ben wünscht — »Energie!« Das ist ein gelungener Satz, aber er ist auch zutreffend.

Energie ist eine neue Interessensphäre, in gewissem Sinn eine neue Idee in der Naturwissenschaft. Die industrielle Revolution, die Englische Revolution, erwies sich als die große Entdeckerin der Energie. Man suchte Energiequellen in der Natur: den Wind, die Sonne, Wasser, Dampf, Kohle. Eine Frage stellte sich plötzlich ganz konkret: Warum sind sie alle eins? Welche Beziehung besteht zwischen ihnen? Das hatte man nie zuvor gefragt. Bis dato hatte sich die Wissenschaft vollkommen darauf konzentriert, die Natur so zu erforschen, wie sie ist. Jetzt jedoch war das neue Konzept der Umgestaltung der Natur zum Zweck der Energiegewinnung und zur Veränderung einer Energieform in die andere zum bestimmenden Faktor der Naturwissenschaft geworden. Es wurde ganz nachdrücklich klar, daß die Wärme eine Form von Energie ist und in andere Energieformen in einem festliegenden Verhältnis umgesetzt wird. 1824 schrieb Sadi Carnot, ein französischer Ingenieur, der sich mit Dampfmaschinen beschäftigte, eine Betrachtung über das, was er »la puissance motrice du feu« nannte, wobei er die Wissenschaft der Thermodynamik im wesentlichen begründete — der Dynamik der Wärme. Die Energie war zu einem zentralen Leitgedanken in der Naturwissenschaft geworden, und man konzentrierte sich in der Wissenschaft nunmehr vorwiegend auf die Einheit der Natur, deren Kern die Energie darstellt.

Das war nicht nur ein Schwerpunkt in der Naturwissenschaft. Man kann dasselbe in der Kunst verfolgen, wo das gleiche Erstaunen auftritt. Was geschieht nun gleichzeitig in der Literatur? Da blüht so um das Jahr 1800 die romantische Dichtung auf. Wie konnten die romantischen Dichter an der Industrie interessiert sein? Sehr einfach: Das neue Konzept von der Natur als Träger der Energie brach wie ein Sturmwind ein. Man schätzte das Wort »Sturm« als Synonym für Energie, in Wendungen wie *Sturm und Drang* zum Beispiel. Der Höhepunkt von Samuel Taylor Coleridges *Altem Matrosen* wird durch einen Sturm eingeleitet, der die tödliche Flaute unterbricht und das Leben wieder freisetzt.

Die Winde jählings toben los,
Und hundert Flammenzungen schlagen
Wohl hin und her im Sturmgebraus.
Und hin und her, herein, heraus
Werden die blassen Sterne wie im Tanz getragen.
Der wüste Sturm, das Schiff erreicht er nie.
Und doch bewegt das Schiff sich jetzt voran.
Und zwischen Blitz und Mondstrahl dann
Seufzt auf so mancher todesmatte Mann.

Ein junger deutscher Philosoph, Friedrich von Schelling, be-

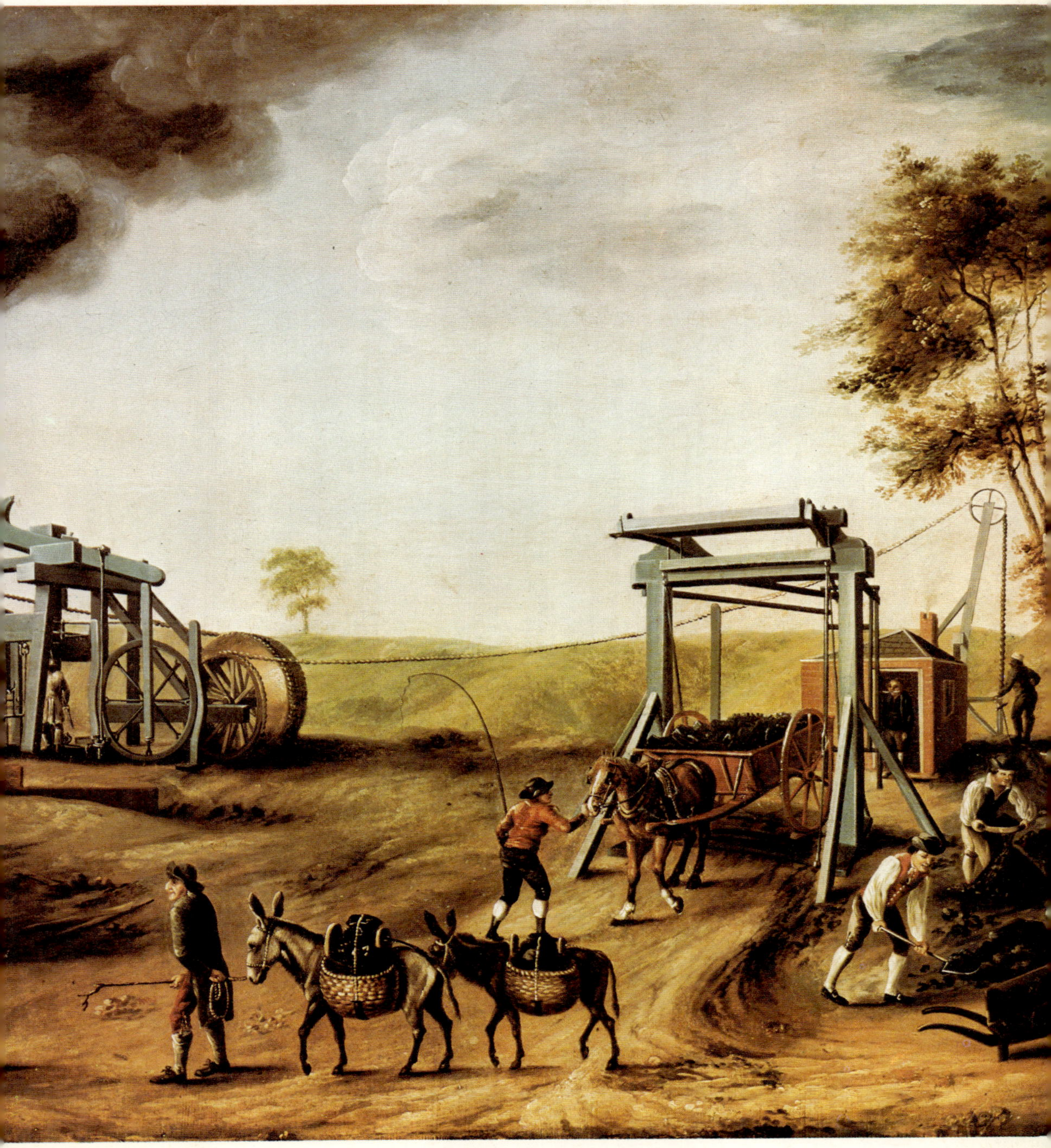

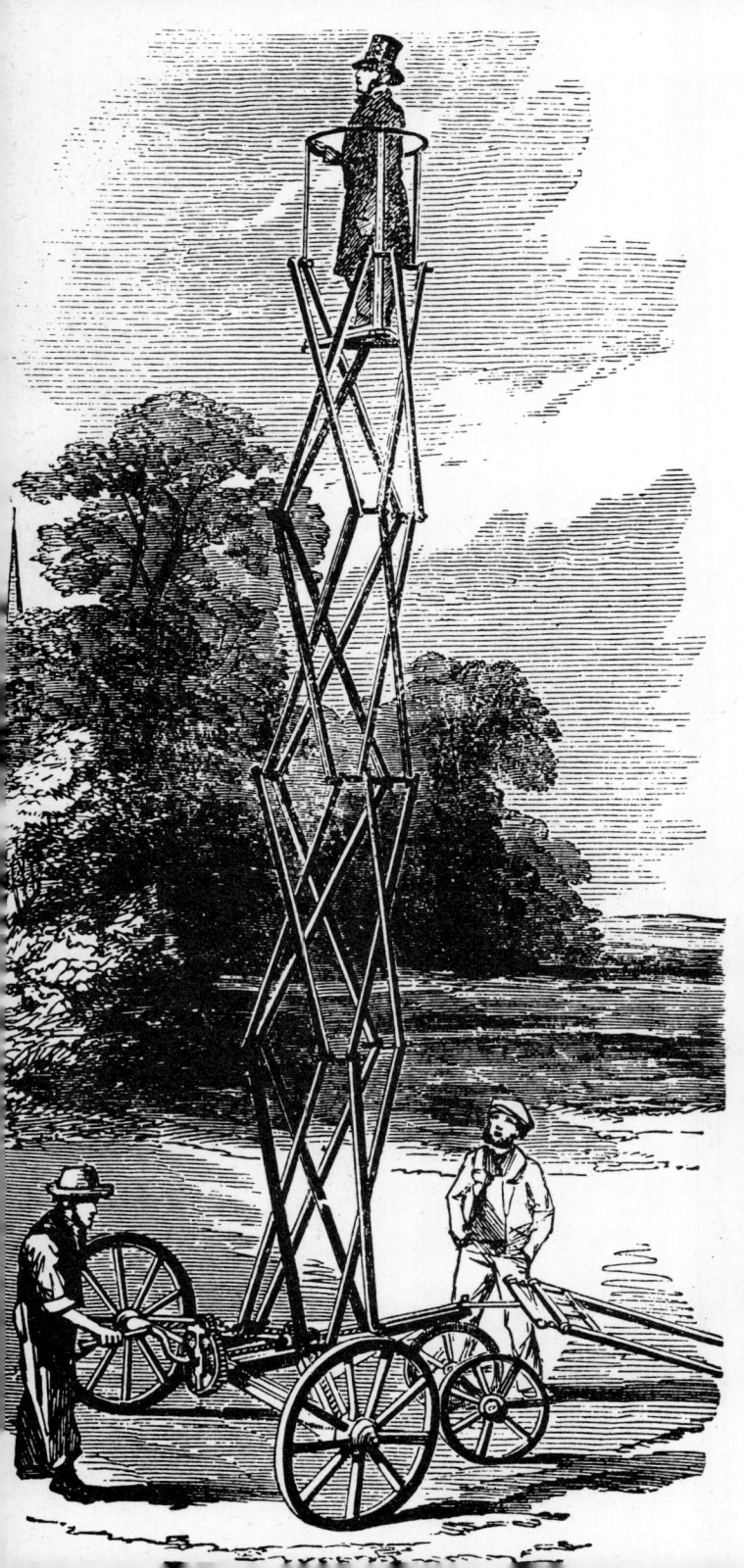

138
So brachten sie ein bodenloses Füllhorn exzentrischer Ideen hervor, die der arbeitenden Familie die Samstagabende versüßten.
Das Zoetrop; eine patentierte Hebeplattform; und patentierte Wiener Klappmöbel für das Schlafzimmer.

gründete um diese Zeit, 1799, eine neue Art Philosophie, die in Deutschland immer noch wirksam ist, die *Naturphilosophie*. Coleridge brachte diese Naturphilosophie nach England. Die Dichter übernahmen sie von Coleridge und die Wedgoods, die mit Coleridge befreundet waren und ihn durch eine jährliche Rente unterstützten, übernahmen sie ebenfalls. Dichter und Maler wurden plötzlich von der Idee ergriffen, daß die Natur die Energiequelle ist, deren verschiedene Formen alle Ausdruck der gleichen zentral wirkenden Kraft, nämlich der Energie sind.

Das galt nicht nur in der Natur. Die romantische Dichtung sagt auf die einfachste Weise, daß der Mensch selbst Träger einer göttlichen oder zumindest natürlichen Energie ist. Die industrielle Revolution schuf Freiheit (in der Praxis) für jene Männer, die das verwirklichen wollten, was sie in sich spürten — ein Konzept, das noch hundert Jahre zuvor unvorstellbar gewesen war. Das romantische Denken ermutigte jene Männer, Hand in Hand vorzugehen und aus ihrer Freiheit ein neues Gespür für die Persönlichkeit in der Natur zu machen. Das war am besten von dem größten romantischen Dichter, von William Blake ausgedrückt worden. Ganz schlicht: »Energie ist ewiges Entzücken.«

Das Schlüsselwort ist dabei »Entzücken«, die Schlüsselidee ist die Befreiung — ein Gefühl heiterer Gelassenheit als Menschenrecht. Natürlich drückten die vorwärts strebenden Männer jenes Zeitalters ihre Impulse in Entdeckungen aus. So brachten sie ein bodenloses Füllhorn exzentrischer Ideen hervor, die der arbeitenden Familie die Samstagabende versüßten. (Bis auf den heutigen Tag sind die meisten Anträge, die Patentämter überfluten, etwas verrückt, wie viele der Erfinder selbst.) Wir könnten einen Weg von hier zum Mond mit diesen Verrücktheiten pflastern, und ein solches Unterfangen wäre genauso sinnlos und doch zugleich genauso hochgemut, als habe man es geschafft, auf den Mond zu gelangen. Nehmen wir zum Beispiel einmal die Idee des stroboskopischen Guckkastens, einer sich drehenden Scheibe, die einen Comicstrip aus dem 19. Jahrhundert dadurch lebendig werden läßt, daß die Bilder eins nach dem anderen ganz kurz vor den Augen erscheinen. Das ist durchaus so aufregend wie ein Abend im Kino und kommt rascher zur Sache. Oder das automatische Orchester, was den Vorzug eines sehr kleinen Repertoires bietet. All dies ist voller hausbackener Deftigkeit, die von gutem Geschmack nichts wissen will. Das ist absolut selfmade. Und für jede sinnlose Erfindung für den Haushalt, wie der mechanische Gemüseschneider, gibt es auch eine unübertroffene Entdeckung, wie zum Beispiel das Telefon. Am Ende unseres Vergnügungsparks sollten wir doch sicher die Maschine zeigen, die der Inbegriff des Maschinendaseins ist: Sie tut nämlich gar nichts!

Die Männer, die die skurrilen Erfindungen, und die, die die großen machten, waren aus demselben Holz geschnitzt. Denken Sie doch einmal an die Erfindung, die die industrielle Revolution abrundete, genau in dem Maße, wie die Kanäle sie begonnen hatte: die Eisenbahnen. Sie wurden durch Richard Trevithick ermöglicht, durch einen Schmied aus Cornwall, der ein Ringkämpfer, ein sehr starker Mann war. Er verwandelte die Dampfmaschine in eine fahrbare Energiequelle, indem er einfach Watts Balancierdampfmaschine in eine Hochdruckmaschine umwandelte. Das war eine lebensspendende Tat, die einen ganzen Blutkreislauf der Kommunikation für die Welt eröffnete und England zum Herzen dieser Entwicklung machte.

Wir sind immer noch mitten in der industriellen Revolution. Das muß wohl auch so sein, denn wir müssen noch viele Dinge richtigstellen. Diese Revolution hat unsere Welt reicher, kleiner und zum erstenmal zu der unsrigen gemacht. Und das meine ich buchstäblich: zu unserer Welt, zu jedermanns Welt.

Schon seit den frühesten Anfängen, als sie noch von der Wasserkraft abhängig war, zeigte sich die industrielle Revolution furchtbar grausam gegenüber jenen, deren Leben und Lebensunterhalt sie umgestaltete. Revolutionen sind so — das liegt in ihrer Natur, denn per definitionem bewegen sich die Revolutionen zu schnell vorwärts für diejenigen, die sie treffen. Dennoch wurde diese Umwandlung mit der Zeit zu einer sozialen Revolution und verankerte jene soziale Gleichheit der Rechte, vor allem geistige Gleichheit, auf die wir uns heute stützen. Wo wäre ein Mann wie ich, wo wären Sie, wenn wir vor 1800 auf die Welt gekommen wären? Wir leben immer noch mitten in der industriellen Revolution und haben Schwierigkeiten, ihre Auswirkungen zu erkennen, aber die Zukunft wird von ihr sagen, daß sie einen Schritt im Verlauf des Aufstiegs des Menschen bedeutet hat, einen ausgreifenden Schritt, so mächtig nachwirkend wie die Renaissance. Die Renaissance verankerte die Menschenwürde. Die industrielle Revolution verankerte die Einheit der Natur.

Das geschah mit Hilfe von Wissenschaftlern und romantischen Dichtern, die sahen, daß der Wind und die See und der Strom und der Dampf und die Kohle alle durch Sonnenwärme geschaffen werden und daß die Wärme selbst eine Form von Energie ist. So mancher Mann hat darüber schon nachgedacht, aber es wurde vor allem von einem klargestellt, von James Prescott Joule aus Manchester. Er wurde 1818 geboren und verbrachte sein Leben vom zwanzigsten Lebensjahr an mit den minuziösen Details von Experimenten, die den mechanischen Gegenwert von Wärme bestimmen sollten — das heißt, die den genauen Austauschfaktor festlegen sollten, durch den mechanische Energie in Wärme verwandelt

139
Richard Trevithick verwandelte die Dampfmaschine in eine fahrbare Energiequelle.

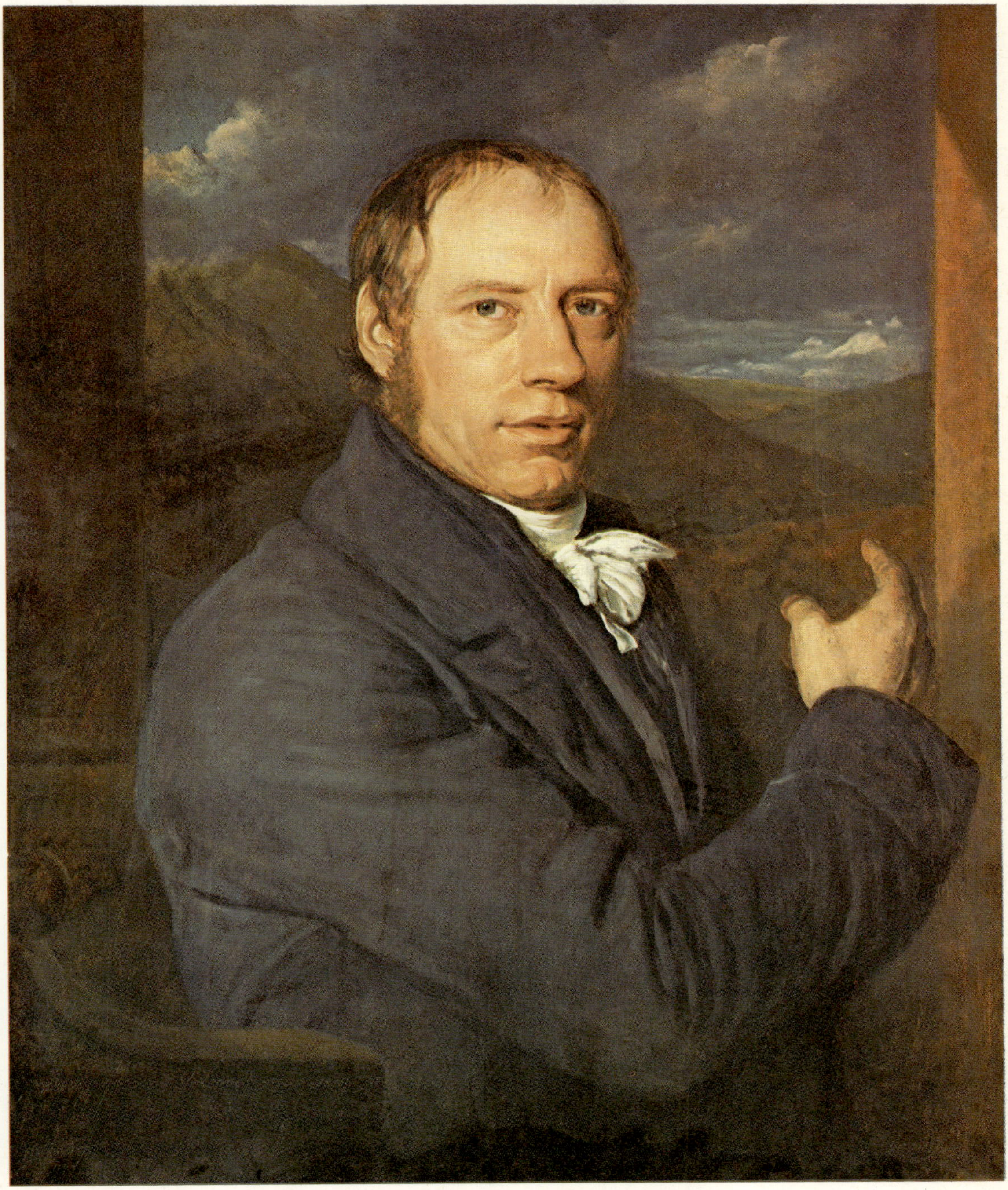

wird. Da dies sich sehr feierlich und auch langweilig anhört, muß ich eine lustige Anekdote über Joule erzählen.

Im Sommer 1847 ging der junge William Thomson (der dann später der große Lord Kelvin, der oberste Wichtigtuer der britischen Wissenschaft werden sollte) spazieren — und wo geht ein britischer Gentleman in den Alpen spazieren? —, von Chamonix nach Mont Blanc. Und dort traf er — wen trifft ein britischer Gentleman in den Alpen? — einen britischen Exzentriker: James Joule, der ein enormes Thermometer mit sich schleppte und in einiger Entfernung von seiner Frau in einem Wagen begleitet wurde. Sein ganzes Leben lang hatte Joule demonstrieren wollen, daß das Wasser, wenn es 237 Meter fällt, um etwa ein Grad Fahrenheit erwärmt wird. Auf der Hochzeitsreise konnte er Chamonix besuchen (so wie etwa amerikanische Neuvermählte zu den Niagarafällen reisen) und die Natur das Experiment für ihn machen lassen. Der Wasserfall an dieser Stelle ist ideal. Er ist nicht ganz 237 Meter hoch, aber er hätte Joule etwa einen halben Grad Fahrenheit gegeben. Als Fußnote sollte man anmerken, daß ihm das Experiment natürlich nicht gelang. Der Wasserfall wird nämlich durch Versprühen so aufgelöst, daß das Experiment einfach nicht ausgeführt werden konnte.

Die Geschichte der britischen Gentlemen mit ihren wissenschaftlichen Exzentrizitäten ist gar nicht überflüssig. Es waren solche Männer, die die Natur romantisch machten. Die romantische Bewegung in der Dichtung kam Schritt für Schritt mit ihnen ins Land. Wir sehen es an Dichtern wie Goethe (der auch Wissenschaftler war) und an Musikern wie Beethoven. Wir sehen es vor allem an Wordsworth: Da ist der Anblick der Natur als ein neuer Auftrieb des Geistes geschildert, denn die Einheit in der Natur sprach direkt Kopf und Herz an. Wordsworth war 1790 durch die Alpen gekommen, als ihn die Französische Revolution zum Kontinent lockte. 1798 schrieb er in *Tintern Abbey*, was man nicht besser hätte sagen können.

Denn die Natur...
War damals mir alles in allem — Ich kann nicht malen
Was ich dort war. Der dumpf dröhnende Wasserfall
Ergriff Besitz von mir wie eine Leidenschaft.

»Die Natur war damals mir alles in allem.« Joule hat es nie so treffend gesagt, aber er meinte: »Die großen Wirkkräfte der Natur sind unzerstörbar«, und er meinte damit dasselbe.

140
»Die großen Wirkkräfte der Natur sind unzerstörbar.«
Der Wasserfall bei Sollanches, Chamonix.

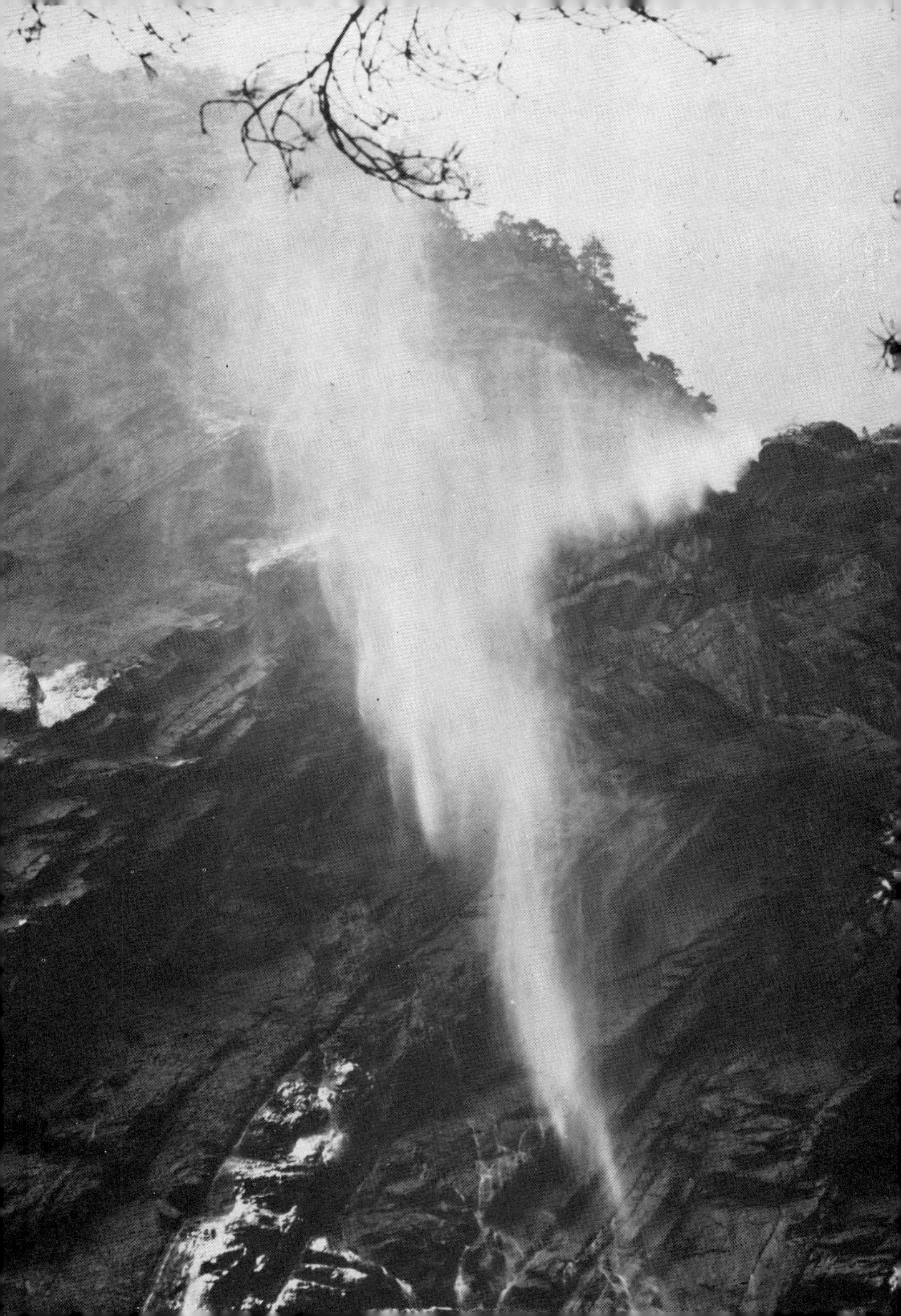

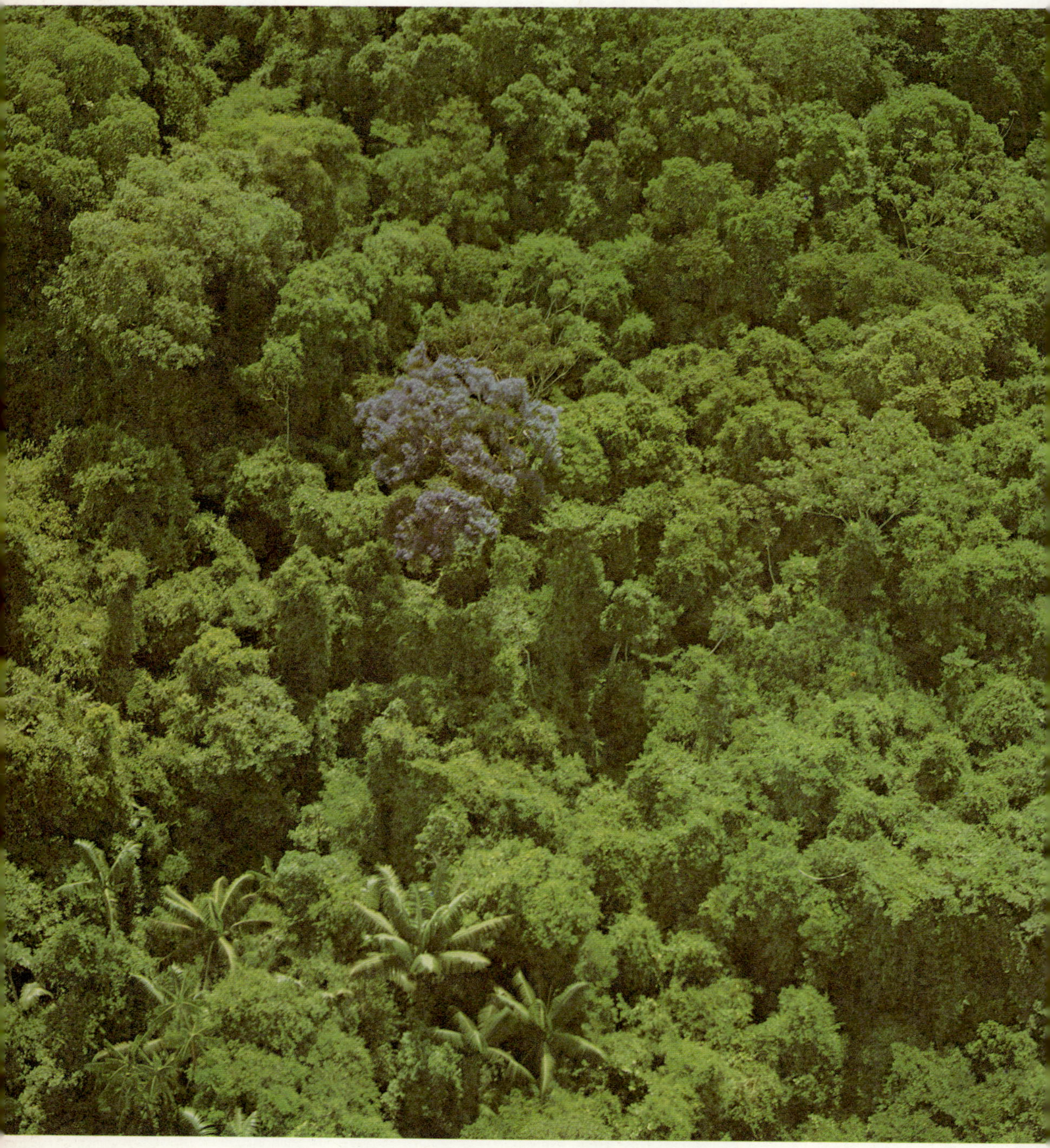

DIE SCHÖPFUNGSPYRAMIDE

Die Theorie der Evolution durch natürliche Zuchtwahl wurde um 1850 von zwei Männern unabhängig vorgetragen. Der eine war Charles Darwin, der andere Alfred Russel Wallace. Beide Männer hatten natürlich eine wissenschaftliche Grundausbildung, aber im Herzen waren beide Amateur-Naturforscher. Darwin war zwei Jahre lang an der Universität Edinburgh als Medizinstudent gewesen, bevor sein Vater, ein wohlhabender Arzt, den Vorschlag machte, er solle doch lieber Geistlicher werden, und ihn nach Cambridge schickte. Wallace, dessen Eltern mittellos waren und der die Schule mit vierzehn verließ, hatte an Kursen im Arbeiterbildungsverein in London und Leicester teilgenommen, und zwar als Landvermesserlehrling und Lehramtsanwärter.

Es gibt Traditionen zur Erklärung der Natur, die beim Aufstieg des Menschen nebeneinander herlaufen. Die eine gilt der Analyse der physikalischen Struktur der Welt. Die andere gilt der Untersuchung der Lebensvorgänge, ihren Feinheiten, ihrer Vielfalt, dem unsteten Kreislauf vom Leben zum Tod im Einzelwesen und in der Art. Diese Interpretationen kommen erst in der Evolutionstheorie zusammen, weil bis dahin ein Widerspruch über das Leben vorherrscht, der nicht aufgelöst und auch nicht angegangen werden kann.

Der Widerspruch der Wissenschaft vom Leben, der diese von der Physik unterscheidet, liegt überall im Detail der Natur. Wir sehen ihn in unserer Umgebung bei den Vögeln, den Bäumen, dem Gras, bei den Schnecken, in allem Lebendigen. Dabei geht es um folgendes: Die Manifestationen des Lebens, seine Ausdrucksformen, seine Erscheinungsformen, sind so verschieden, daß sie einen großen Anteil an Zufälligkeit enthalten müssen. Dennoch ist die Natur des Lebens aber auch so gleichförmig, daß sie durch viele Notwendigkeiten bedingt sein muß.

Daher ist es nicht erstaunlich, daß die Biologie, wie wir sie verstehen, im achtzehnten und neunzehnten Jahrhundert mit Naturbeobachtern beginnt: mit Beobachtern der Landschaft, mit Vogelfreunden, Geistlichen, Ärzten, mit finanziell unabhängigen Gentlemen in feudalen Landsitzen. Ich bin versucht, sie ganz schlicht »Gentlemen im viktorianischen England« zu nennen, denn es kann kein Zufall sein, daß die Theorie der Evolution zweimal von Männern dargestellt wird, die zur gleichen Zeit in derselben Kultur beheimatet sind — in der Kulturepoche der englischen Königin Victoria.

Charles Darwin war Anfang zwanzig, als die britische Admiralität das Vermessungsschiff Beagle zu entsenden plante, um die Küste Südamerikas zu kartographieren. Darwin wurde die unbezahlte

141
Das Paradox der Wissenschaft vom Leben liegt im Detail der allgegenwärtigen Natur. *Ein einziger blühender Dschungelbaum in einem Waldgebiet pflanzlichen Überflusses. Manaus, Brasilien.*

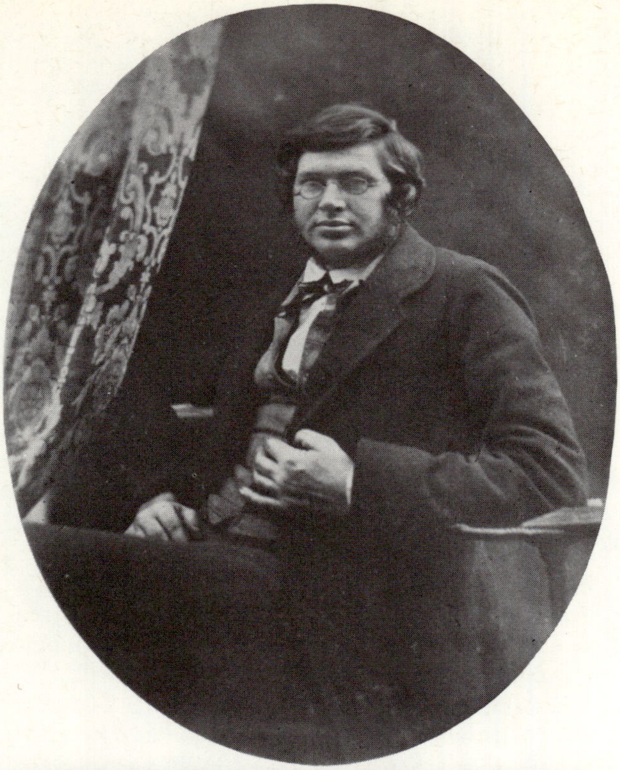

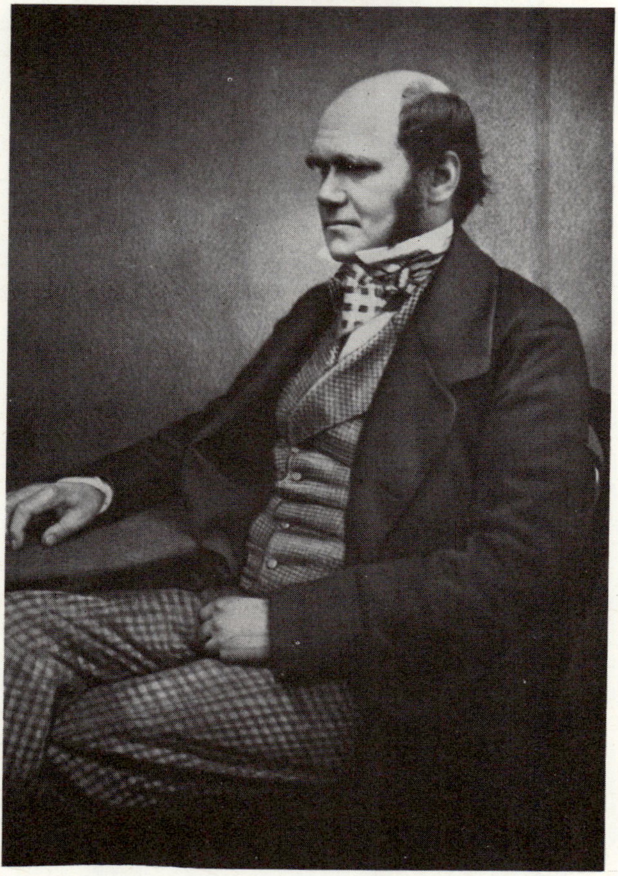

Die Schöpfungspyramide

142
Die Theorie der Evolution wurde zweimal von zwei Männern entwickelt, die zur gleichen Zeit in derselben Kultur lebten.
Alfred Russel Wallace in seinen dreißiger Jahren. Charles Darwin.

Stelle eines Naturforschers angetragen. Diese Einladung verdankte er dem Botanikprofessor, mit dem er in Cambridge Freundschaft geschlossen hatte, obwohl Darwin dort keineswegs eine große Vorliebe für Botanik zeigte, sondern Käfer gesammelt hatte.

Ich will den Beweis für meinen Eifer erbringen: Eines Tages, als ich verrottete Borke abriß, sah ich zwei seltene Käfer und nahm je einen in jede Hand. Dann sah ich einen dritten, der einer anderen Art angehörte, den zu missen ich nicht ertragen konnte, so daß ich den Käfer aus meiner rechten Hand einfach in den Mund steckte.

Darwins Vater war gegen die Reise des Sohnes, und dem Kapitän der *Beagle* gefiel Darwins Nase nicht, aber Darwins Onkel Wedgwood setzte sich für ihn ein, und so fuhr er mit. Die *Beagle* setzte am 27. Dezember 1831 die Segel.

Die fünf Jahre, die Darwin auf dem Schiff verbrachte, verwandelten ihn vollkommen. Er war ein verständnisvoller, behutsamer Beobachter von Vögeln, Blumen, vom Leben in seinem eigenen Lande gewesen, aber Südamerika verwandelte all dies in eine brennende Leidenschaft. Er kam nach Hause mit der festen Überzeugung, daß sich die Arten in verschiedene Richtungen entwickeln, wenn sie voneinander isoliert werden. Arten sind nicht unveränderlich. Aber als er zurückkam, konnte er sich keinen Mechanismus vorstellen, der sie auseinanderdrängte. Das war 1836.

Als Darwin zwei Jahre später plötzlich eine Erklärung für die Evolution der Arten fand, da zögerte er nachdrücklich, sie zu veröffentlichen. Möglicherweise hätte er die Veröffentlichung sein ganzes Leben lang aufgeschoben, wenn nicht ein ganz anderer Mann fast die gleichen Erfahrungen und den gleichen Denkprozeß durchgemacht hätte, der auch Darwin bewegte, und dabei auf dieselbe Theorie stieß. Er ist der vergessene und doch der ausschlaggebende Mann, wenn es um die Theorie der Evolution durch natürliche Zuchtwahl geht. Sein Name war Alfred Russel Wallace. Er war ein sehr großer Mann mit einer Familiengeschichte, die einem Dickensroman hätte entstammen können und so komisch war, wie Darwins Familiengeschichte muffig und vornehm erscheinen mußte. Zu jener Zeit, 1936, war Wallace ein Teenager. 1823 war er geboren, und somit war er vierzehn Jahre jünger als Darwin. Wallaces Leben war auch damals keineswegs leicht.

Wäre mein Vater ein einigermaßen reicher Mann gewesen ... mein ganzes Leben hätte anders ausgesehen, und obgleich ich zweifellos der Wissenschaft einige Aufmerksamkeit geschenkt hätte, so scheint es mir doch unwahrscheinlich, daß ich jemals eine Reise in die fast unbekannten Urwälder des Amazonas unternommen hätte, um die Natur zu beobachten und durch das Sammeln von Tieren meinen Lebensunterhalt zu verdienen.

Der Aufstieg des Menschen

So schrieb Wallace über seine Jugend, als er eine Möglichkeit finden mußte, seinen Lebensunterhalt in der englischen Provinz zu verdienen. Er widmete sich dem Beruf des Landvermessers, zu dem man keinen Universitätsabschluß brauchte und den er bei seinem älteren Bruder erlernen konnte. Sein Bruder starb 1846 an einer Erkältung, die er bekommen hatte, als er in einem offenen Wagen dritter Klasse von einer Konferenz der Königlichen Untersuchungskommission für rivalisierende Eisenbahngesellschaften zurückfuhr.

Er führte natürlich ein Leben im Freien, und Wallace begann, sich für Pflanzen und Insekten zu interessieren. Als er in Leicester arbeitete, traf er einen Mann mit denselben Interessen, der eine bessere Erziehung genossen hatte. Sein neuer Freund verblüffte Wallace, als er ihm erzählte, daß er mehrere hundert verschiedene Käferarten in der Nachbarschaft von Leicester gesammelt hätte und daß dort noch mehr zu entdecken seien.

Wenn man mich zuvor gefragt hätte, wieviel verschiedene Käferarten man in der Nähe einer Stadt in einer kleinen Region finden könne, dann hätte ich vielleicht fünfzig geschätzt ... Jetzt jedoch erfuhr ich ... daß innerhalb weniger Kilometer möglicherweise tausend verschiedene Arten angesiedelt waren.

Für Wallace war das eine Offenbarung, die sein Leben und das seines Freundes bestimmte. Sein Freund war Henry Bates, der später berühmte Arbeiten über die Mimikry bei Insekten schrieb.

Mittlerweile mußte der junge Mann seinen Lebensunterhalt verdienen. Glücklicherweise war eine gute Zeit für Landvermesser, denn die Eisenbahnabenteurer der vierziger Jahre brauchten ihn. Wallace war damit beschäftigt, eine mögliche Trasse für eine Eisenbahnlinie im Neath-Tal in Süd-Wales zu vermessen. Wallace war ein gewissenhafter Techniker, wie sein Bruder es gewesen war und wie die Männer in der viktorianischen Zeit es waren. Mit Recht hegte er den Verdacht, daß er nur eine kleine Figur im Spiel um die Macht sei. Die meisten Vermessungen waren lediglich dazu gedacht, einen Rechtsanspruch gegen irgendeinen anderen Eisenbahnraubritter geltend zu machen. Wallace schätzte, daß nur ein Zehntel der in jenem Jahr vermessenen Eisenbahnlinien je gebaut wurden.

Die Walliser Landschaft war eine Pracht für den Sonntagsnaturforscher, der mit seiner Wissenschaft genauso glücklich ist wie ein Sonntagsmaler mit seiner Kunst. Jetzt beobachtete Wallace und sammelte inmitten der Vielfalt der Natur mit wachsender Begeisterung, an die er sich sein ganzes Leben lang stets mit Sympathie erinnerte.

Selbst wenn wir viel zu tun hatten, war der Sonntag völlig frei und ich machte lange Spaziergänge über die Berge, die Sammel-

Abbildungen aus einem Käfersammlerhandbuch von 1840, wie Wallace und Bates es wahrscheinlich bei ihren frühen Exkursionen in Leicester und South Wales benutzt haben.

143
*Er kehrte mit der Überzeugung heim, daß Arten in verschiedene Richtungen gedrängt werden, wenn sie voneinander isoliert sind.
John Goulds Darstellungen der Finken, die Darwin auf den verschiedenen Galapagos-Inseln für »Die Zoologie der Reise von H. M. S. Beagle« 1836 sammelte, wie Darwin bei seiner Rückkehr berichtete.*

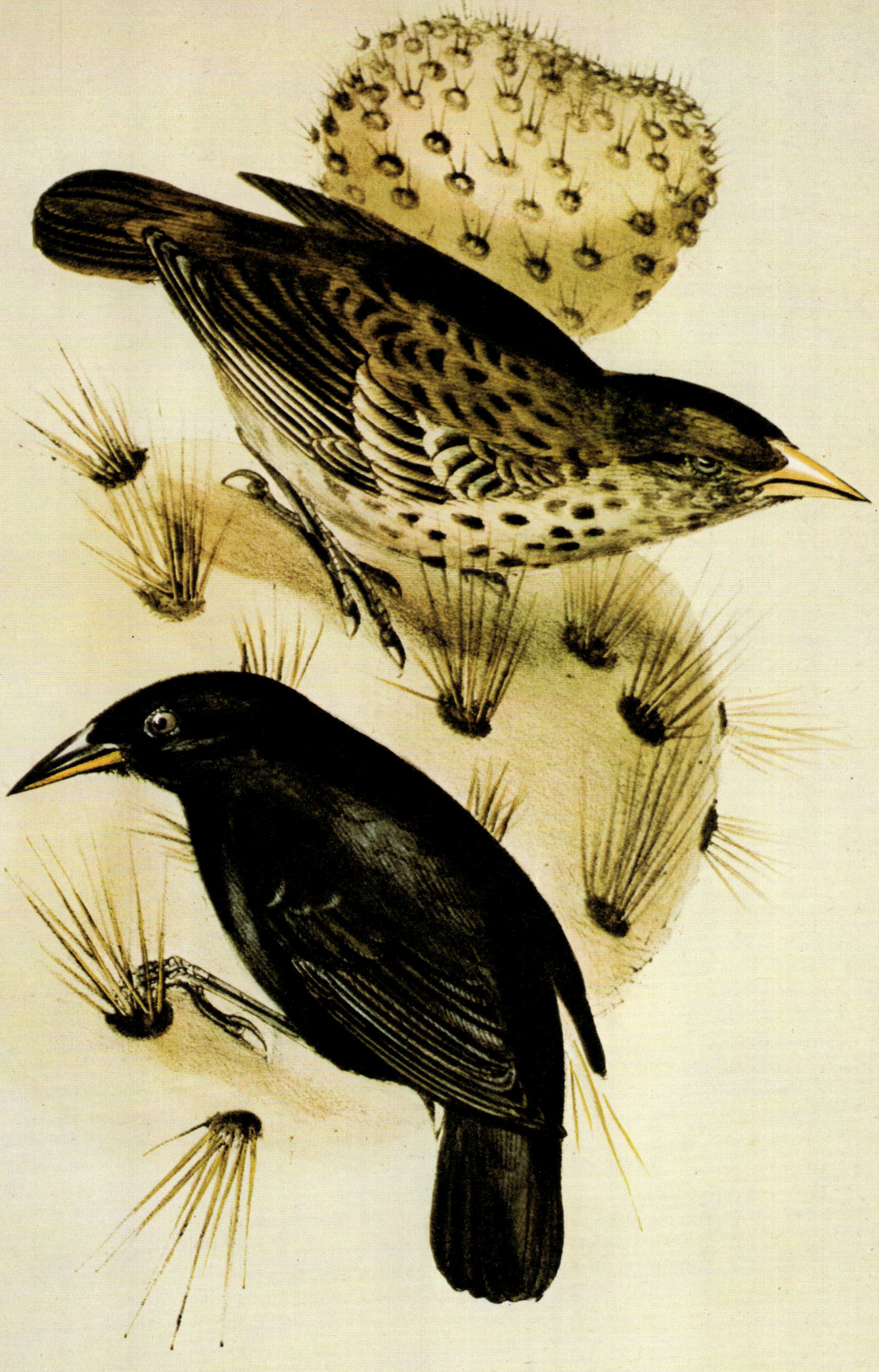

büchse umgehängt, die ich dann voller Schätze wieder nach Hause brachte ... Zu solchen Zeiten erfuhr ich die Freude, die jede Entdeckung einer neuen Lebensform dem Naturfreund beschert, die fast jener Verzückung gleichkommt, die ich beim Fang neuer Schmetterlinge am Amazonas empfinden durfte.

Wallace fand an einem seiner Wochenenden eine Höhle, wo der Fluß unterirdisch verlief, und beschloß spontan, über Nacht dort zu kampieren. Es war, als bereite er sich schon unbewußt auf das Leben in der Wildnis vor.

Einmal wollten wir versuchen, draußen zu übernachten, ohne Unterschlupf oder Bett, sondern nur mit dem, was die Natur bot ... Ich glaube, wir hatten bewußt beschlossen, keinerlei Vorbereitungen zu treffen, sondern draußen zu lagern, als seien wir zufällig an diese Stelle in einem unbekannten Lande gekommen und seien gezwungen worden, dort zu schlafen.

In Wirklichkeit schlief er kaum.

Als Wallace fünfundzwanzig war, beschloß er, ganz Naturforscher zu werden. Das war ein wunderlicher Beruf in der viktorianischen Zeit. Er bedeutete, daß man sich den Lebensunterhalt durch das Sammeln seltener Tiere im Ausland verdienen mußte, wobei die Tiere an Museen und Sammler in England verkauft wurden. Bates kam mit ihm. So machten sich die beiden 1848 mit zusammen hundert Pfund auf die Reise. Sie segelten nach Südamerika, und dann reisten sie tausend Meilen den Amazonas hinauf bis zu der Stadt Manaus, wo der Rio Negro in den Amazonas mündet.

Wallace war kaum je über die Grenzen von Wales hinausgekommen, aber er war vom Exotischen keineswegs über Gebühr beeindruckt. Vom Augenblick der Ankunft an sind seine schriftlichen Eintragungen sachlich und voller Selbstbewußtsein. Über das Thema Geier zeichnete er seine Gedanken in seinem *Bericht über die Reisen auf dem Amazonas und dem Rio Negro* fünf Jahre später auf.

Die gemeinen schwarzen Geier waren reichlich vorhanden, aber sie hatten es mit dem Futtersammeln schwer und waren deshalb gezwungen, im Urwald Palmenfrüchte zu fressen, wenn sie nichts anderes finden konnten.

Aufgrund wiederholter Beobachtungen bin ich davon überzeugt, daß sich die Geier vollkommen auf ihren Gesichtssinn verlassen und gar nicht auf den Geruchssinn, wenn es um das Aufspüren ihrer Nahrung geht.

Die Freunde trennten sich in Manaus, und Wallace machte sich auf den Weg, den Rio Negro hinauf. Er suchte nach Orten, die zuvor von anderen Naturforschern noch nicht gründlich erkundet worden waren. Wenn er schon seinen Lebensunterhalt durch das Sammeln bestreiten wollte, dann mußte er Tiere von unbekannten

144
Früher oder später inmitten der Freuden und Leiden des Waldes begann sich im Kopf von Wallace die drängende Frage zu regen: Wie war all diese Vielfalt entstanden? *Verwundene Baumstämme in einer Lagune am Amazonas.*

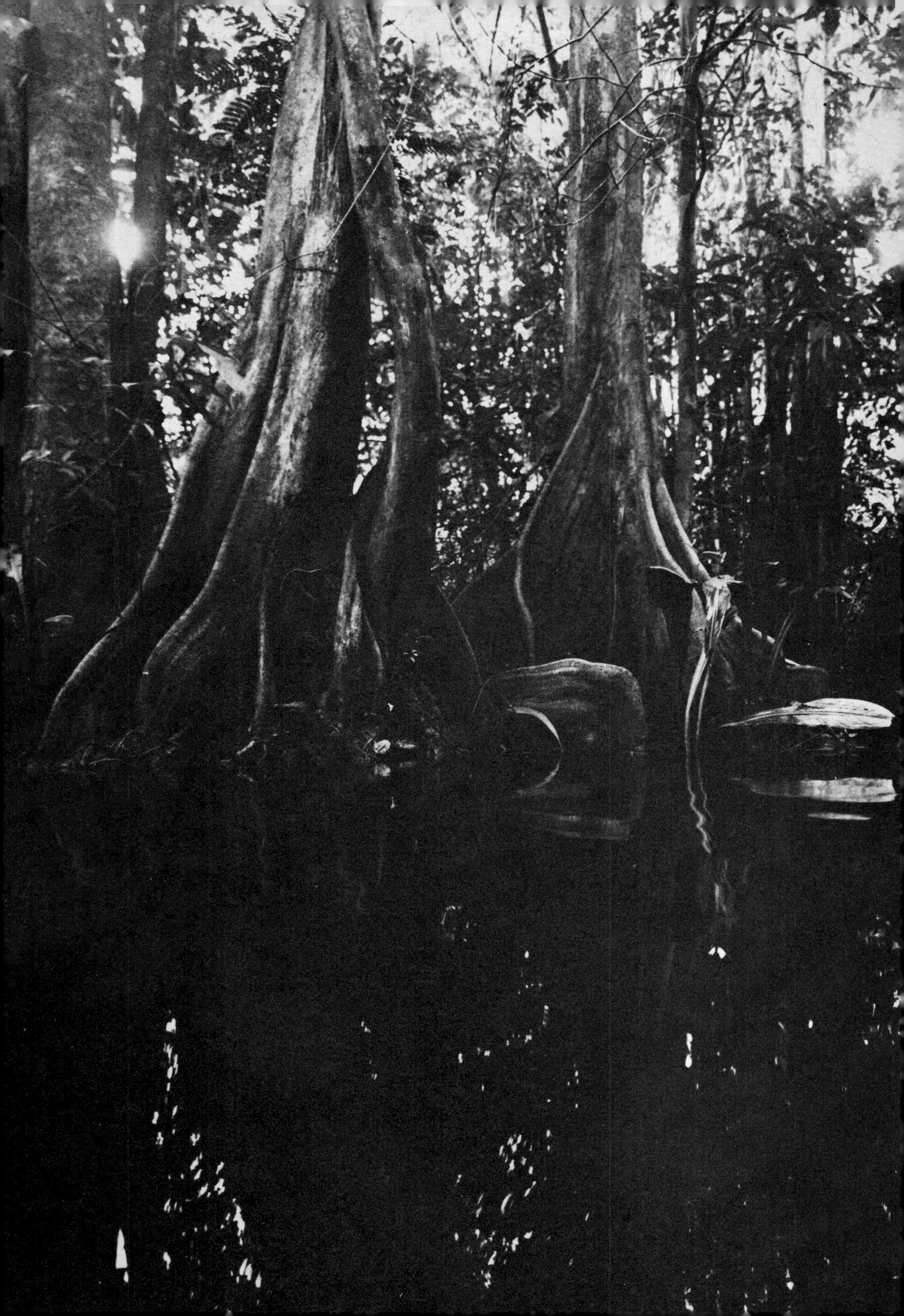

145
In der Anlage so ähnlich und doch so wandelbar im Detail.
Ein rotschnabeliger Tukan, Geier und ein Baumfrosch.

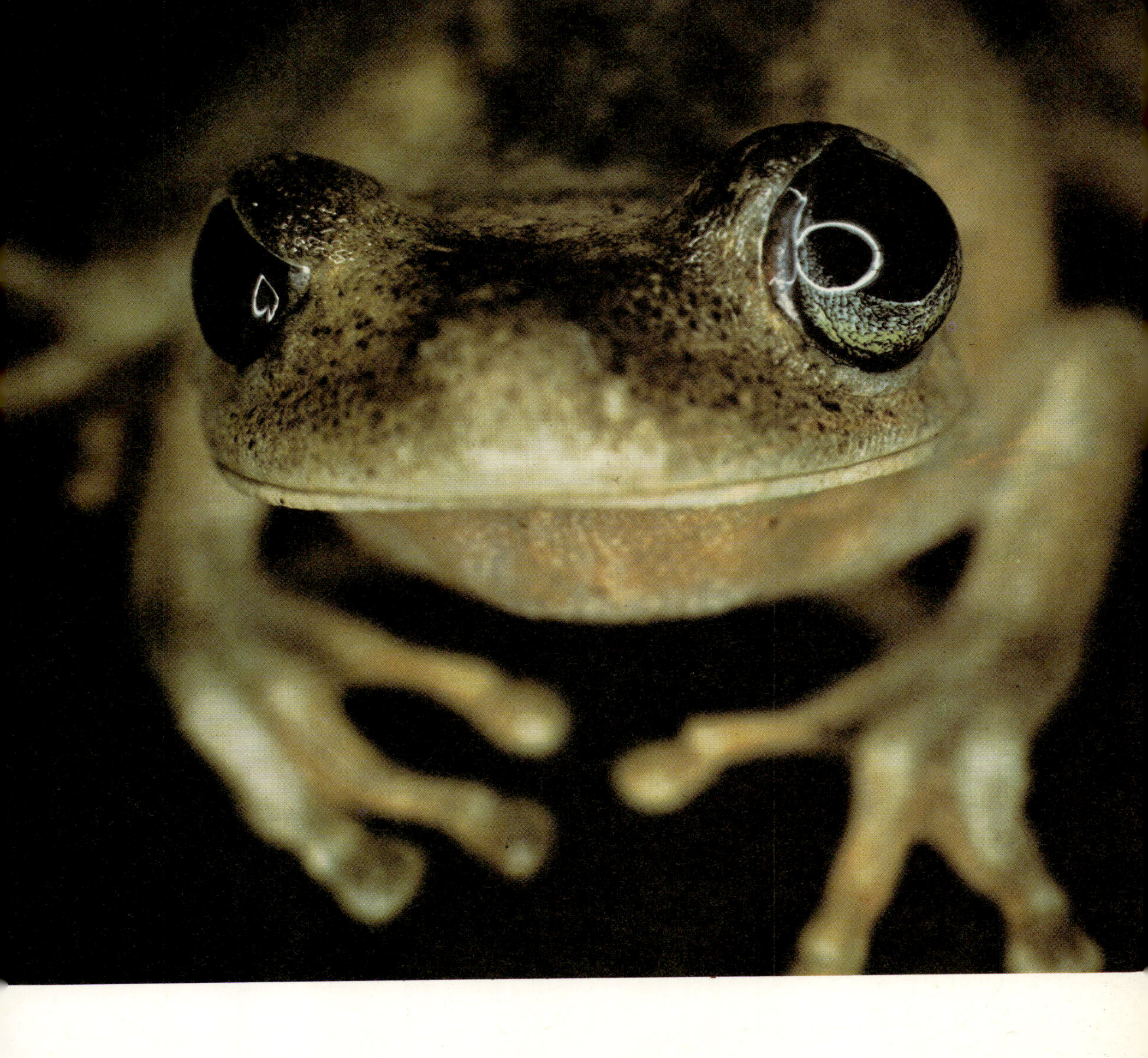

oder wenigstens sehr seltenen Arten aufspüren. Der Fluß war vom Regen angeschwollen, so daß Wallace und seine Indianer in der Lage waren, das Kanu bis in den Wald hinein zu benutzen. Die Bäume hingen tief über dem Wasser. Wallace war nun doch einmal von der bedrückenden Umgebung beeindruckt, aber er war zugleich durch die Vielzahl von Urwaldwesen in gehobener Stimmung, und er stellte sich vor, wie das wohl alles aus der Luft aussehen müsse.

Was man mit Fug von der tropischen Vegetation annehmen darf, ist, daß es eine wesentlich größere Anzahl von Arten und eine größere Vielfalt der Formen gibt als in gemäßigten Klimazonen.

Vielleicht kein anderes Land enthält solch eine Menge pflanzlicher Materie auf seiner Oberfläche wie das Amazonastal. Sein gesamtes Ausmaß, mit Ausnahme einiger sehr kleiner Flecken, ist mit einem dichten und hoch aufragenden Urwald bedeckt, dem umfangreichsten und unversehrtesten, der auf der Erde existiert.

Die ganze beeindruckende Schönheit dieser Wälder könnte man nur aufnehmen, wenn man etwa in einem Ballon da oben über die gewellten blumenreichen Flächen behutsam hinsegeln würde: Solch ein Genuß ist vielleicht einem Reisenden in einem zukünftigen Zeitalter vorbehalten.

Er war aufgeregt und fürchtete sich, als er zum erstenmal in ein Indianerdorf ging. Es ist jedoch charakteristisch für Wallace, daß die bleibende Empfindung Freude war.

Ein besonders unerwartetes Gefühl des Erstaunens und des Entzückens erfuhr ich durch mein erstes Zusammentreffen und Zusammenleben mit Menschen im Naturzustand — mit absolut makellosen Wilden! ... Sie gingen alle ihrer Arbeit oder ihrem Vergnügen nach, die nichts mit weißen Menschen oder deren Eigenheiten zu tun hatten. Sie bewegten sich mit dem freien Schritt des unabhängigen Waldbewohners, und sie schenkten uns, den Fremden aus einer fremdartigen Rasse, keinerlei Aufmerksamkeit.

In jeder Einzelheit waren sie urwüchsig und selbstgenügsam wie die wilden Tiere des Dschungels, völlig unabhängig von der Zivilisation, Menschen, die ihr eigenes Leben auf eigene Weise leben konnten und auch zu leben wußten, wie sie das seit ungezählten Generationen vor der Entdeckung Amerikas schon getan hatten.

Es erwies sich, daß die Indianer keineswegs feindselig, sondern hilfreich waren. Wallace zog sie zum Sammeln von Tieren heran.

Während der Zeit, die ich hier verblieb (vierzig Tage), gelang es mir, wenigstens vierzig Arten von Schmetterlingen zu besorgen, die mir ganz unbekannt waren, und darüber hinaus eine beträchtliche Sammlung von anderen Tieren zusammenzustellen.

Eines Tages brachte man mir einen sonderbaren kleinen Alligator einer seltenen Art mit zahlreichen Kämmen und kegelförmigen

146
Die Indianer waren nicht grausam, sondern hilfreich.
Akawaio-Indianerjunge, nördliches Amazonasgebiet, beim Abschneiden von wuchernden Palmüberhängen.

Hautwulsten (Caiman gibbus), den ich abhäutete und ausstopfte, sehr zur Erheiterung der Indianer, von denen ein halbes Dutzend diesem Vorgang gebannt zuschaute.

Früher oder später, trotz der Freuden und der Arbeit im Urwald, begann sich in Wallaces wachem Geist die brennende Frage zu melden: Wie war diese Vielfalt entstanden, diese Wesen, die in der Grundanlage einander so ähnlich und doch im Detail so verschieden waren? Wie Darwin war Wallace überwältigt von den Unterschieden zwischen benachbarten Arten, und wie Darwin begann er sich zu fragen, wie sich diese Arten so verschieden hatten entwickeln können.

Es gibt keinen interessanteren Teilbereich der Naturgeschichte als das Studium der geographischen Verbreitung von Tieren.

Orte, die nicht mehr als fünfzig oder hundert Meilen voneinander entfernt sind, haben oft Insekten und Vogelarten, die am anderen nicht zu finden sind. Es muß irgendeine Grenzscheide geben, die die Ausbreitung einer jeden Art bestimmt, irgendeine äußere Eigentümlichkeit, die die Trennlinie markiert, die nicht von der einzelnen Art überschritten wird.

Wallace ließ sich immer von geographischen Problemen fesseln. Als er später im Malaiischen Archipel arbeitete, da zeigte er, daß die Tiere auf den westlichen Inseln gewissen Arten aus Asien und solche auf den östlichen Inseln denen aus Australien ähnlich sind: Die Trennlinie heißt heute noch die Wallace-Linie.

Der Aufstieg des Menschen

Wallace war genauso ein scharfer Beobachter der Menschen wie der Natur. Dabei zeigte er dasselbe Interesse am Ursprung der Unterschiede. In einer Zeit, in der die Viktorianer die Menschen des Amazonas »Wilde« nannten, zeigt er ein seltenes Verständnis für ihre Kultur. Er verstand, was die Sprache, was die Erfindung, was der Brauch für sie bedeutete. Er war vielleicht der erste Mann, der sich der Tatsache bewußt wurde, daß die Entfernung zwischen jener Zivilisation und der unsrigen wesentlich geringer ist, als wir uns einbilden. Danach erarbeitete er das Prinzip der natürlichen Zuchtwahl, und das schien nicht nur zutreffend zu sein, sondern biologisch offenkundig.

Die natürliche Zuchtwahl konnte eigentlich den Wilden nur mit einem Gehirn ausgestattet haben, das um wenige Grade dem eines Affen überlegen war, und doch besitzt er in Wirklichkeit ein Hirn, das dem eines Philosophen nur sehr wenig nachsteht. Mit unserer Ankunft war ein Wesen ins Leben getreten, in dem jene empfindliche Kraft, die wir »Geist« nennen, wesentlich wichtiger wurde als der bloße Körperbau.

Wallace blieb in seiner Zuneigung für die Indianer ungebrochen, und er schrieb einen idyllischen Bericht über ihr Leben, als er 1851 im Dorf Javita weilte. An diesem Punkt verfällt er in seinem Tagebuch in Dichtung — nun ja, in Verse zumindest.

Es gibt ein Indianerdorf, umgeben ganz
Vom dunklen, ewigen, vom grenzenlosen Urwald,
Der hier sein reiches Blattwerk spreizt.
Hier lebte ich, der einzig weiße Mensch,
unter vielleicht zweihundert Seelen.
An jedem Tag ruft sie die Arbeit fort.
Und wie sie dort den Stolz des Waldes fällen,
wie sie sich im Kanu bewegen dann, mit Fischhaken und Speer,
mit Pfeil und Bogen, um den Fisch zu fangen.
Ein Palmbaum breitet seine Blätter aus und bietet Schutz,
der undurchdringlich gegen Wintersturm und Regen ist.
Die Frauen graben nach der Sagowurzel
und kneten emsig dann daraus ihr Brot.
Und alle baden morgens und auch abends wohl im Strom,
wie Meerjungfrauen tauchen in die Glitzerwellen sie.
Die Kinder von geringem Wuchs sind nackt, und Männer
so wie Knaben, sie tragen einen Schamschurz nur.
Wie mir die nackten Knaben Augenweide sind!
Die wohlgeformten Glieder, die glatte, strahlende, rotbraune Haut,
jede Bewegung ist von Anmut voll und stets gesund;
und wie sie laufen, wie sie rennen, wie rufen und wie springen,
schwimmen und tauchen im reißenden Fluß.
Wie ich englische Knaben jetzt bedaure,

Die Schöpfungspyramide

*ihre aktiven Glieder so verkrampft, in enge Kleider eingeschnürt,
und wieviel mehr noch dauern mich englische Mädchen,
mit ihrer Taille und der Brust, den Busen eingezwängt
in jenes schlimme Marterinstrument, die Stangen!
Ich möchte hier ein Indianer sein, in Frieden leben,
ich möchte fischen und auch jagen und mein Kanu rudern,
und meine Kinder wachsen sehn wie junge wilde Faune,
gesunder Körper und friedvoller Geist,
reich ohne Wohlstand, glücklich ohne Gold!*

Diese Sympathie ist ganz verschieden von den Gefühlen, die südamerikanische Indianer in Charles Darwin weckten. Als Darwin in Feuerland auf die Eingeborenen stieß, war er entsetzt: Das geht ganz klar aus seinen eigenen Worten und aus den Illustrationen in seinem Buch über *die Reise der Beagle* hervor. Ohne Zweifel machte sich der Einfluß des unerbittlichen Klimas bei den Feuerländern geltend, aber Fotografien aus dem neunzehnten Jahrhundert zeigen, daß die Feuerländer nicht so bestialisch aussehen, wie sie Darwin erschienen waren. Auf der Heimreise hatte Darwin zu-

147
Als Darwin den Eingeborenen von Feuerland begegnete, war er bestürzt.
*Radierung eines Feuerlandindianers vor seinem Wigwam. Er hält Fische in der Hand und trägt einen Guanako-Umhang, den einzigen Schutz vor den Stürmen jener feuchten und erbarmungslosen Küste. Zeichnung von Fitzroys Vorgänger, Captain P. Parker King.
Frühe Fotografie eines Feuerlandindianers, der an Bord eines Walfangschiffes in Moresby Sound, Feuerland, eine Zigarette probiert.*

sammen mit dem Kapitän der Beagle in Kapstadt eine Schrift veröffentlicht, um die Arbeit zu empfehlen, die die Missionare übernommen hatten, um das Leben der Wilden zu ändern.

Wallace verbrachte vier Jahre im Amazonasbecken. Dann packte er seine Sammlungen ein und machte sich auf den Heimweg.

Das Fieber und der Schüttelfrost haben mich wieder überfallen, und ich habe mehrere, sehr unangenehme Tage verbracht. Wir hatten fast dauernd Regen, und meine zahlreichen Vögel und Tiere zu versorgen, war eine große Beschwernis, weil das Kanu so überfüllt war und weil es unmöglich war, die Tiere im Regen richtig zu reinigen. Fast jeden Tag starben einige, und ich wünschte mir oft, daß ich gar nichts mit ihnen zu tun hätte, obwohl ich beschloß durchzuhalten, nachdem ich sie nun einmal an mich genommen hatte. Von den hundert lebenden Tieren, die ich gekauft oder geschenkt bekommen hatte, blieben mir nurmehr vierunddreißig.

Die Heimreise ging von Anfang an schief. Wallace war immer ein Mensch ohne Glück.

Am 10. Juni fuhren wir los (von Manaus) und begannen unsere Reise sehr zu meinem Unglück, denn als ich, nachdem ich meinen Freunden adieu gesagt hatte, an Bord ging, vermißte ich meinen Tukan, der zweifellos über Bord geflogen war, und da ihn niemand beobachtet hatte, ertrunken sein mußte.

Die Wahl des Schiffes war auch unglücklich. Das Schiff hatte eine entzündliche Ladung von Baumharz. Nach drei Wochen Seereise, am 6. August 1852, brach auf dem Schiff ein Brand aus.

Ich ging in die Kabine hinunter, die jetzt erstickend heiß und voller Rauch war, um nachzuschauen, was der Rettung wert sei. Ich nahm meine Taschenuhr und einen Zinkblechkasten, in dem einige Hemden und einige alte Notizbücher mit Pflanzen- und Tierzeichnungen waren, und eilte mit ihnen hinauf auf Deck. Viele Kleidungsstücke und eine große Mappe mit Zeichnungen und Skizzen blieben in meiner Kabine, aber ich wollte nicht noch einmal nach unten gehen, und ich empfand ohnehin eine Art Apathie, was die Bergung angeht, die ich jetzt kaum zu erklären vermag.

Der Kapitän befahl schließlich allen, in die Boote zu gehen, und er selbst verließ als letzter das Schiff.

Mit welcher Freude hatte ich jedes seltene und sonderbare Insekt betrachtet, das ich meiner Sammlung hinzugefügt hatte! Wie oft war ich, wenn mich der Schüttelfrost fast niederwarf, noch hinaus in den Urwald gekrochen und war durch irgendeine unbekannte und wunderschöne Spezies belohnt worden! Wie viele Orte, die kein europäischer Fuß vor mir betreten hatte, würden mir im Gedächtnis wiederentstehen, wenn ich die seltenen Vögel und Insekten betrachten könnte, die aus diesen Orten in meine Sammlung gekommen waren.

148
»Ich habe soeben die Skizze meiner Artentheorie beendet«, schrieb er am 5. Juli 1844 in Down.
Ecke in Darwins Arbeitszimmer im Down-Haus. Ein Porträt seines Großvaters Erasmus hängt rechts vom Fenster in der Nähe von Darwins Rollstuhl.

Und jetzt war alles hin, und ich hatte kein einziges Tier, um das unbekannte Land beispielhaft zu zeigen, in dem ich gereist war oder um mir eine Erinnerung an die urtümlichen Szenen zu geben, die ich wahrgenommen hatte! Aber ich wußte, daß solches Bedauern vergeblich war, und ich versuchte, so wenig wie möglich an das zu denken, was hätte sein können, und mich statt dessen mit der Lage der Dinge zu beschäftigen, wie sie wirklich war.

Alfred Wallace kam wie Darwin aus den Tropen zurück, überzeugt davon, daß verwandte Arten von gemeinsamen Vorfahren abstammen, und er war ratlos, warum sie sich unterschieden. Was Wallace nicht wußte, war, daß Darwin zwei Jahre, nachdem er von seiner Reise auf der *Beagle* nach England zurückgekommen war, die Erklärung plötzlich gefunden hatte. Darwin erinnert daran, daß er 1838 den *Versuch über das Bevölkerungsgesetz* von Pastor Thomas Malthus las (»zur Entspannung«, sagt Darwin, womit er meinte, daß das Buch nicht zu seiner wissenschaftlichen Lektüre gehörte) und er durch einen Gedanken von Malthus angeregt wurde. Malthus hatte erklärt, daß sich die Bevölkerung schneller vermehrt als die Nahrungsmittel. Wenn das auch für die Tiere gilt, dann müssen sie miteinander in Wettstreit treten, um zu überleben, so daß die Natur als eine auswählende Kraft wirkt. Sie tötet die

Schwachen und bildet neue Arten aus den Überlebenden, die an ihre Umwelt angeglichen sind.

»Hier hatte ich endlich eine Theorie, mit der ich arbeiten konnte«, sagt Darwin. Da glaubt man, daß ein Mann, der das erklärt, sich jetzt an die Arbeit macht, Veröffentlichungen schreibt und Vorträge hält. Nichts dergleichen. Vier Jahre lang brachte Darwin die Theorie nicht einmal zu Papier. Erst 1842 schrieb er einen Entwurf von fünfunddreißig Seiten mit Bleistift, und zwei Jahre später erweiterte er ihn mit Tinte auf zweihundertdreißig Seiten. Diesen Entwurf hinterlegte er mit etwas Geld und der Anweisung an seine Frau, ihn nach seinem Tode zu veröffentlichen.

»Ich habe soeben die Skizze meiner Theorie der Arten abgeschlossen«, schrieb er in einem förmlich gehaltenen Brief an seine Frau unter dem Datum des 5. Juli 1844 in Down und fuhr fort:

Daher schreibe ich dies für den Fall meines plötzlichen Todes als meinen feierlichen und Letzten Willen, den Du gewißlich als genauso bindend betrachten wirst, als hätte ich ihn notariell in mein Testament aufgenommen. Ich möchte, daß Du vierhundert Pfund für die Veröffentlichung verwendest und Dich weiterhin selbst oder mit Hilfe von Hensleigh (Wedgwood) um die Verbreitung bemühen wirst. Ich wünsche, daß mein Entwurf an eine geeignete Person gegeben wird, wobei diese Summe die Person dazu bewegen soll, an der Verbesserung und Erweiterung zu arbeiten.

Was den Verlag angeht, so wäre Mr. (Charles) Lyell der beste Verleger für diese Aufgabe. Ich glaube, daß er die Arbeit als angenehm empfinden und einige Tatsachen, die ihm neu sind, lernen würde.

Dr. (Joseph Dalton) Hooker wäre sehr gut geeignet.

Wir haben den Eindruck, daß Darwin eigentlich lieber gestorben wäre, bevor er die Theorie veröffentlichte, vorausgesetzt, daß ihm nach seinem Tod das Entdeckerrecht dennoch zugefallen wäre. Ein sonderbarer Mensch. Es spricht für einen Mann, der wußte, daß er etwas zutiefst Beunruhigendes der Öffentlichkeit mitzuteilen hatte (sicherlich zutiefst beunruhigend für seine Frau), und der selbst bis zu einem gewissen Grad von dieser Erkenntnis beunruhigt war. Die Hypochondrie (ja, er hatte eine Infektion aus den Tropen als Entschuldigung), die Arzneiflaschen, die abgekapselte, etwas erstickende Atmosphäre seines Hauses und des Arbeitszimmers, die Mittagsschläfchen, das Verzögern des Schreibens, die Weigerung, öffentlich zu diskutieren: all das spricht für einen Denker, der sich der Öffentlichkeit nicht stellen wollte.

Den jüngeren Wallace hielten natürlich keine so gearteten Hemmungen zurück. Forsch reiste er trotz aller Widrigkeiten 1854 in den Fernen Osten, und während der folgenden acht Jahre reiste er im Malaiischen Archipel umher, um dort Einzelexemplare der

149
Wir haben den Eindruck, daß Darwin eigentlich lieber gestorben wäre, bevor er die Theorie veröffentlichte, vorausgesetzt, daß ihm nach seinem Tode noch immer das Erstveröffentlichungsrecht zugefallen wäre. *Charles Darwin in seinen letzten Jahren, von einer Fotografie, die in Down aufgenommen wurde.*

150
Henry Bates machte berühmte Arbeiten über die Mimikri bei den Insekten. *Schutzmimikri in einer einzigen Schmetterlingsart. Der kleine Dismorphia vom Amazonas schmeckt Vögeln gut, aber er ahmt drei, ihm nicht verwandte Schmetterlingsarten nach, die Vögeln zuwider sind. Die Dismorphia-Art ist rechts zu sehen: von oben nach unten Dismorphia amphione egaena, Dismorphia theone und Dismorphia orise. Die Arten, die nachgeahmt werden, sind Mechanitis, Olerea und Xanthocleis.*

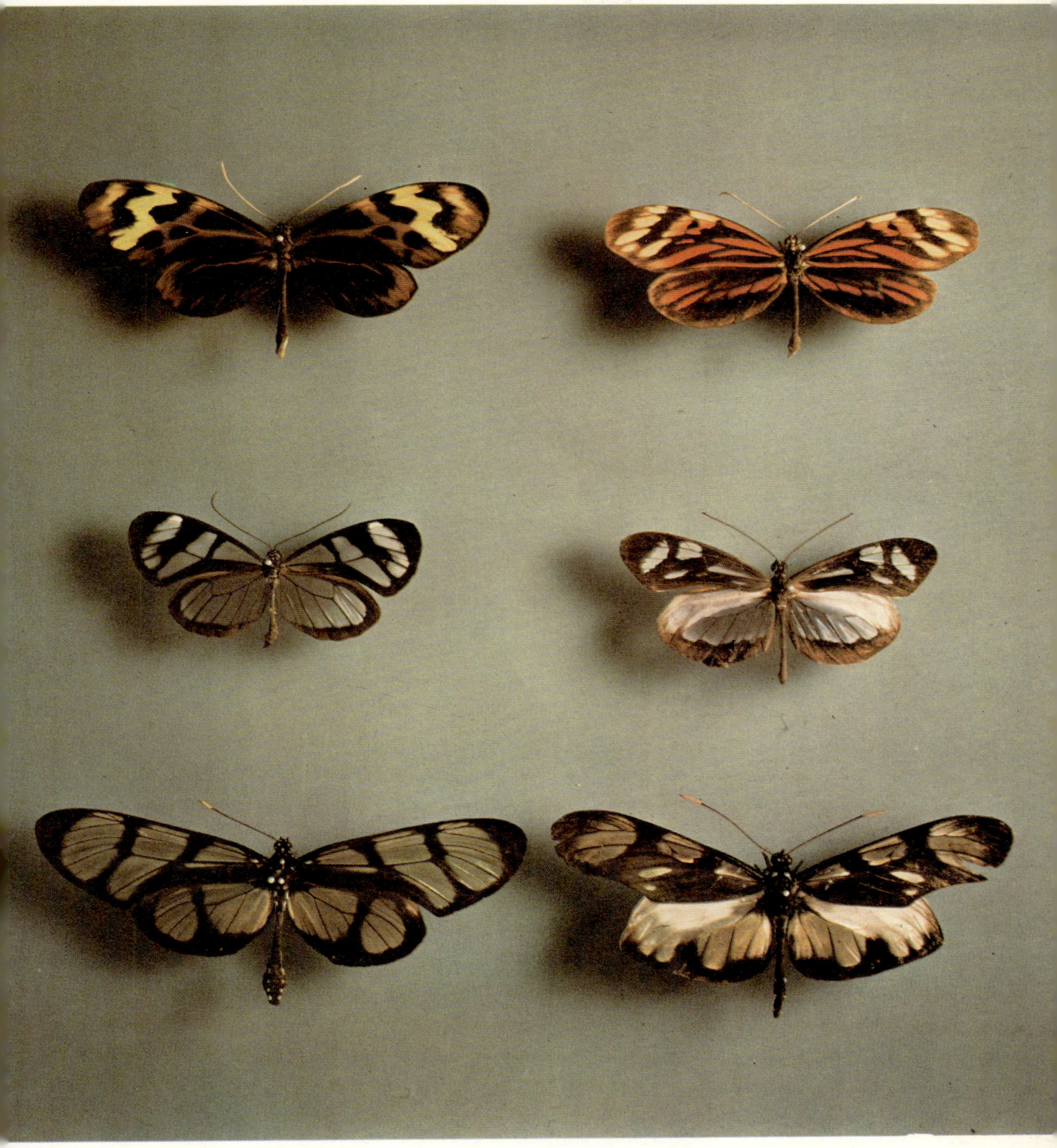

Urwaldtiere zu sammeln, die er dann in England zu verkaufen gedachte. Mittlerweile war er davon überzeugt, daß die Arten nicht unveränderlich sind. Er veröffentlichte einen Versuch *über das Gesetz, das die Einführung neuer Arten reguliert hat*, im Jahre 1855. Und von diesem Zeitpunkt an »ging mir die Frage, *wie* Veränderungen der Arten bewirkt worden sein konnten, kaum je aus dem Kopf.«

Im Februar 1858 lag Wallace krank auf der kleinen Vulkaninsel Ternate auf den Molukken, den Gewürzinseln zwischen Neu-Guinea und Borneo. Er hatte Schüttelfrost und dachte zwischen den Fieberschüben nach. Dort erinnerte er sich in einer Fiebernacht an das Buch von Malthus und fand ganz spontan dieselbe Erklärung auf, die zuvor auch Darwin gekommen war.

Ich kam darauf, die Frage zu stellen, warum leben einige und die anderen sterben? Die Antwort war mir plötzlich klar, daß nämlich aufs Ganze gesehen die am besten Ausgestatteten überlebten. Die Gesündesten entrannen den Auswirkungen der Krankheit. Ihren Feinden entrannen die Stärksten, die Schnellsten oder die Listigsten. Den Hunger überlebten die besten Jäger oder die mit der besten Verdauung und so fort.

Da sah ich plötzlich, daß die stets gegenwärtige Veränderlichkeit alles Lebendigen das Material liefern würde, aus dem, nach Ausrottung all derer, die den tatsächlichen Bedingungen weniger gewachsen waren, die Fähigsten allein das Rennen auch weiter machen würden.

Da kam mir blitzartig die Idee des Überlebens derer, die ihrer Umwelt am besten angepaßt sind.

Je mehr ich darüber nachdachte, desto mehr war ich überzeugt, daß ich endlich das lang gesuchte Naturgesetz gefunden hatte, welches das Problem des Ursprungs der Arten löst ... Ich wartete ungestüm auf das Ende meines Fieberanfalls, so daß ich sofort Notizen für eine Arbeit über dieses Thema machen konnte. Am selben Abend tat ich dies noch recht ausführlich, und an den beiden folgenden Abenden arbeitete ich das Ganze sorgfältig aus, um es mit der nächsten Post, die in einigen Tagen abging, Darwin zuzuschicken.

Wallace wußte, daß Charles Darwin an dieser Frage interessiert war, und er schlug vor, Darwin solle Lyell das Referat zeigen, wenn er es für annehmbar hielte.

Darwin erhielt das Referat in seinem Arbeitszimmer in Down House vier Monate später, am 18. Juni 1858. Er wußte überhaupt nicht, was er tun sollte. Zwanzig lange, schweigsame Jahre hatte er die Tatsachen kombiniert, um die Theorie zu stützen, und jetzt kam gewissermaßen aus blauem Himmel ein Manuskript, von dem er noch am gleichen Tag lakonisch schrieb,

Die Schöpfungspyramide

151
Als all der Wirbel vobei war, der dadurch hervorgerufen war, erschien die Welt der Lebewesen verwandelt. *Karikatur von Charles Darwin aus »Hornet«, 22. März 1871.*

Foto von Wallace, der einen 1905 in seinem Garten blühenden Eremurus robustus bewunderte.

Ich habe nie eine verblüffendere Gleichzeitigkeit gesehen. Wenn Wallace meine Manuskriptskizze gehabt hätte, die 1842 geschrieben wurde, dann hätte er keine bessere Zusammenfassung machen können!

Freunde lösten jedoch Darwins Problem. Lyell und Hooker, die mittlerweile einige seiner Arbeiten gesehen hatten, trafen Vorkehrungen, daß das Referat zusammen mit einem von Darwin auf der nächsten Konferenz der Linné Gesellschaft im folgenden Monat in London verlesen werden sollte, und zwar in Abwesenheit beider Forscher.

Die Referate erregten keinerlei Aufsehen, aber Darwin war nun im Zugzwang. Wallace war, wie Darwin ihn beschreibt, »großzügig und edelmütig«. So schrieb denn Darwin *den Ursprung der Arten* und veröffentlichte ihn 1859. Das Buch war sofort eine Sensation und ein Bestseller.

Die Theorie der Evolution durch natürliche Zuchtwahl war gewiß die wichtigste wissenschaftliche Einzelentdeckung im neunzehnten Jahrhundert. Als all das törichte Aufsehen und die lächerliche Kritik, die die Theorie hervorgerufen hatte, vergessen waren, hatte sich die Welt des Lebenden verändert, denn man hatte sie als eine Welt in Bewegung erkannt. Die Schöpfung ist nicht statisch, sondern verändert sich in der Zeit in einer Art und Weise, in der physikalische Prozesse sich nicht wandeln. Die physikalische Welt war vor zehn Millionen Jahren dieselbe wie heute, und ihre Gesetze waren dieselben. Die Welt des Lebenden jedoch ist nicht dieselbe. Vor zehn Millionen Jahren gab es zum Beispiel noch keine Menschenwesen, die die Situation hätten erörtern können. Im Gegensatz zur Physik bezieht jede Verallgemeinerung auf dem Gebiet der Biologie einen Zeitabschnitt ein und es ist die Evolution, die tatsächlich das Originelle und Neue im Universum schafft.

Wenn dem so ist, dann kann jeder von uns seine Entwicklung durch den evolutionären Prozeß geradewegs zum Anfang des Lebens zurückverfolgen. Darwin und Wallace schauten natürlich auf das Verhalten, sie beobachteten Knochen im jetzigen Zustand, Fossilien, die zeigen, wie sie einmal waren, um Stationen auf dem langen Weg festzulegen, den Sie und ich gegangen sind. Aber Verhalten, Knochen, Fossilien, das sind bereits komplizierte Systeme innerhalb des Lebens, die aus Einheiten zusammengesetzt sind, die wesentlich einfacher sind und älter sein müssen. Was könnten die einfachsten Ureinheiten sein? Vermutlich sind sie chemische Moleküle, die das Leben ausmachen.

Wenn wir also nach dem gemeinsamen Ursprung des Lebens suchen, dann schauen wir heute noch intensiver auf die chemische Struktur, die wir alle gemeinsam haben. Das Blut in meinem Finger hat einige Millionen Schritte seit den ersten Urmolekülen zu-

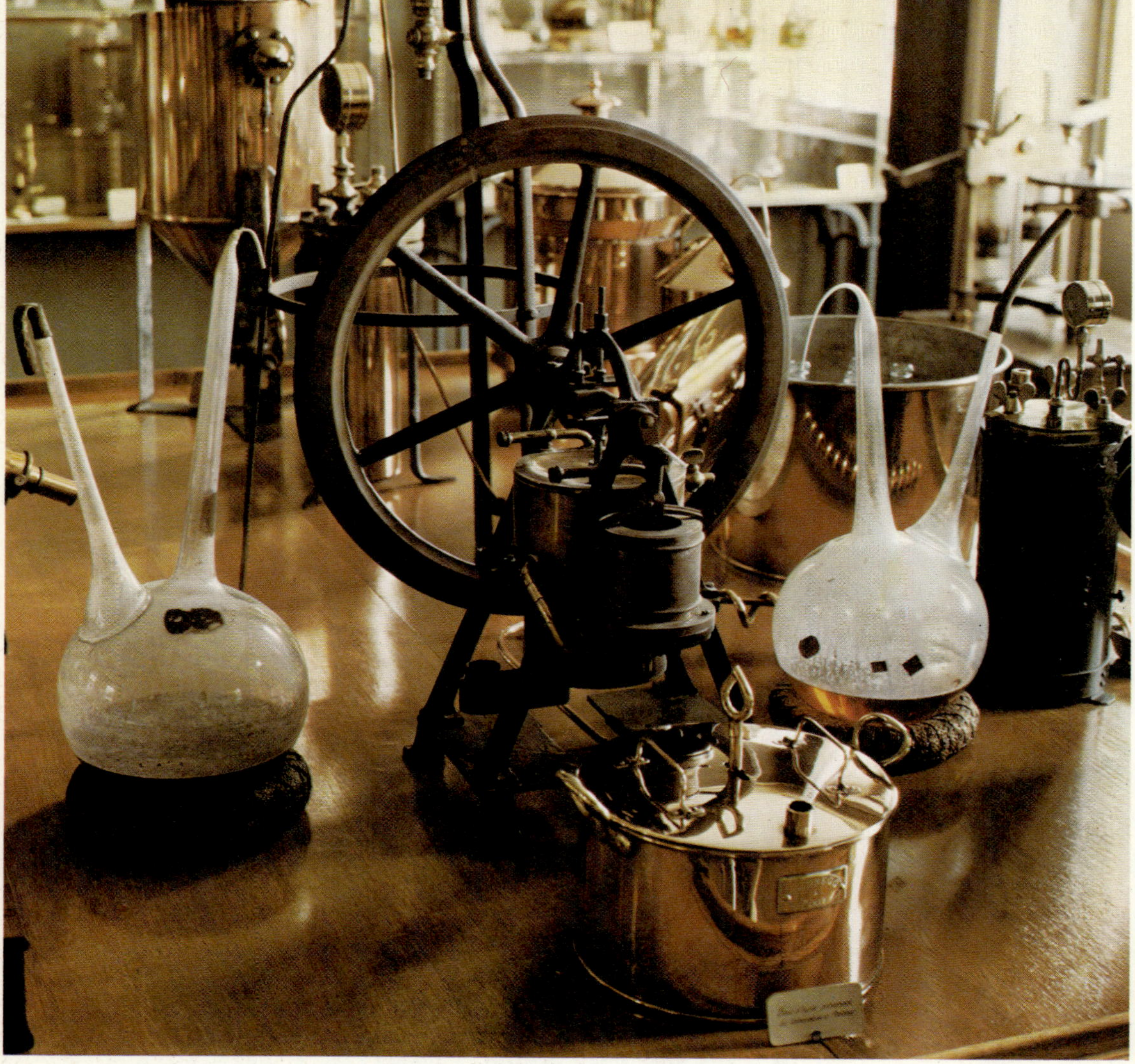

Die Schöpfungspyramide

152
Der Kaiser von Frankreich forderte ihn auf, einmal Fehlentwicklungen bei der Gärung des Weines zu untersuchen.
Pasteurs Laboratorium.

153
Traubenzucker bei der Gärung in Anwesenheit von Hefe.

rückgelegt, die in der Lage waren, sich selbst zu vermehren. Das war vor über drei Milliarden Jahren. Das ist die Evolution, so wie wir sie uns heute vorstellen. Die Prozesse, die diesen Ablauf bedingten, hängen zum Teil von der Vererbung ab (die weder Darwin noch Wallace wirklich begriffen hatten) und zum Teil von der chemischen Struktur (die wiederum das Arbeitsgebiet französischer Wissenschaftler, nicht so sehr britischer Naturforscher war). Die Erklärungen kommen aus verschiedenen Sachgebieten zusammen, aber eines hatten sie alle gemeinsam. Sie stellen sich vor, daß sich die Arten in aufeinanderfolgenden Stufen voneinander trennen — das wird vorausgesetzt, wenn man die Theorie der Evolution akzeptiert. Von diesem Augenblick an war es nicht mehr möglich, daran zu glauben, daß das Leben zu irgendeinem beliebigen Zeitpunkt wieder geschaffen werden kann.

Als die Evolutionstheorie voraussetzte, daß einige Tierarten später aufgetreten waren als andere, antworteten die Kritiker häufig mit Bibelzitaten. Dennoch glaubten die meisten Leute, daß die Schöpfung mit der Bibel nicht aufgehört hatte. Sie dachten, daß die Sonne Krokodile aus dem Nilschlamm hervorbrütet. Von Mäusen nahm man an, daß sie in alten Lumpenbündeln von selbst heranwuchsen, und es war offensichtlich, daß Schmeißfliegen ihren Ursprung in faulem Fleisch haben. Maden müssen im Apfelinneren entstehen — wie sonst sollten sie auftreten können? All diese Geschöpfe, so glaubte man, kamen spontan ins Leben, ohne die Annehmlichkeit von Eltern zu haben.

Legenden über Geschöpfe, die spontan ins Leben treten, sind uralt, und man glaubt immer noch daran, obgleich Louis Pasteur diese Geschichten 1860 in überzeugender Weise ins Reich der Fabel verwiesen hat. Einen ganzen Teil seiner Arbeit leistete er damals in dem Haus, in Arbois im Französischen Jura, in dem er seine Kindheit verbracht hatte und in das er gern jedes Jahr einmal zurückkam. Er hatte zuvor Arbeiten über die Vergärung gemacht, besonders das Gären von Milch (das Wort »Pasteurisierung« erinnert uns daran). Im Jahr 1863 (er war vierzig), als der Kaiser von Frankreich ihn bat, doch einmal die Ursachen der falschen Weingärung zu ermitteln, war Pasteur auf der Höhe seiner geistigen Kräfte und löste das Problem innerhalb von zwei Jahren. Es entbehrt nicht einer gewissen Ironie, wenn man sich einmal daran erinnert, daß damals so ziemlich die besten Weinjahre aller Zeiten waren. Noch heute erinnert man sich an 1864 als ein Weinjahr ohnegleichen.

»Der Wein ist ein Meer von Organismen«, sagte Pasteur. »Durch einige Organismen lebt er und andere bedingen seinen Zerfall.« In diesem Gedanken sind zwei verblüffende Feststellungen. Die eine ist, daß Pasteur Organismen fand, die ohne Sauer-

Paratartrate double de Soude et d'Ammon.

Les cristaux sont souvent hémièdres à gauche, souvent à droite, pas ~~réguliers tantôt des faces, se répète comme le double tartrate.~~

C'est là qu'est la différence des deux sels.

8 gr. Paratart. (hémièd. à droite) dissous dans 55,5 cent. cub. d'eau ont donné dans un tube de 20 cent. une déviation 2°,8 = 6/7 à 17°. (1) (à gauche)

8 gr. Tartrate de S. et Am. dans les mêmes circonstances m'ont donné 7°54' à 17°, à droite.

Die Schöpfungspyramide

stoff zu leben vermochten. Zu jener Zeit war das lediglich ein Ärgernis für die Winzer, aber seither hat sich das als ausschlaggebend für das Verständnis des Anfangs allen Lebens ergeben, denn damals war die Erde ohne Sauerstoff. Zweitens hatte Pasteur ein bemerkenswertes Verfahren, durch das es ihm möglich war, Spuren von Leben in der Flüssigkeit zu erkennen. Als Pasteur um die zwanzig war, hatte er sich seinen Ruf dadurch erworben, daß er nachwies, es gäbe Moleküle mit einer charakteristischen Form. Seither hatte er gezeigt, daß diese Form ein Merkmal dafür ist, daß sie einmal in Lebewesen entstanden sein müssen. Das erwies sich als eine so profunde und heute noch verblüffend wirkende Entdeckung, daß es angemessen ist, sich einmal Pasteurs eigenes Laboratorium anzuschauen und ihn mit seinen eigenen Worten darüber berichten zu lassen.

Wie erklärt man das Arbeiten des Weinmostes im Bottich, die Arbeit von Teig, den man aufgehen läßt, oder das Säuern der Milch, die Arbeit von abgefallenem Laub oder von Pflanzen, die im Boden vergraben werden und sich in Humus verwandeln? Ich muß tatsächlich eingestehen, daß meine Forschung lange von der Vorstellung beherrscht war, daß die Struktur der Substanzen vom Gesichtspunkt der Linksgängigkeit und der Rechtsgängigkeit, vorausgesetzt, daß alles andere gleich ist, eine wichtige Rolle in den subtilsten Gesetzen der Organisation von Lebewesen spielt und sich bis in die verborgensten Winkel ihrer Physiologie auswirkt.

Linksgängig, rechtsgängig. Das war der überzeugende Anstoß, dem Pasteur bei seiner Untersuchung des Lebens nachging. Die Welt ist voller Dinge, deren rechtsläufige Ausführung verschieden ist von der linksläufigen: ein rechtsläufiger Korkenzieher zum Beispiel mit einem linksläufigen verglichen, ein rechtsläufiges Schneckenhaus mit einem linksläufigen. Vor allem aber kann man die beiden Hände gegeneinander legen, man vermag sie aber nicht so zu drehen, daß die rechte Hand und die linke Hand auswechselbar werden. Zu Pasteurs Zeiten wußte man schon, daß dies auch für einige Kristalle galt, deren Flächen so angeordnet sind, daß es rechtsläufige Versionen davon gibt.

Pasteur machte Holzmodelle von solchen Kristallen (er war sehr geschickt mit seinen Händen und ein wunderbarer Zeichner), aber darüber hinaus machte er Gedankenmodelle von diesen Dingen. In seiner ersten Forschungsarbeit hatte er bereits bemerkt, daß es auch rechtsläufige und linksläufige Moleküle geben muß. Und was für das Kristall gilt, das muß auch eine Eigenschaft des Moleküls selbst reflektieren. Das muß sich durch das Verhalten der Moleküle in jeder unsymmetrischen Situation zeigen. Wenn man sie zum Beispiel in eine Lösung legt und einen polarisierten (das heißt, einen unsymmetrischen) Lichtstrahl darauf richtet, dann müssen

154
Rechtsläufig, linksläufig, das war der Anstoß, den Pasteur bei seiner Untersuchung der Lebensvorgänge verfolgte.
Pasteurs Holzmodelle rechtsläufiger und linksläufiger Tartrat-Kristalle. Gegenüber: Pasteur unterhält sich mit einem Freund aus dem Französischen Jura zur Zeit seiner Untersuchungen der Weingärung im Jahr 1864. Die entscheidende Seite der Labornotizen Pasteurs über seine Kristalluntersuchung 1847.

die Moleküle der einen Art (sagen wir einmal traditionsgemäß die Moleküle, die Pasteur rechtsläufig nannte) die Polarisierungsebene des Lichtes nach links drehen. Eine Lösung von Kristallen, die alle die gleiche Form haben, verhält sich unsymmetrisch gegenüber dem unsymmetrischen Lichtstrahl, den ein Polarimeter aussendet. Wenn die Polarisierungsscheibe gedreht wird, erscheint die Lösung abwechselnd dunkel und hell und dunkel und wiederum hell.

Es ist eine bemerkenswerte Tatsache, daß eine chemische Lösung aus lebenden Zellen sich genauso verhält. Diese Eigenschaft zeigt an, daß das Leben eine spezifisch chemische Beschaffenheit hat, die sich während der ganzen Evolution erhalten hat. Zum erstenmal hatte Pasteur alle Lebensformen mit einer Art chemischer Struktur in Verbindung gebracht. Aus diesem mächtigen Denkanstoß folgt, daß wir in der Lage sein müssen, die Evolution mit der Chemie in Verbindung zu bringen.

Die Evolutionstheorie ist heute kein Schlachtfeld mehr. Beweise für die Theorie sind heute so viel reicher und vielfältiger vorhanden als in den Tagen von Darwin und Wallace. Die interessantesten und modernsten Beweise kommen aus dem Bereich unserer Körperchemie. Ein praktisches Beispiel: Ich kann meine Hand in diesem Augenblick bewegen, weil die Muskeln einen Lagerbestand an Sauerstoff haben, und dieser Sauerstoff ist dort mit Hilfe eines Eiweißmoleküls, das man Myoglobin nennt, abgelagert worden. Dieses Eiweiß besteht aus etwas mehr als hundertundfünfzig Aminosäuren. Die Anzahl ist die gleiche bei mir und allen anderen Tieren, die Myoglobin verwenden. Die Aminosäuren selbst jedoch sind geringfügig verschieden. Zwischen mir und dem Schimpansen gibt es nur einen Unterschied in einer Aminosäure; zwischen mir und der Meerkatze (die den niedrigen Primaten angehört) gibt es einen Unterschied von mehreren Aminosäuren, und weiter nimmt zwischen mir und dem Schaf und der Maus die Anzahl der Unterschiede zu. Jedenfalls ist es die Anzahl von Unterschieden in den Aminosäuren, die ein Maß des evolutionären Abstandes zwischen mir und den anderen Säugetieren ist.

Es ist klar, daß wir den evolutionären Fortschritt des Lebens im Aufbau chemischer Moleküle auffinden müssen. Dieser Aufbau muß ausgehen von den Materialien, die in der Geburtsstunde der Erde auf ihr brodelten. Um vernünftig über den Anfang des Lebens sprechen zu können, müssen wir sehr realistisch sein. Wir müssen eine historische Frage stellen. Vor vier Milliarden Jahren, bevor das Leben begann, als die Erde noch sehr jung war, wie sah da die Oberfläche der Erde aus, wie war ihre Atmosphäre beschaffen?

Nun, wir kennen eine ungefähre Antwort. Die Atmosphäre war aus dem Innern der Erde herausgeschleudert worden und bildete

155
Aminosäuren sind die Bausteine des Lebens. *Leslie Orgel und Robert Sanchez beobachten eine Lichtbogenapparatur im Salk Institut. In der Flasche befindet sich kein Homunkulus, sondern Aminosäuren.*

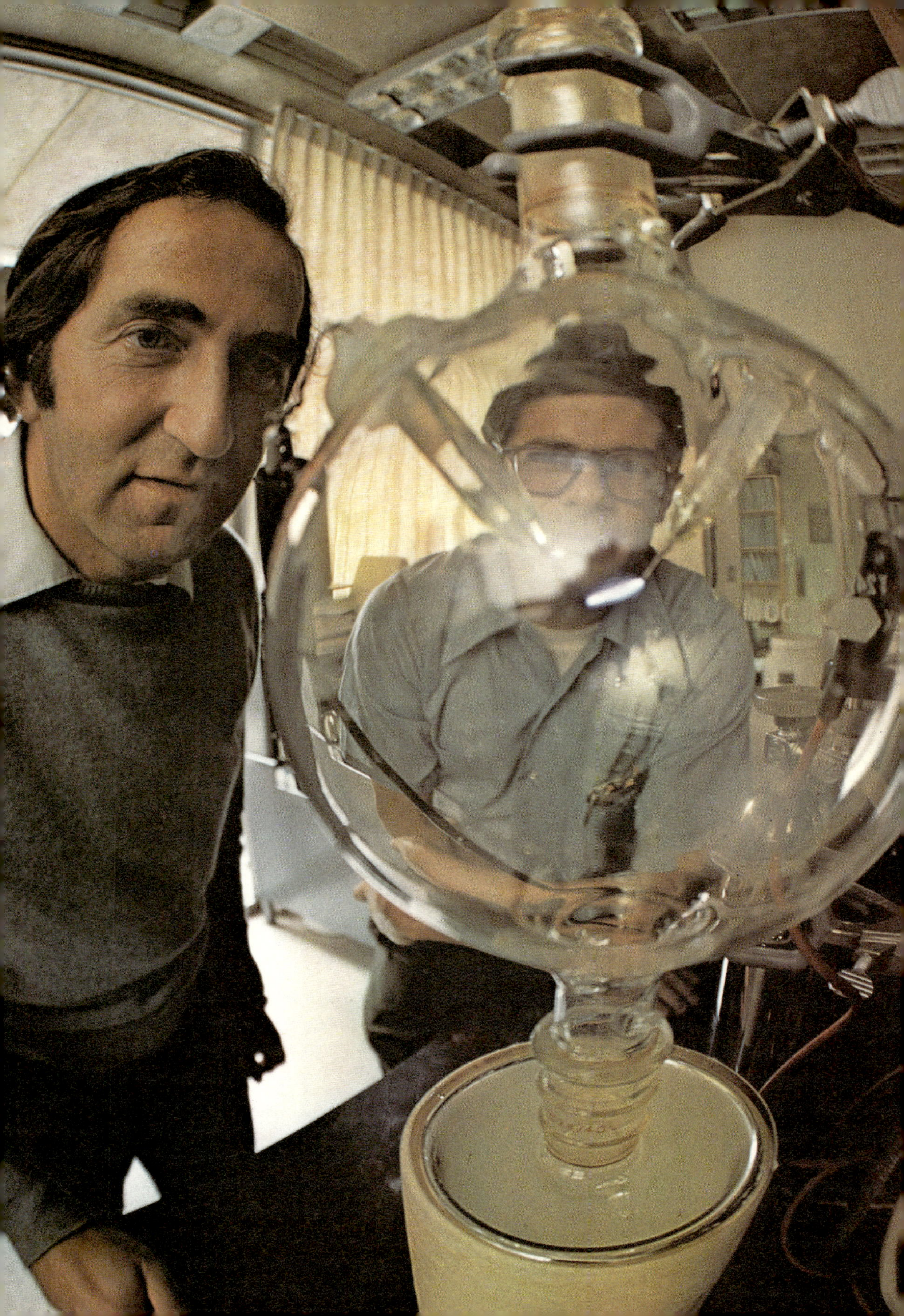

deshalb ohnehin so etwas wie eine vulkanische Umgebung — einen Hexenkessel von Dampf, Stickstoff, Sumpfgas, Ammoniak und anderen reduzierenden Gasen sowie etwas Kohlendioxid. Ein Gas war nicht vorhanden: Es gab keinen freien Sauerstoff. Das ist von ausschlaggebender Bedeutung, denn Sauerstoff wird von Pflanzen hergestellt und existierte noch nicht im freien Zustand, bevor Leben vorhanden war.

Diese Gase und ihre Produkte, schwach gelöst in den Ozeanen, bildeten eine reduzierende Atmosphäre. Wie würden sie jetzt unter dem Einfluß von Blitz, von elektrischer Entladung und besonders unter dem Einfluß von ultraviolettem Licht reagieren? Ultraviolettes Licht ist von großer Bedeutung bei jeder Theorie der Entstehung des Lebens, weil es eine sauerstofffreie Atmosphäre durchdringen kann. Die Frage wurde etwa um 1950 durch ein gelungenes Experiment beantwortet, das Stanley Miller in Amerika durchführte. Er füllte die Atmosphäre in eine Flasche — das Sumpfgas, das Ammoniak, das Wasser und so weiter — und kochte das Ganze Tag um Tag, ließ es brodeln, führte elektrische Entladungen hindurch, um den Blitz und andere Kräfte mit Gewalteinwirkung zu simulieren. Die Mischung verdunkelte sich sichtlich. Warum? Beim Nachprüfen stellte man fest, daß in dieser Mischung Aminosäuren gebildet worden waren. Das ist ein wichtiger Schritt voran, denn Aminosäuren sind die Bausteine des Lebens. Aus ihnen werden Eiweiße gemacht, und Eiweiße sind die Grundbestandteile aller Lebewesen.

Bis noch vor wenigen Jahren glaubten wir, das Leben habe unter jenen heftigen, elektrischen Bedingungen begonnen. Dann aber kam einigen Wissenschaftlern der Gedanke, daß es auch noch eine andere Kombination von extremen Bedingungen gibt, die genauso wirksam sein könnte: das ist die Anwesenheit von Eis. Es ist ein wunderlicher Gedanke, aber Eis hat zwei Eigenschaften, die es für die Bildung von einfachen Grundmolekülen sehr attraktiv erscheinen lassen. Zunächst einmal konzentriert der Gefrierprozeß das Material, was in der Urzeit in den Ozeanen nur sehr verdünnt vorhanden gewesen sein dürfte. Zweitens kann es sein, daß die kristalline Struktur des Eises es den Molekülen ermöglicht, sich in einer Weise anzuordnen, die für jedes Lebensstadium wichtig ist.

Jedenfalls führte Leslie Orgel eine Anzahl eleganter Experimente durch, von denen ich das einfachste einmal beschreiben will. Er nahm einige der Grundbestandteile, die ganz gewiß in der Erdatmosphäre zu einem sehr frühen Zeitpunkt vorhanden gewesen sein müssen: Wasserstoffzyanid ist einer davon, Ammoniak ein weiterer. Er machte eine verdünnende Lösung dieser Bestandteile in Wasser und fror dann die Lösung für mehrere Tage ein. Als Ergebnis wurde das konzentrierte Material in einem kleinen Eis-

Die Schöpfungspyramide

berg an der Spitze zusammengedrängt. Dort zeigt das Vorhandensein einer kleinen Farbmenge, daß organische Moleküle gebildet worden sind. Einige Aminosäuren, zweifellos; aber was noch viel wichtiger ist, Orgel stellte fest, daß sich Adenin, eine der vier Basen in der Kernsäure DNS (siehe S. 390), gebildet hatte.

Das Problem des Lebensursprungs konzentriert sich nicht auf die komplexen, sondern auf die einfachsten Moleküle, die sich selbst vermehren können. Es ist die Fähigkeit, funktionsfähige Modelle des gleichen Moleküls zu vermehren, die Leben kennzeichnet. Die Frage nach dem Ursprung des Lebens ist deshalb die Frage, ob diejenigen Grundmoleküle, die durch die Arbeit der gegenwärtigen Biologengeneration identifiziert worden sind, durch natürliche Vorgänge gebildet worden sein können. Wir wissen, wonach wir am Ursprung des Lebens zu suchen haben: einfache Grundmoleküle wie die sogenannten Basen (Adenin, Thymin, Guanin, Cytosin), die jene DNS-Spiralen bilden, die sich dann bei der Teilung jeder einzelnen Zelle vermehren. Der darauf folgende Entwicklungsvorgang, der zu immer komplizierteren Organismen geführt hat, ist ein anderes, statistisches Problem: die Evolution der Komplexität durch statistische Prozesse.

Es ist nur natürlich zu fragen, ob Moleküle, die sich selbst vermehren können, häufig und an zahlreichen Orten entstanden sind. Auf diese Frage gibt es lediglich eine Antwort durch bestimmte Schlußfolgerungen. Diese müssen auf unserer Deutung von Beweisen beruhen, die die Lebewesen uns heute an die Hand geben. Das Leben wird heute durch sehr wenige Moleküle gesteuert — nämlich durch die vier Basen in der Kernsäure DNS. Sie formulieren die Erbanweisungen für jedes Lebewesen, das uns bekannt ist — von den Bakterien bis zu den Elefanten, von den Viren bis zur Rose. Aus dieser Gleichförmigkeit des Lebensalphabetes konnte man schließen, daß wir es hier mit den einzigen Atomanordnungen zu tun haben, die selbst vermehrungsfähig sind.

Nicht viele Biologen glauben das. Die meisten Biologen nehmen an, daß die Natur auch andere, selbstvermehrungsfähige Kombinationen zu erfinden vermag. Die Möglichkeiten sind sicherlich zahlreicher als die vier, die wir haben. Wenn das zutrifft, dann ist der Grund, warum das Leben, so wie wir es kennen, durch die gleichen vier Basen bestimmt wird, darin zu suchen, daß das Leben *zufällig* mit ihnen begonnen hat. Wenn man dieser Deutung folgt, sind die Basen ein Beweis dafür, daß das Leben nur einmal begonnen hat. Wenn dann später irgendeine neue Zusammenstellung entstand, konnte sie sich einfach nicht an die Lebensformen anpassen, die bereits existierten.

Die Biologie hat das Glück gehabt, innerhalb von einhundert Jahren zwei große fruchtbare Ideen zu entwickeln. Die eine war die Theorie der Evolution durch natürliche Zuchtwahl von Darwin und Wallace. Die andere war die Entdeckung unserer eigenen Zeitgenossen, wie man die Lebensabläufe in einer chemischen Formel ausdrücken kann, die sie mit der Natur als Ganzem verbindet. Nun hat man in den letzten Jahren im Interstellarraum Spektralspuren von Molekülen gefunden, von denen wir glaubten, daß sie in jenen kalten Regionen nie hätten gebildet werden können: Spuren von Wasserstoffzyanid, Zyanoacetylen, Formaldehyd. Das sind Moleküle, von denen wir nicht angenommen hatten, daß sie sonst irgendwo außerhalb der Erde existierten. Es kann sich durchaus erweisen, daß das Leben vielseitigere Anfänge und vielfachere Formen hat. Es folgt auch gar nicht, daß der evolutionäre Weg, den das Leben (wenn wir es jemals entdecken) woanders genommen hat, dem unseren ähnelt. Es folgt nicht einmal, daß wir es als Leben zu erkennen vermögen — oder daß jenes Leben uns erkennt.

156
Waren chemische Substanzen hier auf der Erde, zur Zeit, als das Leben begann, einmalig? *Pilotversuchsanlage zum Nachweis von Proteinen, um das etwaige Vorhandensein lebensähnlicher Moleküle bei einer weichen Landung auf dem Mars nachzuweisen.*

157
Das konzentrierte Material wird in eine Art winzigem Eisberg nach oben geschoben. *Die Bildung von Adenin aus einer gefrorenen Lösung von Blausäure und Ammoniak.*

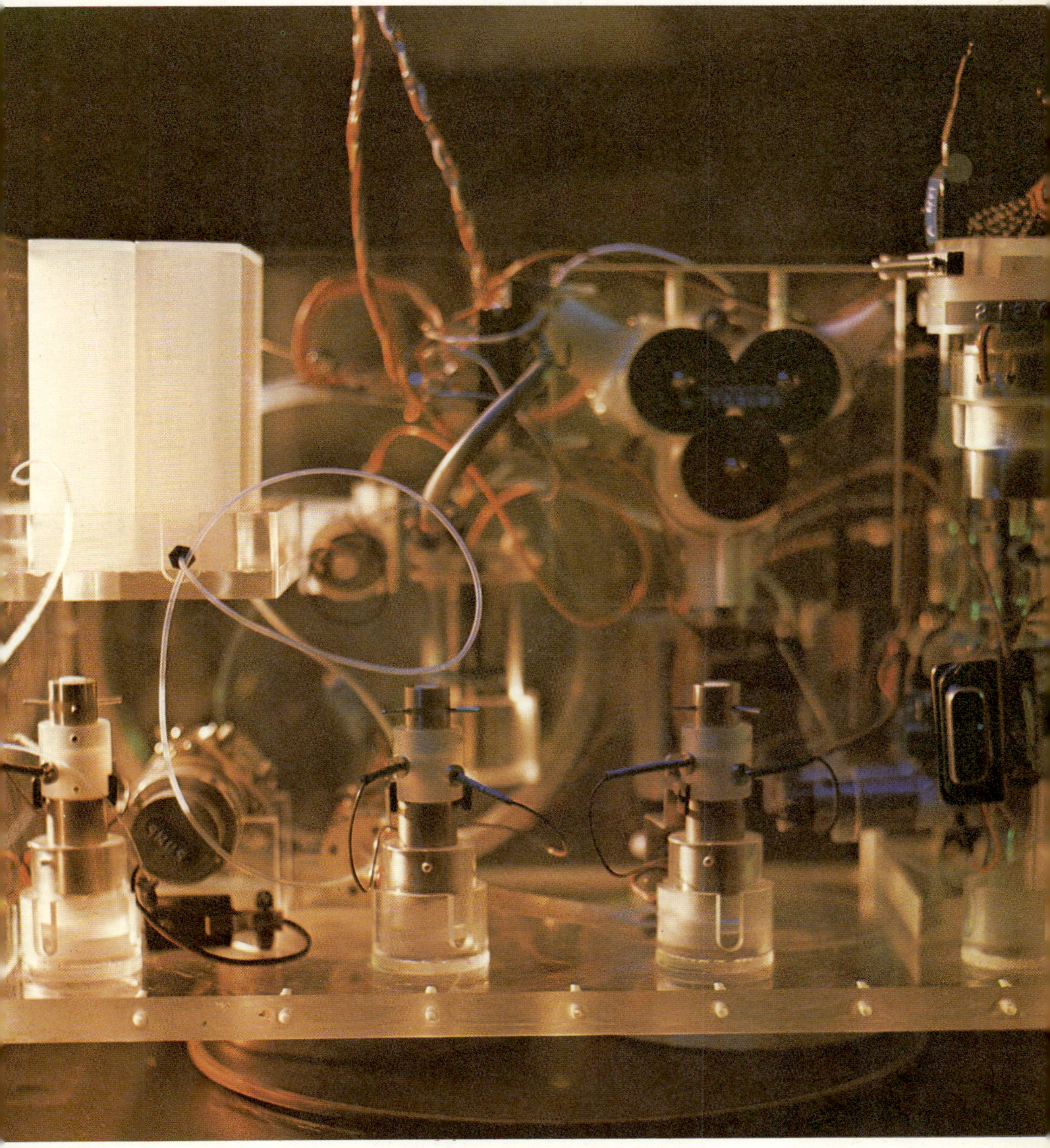

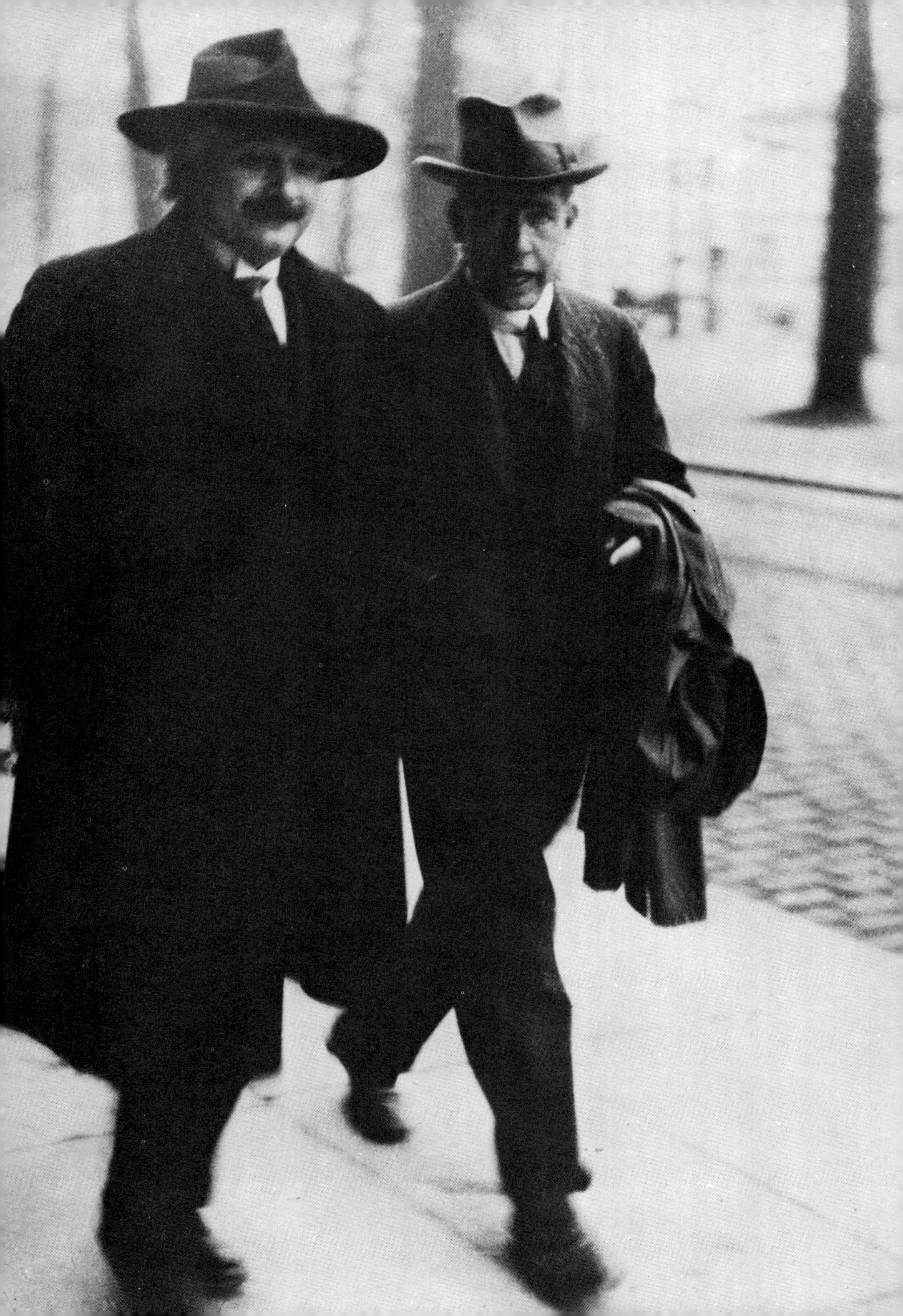

EINE WELT INNERHALB DER WELT

Es gibt sieben Kristallgrundformen in der Natur und eine Vielzahl von Farben. Die Formen haben den Menschen immer fasziniert, als Abbildungen im Raum und als Beschreibungen der Materie. Die Griechen haben geglaubt, daß ihre Elemente tatsächlich wie regelmäßige Festkörper geformt seien, und es trifft auch unter modernen Voraussetzungen zu, daß die Kristalle in der Natur etwas über die Atome ausdrücken, die sie bilden: Sie helfen, die Atome in Familien einzuteilen. Das ist die Welt der Physik in unserem Jahrhundert, und die Kristalle bieten uns den ersten Zugang zu dieser Welt.

Aus der Vielzahl von Kristallen ist das bescheidenste der einfache farblose Kubus des Kochsalzes. Dennoch ist dieses Kristall eines der wichtigsten. Salz hat man seit fast tausend Jahren in dem großen Salzbergwerk in Wieliczka in der Nähe der alten polnischen Hauptstadt Krakau gefördert, und einige der hölzernen Schachtaufbauten und der Maschinen mit Pferdeantrieb sind noch aus dem siebzehnten Jahrhundert erhalten. Der Alchimist Paracelsus ist möglicherweise auf seinen Reisen nach Osten hier vorbeigekommen. Er änderte den Kurs der Alchemie nach 1500, indem er darauf bestand, daß zu den Elementen, die Mensch und Natur ausmachen, auch Salz gerechnet werden müsse. Salz ist lebenswichtig, und es hat immer in allen Kulturen eine symbolische Eigenschaft gehabt. Wie die römischen Soldaten sagen wir auf englisch »salary«, wenn wir das Gehalt eines Mannes meinen, obwohl doch dieses Wort »Salzgeld« bedeutet. Im Nahen Osten wird ein Geschäft immer noch mit Salz besiegelt, und zwar in der Weise, die das Alte Testament als »feierliches Versprechen des Salzes auf alle Ewigkeit« bezeichnet.

In einer Hinsicht hatte Paracelsus unrecht. Salz ist im modernen Sinne kein Element. Salz ist eine Verbindung von zwei Elementen: Natrium und Chlor. Es ist bereits bemerkenswert, daß ein weißes sprühendes Metall wie Natrium und ein gelbes Giftgas wie Chlor schließlich gemeinsam eine stabile Struktur bilden, das Kochsalz. Noch bemerkenswerter ist jedoch, daß Natrium und Chlor Familien angehören. Es gibt eine richtige Abstufung ähnlicher Eigenschaften innerhalb jeder Familie: Natrium gehört zur Familie der Alkalimetalle, und Chlor gehört zu den aktiven Halogenen, den Salzbildnern. Die Kristalle bleiben unverändert, eckig und durchsichtig, wenn wir ein Familienmitglied gegen ein anderes austauschen. So kann zum Beispiel Natrium durch Kalium ersetzt werden: Kaliumchlorid. In ähnlicher Weise kann in der anderen Familie das Chlor durch sein Schwesterelement Brom ersetzt werden:

158
Das Atommodell
brauchte eine neue
Verfeinerung.
*Niels Bohr und
Albert Einstein beim
Spaziergang durch die
Straßen von Brüssel,
Oktober 1933.*

159
Was macht die Familienähnlichkeit unter den Elementen aus?
Natürlich vorkommendes kubisches Kristall des Kochsalzes (Natriumchlorid), nicht zu unterscheiden von anderen Halogensalzen der Alkalimetalle.

Natriumbromid. Und natürlich können wir einen doppelten Austausch vornehmen: Lithiumfluorid, wobei Natrium durch Lithium, Chlor durch Fluor ersetzt worden ist. Und doch sind all diese Kristalle mit bloßem Auge nicht voneinander zu unterscheiden. Was macht diese Familienähnlichkeiten unter den Elementen aus? Um 1860 zerbrachen sich alle Wissenschaftler über diese Frage die Köpfe, und mehrere Wissenschaftler bewegten sich auf ähnliche Antworten zu. Der Mann, der das Problem triumphal löste, war ein junger Russe, Dimitrij Iwanowitsch Mendelejew, der 1859 das Salzbergwerk in Wieliczka besuchte. Damals war er fünfundzwanzig, ein armer, bescheidener, hart arbeitender und äußerst intelligenter junger Mann. Er war der jüngste einer großen Familie mit wenigstens vierzehn Kindern. Er war der Liebling seiner verwitweten Mutter, die ihn, vom Ehrgeiz getrieben, zum naturwissenschaftlichen Studium drängte.

Was Mendelejew auszeichnete, war nicht nur Genie, sondern eine wahre Leidenschaft für die Elemente. Sie wurden seine persönlichen Freunde. Er kannte jede verborgene Eigenschaft und Einzelheit ihres Verhaltens. Die Elemente unterschieden sich natürlich nur durch eine Grundeigenschaft von den anderen, wie John Dalton 1805 ursprünglich festgestellt hatte: Jedes Element hat ein charakteristisches Atomgewicht. Wie leiten sich nun die Eigenschaften, die die Elemente gleich oder verschieden machen, aus dieser gegebenen Konstante oder Meßgröße ab? Das war das Grundproblem, an dem Mendelejew arbeitete. Er schrieb die Ele-

Eine Welt innerhalb der Welt

mente auf Karten und mischte die Karten in einem Spiel, das seine Freunde *Patience* zu nennen pflegten.

Mendelejew schrieb die Atome mit ihren Atomgewichten auf seine Karten und ordnete sie in senkrechten Spalten nach dem Atomgewicht an. Mit dem leichtesten, dem Wasserstoff, wußte er eigentlich nichts Rechtes anzufangen und ließ dieses Element aus. Das nächste Element nach dem Atomgewicht ist Helium, aber das wußte Mendeleev glücklicherweise nicht, denn es war auf der Erde noch nicht gefunden worden – es wäre ein lästiger Herumtreiber gewesen, bis man viel später seine Schwesterelemente fand.

Deshalb begann Mendelejew seine erste Spalte mit dem Element Lithium, einem der Alkalimetalle. So ist es Lithium (das leichteste, was er nach dem Wasserstoff kannte), dann Beryllium, dann Bor, dann die bekannten Elemente Kohlenstoff, Stickstoff, Sauerstoff, und als siebtes in seiner Spalte Fluor. Das nächste Element nach der Ordnung der Atomgewichte ist Natrium, und da dies eine Familienähnlichkeit mit Lithium aufweist, beschloß Mendelejew, hier sei die rechte Stelle, noch einmal anzufangen und eine zweite Spalte parallel zur ersten zu bilden. Die zweite Spalte fährt mit

160
Was Mendelejew auszeichnete, war nicht nur Genie, sondern eine regelrechte Leidenschaft für die Elemente.
Dimitrij Iwanowitsch Mendelejew.

einer Folge bekannter Elemente fort: Magnesium, Aluminium, Silicium, Phosphor, Schwefel und Chlor. Und siehe da, sie bilden eine vollständige Spalte von sieben Elementen, so daß das letzte, Chlor, waagerecht gesehen, in derselben Reihe mit Fluor steht.

Offensichtlich gibt es etwas in der Folge der Atomgewichte, das nicht zufällig, sondern systematisch ist. Das wird klar, wenn wir die nächste senkrechte Spalte, die dritte, beginnen. Die nächsten Elemente nach dem Atomgewicht geordnet sind nach Chlor das Kalium, dann Kalzium. Somit enthält die erste Reihe bisher Lithium, Natrium und Kalium, die alle Alkalimetalle sind. Bislang finden wir in der zweiten Reihe Beryllium, Magnesium und Kalzium, die wiederum Metalle mit einer anderen gemeinsamen Familienähnlichkeit sind. Es ist festzustellen, daß die waagerechten Rei-

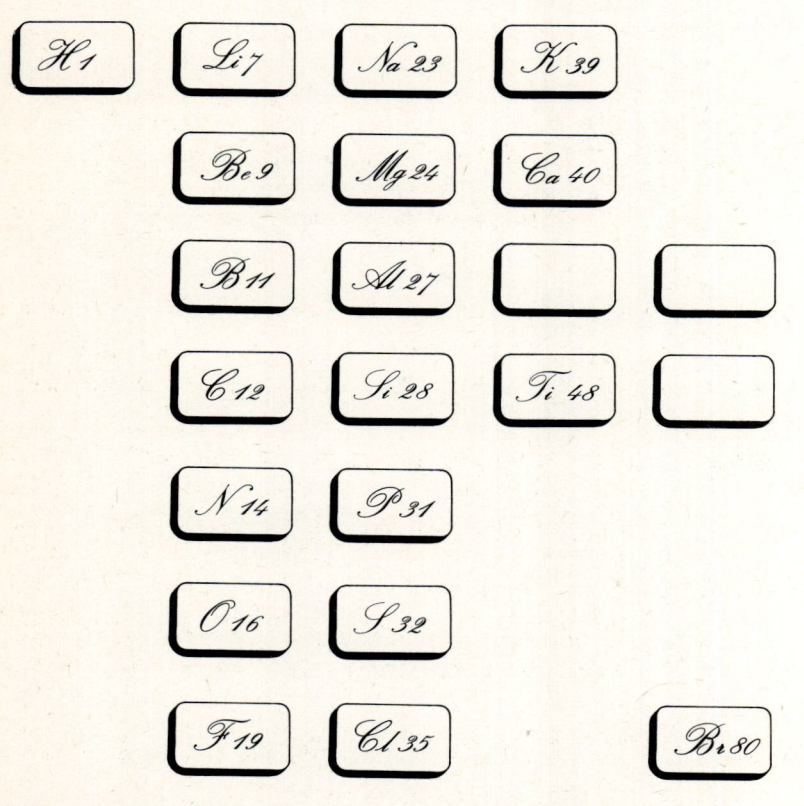

Mendelejews Geduldspiel. Die Karten sind nach dem Atomgewicht angeordnet: Die Elemente gruppieren sich in Familien.

hen bei dieser Anordnung einen Sinn ergeben. Sie halten Familien zusammen. Mendelejew hatte herausgefunden, oder zumindest hatte er Anzeichen dafür gefunden, daß ein mathematischer Schlüssel unter den Elementen besteht. Wenn wir sie nach der Größenordnung des Atomgewichts anordnen und wenn wir sieben Schritte

Eine Welt innerhalb der Welt

für eine senkrechte Spalte vornehmen und danach wieder mit der nächsten senkrechten Spalte ansetzen, dann bekommen wir Familienordnungen, die in den waagerechten Reihen zusammenfallen.

Soweit können wir ohne Schwierigkeiten Mendelejews Schema folgen, so wie er es 1871 zwei Jahre nach der ersten Skizzierung darstellte. Nichts fällt aus der Reihe, bis wir an die dritte Spalte kommen — und da ergibt sich unweigerlich das erste Problem. Warum unweigerlich? Weil Mendelejew nicht alle Elemente hatte, wie man im Falle des Heliums erkennen kann. Dreiundsechzig von den insgesamt zweiundneunzig waren bekannt. Früher oder später mußte also Mendelejew auf Lücken stoßen. Die erste Lücke, die er feststellte, war dort, wo ich angehalten habe, auf der dritten Stelle in der dritten Spalte.

Ich habe gesagt, Mendelejew erreichte eine Lücke. Aber diese Kurzformulierung verbirgt, was in seinem Denken besonders großartig ist.

Auf der dritten Stelle in der dritten Spalte bemerkte Mendelejew eine Schwierigkeit, und er löste die Schwierigkeit, indem er diese Stelle als Lücke *deutete*. Er traf die Wahl, weil das nächste bekannte Element, Titan nämlich, einfach nicht die Eigenschaften hat, die dort hineinpassen würden, in dieselbe waagerechte Reihe oder Familie mit Bor und Aluminium. So sagte er also: »Hier fehlt ein Element, und wenn es gefunden ist, steht es entsprechend seinem Atomgewicht vor Titan. Wenn man die Lücke öffnet, werden die nachkommenden Elemente der Spalte in die richtigen waagerechten Reihen gerückt. Titan gehört zu Kohlenstoff und Silicium.« — Das trifft wirklich für das Grundschema zu.

Die Vorstellung der Lücken oder fehlenden Elemente war eine wissenschaftliche Erleuchtung. Diese Vorstellung brachte praktisch zum Ausdruck, was Francis Bacon schon vor langer Zeit allgemein in Vorschlag gebracht hatte, den Glauben nämlich, daß neue Inhalte des Naturgesetzes erraten oder im voraus aus alten Inhalten abgeleitet werden können. Mendelejews Vermutungen zeigten, daß die Induktion, von einem Wissenschaftler angewandt, ein subtilerer Vorgang ist, als Bacon und andere Philosophen angenommen hatten. In der Naturwissenschaft marschieren wir nicht einfach auf einer geraden Linie von bekannten zu unbekannten Instanzen weiter. Wir arbeiten wie bei einem Kreuzworträtsel, indem wir zwei getrennte Progressionen nach den Punkten absuchen, bei denen sie sich überschneiden: Da muß sich der unbekannte Inhalt verbergen. Mendelejew tastete die Progression der Atomgewichte in den senkrechten Spalten und die Familienähnlichkeiten in den waagerechten Reihen ab, um die fehlenden Elemente an ihren Überschneidungspunkten festzulegen. Indem er so vorging, machte er praktische Voraussagen, und er machte zugleich ganz offenkundig (was

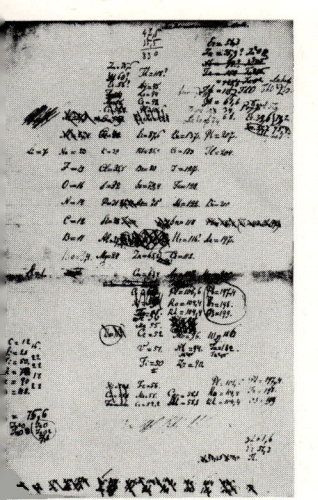

161
Die Reihenfolge der Atomgewichte ist nicht zufällig, sondern systematisch.
Ein früher Entwurf von Mendelejews periodischem System der Elemente aus dem Jahr 1869.

immer noch selten verstanden wird), wie die Naturwissenschaftler tatsächlich den Induktionsprozeß durchführen.

Nun, von größtem Interesse sind die Lücken, die in der dritten und vierten Spalte zu finden sind. Ich will die Tabelle darüber hinaus nicht fortsetzen — nur möchte ich sagen, wenn Sie die Lücken zählen und weiter heruntergehen, dann endet die Spalte natürlich, wo sie soll, in der Brom- und Halogenfamilie. Da waren eine Anzahl von Lücken und Mendelejew legte drei fest. Die erste habe ich soeben in der dritten Spalte und der dritten waagerechten Reihe aufgezeigt. Die anderen beiden liegen in der vierten Spalte, und zwar auf Höhe der dritten und vierten waagerechten Reihen. Von ihnen prophezeite Mendelejew, daß man bei ihrer Entdeckung feststellen würde, daß sie nicht nur Atomgewichte hätten, die in die senkrechte Progression hineinpaßten, sondern daß sie auch jene Eigenschaften haben würden, die den Familien in der dritten und vierten waagerechten Reihe entsprechen.

Die berühmteste Voraussage von Mendelejew und die jüngste, die bestätigt wurde, war seine dritte — das, was er Ekasilicon nannte. Er sagte die Eigenschaften dieses sonderbaren und wichtigen Elements mit großer Genauigkeit voraus, aber es dauerte fast noch zwanzig Jahre, bis es dann in Deutschland gefunden, aber nicht nach Mendelejew genannt wurde, sondern *Germanium*. Mendelejew war von dem Prinzip ausgegangen, daß »Ekasilicon Eigenschaften haben wird, die genau zwischen denen von Silicium und Zinn liegen«. Er hatte vorausgesagt, daß es etwa 4mal schwerer sein würde als Wasser. Das traf zu. Er sagte voraus, daß sein Oxid 5,5mal schwerer sein würde als Wasser. Das war richtig. Und so ging es weiter mit den chemikalischen und auch mit anderen Eigenschaften.

Diese Voraussagen machten Mendelejew überall außer in Rußland berühmt: In Rußland galt er nicht als Prophet, denn der Zar mochte seine liberale politische Einstellung nicht. Die spätere Entdeckung einer ganzen neuen Reihe von Elementen in England, beginnend mit Helium, Neon, Argon, vergrößerte noch seinen Triumph. Er wurde nie in die russische Akademie der Wissenschaften aufgenommen, aber in aller Welt war sein Name magisch geschätzt.

Das Grundschema der Atome ist ein Zahlenschema. Das war nun klar, und doch kann das ja nicht die ganze Geschichte sein. Etwas muß uns da entgangen sein. Es gibt einfach keinen Sinn, wenn man annimmt, daß alle Eigenschaften der Elemente in einer Zahl, dem Atomgewicht, vereint sind. Was verbirgt sich dahinter? Das Gewicht eines Atoms könnte maßgeblich für seine Komplexität sein. Wenn dem so ist, dann muß es eine innere Struktur verbergen, eine Art und Weise, in der das Atom physikalisch zusam-

162
Mendelejew war überall berühmt – außer in Rußland.
Gruppenfoto anläßlich eines Besuchs von Mendelejew in Manchester.
Mendelejew ist in der Bildmitte.
James Prescott Joule steht rechts außen hinter ihm.

163
Hier beginnt das große Zeitalter. In jenen Jahren wird die Physik zum größten kollektiven Kunstwerk des 20. Jahrhunderts.
Zwei Konferenzen der Schöpfer der neuen Atomphysik.

Die erste Solvay-Konferenz 1911. Rutherford sitzt als zweiter und J. J. Thomson als vierter von links in der Vorderreihe. Einstein ist elfter und Marie Curie siebente von links in der hinteren Reihe.

Auf dem Foto der fünften Konferenz – 1927 – sind Einstein und Marie Curie in die Vorderreihe vorgerückt. (Er sitzt in der Mitte, und sie ist die dritte von links.) Die rückwärtigen Reihen werden durch die nachfolgenden Generationen gebildet. Louis de Broglie, Max Born und Niels Bohr sind die drei Personen zur Rechten in der zweiten Reihe, während Schrödinger als sechster von links und Heisenberg als dritter von rechts in der hinteren Reihe stehen.

mengesetzt ist, die jene Eigenschaften hervorbringt. Aber das ist natürlich eine Idee, die so lange undenkbar war, wie man glaubte, daß das Atom unteilbar sei.

Deshalb kommt der Wendepunkt 1897, als J. J. Thomson in Cambridge das Elektron entdeckte. Ja, das Atom hat Einzelbestandteile. Das Elektron ist ein winziges Teilchen der Masse oder des Gewichts, aber ein wirkliches Teil, und es ist einfach elektrisch geladen. Jedes Element wird gekennzeichnet durch die Anzahl von Elektronen in seinem Atom, und ihre Anzahl ist genau gleich der Zahl, die auf der Stelle in Mendelejews Tabelle steht, die das betreffende Element besetzt, wenn Wasserstoff und Helium an die erste und zweite Stelle plaziert werden. Das heißt, daß Lithium drei Elektronen hat, Beryllium vier, Bor fünf und regelmäßig so weiter durch die ganze Tabelle. Den Platz auf der Tabelle, den ein Element einnimmt, nennt man die Atomzahl, und jetzt erwies sich also, daß diese Zahl für eine physikalische Realität innerhalb des Atoms stand — für die Anzahl der darin enthaltenen Elektronen. Das Bild hatte sich vom Atomgewicht auf die Atomzahl verlagert, und das bedeutet im wesentlichen, auf die Struktur des Atoms.

Das ist der geistige Durchbruch, mit dem die moderne Physik anfängt. An dieser Stelle eröffnet sich das große Zeitalter. Die Physik wird in jenen Jahren das größte kollektive Werk der Naturwissenschaft — nein, mehr sogar —, sie wird zum größten kollektiven Kunstwerk des zwanzigsten Jahrhunderts.

Ich sage »Kunstwerk«, weil die Feststellung, daß es eine zugrundeliegende Struktur gibt, eine Welt innerhalb der Welt des Atoms, die Vorstellungskraft der Künstler sofort beflügelte. Die Kunst ist vom Jahr 1900 an verschieden von der vorausgegangenen Kunst, wie man im Werk eines jeden originellen Malers der Zeit erkennen kann: Bei Umberto Boccioni zum Beispiel, auf dem Bild *Die Kraftlinien einer Straße* oder in seinem *Dynamismus eines Radfahrers*. Die moderne Kunst beginnt zur gleichen Zeit wie die moderne Physik, weil sie in denselben Ideen ihren Ursprung hat.

Seit den Tagen von Newtons »Optik« waren die Maler durch die farbigen Oberflächen der Dinge verzaubert worden. Das zwanzigste Jahrhundert veränderte das. Wie die Röntgenbilder suchte die Kunst nach dem Knochen unter der Haut, nach der tieferliegenden soliden Struktur, die von innen heraus die gesamte Form eines Gegenstandes oder eines Körpers aufbaut. Ein Maler wie Juan Gris beschäftigt sich mit der Analyse der Struktur, ob er nun natürliche Formen im *Stilleben* betrachtet oder die menschliche Gestalt in seinem *Pierrot*.

Die kubistischen Maler zum Beispiel sind offensichtlich von den Kristallfamilien inspiriert worden. In ihnen sehen sie die Formen eines Dorfes in der Hügellandschaft, wie Georges Braque in seinen

164
Der Maler nimmt sichtlich die Welt auseinander und setzt sie auf der gleichen Leinwand wieder zusammen. Man kann ihn beim Denken beobachten, während er seine Arbeit tut. *Ausschnitte aus Georges Seurats pointilistischem Gemälde »Junge Frau mit Puderquaste«, 1886. Durch Setzen der Farben als Mosaik hoffte Seurat, die Leuchtkraft der Bilder, die er malte, zu erhöhen.*

Häusern in L'Estaque oder wie Picasso in einer Frauengruppe *Les Demoiselles d'Avignon*. In Pablo Picassos berühmtem Erstlingswerk der kubistischen Malerei — einem einzelnen Gesicht, in dem *Portrait von Daniel-Henry Kahnweiler,* hat sich das Interesse von der Haut und den Gesichtszügen weg auf die allem zugrundeliegende Geometrie verschoben. Der Kopf ist in mathematische Formen zerlegt und dann als Rekonstruktion, als eine Wiedererschaffung von innen her zusammengesetzt.

Dieses neue Streben nach der verborgenen Struktur ist besonders verblüffend bei den Malern Nordeuropas: Franz Marc zum Beispiel, der die natürliche Landschaft betrachtet in seinem Bild *Hirsch im Wald,* und (ein Maler, den die Wissenschaftler besonders schätzen) der Kubist Jean Metzinger, dessen *Frau zu Pferde* Niels Bohr gehörte, der in seinem Haus in Kopenhagen Bilder sammelte.

Es gibt zwei klare Unterschiede zwischen einem Kunstwerk und einer wissenschaftlichen Veröffentlichung. Der eine besteht darin, daß der Maler im Kunstwerk die Welt sichtbar zerlegt und sie auf derselben Leinwand wieder zusammensetzt. Der zweite Unterschied ist, daß man ihn beim Nachdenken beobachten kann, während er das tut. (Georges Seurat, zum Beispiel, setzte einen Farbtupfer neben einen anderen verschiedener Farbe, um den Gesamteindruck auf seinem Gemälde *Junge Frau mit Puderquaste* und *Le Bec* zu schaffen.) Was diese beiden Eigenarten angeht, fehlt der wissenschaftlichen Veröffentlichung häufig etwas. Sie ist oft lediglich analytisch, und fast immer verbirgt sie den Denkvorgang hinter ihrer unpersönlichen Sprache.

Ich möchte hier über einen der Begründer der Physik des zwanzigsten Jahrhunderts, über Niels Bohr, sprechen, denn er war in dieser doppelten Hinsicht ein vollendeter Künstler. Er hatte keine Patentlösungen zur Verfügung. Er pflegte seine Vorlesung damit zu beginnen, daß er seinen Studenten erklärte: »Jeder Satz, den ich von mir gebe, sollte von Ihnen nicht als Bekräftigung, sondern als eine Frage betrachtet werden.« Was er in Frage stellte, war die Struktur der Welt, und die Leute, mit denen er arbeitete in seiner Jugend und im Alter (noch in seinen siebziger Jahren war er ein Mann mit überzeugender Ausstrahlung), waren ebenfalls Leute, die die Welt auseinandernahmen, sie durchdachten und wieder zusammensetzten.

Als er Anfang zwanzig war, arbeitete er mit J. J. Thomson und mit dessen ehemaligem Studenten Ernest Rutherford, der etwa um 1910 der hervorragendste Experimentalphysiker in der Welt war. (Thomson und Rutherford waren beide durch das Interesse ihrer verwitweten Mütter auf die Wissenschaft hingelenkt worden, genauso wie Mendelejew.) Rutherford war damals Professor an der

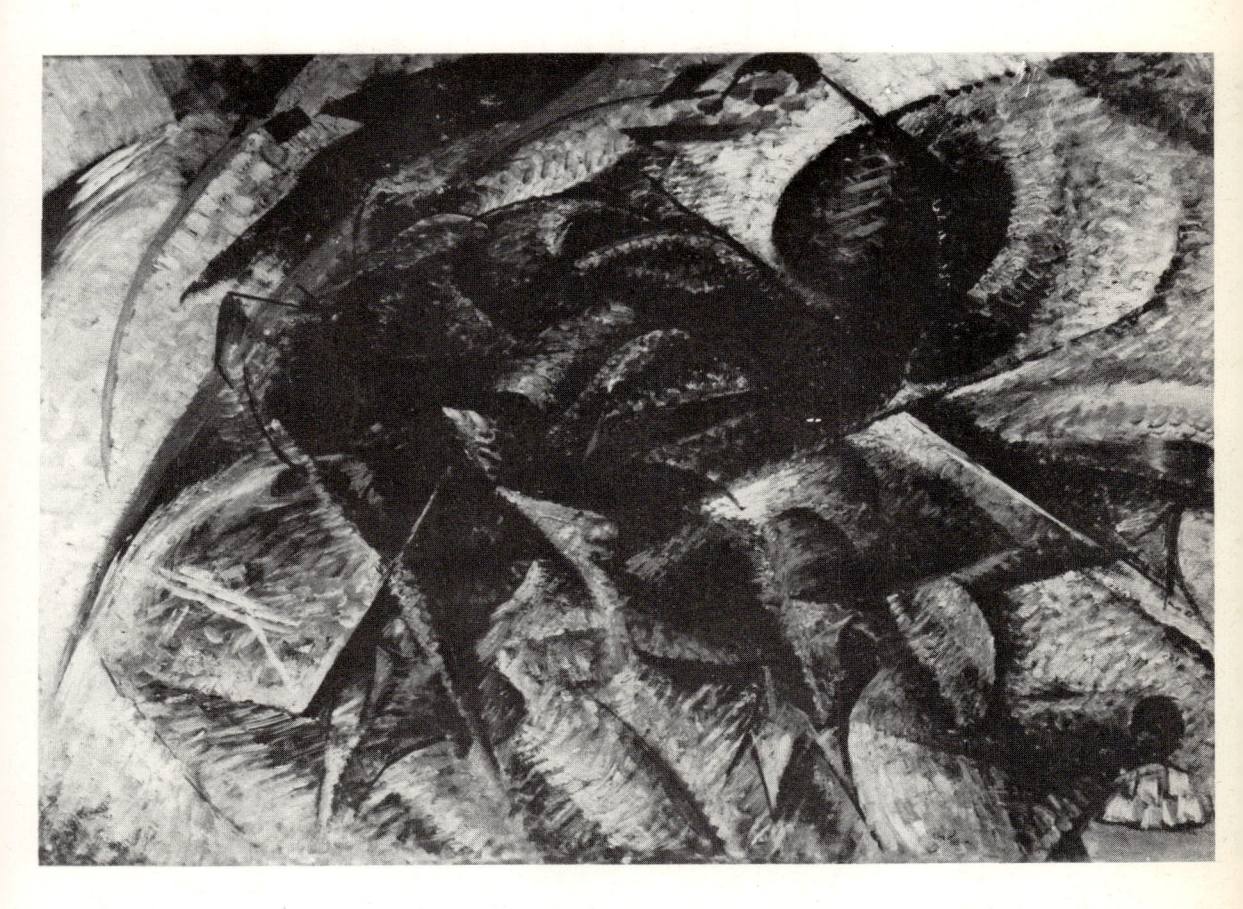

165
Die futuristischen Maler wählten Themen, die jenen nahe waren, die die Köpfe der Physiker beschäftigten. Das futuristische Manifest erklärte: »Gegenstände in Bewegung multiplizieren und verzerren sich wie Schwingungen im Raum«, 1912.
Umberto Boccionis »Dynamik eines Radfahrers«, 1913 (oben). Ballas »Planet Merkur vor der Sonne vorbeiziehend«.

Universität Manchester. 1911 hatte er ein neues Atommodell vorgeschlagen. Er hatte erklärt, daß die größte Masse des Atoms sich in einem schweren Kern im Mittelpunkt konzentriert und daß die Elektronen ihn auf Umlaufbahnen umkreisen, die denen gleichen, auf denen die Planeten die Sonne umkreisen. Das war eine brillante Vorstellung — und es ist ein Treppenwitz der Weltgeschichte, daß innerhalb von dreihundert Jahren das anstoßerregende Bild des Kopernikus, des Galilei und des Newton zum selbstverständlichen Modell für jeden Wissenschaftler geworden war. Wie so oft in der Wissenschaft war die für einen Zeitabschnitt unglaubliche Theorie für die Nachfolger zum Alltagsphänomen geworden.

Dennoch war etwas falsch an Rutherfords Modell. Wenn das Atom wirklich eine kleine Maschine ist, wie kann dann seine Struktur für die Tatsache verantwortlich sein, daß es sich nicht abnützt — daß es also ein kleines Perpetuum Mobile, eine sich ewig bewegende Maschine ist, und damit die einzige Maschine dieser Art, die wir haben? Die Planeten verlieren, während sie sich auf ihren Umlaufbahnen bewegen, fortwährend Energie, so daß ihre Bahnen von Jahr zu Jahr kleiner werden — um ein geringes kleiner, aber eines Tages werden sie in die Sonne stürzen. Wenn die Elektronen genauso wie Planeten sind, dann müssen sie in den Atomkern stürzen. Es muß etwas geben, das die Elektronen daran hindert, fortlaufend Energie zu verlieren. Das machte ein neues Prinzip in der Physik erforderlich, damit man die Energie, die ein Elektron abgeben kann, auf festgelegte Werte einschränken kann. Nur so kann es einen Maßstab geben, eine definitive Einheit, die die Elektronen auf genau festgelegten Umlaufbahnen hält.

Niels Bohr entdeckte die Einheit, die er suchte, in jener Arbeit, die Max Planck 1900 in Deutschland veröffentlicht hatte. Planck hatte ein Dutzend Jahre zuvor nachgewiesen, daß in einer Welt, in der die Materie in Klümpchen auftritt, die Energie ebenfalls in Klümpchen, oder wie er sagte, Quanten vorhanden sein muß. Im nachhinein scheint das gar nicht verwunderlich. Planck wußte jedoch an dem Tag, an dem ihm diese Idee kam, wie revolutionär sie war, denn an jenem Tag nahm er seinen kleinen Sohn mit auf einen der professoralen Spaziergänge, die Akademiker in der ganzen Welt nach dem Mittagessen zu machen pflegen, und sagte zu ihm: »Ich habe heute eine Idee gehabt, die genauso revolutionär und groß ist wie der Gedanke, den Newton einmal gehabt hat.« Das war durchaus zutreffend.

Nun war natürlich Bohrs Aufgabe in einem gewissen Sinne leicht. Er hatte das Rutherfordsche Atom in der einen Hand, das Quantum in der anderen. Was war also daran so großartig, daß ein siebenundzwanzig Jahre junger Mann 1913 die beiden Vorstellungen zusammensetzte und daraus das moderne Bild des Atoms

166
Ernest Rutherford war um 1910 der hervorragendste Experimentalphysiker in der Welt. *Rutherford, nachdem er die Stelle J. J. Thomsons im Cavendish-Laboratorium in Cambridge übernommen hatte.*

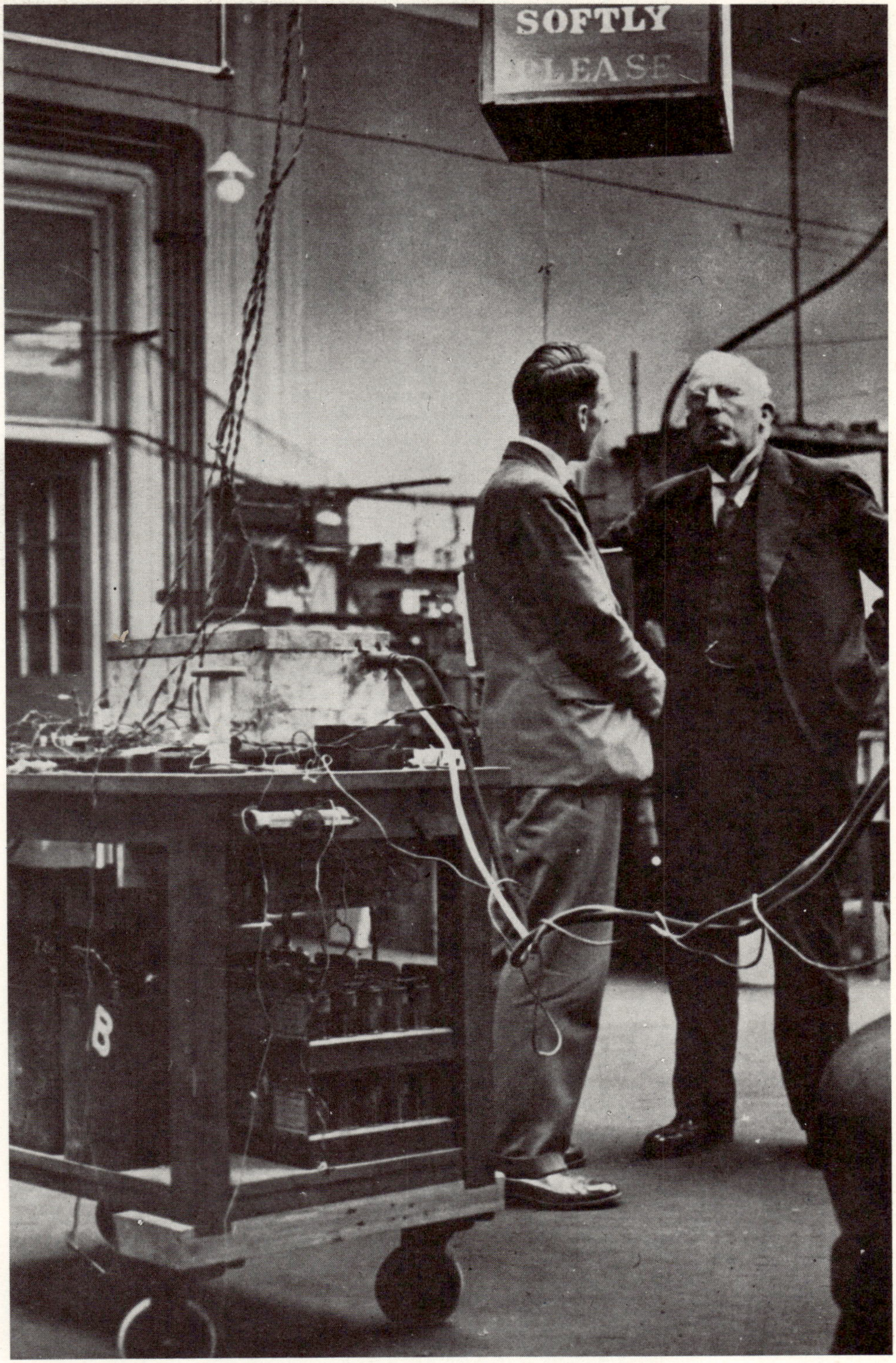
SOFTLY

schuf? Gar nichts außer dem wunderbaren sichtbaren Denkprozeß: Gar nichts außer dem Bemühen um eine Synthese. Dann war da auch noch die Idee, daß man an der einen Stelle, wo so etwas vielleicht möglich war, die eigene Idee abstützen konnte: Es ging um den Fingerabdruck des Atoms, das Spektrum, in dem sein Verhalten für uns, die wir das Ganze von außen anschauen, sichtbar wird.

Das war Bohrs wunderbare Idee. Das Innere des Atoms ist unsichtbar, aber es hat ein Fenster, ein buntes Fenster: das Spektrum des Atoms. Jedes Element hat sein eigenes Spektrum, das nicht kontinuierlich ist wie jenes, das Newton vom weißen Licht bekommen hatte, sondern jedes Spektrum hat eine Anzahl heller Linien, die das jeweilige Element charakterisieren. Wasserstoff zum Beispiel hat drei recht deutlich markierte Linien in seinem sichtbaren Spektrum: eine rote, eine blaugrüne und eine blaue. Bohr erklärte diese Linien jeweils als ein Freisetzen von Energie, wenn nämlich das einzelne Elektron im Wasserstoffatom von einer der äußeren Umlaufbahnen auf eine der weiter nach innen gelegenen springt.

Solange das Elektron in einem Wasserstoffatom auf einer Umlaufbahn bleibt, gibt es keine Energie ab. Wenn es jedoch von einer äußeren Umlaufbahn auf eine weiter innen gelegene springt, wird der Energieunterschied zwischen den beiden Bahnen als ein Lichtquantum ausgesendet. Diese Emissionen, die ja gleichzeitig von vielen Milliarden Atomen ausgehen, sehen wir als eine charakteristische Wasserstofflinie. Die rote Linie zeigt sich, wenn das Elektron von der dritten Umlaufbahn auf die zweite springt; die blaugrüne Linie, wenn das Elektron von der vierten auf die zweite Umlaufbahn springt.

Bohrs Arbeit *Über die Konstitution von Atomen und Molekülen* wurde sofort zu einem Klassiker der Naturwissenschaft. Die Struktur des Atoms war jetzt genauso mathematisch erklärt wie Newtons Universum. Das Quantenprinzip war zusätzlich hinzugekommen. Niels Bohr hatte innerhalb des Atoms eine Welt aufgebaut, indem er über die Gesetze der Physik hinausging, die zwei Jahrhunderte lang nach Newton unbehelligt gegolten hatten. Er kehrte im Triumph nach Kopenhagen zurück. Dänemark war nun wieder seine Heimat, ein neuer Arbeitsplatz. 1920 erbauten ihm die Dänen in Kopenhagen das Niels-Bohr-Institut. Junge Männer kamen aus Europa, Amerika und dem Fernen Osten, um hier über die Quantenphysik zu diskutieren. Aus Deutschland kam häufig Werner Heisenberg, der hier dazu angeregt wurde, einige seiner wichtigsten Ideen zu erarbeiten: Bohr duldete es nicht, daß irgend jemand bei einer nur halb formulierten Idee aufhörte.

Es ist interessant, die einzelnen Bestätigungsstadien des Bohrschen Atommodells einmal zu verfolgen, denn in gewisser Weise geben sie noch einmal den Ablauf jeder wissenschaftlichen Theorie wieder. Zunächst kommt die Veröffentlichung. In dieser Arbeit werden bekannte Ergebnisse verwendet, um das Modell abzustützen, das heißt, es wird nachgewiesen, daß insbesondere das Wasserstoffspektrum Linien aufweist, die schon lange bekannt sind und deren Position dem Quantensprung des Elektrons von einer Umlaufbahn auf die andere entspricht.

Der nächste Schritt ist dann, die Bestätigung auf ein neues Phänomen auszudehnen: in diesem Falle auf Linien im Bereich der höheren Energie, auf das Röntgenspektrum zum Beispiel, was für das Auge nicht sichtbar ist, aber auf genau dieselbe Weise durch Elektronensprünge entsteht. Diese Arbeit wurde 1913 in Rutherfords Laboratorium geleistet und zeitigte sehr gute Ergebnisse, die genau bestätigten, was Bohr vorausgesagt hatte. Der Mann, der diese Arbeiten ausführte, war Harry Moseley, ein Siebenundzwanzigjähriger, der keine weiteren brillanten Arbeiten abschließen konnte, weil er bei dem hoffnungslosen britischen Angriff auf Gallipoli 1915 fiel — ein Feldzug, der indirekt auch das Leben anderer vielversprechender junger Männer forderte, unter ihnen der Dichter Rupert Brooke. Moseleys Arbeit ging wie Mendelejews von der Vermutung aus, daß einige Elemente noch nicht ermittelt waren. Eines von ihnen wurde in Bohrs Laboratorium entdeckt und als *Hafnium* bezeichnet, nach dem lateinischen Wort für Kopenhagen. Bohr gab die Entdeckung beiläufig in der Rede bekannt, die er bei der Entgegennahme des Nobelpreises für Physik 1922 hielt. Das Thema dieser Ansprache ist denkwürdig, denn Bohr beschrieb in allen Einzelheiten, was er in einer anderen Rede in fast dichterischer Form zusammengefaßt hatte, wie nämlich das Konzept des Quantums

allmählich zur systematischen Klassifizierung jener Arten stationärer Bindungen eines Elektrons in einem Atom geführt hatte, wobei eine vollständige Erklärung der bemerkenswerten Beziehungen zwischen den physikalischen und chemischen Eigenschaften der Elemente, wie sie in dem berühmten periodischen System der Elemente von Mendelejew zum Ausdruck kommen, angeboten wurden. Solch eine Deutung der Eigenschaften der Materie erschien als eine Verwirklichung des alten Ideals (die selbst über die Träume der Pythagoräer hinausging), die Formulierung der Naturgesetze auf die Erwägung reiner Zahlen zurückführen zu können.

Genau in diesem Augenblick, wo alles so glattzugehen scheint, dämmerte es uns plötzlich, daß Bohrs Theorie — wie jede Theorie früher oder später — die Grenzen ihrer Tragfähigkeit erreicht. Sie beginnt, kleine sonderbare Schwächen zu entwickeln, eine Art Rheumabeschwerden. Dann kommt die wichtige Erkenntnis, daß

Sonnenspektrum

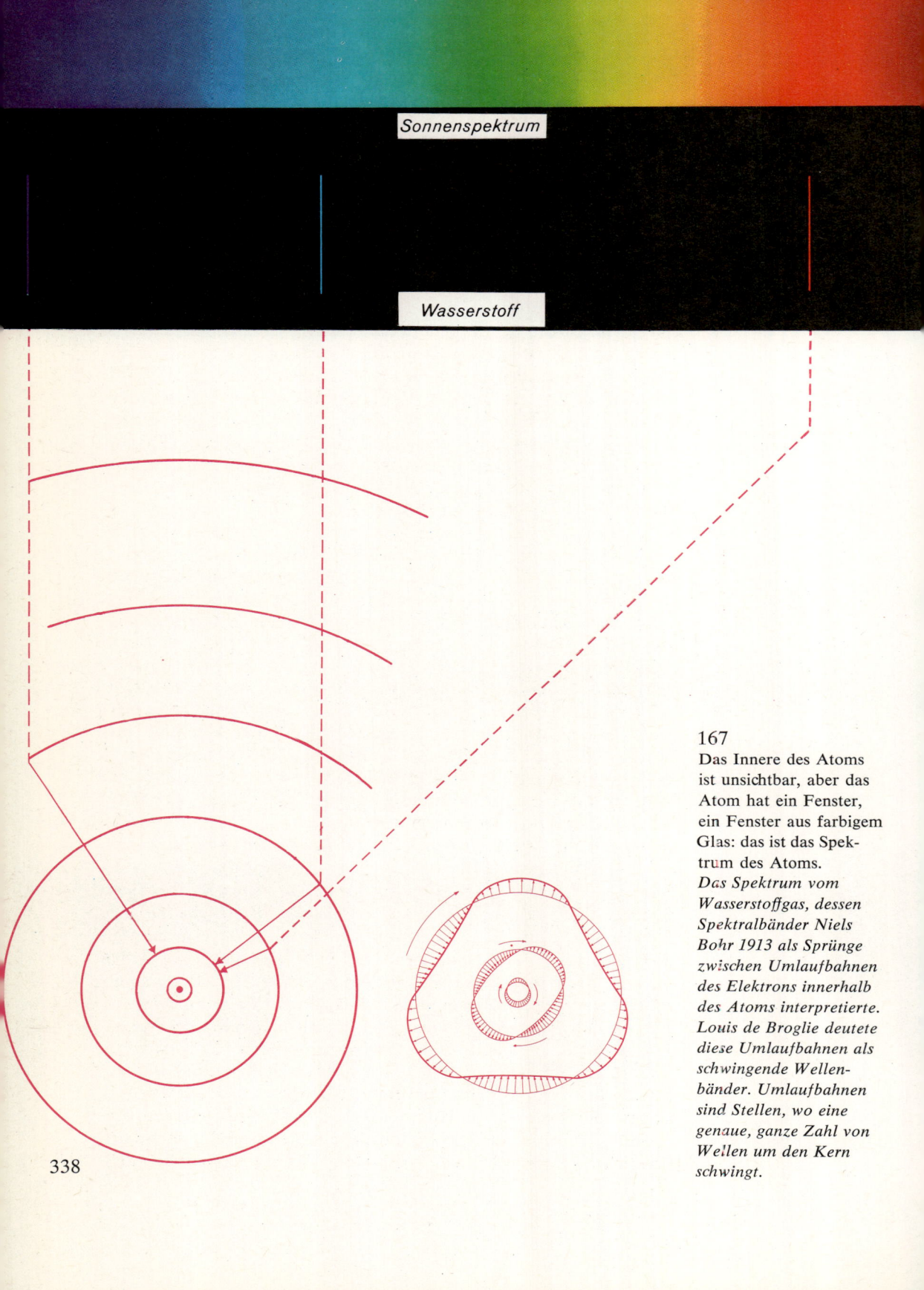

Wasserstoff

167
Das Innere des Atoms ist unsichtbar, aber das Atom hat ein Fenster, ein Fenster aus farbigem Glas: das ist das Spektrum des Atoms.
Das Spektrum vom Wasserstoffgas, dessen Spektralbänder Niels Bohr 1913 als Sprünge zwischen Umlaufbahnen des Elektrons innerhalb des Atoms interpretierte. Louis de Broglie deutete diese Umlaufbahnen als schwingende Wellenbänder. Umlaufbahnen sind Stellen, wo eine genaue, ganze Zahl von Wellen um den Kern schwingt.

Eine Welt innerhalb der Welt

168
H. G. J. Moseley als Student im chemischen Universitätslabor, Oxford, 1910.

wir das wirkliche Problem der Atomstruktur noch gar nicht gelöst haben. Wir haben die Schale aufgeknackt, aber innerhalb dieser Schale ist das Atom noch ein Ei mit einem Dotter, dem Kern; und vom Kern haben wir noch gar nichts begriffen.

Niels Bohr war ein Mann mit einer Neigung zur Besinnung und Gelassenheit. Als er den Nobelpreis erhielt, verwandte er die Geldsumme darauf, ein Haus auf dem Lande zu kaufen. Seine Vorliebe für die Künste erstreckte sich auch auf die Dichtung. Zu Heisenberg sagte er einmal: »Wenn es um Atome geht, kann man die Sprache nur dichterisch einsetzen. Auch der Dichter ist ja nicht so sehr damit beschäftigt, Tatsachen zu beschreiben, als vielmehr damit Bilder zu schaffen.« Das ist ein unerwarteter Gedanke: Wenn es um Atome geht, beschreibt die Sprache nicht Tatsachen, sondern erschafft Bilder. Es ist aber tätsächlich so. Was hinter der sichtbaren Welt liegt, gehört immer der Vorstellung an, im wörtlichen Sinne: einer Vorstellung von Bildern. Es gibt keine andere Möglichkeit, über das Unsichtbare zu reden — in der Natur, in der Kunst oder in der Wissenschaft.

Wenn wir das Atomtor durchschritten haben, dann sind wir in einer Welt, die unsere Sinne nicht zu erfahren vermögen. Da herrscht eine neue Architektur, eine Konstruktion der Gegebenheiten, die wir nicht zu erfassen vermögen: Wir können nur versuchen, uns das Ganze gleichnishaft vorzustellen, durch eine neue Bemühung der Phantasie. Die architektonischen Bilder kommen aus der konkreten Welt unserer Sinne, denn das ist die einzige Welt, die mit Worten zu beschreiben ist. All unsere Möglichkeiten, uns das Unsichtbare vorzustellen, sind jedoch Metaphern, Gleichnisse, die wir aus der Welt des Auges, des Ohres und des Tastsinnes nehmen.

Wenn wir erst einmal entdeckt haben, daß die Atome noch nicht die endgültigen Bausteine der Materie sind, dann können wir nur versuchen, uns Modelle davon zu machen, wie sich die Bausteine miteinander verbinden und zusammen wirken. Die Modelle sollen durch das Gleichnis zeigen, wie die Materie aufgebaut ist. Um also die Modelle zu überprüfen, müssen wir die Materie auseinandernehmen — wie der Diamantschleifer die Struktur des Kristalles zu ertasten sucht.

Der Aufstieg des Menschen ist eine immer umfassender werdende Synthese, aber jeder Schritt ist zugleich eine analytische Bemühung: eine tiefere Analyse, eine Welt innerhalb der Welt. Als man entdeckte, daß das Atom teilbar ist, schien es, daß es möglicherweise ein unteilbares Zentrum, den Kern, hätte. Dann erwies sich jedoch um etwa 1930, daß das Modell weiter verfeinert werden mußte. Der Kern im Zentrum des Atoms ist auch noch nicht das kleinste Bruchstück der Wirklichkeit.

Im Zwielicht des sechsten Schöpfungstages, so schreiben die jüdischen Schriftgelehrten über das Alte Testament, schuf Gott für den Menschen eine Anzahl von Werkzeugen, die auch ihm die Gabe der Schöpfung verliehen. Wenn die Schriftgelehrten heute noch lebten, dann würden sie schreiben »Gott schuf das Neutron«. In Oak Ridge, in Tennessee, gibt der blaue Schimmer die Spur der Neutronen wider: der sichtbare Finger Gottes, wie er Adam auf Michelangelos Gemälde anrührt. Gott haucht ihn nicht an, sondern überträgt ihm Energie.

So früh darf ich allerdings nicht beginnen. Fangen wir doch mit der Geschichte um 1930 an. Zu jener Zeit schien der Atomkern noch immer genauso unverletzlich wie einst auch das Atom selbst. Der Haken lag darin, daß man dieses Atom auf gar keine Weise in elektrische Einzelbestandteile zerlegen konnte: die Zahlen stimmten einfach nicht zusammen. Der Kern hat eine positive Ladung (um die elektrische Ladung der Elektronen im Atom auszugleichen), die der Atomzahl entspricht. Die Masse des Kerns stellt jedoch kein konstantes Vielfaches der Ladung dar: sie ist im Falle von Wasserstoff der Ladung gleich und bei schweren Elementen ist sie wesentlich höher als die doppelte Ladung. Das war einfach unerklärlich — wenigstens solange alle davon überzeugt waren, daß jegliche Materie aus Elektrizität aufgebaut werden muß.

Es war James Chadwick, der diese tief verwurzelte Auffassung durchbrach, indem er 1932 bewies, daß der Kern aus zwei Arten von Teilchen besteht: nicht nur aus dem elektrisch positiv geladenen Proton, sondern auch aus einem nicht elektrisch geladenen Teilchen, dem Neutron. Die beiden Partikel sind in ihrer Masse fast gleich, sie entsprechen nämlich (in etwa) dem Atomgewicht von Wasserstoff. Nur der einfachste Kern des Wasserstoffs enthält keine Neutronen. Er besteht aus einem einzigen Proton.

Das Neutron wurde deshalb zu einer neuen Art von Sonde, einer Art Alchemistenflamme. Da es ja keine elektrische Ladung hatte, konnte man es in die Atomkerne hineinschießen, ohne daß es zu einer elektrischen Störung kam, und man konnte die Atomkerne somit verändern. Der moderne Alchemist, der Mann, der dieses neue Werkzeug mehr als irgendein anderer Wissenschaftler einsetzte, war Enrico Fermi in Rom.

Enrico Fermi war ein wunderlicher Mensch. Ich lernte ihn erst viel später kennen, denn 1934 war Rom in den Händen von Mussolini, und Berlin wurde von Hitler beherrscht. Menschen wie ich pflegten nicht in jene Länder zu reisen. Als ich dann allerdings später Fermi in New York traf, erschien er mir als der klügste Mensch, der mir je vor Augen gekommen war — nun ja, vielleicht mit einer Ausnahme. Er war untersetzt, klein, energiegeladen, mit starker Ausstrahlung, sehr sportlich, und er hatte den Weg, den er gehen wollte, immer so klar vor sich, als könne er auf den Grund der Dinge sehen.

Fermi machte sich daran, Neutronen abwechselnd auf jedes Element zu schießen, und die Legende von der Umwandlung wurde unter seinen Händen Wirklichkeit. Die Neutronen, die er verwandte, kann man hier aus diesem Reaktor hervorströmen sehen, denn es handelt sich um einen Reaktor, der so leichthin als »Schwimmbadreaktor« bezeichnet wird. Das bedeutet: die Neutronen werden durch Wasser verlangsamt. Ich muß dem Reaktor aber doch seine richtige Bezeichnung geben: Es handelt sich um einen Höchstfluß-Isotopenreaktor, der in Oak Ridge, in Tennessee, entwickelt worden ist.

Die Transmutation, die Umwandlung, war natürlich ein uralter

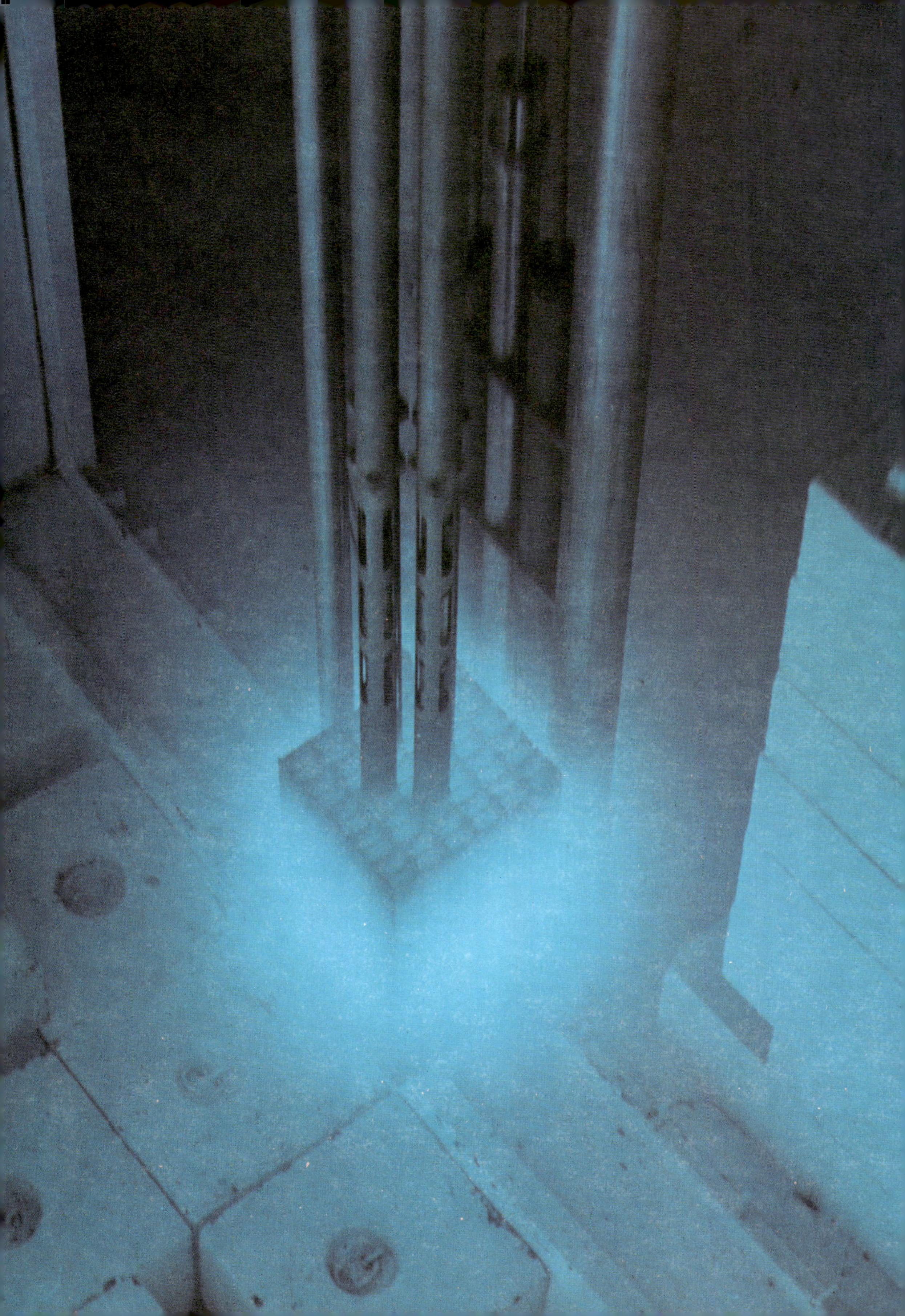

Eine Welt innerhalb der Welt

Traum. Für Männer wie mich jedoch, die dem theoretischen Denken zuneigen, war an den 30er Jahren besonders aufregend, daß die Evolution der Natur sich abzuzeichnen begann. Ich muß das genauer erklären. Ich habe meinen Gedanken damit begonnen, daß ich den Schöpfungstag erwähnte, und ich will das noch einmal tun. Wo soll ich anfangen? Der Erzbischof James Ussher von Armagh hat vor langer Zeit, etwa um 1650, erklärt, das Universum sei im Jahr 4004 vor Christi Geburt geschaffen worden. Da er mit dogmatischem Denken und Ignoranz gleichermaßen ausgestattet war, duldete seine Bemerkung keine Widerrede. Er oder auch irgendein anderer Geistlicher kannte das Jahr, das Datum, den Wochentag, die Stunde, die ich glücklicherweise vergessen habe. Das Rätsel des Erdalters blieb jedoch, und es blieb ein Paradox bis ins 20. Jahrhundert hinein. Während es damals klar war, daß die Erde viele, viele Millionen Jahre alt war, so konnten wir uns doch nicht vorstellen, woher die Energie in der Sonne und in den Sternen kam, die diese Himmelskörper so lange in Bewegung gehalten hatte. Damals hatten wir natürlich bereits Einsteins Gleichungen, die zeigten, daß ein Verlust an Materie Energie hervorbringt. Wie aber wurde die Materie neu geordnet?

Das ist wirklich der springende Punkt bei der Energie und gleichzeitig die Tür zum Verständnis, die durch Chadwicks Entdeckung geöffnet wurde. 1939 hatte Hans Bethe, der an der Cornell-Universität in den USA arbeitete, zum erstenmal sehr genau die Umwandlung von Wasserstoff in Helium in der Sonne erklärt. Da wird ein Verlust an Sonnenmasse auf uns in Form dieses stolzen Energiegeschenks des Sonnenlichtes ausgestrahlt. Ich spreche über diese Dinge mit einer Art Leidenschaft, denn für mich haben sie nicht so sehr die Qualität der Erinnerung, sondern vielmehr der Erfahrung. Hans Bethes Erklärung ist für mich genauso gegenwärtig wie mein eigener Hochzeitstag und das, was in meinem Leben danach wichtig war, wie zum Beispiel die Geburt meiner Kinder. Was nämlich in den folgenden Jahren entdeckt und meiner Meinung nach 1957 in einer endgültigen Analyse besiegelt wurde, ist die Tatsache, daß in allen Sternen Vorgänge ablaufen, die die Atome einzeln in immer komplexere Strukturen umwandeln. Die Materie selbst *entwickelt sich*. Das Wort *Evolution* kommt von Darwin, stammt aus der Biologie, aber es ist auch das Wort, das die Physik zu meiner Zeit verändert hat.

Der erste Schritt in der Entwicklung der Elemente geschieht in jungen Sternen wie der Sonne. Es ist der Schritt vom Wasserstoff zum Helium. Dazu braucht man die große Hitze des Inneren. Was wir auf der Oberfläche der Sonne erkennen können, sind lediglich Stürme, die durch den Vorgang hervorgerufen werden. (Helium wurde zum erstenmal mit Hilfe einer Spektrallinie während der

169
Das blauschimmernde Aufglühen, das die Spur von Neutronen kennzeichnet.
Höchstflußreaktor in Oak Ridge, Tennessee, USA.

Sonnenfinsternis 1868 entdeckt. Deshalb wurde es auch Helium genannt, denn dieses Element war damals auf der Erde nicht bekannt.) Da geschieht es, daß immer wieder mal ein Paar von schweren Wasserstoffkernen zusammenstößt und miteinander zu einem Heliumkern verschmilzt.

Eines Tages wird die Sonne vorwiegend aus Helium bestehen. Dann wird sie zu einem heißeren Gestirn, in dem die Heliumkerne zusammenstoßen, um wiederum ihrerseits schwerere Atome zu produzieren. So wird zum Beispiel in einem Himmelskörper Kohlenstoff erzeugt, wenn drei Heliumkerne auf einer bestimmten Stelle innerhalb von weniger als einem Millionstel einer millionstel Sekunde zusammenstoßen. Jedes Kohlenstoffatom in jedem Lebewesen ist durch eine solche vollkommen unwahrscheinliche Kollision entstanden. Nach dem Kohlenstoff wird Sauerstoff gebildet, Silicium, Schwefel und schwerere Elemente. Die stabilsten Elemente sind auf Mendelejews Tabelle in der Mitte angeordnet, etwa zwischen Eisen und Silber. Der Prozeß des Aufbaus der Elemente geht jedoch weit über diese Metalle hinaus.

Wenn nun die Elemente eines nach dem anderen aufgebaut werden, warum hält die Natur dann inne? Warum können wir nur zweiundneunzig Elemente finden, deren letztes Uran ist? Zur Beantwortung dieser Frage müssen wir offensichtlich Elemente aufbauen, die darüber hinausgehen, und es zeigt sich dann, daß die Elemente in dem Maße, wie sie größer werden, auch komplexer werden und auseinanderzufallen drohen. Wenn wir das wirklich tun, dann machen wir nicht nur neue Elemente, sondern wir stellen etwas her, das möglicherweise explosiv ist. Das Element Plutonium, das Fermi im ersten historischen Graphitreaktor erzeugte (wir nannten ihn noch in jenen guten alten Tagen einen »Meiler«), war das vom Menschen künstlich hergestellte Element, das diese Tatsache der ganzen Welt vor Augen führte. Zum Teil ist es ein Denkmal für Fermis Genie, aber ich stelle es mir auch als einen Tribut gegenüber dem Gott der Unterwelt, gegenüber Pluto vor, der dem Element seinen Namen lieh, denn vierzigtausend Menschen starben in Nagasaki durch die Plutonium-Bombe. Das ist wieder einmal ein Augenblick der Weltgeschichte, in dem ein Denkmal zugleich einen großen Mann und viele Tote würdigt.

Ich muß noch einmal kurz auf das Bergwerk in Wieliczka zurückkommen, denn hier gilt es, einen historischen Widerspruch aufzuklären. Die Elemente werden fortwährend in den Himmelskörpern aufgebaut, und doch glaubten wir einmal, daß das Universum sich abnutzt, gewissermaßen abläuft. Warum? Oder wie? Die Vorstellung, daß das Universum sich abbaut, ergibt sich aus einer einfachen Beobachtung von Maschinen. Jede Maschine verbraucht mehr Energie, als sie hergibt. Ein Teil dieser Energie geht

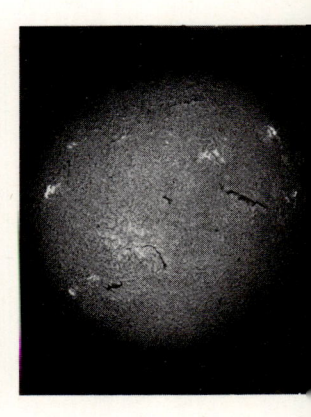

170
Die Materie selbst entwickelt sich.
Die Sonne und ein Sonnenflecken.

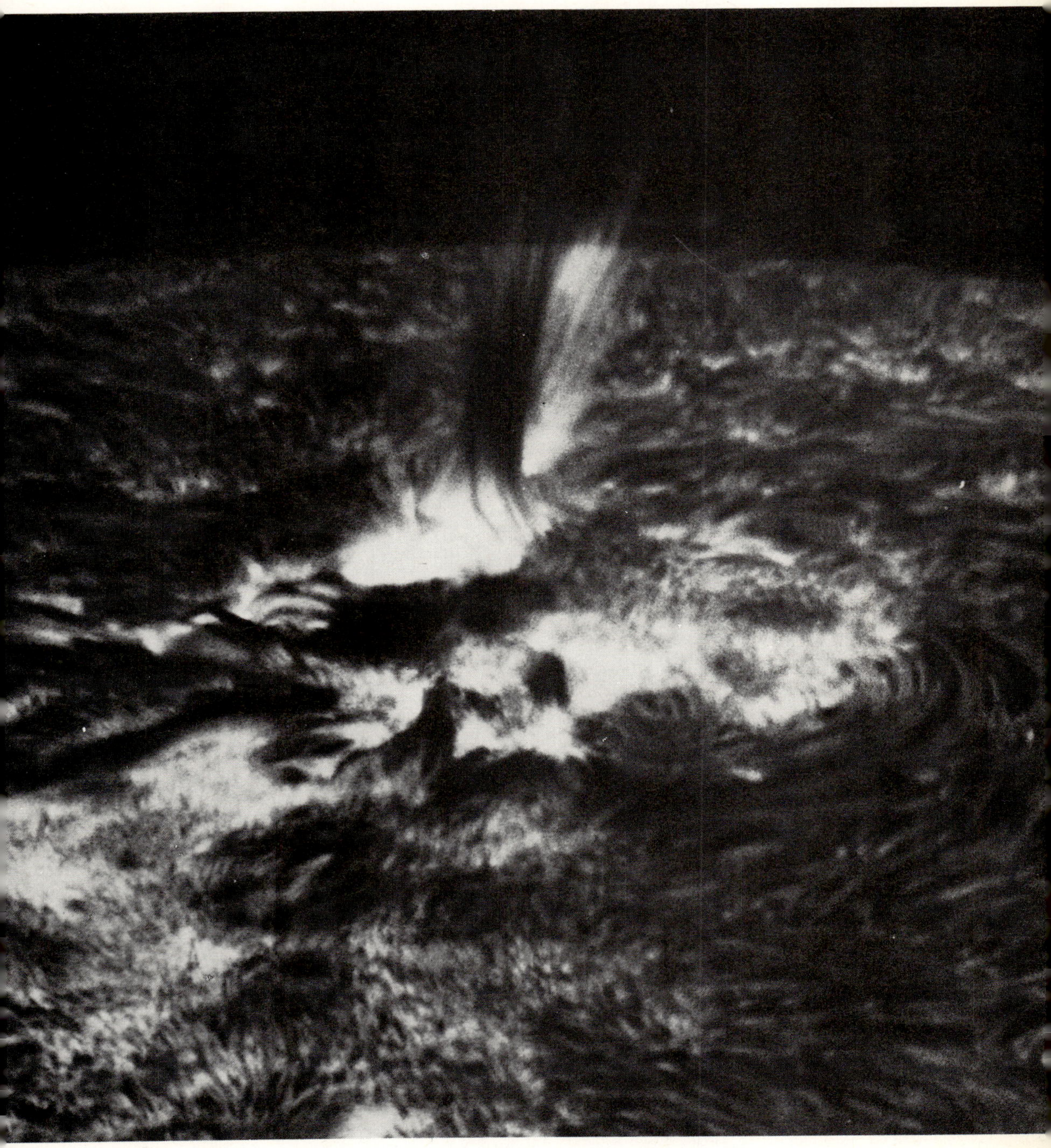

ON DECEMBER 2, 1942
MAN ACHIEVED HERE
THE FIRST SELF-SUSTAINING CHAIN REACTION
AND THEREBY INITIATED THE
CONTROLLED RELEASE OF NUCLEAR ENERGY

Eine Welt innerhalb der Welt

durch Reibung verloren, ein anderer Teil durch Abnutzung. Bei einigen Maschinen, die komplizierter sind als die uralten hölzernen Hebezeuge in Wieliczka, geht die Energie auf andere zwingende Weise verloren — zum Beispiel in einem Stoßdämpfer oder in einem Kühler. Das alles sind Abläufe, bei denen die Energie abgewertet wird. Es gibt einen Bereich unzugänglicher Energie, in den stets ein Teil der Energie, die wir benutzen, abfließt und aus dem diese Energie nicht mehr zurückgewonnen werden kann.

1850 hat Rudolf Clausius diesen Gedanken als Lehrsatz formuliert. Er sagte, es gibt verfügbare Energie, und es gibt auch eine Energiemenge, die nicht zugänglich ist. Diese unzugängliche Energie nannte er Entropie, und er formulierte den berühmten zweiten Satz der Thermodynamik: die Entropie nimmt ständig zu. Im Universum entweicht Wärme in eine Art Gleichgewichtstank, in dem sie dann nicht mehr zugänglich ist.

Das war vor hundert Jahren eine hübsche Idee, denn damals konnte man sich die Wärme noch als Flüssigkeit vorstellen. Aber Wärme ist nichts Materielles, genauso wenig wie das Feuer oder das Leben. Wärme ist eine Zufallsbewegung der Atome. Der Österreicher Ludwig Boltzmann griff diese Idee auf brillante Weise auf, um neu zu interpretieren, was in einer Maschine oder in einer Dampfmaschine oder im Universum geschieht.

Wenn Energie verbraucht wird, sagt Boltzmann, so nehmen die Atome einen Zustand größerer Unordnung an. Eine Maßeinheit für die Unordnung ist die Entropie: Das ist die profunde Grundvorstellung, die sich aus Boltzmanns neuer Interpretation ergab. Sonderbarerweise kann man ein Maß für die Unordnung ableiten, es ist die Wahrscheinlichkeit des jeweiligen Zustandes — hier definiert als die Anzahl von Möglichkeiten, durch die Unordnung entstehen kann. Er hat das ganz präzise ausgedrückt:

$$S = K \log W$$

S, die Entropie, muß proportional zum Logarithmus von W, der Wahrscheinlichkeit des gegebenen Zustandes, dargestellt werden (wobei K eine Proportionalitätskonstante ist, die heute unter dem Namen Boltzmann-Konstante bekannt ist).

Natürlich ist ein Zustand der Unordnung wesentlich wahrscheinlicher als ein Zustand der Ordnung, da ja fast jede zufällige Anordnung von Atomen Unordnung ergibt. So wird im großen und ganzen jede geordnete Zusammenstellung zerfallen. Aber »im großen und ganzen« bedeutet nicht »immer«. Es ist nicht wahr, daß sich jeder Zustand der Ordnung unbedingt zur Unordnung hinentwickelt. Es ist ein statistisches Gesetz, das besagt, daß die Ordnung dazu *neigt* zu verschwinden. Aber die Statistik kann niemals »immer« sagen. Die Statistik läßt es zu, daß auf einigen Inseln im Universum (hier auf der Erde, in Ihnen, in mir, in den

171
Der erste historische Graphitreaktor.
Exponential-Graphit-Uran-Meiler, entwickelt von der Gruppe unter Enrico Fermi, der am 2. Dezember 1942 auf einem Sportplatz in West Stands, Stagg Field, Universität Chicago, zum erstenmal betrieben wurde.

172
Wieder einmal in der Weltgeschichte erinnert ein Denkmal zugleich an einen großen Mann und viele Tote.
Fermi (zweiter von rechts) bei der Enthüllung der Tafel, die an den ersten kontrollierten Atommeiler am 2. Dezember 1942 erinnert.

Himmelskörpern, an allen möglichen Orten) Ordnung aufgebaut wird, während an anderen Stellen die Unordnung das Geschehen bestimmt.

Das ist eine wunderbare Vorstellung. Eine Frage bleibt jedoch noch bestehen. Wenn es zutrifft, daß die Wahrscheinlichkeit uns so weit gebracht hat, ist die Wahrscheinlichkeit dann nicht so gering, daß wir eigentlich gar kein Recht hätten, hier zu sein?

Leute, die diese Frage stellen, formulieren sie immer in der folgenden Form: Stellen Sie sich doch einmal all die Atome vor, die in diesem Augenblick meinen Körper ausmachen. Wie irrsinnig unwahrscheinlich ist es doch, daß sie in diesem Augenblick an dieser Stelle zusammengeballt sind, um mich zu bilden. Ja, wenn das wirklich die Grundlage unserer Existenz ist, dann wäre das nicht nur unwahrscheinlich — es wäre praktisch unmöglich.

So arbeitet die Natur natürlich nicht. Die Natur arbeitet Schritt für Schritt. Die Atome bilden Moleküle, die Moleküle bilden Nukleinsäuren, diese steuern die Bildung von Aminosäuren, die Aminosäuren bilden Eiweiße, und die Eiweiße machen sich in Zellen an die Arbeit. Die Zellen bilden zunächst einmal die niederen Tiere und dann die höherstehenden, erklimmen Stufe um Stufe. Die festen Einheiten, die eine Stufe oder Schicht bilden, sind das Rohmaterial für zufällige Begegnungen, die dann höhere Zusammenschlüsse hervorbringen, von denen vermutlich einige versuchen, sich auch als stabil einzurichten. Solange wie ein Potential der Stabilität bleibt, das noch nicht aktualisiert worden ist, kann der Zufall keinen anderen Weg nehmen. Evolution ist das Erklimmen einer Leiter vom Einfachen zum Komplizierten in Stufen. Jede dieser Stufen ist in sich selbst stabil.

Da dies ein Thema ist, das mich sehr beschäftigt, habe ich eine Bezeichnung dafür: Ich nenne das die *schichtweise wirksame Stabilität*. Diese Stabilität hat das Leben in langsamen, aber fortlaufenden Schritten eine Leiter wachsender Kompliziertheit hinaufgeführt — das ist der zentrale Fortschritt und die Kernfrage der Evolution. Heute wissen wir, daß dies nicht nur für das Leben, sondern auch für die Materie gilt. Wenn die Sterne ein schweres Element wie Eisen aufbauen mußten, ein superschweres Element wie Uran, indem sie spontan alle Teile zusammensetzten, dann wäre das praktisch unmöglich. Nein. Ein Stern verwandelt Wasserstoff in Helium; dann wird in einem weiteren Stadium in einem anderen Stern Helium in Kohlenstoff umgesetzt, in Sauerstoff, in schwere Elemente. So geht es Sprosse um Sprosse die ganze Leiter hinauf, um die zweiundneunzig Elemente in der Natur zu bilden.

Wir können die Vorgänge in den Gestirnen als Ganzes nicht nachvollziehen, weil wir einfach nicht die ungeheuren Temperaturen zur Verfügung haben, die notwendig sind, um die meisten

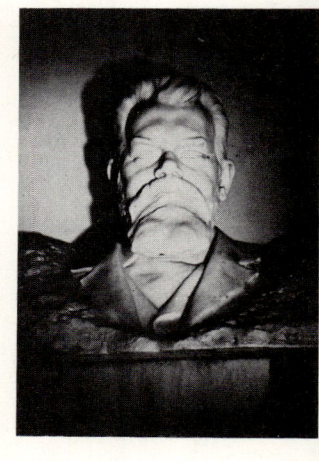

173
Ludwig Boltzmann, dem wir verdanken, daß das Atom heute für uns genauso real ist wie unsere eigene Welt.
Büste Boltzmanns über seinem Grab in Wien.

Elemente zu verschmelzen. Wir haben allerdings unseren Fuß bereits auf die unterste Sprosse der Leiter gesetzt, um den ersten Schritt — vom Wasserstoff zum Helium — nachzuvollziehen. Die Wasserstoffusion wird in einer anderen Abteilung des Forschungsinstituts in Oak Ridge versucht.

Es ist schwierig, die Temperatur im Innern der Sonne zu erzeugen — über zehn Millionen Grad Celsius. Es ist noch schwieriger, ein Gefäß herzustellen, das diese Temperatur übersteht und sie auch nur für den Bruchteil einer Sekunde beibehält. Es gibt keine Materialien, die dazu geeignet wären. Ein Behälter, der ein Gas in diesem heftig erregten Zustand halten könnte, kann nur die Form einer magnetischen Haltevorrichtung haben. Hier beginnt eine neue Art von Physik: die Plasma-Physik. Ihre aufregende Eigenart und ihre Bedeutung besteht darin, daß es sich hier um die Physik der Natur handelt. Hier haben wir einmal den Fall, daß die Neuanordnung, die der Mensch vornimmt, der Natur nicht gegen den Strich geht, sondern statt dessen dieselben Schritte nachvollzieht, die die Natur selber in der Sonne und in den Gestirnen geht.

Unsterblichkeit und Vergänglichkeit bilden den Kontrast, mit dem ich diesen Essay beenden will. Die Physik im 20. Jahrhundert ist eine unsterbliche Leistung. Die menschliche Vorstellungskraft hat auch bei gemeinsamer Arbeit keine Denkmäler zu schaffen vermocht, die ihr gleichkommen; nicht die Pyramiden, nicht die Ilias, nicht die Balladen, nicht die Kathedralen. Die Männer, die diese Grundideen eine nach der anderen schlüssig formulierten, sind die heldenhaften Pioniere unserer Zeit. Mendelejew, der seine Karten mischte, J. J. Thomson, der den griechischen Glauben an das unteilbare Atom vom Sockel stürzte, Rutherford, der alles in ein planetares System verwandelte, und Niels Bohr, der dieses Modell funktionsfähig machte, Chadwick, der das Neutron entdeckte, und Fermi, der es benutzte, um den Atomkern aufzusprengen und umzuwandeln. An der Spitze stehen die Bilderstürmer, die Begründer der neuen Ideen: Max Planck, der der Energie Atomcharakter verlieh wie der Materie, und Ludwig Boltzmann, dem wir mehr als irgendeinem anderen die Erkenntnis verdanken, daß das Atom für uns heute so real ist wie unsere eigene sichtbare Welt.

Wer könnte sich heute vorstellen, daß die Leute sich noch im Jahr 1900 fast bis aufs Blut darüber stritten, ob die Atome real seien oder nicht. Der große Philosoph Ernst Mach in Wien sagte nein. Der große Chemiker Wilhelm Ostwald sagte nein. Und doch bekannte sich ein Mann an der kritischen Schwelle zum 20. Jahrhundert zur Realität der Atome. Es war Ludwig Boltzmann, dem ich vor seinem Denkmal Reverenz erweisen möchte.

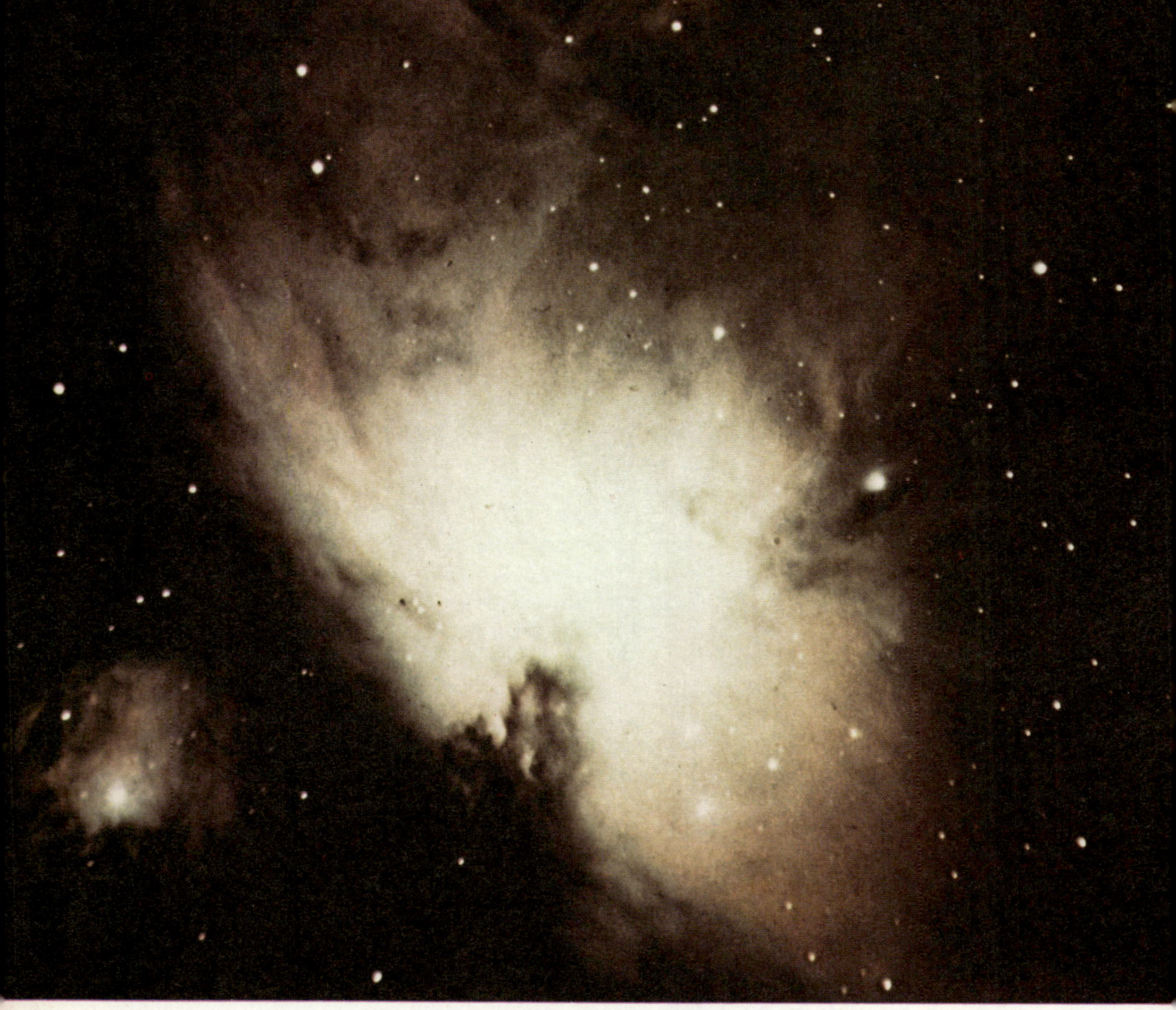

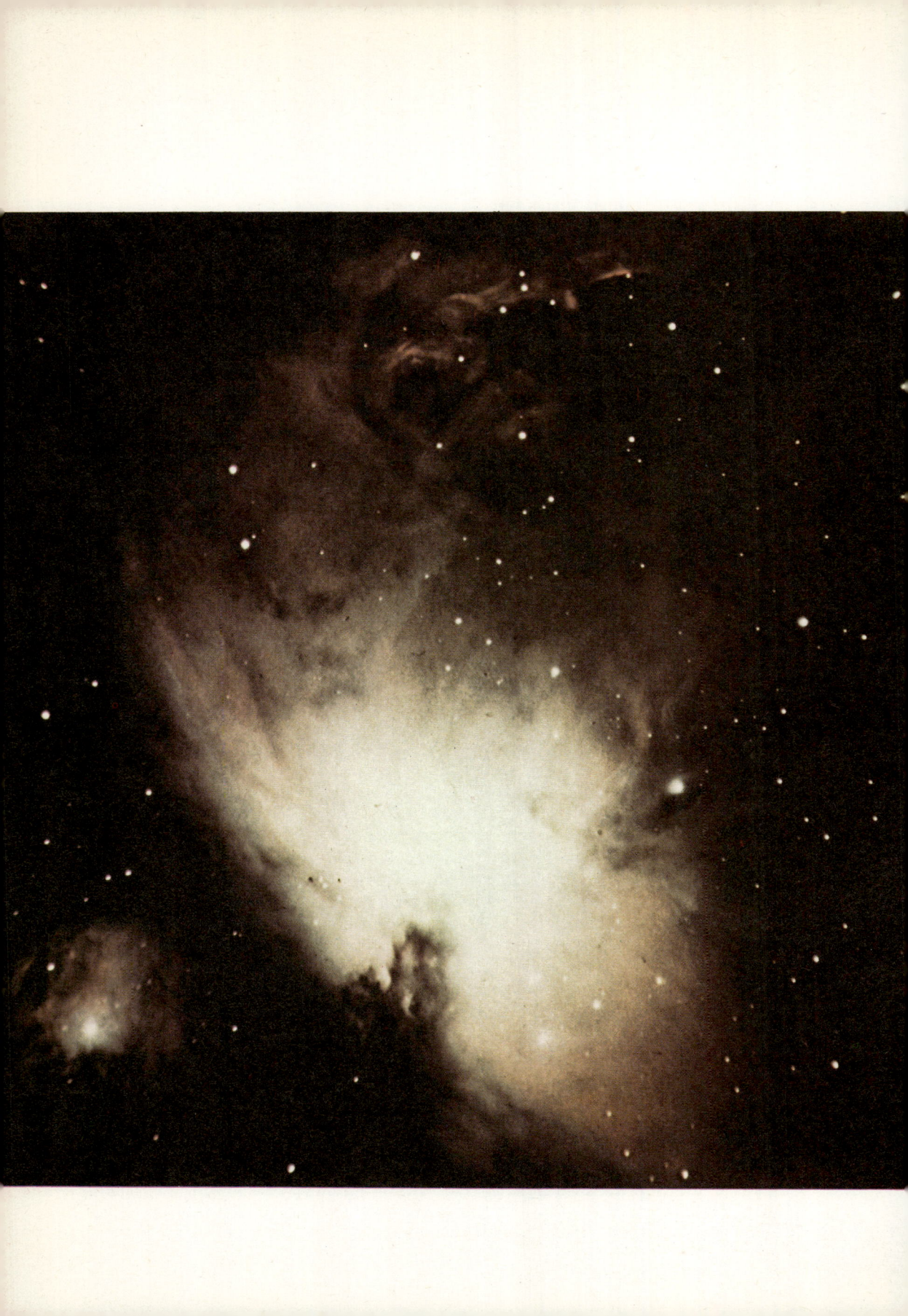

Eine Welt innerhalb der Welt

Ein Stern baut Wasserstoff in Helium um; dann wird Helium in einem anderen Stadium und einem anderen Stern zu Kohlenstoff, zu Sauerstoff, zu schweren Elementen zusammengestellt.
Der große Nebel M 42 im Orion mit dem 200-Zoll-Fernrohr, auf dem Mount Palomar aufgenommen. Der Nebel ist 1500 Lichtjahre entfernt, und verschiedene Wandersterne hat man aus dem interstellaren Wasserstoff entstehen sehen.

Boltzmann war ein leicht erregbarer, außergewöhnlicher, schwieriger Mann, ein früher Anhänger Darwins, streitsüchtig und liebenswürdig zugleich — er war alles, was ein Mensch eigentlich sein muß. Der Aufstieg des Menschen hing zu jener Zeit von dem schwankenden Zünglein an einer geistigen Waage ab. Hätte nämlich die antiatomare Idee den Sieg davongetragen, dann wäre unser Fortschritt sicherlich um Jahrzehnte, vielleicht um hundert Jahre zurückgeblieben. Das gilt nicht nur für die Physik, sondern auch für die Biologie, die auf unwiederbringliche Weise davon abhängig war.

War Boltzmann nur ein streitsüchtiger Diskutierer? Nein. Er lebte seine Leidenschaft und starb an ihr. 1906, im Alter von zweiundsechzig Jahren, fühlte er sich isoliert und geschlagen. In dem Augenblick, als die atomare Theorie schon fast gesiegt hatte, glaubte er alles verloren und beging Selbstmord. Was auf immer an ihn erinnert, ist seine unsterbliche Formel

$$S = K \log W,$$

die in seinen Grabstein eingemeißelt ist.

Mir fehlen die Worte, die die kompakte und eindringliche Schönheit von Boltzmanns Formulierung zu erreichen vermöchten. Ich will jedoch ein Zitat des Dichters William Blake anfügen, der die »*Auguren der Unschuld*« mit einem Vierzeiler einleitet:

Die Welt erschau in einem Korn aus Sand,
Den Himmel im Wiesengrunde,
Das Unendliche fang in der Hand,
Die Ewigkeit in einer Stunde.

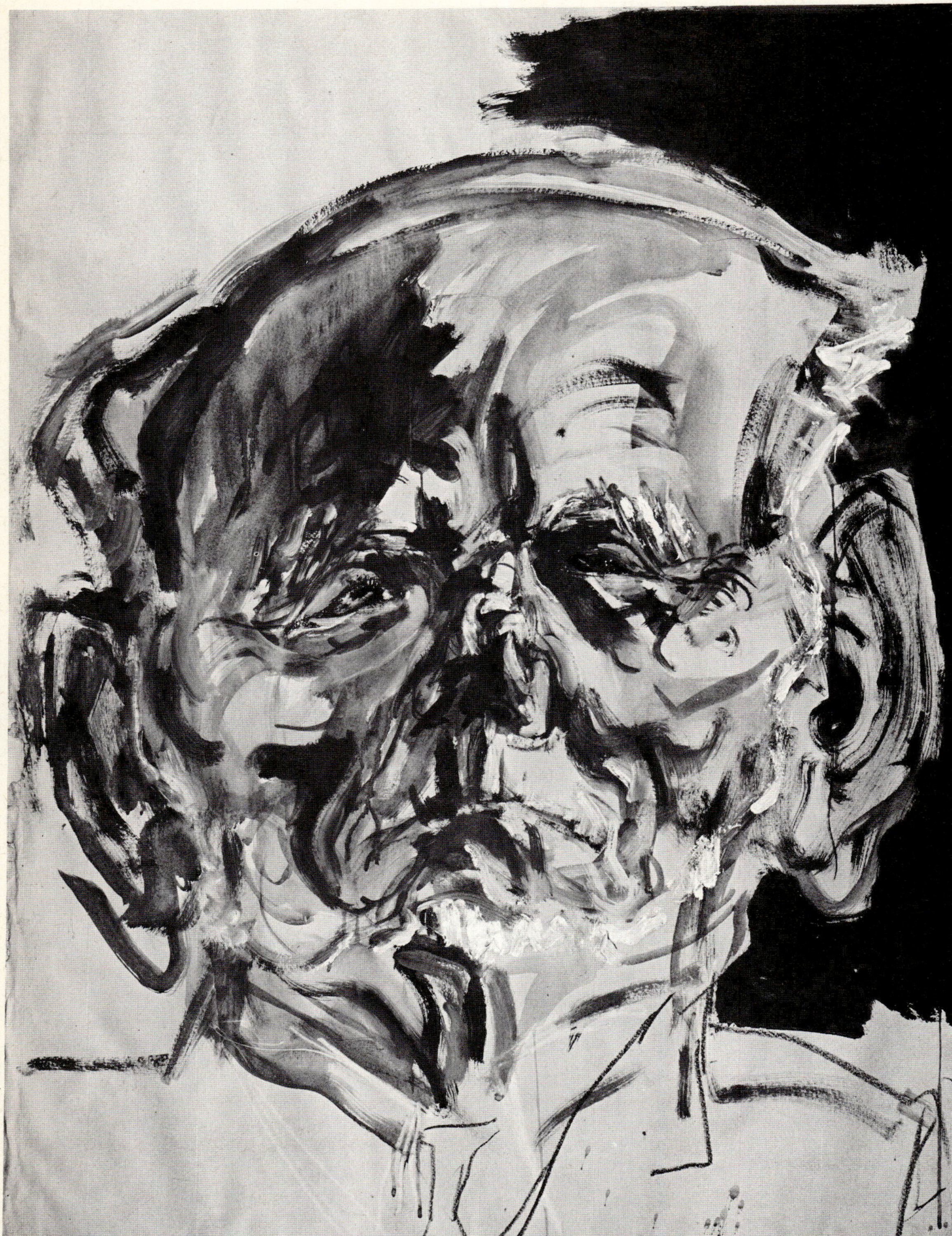

WISSEN ODER GEWISSHEIT

Eines der Ziele der physikalisch orientierten Naturwissenschaften ist es immer gewesen, ein genaues Abbild der stofflichen Welt geben zu können. Eine der Leistungen der Physik im 20. Jahrhundert ist der Beweis, daß dieses Ziel unerreichbar ist.

Nehmen wir ein ganz konkretes Objekt: das menschliche Gesicht. Eine Blinde tastet mit den Fingerkuppen das Gesicht eines Mannes ab, dem sie zum erstenmal begegnet. Laut denkend sagt sie: »Ich möchte annehmen, daß er älter ist, daß er offenbar kein Engländer ist, denn er hat ein volleres Gesicht als die meisten Engländer. Meiner Meinung nach ist er Kontinentaleuropäer, möglicherweise Osteuropäer. Seine Gesichtszüge könnten sehr wohl großes Leid ausdrücken. Zuerst habe ich geglaubt, es wären Narben. Ein glückliches Gesicht ist das nicht.«

Es handelt sich um das Gesicht von Stephan Borgrajewicz, der wie ich in Polen geboren ist. Abbildung 175 zeigt ein Bild des polnischen Malers Feliks Topolski von ihm. Wir sind uns bewußt, daß das Bild das Gesicht nicht so sehr fixiert, als es vielmehr erkundet, erforscht, daß der Künstler die Details gewissermaßen tastend nachbildet und daß jede hinzugefügte Linie das Bild ausdrucksstärker macht, ohne daß es je endgültig fertig wäre. Wir akzeptieren das als die Methode des Künstlers.

Die Physik hat nun ihrerseits gezeigt, daß dies der einzig methodische Zugang zum Wissen ist. Absolutes Wissen gibt es nicht. Diejenigen, die es für sich in Anspruch nehmen, seien sie nun Wissenschaftler oder Dogmatiker, öffnen dem Unheil Tür und Tor. Jegliche Information ist unvollkommen. Wir müssen sie mit demütiger Zurückhaltung behandeln. Das ist des Menschen Los, und das genau besagt die Quantenphysik. Das meine ich buchstäblich.

Schauen Sie sich das Gesicht mit Hilfe des ganzen Spektrums elektromagnetischer Information an. Da möchte ich die Frage stellen: Wie fein und wie genau ist das Detail, das wir mit den besten in der Welt verfügbaren Instrumenten ausmachen können — selbst mit einem vollkommenen Instrument, wenn wir uns das vorzustellen vermögen?

Die Erfassung des Details braucht dabei nicht auf die mit dem Auge wahrnehmbaren Lichtwellen beschränkt zu sein. James Clark Maxwell hat 1867 zu bedenken gegeben, daß Licht aus elektromagnetischen Wellen besteht, und die Gleichungen, die er zu diesem Zweck aufstellte, ließen den Schluß zu, daß es auch andere Wellen gibt. Das sichtbare Lichtspektrum — von Rot bis Violett — macht nur etwa eine Oktave im Gesamtbereich der unsichtbaren

175
Diese Bilder legen das Gesicht gar nicht so sehr fest, sondern erforschen es.
Porträt
Stephan Borgrajewicz
von Feliks Topolski,
London 1972.

Strahlen aus. Da gibt es noch eine ganze »Tonleiter« der Information von den längsten Radiowellen (die tiefen Töne) bis zu den kürzesten Wellen, denen der Röntgenstrahlen, und noch darunter (die hohen Töne). All diese Wellen wollen wir nacheinander auf das Menschengesicht richten.

Die längsten unter den unsichtbaren Wellen sind die Radiowellen, deren Existenz Heinrich Hertz 1888 nachwies und damit Maxwells Theorie bestätigte. Weil sie die längsten Wellen sind, müssen wir sie auch als die gröbsten betrachten. Ein Radargerät, das im Bereich der Meterwellen arbeitet, erkennt das Gesicht überhaupt nicht, es sei denn, man vergrößere es auf einige Meter, wie etwa einen mexikanischen Steinkopf. Erst wenn wir die Wellenlänge kürzen, erscheinen einzelne Konturen auf dem Riesenkopf — bei Bruchteilen eines Meters etwa, die Ohren. Praktisch an der Grenze von Radiowellen, im Bereich von wenigen Zentimetern, entdecken wir die erste Spur des Mannes neben der Statue.

Jetzt schauen wir uns das Männergesicht durch eine Kamera an, die auf den nächsten Strahlenbereich anspricht, Wellenlängen von weniger als einem Millimeter, die Infrarotstrahlen. Der Astronom William Herschel entdeckte sie 1800, als er auf die Wärme aufmerksam wurde, die entstand, wenn er sein Fernrohr über den Rotlichtbereich im Spektrum hinaus richtete: die Infrarotstrahlen sind nämlich Wärmestrahlen. Die Filmemulsion überträgt diese Strahlen auf recht willkürliche Weise in sichtbares Licht: die

176
Wie fein und wie genau sind die Einzelheiten, die wir mit Hilfe der präzisesten Instrumente in der Welt sehen können?
Radarfoto des Londoner Flughafens.

Wissen oder Gewißheit

Mikroaufnahme einer Aufsicht auf menschliche Haut, 50fach vergrößert.

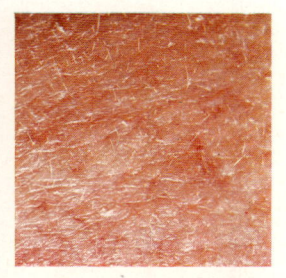

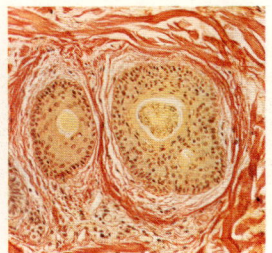

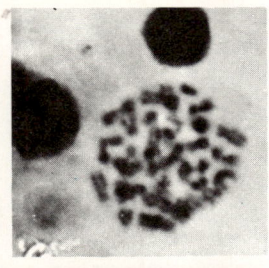

Mikroaufnahme eines Schnittes durch die menschliche Haut mit Fettdrüsen, 200fach vergrößert. Das Ultraviolettmikroskop dringt in die Zelle ein und macht Objekte von der Größe einzelner Chromosomen aus. Thorium-Atome.

wärmsten erscheinen blau und die kühlsten rot oder einfach dunkel. Wir erkennen das Gesicht in groben Zügen: die Augen, den Mund, die Nase — wir sehen den Wärmestrom aus den Nasenlöchern treten. Wir erfahren etwas Neues über das menschliche Gesicht, aber was wir erfahren, vermittelt keine Einzelheiten.

Bei den kürzesten Wellenlängen des Lichts, bei einigen hundertstel Millimetern oder weniger, geht das Infrarot fast unmerklich in sichtbares Rot über. Der Film, den wir nunmehr benutzen, spricht auf beide Wellenlängen an, und das Gesicht wird plötzlich lebendig. Es ist nicht mehr nur ein Mensch, sondern der Mann, den wir kennen: Stephan Borgrajewicz.

Weißes Licht macht ihn für das Auge in allen Einzelheiten sichtbar. Die Härchen, die Poren, eine Unregelmäßigkeit hier, ein geplatztes Äderchen dort. Weißes Licht ist eine Mischung von Wellenlängen, von Rot zu Orange, zu Gelb, zu Grün, zu Blau und schließlich zu Violett, den kürzesten sichtbaren Lichtwellen. Wir müssen mit den kurzen violetten Wellen genauere Einzelheiten wahrnehmen können als mit den langen roten. In der Wirklichkeit macht eine Oktave jedoch nicht viel aus.

Der Maler analysiert das Gesicht, trennt die Züge, trennt die Farben, vergrößert das Abbild. Es liegt nahe zu fragen: Sollte da der Wissenschaftler nicht ein Mikroskop benutzen, um die feineren Einzelheiten zu isolieren und zu analysieren? Das sollte er wohl. Wir müssen jedoch begreifen, daß das Mikroskop das Bild vergrößert, ohne es verbessern zu können: die Schärfe des Details ist durch die Wellenlänge des auffallenden Lichts festgelegt. Es ist einfach so, daß wir in jedem beliebigen Wellenbereich einen Strahl nur durch Gegenstände abfangen können, die etwa in der gleichen Größenordnung liegen wie die Wellenlänge selbst. Ein kleineres Objekt wirft einfach keinen Schatten.

Eine über zweihundertfache Vergrößerung kann schon bei normalem weißem Licht eine einzelne Hautzelle sichtbar machen. Um weitere Details zu erkennen, brauchen wir jedoch noch kürzere Wellen. Die nächste Stufe ist dann das ultraviolette Licht, das eine Wellenlänge von einigen zehntausendstel Millimetern und weniger hat — eine Wellenlänge also, die um mehr als das Zehnfache kürzer ist als wahrnehmbares Licht. Wenn unsere Augen fähig wären, bis in den Ultraviolettbereich vorzudringen, dann würden sie eine geisterhaft schillernde Landschaft wahrnehmen. Das Ultraviolett-Mikroskop dringt durch das schattenhafte Schimmern in die Zelle vor, eine dreitausendfünfhundertfache Vergrößerung, bis zur Größe von Einzelchromosomen. Aber das ist auch die Grenze: Kein Licht hilft uns, die Gene innerhalb eines Chromosoms wahrzunehmen.

Um es noch einmal zu wiederholen: Wenn wir tiefer eindringen wollen, müssen wir die Wellenlänge weiter verkürzen. Als nächstes also die Röntgenstrahlen. Die sind jedoch so durchdringend, daß es kein Material gibt, das die Strahlen auf den Brennpunkt bündelt: Ein Röntgenmikroskop können wir nicht konstruieren. Da müssen wir uns damit begnügen, die Strahlen auf das Gesicht zu richten und eine Art Schattenbild zu bekommen. Das Detail hängt nunmehr von der Durchdringungskraft der Strahlen ab. Wir sehen den Schädel unter der Haut: So erkennen wir zum Beispiel, daß der Mann seine Zähne verloren hat. Dieses Erforschen des Körperinneren macht die X-Strahlen — wie Wilhelm Konrad Röntgen sie nannte, der sie 1895 entdeckte — so aufregend, weil hier die Physik etwas gefunden hatte, das seiner Natur nach für die Medizin wie geschaffen schien. Röntgen wurde zu einer freundlichen Vaterfigur, und er wurde zum wissenschaftlichen Helden, der 1901 den ersten Nobelpreis erhielt.

Ein glücklicher Zufall in der Natur ermöglicht es uns bisweilen, durch gewissermaßen flankierende Maßnahmen vorwärtszukommen: das heißt, wir setzen etwas voraus, das nicht direkt erkannt werden kann. Röntgenstrahlen können uns kein Einzelatom zeigen, weil es zu klein ist, um in diesem winzigen Wellenbereich einen Schatten zu werfen. Dennoch können wir die Atome in einem Kristall aufzeigen, weil ihr Abstand regelmäßig ist, so daß die Röntgenstrahlen ein Wellenmuster bilden, aus dem auf die Lage der im Wege liegenden Atome geschlossen werden kann. Das ist die Anordnung von Atomen in der DNS-Spirale: So sieht ein Gen aus. Diese Methode erfand Max von Laue 1912, und seine Entdeckung war ein doppelter Geniestreich, denn er lieferte damit den ersten Beweis dafür, daß die Atome in Wirklichkeit existieren und darüber hinaus, daß die Röntgenstrahlen elektromagnetische Wellen sind.

Uns bleibt jetzt nur noch ein weiterer Schritt übrig: der Schritt zum Elektronenmikroskop, in dem die Strahlen so gebündelt werden, daß wir einfach nicht mehr wissen, ob wir sie als Wellen oder Partikel zu bezeichnen haben. Elektronen werden auf einen Gegenstand geschossen, und sie markieren dessen Umrisse, wie es der Messerwerfer im Zirkus tut. Der kleinste Gegenstand, der je wahrgenommen wurde, ist ein einzelnes Thorium-Atom. Das ist sensationell. Dennoch bestätigt das unscharfe Abbild, daß selbst die härtesten Elektronen keinen scharfen Umriß geben, obwohl sie aufprallen wie die Messer, die die lebende Zielscheibe im Zirkus noch eben streifen. Das vollkommene Abbild ist immer noch genauso unerreichbar wie die weit entfernten Sterne.

Wir sehen uns hier geradewegs dem entscheidenden Paradox des Wissens und Erkennens gegenüber. Jedes Jahr entwickeln wir verfeinerte Instrumente, die uns gestatten, die Natur mit immer

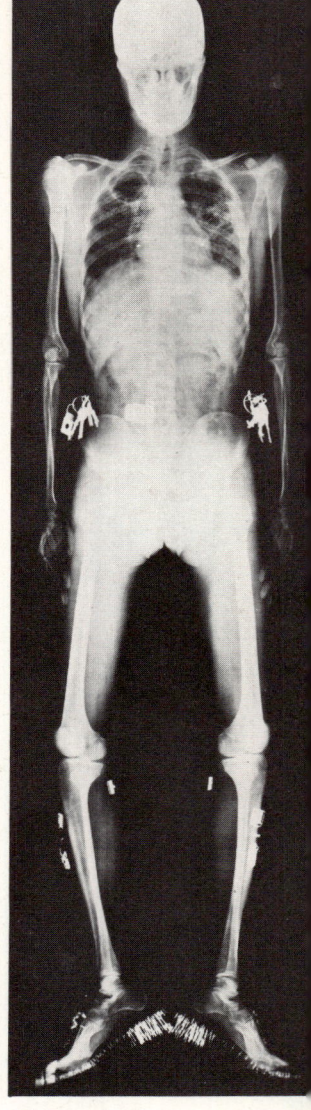

177
Das Erkunden des Körpers mac[ht] die Röntgenstrahlen zu einer aufregenden Neuheit, sobald Röntgen sie entdeckt hatte. *Röntgens Originalplatte eines Menschen mit Schuhen und mit Schlüsseln in den Taschen.*

178

Die Röntgenstrahlen bilden ein regelmäßiges Muster, aus dem sich die Position des im Wege liegenden Atoms erschließen läßt.
Röntgen-Beugungsmuster eines DNS-Kristalls.

größerer Genauigkeit zu beobachten. Wenn wir uns dann diese Beobachtungen anschauen, stellen wir mit Unbehagen fest, daß sie immer noch unzulänglich sind — so unzureichend wie eh und je. Wir scheinen einem Ziel nachzujagen, das immer wieder ins Unendliche entschwindet, sobald wir ihm auf Reichweite nahe zu kommen glauben.

Das Paradox des Wissens ist nicht auf den kleinen atomaren Maßstab beschränkt: ganz im Gegenteil. Es gilt genauso zwingend im Größenbereich des Menschen, ja selbst der Gestirne. Lassen Sie mich das im Zusammenhang mit einer Sternwarte schildern.

Das Observatorium von Karl Friedrich Gauß in Göttingen wurde etwa 1807 fertiggestellt. Noch zu seinen Lebzeiten und bis auf den heutigen Tag sind astronomische Instrumente ständig verbessert worden. Wir suchen die Position eines Sterns da auf, wo sie in der Vergangenheit und heute geortet wurde. Es will uns scheinen, daß wir immer näher an den Punkt herankommen, wo wir diese Position zu präzisieren vermögen. Wenn wir jedoch heute unsere Einzelbeobachtungen miteinander vergleichen, sind wir verblüfft und bekümmert, sie genauso weit gestreut zu finden wie je zuvor. Wir hatten gehofft, daß die menschliche Fehlbarkeit verschwinden würde, daß wir selbst gewissermaßen von göttlicher Warte aus urteilen würden. Es zeigt sich jedoch, daß die Fehler von den Beobachtungen nicht abstrahiert werden können. Das gilt für Gestirne wie für Atome, und es gilt auch dann, wenn man einfach das Bild eines anderen Menschen betrachtet oder jemandes Sprache vernimmt.

Gauß erkannte dies mit dem bewundernswerten, knabenhaften Genie, das ihm eigen war, bis er mit fast 80 Jahren starb. 1795, als er mit 18 Jahren sein Studium an der Universität Göttingen begann, hatte er bereits das Problem der Fehlerrechnung erkannt für eine Reihe von Beobachtungen mit internen systembehafteten Fehlern. Er argumentierte damals genauso, wie die Statistiker es noch heute tun.

Wenn ein Beobachter einen Stern betrachtet, weiß er, daß es eine Vielzahl von Fehlerquellen gibt. Deshalb macht er mehrere Messungen und hofft dabei natürlich, daß die mutmaßliche Position des Sterns nahe dem Durchschnittswert liegt: im Mittelpunkt der Streuwerte. So weit, so gut. Gauß jedoch drängte weiter und fragte, was die *Streuung* der Fehler uns zu lehren vermag. Er entwickelte die Gaußsche Kurve, in der die Streuung durch die Ablenkung oder Ausdehnung der Kurve summiert wird. Daraus entwickelte sich eine weit in die Zukunft weisende Idee: die Abweichung markiert einen Bereich der Unbestimmtheit, der Unschärfe. Wir sind uns nicht sicher, daß die wahre Position der

179
Das Paradox des Wissens ist nicht auf den kleinen, atomaren Maßstab beschränkt; im Gegenteil, es ist genauso zwingend, wenn man den Maßstab des Menschen und selbst den der Sterne anlegt.
Karl Friedrich Gauß.
Die Gaußsche Kurve.

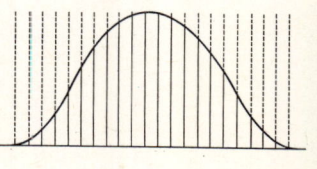

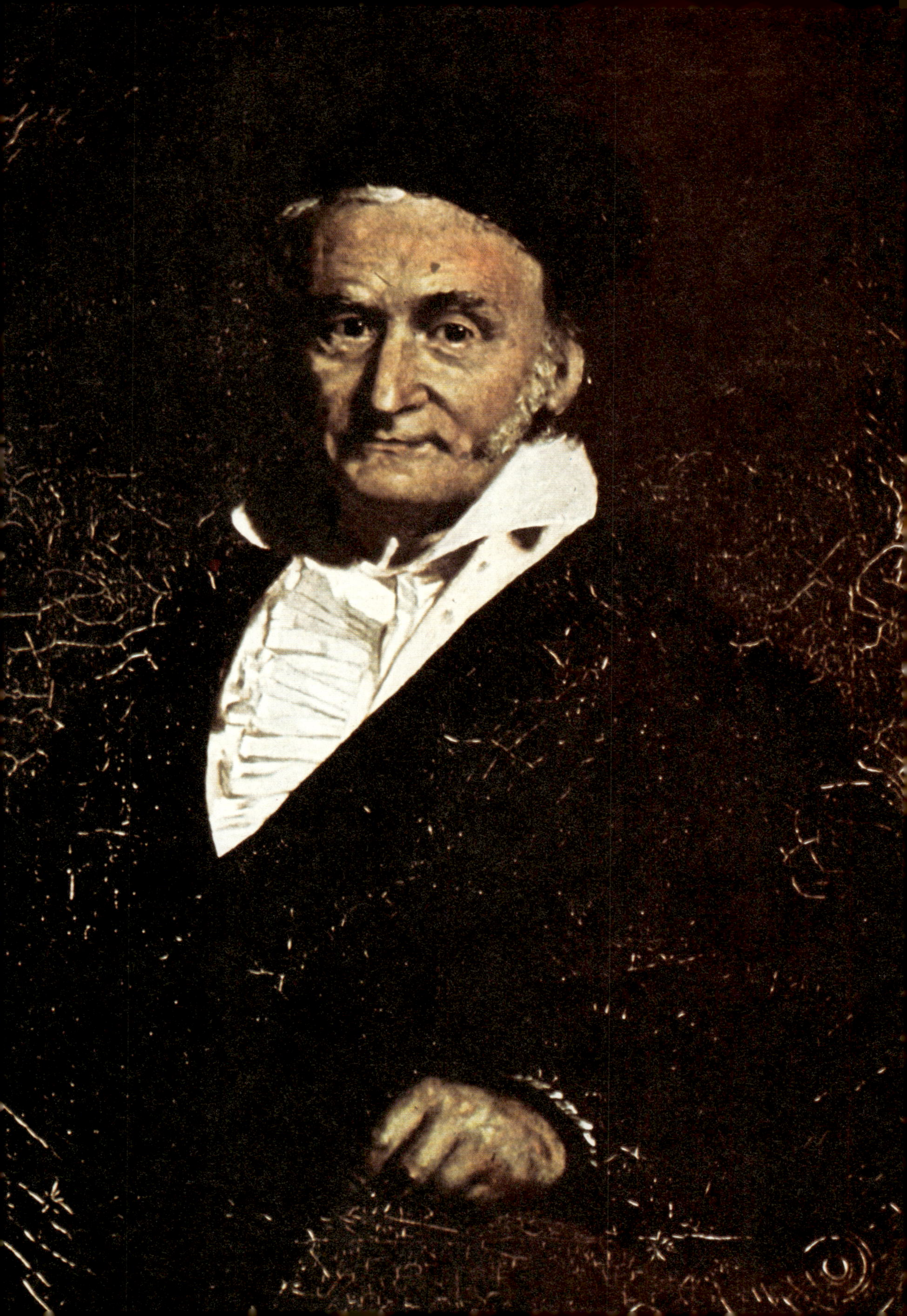

Mittelpunkt ist. Wir können lediglich behaupten, daß sie im *Bereich der Unschärfe* liegt, und dieser Bereich läßt sich aus der beobachteten Streuung der Einzelwahrnehmungen berechnen.

Gauß, der diese differenzierte Vorstellung vom menschlichen Wissen hatte, war besonders verbittert über jene Philosophen, die behaupten, einen Weg zur Erkenntnis zu haben, der vollkommener sei als der mühsame Weg der Beobachtung. Ich will nur eines von vielen Beispielen erwähnen. Da gab es einen Philosophen, Friedrich Hegel, von dem ich bekennen muß, daß ich ihn ganz besonders ablehne. Dieses intensive Gefühl habe ich gemeinsam mit einem wesentlich größeren Mann, mit Gauß. Im Jahr 1800 sagte Hegel in seiner Doktorarbeit — man mache sich das einmal klar —, daß philosophisch gesprochen immer noch nur sieben Planeten existieren könnten, obgleich sich die Definition der Planeten seit dem Altertum grundlegend gewandelt hatte. Nicht nur Gauß wußte darauf die passende Antwort. Shakespeare hatte sie lange zuvor gegeben. In »*König Lear*« ist eine wundervolle Szene, in der natürlich kein anderer als der Narr zum König sagt: »Der Grund, warum die sieben Sterne nicht mehr als sieben sind, ist ein hübscher Grund.« Der König nickt weise und antwortet: »Weil sie keine acht sind.« Da sagt der Narr: »Trau'n, fürwahr, du würdest einen guten Narren abgeben.« Und so erging es Hegel. Am 1. Januar 1801, ganz pünktlich, noch bevor die Tinte von Hegels Dissertation trocken war, wurde ein achter Planet entdeckt: der Kleinplanet Ceres.

Die Geschichte ist voller Ironie. Die Zeitbombe in der Gaußschen Kurve liegt darin, daß wir nach seinem Tode entdecken, es gibt keine göttliche Warte. Die Fehler sind unlösbar mit der Natur menschlichen Wissens verbunden. Die Ironie besteht darin, daß diese Entdeckung in Göttingen gemacht wurde.

Die alten Universitätsstädte sind sich auf wunderliche Weise gleich. Göttingen wie Cambridge oder Yale: sehr provinziell, nicht auf der Straße des Fortschritts — keiner begibt sich in diese abgelegenen Ortschaften, es sei denn, er wünscht die Gesellschaft von Professoren. Die Professoren sind sich jeweils gewiß, daß sie am Nabel der Welt leben. Auf dem Ratskeller in Göttingen findet sich die Inschrift: »Extra Gottingam non est vita« — »Außerhalb Göttingens gibt es kein Leben.« Dieses Epigramm — oder sollte ich es lieber als Epitaph bezeichnen — wird von den Erstsemestern nicht so ernst genommen wie von den Professoren.

Das Symbol der Universität ist die Bronzestatue der barfüßigen Gänseliesel vor dem Ratskeller, die jeder Student nach dem Examen küßt. Die Universität ist ein Mekka, zu dem die Studenten ohne viel Glauben pilgern. Es ist wichtig, daß Studenten zum Studium eine gewisse Kaltschnäuzigkeit und grobschlächtige Re-

180
Max Born.
Born mit seinem Sohn 1921 in Göttingen nach seiner Berufung auf den Lehrstuhl für theoretische Physik an der Universität Göttingen. Er wurde am 26. April 1933 aus dieser Stellung entlassen.

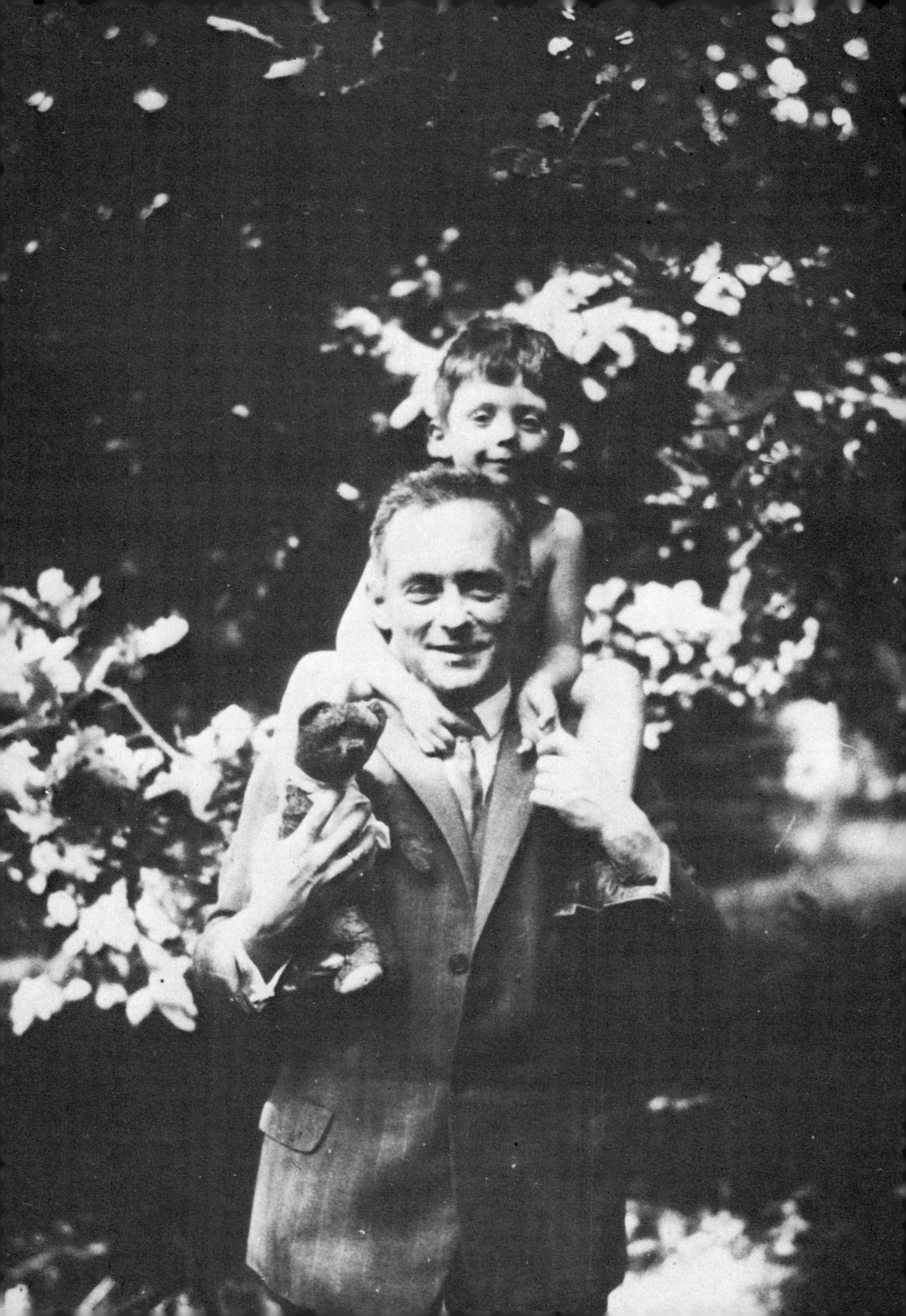

spektlosigkeit mitbringen: sie sind nicht hier, um das Bekannte anzubeten, sondern um es in Frage zu stellen.

Die Landschaft um Göttingen wie die jeder Universitätsstadt — zeichnet sich durch kreuz und quer verlaufende Spazierwege aus, auf denen sich die Professoren nach dem Essen ergehen. Die Diplomanden geraten aus dem Häuschen, wenn sie zum Mitkommen eingeladen werden. Vielleicht ist Göttingen in der Vergangenheit reichlich verschlafen gewesen. Die kleinen deutschen Universitätsstädte gehen auf die Zeit vor der Reichsgründung zurück (Göttingen erhielt seine Universität durch Georg II. von Hannover), und dadurch bekommen sie das Flair provinzieller Bürokratie. Selbst als der Traum von militärischer Größe zu Ende war und der Kaiser 1918 abdankte, waren die kleinen deutschen Universitäten konformistischer als die Stätten des Lernens im Ausland.

Die Verbindung zwischen Göttingen und der Außenwelt wurde durch die Eisenbahn hergestellt. Mit der Eisenbahn kamen die Besucher aus der Reichshauptstadt Berlin und aus dem Ausland, um sich mit den neuen Ideen auseinanderzusetzen, die auf dem Gebiet der Physik in Göttingen Furore machten. In Göttingen sagte man, daß die Wissenschaft im Zug nach Berlin zum Leben erwachte, denn dort argumentierten die Leute, widersprachen etablierten Thesen, brachten neue Ideen hervor, die gleich wieder in Frage gestellt wurden.

Während des Ersten Weltkrieges wurde die Naturwissenschaft in Göttingen wie auch anderwärts durch die Relativitätstheorie beherrscht. Dann erhielt 1921 Max Born den Lehrstuhl für Physik, und er begann eine Reihe von Seminaren, die jeden, der irgendwo in der Welt an Atomphysik interessiert war, nach Göttingen brachte. Es ist recht erstaunlich, daß Max Born schon fast vierzig war, als er seine Berufung erhielt. Im allgemeinen haben Physiker bereits ihre größten Arbeiten vollendet, bevor sie dreißig sind (Mathematiker sogar noch früher, Biologen vielleicht ein wenig später). Born jedoch hatte eine ungewöhnliche, sokratische Begabung. Er zog junge Menschen an, er holte das Beste aus ihnen heraus, und die Ideen, die er mit ihnen gemeinsam entwickelte und in Frage stellte, führten zu seinen überzeugendsten Arbeiten. Wen soll ich aus der Fülle berühmter Namen wählen? Natürlich Werner Heisenberg, der mit Born zusammen seine besten Arbeiten machte. Als dann Erwin Schrödinger eine andere Form der grundlegenden Atomphysik veröffentlichte, da war der Anstoß zur großen Diskussion gegeben. Aus aller Welt kamen Wissenschaftler nach Göttingen, um sich daran zu beteiligen.

Es ist etwas sonderbar, wenn man auf solche Weise über ein Thema spricht, das ja normalerweise in nächtlichen Diskussionen abgehandelt wird. Bestand denn die Physik in den zwanziger

181
Sie sind nicht hier, um das anzubeten, was bekannt ist, sondern um es in Frage zu stellen.
Der Bronzebrunnen mit der Gänseliesel auf dem Göttinger Marktplatz.

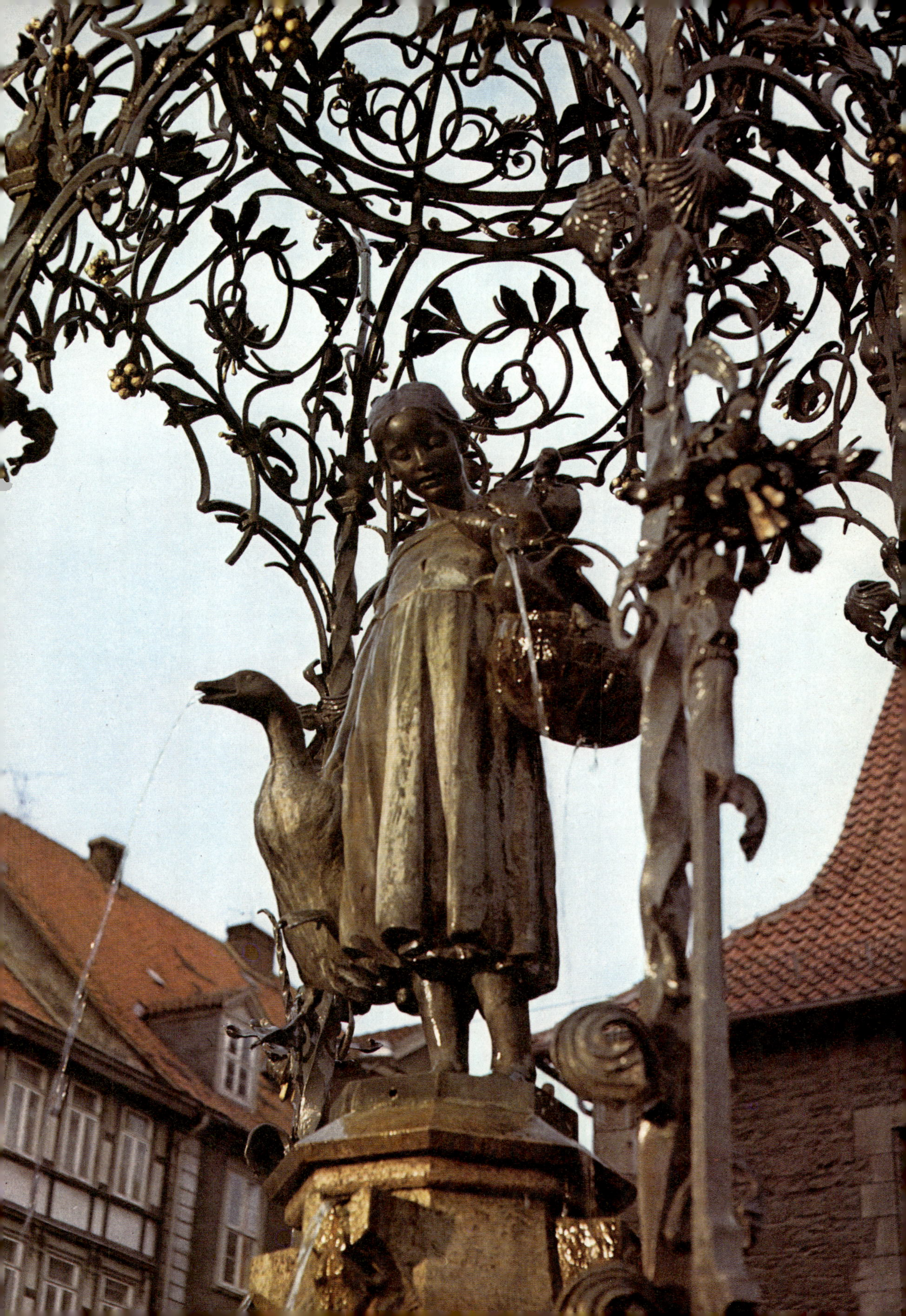

Jahren tatsächlich aus Argument, Seminar, Diskussion, Disput? Ja. Und es ist immer noch so. Die Leute, die damals in Göttingen zusammenkamen, und die, die heute noch in den Laboratorien arbeiten, setzen eine mathematische Formel als Schlußstrich unter ihre Arbeit. Sie beginnen, indem sie versuchen, problematische Ansätze zu lösen. Die Rätsel der subatomaren Teilchen, der Elektronen und dessen, was dazugehört — sie sind geistige Rätsel.

Stellen Sie sich einmal vor, welche Verwirrung das Elektron zu jener Zeit auslöste. Unter Professoren sagte man scherzhaft (das hing vom Vorlesungsverzeichnis ab), das Elektron verhalte sich montags, mittwochs und freitags wie ein Teilchen, dienstags, donnerstags und samstags wie eine Welle. Wie konnte man diese beiden Betrachtungsweisen miteinander in Übereinstimmung bringen, die aus dem Riesenmaßstab der Alltagswelt kamen und dann in eine einzige kleine Einheit gedrängt wurden, in diese Liliputwelt des Atominneren? Darum ging es bei den Spekulationen und Argumenten. Dazu braucht man nicht Berechnung, sondern Einsicht, Phantasie: wenn Sie so wollen, Metaphysik. Ich erinnere mich an einen Ausspruch Max Borns, als er viele Jahre später nach England kam, an einen Satz, der in seiner Autobiographie nachzulesen ist. Er sagte: »Ich bin jetzt davon überzeugt, daß die theoretische Physik tatsächlich Philosophie ist.«

Max Born meinte, daß die neuen Ideen in der Physik zu einer anderen Sicht der Realität führen würden. Die Welt ist nicht eine festgelegte, unumstößliche Anordnung von Objekten, denn sie kann nicht vollkommen von unserer Anschauung der Umwelt losgelöst werden. Sie verschiebt sich unter unserem strengen Blick, sie tritt mit uns in eine Wechselbeziehung ein, und das Wissen, das sie preisgibt, muß von uns gedeutet werden. Es gibt keine Möglichkeit, Informationen auszutauschen, ohne daß man nicht zugleich eine Beurteilung vornimmt. Ist das Elektron ein Teilchen? Im Bohrschen Atommodell verhält es sich wie eins. Aber 1924 legte Louis de Broglie ein wunderschönes Wellenmodell vor (Abbildung 167), in dem die Umlaufbahnen die Stellen sind, wo ein exaktes, ganzzahliges Vielfaches von Wellenperioden den Atomkern genau umschließt. Max Born stellte sich einen Zug von Elektronen vor, bei dem sich jedes wie auf einer Kurbelwelle bewegt, so daß sie gemeinsam eine Anzahl von Gaußschen Kurven bildeten, eine Welle der Wahrscheinlichkeit. Ein neues Konzept wurde auf der Eisenbahnfahrt nach Berlin und bei den professoralen Spaziergängen in den Wäldern von Göttingen erarbeitet: die Theorie, daß aus welchen Grundbestandteilen die Welt auch immer zusammengesetzt sein möge, diese Teile zu empfindlich, zu flüchtig und verblüffend sein müßten, als daß wir sie mit dem Schmetterlingsnetz unserer Sinne einzufangen vermöchten.

1927 erreichten all diese Waldspaziergänge und Gespräche einen strahlenden Höhepunkt. Zu Beginn des Jahres gab Werner Heisenberg eine neue Charakterisierung des Elektrons. Ja, es ist ein Teilchen, sagte er, aber ein Teilchen, das nur beschränkte Informationen vermittelt. Das heißt, man kann angeben, wo es in diesem Moment ist, aber dann kann man ihm dennoch nicht eine festgesetzte Geschwindigkeit und Richtung vom Ausgangspunkt der Bewegung mitgeben. Oder umgekehrt: Wenn man darauf besteht, das Teilchen mit einer bestimmten Geschwindigkeit in eine bestimmte Richtung zu schießen, dann kann man wiederum nicht genau angeben, wo sein Ausgangspunkt liegt oder wo sich — demzufolge — sein Zielpunkt befinden wird.

Das hört sich wie eine recht grobe Charakterisierung an, ist es aber nicht. Heisenberg hat dieser Äußerung Durchschlagskraft verliehen, indem er sie präzisierte. Die Information, die das Elektron mit sich führt, ist in ihrer Gesamtheit eingeschränkt: das heißt zum Beispiel, seine Geschwindigkeit *und* seine Position gehören solchermaßen *zusammen,* daß sie durch den Spielraum des Quantums begrenzt werden. Das ist die Grundidee: eine der großen wissenschaftlichen Theorien, nicht nur des 20. Jahrhunderts, sondern in der Geschichte der Naturwissenschaften.

Heisenberg sprach von der Unschärferelation. In gewissem Sinn ist sie ein handfestes Prinzip alltäglicher Erfahrung. Wir wissen, daß wir von der Welt nicht verlangen können, exakt zu sein. Und wenn zum Beispiel irgendein Objekt (ein bekanntes Gesicht, nehmen wir einmal an) ganz genau dasselbe sein müßte, wenn wir es erkennen wollen, dann würden wir es von einem Tag auf den anderen nicht mehr zu identifizieren vermögen. Wir erkennen, daß das Objekt dasselbe ist, weil es weitgehend als dasselbe erscheint: Es ist aber nie genauso, wie es war, sondern in annehmbarem Maße ähnlich. In den Erkenntnisvorgang ist eine Beurteilung eingebaut: ein Bereich des Spielraums, der Toleranz oder Ungewißheit. So besagt Heisenbergs Unschärferelation, daß keinerlei Vorgänge, nicht einmal atomare, mit absoluter Gewißheit beschrieben werden können: das heißt, mit einer Toleranz Null. Das Prinzip wird dadurch schlüssig, daß Heisenberg die Toleranz angibt, die erreicht werden kann. Der Maßstab dabei ist das Wirkungsquantum von Max Planck. In der Welt des Atoms wird der Bereich der Ungewißheit immer durch das Quantum festgelegt.

Und doch ist Unschärferelation eine schlechte Bezeichnung. Im Bereich der Wissenschaft oder auch außerhalb ist für uns nicht alles ungewiß durch Unschärfe: unser Wissen ist lediglich innerhalb bestimmter Toleranzen begrenzt. Wir sollten die Unschärferelation eigentlich als Toleranzprinzip bezeichnen. Ich schlage diese Bezeichnung aus zwei Gründen vor. Erstens im technisch-mechani-

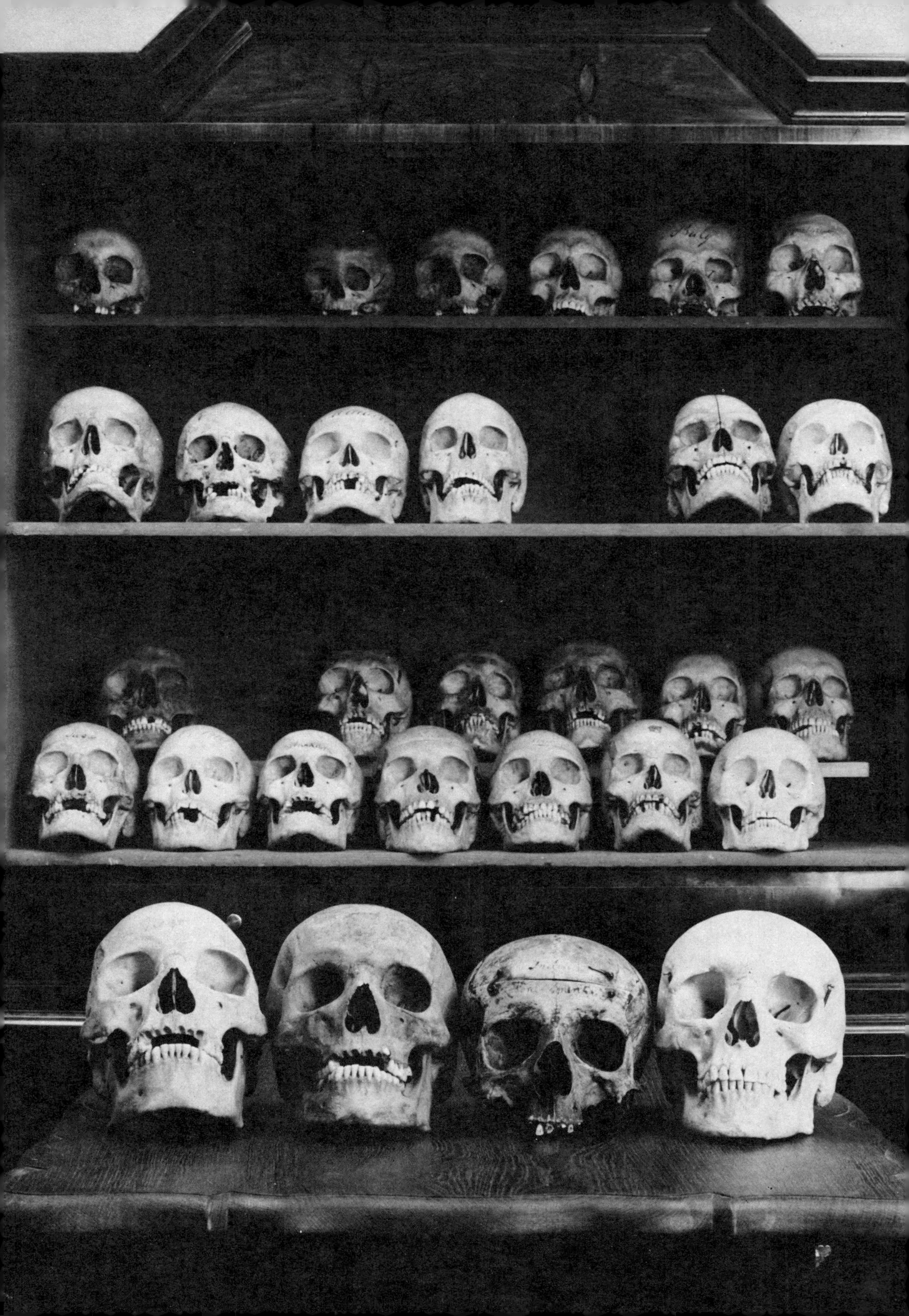

Wissen oder Gewißheit

schen Sinn. Die Wissenschaft ist Schritt um Schritt vorwärtsgekommen. Sie ist das erfolgreichste Unternehmen beim Aufstieg des Menschen, weil sie begriffen hat, daß der Informationsaustausch zwischen Mensch und Natur und von Mensch zu Mensch nur mit einer gewissen Toleranz stattfinden kann. Aber zweitens benutze ich das Wort auch mit Leidenschaft, was die Welt der Wirklichkeit angeht. Jegliches Wissen, alle Informationen zwischen Menschen, können nur innerhalb gewisser Toleranzspielräume vermittelt werden. Das trifft zu, ganz gleich, ob die Vermittlung im Bereich der Wissenschaft oder in der Literatur, ob sie in der Religion oder in der Politik stattfindet oder gar in einer gedanklichen Form, die den Anspruch auf dogmatische Wahrheit erhebt. Es ist eine der großen Tragödien in meinem Leben und in dem Ihren, daß Wissenschaftler in Göttingen das Prinzip der Toleranz auf das allergenaueste zusammenbosselten und dabei keinen Blick dafür hatten, daß überall um sie herum die Toleranz unwiederbringlich vernichtet wurde.

Der Himmel verdunkelte sich über ganz Europa, aber über Göttingen hatte ein Jahrhundert lang eine besondere Wolke gehangen. Zu Beginn des 19. Jahrhunderts hatte Johann Friedrich Blumenbach eine Schädelsammlung begründet, aus Schädeln, die ihm angesehene Herren zur Verfügung stellten, mit denen er zu Lebzeiten in ganz Europa korrespondiert hatte. In Blumenbachs Arbeiten gab es keine Andeutung dafür, daß die Schädel eine rassistische Trennung der Menschheit unterstützen sollten, obgleich der Forscher anatomische Messungen benutzte, um die Menschenrassen zu klassifizieren. Dennoch wurde seit Blumenbachs Tod im Jahre 1840 die Schädelsammlung ständig vergrößert, und sie wurde zum Kern einer rassistischen pangermanischen Theorie, die nach der Machtergreifung von der Nationalsozialistischen Partei ganz offiziell sanktioniert wurde.

Als Hitler 1933 auf die Weltbühne trat, wurde die Wissenschaftstradition in Deutschland fast über Nacht zerstört. Jetzt war der Zug nach Berlin zum Symbol der Flucht geworden. Europa gewährte der Phantasie kein Gastrecht mehr — und nicht nur der wissenschaftlichen. Ein ganzer Kulturbegriff war auf dem Rückzug: die Vorstellung, daß menschliches Wissen an Person und Verantwortung gebunden ist, ein nicht endendes Abenteuer am Rande der Ungewißheit. Schweigen breitete sich aus wie nach dem Prozeß des Galilei. Die großen Männer flüchteten hinaus in eine schon bedrohte Welt: Max Born, Erwin Schrödinger, Albert Einstein, Sigmund Freud, Thomas Mann, Bertolt Brecht, Arturo Toscanini, Bruno Walter, Marc Chagall, Enrico Fermi und Leo Szilard, der schließlich nach vielen Jahren in das Salk-Institute nach Kalifornien kam.

182
Zu Beginn des 19. Jahrhunderts hatte Blumenbach eine Sammlung von Schädeln zusammengestellt, die ihm von Prominenten zur Verfügung gestellt worden waren, mit denen er in ganz Europa korrespondierte.
Blumenbachs Schädelsammlung, Anatomisches Institut, Universität Göttingen.

Die Unschärferelation — oder in meinen Worten das Prinzip der Toleranz — legte ein für allemal die Erkenntnis fest, daß alles Wissen begrenzt ist. Eine besondere Ironie der Geschichte liegt darin, daß just zu der Zeit, als diese Erkenntnis erarbeitet wurde, unter Hitler in Deutschland und unter der Herrschaft anderer Tyrannen ein Gegenkonzept entstand: ein Prinzip der monströsen Gewißheit. Wenn unsere Nachfahren auf die dreißiger Jahre zurückschauen, werden sie diese Zeit als eine entscheidende Konfrontation der Kultur sehen, so wie ich sie als Entwicklung der Menschheit gedeutet habe, mit dem Rückschritt auf den Tyrannenglauben, daß es in der Verfügungsgewalt der Despoten absolute Gewißheit gibt.

Ich muß all diese abstrakten Erwägungen in konkrete Begriffe verwandeln, und ich will das mit Hilfe einer Persönlichkeit tun. Leo Szilard hatte sich über diese Begriffe nachhaltig Gedanken gemacht, und ich habe während seines letzten Lebensjahrs manchen Nachmittag im Gespräch mit ihm im Salk-Institut verbracht.

Leo Szilard war Ungar, der seine Universitätszeit in Deutschland verbrachte. 1929 hatte er eine bahnbrechende Arbeit über das veröffentlicht, was wir heute Informationstheorie nennen würden: die Beziehung zwischen Wissen, Natur und Mensch. Damals war Szilard schon sicher, daß Hitler an die Macht kommen und daß ein Krieg unvermeidlich sein würde. Er hatte in seiner Wohnung

Wissen oder Gewißheit

183
Europa gewährte der Phantasie keine Gastfreundschaft mehr: *Leo Szilard (links). Enrico Fermi.*

immer zwei fertig gepackte Koffer stehen. 1933 hat er sie dann zugeklappt und nach England gebracht.

Im September 1933 machte Lord Rutherford auf einem Treffen der Britischen Akademie der Wissenschaften die Bemerkung, daß die Atomenergie nie Wirklichkeit werden würde. Leo Szilard war jener Typ Wissenschaftler, jener gutmütige, etwas versponnene Mann, der etwas gegen Erklärungen hatte, die das Wort »nie« enthielten, besonders wenn es sich um die Äußerung eines angesehenen Kollegen handelte. So machte er sich also über dieses Problem Gedanken. Er erzählt die Geschichte, so wie wir alle, die ihn kannten, sie uns vorgestellt hatten. Er wohnte damals im Strand Palace Hotel — er lebte gern in Hotels — und ging zur Bart's Klinik. Als er an die Southampton Row kam, wurde er durch eine rote Ampel angehalten (das ist übrigens das einzige Detail in der Geschichte, das ich für unwahrscheinlich halte. Soweit ich Szilard kannte, hätte er sich nie durch Rotlicht an der Ampel aufhalten lassen). Bevor jedoch die Ampel auf Grün schaltete, war ihm klargeworden: Wenn man ein Atom mit einem Neutron beschießt und das Atom gespalten wird, wobei zwei Neutronen daraus freigesetzt werden, dann hätte man eine Kettenreaktion. Er schrieb sofort eine Beschreibung für eine Patentierung, die das Wort »Kettenreaktion« enthält. Der Patentantrag wurde 1934 hinterlegt.

Jetzt kommen wir zu einem Aspekt von Szilards Persönlichkeit, der damals für Wissenschaftler charakteristisch war, der aber in ihm besonders klar und nachdrücklich zum Ausdruck kam. Er wollte sein Patent geheimhalten. Er wollte die Wissenschaft vor Mißbrauch schützen.

Er übertrug das Patent der britischen Admiralität, so daß es erst nach Kriegsende veröffentlicht wurde.

Mittlerweile jedoch wurde die Kriegsdrohung immer größer. Der Marschtritt des Fortschritts in der Kernphysik und der Marschtritt der Hitlerkolonnen führten immer weiter auf einem Weg, den wir jetzt einmal außer acht lassen wollen. Anfang 1939 schrieb Szilard an Joliot Curie und fragte an, ob man eine Veröffentlichung verhindern könne. Er versuchte, Fermi an der Veröffentlichung seiner Arbeit zu hindern. Schließlich, im August 1939, schrieb er einen Brief, den Einstein mit unterzeichnete und an Präsident Roosevelt schickte und in dem es ungefähr hieß: »Die Kernenergie ist Wirklichkeit geworden. Der Krieg ist unvermeidlich. Es liegt beim Präsidenten zu entscheiden, was die Wissenschaftler unternehmen sollen.«

Damit gab sich Szilard aber nicht zufrieden. Als 1945 der Krieg in Europa gewonnen war und er erkannte, daß jetzt die Konstruktion der Atombombe bevorstand und sie gegen die Japaner eingesetzt werden sollte, da rief Szilard überall zum Protest auf. Er schrieb ein Memorandum nach dem anderen. Eine Bittschrift an Präsident Roosevelt blieb nur deshalb erfolglos, weil Roosevelt starb, als Szilard sein Schreiben gerade übermittelte. Szilard verlangte stets, daß die Bombe öffentlich vor den Japanern und einem internationalen Gremium getestet werden sollte, so daß die Japaner kapitulieren konnten, bevor Menschen sterben mußten.

Wie Sie wissen, hatte Szilard keinen Erfolg, und mit ihm blieb die Gemeinde der Wissenschaftler erfolglos. Er tat, was ein Mann von persönlicher Integrität tun konnte. Er gab die Physik auf und wandte sich der Biologie zu — so kam er selbst ins Salk-Institute —, und andere Wissenschaftler überzeugte er, das gleiche zu tun. Die Physik war die Leidenschaft der letzten fünfzig Jahre gewesen und das Meisterstück dieser Epoche. Wir aber wußten jetzt, daß es höchste Zeit war, für das Verständnis des Lebens, besonders des Menschenlebens, dieselbe geistige Hingabe aufzubringen, die wir für das Verstehen der physischen Welt entwickelt hatten.

Die erste Atombombe wurde am 6. August 1945 um 8.15 Uhr über Hiroshima abgeworfen. Ich war noch nicht lange aus Hiroshima zurück, als ich jemand in Szilards Gegenwart sagen hörte, es sei die Tragödie der Wissenschaftler, daß ihre Entdeckungen für die Zerstörung dienstbar gemacht würden. Szilard antwortete als jemand, der mehr als irgendein anderer Mensch das Recht zu

184
Schließlich schrieb Szilard einen Brief, den Einstein unterzeichnete und an Präsident Roosevelt schickte.
Text des Briefes vom 2. August 1939 an den Präsidenten der Vereinigten Staaten.

185
Umseitig:
»Es ist die Tragödie der Menschheit.«
Die Ruinen von Hiroshima.

Albert Einstein
Old Grove Rd.
Nassau Point
Peconic, Long Island

August 2nd, 1939

F.D. Roosevelt,
President of the United States,
White House
Washington, D.C.

Sir:

Some recent work by E. Fermi and L. Szilard, which has been communicated to me in manuscript, leads me to expect that the element uranium may be turned into a new and important source of energy in the immediate future. Certain aspects of the situation which has arisen seem to call for watchfulness and, if necessary, quick action on the part of the Administration. I believe therefore that it is my duty to bring to your attention the following facts and recommendations:

In the course of the last four months it has been made probable - through the work of Joliot in France as well as Fermi and Szilard in America - that it may become possible to set up a nuclear chain reaction in a large mass of uranium, by which vast amounts of power and large quantities of new radium-like elements would be generated. Now it appears almost certain that this could be achieved in the immediate future.

This new phenomenon would also lead to the construction of bombs, and it is conceivable - though much less certain - that extremely powerful bombs of a new type may thus be constructed. A single bomb of this type, carried by boat and exploded in a port, might very well destroy the whole port together with some of the surrounding territory. However, such bombs might very well prove to be too heavy for transportation by air.

-2-

The United States has only very poor ores of uranium in moderate quantities. There is some good ore in Canada and the former Czechoslovakia, while the most important source of uranium is Belgian Congo.

In view of this situation you may think it desirable to have some permanent contact maintained between the Administration and the group of physicists working on chain reactions in America. One possible way of achieving this might be for you to entrust with this task a person who has your confidence and who could perhaps serve in an inofficial capacity. His task might comprise the following:

a) to approach Government Departments, keep them informed of the further development, and put forward recommendations for Government action, giving particular attention to the problem of securing a supply of uranium ore for the United States;

b) to speed up the experimental work, which is at present being carried on within the limits of the budgets of University laboratories, by providing funds, if such funds be required, through his contacts with private persons who are willing to make contributions for this cause, and perhaps also by obtaining the co-operation of industrial laboratories which have the necessary equipment.

I understand that Germany has actually stopped the sale of uranium from the Czechoslovakian mines which she has taken over. That she should have taken such early action might perhaps be understood on the ground that the son of the German Under-Secretary of State, von Weizsäcker, is attached to the Kaiser-Wilhelm-Institut in Berlin where some of the American work on uranium is now being repeated.

Yours very truly,
A. Einstein
(Albert Einstein)

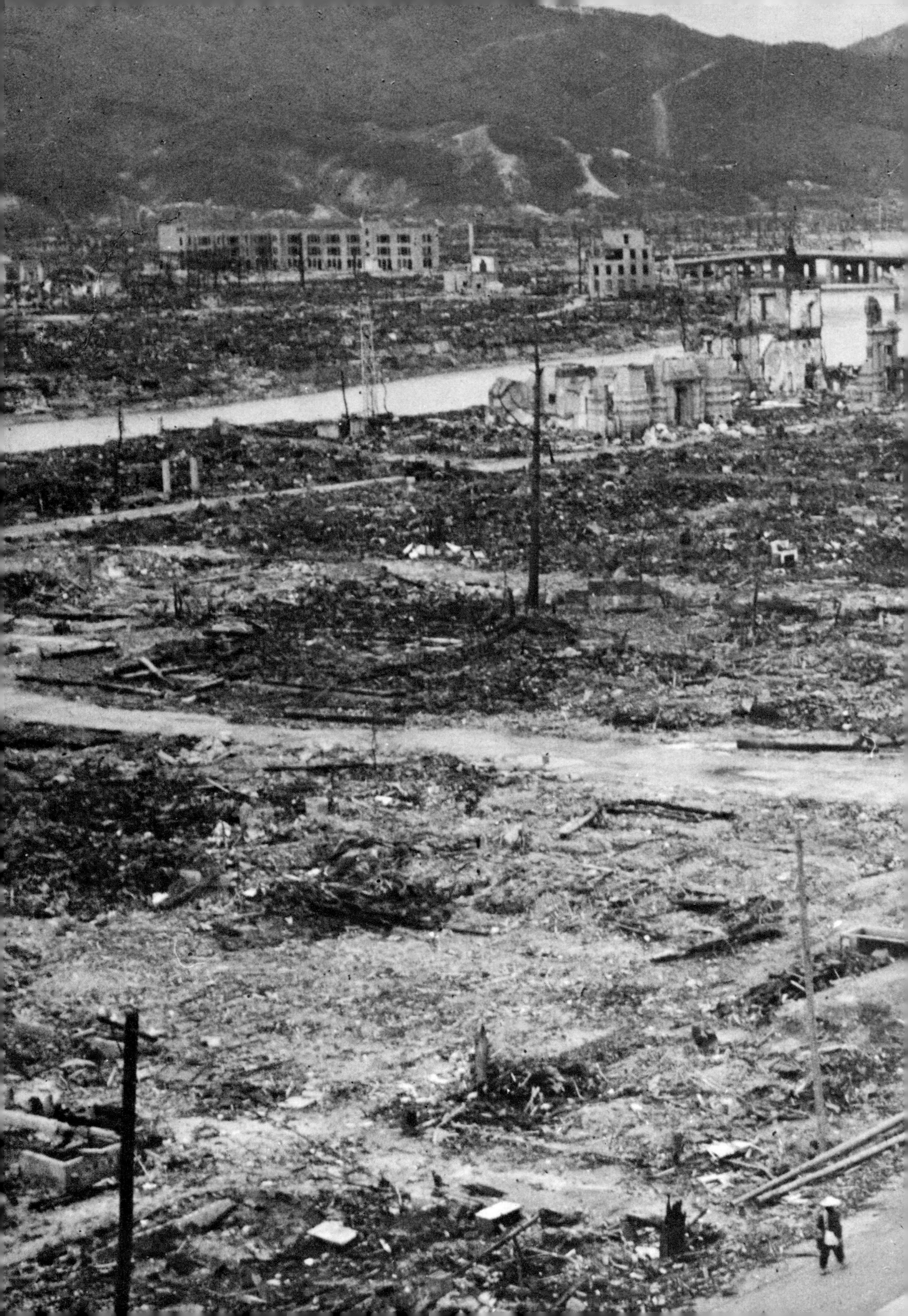

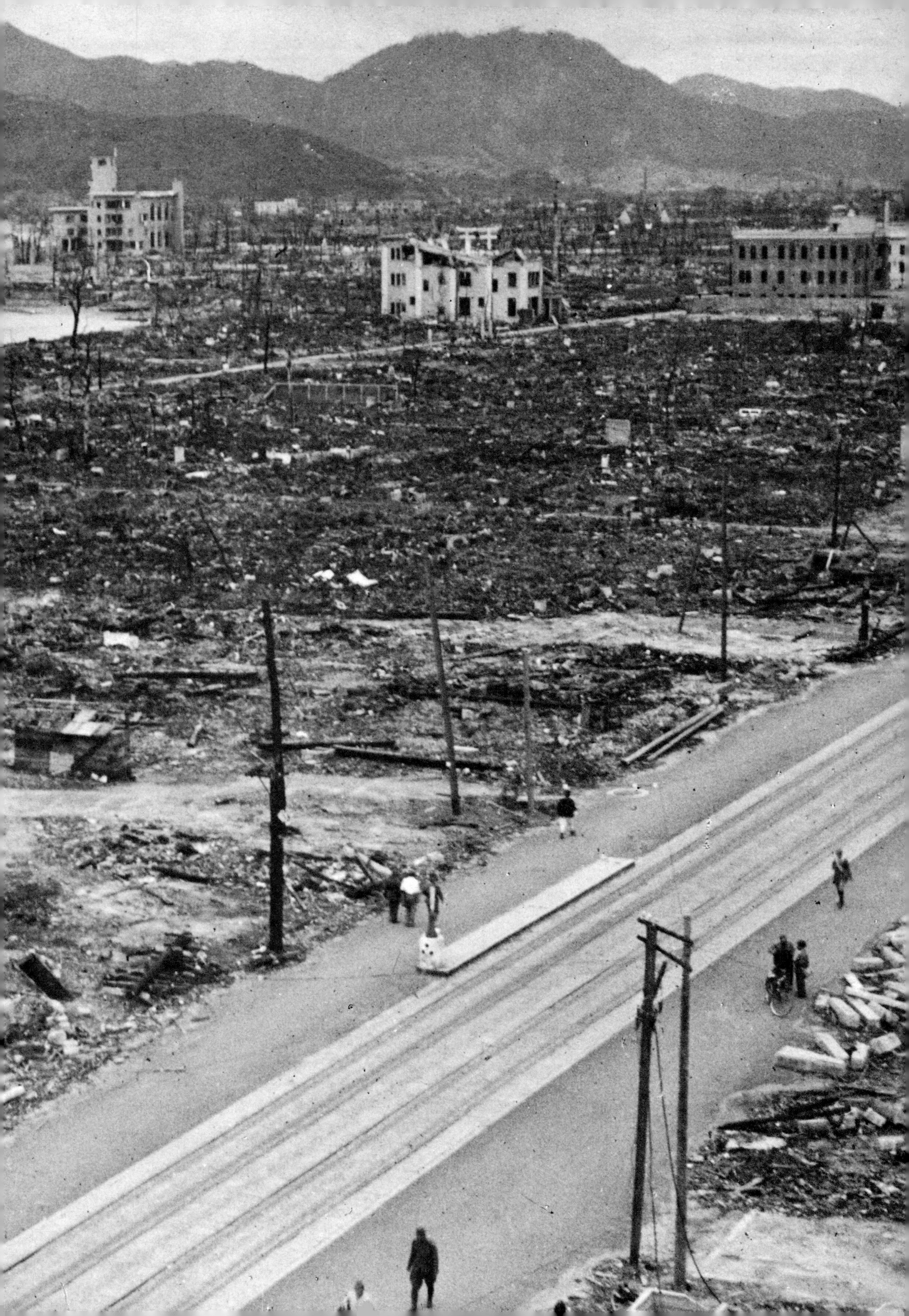

dieser Antwort hatte, es sei nicht die Tragödie der Wissenschaftler: »Es ist die Tragödie der Menschheit.«

Das Dilemma des Menschen hat zwei Aspekte. Einer ist der Glaube, daß der Zweck die Mittel heiligt. Jene Drucktasten-Philosophie, jene bewußte Gleichgültigkeit gegenüber menschlichem Leid, ist zum Monstrum der Kriegsmaschine geworden. Der andere Aspekt ist der Verrat am menschlichen Geist: die Durchsetzung des Dogmas, das dem Geist Scheuklappen anlegt und eine ganze Nation, eine ganze Zivilisation in ein Geisterheer verwandelt — ein Heer von unterwürfigen oder gefolterten Geistern.

Man hört, daß die Wissenschaft die Leute entmenschlicht und sie in bloße Nummern verwandelt. Das ist falsch — auf tragische Weise falsch. Überzeugen Sie sich selbst davon. Nehmen wir das Konzentrationslager und das Krematorium in Auschwitz, wo Menschen zu Nummern gestempelt wurden. In diesen See versenkte man die Asche von vier Millionen Menschen. Das hat nicht das Gas bewirkt. Der Antrieb war Arroganz. Der Antrieb war dogmatisches Denken. Der Antrieb war Ignoranz. Wenn Menschen glauben, daß sie über das absolute Wissen verfügen, ohne den Prüfstein der Wirklichkeit anzuerkennen, dann handeln sie so. So verhalten sich Menschen, wenn sie sich das Wissen der Götter anmaßen.

Die Wissenschaft ist eine sehr humane Form des Wissens. Wir sind immer am Rande des Bekannten, wir tasten uns stets vorwärts in Richtung auf das zu Erhoffende. Jedes wissenschaftliche Urteil steht am Rande des Irrtums und ist persönlich. Die Wissenschaft ist ein Tribut an das, was wir wissen können, obwohl wir fehlbar sind. Oliver Cromwell hat das alles schon in Worte gekleidet: »Ich beschwöre Sie, noch im Schoße Christi denken Sie daran, daß ein Irrtum möglich ist.«

Als Wissenschaftler schulde ich es meinem Freund Leo Szilard, als Mensch schulde ich es meinen zahlreichen Familienangehörigen, die in Auschwitz umgekommen sind, als Überlebender und als Zeuge an diesem See zu stehen. Wir müssen uns von dem krankhaften Verlangen nach absolutem Wissen, nach absoluter Erkenntnis und nach Macht heilen. Wir müssen den Abstand zwischen der Drucktastenordnung und der menschlichen Handlungsweise überwinden. Wir müssen Menschen anrühren.

186
»Ich flehe Sie an, selbst im Schoße Christi, halten Sie es für möglich, daß Sie irren.«
Der Autor am Teich des Konzentrationslagers Auschwitz.

187
Umseitig:
Das Krematorium in Auschwitz, wo Menschen in Nummern verwandelt wurden.

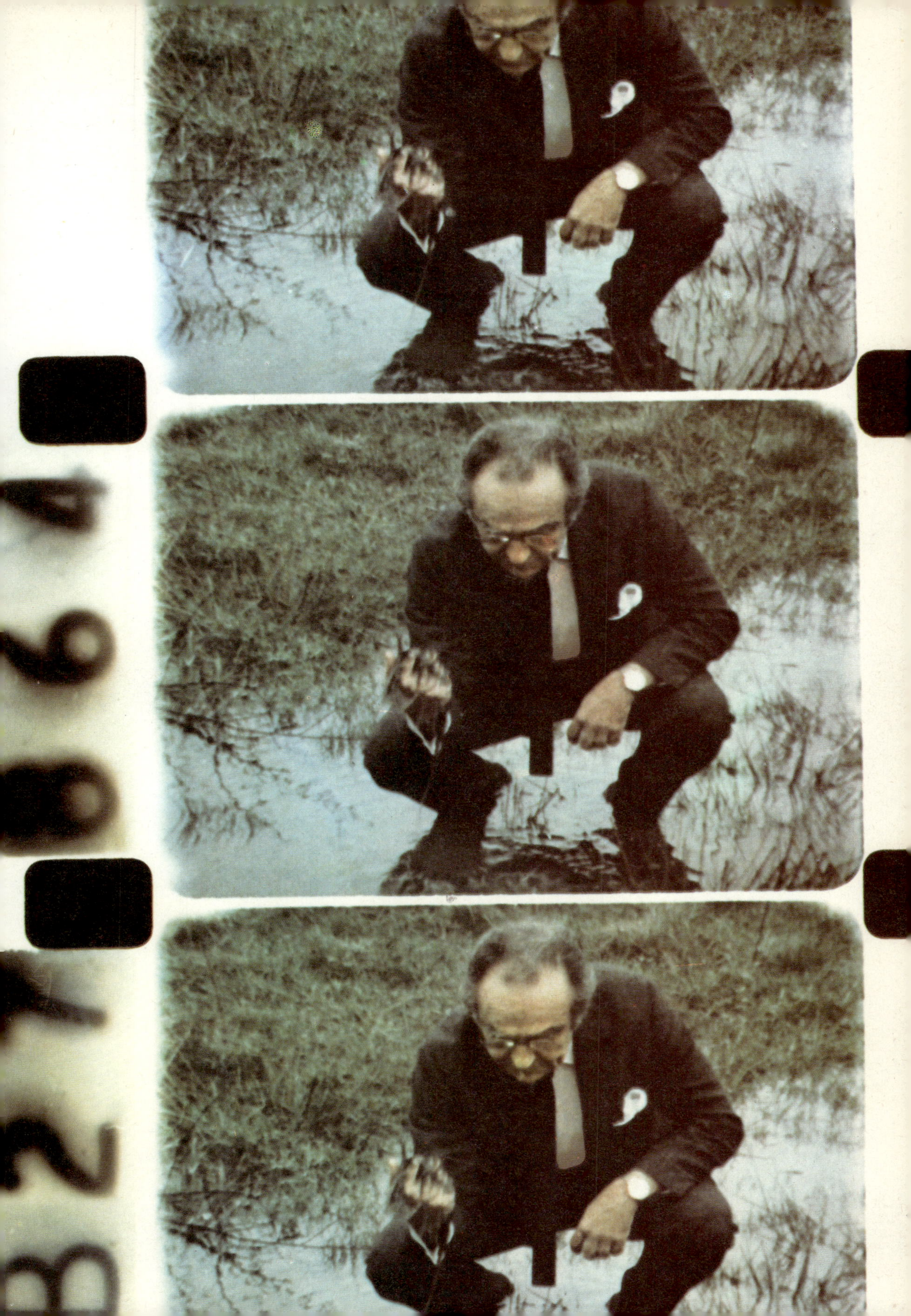

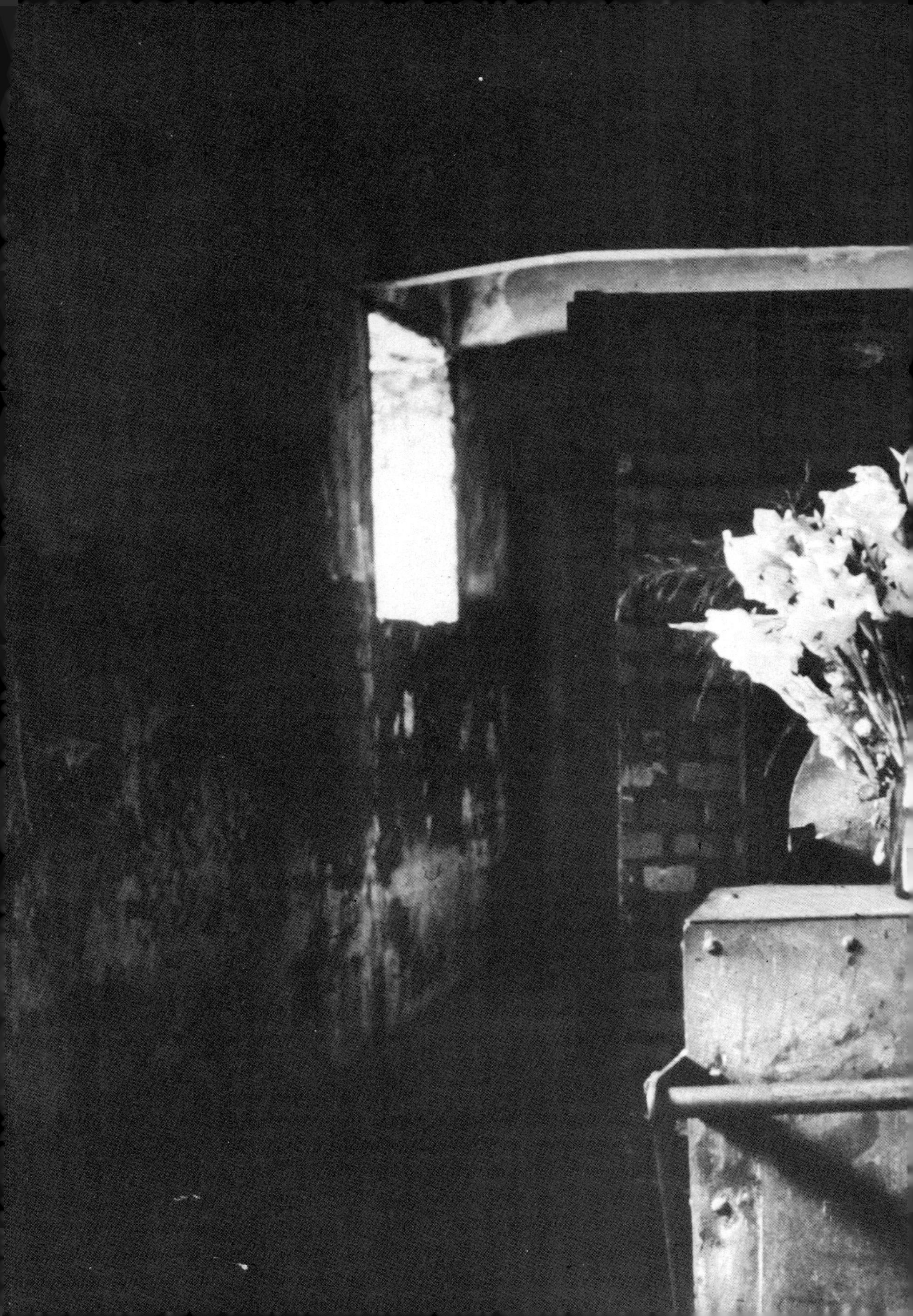

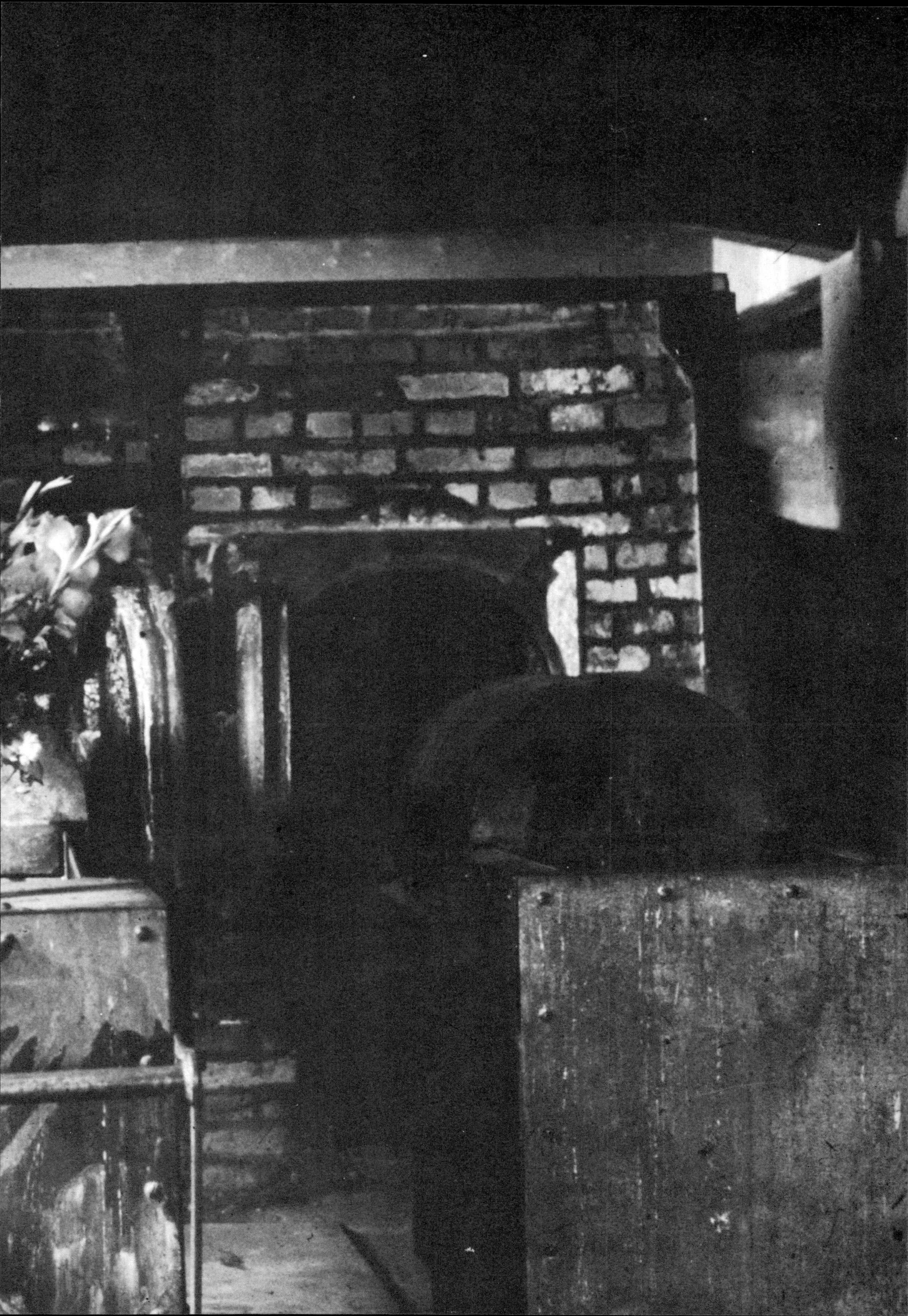

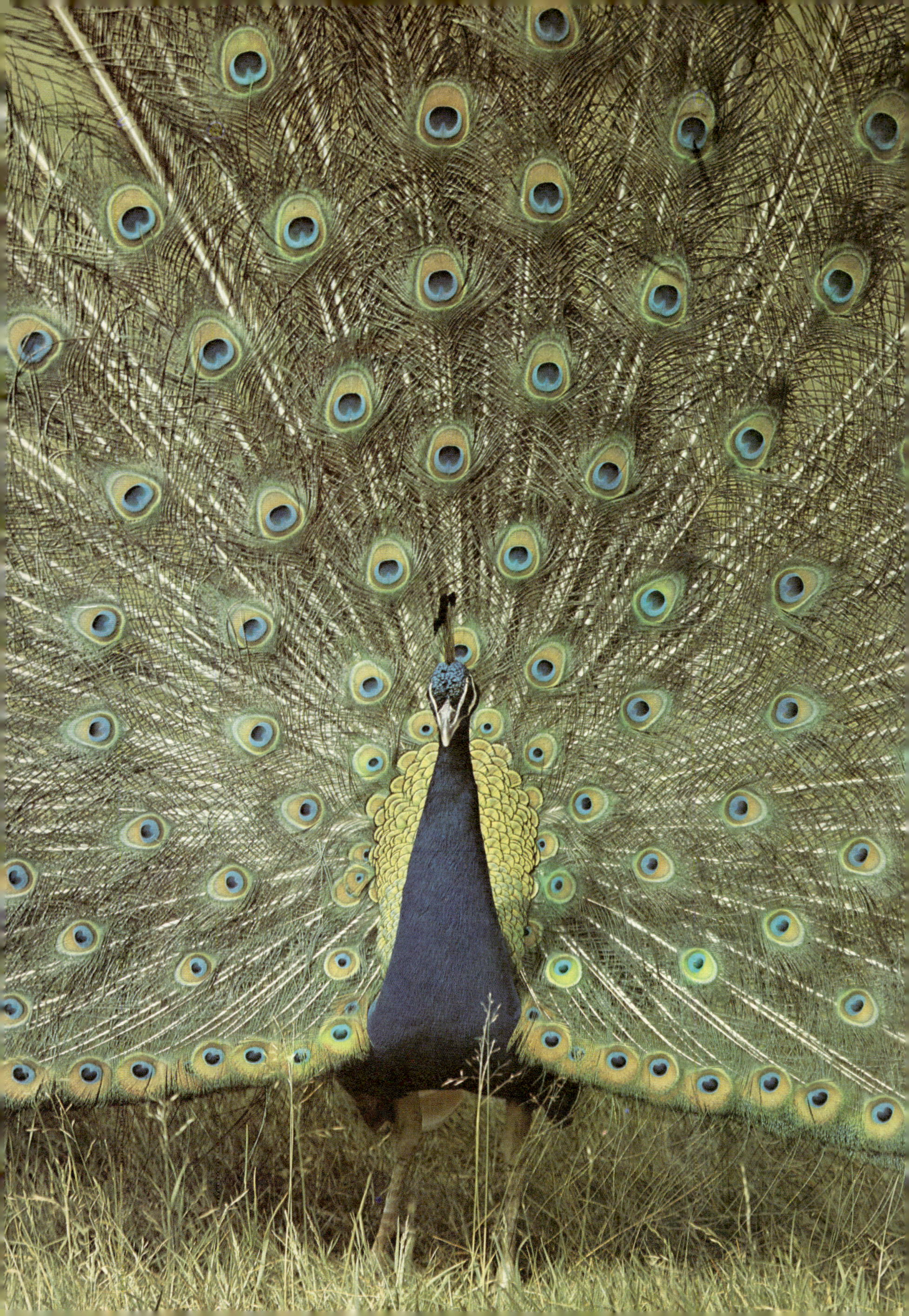

GENERATION UM GENERATION

Im 19. Jahrhundert war Wien die Hauptstadt eines Reiches, das zahlreiche Nationen und Sprachen umfaßte. Es war ein berühmtes Zentrum für Musik, Literatur und bildende Kunst. Die Naturwissenschaft, besonders die Biologie, war im konservativen Wien übel beleumundet. Dennoch war Österreich wider Erwarten der Nährboden für eine revolutionäre wissenschaftliche Idee (und das auf dem Gebiet der Biologie).

An der alten Wiener Universität verschaffte sich der Begründer der Vererbungslehre und damit aller modernen Lebenswissenschaften, Gregor Mendel, die geringe Universitätsbildung, die er hatte. Er kam während der historischen Auseinandersetzung zwischen Tyrannei und Gedankenfreiheit hierher. Kurz bevor er nach Wien kam, hatten 1848 zwei junge Männer im weit entfernten London ein Manifest auf deutsch veröffentlicht, das mit dem Satz beginnt: »Ein Gespenst geht um in Europa, das Gespenst des Kommunismus.«

Natürlich waren Karl Marx und Friedrich Engels mit ihrem *Kommunistischen Manifest* nicht die Urheber der damaligen Revolutionen in Europa, aber sie liehen ihnen ihre Stimme. Es war die Stimme des Aufruhrs. In ganz Europa machte sich eine heftige Abneigung gegen die Bourbonen, die Habsburger und die Regierungen im allgemeinen bemerkbar. Paris war im Februar 1848 im Aufruhr, Wien und Berlin folgten. So protestierten im März 1848 Studenten auf dem Universitätsplatz in Wien und kämpften gegen die Polizei. Das österreichische Weltreich geriet wie andere Reiche ins Wanken. Metternich trat zurück und floh nach London. Der Kaiser dankte ab.

Kaiser gehen — Reiche bleiben bestehen. Der neue österreichische Kaiser war der damals achtzehnjährige Franz Josef, der wie ein mittelalterlicher Autokrat regierte, bis dann das morsche Reich während des Ersten Weltkrieges auseinanderfiel. Ich erinnere mich noch, wie ich als kleiner Junge Franz Josef gesehen habe. Wie alle Habsburger hatte er eine lange Unterlippe und einen wulstigen Mund, wie ihn Velazquez bei den spanischen Königen gemalt hatte und wie man ihn heute als ein dominantes Erbmerkmal kennt.

Als Franz Josef den Thron bestieg, war es mit den patriotischen Reden aus. Die Reaktion unter dem jungen Kaiser war total. Zu dieser Zeit wurde der Aufstieg des Menschen ganz unmerklich in eine neue Richtung gedrängt. Gregor Mendel kam an die Universität Wien. Er war als Johann Mendel, als Bauernsohn auf die Welt gekommen. Den Namen Gregor hatte er kurz zuvor erhalten,

188
Die geschlechtliche Fortpflanzung bringt die Antriebskraft der Vielfalt, und Vielfalt ist Evolution. Zwei ist die magische Zahl. Deshalb sind die sexuelle Zuchtwahl und der Balzvorgang in verschiedenen Arten so hoch entwickelt. *Der Pfau schlägt ein Rad.*

als er, durch Armut und mangelhafte Bildung deprimiert, Mönch geworden war. Er blieb sein Leben lang ein Bauernjunge in der Art und Weise, in der er seine Arbeit erledigte, er wurde nie ein Professor und auch kein Gentleman-Naturforscher wie seine Zeitgenossen in England. Er war ein Kräutergarten-Naturforscher.

Mendel war Mönch geworden, um Zugang zur Bildung zu erhalten, und sein Abt schickte ihn an die Universität Wien, damit er dort sein Lehrerdiplom machen sollte. Mendel war nervös, und er war kein besonders kluger Student. Sein Prüfer bescheinigte ihm: »Es fehlt ihm an Einsicht und an der notwendigen Klarheit des Wissens«, und ließ ihn durchfallen.

Der Bauernbursche, der Mönch geworden war, hatte keine andere Wahl, als sich wieder in die Anonymität des Klosters im mährischen Brünn zurückzuziehen.

Als Mendel 1853 mit einunddreißig Jahren aus Wien zurückkehrte, galt er als Versager. Der Augustinerorden des heiligen Thomas in Brünn hatte ihn nach Wien geschickt. Die Mönche waren als Lehrer tätig. Die österreichische Regierung legte Wert darauf, daß intelligente Bauernjungen von Mönchen unterrichtet wurden. Die Brünner Mönche hatten keine rechte Klosterbibliothek, sondern eher die eines Lehrordens. Mendel hatte sein Lehrerdiplom nicht bekommen. Er mußte sich jetzt entscheiden, ob er den Rest seines Lebens als ein verkrachter Lehrer oder – ja, als was – verbringen sollte? Er entschied als der Bauernjunge, den sie auf dem Bauernhof Hansel gerufen hatten – nicht als der Mönch Gregor. Er besann sich auf das, was er auf dem Bauernhof kennengelernt hatte und was ihn seither faszinierte: die Pflanzen.

In Wien war er von einem großen Biologen, von Franz Unger, beeinflußt worden, der eine konkrete, praktische Einstellung zur Vererbung hatte: er glaubte nicht an geistige Offenbarungen, nicht an Vitalkräfte, sondern er hielt sich an die Tatsachen. Mendel beschloß, sein Leben dem praktischen Experimentieren in der Biologie zu widmen, und zwar hier im Kloster. Das war eine kühne Entscheidung ohne viel Aufhebens, und geheimgehalten hat Mendel sie, glaube ich, auch, denn der zuständige Bischof erlaubte den Mönchen nicht einmal, Biologie zu lehren.

Mendel begann zwei oder drei Jahre nach seiner Rückkehr aus Wien mit den praktischen Experimenten, also etwa 1856. In seiner entscheidenden Veröffentlichung schreibt er, er sei acht Jahre lang tätig gewesen. Für seine Versuche wählte er nach sorgfältiger Überlegung die Gartenerbse. Sieben Artmerkmale hatte Mendel zum Vergleich ausgewählt: die Form des Samens, die Farbe des Samenkorns und ähnliche vergleichbare Eigenschaften, wobei er seine Liste mit einem Vergleich des hochwachsenden mit dem

189
Der Aufstieg des Menschen wurde durch Gregor Mendel ganz unmerklich in eine neue Richtung gedrängt. *Mendel 1865.*

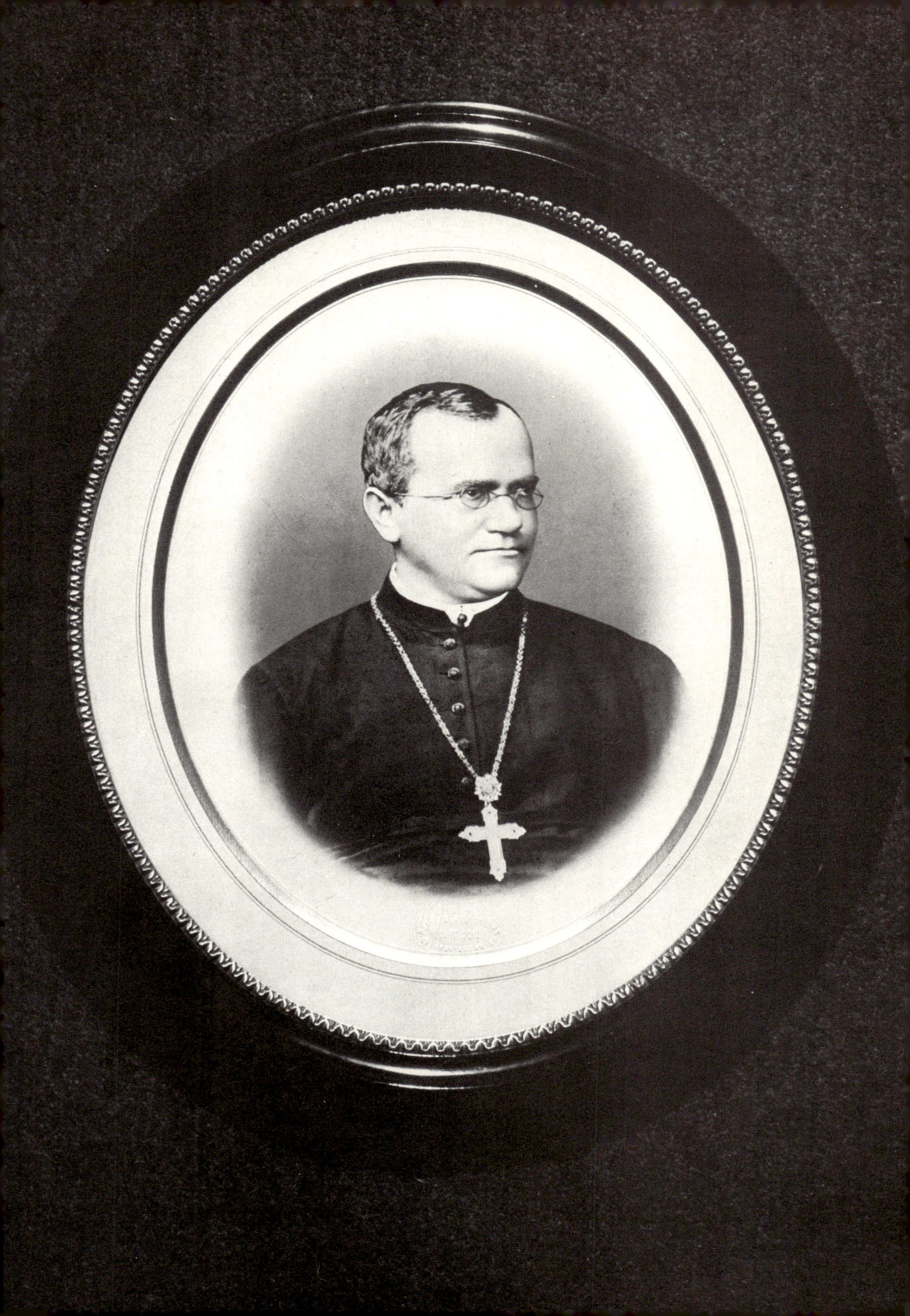

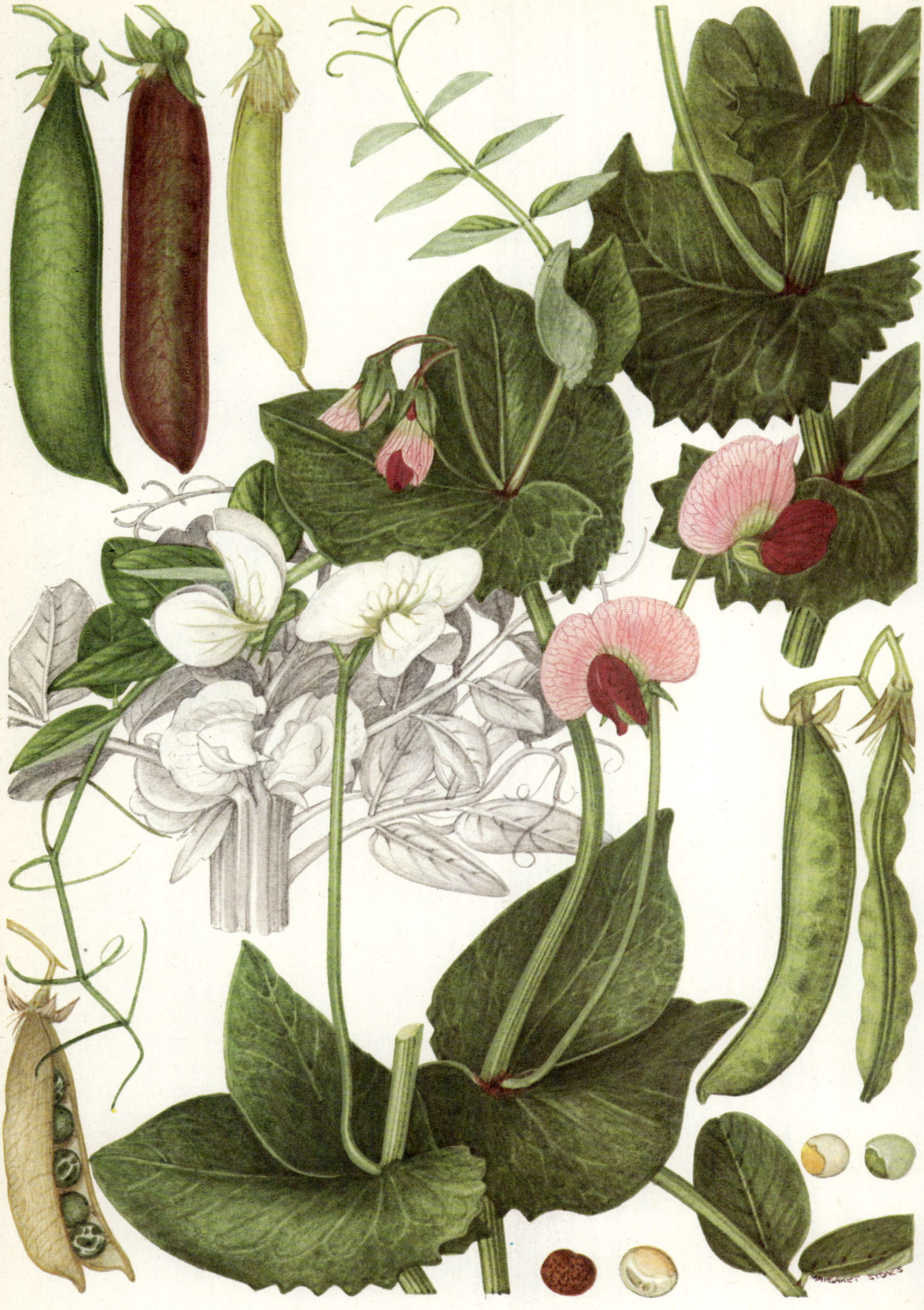
MARGARET STONES

Generation um Generation

niedrigwachsenden Erbsenstrauch abschloß. Ich habe mich entschlossen, diese letzte Eigenschaft zu demonstrieren: hochwüchsig gegen niedrigwüchsig.

Wir führen das Experiment genauso durch wie Mendel. Wir züchten eine Mischform aus hoch- und niedrigwachsenden Erbsen, wobei wir die Elternpflanzen nach Mendels Anweisung auswählen: *Bei Experimenten dieser Art mußte ich, um mit Gewißheit unterscheiden zu können, die Pflanzen mit einer Längsachse von 1,80 Meter bis 2,10 Meter immer mit der etwa 25 bis 45 cm hohen Version kreuzen.*

Um sicherzustellen, daß sich die kurze Pflanze nicht selbst befruchtet, kastrieren wir sie. Dann befruchten wir die niedrige Pflanze künstlich mit dem Samen der hochwachsenden.

Der Befruchtungsvorgang nimmt seinen Lauf. Die Pollenschläuche wachsen in die Eizellen hinunter. Die Pollenkerne (dem tierischen Samen vergleichbar) rutschen durch die Pollenschläuche und erreichen die Eier wie bei jeder anderen befruchteten Erbse. Die Pflanze bringt Schoten hervor, die ihr Artmerkmal natürlich noch nicht offenbaren.

Jetzt werden die Erbsen, die aus den Schoten herausgenommen wurden, eingepflanzt. Ihre Entwicklung ist zunächst von der Entwicklung jeder beliebigen Gartenerbse nicht zu unterscheiden. Obwohl diese Pflanzen erst der ersten Generation hybrider Nachkommen zugehören, ist ihr Aussehen, wenn sie ausgewachsen sind, bereits ein Prüfstein für die herkömmliche Vorstellung von der Vererbung, die damals und noch für weitere Zeit die Botaniker hegten. Die herkömmliche Ansicht bestand darin, daß die Artmerkmale der Hybriden zwischen den Merkmalen der jeweiligen Eltern liegen. Mendels Anschauung war vollkommen anders, und er hatte sich sogar eine Theorie zurechtgelegt, um seine Ansicht zu erklären.

Mendel hatte sich ausgedacht, daß ein einfaches Artmerkmal von zwei winzigen Teilchen bestimmt wird (heute nennen wir sie die Gene). Jeder Elternteil bringt eines der beiden Teilchen ein. Wenn beide Gene verschieden sind, dann ist das eine von ihnen vorherrschend oder dominant — das andere rezessiv. Die Kreuzung hochwüchsiger Erbsen mit niedrigwüchsigen dient der Feststellung, ob diese Annahme zutrifft. Siehe da, die erste Generation von Hybriden ist hochwüchsig, wenn sie voll ausgewachsen ist. In der Sprache der modernen Genetik bedeutet dies, daß das Artmerkmal »hoch« über das Artmerkmal »niedrig« dominiert. Es ist *nicht* wahr, daß die Hybriden das Mittel zwischen der Höhe ihrer Elternteile erreichen. Es handelt sich vielmehr in allen Fällen um hochwüchsige Pflanzen.

Jetzt folgt der zweite Schritt: Wir züchten die zweite Generation so, wie Mendel es getan hatte, und wir befruchten die Hybriden mit

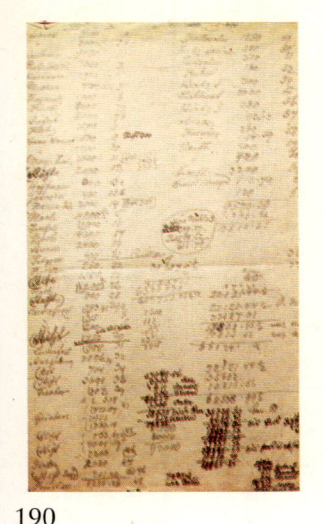

190
Alles ist moderne Genetik, im wesentlichen wie heute, aber bereits vor über hundert Jahren von einem Unbekannten verwirklicht.
Eine Seite mit Berechnungen aus Mendels Arbeitsnotizen über seine achtjährigen Experimente mit Erbsen. Die nebenstehende Abbildung zeigt die Merkmale, die Mendel in seiner Arbeit 1866 analysiert hat. Er bemerkte den Unterschied in der Form der reifen Erbsensamen: rund oder runzlig im reifen Zustand, gelb oder grün der heranreifenden Schoten, graue oder weiße Samenschale, die mit rötlichen oder weißen Blüten im Lebenszyklus der Pflanze zusammenhingen. Er kreuzte Pflanzen mit gewölbten und mit eingeschnürten Schoten sowie mit grünen und gelben unreifen Schoten. Darüber hinaus Pflanzen mit Blüten in den Blattachsen oder Blüten ausschließlich am Ende der Stengel. Auf dieser Abbildung können kurzwüchsige und hochwüchsige Pflanzen durch die Stengellänge zwischen den Knoten identifiziert werden. Auf diese sieben Merkmale begründete Mendel seine Gesetze.

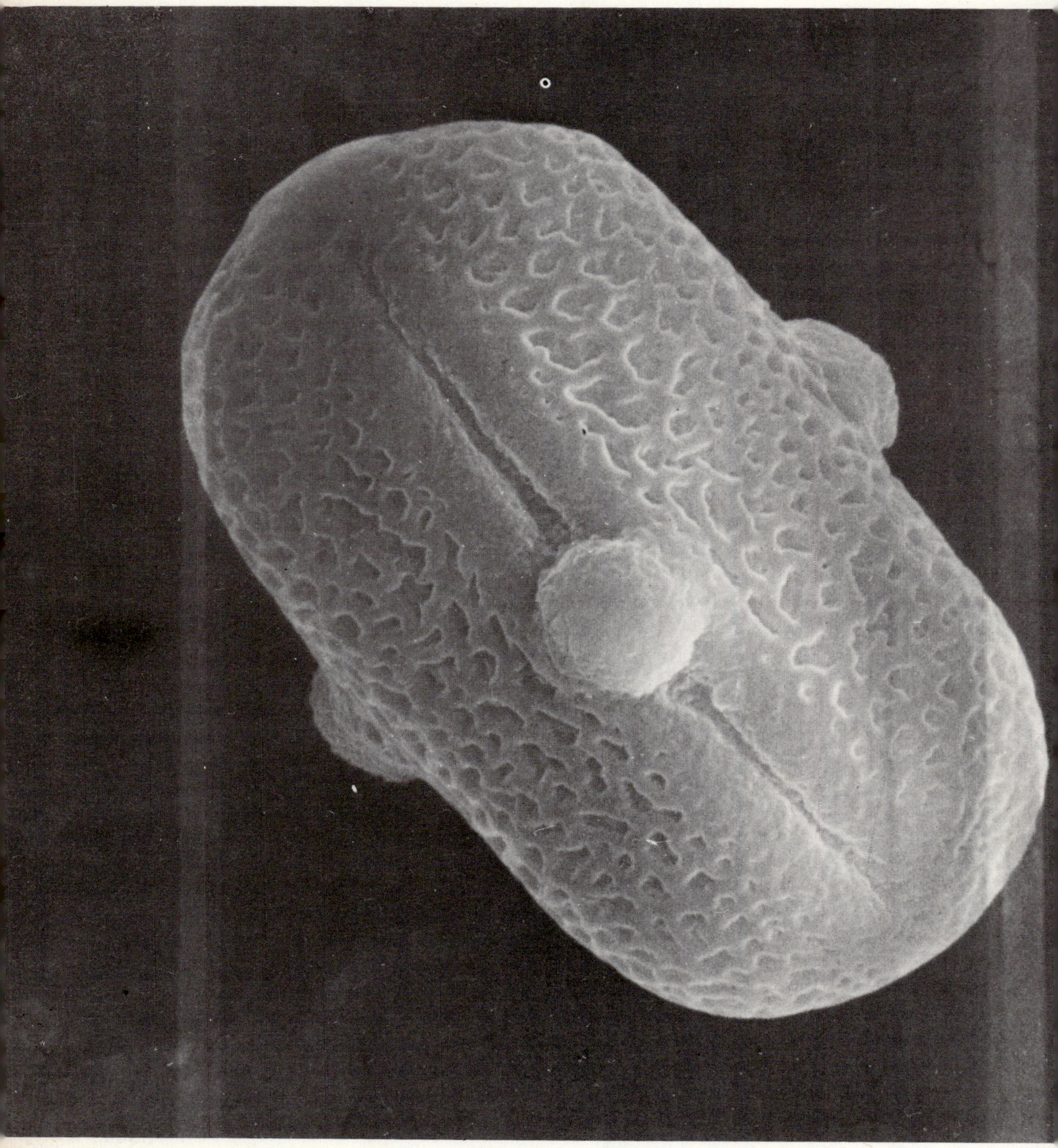

ihren eigenen Pollen. Wir lassen die Schoten heranwachsen und pflanzen die Erbsen, die wir den Schoten entnehmen. Dann bekommen wir die zweite Generation. Sie gleicht nun keinem Elternteil mehr *vollkommen,* denn sie ist gar nicht mehr einheitlich ausgebildet. Es gibt eine Mehrzahl hochwüchsiger Pflanzen, aber auch eine ansehnliche Minderheit von niedrigwüchsigen. Der Anteil der kurzwüchsigen Pflanzen müßte eigentlich aus Mendels Hypothese von der Vererbung zu berechnen sein. Wenn Mendel nämlich recht hatte, dann hatte jede Hybride in der ersten Generation ein dominantes und ein rezessives Gen. Daher sind also bei jeweils einer von vier Befruchtungen zwischen Hybriden der ersten Generation zwei rezessive Gene zusammengekommen. Das Ergebnis müßte sein, daß jede vierte Pflanze kurzwüchsig ist. Und das trifft auch zu: In der zweiten Generation ist jede vierte Pflanze kurzwüchsig, drei sind hochwüchsig. Das ist das berühmte Verhältnis von eins aus vier, oder 1 : 3, das stets mit dem Namen von Gregor Mendel in Verbindung gebracht wird — und das mit Recht. Mendel berichtete:

Bei 1064 Pflanzen war in 787 Fällen der Stamm langwüchsig, bei 277 kurz gewachsen. Daraus ergibt sich also ein Wechselverhältnis von 2,84 : 1 ... Wenn nun die Ergebnisse aller Experimente zusammengelegt werden, ergibt sich zwischen der Anzahl von Pflanzenformen mit dominierenden und rezessiven Eigenschaften ein Durchschnittsverhältnis von 2,98 : 1 oder 3 : 1.

Es wird nun ersichtlich, daß die Hybriden je zweier differierender Merkmale Samen bilden, von denen die eine Hälfte wieder die Hybridform entwickelt, während die andere Pflanzen gibt, welche konstant bleiben und zu gleichen Teilen den dominierenden und rezessiven Charakter erhalten.

Mendel veröffentlichte 1865 seine Ergebnisse in den *Verhandlungen des Naturforschenden Vereins in Brünn* und fiel sofort der Vergessenheit anheim. Niemand kümmerte sich um seine Arbeit. Niemand verstand sie. Selbst als Mendel sich an einen angesehenen, wenn auch hochnäsigen Fachmann auf diesem Gebiet, an Karl Nägeli, wandte, wurde es klar, daß dieser Wissenschaftler keinen Schimmer von Mendels Arbeit hatte. Wäre Mendel natürlich ein professioneller Wissenschaftler gewesen, dann hätte er versucht, seine Forschungsergebnisse in Frankreich oder England in einer Fachzeitschrift zu verbreiten, die von Botanikern und Biologen gelesen wurde. Er versuchte, ausländische Wissenschaftler zu interessieren, indem er ihnen Sonderdrucke seines Referates zuschickte, aber das war ein fruchtloses Unterfangen, wo es sich doch um einen unbekannten Aufsatz in einer unbekannten Zeitschrift handelte. Um diese Zeit, also 1868, drei Jahre nach der Veröffentlichung seines Aufsatzes, geschah jedoch etwas gänzlich

191
Der Befruchtungsvorgang nimmt seinen Lauf. *Elektronenmikroskopische Aufnahme des Pollens der Gartenerbse.*

192
Die Pflanze hat Schoten, die noch nicht ihren Charakter verraten.
Erbsenansätze in der Schote.

Unerwartetes mit Mendel. Er wurde zum Abt seines Klosters gewählt. Bis an sein Lebensende erfüllte er seine Pflichten mit anerkennenswertem Eifer und mit einem Hauch von neurotischer Pedanterie.

An Nägeli schrieb er, er hoffe, mit seinen Züchtungsversuchen fortfahren zu können. Das einzige, was Mendel nun noch züchten konnte, waren Bienen — er wollte immer schon gern seine Arbeit von den Pflanzen auf die Tierwelt übertragen. Bei diesem Versuch litt Mendel wieder unter der Mischung von großartigem theoretischem Glückszufall und praktischem Versagen. Er züchtete eine hybride Bienenart, die ausgezeichneten Honig gab, aber so wild war, daß die Bienen über alles in der näheren Umgebung herfielen, was ihnen in den Weg kam. Sie mußten ausgerottet werden.

Mendel scheint sich über Steuerforderungen an das Kloster mehr Gedanken gemacht zu haben als über die geistige Führung seiner Mönche. Es gibt auch Anzeichen dafür, daß ihn die Geheimpolizei des Kaisers für einen unsicheren Kantonisten hielt. Wer weiß, welche Gedanken der Abt hinter seinen buschigen Augenbrauen hegte.

Das Rätsel der Mendelschen Persönlichkeit ist intellektueller Art. Niemand hätte diese Experimente planen können, wenn er nicht von vornherein ganz eindeutig die gewünschte Antwort angesteuert hätte. Das ist eine sonderbare Angelegenheit, und ich möchte die Gründe für meine Vermutung angeben.

Zunächst eine praktische Anmerkung. Mendel hatte für seine jeweiligen Untersuchungen sieben unterschiedliche Merkmale gewählt — hochwüchsig gegen niedrigwüchsig und so weiter. Die Erbse hat aber tatsächlich sieben Chromosomenpaare, so daß man sieben verschiedene Merkmale prüfen kann, die von Genen hervorgerufen werden, die auf sieben unterschiedlichen Chromosomen liegen. Aber das ist auch die größte Anzahl, die man wählen kann. Acht verschiedene Merkmale kann man nicht prüfen, ohne daß mindestens zwei Gene auf einem Chromosom liegen und deshalb wenigstens teilweise gekoppelt vererbt werden. Niemand hatte damals Vorstellungen über Gene oder über Genkopplungen. Zur Zeit als Mendel an seinem Aufsatz arbeitete, waren noch nicht einmal Chromosomen bekannt.

Als Abt eines Klosters ist man möglicherweise in der Gunst des Herrgotts — aber *soviel* Glück auf einmal kann kein Mensch haben. Mendel muß eine beträchtliche Anzahl von Beobachtungen und Experimenten gemacht haben, bevor er schließlich an die eigentliche Arbeit ging. Er muß Versuche gemacht haben, um die Eigenschaften herauszufinden und sich selbst davon zu überzeugen, daß sieben Eigenschaften oder Artmerkmale noch gerade zu bewältigen waren. Da wird vielleicht etwas in Mendels verschlos-

Generation um Generation

senem Gesicht von der großen geistigen Bemühung sichtbar, die hinter dem Aufsatz und der wissenschaftlichen Leistung steht. Das sieht man auch auf jeder Seite des Manuskriptes — die Algebrasymbole, die statistischen Angaben, die Klarheit der Gliederung —, alles ist hier schon moderne Erbforschung, im wesentlichen schon so angelegt, wie man diese Dinge auch heute behandelt, aber vor über hundert Jahren von einem Unbekannten geleistet.

Es war die Leistung eines Unbekannten, der eine wichtige Eingebung hatte: daß sich nämlich die Artmerkmale nach dem Prinzip des »alles oder nichts« unterscheiden lassen. Mendel kam in einer Zeit zu diesem Schluß, als die Biologen es für axiomatisch hielten, daß eine Kreuzung etwas produziert, das zwischen den beiden Artmerkmalen der Eltern liegt. Es ist nicht anzunehmen, daß ein rezessives Artmerkmal nie zuvor aufgetreten wäre, und wir können daher lediglich vermuten, daß jedesmal, wenn die Züchter ein solches rezessives Artmerkmal in einer Hybride beobachteten, sie diese Hybride wegwarfen, weil sie einfach davon überzeugt waren, daß die Vererbung ein Zwischenprodukt ergeben muß.

Woher hatte Mendel nur das Modell einer Vererbung nach dem Prinzip des »alles oder nichts«? Ich glaube, es zu wissen, aber ich kann natürlich auch nicht seine Gedanken lesen. Es gibt allerdings ein Modell (und das hat es seit unerdenklichen Zeiten gegeben), das so offensichtlich ist, daß vielleicht kein Wissenschaftler darauf kommen würde: Ein Kind oder auch ein Mönch könnten es vielleicht erkennen. Dieses Modell ist die geschlechtliche Fortpflanzung. Tiere haben seit Millionen von Jahren sich miteinander gepaart. Männchen und Weibchen der gleichen Art bringen dabei keine geschlechtlichen Ungeheuer oder Hermaphroditen hervor: Sie erzeugen entweder ein männliches oder ein weibliches Lebewesen. Männer und Frauen haben sich seit wenigstens einer Million Jahre miteinander vereinigt und männliche und weibliche Kinder gezeugt. Ein solch einfaches und doch überzeugendes Modell eines »Alles oder nichts«-Prinzips bei der Weitergabe von unterschiedlichen Merkmalen muß Mendel vorgeschwebt haben, so daß die Experimente und sein Grundgedanke für ihn aus einem Guß waren — und das von Anfang an.

Die Mönche, glaube ich, wußten das. Ich glaube auch, daß ihnen gar nicht gefiel, was Mendel da machte. Ich glaube, der Bischof, der die Versuche mit den Erbsen bereits abgelehnt hatte, mochte diese Arbeit nicht. Ihnen gefiel sein Interesse an der neuen Biologie überhaupt nicht — an Darwins Arbeit, zum Beispiel, die Mendel gelesen hatte und von der er sehr beeindruckt war. Die aufwieglerischen, revolutionären tschechischen Kollegen, denen er oft im Kloster Unterschlupf gewährte, schätzten ihn allerdings bis an sein Lebensende. Als er 1884 im Alter von knapp zweiundsechzig Jahren starb, spielte der große tschechische Komponist Leos Janacek bei seiner Beerdigung die Orgel. Die Mönche wählten natürlich alsbald einen neuen Abt, und der verbrannte alle Unterlagen, die Mendel noch im Kloster hinterlassen hatte.

Mendels großes Experiment blieb über dreißig Jahre vergessen, bis es im Jahr 1900 (durch mehrere Wissenschaftler unabhängig voneinander) wieder entdeckt wurde. So gehören seine Entdeckungen streng gesehen in unser Jahrhundert, in dem die Forschungen der Genetik auf einmal aufblühten.

Beginnen wir noch einmal ganz von vorn. Leben hat es auf der Erde seit drei Milliarden Jahren oder noch länger gegeben. Zwei Drittel dieser Zeit pflanzten sich die Organismen durch bloße Zellteilung fort. Die Zellteilung bringt in der Regel eine identische Nachkommenschaft hervor, und neue Formen erscheinen nur selten durch Mutation, eine sprunghafte, zufällige Veränderung. In diesem langen Zeitraum machte also die Evolution nur sehr langsame Fortschritte. Die ersten Organismen, die sich geschlechtlich fortpflanzten, müssen wohl Verwandte der Grünalgen gewesen sein. Sie entstanden vor weniger als einer Milliarde Jahren. Die geschlechtliche Fortpflanzung beginnt also um diese Zeit, zunächst in Pflanzen, dann bei den Tieren. Seither hat ihr Erfolg die biologische Norm bestimmt, so daß wir zum Beispiel zwei Arten als verschieden voneinander bezeichnen, wenn ihre Angehörigen keine fruchtbaren Nachkommen untereinander zeugen können.

Die geschlechtliche Fortpflanzung bringt Vielfalt hervor, und die Vielfalt ist die Antriebsenergie der Evolution. Die Beschleunigung des evolutionären Vorganges ist dafür verantwortlich, daß heute eine so überwältigende Vielfalt von Formen, Farben und Verhaltensmustern unter den Arten zu finden ist. Diese Beschleunigung ist auch für die Verbreitung individueller Unterschiede innerhalb der Arten verantwortlich. All das wurde durch die Entwicklung von zwei Geschlechtern ermöglicht. Die Verbreitung des Geschlechtlichen in der biologischen Welt ist in sich ein Beweis dafür, daß die Arten einer neuen Umwelt durch Auslese angepaßt werden. Die geschlechtliche Fortpflanzung wäre nämlich nicht nötig, wenn die Angehörigen einer Art die erworbenen Veränderungen, mit deren Hilfe sich die Individuen anpassen, auch weitervererben könnten. Lamarck schlug gegen Ende des achtzehnten Jahrhunderts diese naive und gewissermaßen einzigartige Art der Vererbung vor. Wenn sie jedoch tatsächlich vorhanden wäre, so ließe sich die Fortpflanzung wesentlich besser durch Zellteilung bewirken.

Die Zwei ist eine magische Zahl. Deshalb sind auch geschlechtliche Wahl und Liebeswerben in den verschiedenen Arten so hoch

193
Die Beschleunigung der Evolution ist verantwortlich für die heutige Existenz der verblüffenden Vielzahl von Form, Farbe und Verhalten bei den Arten. All das wurde durch die Entwicklung von zwei Geschlechtern ermöglicht.
Elefanten und flugunfähige Kormorane bei der Brautwerbung.

entwickelt. Deshalb werden so spektakuläre Formen, wie sie der Pfau aufweist, mitunter ausgebildet. Deshalb ist auch das geschlechtliche Verhalten so genau auf die Umwelt eines Tieres eingestellt. Wenn sich die Grunions ohne natürliche Zuchtwahl hätten anpassen können, dann würden sie sich nicht die Mühe machen, auf dem kalifornischen Strand zu tanzen, um die Inkubationszeit genau auf die Mondperioden abzustellen. Für diese Fische und für alle Meister der Anpassung wäre das Geschlecht dann nicht erforderlich. Dabei ist die geschlechtliche Fortpflanzung selbst eine Art der natürlichen Auswahl der Fähigsten. Hirsche kämpfen nicht, um zu töten, sondern nur, um ihr Recht auf die Wahl des weiblichen Partners zu verteidigen.

Die Vielfalt von Form, Farbe und Verhalten in den Einzeltieren und in den Arten wird durch das Verschmelzen von Genen hervorgebracht, wie Mendel richtig geahnt hatte. Mechanisch gesehen sitzen die Gene der Länge nach auf den Chromosomen, die nur sichtbar werden, wenn sich die Zelle teilt. Die Frage, die wir uns hier stellen, soll nicht lauten, wie sind Gene angeordnet, sondern wie wirken die Gene? Die Gene bestehen aus Zellkernsäuren. *In der Kernsäure* läuft das Geschehen ab.

Wie die Botschaft der Vererbung von einer Generation auf die nächste vermittelt wird, wurde 1953 entdeckt. Das ist eine regelrechte Abenteuergeschichte der Wissenschaft im zwanzigsten Jahrhundert. Der dramatische Höhepunkt wurde wohl im Herbst 1951 erreicht, als der junge James Watson, Anfang zwanzig damals, in Cambridge ankam und sich mit dem fünfunddreißigjährigen Francis Crick zusammentat, um die Struktur der Desoxyribonukleinsäure — kurz DNS — aufzuklären. Die DNS ist eine Kernsäure, das heißt, eine Säure im Mittelpunkt der Zelle, und es war in den voraufgegangenen zehn Jahren klargeworden, daß die chemische Botschaft der Vererbung von einer Generation zur anderen durch die Kernsäuren weitergegeben wird. Die Forscher sahen sich in Cambridge und auch in Laboratorien in Kalifornien und an anderen Orten zwei Fragen gegenüber: Was ist die chemische Beschaffenheit der DNS und welche Struktur hat sie?

Was ist die chemische Beschaffenheit? Das bedeutet doch, welche Teile machen die DNS aus, und welche Teile können gleichzeitig umgestellt werden, um verschiedene Formen der DNS zu bilden? Das wußte man ziemlich zuverlässig. Es war klar, daß die DNS aus Zuckern und Phosphaten besteht (die mußten schon aus strukturellen Gründen ganz sicher vorhanden sein), und darüber hinaus aus vier spezifischen Kleinmolekülen oder Basen. Zwei von ihnen sind winzige Moleküle — Thymin und Cytosin —, in denen jeweils Kohlenstoff-, Stickstoff-, Sauerstoff- und Wasserstoffatome in einem Sechseck angeordnet sind. Zwei sind größer, Guanin und

194
Die Gene sind in den Chromosomen gelagert, die bei der Zellteilung sichtbar werden.
Große Chromosomen aus Zwiebelschalenzellen.

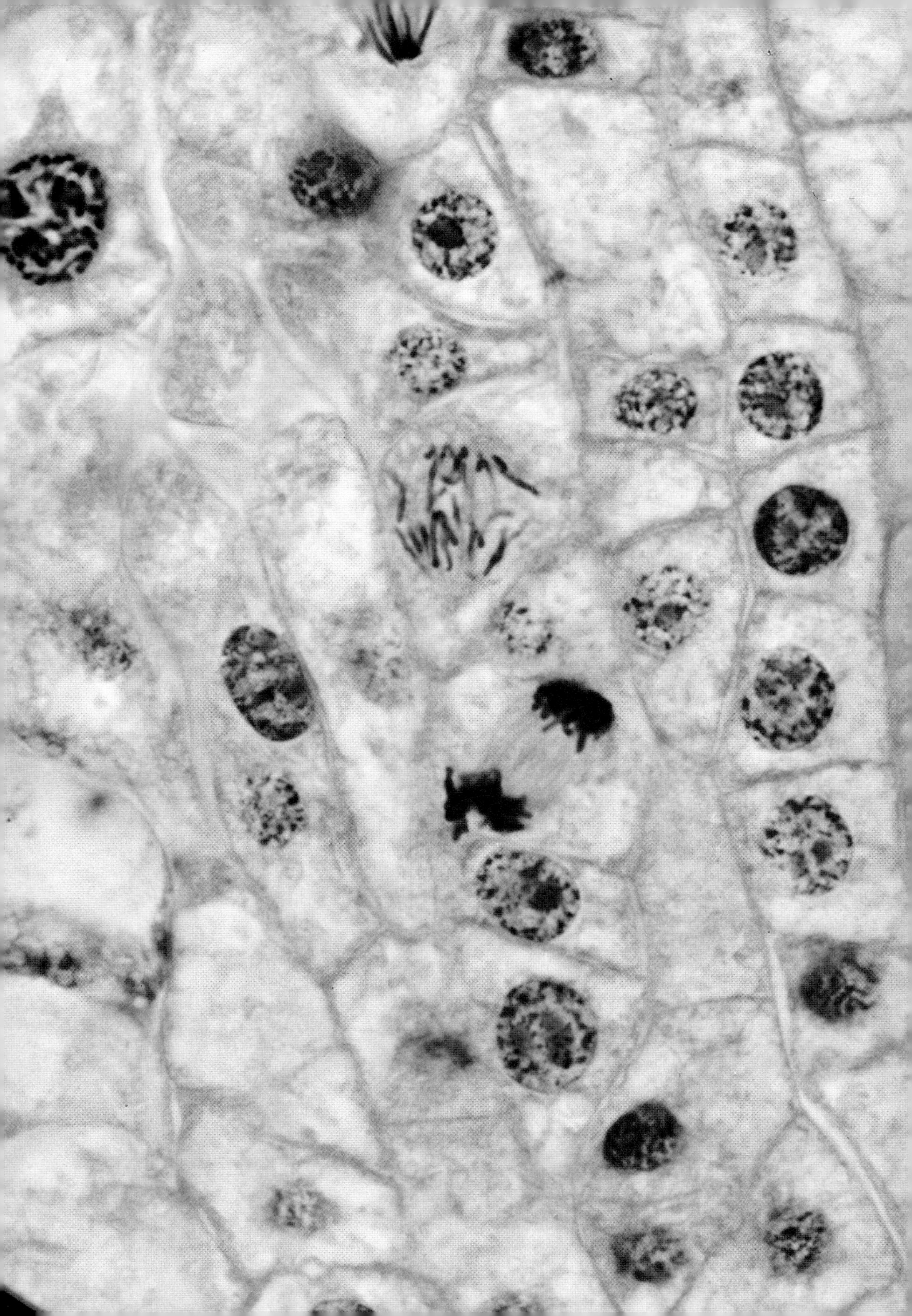

Adenin, in denen die Atome in einem Sechseck und einem Fünfeck zusammengefügt sind. Es ist üblich, bei Arbeiten über die Struktur der DNS jede der kleinen Basen einfach durch ein Sechseck zu bezeichnen und die großen Basen durch die größere Abbildung, um die Aufmerksamkeit mehr auf die Form als auf die Einzelatome zu lenken.

Wie steht es nun mit der Struktur? Das bedeutet doch, wie sind die Basen angeordnet, die der DNS die Möglichkeit verleihen, zahlreiche verschiedene Erbbotschaften zum Ausdruck zu bringen? Ein Gebäude ist schließlich nicht bloß ein Haufen Steine, und das DNS-Molekül ist nicht nur eine Zusammenballung von Basen. Was verleiht ihm seine Struktur und damit seine Funktion? Es war schon damals klar, daß das DNS-Molekül eine lange Kette war, ziemlich starr — eine Art organisches Kristall. Es war wahrscheinlich, daß es sich um eine Helix (oder Spirale) handeln müsse. Aus wie vielen parallelen Spiralen bestand die DNS aber? Einer, zwei, drei, vier? Die Meinungen teilten sich in zwei große Lager — die einen waren für zwei Spiralen, und andere Wissenschaftler gingen von der Annahme aus, daß es drei Spiralen gab. Gegen Ende 1952 brachte der geniale Linus Pauling, der große Wissenschaftler auf dem Gebiet der strukturellen Chemie, in Kalifornien ein Modell mit drei Spiralen in Vorschlag. Das Rückgrat aus Zucker und aus Phosphaten war zentral angeordnet. Die Basen erstreckten sich von dieser Mittelstütze aus in alle Richtungen. Das Modell wurde im Februar 1953 in Cambridge bekannt, und für Crick und Watson war von Anfang an klar, daß an diesem Modell etwas falsch sein mußte.

Vielleicht war es bloß aus Gründen der Arbeitserleichterung, vielleicht aber auch spielte ein wenig Bosheit mit, als Jim Watson sich schon sehr bald für die Doppelspirale entschied. Nach einem Besuch in London schrieb er:

Als ich mit dem Rad wieder zum College zurückgefahren war und über das Hintertor kletterte, hatte ich mich entschlossen, zwei Kettenmodelle zu bauen. Francis mußte einfach mitmachen. Obgleich er Physiker war, wußte er doch, daß wichtige biologische Objekte paarweise auftreten.

Darüber hinaus begannen er und Crick, nach einer Struktur zu suchen, die das Rückgrat auf der Außenseite hatte: eine Art Wendeltreppe, bei der die Zucker und die Phosphate die Konstruktion wie mit zwei Geländern zusammenhielten. Es gab immer wieder vergebliche Versuche mit ausgeschnittenen Formen, bei denen man die Basen als Stufen in das Modell einzupassen suchte. Dann jedoch, nach einem besonders heftigen Fehlschlag, wurde das Modell plötzlich verständlich.

Ich schaute auf, sah, daß es nicht Francis war, und begann wie-

der, die Basen in verschiedenen paarweisen Anordnungen einzusetzen und wieder herauszunehmen. Plötzlich wurde mir bewußt, daß ein Adenin-Thymin-Paar, das durch zwei Wasserstoffbindungen zusammengehalten wurde, in seiner Gestalt einem Guanin-Zytosin-Paar identisch war.

Natürlich mußte jede Stufe aus einer kleinen Base und einer großen Base bestehen. Aber mit jeder beliebigen großen Base ging es nicht. Dem Thymin muß Adenin gegenüberstehen, und wenn man Cytosin vorfindet, dann muß diesem Guanin gegenüberstehen. Die Basen traten als Paare auf, bei denen jeder Partner den anderen bestimmt.

So ist also das Modell des DNS-Moleküls eine Wendeltreppe. Es ist eine rechtsläufige Wendeltreppe, deren Einzelstufen gleiche Größe haben, im gleichen Abstand zu der nächsten auftreten und sich um denselben Winkel drehen — sechsunddreißig Grad zwischen aufeinanderfolgenden Stufen. Wenn Cytosin ein Ende einer Stufe darstellt, dann finden wir Guanin am anderen. Dasselbe gilt für das andere Basenpaar. Daraus folgt, daß jede Hälfte der Wendeltreppe bereits den vollständigen Vererbungskodex hat, so daß in gewissem Sinne die andere Hälfte überflüssig ist.

Bauen wir doch einmal das Molekül auf einem Computer zusammen. Schematisch gesehen, handelt es sich hier um ein Basenpaar. Die gestrichelten Linien zwischen den Enden sind die Wasserstoffbindungen, die die beiden Basen zusammenhalten. Wir setzen dieses Paar in die Endposition, in der wir es auch stapeln. Jetzt stapeln wir das Paar unten an der linken Seite des Computerbildes, wo wir das ganze DNS-Molekül buchstäblich Schritt um Schritt aufbauen wollen.

Hier ist ein zweites Paar. Es kann von der gleichen Art sein wie das erste oder von entgegengesetzter Art. Dieses Paar kann nun beiderseitig angesetzt werden. Wir stapeln es über dem ersten Paar und drehen es dann um sechsunddreißig Grad. Hier ist ein drittes Paar, mit dem wir dasselbe tun. Und so machen wir weiter.

Diese Treppenstufen sind ein Kodex, der der Zelle Schritt um Schritt vermittelt, wie sie die lebensnotwendigen Proteine (Eiweiße) herstellen kann. Das Gen bildet sich sichtbar vor unseren Augen, und das Geländer aus verschiedenen Zuckern und Phosphaten hält die Wendeltreppe an jeder Seite aufrecht. Das spiralförmige DNS-Molekül ist ein Gen, ein Gen in Aktion, und die Treppen sind einzelne Schritte in der Genwirkung.

Am 2. April 1953 schickten James Watson und Francis Crick an die Fachzeitschrift *Nature* das Referat, das diese Struktur in der DNS beschreibt, an der sie achtzehn Monate gearbeitet hatten. Wir sagen es vielleicht in den Worten von Jaques Monod vom Pasteur-Institut in Paris und dem Salk-Institute in Kalifornien:

195
Die DNS bildet eine rechtsläufige Spirale. Jede Stufe ist von gleicher Größe und dreht sich um denselben Winkel – um 36 Grad zwischen den aufeinanderfolgenden Stufen.
Computergrafikfolge vom Aufeinanderlegen der einzelnen Einheiten der DNS-Doppelspirale.

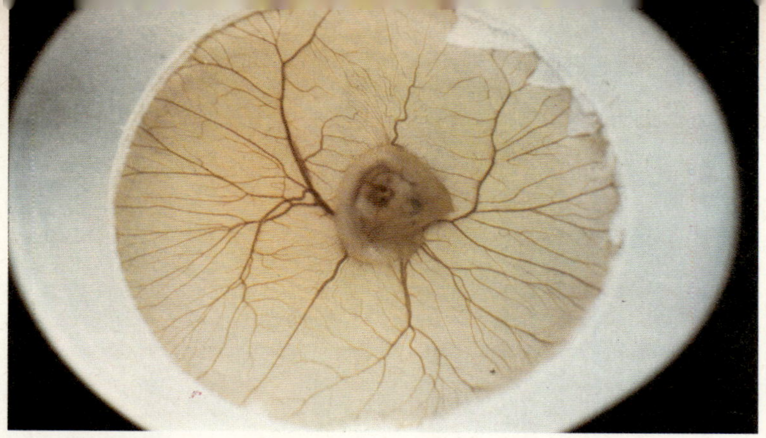
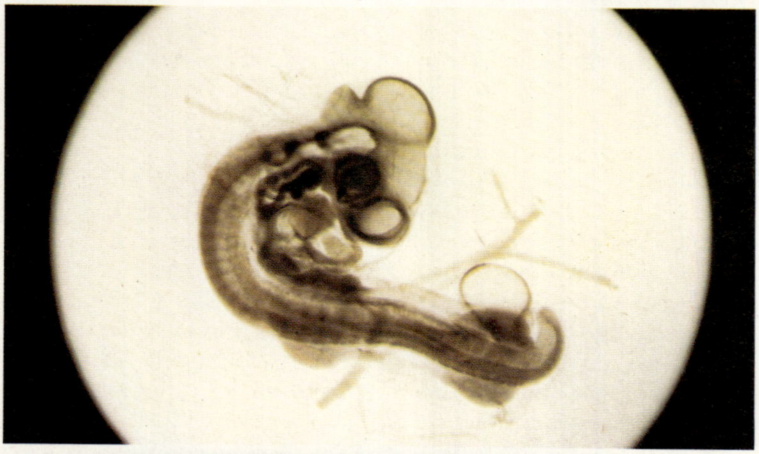
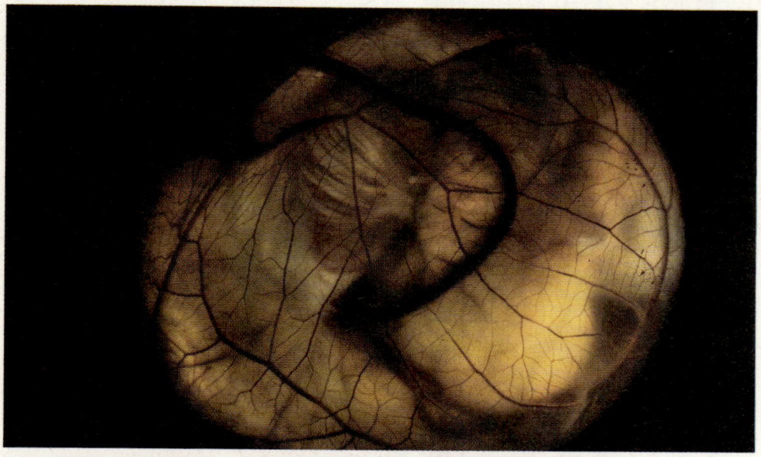
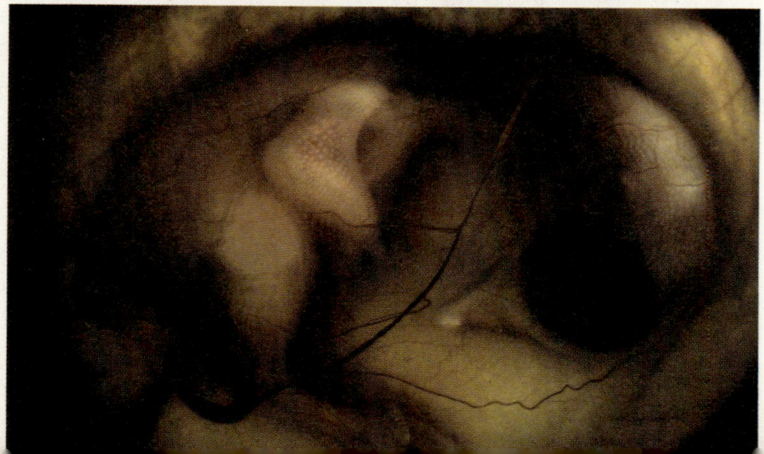

196
Hier ist die DNS in Aktion.
Entwicklungsstadien eines Kückens im Ei. Die obere Abbildung zeigt ein frühes Stadium, die zweite einen 4tägigen Embryo und die letzten beiden spätere Entwicklungsstadien.

Die grundlegende biologische Unveränderliche ist die DNS. Deshalb stellen Mendels Definition des Gens als des unwandelbaren Trägers der Erbmerkmale, seine chemische Identifizierung durch Avery (die dann von Hershey bestätigt wurde) und die Aufklärung der strukturellen Grundlage der vermehrungsfähigen Unveränderlichkeit durch Watson und Crick ohne jeden Zweifel die wichtigsten Entdeckungen dar, die in der Biologie je gemacht wurden. Die Theorie der natürlichen Zuchtwahl muß selbstverständlich hinzugefügt werden, denn ihre Zuverlässigkeit und volle Bedeutung wurden durch die späteren Entdeckungen bestätigt.

Das Modell der DNS ist besonders für den Prozeß der Vermehrung geeignet, der von grundlegender Bedeutung für das Leben selbst noch vor der geschlechtlichen Fortpflanzung ist. Wenn sich eine Zelle teilt, trennen sich die beiden Spiralen. Jede Base hält gegenüberliegend den anderen Partner des Paares fest, zu dem er gehört. Das ist die Bedeutung der Überflüssigkeit (Redundanz) der Doppelspirale: jede Hälfte trägt die ganze Erbbotschaft oder Anweisung. Wenn eine Zelle sich teilt, wird dasselbe Gen verdoppelt. Die magische Zahl Zwei bedeutet hier die Art und Weise, in der eine Zelle ihre genetische Identität bei der Teilung weiterreicht.

Die DNS-Spirale ist kein Denkmal. Sie ist eine Unterweisung, ein lebendes Mobile, das der Zelle Anweisung gibt, wie die Lebensvorgänge Stufe um Stufe auszuführen sind. Das Leben folgt einem genauen Zeitplan, und die Stufen der DNS-Spirale verschlüsseln und signalisieren die Abfolge, nach der sich der Zeitplan richtet. Der Zellapparat liest gewissermaßen die Stufen in der richtigen Reihenfolge eine nach der anderen ab. Eine Folge von drei Stufen dient als Signal an die Zelle zur Herstellung einer Aminosäure. In dem Maße, wie die Aminosäuren in richtiger Abfolge gebildet werden, hängen sie sich kettenartig aneinander und gelangen in die Zelle als Proteine. Proteine sind Anreger und Bausteine des Lebens in der Zelle.

Jede Zelle im Körper trägt in sich das vollständige Potential für den Aufbau des ganzen Tieres. Ausnahmen sind allein Samenzellen und Eizellen. Die Samenzelle und das Ei sind unvollständig. Im wesentlichen sind die Halbzellen: sie enthalten nur die Hälfte der Gesamtanzahl der Gene. Wenn dann das Ei durch den Samen befruchtet wird, kommen die Gene in Paaren zusammen, wie Mendel das bereits vorausgesehen hatte, und die Gesamtheit der Anweisungen ist wieder zusammengefügt. Das befruchtete Ei ist dann eine vollständige Zelle und Modell für jede weitere Zelle im Körper. Jede Zelle wird nämlich durch Teilung des befruchteten Eis gebildet und ist deshalb mit diesem Ei in ihrer genetischen Struktur identisch. Wie ein Hühnerembryo hat das Tier die Erbschaft des befruchteten Eis für das ganze Leben übernommen.

In dem Maße, wie der Embryo sich entwickelt, unterscheiden sich die Zellen. Am Urstrang werden die Anfänge des Nervensystems festgelegt. Zellklümpchen auf beiden Seiten bilden dann das Rückgrat. Die Zellen spezialisieren sich: Nervenzellen, Muskelzellen, Bindegewebe (die Bänder und Sehnen), Blutkörperchen, Blutgefäße. Die Zellen spezialisieren sich, weil sie die DNS-Anweisung akzeptiert haben, jetzt die Proteine herzustellen, die angemessen sind für das Funktionieren dieser Zelle und keiner anderen. So wirkt die DNS.

Ein Baby ist von Geburt an ein Individuum. Die Vereinigung der Gene beider Elternteile hat ein Reservoir der Vielfalt entfaltet. Das Kind ererbt Gaben beider Eltern, und der Zufall hat nunmehr diese Gaben in neuer und ursprünglicher Anordnung kombiniert. Das Kind ist kein Gefangener seiner Erbmasse. Es erhält sein Erbe als eine Neuschöpfung, die sich erst durch zukünftige Tätigkeit entfaltet.

Das Kind ist ein Individuum. Die Biene ist es nicht, denn die Drohne ist nur ein Tier aus einer ganzen Reihe identischer Kopien. In jedem Bienenschwarm ist die Königin das einzige fruchtbare Weibchen. Wenn sie sich mitten in der Luft mit einer Drohne paart, hortet sie das Sperma des Männchens. Die Drohne stirbt. Wenn die Königin jetzt mit einem Ei, das sie legt, Samen freisetzt, zeugt sie eine Arbeitsbiene, ein Weibchen. Wenn sie ein Ei legt, aber mit dem Ei keinen Samen von sich gibt, dann entsteht eine Drohne, ein Männchen, und zwar in einer Art jungfräulicher Geburt. Das ist ein totalitäres Paradies, auf ewig loyal, auf ewig festgelegt, denn dieses Paradies hat sich vom Abenteuer der Vielfalt abgekapselt, das die höheren Tiere und den Menschen antreibt und verändert.

Eine Welt, die so starr geordnet ist wie die der Biene, könnte auch unter höherstehenden Tieren, ja selbst unter Menschen durch das Klonen geschaffen werden: das heißt, durch das Züchten einer Kolonie oder eines Klons identischer Tiere aus den Zellen eines einzigen Elternteils. Beginnen wir mit einer gemischten Nachkommenschaft eines amphibischen Lebewesens, mit dem Axolotl. Nehmen wir einmal an, wir hätten uns entschlossen, uns auf einen Typ, das gefleckte Axolotl, festzulegen. Wir nehmen einige Eier von einem gefleckten Weibchen und züchten daraus einen Embryo, der dann ebenfalls gefleckt sein muß. Jetzt entnehmen wir dem Embryo eine Anzahl von Zellen. Ganz egal, wo wir diese Zellen entnehmen, sie sind in ihrer genetischen Struktur identisch, und jede Zelle ist in der Lage, sich zu einem vollständigen Tier zu entwickeln — unser Vorgehen soll das beweisen.

Wir züchten identische Tiere, eines aus jeder Zelle. Dazu brauchen wir einen Träger, in dem wir die Zellen aufzüchten können:

197
Im Bienenschwarm ist die Königin das einzig fruchtbare Weibchen. *Junge Königsbienen umgeben eine alte, die in der Bildmitte zu sehen ist. Pusa Landwirtschaftsforschungsinstitut, Indien.*

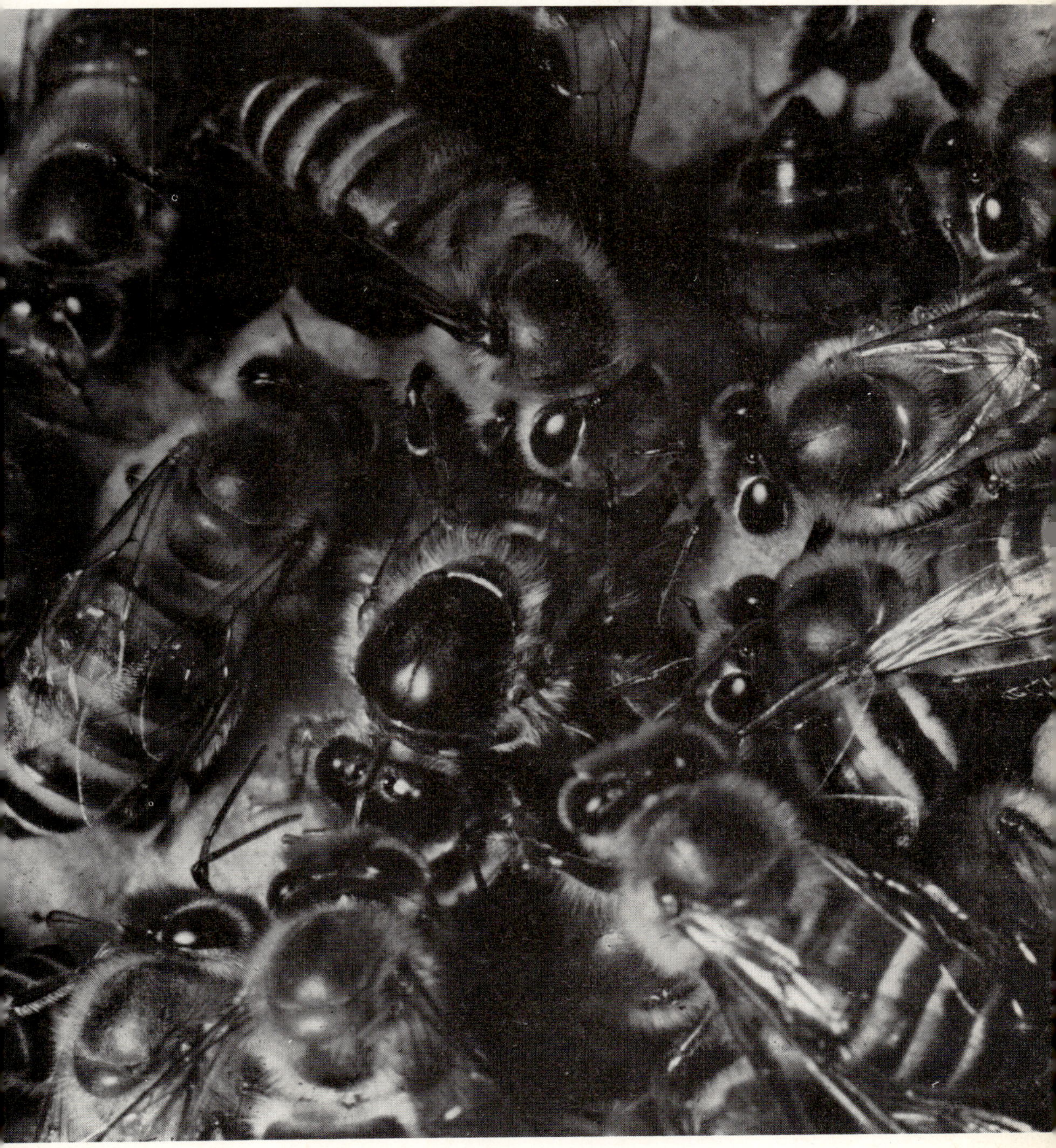

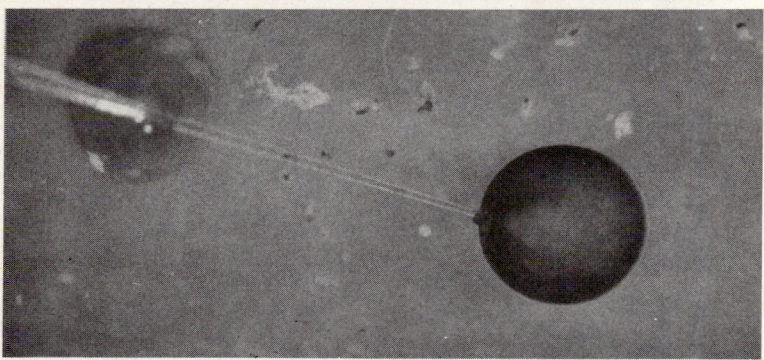

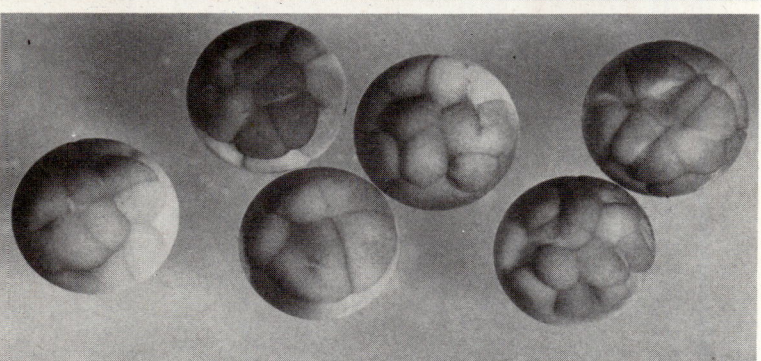

198
Eine reglementierte Welt, jeder Axolotl ist eine identische Kopie des Elterntieres, und jedes ist durch jungfräuliche Geburt entstanden. *Die Abbildung oben links zeigt, wie unbefruchtete Eier von einem weißen Axolotlweibchen entnommen werden. Das zweite Bild zeigt eine Mikropipette beim Einführen einer von einer Anzahl identischer Zellen eines gefleckten Axolotls in ein Ei, nachdem der Kern aus dem Ei entfernt worden ist. Das dritte Bild zeigt einen Klon verschiedener Eier während der frühen Stadien der Zellteilung, und die Abbildung unten zeigt drei Monate alte geklonte Axolotls.*
Die Abbildung rechts vergleicht im Diagramm den Unterschied zwischen einer geklonten und einer geschlechtlich gezeugten Bevölkerung von Axolotln. Die geklonten Axolotl sind alle identische Kopien des gefleckten Elterntieres. Eine Kreuzung zwischen weißen und gefleckten Tieren bewirkt in späteren Generationen eine sichtlich gemischte Nachkommenschaft.

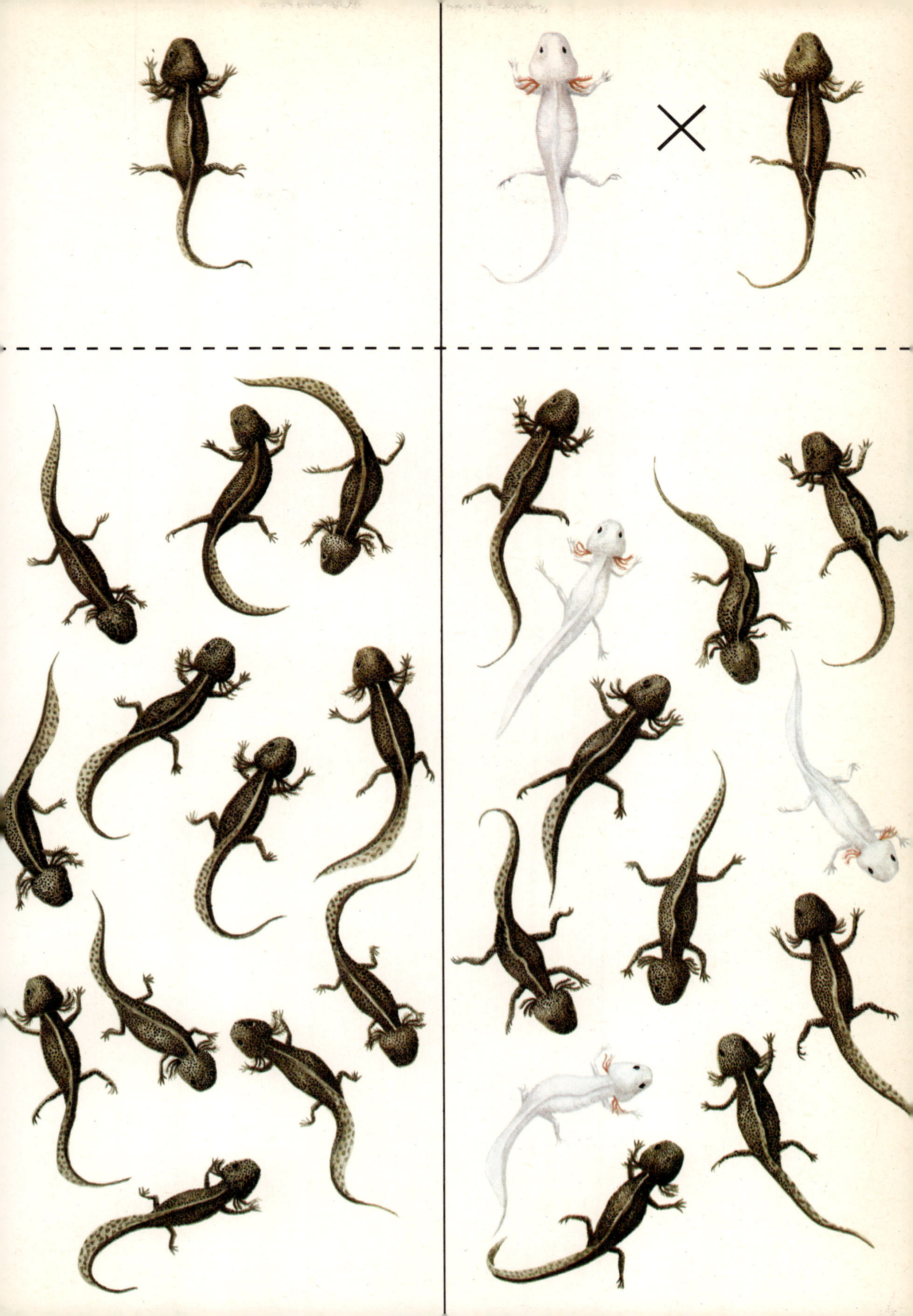

jedes beliebige Axolotlweibchen ist dafür geeignet — das Weibchen kann auch weiß sein. Wir nehmen unbefruchtete Eier von diesem Tier und zerstören in jedem Ei den Kern. In diesen Kern setzen wir eine der identischen Zellen des gefleckten Elters dieses Klons. Diese Eier wachsen nun zu gefleckten Axolotln heran.

Der Klon identischer Eier, der auf diese Weise herangezüchtet ist, entsteht gleichzeitig. Jedes Ei teilt sich im selben Augenblick — teilt sich einmal, zweimal und teilt sich immer weiter. All das ist normal, genau wie bei jedem Ei. Im nächstfolgenden Stadium sind Teilungen einzelner Zellen nicht mehr sichtbar. Jedes Ei hat sich in eine Art Tennisball verwandelt und beginnt, sich von innen nach außen zu stülpen — oder es wäre vielleicht angemessener zu sagen, von außen nach innen. Alle Eier vollziehen ihre Entwicklungsschritte immer noch gleichzeitig. Jedes Ei stülpt sich nach innen, um das Tier zu bilden. Immer im gleichen Rhythmus: eine reglementierte Welt, in der die einzelnen Einheiten auf jedes Kommando identisch reagieren, und zwar im selben Augenblick, mit der Ausnahme (wie wir sehen) eines bedauerlichen Eis, das ein bißchen vernachlässigt wurde und jetzt zurückbleibt. Schließlich haben wir einen Klon individueller Axolotls, wobei jedes von ihnen eine identische Kopie des Elters ist und jedes von ihnen durch jungfräuliche Geburt entstanden ist wie die Drohne bei den Bienen.

Sollten wir vielleicht auch Klone von Menschenwesen machen — Kopien einer schönen Mutter vielleicht oder eines klugen Vaters? Natürlich nicht. Ich glaube, daß die Vielfalt Leben bringt, und wir dürfen diese Vielfalt nicht zugunsten irgendeiner Einzelform aufgeben, die zufällig unser Wohlgefallen erregt — selbst nicht, wenn es um unser genetisches Wohlgefallen geht. Das Klonen ist die Stabilisierung einer Form, und das widerstrebt dem ganzen Schöpfungsfluß — vor allem der menschlichen Schöpfung. Evolution beruht auf Vielfalt und schafft Verschiedenheit. Von allen Tieren ist der Mensch das schöpferischste, weil er die größten Reserven an Vielfalt in sich trägt und auch zum Ausdruck bringt. Jeder Versuch, uns gleichförmig — biologisch, gefühlsmäßig oder intellektuell — zu machen, ist ein Verrat am evolutionären Vordringen, das den Menschen an die Spitze gestellt hat.

Dennoch ist es sonderbar, daß die Schöpfungsmythen in den menschlichen Kulturen fast nach einem urväterlichen Klon zu verlangen scheinen. In den alten Geschichten vom Ursprung ist eine sonderbare Unterdrückung der geschlechtlichen Fortpflanzung zu spüren. Eva wird aus Adams Rippe geklont, und überall besteht eine Vorliebe für die jungfräuliche Geburt.

Glücklicherweise sind wir nicht zu identischen Kopien erstarrt. In der menschlichen Spezies ist das Geschlecht hochentwickelt. Die Frau ist jederzeit empfangsbereit. Ihre Brüste sind immer gerun-

Generation um Generation

199
Eva wird aus Adams Rippe geklont.
»Erschaffung der Frau« von Andrea Pisano.

det. Sie nimmt aktiv an der geschlechtlichen Wahl teil. Evas Apfel befruchtet gewissermaßen die Menschheit — oder spornt sie zumindest zu ihrer zeitlosen Tätigkeit an.

Es ist offensichtlich, daß das Geschlecht für den Menschen eine ganz besondere Bedeutung hat. Es zeigt eine biologische Eigenart. Nehmen wir einmal dafür ein ganz einfaches handfestes Kriterium: Wir sind die einzige Art, bei der der weibliche Partner einen Orgasmus hat. Das ist bemerkenswert, aber zutreffend. Es ist ein Anzeichen dafür, daß im allgemeinen wesentlich geringere Unterschiede zwischen Männern und Frauen — im biologischen Sinne und im sexuellen Verhalten — bestehen als bei anderen Tierarten. Das mag befremdlich klingen, aber für den Gorilla und den Schim-

Der Aufstieg des Menschen

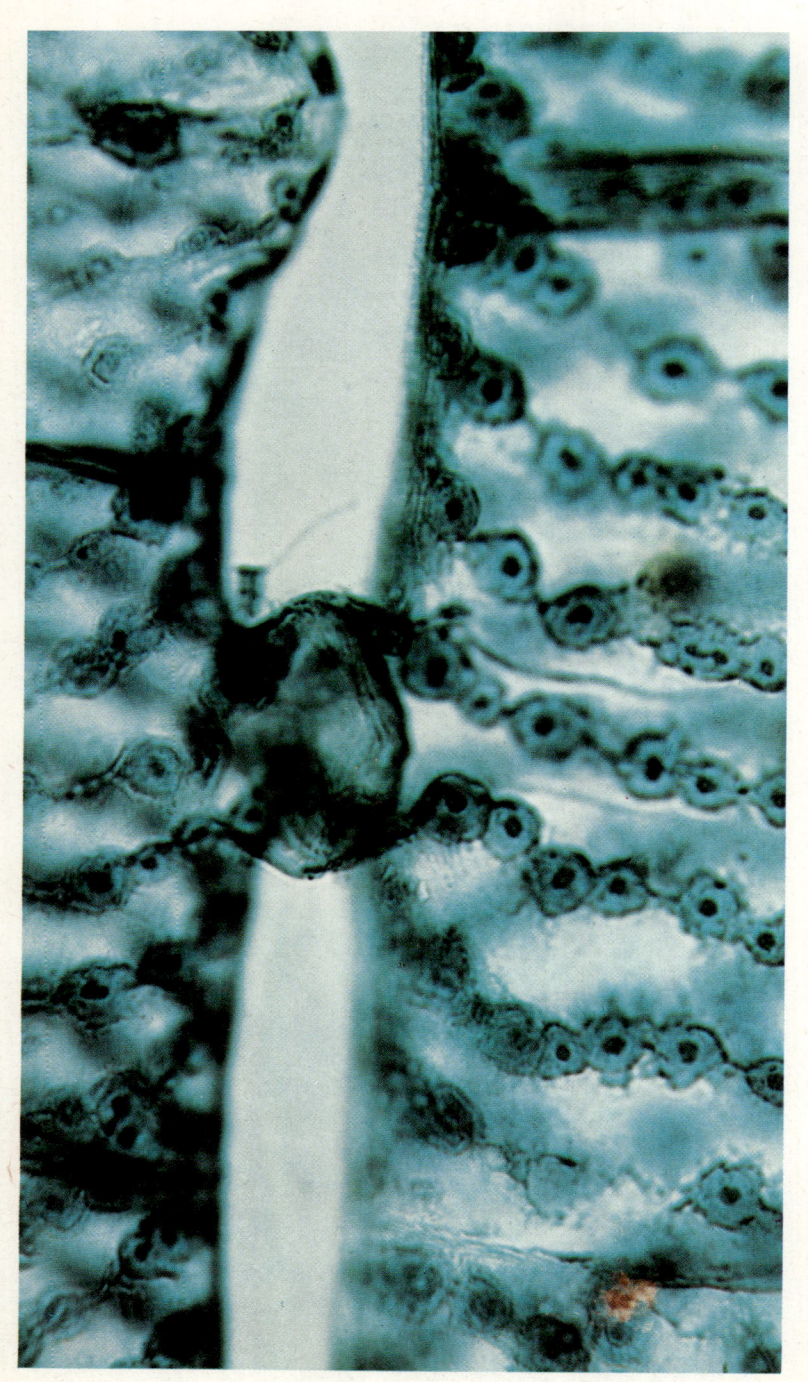

200
Die geschlechtliche Fortpflanzung wurde als biologisches Instrument von den Algen erfunden. *Zellen der Grünalgen, Spirogyra, beim Fusionsvorgang. Die Vorfahren dieser Art lieferten den ersten Beweis dafür, daß Zellen miteinander verschmelzen, um fruchtbare Eizellen zu bilden.*

201
Sexuelle Zweigestaltigkeit ist bei der menschlichen Spezies gering. *Der ausgewachsene männliche Gorilla wiegt etwa zweimal so viel wie seine Partnerin.*

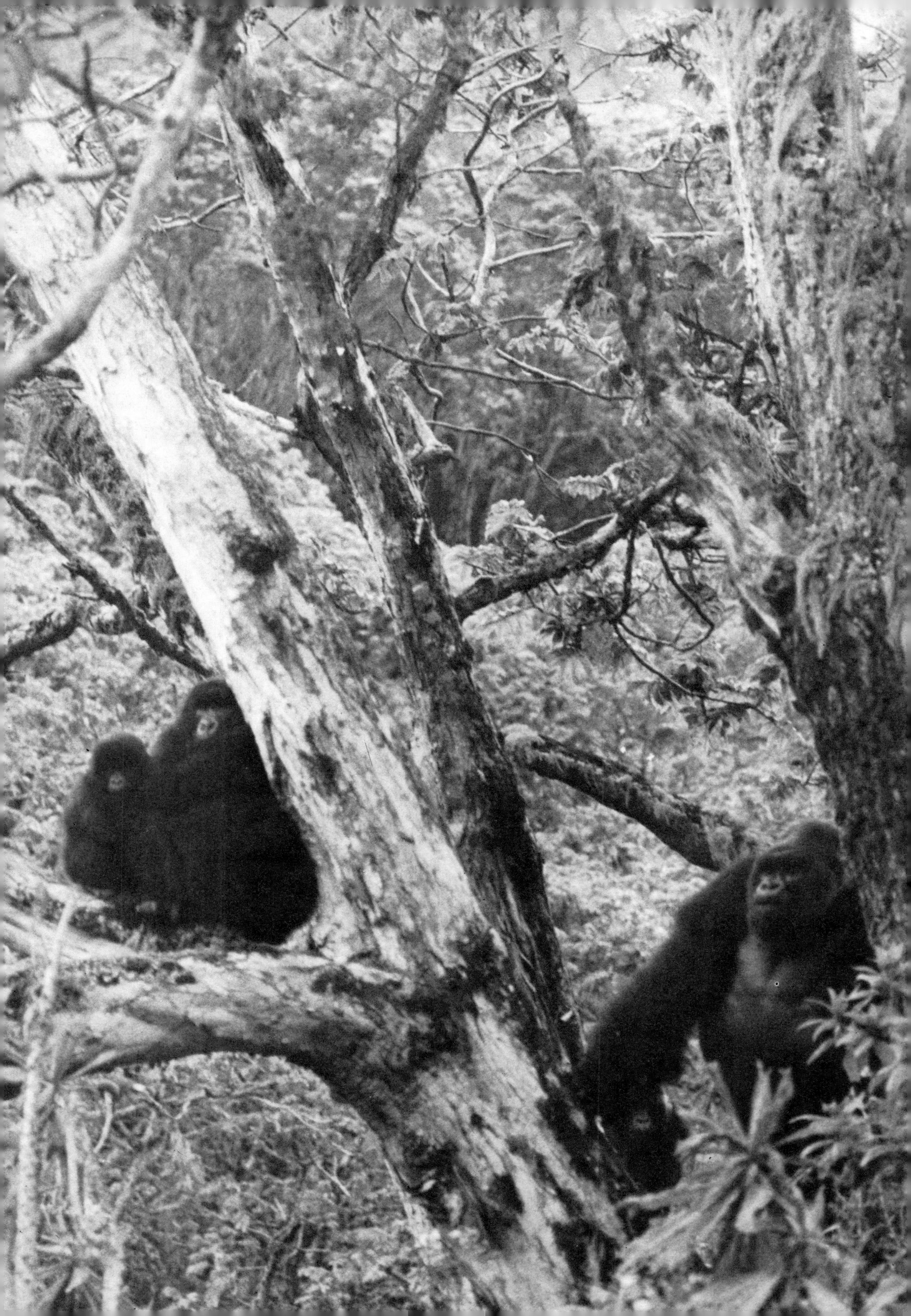

pansen, bei denen es ungeheure Unterschiede zwischen Männchen und Weibchen gibt, wäre das offensichtlich. In der Sprache der Biologie: Die sexuelle Zweigestaltigkeit ist beim Menschengeschlecht sehr gering.

Soweit die biologischen Aspekte. Es gibt allerdings einen Punkt auf der Grenze zwischen Biologie und Kultur, der tatsächlich die Symmetrie im Sexualverhalten sehr überzeugend herausstreicht. Das ist eine offenkundige Eigenart. Wir sind die einzige Spezies, die sich bei der Paarung anschaut, und das gilt für alle Kulturen. Meiner Meinung nach ist das ein Ausdruck für allgemeine Gleichheit, die in der Evolution des Menschen von großer Bedeutung war, bis zurück zu den Zeiten des *Australopithecus* und der ersten Werkzeugmacher.

Warum sage ich das? Wir müssen hier etwas erklären. Wir müssen die Geschwindigkeit der menschlichen Evolution innerhalb von ein, drei, sagen wir fünf Millionen Jahren erklären. Das ist außergewöhnlich schnell. Die natürliche Zuchtwahl arbeitet einfach nicht so schnell bei Tierarten. Wir, die Hominiden, müssen selbst eine Art eigene Zuchtwahl beigetragen haben, offensichtlich durch sexuelle Wahl. Es gibt heute Anzeichen dafür, daß Frauen Männer heiraten, die ihnen intellektuell gleichstehen, und daß Männer Frauen heiraten, die ihnen geistig verwandt sind. Wenn dieses Verhalten wirklich einige Millionen Jahre zurückreicht, dann bedeutet es, daß die Auswahl nach bestimmten Fähigkeiten immer für beide Geschlechter von Bedeutung gewesen ist.

Ich glaube, daß unter den Vorfahren des Menschen, sobald sie mit ihren Händen so geschickt wurden, daß sie Werkzeuge herstellen konnten, und in ihrem Kopf klug genug, um solche Werkzeuge zu planen, die Geschickten und Klugen einen selektiven Vorzug genossen. Sie waren in der Lage, mehr Geschlechtspartner zu bekommen und mehr Kinder zu zeugen und zu ernähren als die übrigen. Wenn meine Spekulation richtig ist, dann erklärt dieses Verhalten, wie es den Hominiden mit der geschickten Hand und dem schnellen Denken gelang, die biologische Evolution des Menschen zu beherrschen und sie so rasch vorwärts zu drängen. Es zeigt darüber hinaus, daß selbst innerhalb dieser biologischen Evolution der Mensch durch ein kulturelles Talent Anstöße erhielt und angetrieben wurde durch die Fähigkeit, Werkzeuge und gemeinsam Pläne zu machen. Ich glaube, das drückt sich immer noch in der Sorge aus, die die Sippe und die Gemeinde in allen Kulturen und nur im menschlichen Bereich zeigt, wenn es darum geht, das zu arrangieren, was man bezeichnenderweise eine gute Partie nennt.

Wenn dies jedoch der einzige Auswahlfaktor gewesen wäre, dann müßten wir wesentlich homogener sein, als es der Fall ist. Was hält denn die Vielfalt unter den Menschenwesen am Leben?

202
»Geheime Liebe in der Seele wächst,
Und doch wird sie im Leibe dann lebendig.«
Die Hände des Kaufmanns von Lucca, Giovanni Arnolfini, und seiner Verlobten, Giovanna Cenami, Tochter eines Kaufmanns, der in Paris lebte, 1434 von Jan van Eyck gemalt.

Johannes de eyck fuit hic
1434

Das ist eine kulturell relevante Frage. In jeder Kultur gibt es auch ganz besondere Sicherungen, die die Vielfalt ermöglichen. Die verblüffendste unter ihnen ist das universelle Verbot des Inzests (jedenfalls für den Normalverbraucher – das gilt nicht immer für königliche Familien). Das Verbot des Inzests hat nur Bedeutung, wenn es dazu gedacht ist, ältere Männer daran zu hindern, eine Gruppe von weiblichen Angehörigen der Art zu beherrschen, wie das zum Beispiel (sagen wir einmal) bei Affengruppen der Fall ist.

Die Sorgfalt, die auf die Wahl des Partners sowohl seitens des männlichen als auch des weiblichen Teils entwickelt wird, betrachte ich als ein immer noch spürbares Echo der bestimmenden Auswahlkraft, mit deren Hilfe wir uns entwickelt haben. All die Behutsamkeit, die Hinausschiebung der Hochzeit, die Vorbereitungen und Vorverhandlungen, die sich in allen Kulturen finden, sind Ausdruck des Gewichts, das wir den verborgenen Qualitäten in einem Partner beimessen. Universelle Maßstäbe, die sich über alle Kulturen erstrecken, sind selten und aufschlußreich. Wir sind eine Kulturspezies, und ich glaube, daß unsere einmalige Konzentration auf die geschlechtliche Wahl uns dabei geholfen hat, diese unsere Art zu bestimmen.

Der größte Teil der Weltliteratur, der größte Teil der Kunst in aller Welt beschäftigt sich vorwiegend mit dem Thema der Begegnung zwischen Mann und Frau. Wir tendieren dazu, uns dies als eine sexuelle Neigung vorzustellen, die keiner Erklärung bedarf. Ich glaube jedoch, daß das falsch ist. Im Gegenteil nämlich bringt diese Neigung die profunde Tatsache zum Ausdruck, daß wir ungewöhnlich sorgfältig wählen, nicht, wenn es darum geht, mit einer Frau ins Bett zu gehen, sondern wenn es sich darum handelt, von ihr Kinder zu bekommen. Die geschlechtliche Fortpflanzung wurde als biologisches Instrument (sagen wir es ruhig so) von den Grünalgen erfunden. Als Instrument beim Aufstieg des Menschen, das für seine kulturelle Evolution von grundlegender Bedeutung ist, wurde sie vom Menschen selbst entdeckt.

Geistige und fleischliche Liebe sind untrennbar. So heißt es schon in einem Gedicht von John Donne. Er nannte es *Die Extase,* und ich zitiere hier acht Zeilen von fast achtzig.

> *Den ganzen Tag lang waren wir zusammen,*
> *Und sagten nichts, den ganzen langen Tag.*
> *Aber warum sind wir so traurig weit entfernt*
> *Mit unsern Körpern, die Enthaltung üben?*
> *Extase löst die Spannung auf*
> *Und sagt uns, was wir lieben.*
> *Geheime Liebe in der Seele wächst,*
> *Und doch wird sie im Leibe dann lebendig.*

203
Ein Ausdruck allgemeiner Gleichheit, der von Bedeutung in der Evolution des Menschen war, ist allen Kulturen gemeinsam.
Marc Chagalls
»Hochzeit«.

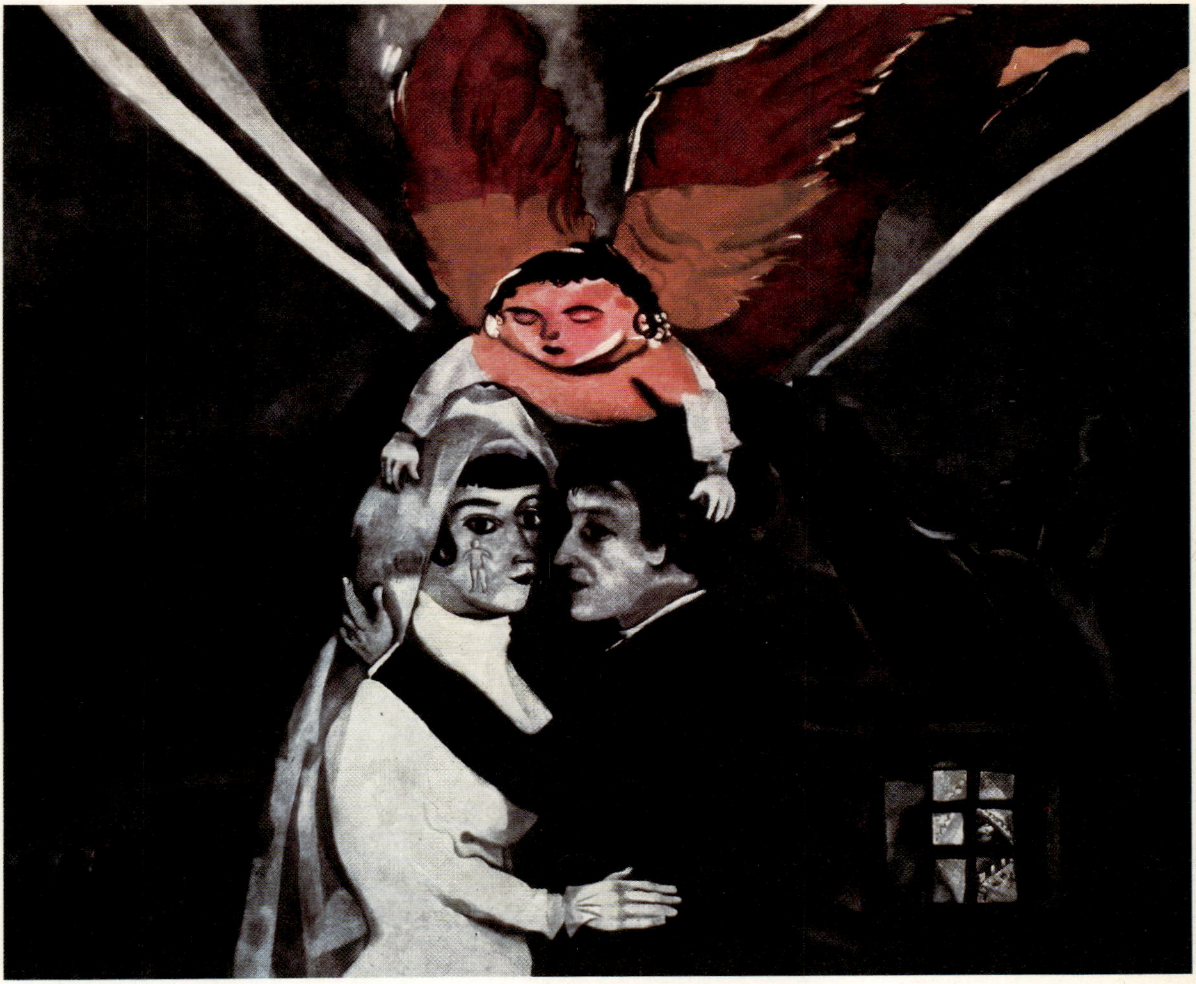

James und Elizabeth Watson, drei Stunden vor ihrer Hochzeit in der Wohnung des Autors in La Jolla, Kalifornien, 1968.

Louis Pasteur diktiert seiner Frau Marie in einem Ferienhaus in Pont Gisquet, 1865.

Marie Curie und ihr Gatte Pierre.

Albert Einstein trifft mit seiner zweiten Frau Elsa 1935 in New York ein.

Ludwig Boltzmann mit seiner Frau Henrietta 1875.

Der junge Niels Bohr mit seiner Verlobten Margrethe.

Max Born mit seiner Frau Hedwig und ihrem Sohn bei einem Aufenthalt an der See 1921.

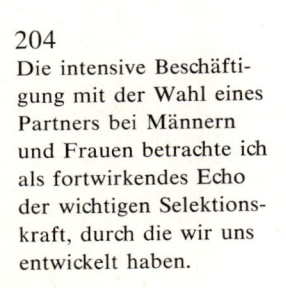

204
Die intensive Beschäftigung mit der Wahl eines Partners bei Männern und Frauen betrachte ich als fortwirkendes Echo der wichtigen Selektionskraft, durch die wir uns entwickelt haben.

John von Neumann und seine Frau Klara 1954.

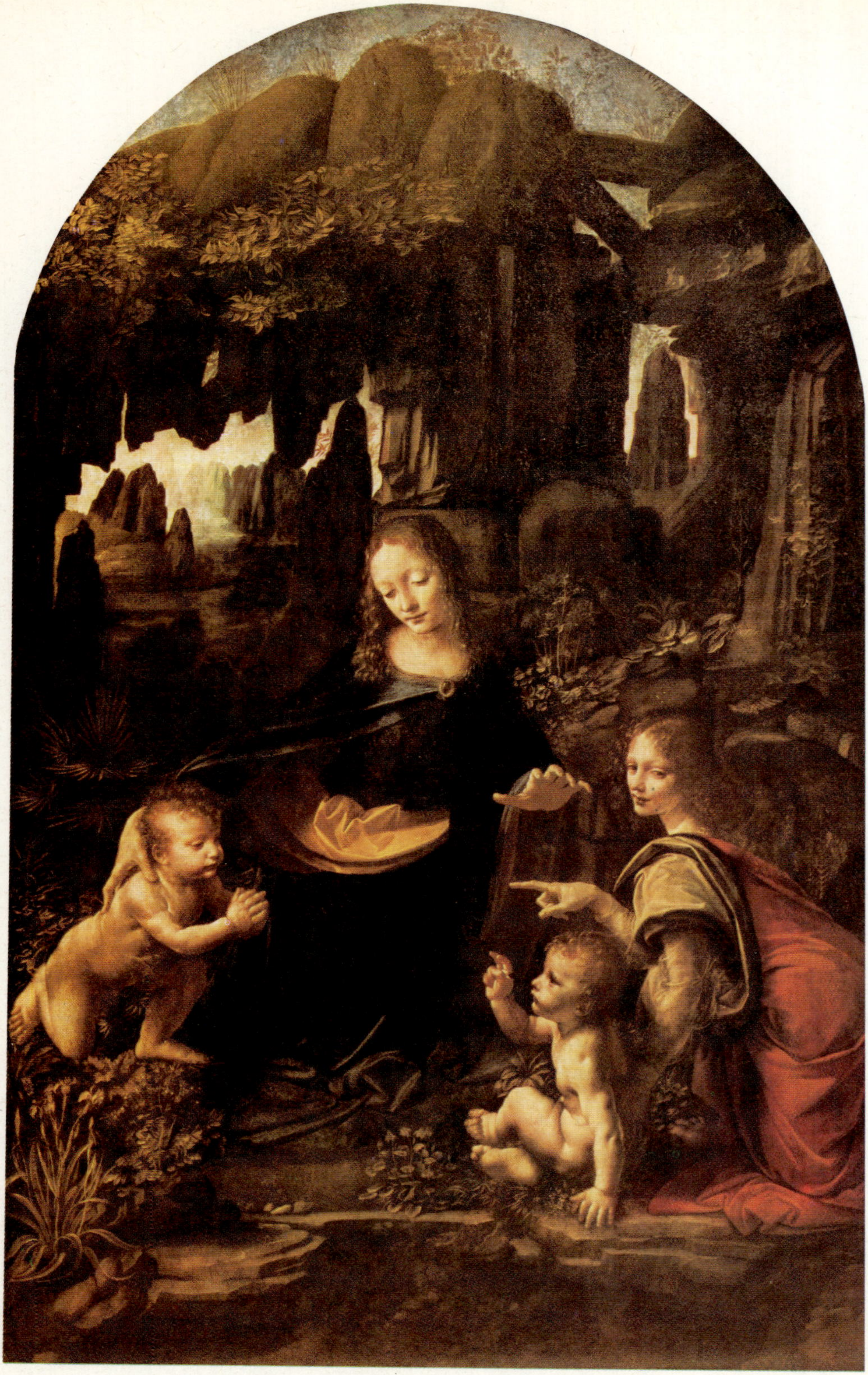

DIE LANGE KINDHEIT

Diesen letzten Essay beginne ich in Island, denn hier ist der Sitz der ältesten Demokratie in Nordeuropa. Im natürlichen Amphitheater von Thingvellir, wo es nie irgendwelche Gebäude gab, trat alljährlich das Allthing von Island zusammen (die ganze Gemeinde der isländischen Nordmänner), um neue Gesetze zu beschließen und anzunehmen. Das begann etwa um das Jahr 900, bevor das Christentum bis hierher gekommen war, zu einer Zeit also, als China ein großes Weltreich war und Europa der Spielball von Duodezfürsten und Raubrittern. Das ist ein bemerkenswerter Anfang für die Demokratie.

Es gibt allerdings etwas noch Bemerkenswerteres über diesen nebligen, unfreundlichen Ort zu sagen. Er wurde gewählt, weil der Bauer, dem das Land gehörte, getötet hatte, und zwar nicht einen anderen Bauern, sondern einen Sklaven. Der Bauer wurde deshalb geächtet. Die Gerechtigkeit war selten so ohne Ansehen der Person in Kulturen, die sich Sklaven hielten. Dennoch ist die Gerechtigkeit allgemeingültiges Gut aller Kulturen. Sie ist wie ein Hochseil, auf dem der Mensch balanciert, zwischen seinem Wunsch, das eigene Begehren zu befriedigen, und seiner Anerkennung sozialer Verantwortung. Kein Tier sieht sich dieser schweren Entscheidung gegenüber: ein Tier ist entweder gesellig oder ein Einzelgänger. Der Mensch allein versucht, beides zugleich zu sein, ein geselliger Einzelgänger. Für mich ist das eine einmalige biologische Eigenart. Solch ein Problem beschäftigt mich bei meiner Arbeit über die menschliche Besonderheit, und solch ein Problem möchte ich gern erörtern.

Man empfindet einen gewissen Schock bei dem Gedanken, daß die Gerechtigkeit Teil der biologischen Ausstattung des Menschen ist. Dennoch hat mich genau dieser Gedanke von der Physik zur Biologie hingeführt. Dieser Gedanke hat mich seither auch gelehrt, daß das Leben eines Menschen, sein Heim die geeignete Umgebung ist, in der man seine biologische Einmaligkeit untersuchen kann.

Es ist ganz natürlich, daß man sich im allgemeinen die Biologie anders vorstellt: Man glaubt, daß die Ähnlichkeit zwischen Mensch und Tier die Biologie beherrscht. Noch vor dem Jahre 200 hat der große Klassiker der Medizin des Altertums, Claudius Galen, zum Beispiel den Unterarm des Menschen studiert. Wie ging er dabei vor? Indem er den Unterarm eines Berberaffen sezierte. So muß man anfangen, wobei man notgedrungen die Beweise aus der Tierwelt nutzt, lange bevor die Theorie der Evolution die Analogie rechtfertigt. Bis auf den heutigen Tag bringt uns die wunderbare

205
Unsere Zivilisation betet vor allem anderen das Symbol des Kindes an. *Leonardos »Madonna in den Felsen«, Louvre, Paris.*

Arbeit über das Verhalten der Tiere von Konrad Lorenz ganz natürlich dazu, nach gleichem Verhalten bei der Ente, dem Tiger und dem Menschen zu suchen. Man könnte auch B. F. Skinners psychologische Arbeiten über Tauben und Ratten anführen. Sie sagen uns etwas über den Menschen aus. Sie können uns jedoch nicht alles erklären. Es muß etwas Einmaliges beim Menschen geben, denn sonst würden ja offenkundig die Enten über Konrad Lorenz Vorlesungen halten, und die Ratten würden Referate über B. F. Skinner schreiben.

Wir wollen uns da gar nicht drücken. Roß und Reiter haben viele anatomische Eigenarten gemeinsam. Es ist jedoch das Menschenwesen, das das Pferd reitet, und nicht umgekehrt. Der Reiter ist dabei ein sehr gutes Beispiel, denn der Mensch wurde nicht geschaffen, um das Pferd zu reiten. Es gibt keinerlei Schaltverbindung im Gehirn, die uns zu Reitern macht. Das Reiten ist eine vergleichsweise junge Erfindung, sie ist weniger als 5000 Jahre alt. Dennoch hat sie einen überwältigenden Einfluß ausgeübt, so zum Beispiel auf unsere Gesellschaftsstruktur.

Die Flexibilität des menschlichen Verhaltens macht das möglich. Dadurch sind wir gekennzeichnet. Das gilt natürlich für unsere gesellschaftlichen Institutionen. Für mich wird die Flexibilität vor allem in Büchern spürbar, denn sie sind das bleibende Produkt der Gesamtinteressen des menschlichen Geistes. Bücher und ihre Autoren werden vor meinem geistigen Auge lebendig wie die Erinnerung an meine Eltern: der große Isaac Newton, der zu Beginn des 18. Jahrhunderts die Königliche Akademie der Wissenschaften beherrschte, und William Blake, der gegen Ende des 18. Jahrhunderts die *Gesänge der Unschuld* schrieb. Das sind zwei Aspekte des einen Geistes, und beide Aspekte sind das, was die Verhaltensbiologen »artspezifisch« nennen.

Wie kann ich das möglichst einfach ausdrücken? Ich habe unlängst ein Buch mit dem Titel *Die Identität des Menschen* geschrieben. Ich habe den Umschlag der englischen Ausgabe erst gesehen, als mir das gedruckte Buch vorgelegt wurde. Dennoch hatte der Künstler genau verstanden, was ich mir gedacht hatte, indem er auf dem Umschlag eine Zeichnung des Gehirns über die *Mona Lisa* gelegt hatte. Durch dieses Vorgehen zeigte er, was das Buch aussagte. Der Mensch ist nicht deshalb einmalig, weil er sich wissenschaftlich betätigt, und er ist nicht einmalig, weil er künstlerisch tätig ist, sondern weil Wissenschaft und Kunst in gleicher Weise Austausch der wunderbaren Flexibilität des Geistes sind. Die *Mona Lisa* ist ein sehr gutes Beispiel, denn was hat Leonardo über große Zeitabschnitte seines Lebens getan? Er hat anatomische Abbildungen gezeichnet wie den Säugling im Mutterleib, eine Zeichnung, die in der Königlichen Sammlung in Windsor ist. Das Ge-

206
Der Mensch allein strebt danach, beides in einem zu sein, ein geselliger Einzelgänger.
Die zwölf Jünger aus dem Granitkreuz in Moone, Grafschaft Kildare, Republik Irland, 9. Jahrhundert.

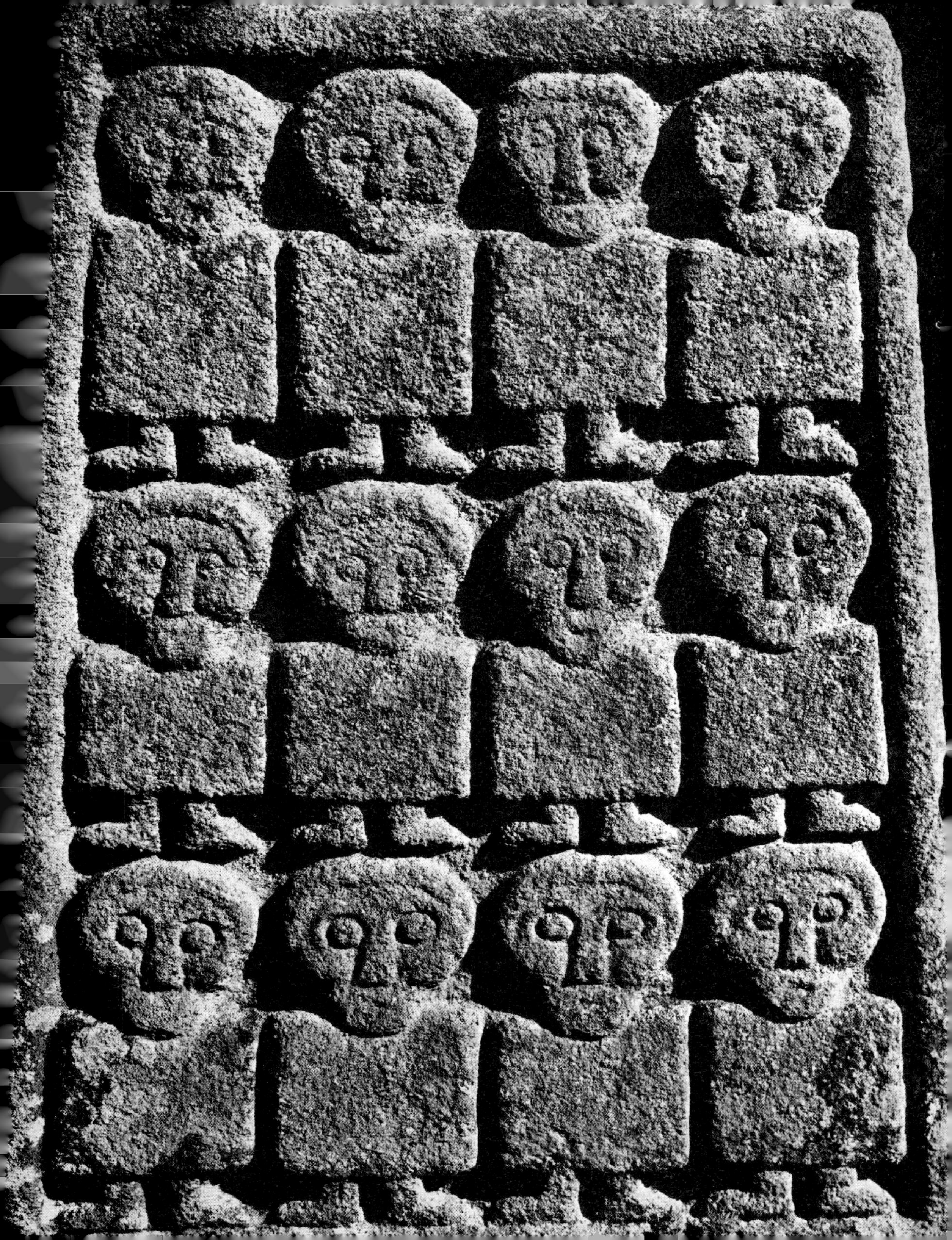

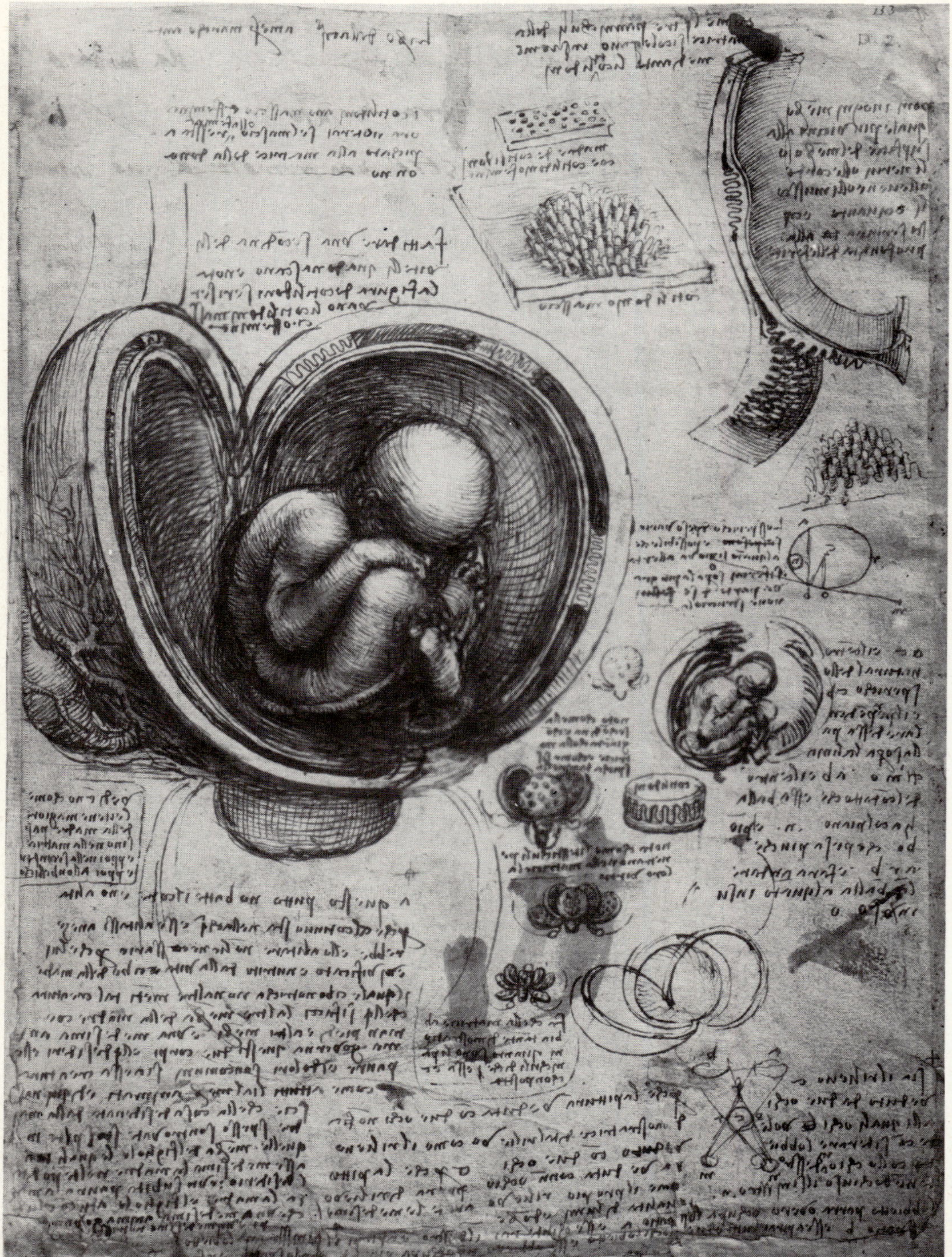

Die lange Kindheit

207
Im Gehirn und im Säugling beginnt die Flexibilität menschlichen Verhaltens.
Leonardo da Vincis anatomische Notizen über den menschlichen Fötus.

hirn und der Säugling sind die Punkte, an denen die Flexibilität menschlichen Verhaltens beginnt.

Ich habe einen Gegenstand, den ich sehr schätze: den Abguß eines Kinderschädels, der zwei Millionen Jahre alt ist, den Abguß des Taungbaby-Schädels (siehe S. 29). Dabei handelt es sich natürlich genau gesehen nicht um ein menschliches Kind. Und doch, wenn sie – ich stelle mir das Kind immer als Mädchen vor –, wenn sie lang genug gelebt hätte, dann wäre sie vielleicht eine meiner Vorfahren gewesen. Was unterscheidet ihr kleines Gehirn von dem meinen? Zunächst einmal die Größe. Dieses Gehirn, wenn

208
Der Mensch ist einmalig, nicht weil er Wissenschaft treibt, und er ist nicht deshalb einmalig, weil er Kunst hervorbringt, sondern weil Wissenschaft und Kunst gleichermaßen Ausdruck der wunderbaren Flexibilität seines Geistes sind.
Der Autor in seinem Heim mit einem Schädelabguß des Taung-Kindes. Ein Exemplar seines Buches »Die Identität des Menschen« liegt auf dem Tisch. La Jolla, Kalifornien, 1973.

das Mädchen erwachsen geworden wäre, hätte vielleicht etwas über ein Pfund gewogen. Mein Gehirn, das heutige Durchschnittsgehirn, wiegt drei Pfund.

Ich werde jetzt nicht über die Struktur der Nerven sprechen, über das Einweg-Nervenleitsystem im Nervengewebe, auch nicht über das alte und neue Gehirn, denn diesen Apparat haben wir mit vielen Tieren gemeinsam. Ich will über das Gehirn sprechen, wie es für das Menschenwesen artspezifisch ist.

Die erste Frage, die wir stellen, lautet: Ist das menschliche Gehirn ein besserer Computer — ein komplizierterer Computer? Natürlich stellen sich besonders Künstler das Gehirn als einen Computer vor. So verwendet Terry Durham in seinem *Portrait Dr. Bronowski* Symbole des Spektrums und des Computers, denn so stellt sich nun mal ein Künstler das Gehirn eines Naturwissenschaftlers vor. Das kann natürlich gar nicht zutreffen. Wenn das Gehirn ein Computer wäre, dann würde es eine vorgegebene Serie von Handlungsabläufen in unveränderlicher Abfolge in sich tragen.

Nehmen wir doch als Beispiel ein recht überzeugendes Tierverhalten, das in der Arbeit meines Freundes Dan Lehrman über die Balz der Ringeltaube beschrieben wird. Wenn das Männchen auf die richtige Weise gurrt, wenn es sich in der richtigen Weise verbeugt, dann platzt das Weibchen vor Erregung, all seine Hormone versprühen, und es beginnt sofort mit einem Handlungsablauf, zu dem auch das Bauen eines richtigen Nestes gehört. Ihre Handlungsweise ist im Detail und im Ablauf ganz genau vorgegeben, und doch sind die einzelnen Aktionen nicht erlernt und deshalb unveränderbar. Die Ringeltaube verändert ihre Gepflogenheiten nie. Niemand hat ihr je einen Steinbaukasten gegeben, damit sie an dem lernt, wie ein Nest gebaut wird. Ein Mensch könnte nichts bauen, es sei denn, als Kind hätte er schon mit Steinen gespielt. Darin liegen die Anfänge des Parthenon und des Taj Mahal, des Kuppelbaus in Sultaniyeh und der Watts-Türme, das ist der Beginn von Macchu Piccu und vom Pentagon.

Wir sind kein Computer, der einer schon bei der Geburt festgelegten Routine folgt. Wenn wir überhaupt eine Art Maschine sind, dann eine Lernmaschine, und unsere wichtigen Lernvorgänge spielen sich in spezifischen Teilen unseres Gehirns ab. Daraus folgert, daß unser Gehirn sich während seiner Entwicklung nicht einfach auf die zwei- bis dreifache Größe ausgedehnt hat. Es ist vielmehr in ganz bestimmten Bereichen gewachsen: da zum Beispiel, wo es die Hand steuert, wo die Sprache geregelt wird, wo Vorausschau und Planung kontrolliert werden. Ich möchte Sie bitten, diese Bereiche einzeln zu betrachten.

Nehmen wir zunächst einmal die Hand. Die jüngere Evolution des Menschen beginnt ganz gewiß mit der fortschreitenden Ent-

Die lange Kindheit

209
Nur der Mensch kann den Daumen genau dem Zeigefinger gegenüberstellen.
*Selbstporträt,
Albrecht Dürer.*

wicklung der Hand und der Auswahl eines Gehirns, das besonders gut zur Manipulation der Hand geeignet ist. Wir empfinden das Vergnügen dieser Manipulation bei der Betätigung, so daß die Hand für den Künstler ein bedeutendes Symbol bleibt: die Hand des Buddha, zum Beispiel, der dem Menschen die Gabe der Menschlichkeit mit einer gelassenen Geste verleiht, die Gabe der Furchtlosigkeit. Auch für den Wissenschaftler hat die Hand in ihrer Gestik eine besondere Bedeutung: wir können den Daumen den Fingern gegenüberstellen. Die Affen können das allerdings auch, aber wir können den Daumen ganz genau auf die Zeigefingerspitze setzen, und das ist eine besondere Menschengeste. Diese Bewegung ist möglich, weil es im Gehirn einen Bereich gibt, der so groß ist, daß ich Ihnen seinen Umfang am besten an folgendem Beispiel verdeutlichen kann: Wir brauchen mehr kleine graue Gehirnzellen, um den Daumen zu betätigen, als wir für die gesamte Steuerung des Brust- und Bauchraumes nötig haben.

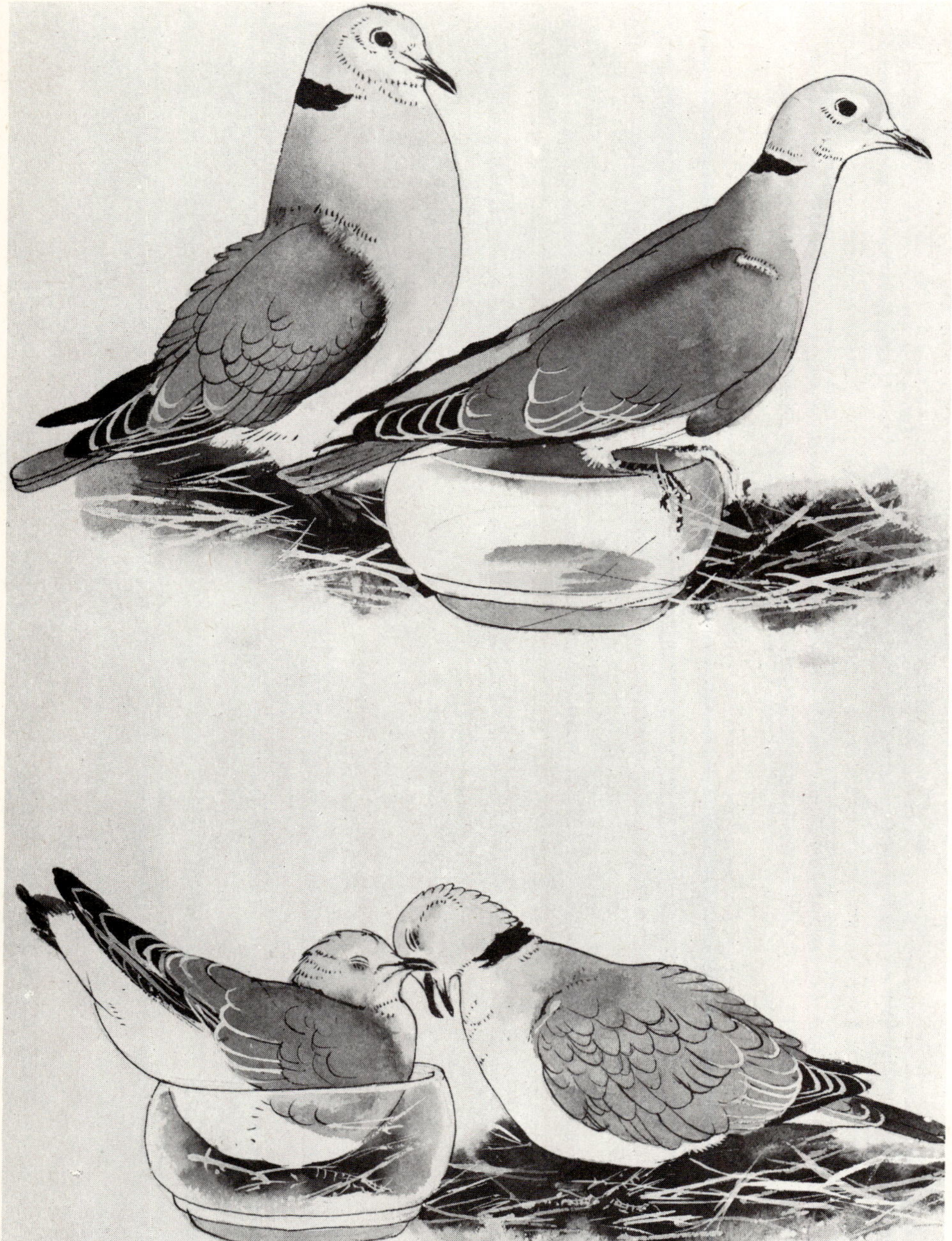

210
Das Weibchen platzt vor Erregung und beginnt mit einem Handlungsablauf, zu dem auch das Bauen eines Nestes gehört.
Ein Ringeltaubenweibchen baut sein Nest ganz automatisch. Während der Balz und des Nestbaus liefert das Männchen optische und akustische Reize. Daniel Lehrmann bei einer Vorlesung über die Balz der Ringeltauben im Salk Institute, Februar 1967.

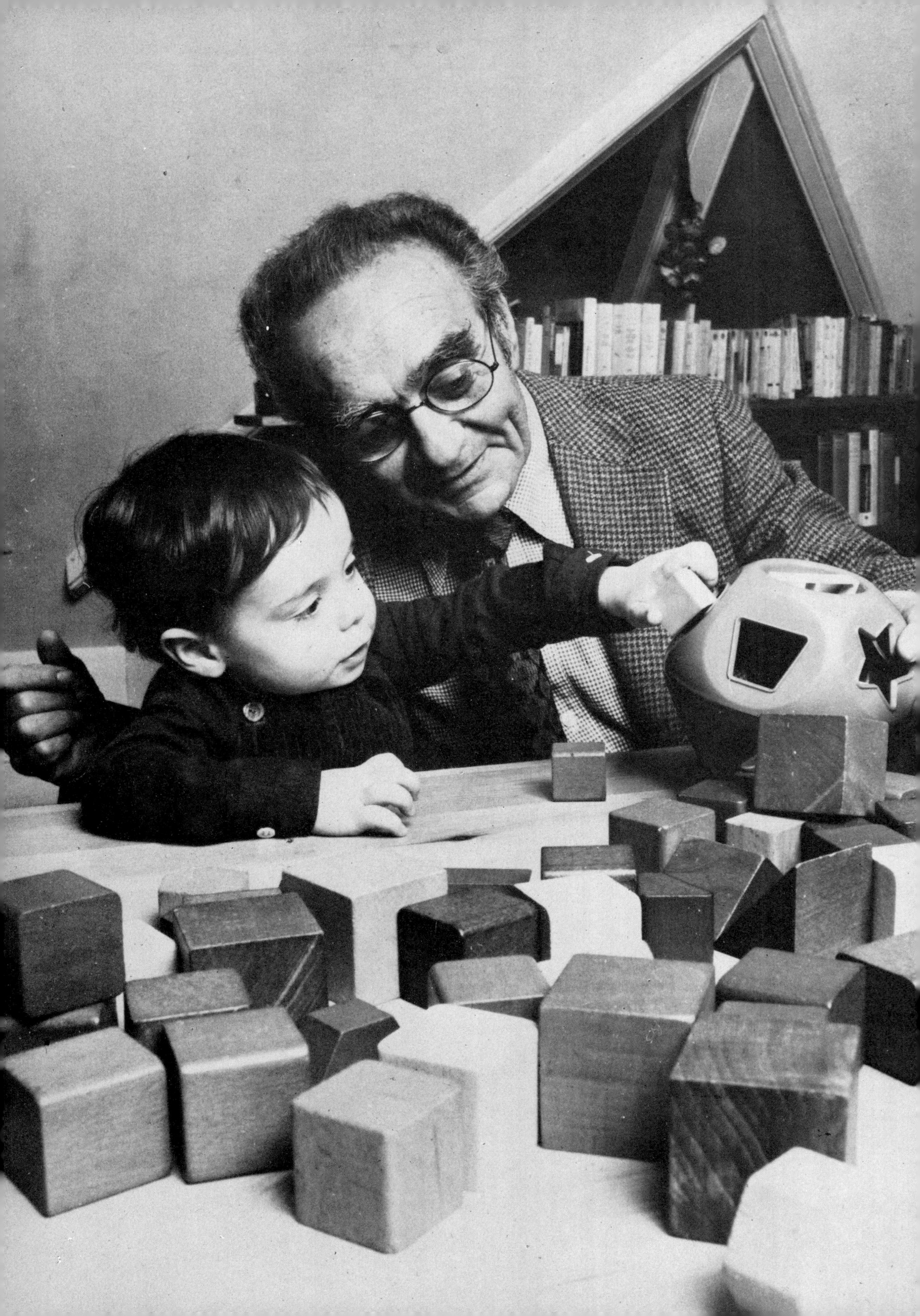

Die lange Kindheit

Ich erinnere mich, wie ich als junger Vater auf Zehenspitzen an die Wiege meiner ältesten Tochter trat, als sie vier oder fünf Tage alt war, und mir damals dachte »Diese wunderbaren Finger, jedes Gelenk ist so vollkommen, bis hin zu den Fingernägeln. Solch feine Einzelheiten hätte ich nicht in einer Million Jahre nachschaffen können.« Natürlich habe ich genau eine Million Jahre gebraucht, die Menschheit hat eine Million Jahre gebraucht, bis die Hand das Gehirn antreiben konnte und bis das Gehirn die Hand im Rückkopplungsvorgang wieder dazu bringen konnte, den gegenwärtigen Stand der Entwicklung zu erreichen. Das geschieht in einem ganz eigenen Bereich im Gehirn. Die ganze Hand wird im wesentlichen überwacht durch einen Teil des Gehirns in der Nähe der Schädeldecke, den man klar markieren kann.

Nehmen wir als nächstes einen Bereich, der noch spezieller menschlich ist und der bei Tieren überhaupt nicht existiert: den Bereich für die Sprache. Er liegt in zwei miteinander verbundenen Teilen des menschlichen Gehirns. Der eine Bereich ist in der Nähe des Hörzentrums und der andere liegt weiter nach vorn, etwas höher in den sogenannten Vorderlappen. Gibt es da eine vorgegebene Schaltung? Ja, in gewissem Sinne, denn wenn die Sprachzentren nicht unversehrt sind, dann können wir gar nicht sprechen. Und dennoch — muß die Sprache erlernt werden? Natürlich ja. Ich spreche Englisch, was ich erst im Alter von dreizehn Jahren gelernt habe, aber ich hätte Englisch nie zu sprechen vermocht, wenn ich nicht zuvor sprechen gelernt hätte. Wenn man ein Kind bis zum Alter von dreizehn Jahren ganz ohne Sprache aufwachsen läßt, dann ist es diesem Kind fast unmöglich, überhaupt zu lernen. Ich spreche Englisch, weil ich im Alter von zwei Jahren Polnisch gelernt habe. Ich habe das Polnische vollkommen vergessen, aber *Sprache* habe ich gelernt. In diesem Bereich ist das menschliche Gehirn wie bei anderen menschlichen Gaben auf das Lernen eingestellt.

Die Sprachbereiche sind noch auf andere sehr menschliche Weise eigentümlich ausgestattet. Sie wissen, daß das menschliche Gehirn in seinen zwei Hälften nicht symmetrisch ist. Ein Anzeichen dafür ist Ihnen durch die Beobachtung vertraut, daß die Menschen — im Gegensatz zu anderen Tieren — ganz eindeutig Rechtshänder oder Linkshänder sind. Die Sprache wird auch auf der einen Seite des Gehirns geregelt, aber diese Seite verändert sich nicht. Ob man Rechtshänder oder Linkshänder ist, die Sprache ist fast mit Gewißheit auf der linken Seite. Es gibt Ausnahmen, etwa von der Art, daß Menschen auch ihr Herz auf der rechten Seite des Brustkorbs haben, aber diese Ausnahmen sind selten: im großen ganzen liegt der Sprachbereich in der linken Hälfte des Gehirns. Was finden wir aber in den entsprechenden Bereichen auf der rechten Seite?

211
Man könnte einen Menschen niemals dazu bringen, irgend etwas zu bauen, wenn nicht das Kind bereits Bauklötze zusammengefügt hätte. *Der Autor in Grantchester, Cambridge, mit seinem Enkel Daniel Bruno Jardine.*

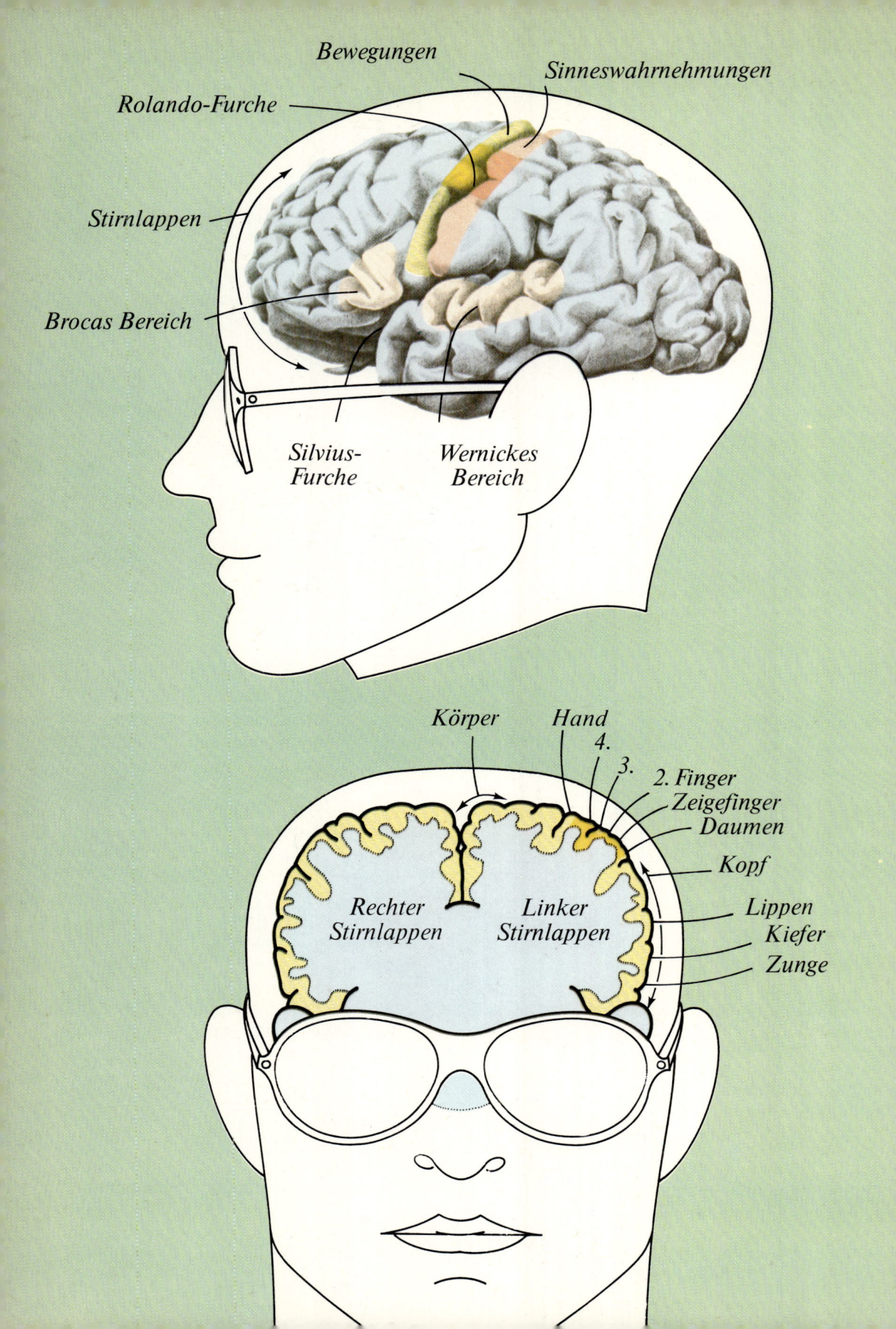

- Bewegungen
- Sinneswahrnehmungen
- Rolando-Furche
- Stirnlappen
- Brocas Bereich
- Silvius-Furche
- Wernickes Bereich

- Körper
- Hand
- 4.
- 3.
- 2. Finger
- Zeigefinger
- Daumen
- Kopf
- Lippen
- Kiefer
- Zunge
- Rechter Stirnlappen
- Linker Stirnlappen

Bisher wissen wir das noch nicht genau. Wir wissen noch nicht genau, was die rechte Seite des Gehirns in jenen Bereichen bearbeitet, die auf der linken Seite der Sprache vorbehalten sind. Es sieht jedoch so aus, als nähmen sie die Eindrücke auf, die durch das Auge vermittelt werden — die Abbildung einer zweidimensionalen Welt auf der Netzhaut — und als würden sie diese dann umwandeln oder zu einem dreidimensionalen Bild organisieren. Wenn diese Annahme zutrifft, dann ist es meiner Meinung nach klar, daß auch die Sprache eine Möglichkeit ist, die Welt in ihre Teile organisierend zu zerlegen und diese Teile wie veränderliche Bilder wieder zusammenzusetzen.

Die Organisation der Erfahrung ist beim Menschen sehr weit vorausschauend, und sie liegt in einem dritten Bereich, der spezifisch menschlich ist. Die Hauptorganisation des Gehirns liegt in den Vorderlappen und in den Vorvorderlappen. Ich habe wie jeder Mensch einen eiförmigen Kopf, denn so ist nun einmal das Gehirn angelegt. Wir wissen, daß im Gegensatz dazu der Taung-Schädel nicht der eines unlängst verstorbenen Kindes ist, den wir irrtümlich für ein Fossil hielten, sondern der Schädel eines Lebewesens, das noch eine ziemlich fliehende Stirn hat.

Wofür genau sind nun diese großen Vorderlappen da? Gewiß können sie sehr wohl verschiedene Funktionen haben und doch eine sehr spezifische und bedeutsame Aufgabe erfüllen. Sie ermöglichen es einem, Handlungen in der Zukunft zu bedenken und dann dafür eine Belohnung zu erwarten. Einige wunderbare Experimente über diese verspätete Reaktion wurden zuerst von Walter Hunter etwa um 1910 gemacht und dann in den dreißiger Jahren von Jacobsen verfeinert. Hunter tat folgendes: Er nahm ein Geschenk zur Belohnung, zeigte es einem Tier und verbarg es dann. Die Ergebnisse beim Lieblingstier aller Laboratorien, bei der Ratte, sind typisch. Wenn man eine Ratte, nachdem man ihr die Belohnung gezeigt hat, gleich wieder losläßt, dann geht natürlich die Ratte sofort zur verborgenen Belohnung. Wenn man jedoch die Ratte einige Minuten warten läßt, dann ist sie nicht mehr imstande festzustellen, wohin sie nun zur Erlangung der Belohnung gehen muß.

Kinder sind natürlich ganz anders. Hunter hat dieselben Experimente mit Kindern durchgeführt. Man kann Kinder von fünf oder sechs Jahren eine halbe Stunde, vielleicht sogar eine Stunde warten lassen. Hunter versuchte, sich die Gewogenheit eines kleinen Mädchens zu erhalten, während er es warten ließ. Er redete mit ihr. Schließlich sagte sie: »Weißt du, ich glaube, du versuchst bloß, mich vergessen zu machen.«

Die Fähigkeit, Handlungen zu planen, deren Ertrag noch weit entfernt ist, ist eine Ausarbeitung der verzögerten Reaktion. Die

212
Die jüngere Evolution des Menschen beginnt mit der fortschreitenden Entwicklung der Hand und der Auswahl eines Gehirns, das besonders geeignet ist, die Hand zu bewegen. Nehmen wir als nächstes einen noch spezifisch menschlicheren Bereich des Gehirns, der bei Tieren überhaupt nicht existiert: den Sprachbereich. Der findet sich in zwei miteinander verbundenen Bezirken des menschlichen Gehirns: ein Bezirk liegt nahe dem Gehörzentrum, und der andere liegt davor etwas höher in den Vorderlappen.
Diagramm der motorischen Kortexstreifen des menschlichen Gehirns. Sie zeigen das Vorherrschen von Bereichen, die für die Betätigung der rechten und linken Hand zuständig sind so wie Wernickes und Brocas Sprachbereiche auf der linken Gehirnseite.

Soziologen nennen das »die Verschiebung der Belohnung«. Das ist eine zentrale Fähigkeit, die das menschliche Gehirn hat und für die es keine grundlegende Entsprechung im Tiergehirn gibt, bis zu dem Punkt, wo das Tiergehirn recht kompliziert wird, im oberen Bereich der Evolutionsskala wie bei unseren Vettern, den Affen und den Menschenaffen. Die menschliche Entwicklung bedeutet, daß wir uns während unserer frühen Erziehung tatsächlich mit der Verschiebung von Entscheidungen befassen. Hier sage ich etwas, das von den Aussagen der Soziologen abweicht. Wir *müssen* den Entscheidungsprozeß aufschieben, um genug Wissen in Vorbereitung auf die Zukunft anzusammeln. Das klingt ungewöhnlich, aber das ist das zentrale Anliegen der Kindheit, darum geht es in der Pubertät, darum geht es in der Jugend.

Ich möchte die Betonung ganz dramatisch auf die Verschiebung der *Entscheidung* legen — und hier meine ich des Wortes ureigene Bedeutung. Welches ist das größte Drama der englischen Sprache? Es ist *Hamlet*. Worum geht es in *Hamlet*? Es ist ein Stück über einen jungen Mann — einen Knaben, der sich der ersten großen Entscheidung seines Lebens gegenüber sieht. Es handelt sich um eine Entscheidung, die über seine Fähigkeit hinausgeht: Er soll den Mörder seines Vaters töten. Es ist sinnlos, wenn der Geist ihn immer wieder auffordert: »Rache, Rache«. Es ist eine Tatsache, daß Hamlet als Jugendlicher noch nicht reif dafür ist. Weder intellektuell noch gefühlsmäßig ist er reif für die Tat, die man von ihm verlangt. Das ganze Drama ist eine endlose Verschiebung seiner Entscheidung, während der Held mit sich ringt.

Der Höhepunkt liegt in der Mitte des dritten Aktes. Hamlet beobachtet den König beim Gebet. Die Regieanweisungen sind so ungewiß, daß er möglicherweise sogar den König beten hört, daß er hört, wie er sein Verbrechen bekennt. Und was sagt Hamlet? »Jetzt könnte ich es endlich tun!« Aber er tut es nicht. Im Knabenalter ist er einfach noch nicht bereit für eine Tat dieser Größenordnung. So wird Hamlet gegen Ende des Stückes selbst ermordet. Die Tragödie liegt nicht im Sterben Hamlets, sie liegt vielmehr darin, daß er genau in dem Augenblick stirbt, wo er fähig und bereit ist, ein großer König zu werden.

Bevor das menschliche Gehirn ein Instrument des Handelns werden kann, muß es ein Instrument der Vorbereitung sein. Dafür gibt es ganz bestimmte Bereiche. Die Vorderlappen müssen zum Beispiel unbeschädigt sein. Die ganze Entwicklung hängt jedoch noch viel mehr von der langen Vorbereitungszeit der Kindheit des Menschen ab.

Wissenschaftlich gesprochen unterliegen wir der Neotenie, das heißt, wir kommen noch als Embryo aus dem Mutterleib. Vielleicht betet unsere Zivilisation, unsere wissenschaftlich orientierte

Die lange Kindheit

Zivilisation deshalb vor allem anderen das Symbol des Kindes an, und zwar schon seit der Renaissance: das Christuskind, von Raphael gemalt und von Blaise Pascal noch einmal in die Gegenwart versetzt. Der junge Mozart und Gauß, die Kinder in Jean Jacques Rousseaus und Charles Dickens' Werk. Ich bin nie auf den Gedanken gekommen, daß andere Zivilisationen anders sind, bis ich hier von Kalifornien aus nach Süden gefahren bin, zu den sechstausend Kilometer entfernten Osterinseln. Dort überraschte mich der geschichtliche Unterschied.

Immer wieder entwickeln visionäre Dichter ein neues Utopia: Plato, Thomas Morus, H. G. Wells. Dabei lassen sie sich stets von der Vorstellung leiten, daß das heroische Vorbild Bestand hat, wie Hitler sagte, wenigstens tausend Jahre. Aber das heroische Vorbild sieht immer aus wie die rohen, toten, uralten Gesichter der Standbilder auf den Osterinseln — ja, sie sehen sogar wie Mussolini aus! Das ist nicht der Inhalt der menschlichen Persönlichkeit, selbst wenn man den Maßstab der Biologie anlegt. Biologisch gesehen ist ein menschliches Wesen wandelbar, empfindlich, veränderbar, vielen Umgebungen angepaßt und keineswegs statisch festgelegt. Die wirkliche Vision des Menschen ist das Wunderkind, die Jungfrau und das Kind, die Heilige Familie.

Als ich ein Teenager war, pflegte ich Samstag nachmittags vom East End Londons ins Britische Museum zu gehen, um mir die einzige Statue von den Osterinseln zu betrachten, die man aus irgendeinem Grund nicht ins Innere des Museums geschafft hatte. Ich mag also diese uralten Ahnengesichter. Letzten Endes jedoch wiegen sie alle nicht die Grübchen im Gesicht eines einzigen Kindes auf.

Wenn ich etwas bewegt war, als ich das über die Osterinseln sagte, so hatte ich dafür einen Grund. Stellen Sie sich doch einmal die Investition vor, die die Evolution in das Gehirn des Kindes gemacht hat. Mein Gehirn wiegt drei Pfund, mein Körper wiegt fünfzigmal so viel. Bei meiner Geburt war mein Körper ein bloßer Anhang des Kopfes. Er wog nur fünf- oder sechsmal so viel wie mein Gehirn. Die Zivilisationen haben während eines Großteils ihrer Geschichte dieses enorme Potential leichtfertig ignoriert. Die Zivilisation selbst hat wohl die längste Kindheit durchgemacht, um das begreifen zu lernen.

Im Verlauf der Geschichte hat man die Kinder schlichtweg aufgefordert, sich dem Vorbild der Erwachsenen anzupassen. Wir sind mit den persischen Bakhtiari auf ihre Frühlingsreise gezogen. Sie kommen unter allen noch existierenden, dem Untergang geweihten Völkern, dem Alltagsleben der Nomaden vor zehntausend Jahren vielleicht am nächsten. Bei solch alten Lebensformen kann man das überall erkennen: das Vorbild des Erwachsenen spiegelt sich

Der Aufstieg des Menschen

in den Augen der Kinder wider. Die Mädchen sind kleine Mütter, die Jungen kleine Hirten. Sie bewegen sich sogar schon wie ihre Eltern.

Natürlich hat die Geschichte zwischen dem Zeitalter der Nomaden und der Renaissance nicht stillgestanden. Der Aufstieg des Menschen hat nie innegehalten. Der Aufstieg der Jungen jedoch, der Aufstieg der Begabten, der Aufstieg der phantasievoll Schöpferischen, der ist zwischendurch häufig nur sehr zögernd gewesen.

Natürlich gab es große Zivilisationen. Wer bin ich, um etwa die

213
Das Bild des Erwachsenen leuchtet in den Augen der Kinder auf. Sie benehmen sich sogar wie ihre Eltern. *Uzbeki Vater und Sohn während einer flüchtigen Rast in der Buz Kashi auf der Ebene bei Mazar-i-Sharif, Afghanistan.*

Die lange Kindheit

Zivilisation Ägyptens, Chinas oder Indiens, selbst Europas im Mittelalter herabzuwürdigen? Eine Probe haben sie jedoch alle nicht bestanden: sie begrenzen die freie Vorstellungskraft der jungen Menschen. Die Zivilisationen sind statisch, sie bilden Minderheitskulturen. Statisch sind sie, weil der Sohn das tut, was der Vater schon tat, und der Vater, was der Großvater gemacht hat. Minderheitskulturen sind sie, weil nur ein winziger Bruchteil aller Begabung, die die Menschheit hervorbringt, tatsächlich genutzt wird; eine Minderheit lernt lesen, lernt schreiben, lernt eine Fremdsprache und lernt die ungeheuer steile Leiter des Aufstiegs zu erklettern.

Im Mittelalter war diese Leiter nur mit Hilfe der Kirche zu nutzen. Es gab keine andere Möglichkeit für einen klugen, aber armen Jungen, seinen Weg zu machen. Am Ende der Leiter ist dann immer das Vorbild, das Sinnbild der Gottheit, das da sagt: »Jetzt hast du das letzte Gebot erreicht: du sollst nicht in Frage stellen.«

Als Erasmus von Rotterdam 1480 Vollwaise wurde, da mußte er sich zum Beispiel auf eine Laufbahn innerhalb der Kirche vorbereiten. Die Messen waren damals so prächtig wie heute. Erasmus selbst hätte die sehr eindrucksvolle Messe *Cum Giubilate* aus dem vierzehnten Jahrhundert hören können, die ich in einer Kirche gehört habe, die noch älter ist als die Messe selbst, in San Pietro in Gropina. Das mönchische Leben war für Erasmus eine eiserne Tür, die sich vor dem Wissen verschloß. Erst als Erasmus

214
Das mönchische Leben war für Erasmus eine eiserne Tür, die gegen das Wissen verschlossen war. Erst als Erasmus selbst die Klassiker gelesen hatte, eröffnete sich ihm die Welt.
Desiderius Erasmus auf einem Porträt von Quentin Metsys, 1530, National-Galerie Rom.

DES ERASMI ROTERO
DAMI LIBER CVM PRIMIS PIVS, DE
præparatione ad mortem, nunc primum & con=
scriptus & æditus.
   ACCEDVNT aliquot epistolæ serijs de re=
bus, in quibus item nihil est nō nouum ac recens.

FRO BEN

צַו לְבֵיתְךָ כִּי מֵת אַתָּה וְלֹא תִחְיֶה   Esa. 38
μακάριοι οἱ νεκροὶ οἱ ἐν κυρίῳ ἀποθνήσκοντες.   Ap.14
Mihi uiuere Christus est, & mori lucrum.   Philip. 1

BASILEAE   M D XXXIIII

ANDREAE VESALII
BRVXELLENSIS, SCHOLAE
medicorum Patauinæ professoris, suorum de
Humani corporis fabrica librorum
EPITOME.

CVM CAESAREAE
Maiest. Gallarum Regis, ac Senatus Veneti gra=
tia & priuilegio, ut in diplomatis eorundem continetur.

LECTORI.

QVOD modi darem librorum de Humani corporis fabrica Compendium, in duas partes dissectum est: quarum una sex capitulis comprǽsa, succinctissimam omnium partium...

BASILEAE.

215
Die Demokratie des Geistes geht auf das gedruckte Buch zurück. Die heitere Leidenschaft des Druckers spricht aus der Druckseite genauso machtvoll überzeugend wie das profunde Wissen. Griechisches Testament des Erasmus und die Anatomie des Vesalius, beide in Basel gedruckt.

die Klassiker selbst gelesen hatte, gegen den ausdrücklichen Befehl, da öffnete sich die Welt für ihn. »Dies hat ein Heide an einen anderen geschrieben«, sagte er, »und doch ist es gerecht, unantastbar, wahr. Ich kann mich kaum zurückhalten, und ich möchte sagen ›Heiliger Sokrates, bitte für mich!‹«

Erasmus gewann zwei Freunde fürs Leben, Sir Thomas More — Thomas Morus — in England und Johann Frobenius in der Schweiz. Von More hat er das bekommen, was auch mir vermittelt wurde, als ich zuerst nach England kam, das Gefühl der freudigen Genugtuung in der Gesellschaft kultivierter Geister. Von Frobenius bekam er ein Gefühl für die Macht des gedruckten Wortes. Frobenius und seine Familie waren die großen Drucker der Klassiker um 1500; dazu zählten auch die Klassiker der Medizin. Die Frobenius-Ausgabe der Werke des Hippokrates ist meiner Meinung nach eines der schönsten Bücher, die je gedruckt wurden, wobei die heitere Leidenschaft des Druckers genauso machtvoll überzeugend aus der Druckseite spricht wie das profunde Wissen.

Was bedeuteten jene drei Männer und ihre Bücher — die Werke des Hippokrates, Mores *Utopia* und *Lob der Torheit* von Erasmus? Für mich wird darin die Demokratie des Geistes deutlich; und deshalb sind Erasmus und Frobenius und Sir Thomas More in meiner Vorstellung gigantische, richtungsweisende Gestalten ihrer Zeit. Die Demokratie des Geistes beruht auf dem gedruckten Buch, und die Probleme, die das Buch seit 1500 aufgeworfen hat, haben bis zu den Studentenunruhen unserer Zeit immer noch Geltung. Woran starb Thomas More? Er starb, weil sein König ihn für einen machthungrigen Menschen hielt. Was More jedoch sein wollte, was Erasmus sein wollte, was jeder starke Geist sein will, ist ein Wächter der Integrität.

Es gibt einen uralten Konflikt zwischen intellektueller Führerschaft und staatlicher Autorität. Wie alt, wie bitter dieser Konflikt ist, wurde mir klar, als ich von Jericho die Straße entlangreiste, die Jesus gewählt hatte und dann am Horizont die ersten Häuser von Jerusalem so sah, wie er sie gesehen haben mußte, wissend, daß er dem sicheren Tod entgegenging. Er ging dem Tod entgegen, denn Jesus war damals der intellektuelle und moralische Führer seines Volkes, aber er sah sich einem Establishment gegenüber, für das die Religion ganz schlicht nur ausführendes Organ der Regierung war. Das ist die kritische Wahl, der sich die Führer der Menschheit immer wieder gegenüber gesehen haben: Sokrates in Athen, Jonathan Swift in Irland, hin und her gerissen zwischen Mitleid und Ehrgeiz, Mahatma Gandhi in Indien und Albert Einstein, als er die Präsidentschaft des Staates Israel ausschlug.

Einsteins Namen bringe ich hier ganz bewußt ins Spiel, denn er

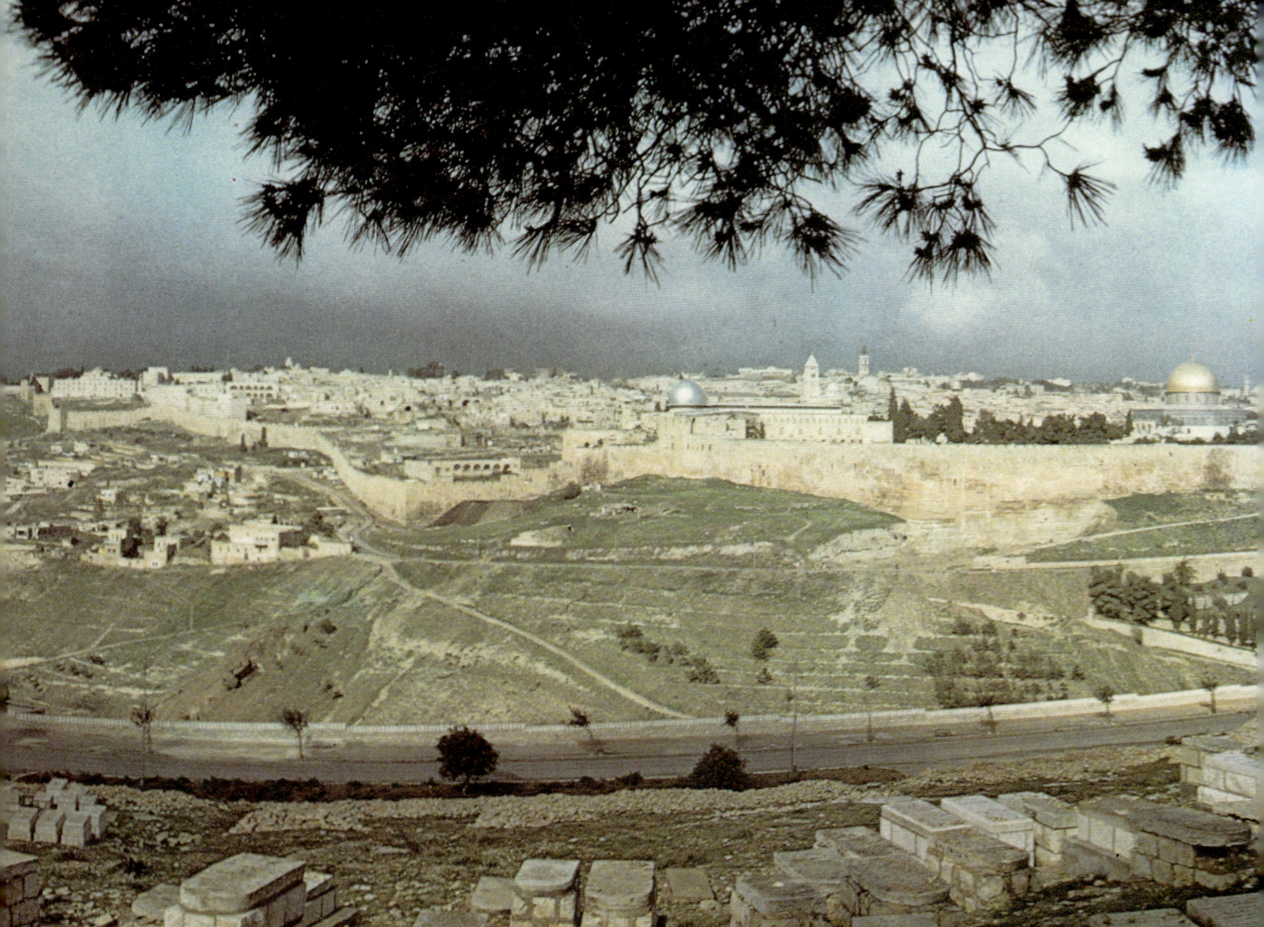

216

Es gibt einen uralten Konflikt zwischen intellektueller Führerschaft und staatlicher Autorität. Wie alt, wie bitter dieser Konflikt ist, wurde mir klar, als ich den ersten Blick auf Jerusalem tat, das am Horizont entlang der Straße von Jericho erschien.
Panoramaansicht der Altstadt von Jerusalem, Israel.

war ein Wissenschaftler, und die geistige Führung des zwanzigsten Jahrhunderts liegt bei den Wissenschaftlern. Daraus ergibt sich ein schwerwiegendes Problem, denn die Wissenschaft ist ebenfalls eine Machtquelle, die ganz nahe bei der Regierungsgewalt angesiedelt ist, eine Machtquelle, die der Staat unter seinen Einfluß bringen will. Wenn sich die Wissenschaft jedoch in diese Richtung drängen läßt, dann zerfallen die Glaubensinhalte des zwanzigsten Jahrhunderts und werden zum blanken Zynismus, denn kein Glaube kann in diesem Jahrhundert aufgebaut werden, der nicht auf Wissenschaft beruht, Wissenschaft verstanden als Anerkennung der Einmaligkeit des Menschen und als das Gefühl des Stolzes auf seine Gaben und Leistungen. Es ist nicht die Aufgabe der Wissenschaft, das Erdreich zu besitzen, aber die moralische Vorstellungskraft zu haben, denn ohne sie werden Mensch und Wissenschaft gemeinsam zugrunde gehen.

Diese Überlegung muß ich ganz konkret in den Zusammenhang der Gegenwart setzen. Der Mann, der diese Fragen für mich personifiziert, heißt John von Neumann. Er wurde 1903 als Sohn einer jüdischen Familie in Ungarn geboren. Wäre er hundert Jahre früher auf die Welt gekommen, hätten wir nie von ihm gehört. Er hätte dann nämlich wohl gemacht, was Vater und Großvater taten — er hätte als Rabbiner das Dogma ausgelegt.

Statt dessen war er ein mathematisches Wunderkind, »Johnny« genannt bis ans Ende seines Lebens. Als Teenager schrieb er bereits mathematische Veröffentlichungen. Die Hauptarbeit auf dem Gebiet der beiden Themenkreise, die ihn berühmt machten, leistete er, bevor er fünfundzwanzig Jahre alt war.

Die beiden Themen beschäftigen sich, so darf ich wohl sagen, mit dem Spiel. Man muß sich darüber klarwerden, daß in gewissem Sinne alle Wissenschaft, alles menschliche Denken eine Form des Spiels ist. Der abstrakte Gedanke ist eine Noetenie, gewissermaßen ein verlängertes Larvenstadium des Geistes, das den Menschen in die Lage versetzt, auch weiterhin Handlungen zu vollziehen, die kein direktes Ziel ansteuern (andere Tiere spielen lediglich, wenn sie jung sind), nur um sich auf langfristig wirkende Strategien und Pläne vorzubereiten.

Während des Zweiten Weltkrieges habe ich mit Johnny von Neumann in England zusammengearbeitet. Er hat mir zum erstenmal etwas über seine Spieltheorie in einem Londoner Taxi erzählt — darin redete er besonders gern über Mathematik. Natürlich habe ich ihm gesagt, daß ich ein begeisterter Schachspieler bin: »Du meinst die Spieltheorie, wie sie auf Schach angewendet wird.« »Nein, nein«, sagte er. »Schach ist kein Spiel. Schach ist eine sorgfältig definierte Form der Berechnung. Vielleicht ist man nicht in der Lage, die Lösungen alle auszuarbeiten, aber theoretisch muß

217
Der Mann, der diese Fragen für mich verkörpert:
John von Neumann. Blatt mit seinen Notizen.

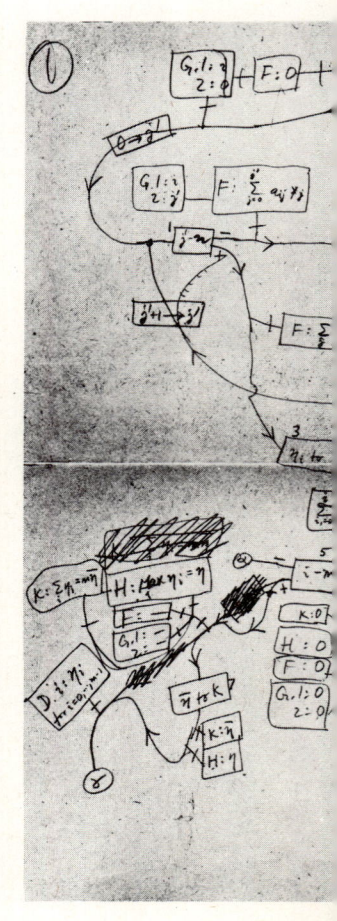

Die lange Kindheit

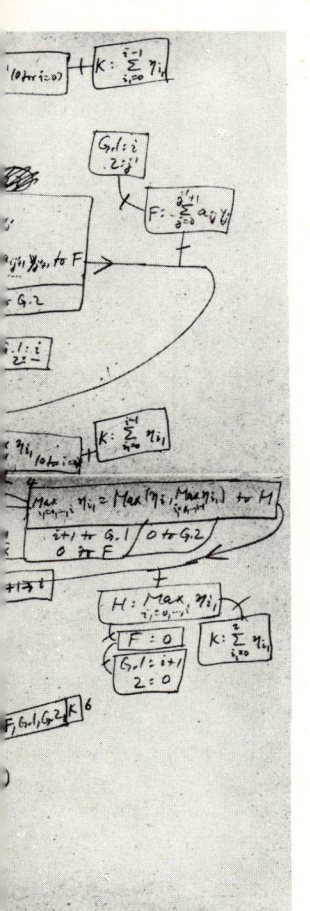

es eine Lösung geben, ein richtiges Vorgehen aus jeder Position. Wirkliche Spiele«, sagte er, »sind überhaupt nicht so. Das wirkliche Leben ist auch nicht so. Das Leben in der Wirklichkeit besteht aus Bluffen, aus kleinen taktischen Täuschungsmanövern, besteht darin, daß man sich fragt, was der andere von einem als nächsten Schritt erwartet. Und damit beschäftigen sich Spiele in meiner Theorie.«

Darum geht es auch in seinem Buch. Es scheint ungewöhnlich, wenn man ein Buch findet, *Theorie der Spiele und Wirtschaftsverhalten,* in dem ein Kapitel »Poker und Bluffen« ist. Wie überraschend und abweisend ist es dann erst, wenn man dieses Kapitel voller Gleichungen findet, die so anmaßend und aufgeblasen aussehen. Die Mathematik ist keine pompöse Tätigkeit, am wenigsten für außerordentlich rasche und blitzgescheite Köpfe, wie Johnny von Neumann einer war. Was auf diesen Seiten immer wieder deutlich wird, ist eine klare geistige Linie wie eine Melodie, und das ganze Gewicht der Gleichungen ist lediglich die Baßpartitur.

Im Alter brachte Johnny von Neumann dieses Thema in seiner zweiten großen kreativen Idee, wie ich meine, zur Anwendung. Er erkannte, daß Computer technisch von Bedeutung sein würden, aber er erkannte auch früh, daß man sich darüber klar zu sein hat, wie Situationen im wirklichen Leben sich von Computersituationen unterscheiden, genau weil man im wirklichen Leben nicht die präzisen Lösungen bei der Hand hat, die eine Schachstrategie oder eine technische Berechnung bieten.

Ich will versuchen, mit meinen eigenen Worten anstelle seiner technischen Definitionen John von Neumanns Leistung zu beschreiben. Er unterschied zwischen kurzfristig wirkender Taktik und der groß angelegten, auf lange Sicht wirksam werdenden Strategie. Taktische Manöver kann man genau berechnen, strategische nicht. Johnnys mathematischer und gedanklicher Erfolg bestand darin aufzuzeigen, daß es nichtsdestoweniger Möglichkeiten gibt, die *beste* Strategie zu ermitteln.

Im Alter schrieb er ein wunderbares Buch, *Der Computer und das Gehirn.* Es enthielt die Silliman-Vorlesungen, die er hätte geben sollen, aber 1956 wegen Krankheit nicht mehr halten konnte. In diesem Buch sieht er das Gehirn mit einer Sprache ausgestattet, in der die Tätigkeiten der verschiedenen Gehirnabschnitte irgendwie miteinander verflochten und aufeinander abgestimmt werden, so daß wir einen Plan, eine Ablaufskizze als Gesamtmanöver unseres Lebensweges machen können — das, was wir in der Geisteswissenschaft eine Wertskala nennen würden.

Johnny von Neumann hatte etwas Charmantes und sehr Persönliches an sich. Er war ohne Ausnahme der klügste Mensch, den ich je kannte. Er war ein Genie in dem Sinne, daß ein Genie ein

Spieltheorie: Das Fingerspiel Morra

Zwei Spieler sind für dieses Spiel erforderlich, das in seiner einfachsten Version folgendermaßen abläuft: Die beiden Spieler reagieren gleichzeitig. Jeder streckt entweder einen oder zwei Finger aus, und zugleich versucht er zu erraten, ob sein Gegenspieler über einen oder zwei Finger zeigt. Wenn beide Spieler richtig raten, oder wenn beide falsch geraten haben, zahlt keiner. Wenn nur ein Spieler richtig rät, erhält er vom anderen so viele Spielmarken, wie beide Spieler zusammen Finger zeigen.

Somit hat jeder Spieler die Wahl unter vier Möglichkeiten:

(a) 1 (b) 2 (c) 1 (d) 2

Wenn er die richtige Zahl ausruft und sein Gegner die falsche, dann gewinnt Möglichkeit (a) zwei Spielmarken, Möglichkeit (b) und (c) gewinnen drei Spielmarken, und die Möglichkeit (d) vier.

Das Spiel ist fair, aber ein Spieler, der die richtige Strategie beherrscht, wird (bei durchschnittlichem Glück) gegen einen gewinnen, der sie nicht kennt. Die richtige Strategie besteht darin, die Möglichkeiten (a) und (d) außer acht zu lassen, und (b) und (c) im Verhältnis 7:5 zu spielen. Das heißt, die richtige Strategie für je zwölf Spiele ist 2 durchschnittlich 7mal und 1 somit durchschnittlich 5mal.

Es ist unwahrscheinlich, daß ein Spieler, der nach Gefühl spielt, diese Strategie durchschaut.

Die mathematische Methode, mit der die beste Strategie ermittelt wird, ist ziemlich kompliziert. Gar nicht kompliziert ist es jedoch, die Wirksamkeit dieser Strategie zu bestätigen, indem man berechnet, was denn nun geschieht, wenn der Gegner im Gegenzug die Möglichkeit (a), (b), (c) oder (d) benutzt. In diesem Falle

(a) 1 — gewinnt er im Schnitt siebenmal bei zwölf Spielen, erhält aber jeweils nur zwei Spielmarken. Dagegen verliert er fünfmal bei zwölf Spielen und verliert jedesmal drei Spielmarken — das ist ein durchschnittlicher Verlust von einer Spielmarke bei zwölf Durchgängen.

(b) 2 (c) 1 — Beide Spieler haben richtig oder falsch geraten. Keine Spielmarke wechselt den Besitzer.

(d) 2 — Er gewinnt im Schnitt fünf von zwölf Spielen je vier Spielmarken. Er verliert jedoch sieben von zwölf Spielen, d.h. je drei Spielmarken — es ergibt sich ein Verlust von einer Spielmarke bei zwölf Spielen.

Normalerweise wird Morra in einer komplizierteren Version gespielt, bei der jeder Teilnehmer 1, 2 oder 3 Finger ausruft und zeigt. Die Regeln sind ähnlich, auch die beste Strategie, die jetzt eine Mischung darstellt von 1, 2, 3.

Morra, kann auch mit bis zu vier Fingern gespielt werden oder mit jeder beliebigen größeren Zahl, auf die sich die Mitspieler einigen.

Die lange Kindheit

218

Das Leben in der Wirklichkeit besteht aus Bluffen, aus kleinen taktischen Täuschungsmanövern, besteht darin, daß man sich fragt, was der andere von einem als nächsten Schritt erwartet. Morra ist ein elegantes und aufregendes Spiel, das ich wärmstens empfehlen möchte. Wie bei allen realistischen Spielen, die Elemente des Zufalls und Erratens beinhalten, gibt es keine Methode, die den Sieg garantiert. Was von Neumanns Theorie angibt, ist die beste Strategie — die mit durchschnittlichem Glück den besten Weg zum Erfolg auf lange Sicht gewährleistet.

Mensch ist, der *zwei* große Ideen entwickelt. Als er 1957 starb, war es für uns alle eine große Tragödie. Keineswegs, weil er ein bescheidener Mann war. Als ich während des Krieges mit ihm zusammenarbeitete, sahen wir uns einmal einem Problem gemeinsam konfrontiert, und er sagte sofort: »O nein, nein, du siehst das gar nicht richtig. Dein bildhaftes Denken ist dafür gar nicht geeignet. Stell dir das einmal abstrakt vor. Diese Fotografie einer Explosion zeigt doch, daß der erste Differentialkoeffizient identisch verschwindet, und deshalb wird die Spur des zweiten Differentialkoeffizienten sichtbar.«

Wie Johnny sagte, denke ich nicht so. Ich ließ ihn jedoch nach London fahren. Ich ging in mein Labor auf dem Lande. Ich arbeitete bis spät in die Nacht. Etwa um Mitternacht hatte ich seine Lösung gefunden. John von Neumann schlief immer lange, also war ich freundlich und weckte ihn erst nach zehn Uhr morgens. Als ich ihn im Hotel in London anrief, nahm er den Hörer noch im Bett liegend auf, und ich sagte: »Johnny, du hast ganz recht.« Er antwortete: »Du weckst mich früh am Morgen, um mir mitzuteilen, daß ich recht habe? Damit solltest du besser warten, bis ich mal unrecht habe.«

Wenn das auch sehr eitel klingt, so war es das gar nicht. Es war eine wirklichkeitsgetreue Erklärung über seinen Lebensstil, und doch hat diese Erklärung etwas an sich, das mir vor Augen hält, wie er die letzten Jahre seines Lebens ungenutzt ließ. Er schloß die große Arbeit nie ab, deren Fortführung seit seinem Tod große Schwierigkeiten bereitet hat. Er schloß dieses Werk eigentlich deshalb nicht ab, weil er es aufgegeben hatte, sich noch bewußt zu machen, wie andere *Menschen* die Zusammenhänge sehen. Er konzentrierte sich immer mehr auf Arbeit für Privatfirmen, für die Industrie, für die Regierung. Das waren Unternehmen, die ihn zwar ins Zentrum der Macht brachten, aber die weder sein Wissen vergrößerten noch seiner Kenntnis oder seinem vertrauten Umgang mit Menschen förderlich waren — und die bis heute noch nicht erfahren haben, was er eigentlich in bezug auf die menschliche Mathematik des Lebens und des Geistes zu erforschen versuchte.

Johnny von Neumann liebte die Aristokratie des Geistes. Das ist eine Neigung, die unsere Zivilisation nur zerstören kann. Wir müssen vor allem eine Demokratie des Geistes haben. Wir dürfen uns nicht durch die Distanz zwischen Volk und Regierung, zwischen Volk und Macht ins Verderben treiben lassen, die auch Babylon und Ägypten und Rom den Untergang gebracht hat. Diese Distanz kann nur verringert, kann nur aufgehoben werden, wenn Wissen im Heim und in den Köpfen von Menschen Platz greift, die nicht den Ehrgeiz haben, andere Menschen zu steuern und die nicht in den isolierten Zentren der Macht sitzen.

435

Das scheint eine Lektion zu sein, die schwer zu lernen ist. Schließlich leben wir in einer Welt, die von Spezialisten beherrscht wird: Ist das nicht, was wir meinen, wenn wir von einer wissenschaftsorientierten Gesellschaft sprechen? Nein, ganz sicher nicht. Eine wissenschaftlich orientierte Gesellschaft ist eine Gesellschaft, in der die Spezialisten solche Dinge tun können, wie elektrisches Licht besorgen. Sie aber sind es, ich bin es, die wissen müssen, wie die *Natur* arbeitet und warum (zum Beispiel) die Elektrizität eine ihrer Ausdrucksformen im Licht *und* in meinem Gehirn darstellt.

Wir haben die menschlichen Probleme des Lebens und des Geistes, die einmal John von Neumann beschäftigt haben, ihrer Lösung noch nicht nähergebracht. Wird es möglich sein, solide Grundlagen für die Verhaltensformen zu finden, die wir in einem erfüllten Menschen und in einer in sich erfüllten Gesellschaft preisen? Wir haben gesehen, daß menschliches Verhalten durch eine beträchtliche innere Verzögerung bei der Vorbereitung für aufgeschobene Handlungen gekennzeichnet wird. Die biologische Grundlagenarbeit für dieses Nichthandeln erstreckt sich durch die lange Kindheit und das langsame Reifen des Menschen. Das Aufschieben des Handelns im Menschen geht aber weit darüber hinaus. Unser Verhalten als Erwachsene, als Menschen, die Entscheidungen treffen müssen, als menschliche Geschöpfe, wird von Werten bestimmt, die ich als allgemeine Strategien interpretiere, in deren Verlauf wir entgegengesetzte Impulse auszugleichen versuchen. Es ist nicht wahr, daß wir unser Leben durch ein beliebiges Computerschema für Problemlösungen bestimmen. Die Probleme des Lebens sind in diesem Sinne unlösbar. Wir bestimmen hingegen unser Verhalten, indem wir Prinzipien für die Festlegung unserer Verhaltensweise aufsuchen. Wir entwickeln ethische Strategien oder Wertsysteme, um sicherzustellen, daß alles, was kurzfristig attraktiv erscheint, auch in der Waagschale der letzten, langfristigen Genugtuung bestehen kann.

Hier sind wir wirklich an einer Schwelle des Wissens. Der Aufstieg des Menschen schwankt immer wie das Zünglein an der Waage. Es gibt immer ein Gefühl der Ungewißheit, ob nun der Mensch, wenn er seinen Fuß zum nächsten Schritt erhebt, tatsächlich ihn auch etwas weiter in der gleichen Richtung fortschreitend wieder aufsetzt. Was liegt vor uns? Schließlich und endlich das Sammeln all dessen, was wir in der Physik und in der Biologie gelernt haben, um überhaupt zu verstehen, woher wir gekommen sind: was der Mensch ist.

Wissen ist kein Lose-Blatt-System von Tatsachen. Vor allem ist Wissen eine Verantwortung für die Integrität dessen, was wir sind, vor allem für das, was wir als moralische Wesen sind. Man kann auf keinen Fall diese wohlinformierte Integrität aufrechterhalten,

Die lange Kindheit

wenn man es zuläßt, daß andere Leute die Welt für einen bestimmen, während man selbst aus einem Schnappsack von Moralvorstellungen lebt, die aus den Glaubenssätzen der Vergangenheit stammen. Das ist heute wirklich von ausschlaggebender Bedeutung. Sie vermögen zu erkennen, daß es nutzlos ist, den Menschen zu raten, Differentialgleichungen zu erlernen oder einen Kursus in Elektronik zu absolvieren oder Computer zu programmieren. Dennoch werden wir in fünfzig Jahren nicht mehr existieren, wenn ein Verständnis der Ursprünge des Menschen, seiner Evolution, seiner Geschichte, seines Fortschritts nicht in unseren Schulbüchern zur Selbstverständlichkeit geworden ist. Die Selbstverständlichkeit der Schulbücher von morgen ist das Abenteuer von heute. Darum geht es bei unserer Aufgabe.

Ich bin ungeheuer betrübt, wenn ich plötzlich feststelle, daß im Westen ein Gefühl der Verzagtheit herrscht, ein Sichzurückziehen vom Wissen — wohin? In den Zen-Buddhismus, in tiefschürfende Fragen über die Tatsache, ob wir nicht wirklich zuinnerst Tiere sind, eine Flucht in außersinnliche Wahrnehmung und in mysteriösen Firlefanz. Das sind Erscheinungen, die einfach nicht auf der Linie dessen liegen, was wir heutzutage zu erkennen vermögen, wenn wir uns der Aufgabe nur stellen: es geht um das Verständnis des Menschen selbst. Wir sind das einmalige Experiment der Natur, die verstandesbestimmte Intelligenz als wesentlicher zu erweisen, als der Reflex es ist. Wissen ist unser Schicksal. Selbsterkenntnis, die schließlich die Erfahrung der Künste und die Erklärungen der Wissenschaft zusammenfügt, erwartet uns auf unserem Weg.

Es klingt sehr pessimistisch, wenn man mit dem Gefühl, auf dem Rückzug zu sein, über die westliche Zivilisation spricht. Ich bin so optimistisch über den Aufstieg des Menschen gewesen. Gebe ich an dieser Stelle auf? Natürlich nicht. Der Aufstieg des Menschen geht weiter. Bilden Sie sich aber nicht ein, daß er von einer westlichen Zivilisation, so wie wir sie kennen, weitergetragen wird. Wir werden im Augenblick auf die Probe gestellt. Wenn wir aufgeben, dann wird der nächste Schritt trotzdem getan — aber nicht von uns. Wir haben keinerlei Garantie, die Assyrien, Ägypten und Rom nicht auch gegeben worden wäre. Wir werden auch einmal einer Vergangenheit zugerechnet werden, aber nicht notwendigerweise der Vergangenheit unserer Zukunft.

Wir sind eine wissenschaftsorientierte Zivilisation: das bedeutet, eine Zivilisation, in der Wissen und die Integrität des Wissens von grundlegender Bedeutung sind. Wenn wir den nächsten Schritt im Verlauf des Aufstiegs des Menschen nicht tun, dann werden ihn Menschen woanders gehen, in Afrika, in China. Soll ich das als traurig empfinden? Nein, die Tatsache nicht. Die Menschheit hat ein Recht darauf, ihre Farbe zu ändern. Dennoch bin ich der Zivilisation verbunden, die mich genährt hat, und deshalb würde ich es doch als unendlich traurig empfinden. Ich, den England geformt hat, den es seine Sprache lehrte und seine Toleranz sowie die überschwengliche Freude an geistiger Betätigung, ich würde es als einen schweren Verlust empfinden (genauso wie Sie), wenn in hundert Jahren Shakespeare und Newton historische Fossile auf dem Wege des Menschen wären, genauso wie Homer und Euklid es heute sind.

Ich habe diese Betrachtungen im Tal von Omo in Ostafrika begonnen, und ich bin dorthin zurückgegangen, weil etwas, das damals geschah, mir fest im Gedächtnis geblieben ist. Am Morgen des Tages, an dem wir die ersten Einstellungen für unsere Sendung drehen wollten, startete ein kleines Flugzeug von unserem Flugfeld mit dem Kameramann und dem Tonmeister an Bord. Sekunden nach dem Abheben verunglückte die Maschine. Wie durch ein Wunder konnten der Pilot und die beiden Männer unverletzt aus den Trümmern hervorkriechen.

Natürlich machte dieses schwerwiegende Ereignis einen tiefen Eindruck auf mich. Da saß ich nun und bereitete mich darauf vor, das großartige Schauspiel der Vergangenheit zu entwickeln, und die Gegenwart stieß ganz unbeirrbar ihre Hand durch die gedruckte Seite des Geschichtsbuches und mahnte: »Hier und jetzt.« Geschichte besteht nicht aus Ereignissen, sondern aus Menschen. Es sind nicht nur Menschen, die sich erinnern, es sind Menschen, die handeln und ihre Vergangenheit in der Gegenwart nachleben. Die Geschichte ist die blitzschnelle Entscheidung des Piloten zum Beispiel, in der sich alles Wissen, alle Wissenschaft, alles, das seit den Anfängen des Menschen erlernt wurde, kristallisiert.

Wir saßen zwei Tage im Lager herum und warteten auf ein anderes Flugzeug. Da sagte ich zu dem Kameramann ganz freundlich, wenn auch vielleicht nicht besonders taktvoll, daß er es vielleicht lieber hätte, wenn jemand anderes die Aufnahmen machen würde, die vom Flugzeug aus zu filmen waren. Er sagte: »Ich habe wohl daran gedacht. Ich werde sicher Angst haben, wenn ich morgen starten muß, aber ich mache den Film. Das ist doch schließlich meine Aufgabe.«

Wir haben alle Angst — wir haben Angst, was unser Selbstvertrauen angeht, was die Zukunft betrifft und die Welt. Das ist die Natur der menschlichen Vorstellungskraft. Und doch ist jeder Mensch, ist jede Zivilisation vorwärts geschritten, weil sie sich engagiert hat für das, was sie sich zu tun vorgenommen hatte. Die persönliche Bindung eines Menschen an seine erlernte Fähigkeit, die geistige Bindung und die Gefühlsbindung als Ganzes zusammenwirkend haben den Aufstieg des Menschen ermöglicht.

219
Wissen ist kein Lose-Blatt-System von Tatsachen. Vor allem ist Wissen eine Verantwortung für die Integrität dessen, was wir sind, vor allem für das, was wir als moralische Geschöpfe sind. Die persönliche Bindung eines Menschen an seine erlernte Fähigkeit, die geistige Bindung und die Gefühlsbindung als Ganzes zusammenwirkend, haben den Aufstieg des Menschen ermöglicht.
Titelblatt für »Lieder der Erfahrung« von William Blake.

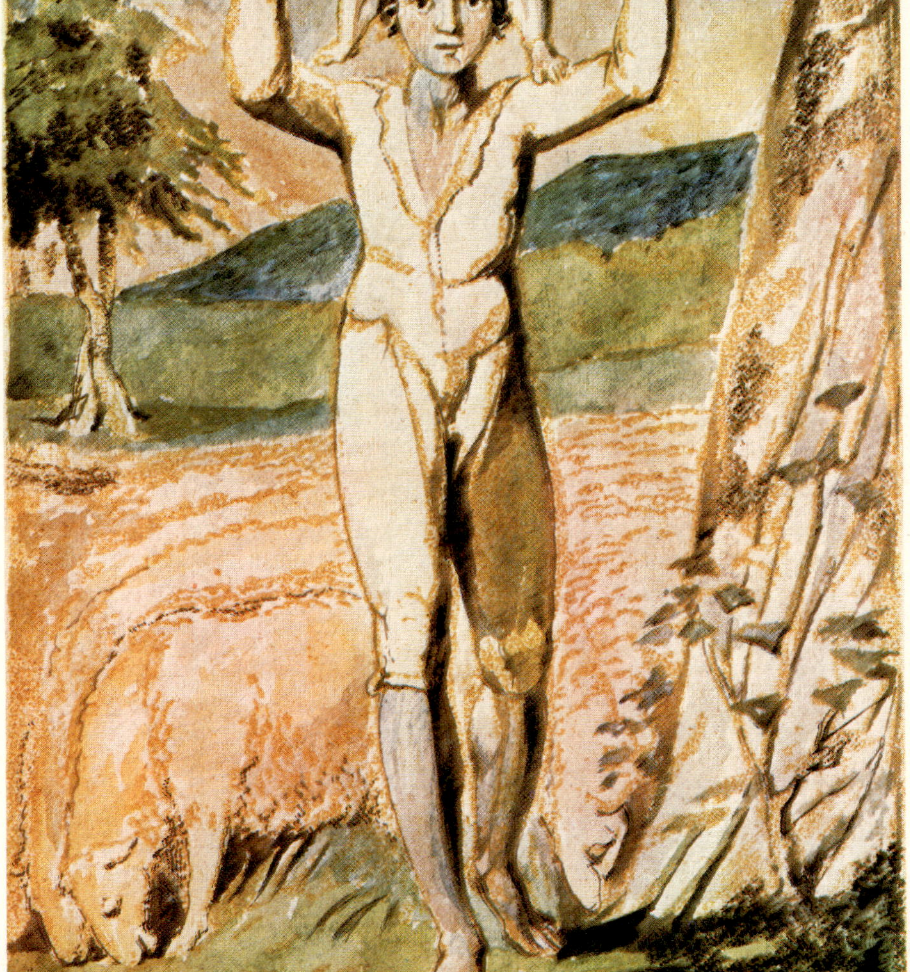

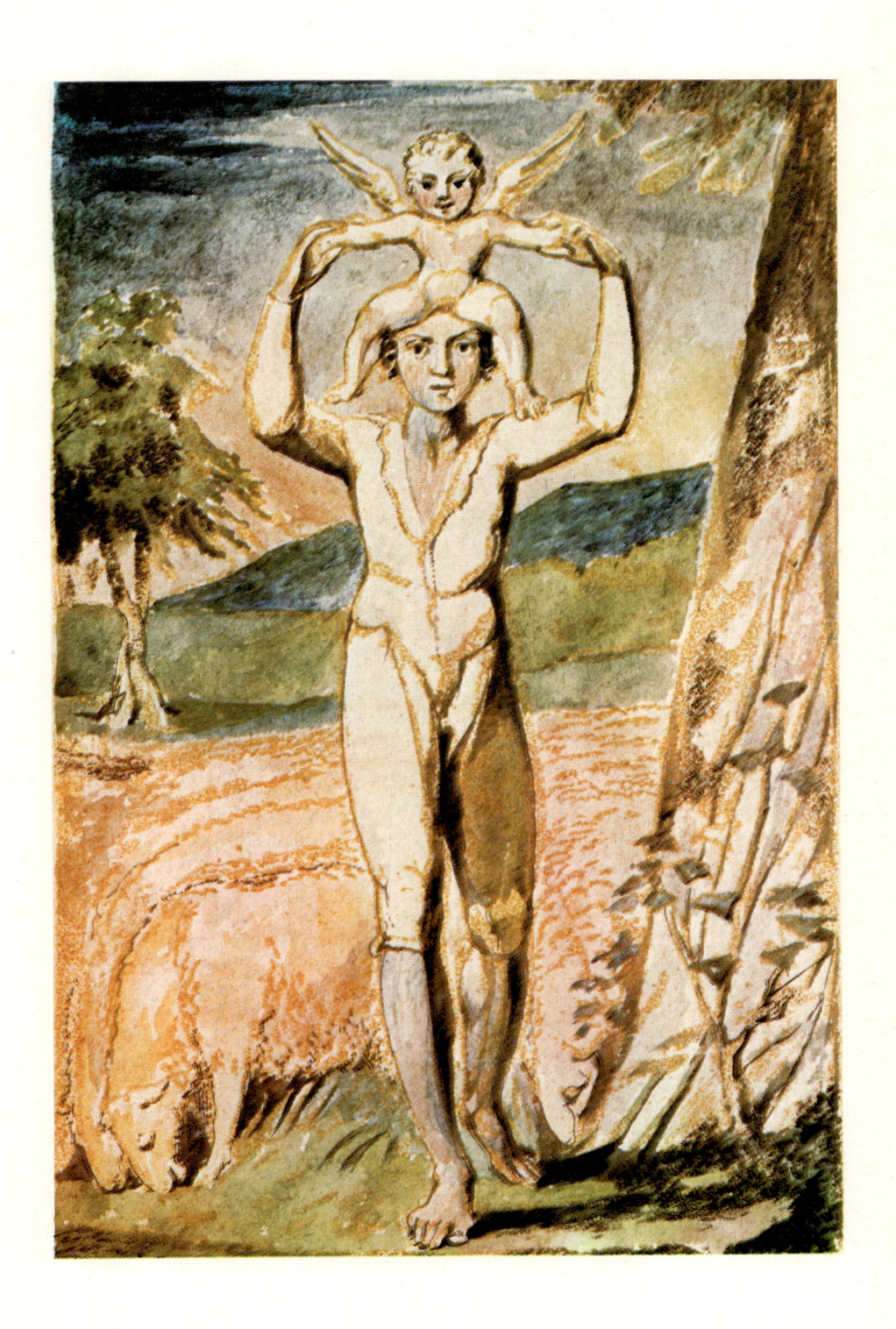

BIBLIOGRAPHIE

ERSTES KAPITEL

Campbell, Bernard G., *Human Evolution: An Introduction to Man's Adaptions* (Menschliche Evolution: Eine Einführung in die Anpassung des Menschen), Aldine Publishing Company, Chicago, 1966, und Heinemann Educational, London, 1967; und »Conceptual Progress in Physical Anthropology: Fossile Man« (Fortschritte im Denken der physikalischen Anthropologie: Der fossile Mensch), *Annual Review of Anthropology,* I, S. 27–54, 1972.

Clark, Wilfrid Edward Le Gros, *The Antecedents of Man* (Die Vorfahren des Menschen), Edinburgh University Press, 1959.

Howells, William (Herausgeber), *Ideas on Human Evolution: Selected Essays,* 1949–1961 (Vorstellungen von der menschlichen Evolution: Ausgewählte Schriften), Harvard University Press, 1962.

Leakey, Richard E. F., »Evidence for an Advanced Plio-Pleistocene Hominid from East Rudolf, Kenya« (Nachweis eines fortgeschrittenen Plio-Pleistozen Hominiden aus East Rudolf, Kenia), *Nature,* 242, 247–50, 13. April 1973.

Leakey, Louis S. B., *Olduvao Gorge* (Die Olduvai-Schlucht), 1951–61, 3 Bd., Cambridge University Press, 1965–71.

Lee, Richard B., und Irven De Vore (Herausgeber), *Man the Hunter* (Der Mensch als Jäger), Aldine Publishing Company, Chicago, 1968.

ZWEITES KAPITEL

Kenyon, Kathleen M., *Digging up Jericho* (Die Ausgrabung von Jericho), Ernest Benn, London, und Frederick A. Praeger, New York, 1957.

Kimber, Gordon, und R. S. Athwal, »A Reassessment of the Course of Evolution of Wheat« (Eine neue Betrachtung über die Evolution des Weizens), *Proceedings of the National Academy of Sciences,* 69, Nr. 4, S. 912–15, April 1972.

Piggott, Stuart, *Ancient Europe: From the Beginning of Agriculture to Classical Antiquity* (Das alte Europa: Von den Anfängen des Ackerbaus bis zur Klassik), Edinburgh University Press und Aldine Publishing Company, Chicago, 1965.

Scott, J. P., »Evolution and Domestication of the Dog« (Entwicklung und Domestizierung des Hundes), S. 243–75 in *Evolutionary Biology,* 2, herausgegeben von Theodosius Dobzhansky, Max K. Hecht, und William C. Steere, Appleton-Century-Crofts, New York, 1968.

Young, J. Z., *An Introduction to the Study of Man* (Einführung in das Studium des Menschen), Oxford University Press, 1971.

DRITTES KAPITEL

Gimpel, Jean, *Les Bâtisseurs de Cathedrales* (Die Dombauer), Editions du Seuil, Paris, 1958.

Hemming, John, *The Conquest of the Incas* (Die Eroberung des Inkareiches), Macmillan, London, 1970.

Lorenz, Konrad, *Das sogenannte Böse,* Wien, 1963.

Mourant, Arthur Ernest, Ada C. Kopec und Kazimiera Domaniewska-Sobczak, *The ABO Blood Groups; comprehensive tables and maps of world distribution* (Die ABO-Blutgruppen; umfassende Tabellen und geografische Darstellungen des Vorkommens in aller Welt), Blackwell Scientific Publications, Oxford, 1958.

Robertson, Donald S., *Handbook of Greek and Roman Architecture* (Handbuch der griechischen und römischen Architektur), Cambridge University Press, 2. Auflage, 1943.

Willey, Gordon R., *An Introduction to American Archaelogy* (Eine Einführung in die amerikanische Archäologie), Band I, *North and Middle America,* Prentice-Hall, New Jersey, 1966.

VIERTES KAPITEL

Dalton, John, *A New System of Chemical Philosophy* (Ein neues System der Philosophie der Chemie), 2 Bde., R. Bickerstaff und G. Wilson, London, 1808–27.

Debus, Allen G., »Alchemy«, *Dictionary of the History of Ideas* (»Alchemie«, Wörterbuch der Ideengeschichte), Charles Scribner, New York, 1973.

Needham, Joseph, *Science and Civilization in China* (Wissenschaft und Zivilisation in China), 1–4, Cambridge University Press, 1954–71.

Pagel, Walter, *Paracelsus. An Introduction to Philosophical Medicine in the Era of the Renaissance* (Paracelsus. Eine Einführung in die philosophische Medizin im Zeitalter der Renaissance), S. Karger, Basel und New York, 1958.

Smith, Cyril Stanley, *A History of Metallography* (Eine Geschichte der Metallographie), University of Chigaco Press, 1960.

FÜNFTES KAPITEL

Heath, Thomas L., *A Manual of Greek Mathematics* (Handbuch der griechischen Mathematik), 7 Bde., Clarendon Press, Oxford, 1931; Dover Publications, 1967.

Mieli, Aldo, *La Science Arabe* (Die arabische Naturwissenschaft), E. J. Brill, Leiden, 1966.

Neugebauer, Otto Eduard, *The Exact Sciences in Antiquity* (Die Naturwissenschaften im Altertum), Brown University Press, 2. Aufl., 1957; Dover Publications, 1969.

Weyl, Hermann, *Symmetry* (Symmetrie), Princeton University Press, 1952.

White, John, *The Birth and Rebirth of Pictorial Space* (Die Geburt und Wiedergeburt des Bildraumes), Faber, 1967.

SECHSTES KAPITEL

Drake, Stillman, *Galileo Studies* (Galileo-Studien), University of Michigan Press, 1970.

Gebler, Karl von, *Galileo Galilei und die Römische Curie,* Verlag der J. G. Cotta'schen Buchhandlung, Stuttgart, 1876.

Kuhn, Thomas S., *The Copernican Revolution* (Die kopernikanische Wende), Harvard University Press, 1957.

Thompson, John Eric Sidney, *Maya History and Religion* (Geschichte und Religion der Maya), University of Oklahoma Press, 1970.

SIEBTES KAPITEL

Einstein, Albert, »Autobiographical Notes« (Autobiographische Notizen) aus *Albert Einstein: Philosopher-Scientist* (Albert Einstein: Philosoph und Naturwissenschaftler), herausgegeben von Paul Arthur Schilpp, Cambridge University Press, 2. Aufl., 1952.

Hoffman, Banesh, und Helen Dukas, *Albert Einstein,* Viking Press, 1972.

Leibniz, Gottfried Wilhelm, *Nova Methodus pro Maximis et Minimis,* Leipzig, 1684.

Newton, Isaac, *Isaac Newton's Philosophiae Naturalis Principia Mathematica,* London, 1687, herausgegeben von Alexander Koyré und I. Bernard Cohen, 2 Bd., Cambridge University Press, 3. Aufl., 1972.

ACHTES KAPITEL

Ashton, T. S., *Industrial Revolution 1760–1830* (Die industrielle Revolution *1760–1830)*, Oxford University Press, 1948.

Crowther, J. G., *British Scientists of the 19th Century* (Britische Naturwissenschaftler des 19. Jahrhunderts), 2. Bd., Pelican, 1940–41.

Hobsbawm, E. J., *The Age of Revolution: Europe 1789–1848* (Die europäischen Revolutionen 1789–1848), Kindler, München, 1963.

Schofield, Robert E., *The Lunar Society of Birmingham* (Die Mondgesellschaft von Birmingham), Oxford University Press, 1963.

Smiles, Samuel, *Lives of the Engineers* (Lebensläufe der Techniker), 1–3, John Murray, 1861; Reprint, David and Charles, 1968.

NEUNTES KAPITEL

Darwin, Francis, *The Life and Letters of Charles Darwin* (Leben und Briefe des Charles Darwin), John Murray, 1887.

Dubos, René Jules, *Louis Pasteur,* Gollancz, 1951.

Malthus, Thomas Robert, *An Essay on the Principle of Population, as it affects the Future Improvement of Society* (Versuch über das Bevölkerungsprinzip, wie es die zukünftige Verbesserung der Gesellschaft betrifft), J. Johnson, London, 1798.

Sanchez, Robert, James Ferris und Leslie E. Orgel, »Conditions for purine synthesis: Did prebiotic synthesis occur at low temperatures?« (Vorbedingungen für die Purinsynthese: Fand die präbiotische Synthese bei niedrigen Temperaturen statt?), *Science,* 153, S. 72–73, Juli 1966.

Wallace, Alfred Russel, *Travels on the Amazon and Rio Negro, With an Account of the Native Tribes, and Observations on the Climate, Geology, and Natural History of the Amazon Valley* (Reisen auf dem Amazonas und Rio Negro mit einem Bericht über die Eingeborenenstämme und Beobachtungen über das Klima, die Geologie und die Naturgeschichte des Amazonastales), Ward, Lock, 1853.

ZEHNTES KAPITEL

Broda, Engelbert, *Ludwig Boltzmann,* Franz Deuticke, Wien, 1955.

Bronowski, J., »New Concepts in the Evolution of Complexity« (Neue Vorstellungen in der Evolution der Komplexität), *Synthese,* 21, Nr. 2, S. 228–46, Juni 1970.

Burbidge, E. Margaret, Geoffrey R. Burbidge, William A. Fowler und Fred Hoyle, »Synthesis of the Elements in Stars« (Synthese der in den Sternen vorhandenen Elemente), *Reviews of Modern Physics,* 29, Nr. 4, S. 547–650, Oktober 1957.

Segrè, Emilio, *Enrico Fermi: Physicist* (Enrico Fermi: Physiker), University of Chicago Press, 1970.

Spronsen, J. W. van, *The Periodic System of Chemical Elements: A History of the First Hundred Years* (Das periodische System der Elemente: Eine Geschichte der ersten hundert Jahre), Elsevier, Amsterdam, 1969.

ELFTES KAPITEL

Blumenbach, Johann Friedrich, *De generis humani varietate nativa,* A. Vandenhoeck, Göttingen, 1775.

Gillispie, Charles C., *The Edge of Objectivity: An Essay in the History of Scientific Ideas* (Die Grenze der Objektivität: Ein Essay über die Geschichte wissenschaftlicher Ideen), Princeton University Press, 1960.

Heisenberg, Werner, »Über den anschaulichen Inhalt der quantentheoretischen Kinematik und Mechanik«, *Zeitschrift für Physik,* 43, S. 172, 1927.

Szilard, Leo, »Reminiscences« (Erinnerungen), herausgegeben von Gertrud Weiss Szilard und Kathleen R. Winsor in *Perspectives in American History,* II, 1968.

ZWÖLFTES KAPITEL

Briggs, Robert W. and Thomas J. King, »Transplantation of Living Nuclei from Blastula Cells into Enucleated Frogs Eggs« (Transplantation lebender Zellkerne aus Blastulazellen in entkernte Froscheier), *Proceedings of the National Academy of Sciences,* 38, S. 455–63, 1952.

Fisher, Ronald A., *The Genetical Theory of Natural Selection* (Die genetische Theorie der natürlichen Zuchtwahl), Clarendon Press, Oxford, 1930.

Olby, Robert C., *The Origins of Mendelism* (Die Ursprünge des Mendelismus), Constable, 1966.

Schrödinger, Erwin, *What is Life?* (Was ist das Leben?), Cambridge University Press, 1944; Neuausgabe, 1967.

Watson, James D., *The Double Helix* (Die Doppelspirale), Atheneum, und Weidenfeld and Nicolson, 1968.

DREIZEHNTES KAPITEL

Braithwaite, R. B., *Theory of Games as a tool for the Moral Philosopher* (Die Spieltheorie als Werkzeug des Moralphilosophen), Cambridge University Press, 1955.

Bronowski, J., »Human and Animal Languages« (Menschliche und tierische Sprache), S. 374–95, in *To Honor Roman Jakobson,* I., Mouton & Co., Den Haag, 1967.

Eccles, John C., Herausgeber, *Brain and the Unity of Conscious Experience* (Das Gehirn und die Einheit der bewußten Erfahrung), Springer-Verlag, 1965.

Gregory, Richard, *The Intelligent Eye* (Das intelligente Auge), Weidenfeld and Nicolson, 1970, (und als »Auge und Gehirn« in Kindlers Universitäts-Bibliothek).

Neumann, John von, und Oskar Morgenstern, *Theory of Games and Economic Behavior* (Spieltheorie und Wirtschaftsverhalten), Princeton University Press, 1943.

Wooldridge, Dean E., *The Machinery of the Brain* (Die Apparatur des Gehirns), McGraw-Hill 1963.

REGISTER

Ackerbau 64
Adenin 317, 318, 392, 393
Aegyptopithecus 38, 45
Affen, anthropoide 38
Aggression 88, 370–374
Alchemie 136, 140, 150, 152, 238, 321, 341
Alfons X., der Weise, span. König (1221–84) 176
Algebra 168
Alhambra 169, 170, 176
Alhazan (abu-'Ali Al Hasen ibn Al-Haytham) (gest. 1038) 179
Almagest 177
Altamira 54
Altes Testament 61, 69, 70, 79
Amazonas-Expedition von Bates und Wallace 296
Amerika 92
Aminosäuren 314
Anpassung 19, 49
Aquädukt von Segovia 106
Arbeitsrhythmus der Maschinen 280
Archimedes (ca. 287–212 v. Chr.) 74, 142, 177, 200
Architektur 112
Aristoteles (384–322 v. Chr.) 142, 194, 197, 208, 224
Astrolabium 166
Astronomie 164, der Maya 189
Atombombe 370
Atomgewicht 326, 330
Atommodell von Bohr 167, 336–338
Atommodell von Rutherford 334
Atomphysik 328, 339
Atomspektrum 338
Atomtheorie 152, 153
Aubrey, John (1626–94) 162
Australopithecus 40, 41, 45, 59
Automaten 265, 267, 286, 374, 416, 436
Avicenna (Abu-Ali al Hasain ibn Abdullah ibn Sina) (980–1037) 142
Axolotl 396, 398

Beagle 294, 303
Beaumarchais 265
Bacon, Francis (1561–1626) 136, 325
Bacon, Roger (1214–94) 179
Bakhtiari 59, 60, 61, 63, 425
Barberini, Maffeo (Urban VIII.) (1568–1644) 207–218
Ballonaufstieg 271
Bates, Henry (1825–92) 294, 306
Beaumarchais siehe unter Caron
Beethoven, Ludwig van (1770–1827) 288

Bellarmine, Robert (1542–1621) 205, 207, 213, 214, 216
Bernini, Gianlorenzo (1598–1680) 207, 208, 214
Bethe, Hans (1906) 343
Bevölkerungsgesetz von Malthus 305
Bewässerungssystem 100
Bewegungsgesetze 187
Bibel 25, 60–70, 72, 73, 79, 162–164, 209, 234, 256, 309, 341
Bienen 396
Bienenzüchtung Mendels 386
Biochemie 140, 155, 314
Biologie 60–79, 157, 291, 308, 311, 317, 379–409, 411, 436
Blake, William (1757–1827) 91, 285, 351, 412
Blitzableiter 271
Blumenbach, Johann Friedrich (1752–1840) 367
Boccioni, Umberto (1882–1916) 333
Bogen 104, 106, 109
Bohr, Niels (1885–1962) 321, 329, 332, 339, 409
Boltzmann, Ludwig (1844–1906) 347, 348, 409
Borgrajewicz, Stephan (1910) 353
Born, Max (1882–1970) 329, 360, 361, 362, 364, 367, 409
Boswell, James (1740–95) 280
Boulton, Matthew (1728–1809) 279, 280
Braque, Georges (1882–1963) 330
Brecht, Bertolt (1898–1956) 367
Brennglas 149, 150
Brillengläser 271
Brindley, James (1716–72) 6, 260, 262, 265
Broglie, Louis de (1892) 329, 338, 364
Bronze 126, 127, 131
Bronzeguß, chinesischer 128
Brooke, Rupert (1887–1915) 337
Brunelleschi, Filippo (1379–1446) 179
Bruno, Giordano (1548–1600) 198, 205, 207
Brutus, Marcus Junius (ca. 85–42 v. Chr.) 113
Buchdruck 429
Buddha, Gautama (563–483 v. Chr.) 417
Buz Kashi 82, 83, 86, 426

Canyon de Chelly, Arizona 91–96
Carnot, Sadi (1796–1832) 282
Caron, Pierre (Beaumarchais) (1732–99) 265, 267, 268
Carpaccio, Vittore (ca. 1450–1522) 180
Carroll, Lewis (Ch. L. Dodgson) 249
Cellini, Benvenuto (1500–1571) 134, 136
Celsus, Aurus Cornelius (1. Jh.) 140
Chadwick, James (1891) 341, 343
Chagall, Marc (1887) 367, 407
Chaucer, Geoffrey (ca. 1340–1400) 166, 260
Chemie 314
Clausius, Rudolf (1822–88) 347
Coleridge, Samuel (1772–1834) 285
Columbus siehe unter Kolumbus
Computer und Gehirn 416, 424, 433
Cordoba 106, 107
Cowper, William (1731–1800) 247
Crabbe, George (1754–1832) 260
Crick, Francis (1916) 390, 393
Chromosomen 386, 390
Cromwell, Oliver (1599–1658) 374
Curie, Marie (1867–1934) 328, 329, 408
Cytosin 390, 393

Dalton, John (1766–1844) 151, 152, 322
»Daltonismus« 151
Dampfmaschine 280
Dart, Raymond (1893) 29
Darwin, Charles (1809–82) 245, 279, 291, 303, 306, 313, 317, 344, 351, 387
Darwin, Erasmus (1731–1802) 279, 304
Defoe, Daniel (1661?–1731) 192
Demokratie des Geistes 429
Desoxyribonukleinsäure DNS 112, 317, 390, 392, 393
Dickens, Charles (1812–70) 425
Differentialrechnung 187
Digitalisbehandlung 279
DNS-Kristall, Röntgenbeugungsmuster 357
Dombauer 110, 112
Dondi, Giovanni de (1318–1389) 194–196

443

Donne, John (1572–1631) 406
Domestikation 60
Doppelspirale (Doppelhelix) 392, 393
Dschingis Khan 86, 88
Drehbank 78
Dürer, Albrecht (1471–1528) 181, 182, 417

Eddington, Sir Arthur Stanley 1882–1944) 254
Einheit der Natur 286
Eisen 131
Einstein, Albert (1879–1955) 245–256, 321, 328, 329, 408, 429
Eiszeiten 46, 47, 48, 92
Eiweiße 316
Elektrizität 271
Elektron 330, 364, 365
Elemente, chemische 123, 133, 134, 146, 151, 322–326, 343–349
Energie 282
Engels, Friedrich (1820–1895) 379
Entstehung des Lebens 316
Entropie 347–351
Erasmus von Rotterdam (ca. 1466–1536) 141, 142, 427, 429
Erbmerkmale 395
Erdbebengebiet 72
Evolution 293–308, 343, 400, 411, 421
Evolution der Komplexität 317
Evolutionstheorie 311
Euklid (ca. 300 v. Chr.) 162–164, 177, 233

Fabrikarbeit 260
Faraday, Michael (1791–1867) 271
Ferdinand I. von Österreich (1793–1876) 376
Fermi, Enrico (1901–1954) 341, 347, 367, 369
Fernrohr 200, 201
Feuer 42, 46, 54, 123, 124, 144
Feuerlandindianer 303
Feuersteinsicheln 65, 67
Fingerspiel Morra 434
Fitzroy, Robert (1805–1865) 303
Flamsteed, John (1646–1719) 243
Flexibilität menschlichen Verhaltens 415
Fluxion 187
Fortpflanzung 387, 388, 406
Franklin, Benjamin (1706–1790) 116, 268, 270, 271, 279
Franz I. von Frankreich (1494–1547) 134, 136
Franz Josef, Kaiser von Österreich (1830–1916) 379, 386
Frauen in Nomadenstämmen 61
Freimaurer 112, 268
Freud, Sigmund (1856–1939) 367

Frobenius, Johann (ca. 1460–1527) 429
Futurismus 332, 333

Gärung 311
Galen, Claudius (ca. 130–200) 177, 411
Galileo Galilei (1564–1642) 198–202, 204, 207, 259, 334, 367
Gandhi, Mahatma (1869–1948) 429
Gauß, Karl Friedrich (1777–1855) 358
Gaußsche Kurve 358
Gehirn und Computer 416, 424, 433
Gefrierprozeß bei der Entstehung des Lebens 316
Gegenreformation 205
Genetik 383, 385, 387, 390
Geologie 25, 26, 91
Geometrie 104, 162
George II. von England (1738–1820) 272
Gerhard von Cremona (ca. 1114–1187) 177
Germanium 326
Geschichte 438
Geschicklichkeit 118
Ghiberti, Lorenzo (1378–1455) 179
Goethe, Johann Wolfgang von 1749–1832) 288
Göttingen 362
Gold 134–136, 239
Goldsmith, Oliver (1728–1774) 260
Graphitreaktor 344
Griechen 74, 77, 104, 112, 134, 155–162, 177, 321, 351
Greenwich 241, 243, 249
Gris, Juan (1887–1927) 332
Grünalgen 402
Grunion 18, 19, 388
Guanin 317, 390, 393
Guckkasten, stoboskopischer 285
Gullivers Reisen 236, 272, 364
Gußeisen 131, 274

Hafnium 337
Hamlet 424
Hand 42, 45, 57, 94, 95, 116, 417
Handwerkserzeugnisse, dörfliche 73
Harmonie, musikalische 155, 156
Harpune 48
Harrison, John (1693–1776) 241–245
Haustiere 79
Hay, H. J. (1930) 255
Hegel, Friedrich (1770–1831) 360
Heilmethoden 140
Heisenberg, Werner (1901) 329, 339, 365
Helium 322, 330, 343, 344, 349

Herschel, Sir William (1738–1822) 354
Hertz, Heinrich (1857–1894) 354
Herzog von Bridgewater (1736–1803) 265
Hippocrates (ca. 460–377 v. Chr.) 177, 428
Hiroshima 370
Hitler, Adolf (1889–1945) 86, 343, 367–369, 425
Hobbes, Thomas (1588–1679) 164
»Hochzeit des Figaro« 265, 267
Höhlenmalerei 54, 56
Homer (ca. 700 v. Chr.) 349, 437
Hominiden 404
Homo erectus 38, 41, 45
Homo sapiens 42, 45, 54, 59
Hooker, Sir Joseph Dalton (1817–1911) 306, 309
Hund 61, 79
Hunter, Walter (1889–1954) 423
Huntsman, Benjamin (1704–1776) 131
Huxley, Aldous (1894–1963) 124

Identität, genetische 395
Indianer 92, 300
Industrie 259
Informationstheorie 368
Inka 96, 100, 101, 103, 106
Inquisition 207, 209, 211, 213–216
Islam 165, 168
Interstellarraum 157
Inzest 406

Jacobsen, Carlyle F. (1902) 423
Jacquard, Joseph Marie (1752–1834) 265
Jagd 42, 46
Janáček, Leoš (1854–1928) 388
Jefferson, Thomas (1743–1826) 144
Jericho 65, 69, 70, 72, 431
Jerusalem 431
Jesus 24, 91, 94, 125, 155, 164, 165, 196, 425, 429
Joliot Curie, Frederic (1900–1958) 369
Joule, James Prescott (1818–1889) 286, 327

Kalender der Maya 190
Kanalsystem Englands 262–265
Kartoffel 100
Kathedralen, gotische 109, 110
Kelvin, William Thomson (1824–1907) 286
Kenyon, Kathleen (1906) 70
Kepler, Johannes (1571–1630) 184, 198, 221
Kernenergie 370
Kernforschung 340
Kernsäure 317, 390
Kettenreaktion 369

Kinder 426
Klon 396, 400
Kochsalzkristall 321
»König Lear« 360
Kolumbus, Christoph (1451–1506) 140, 194
Kommunistisches Manifest 379
Konzentrationslager Auschwitz (Ostwiecim) 374
Kopernikus, Nikolaus (1473–1543) 196, 197, 204–216, 221, 334
Kriegsspiele 86
Kristalle 174
Kublai Khan (ca. 1215–1294) 88, 132
Kulturgeschichte 59
Kupfer 124–126, 132, 150, 182
Kuppel 110

Lamarck, Jean Baptiste (1744–1829) 388
Landwirtschaft 74
Lappen 48, 50
Laue, Max von (1879–1960) 356
Laue-Diagramm 356
Lavoisier, Antoine (1743–1794) 146, 148, 149, 151
Leakey, Louis (1903–1972) 38
Lebensstandard 279
Legierungen 126
Lehrmann, Daniel Sanford (1919–1972) 416, 419
Leibniz, Gottfried Wilhelm (1646–1716) 115, 184, 226, 228, 240, 241
Lemuren 37, 45
Leo X. (1475–1521) 196
Leonardi da Vinci (1452–1519) 181, 184, 411, 412, 415
Lichtspektrum 353
Lichtwellen 355
Liebe 406
Linksgängigkeit und Rechtsgängigkeit von Molekularstrukturen 313
Lipschitz, Jacques (1891) 115
Littlewood, John Edensor (1885) 254
Lochkartensteuerung von Maschinen 265
Lorenz, Konrad (1903) 412
Ludwig XVI. (1754–1793) 267, 268
Luftverpestung 280
Luther, Martin (1488–1546) 142, 205

Mach, Ernst (1838–1916) 349
Machu Picchu 96, 103, 416
Magie 56
Malerei nach 1900 330
Malthus, Thomas (1766–1834) 305
Manufaktur 259
Mann, Thomas (1875–1955) 367
Marc, Franz (1880–1916) 332

Marini, Marino (1901) 115
Marx, Karl (1818–1883) 379
Maschine 78, 79
Massenproduktion 280
Mathematik 155–187, 189, 221–223, 233, 362–369
Mathematik der Augenblicksteuerung 184
Maxwell, James Clark 1831–1879) 353, 354
Maya-Zivilisation 155, 189, 190, 198
Meiler 344, 347
Mendel, Gregor (1822–1884) 379–390, 393, 395
Mendelejew, Dmitrij Iwanowitsch (1834–1907) 322–330, 334, 337, 339, 344, 349
Menschenaffen 37
Menschenrechte 272, 274
Menschenwürde 286
Metternich, Lothar von (1773–1859) 379
Michelangelo, Buonarroti (1475–1564) 113, 115, 123, 208
Miller, Stanley (1930) 316
Milton, John (1608–1674) 91, 218
Mirabeau, Honoré (1749–1791) 268
Moleküle 314
Mona Lisa 412
Mondgesellschaft (Lunar Society of Birmingham) 277
Mongolen-Invasion 80
Monod, Jacques Lucien (1910) 393
Moore, Henry (1898) 115
More, Sir Thomas (1478–1535) 429
Morley, Edward Williams (1833–1924) 247
Morra 434
Morus, Thomas 425, 429
Moseley, Henry G. J. (1887–1915) 337, 339
Mozart, Wolfgang Amadeus (1756–1791) 267, 268, 424
Mussolini, Benito (1883–1945) 341, 425
Muster und Symmetrie 172, 173
Myoglobin 314

Nägeli, Karl (1817–1891) 385, 386
Naturgesetze 187
Naturphilosophie 285
Navigation 192, 194, 224, 239, 241, 243, 260, 262
Neotenie 424, 432
Neumann, John von (1903–1957) 409, 432
Newton, Isaac (1642–1727) 184, 221–243, 332, 334, 337, 412, 437
Nomaden 60–62, 69, 86, 162, 165

Oak Ridge National Laboratory, Tennessee 340, 341, 349
Oktave 156
Olduvai-Schlucht, Tanzania 28, 29
Oljeitu Khan (Regierungszeit 1304–1316) 86, 88, 89
Omo-Tal, Äthiopien 24–29, 438
Optik 179
Orgel, Leslie (1927) 314
Orionnebel 351
Osterinseln 192, 425
Ostwald, Wilhelm (1853–1932) 351

Paarung 404
Paestum 102, 104–106
Paine, Tomas (1737–1809) 272
Paracelsus, Theophrastus Bombastus von Hohenheim (1493–1541) 123, 139–144, 321
Pascal, Blaise (1623–1662) 425
Pasteur, Louis (1822–1895) 311–313, 408
Pasteurisierung 311
Pauling, Linus (1901) 392
Periodisches System 323
Peking-Mensch 42, 46
Pfeil und Bogen 47
Pferd 79, 80
Perspektive 179
Perspektivmalerei 181
Physik 330
Picasso, Pablo (1881–1973) 332
Piltdown-Schädel 42
Pizarro, Francisco (ca. 1470–1541) 102
Planck, Max (1858–1947) 349, 351, 365
Plasmaphysik 349
Plato (428–348 v. Chr.) 425
Plutonium 344
Plutonium-Bombe 344
Pointilismus 331
Polarstern 194
Priestley, Joseph (1733–1804) 144–148, 274, 277
Primaten 37
Proconsul 38, 45
Propaganda 205
Ptolemäus, Claudius (2. Jh.) 164, 177, 184, 194, 196–198, 204, 208, 209
Ptolomeisches System 164
Pueblo-Kultur 92, 95
Pyramiden 112, 131, 158, 349
Pythagoras (ca. 570–500 v. Chr.) 104, 155–162, 172, 173, 187, 223, 234, 339
Pythagoreischer Lehrsatz 160, 161

Quantenphysik 334
Quipu 100, 101

Rad 74, 76, 77, 101, 194, 198
Radarfoto des Londoner Flughafens 354

445

Ramapithecus 38, 40
Raphael Santi (1483–1520) 424
Rassismus 367
Ratte (Verhalten) 423
Reaktor 341
Rechtwinkliges Dreieck 158
Redundanz 395
Reformation und Gegenreformation 141, 142, 205–207, 221, 222
Reiten 412
Reitervölker 80
Reitwettbewerbe 82
Renaissance 177, 184
Rentiere 50
Revolution 197
— amerikanische 259
— französische 259
— industrielle 259, 274
— neolithische 60
— soziale 60
Relativitätstheorie 362
Ringeltaube 416, 419
Rodia, Simon (1879–1965) 118–121
Römer 106
Röntgen, Wilhelm Konrad (1843–1923) 332, 356
Röntgenstrahlen 248, 332, 344, 356
Röntgen-Beugungsmuster eines DNS-Kristalls 357
Röntgenbilder 330
Röntgenspektrum 337
Romantik 282
Roosevelt, Franklin Delano (1882–1945) 370
Rousseau, Jean Jacques (1712–1778) 425
Rundbogen 104
Ruskin, John (1819–1900) 109
Russel, Bertrand (1872–1970) 254
Rutherford, Ernst (1871–1937) 166, 328, 332, 351, 369

Salk Institute of Biological Studies, San Diego, California 368, 370, 419
Sammler 38
Samurai 133
Sauerstoff 148
Schelling, Friedrich von (1775–1854) 282, 285
Schöpfungsmythen 400
Schöpfungstag 343
Schrödinger, Erwin (1887–1961) 329, 362, 363, 367
Schwerkraft 157
Schwert, japanisches 130, 131, 132
Schwibbogen 110
Selkirk, Alexander (1676–1721) 192
Seßhaftigkeit 74
Seurat, Georges (1859–1891) 332
Shang-Bronze 128

Shakespeare, William (1564–1616) 198, 228, 360, 437
Skinner, Burrhus Frederic (1904) 412
Sokrates (470–399 v. Chr.) 429
Sophokles (ca. 496–406 v. Chr.) 197
Solvay-Konferenz 328
Sonnenwendfeuer 142
Soziologie 424
Spalten von Holz oder Gestein 95
Spannungsoptische Modelle 104
Sphärenmusik 157
Spieltheorie 432, 434
Sprache 421
Stabilität, schichtenweise wirksame 348
Stadtkultur 88, 89, 100, 102
Stahl 132
Stahllegierung 131
Stalin, Joseph (1879–1953) 86
Statistik 348, 358, 360
Steingut 277
Steinmetz 115
»Sternenbote« 204, 205
Strebepfeiler 110
Sturm und Drang 282
Steinwerkzeuge 41
Subatomare Teilchen 187
Sumerer 77, 100, 155, 158, 160, 189, 435, 437
Sutton Hoo 118
Swift, Jonathan (1667–1745) 429
Symmetrie 160, 161, 172–176
Szilard, Leo (1889–1964) 254, 368–374

Tätigkeiten der Hand 94
Tangente 187
Tartrat-Kristalle 313
Taungbaby 29, 40, 415, 423
Technik 265
Telford, Thomas (1757–1834) 274
Thermodynamik 282, 347
Temperaturmessung in der Keramik 277
Thingvellir 411
Thomson, Sir Jospeh John (1856–1940) 328, 330, 332, 349
Thymin 317, 390, 393
Toledo 177
Toleranzprinzip 365
Topolski, Feliks (1907) 353
Toscanini, Arturo (1867–1957) 367
Trajan, Marcus Ulpius (98–117) 104
Trevithick, Richard (1771–1833) 286

Überleben 62
Übersetzerschule von Toledo 177

Uccello, Paolo (ca. 1396–1475) 183, 184
Uhr 194
Unabhängigkeitserklärung, amerikanische 272
Unger, Franz (1800–1870) 380
Unschärfe 358
Unschärferelation 365, 368
Urban VIII. siehe unter Barberini
Ursprung der Arten 308, 309
Utopien 425

Velasquez, Diego Rodriguez de Silva y (1599–1660) 379
Venedig 198–205
Vererbung 383, 385, 387
Verhaltensforschung 412
Vesalius, Andreas (1514–1564) 142
»Verschiebung der Belohnung« 424
Vision des Menschen 425
Vogelzug 194
Vorausschau 37, 65,
Vorstellungskraft 56 (57 od. 58?) 59

Wallace, Alfred Russel (1823–1913) 291
Walter, Bruno (1876–1952) 367
Wasserrad 260–262
Wasserbeförderung 106
Wasserstoffspektrum 337
Watson, James Dewey (1928) 390–393, 408
Watt, James (1736–1819) 279, 280
Watts Towers 118
Wayana-Indianer 43
Wedgwood, Hensleigh (1803–1891) 306
Wedgwood, Josiah (1730–1795) 274–279, 282
Wedgwood, Josiah (1769–1843) 293
Weizen 64, 65, 68
Wellenmodell 364
Wells, Herbert George (1866–1946) 425
Werkzeuge 24, 29, 40–46, 65, 110, 116, 118, 158, 370, 404
Werkzeugverwendung 38
Wesley, John (1703–1791) 272
Wilhelm II. (1859–1941) 362
Wilkinson, John (1728–1808) 272, 274, 277
Wirkungsquantum 365
Wissen 436
Withering, William (1741–1799) 279
Wordsworth, William (1770–1850) 234, 288
Wotton, Sir Henry (1568–1639) 204
Wren, Sir Christopher (1632–1723) 228, 229, 241

Yeats, William Butler
 (1865–1939) 24

Zahlen 155, 157, 168
»Zauberflöte« 268

Zeitmessung 180–187, 189, 222, 240, 241, 243, 257
Zentaur 80
Zivilisation 60, 427
Zivilisation, westliche 437

»Zoetrop« 284
Zufall 317
Zukunftsplaner 59
Zweistärkengläser 271